M. Albert / H. Köttritsch

WÄLZLAGER

Theorie und Praxis

Springer-Verlag Wien New York

DDipl.-Ing. Dr. techn. Mathias Albert
Leiter Organisation Normung/Standardisierung
Steyr-Daimler-Puch AG, Wien

Dipl.-Ing. Hubert Köttritsch
Leiter Entwicklung/Forschung
STEYR Wälzlager Ges. m. b. H., Steyr

Softcover reprint of the hardcover 1st edition 1987

Mit 435 Abbildungen

CIP-Kurztitelaufnahme der Deutschen Bibliothek

Albert, Mathias:
Wälzlager: Theorie u. Praxis/M. Albert;
H. Köttritsch.—Wien; New York: Springer, 1987.
ISBN-13: 978-3-7091-8914-6

NE: Köttritsch, Hubert

ISBN-13: 978-3-7091-8914-6 e-ISBN-13: 978-3-7091-8913-9
DOI: 10.1007/978-3-7091-8913-9

VORWORT

Das Buch führt einen einfachen Titel. Dennoch signalisiert es eine ganzheitliche Verknüpfung von theoretischer Basis mit praktischer Anwendung. Die wissenschaftlichen Grundlagen der Wälzlagertechnik sind komplex und umfangreich, da die Wechselbeziehungen zwischen dem hochpräzisen und dadurch sensiblen Maschinenelement Wälzlager und seiner Umgebung sehr intensiv sind, so daß die Zuverlässigkeit des Lagers niemals für sich allein dargestellt werden kann, sondern immer als Produkt dieser Beziehungen entsteht. Allerdings darf sich der Theoretiker keine tiefgründigen mathematischen Abhandlungen erwarten. Dieses Buch ist überwiegend für die praktische Anwendung geschrieben: Es enthält — in Blöcke gegliedert — alle Gestaltungsunterlagen, die der Konstrukteur verstreut auch in guten Hersteller-Katalogen finden kann, wo sie jedoch leider nicht immer auf unverzerrten Grundlagen beruhen.

Der Inhalt dieses Buches soll eine wertfreie Konstruktionshilfe bieten. Aus dieser Sicht wird der Praktiker Verständnis dafür haben, daß Lagertabellen, wie er sie — allerdings immer spezifisch auf das Erzeugungsprogramm der einzelnen Hersteller bezogen — in jedem Katalog findet, nicht aufgenommen wurden.

Damit ist klargestellt: Das Buch ist kein Ersatz für sich laufend ändernde Produkt-Kataloge, es muß mit diesen zusammen verwendet werden. Sobald sich der schöpferisch tätige Ingenieur an seinen Aufbau gewöhnt hat, wird es einen adäquaten Platz in seiner Bibliothek bekommen. Die durchwegs bescheidenen theoretischen Passagen dürfen ihn bei der Arbeit nicht stören, sondern sollen in besonderen Fällen dazu dienen, etwas über die wissenschaftlichen Hintergründe der praktizierten Wälzlagertechnik nachlesen zu können.

Die Autoren haben sich bemüht, den letzten Stand der Wälzlagertechnik verständlich und benutzerfreundlich zu präsentieren.

Sie danken der STEYR Wälzlager Ges.m.b.H. für die Bereitstellung von Unterlagen und Bildmaterial sowie für die umsichtige Mitarbeit von Fachleuten aus Forschung, Entwicklung und Produktion des Hauses. In Erfüllung einer angenehmen Pflicht danken sie auch dem Springer-Verlag in Wien für die gute und harmonische Zusammenarbeit.

Wien, im Juli 1987 **Mathias Albert** und **Hubert Köttritsch**

INHALTSVERZEICHNIS

REPLACEMENT OF ACTUAL PAGE XV

REPLACEMENT OF ACTUAL PAGE XV

1 ENTWICKLUNG

1.1 Standort in der Technik

Seit frühen Zeiten muß den Menschen das Funktionsprinzip der Gleit- und Wälzlager in den naiven, natürlichen Erscheinungsformen bekannt gewesen sein: im Gleiten auf eisigem Boden und im Rollen des Baumstammes als Alternative zum Heben und Tragen.

1937 beginnt W. JÜRGENSMEYER die Einleitung zu seinem Buch [1]:

„Das Wälzlager unterscheidet sich vom Gleitlager nicht nur durch die Verwendung von Rollkörpern zwischen dem stillstehenden und dem sich drehenden Teil, sondern auch dadurch, daß es als ‚geschlossenes Ganzes' geliefert und eingebaut wird. Dieser Eigenschaft verdankt es, abgesehen von den sonstigen Vorzügen, seine große Verbreitung. Während das Gleitlager von Fall zu Fall für jede einzelne Maschine konstruiert werden muß, steht das Wälzlager als eine ‚handelsübliche Einheit' zur Verfügung."

Für den Kenner der Materie ist diese Passage – zu jenem Zeitpunkt – zugunsten des Wälzlagers übertrieben: Wenngleich in Kraftfahrzeugen von Anfang an eigentlich nur Wälzlager Verwendung fanden, so dauerte die lückenlose Umstellung von Gleit- auf Wälzlager in Schienenfahrzeugen bis in die Mitte der sechziger Jahre.

Die Vormachtstellung des Gleitlagers war leicht mit seinem einfachen Aufbau aus Zapfen und Büchse zu begründen, der sich auf natürliche Weise mit der „Erfindung" der Wagenräder bereits vor einigen tausend Jahren ergeben haben muß. Die Herstellung war mit primitivsten technischen Geräten immer möglich und die Wartung überflüssig oder minimal.

Das Wälzlager war von Anfang an anspruchsvoller und verlangte bereits zu seiner Herstellung einen gehobenen Stand der Technik in der Werkstoff-, Fertigungs- und Prüftechnologie, ebenso waren Schmierung und Wartung feste Begriffe.

Wir können uns in der Geschichte des Wälzlagers an sieben Meilensteinen orientieren.

Der erste Meilenstein kann mit der ausführlichen Beschreibung der „rollenden Reibung" von LEONARDO DA VINCI [2] um 1500 gesetzt werden.

Der zweite Meilenstein ist die fabriksmäßige Erzeugung des Fahrrades in den siebziger Jahren des 19. Jahrhunderts (Abb. 1.1). Während man sich in dieser Zeit sowohl in England als auch in Deutschland zunächst vorwiegend mit der rationellen Herstellung von Kugeln in großer Zahl befaßt zu haben scheint, wurden in den USA schon große Anstrengungen unternommen, die „neuen" Kugel- und Rollenlager auch im allgemeinen Maschinenbau anzuwenden. Dort beschäftigten sich bereits mehrere Firmen mit der Herstellung und Einführung von Wälzlagern [3] und lieferten Lager für Eisenbahnen und Walzwerke. Ende des 19. Jahrhunderts waren in der Patentliteratur zwar schon viele Merkmale der modernen Bauformen offenbart, ohne jedoch auch praktisch verwirklicht zu werden [4].

Der dritte Meilenstein ist zweifelsohne die Erfindung der „Kugelmühle" von F. FISCHER im Jahre 1890, einer Kugelfräsmaschine, mit der erstmals gehärtete Kugeln gleich groß und gleich rund bearbeitet werden konnten [5] (Abb. 1.2). Natürlicher-

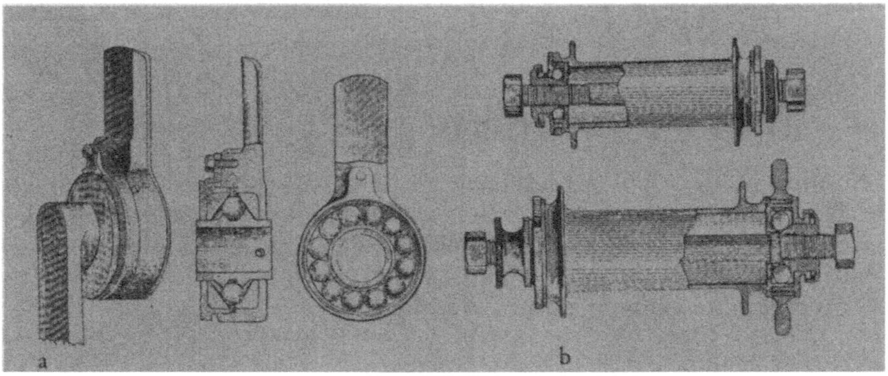

Abb. 1.1. Kugellager aus dem Jahre 1880: Aeolus-Kugellager in der Tretkurbellagerung der Firma William Bown aus Birmingham (**a**) und einstellbare „Konuslager“ in Vorderrad- und Hinterradnaben (**b**); nach [5]

Abb. 1.2. Kugelfräsmaschine von Friedrich Fischer: Funktionsprinzip nach Patentschrift Nr. 55783 des Kaiserlichen Patentamtes, 17. 6. 1890; nach [5]

weise griff die in den Industrieländern jener Zeit sprunghaft wachsende Fahrradindustrie sofort nach den FISCHERschen Kugeln.
In allen Kugelschleifmaschinen von heute wird das Prinzip der Kugelmühle unverändert angewendet, weil noch kein besseres erfunden wurde.
Die klassischen Forschungsarbeiten von STRIBECK [6] über die Tragfähigkeit, die Reibung und die zweckmäßige Bauart von Kugellagern sind der vierte Meilenstein. Sie führten direkt zum Erscheinen der ersten Werknormen über die Kugellager-Hauptmaße im Jahre 1900 [7] (vgl. Abschnitt 9.3.1). Nunmehr konnte man sich intensiv mit der Gestaltung der Lagerstellen befassen und wichtige Erkenntnisse über zweckmäßige Passungen sowie über anwendungsgerechte Schmierung, Abdichtung und Wartung sammeln. Im Laufe der nächsten zwölf Jahre entstanden die meisten der noch heute üblichen Bauformen. Die stürmische Entwicklung der Automobilindustrie drängte zu beschleunigter Normierung und Massenfertigung. Europa blieb vorerst die Domäne für Kugellager, während in Amerika zunächst das Kegelrollenlager und das heute so gut wie nicht mehr bekannte Federrollenlager Vorrang hatten. Die grundsätzlich verschiedenen Anwendungsgebiete wie der Automobilbau, der allgemeine Maschinenbau und das aufstrebende Schienenfahrzeugwesen zwangen die Wälzlagerhersteller zu umfangreichen Forschungsarbeiten, sowohl in bezug auf die Lager selbst, als auch auf die Betriebsverhältnisse und die Anforderungen der Maschinen.
So konnte mit der Prägung des Begriffes „Lebensdauer" von A. PALMGREN [8] im Jahre 1924 der fünfte Meilenstein gesetzt werden. Die neue Berechnungsmethode wurde allgemein akzeptiert. In Verbindung mit dem gewaltigen Fortschritt bei den Herstellungs- und Prüfverfahren der Lager und ihrer Werkstoffe wurde den „neuen" Maschinenelementen Zuverlässigkeit bestätigt und in keinem Fachgebiet die Anwendung verwehrt. Der Kampf mit dem Gleitlager konnte beginnen!
Mit seiner „Statistischen Theorie über die Festigkeit der Werkstoffe" schuf WEIBULL [9] im Jahre 1939 die Basis für den sechsten Meilenstein, die Definition der „Dynamischen Tragfähigkeit" von LUNDBERG und PALMGREN [10] im Jahre 1947. Es dauerte bis zum Jahre 1962, bis diese Berechnungsmethode in der ersten internationalen Normempfehlung ISO/R 281 [N 1] Aufnahme fand.
In den Jahren nach dem zweiten Weltkrieg begann die sprunghafte Entwicklung ausnahmslos auf allen Gebieten der Technik und mit ihr stiegen die Ansprüche hinsichtlich Präzision und Laufruhe der Wälzlager. Der Bedarf wuchs bis zur heutigen gigantischen weltweiten Jahresproduktion von über vier Milliarden Lagern [11]. Glaubwürdige Statistiken [12] weisen nach, daß davon nur 0,3‰ vor ihrem berechneten Lebensdauerende ausfallen. Das Wälzlager ist somit ein sehr zuverlässiges Maschinenelement geworden – mit einer nahezu 100%igen Erlebenswahrscheinlichkeit. Der jahrzehntelange Kampf zur Durchsetzung gegen das Gleitlager ist längst zu Ende, die Tribologie hat den beiden Lagerarten ihren objektiven Standort zugewiesen.
Der vorläufig letzte, der siebente Meilenstein in der historischen Kette ist die internationale Norm ISO 281/1-1977 [N 2] zur genormten Berechnung der „Modifizierten nominellen Lebensdauer" und der damit nicht zusammenhängende Nachweis von LORÖSCH [13] aus 1981, daß unter bestimmten Voraussetzungen die Wälzlager ebenso eine Dauerfestigkeit besitzen wie jedes andere Maschinenelement – nur eben bei Einhaltung von exakt definierten Randbedingungen.

Es wäre bei einiger Vernunft leicht möglich, die beiden Erkenntnisse – sowohl begrenzte als auch „ewige“ Lebensdauer – zu verbinden, so daß sie sich auf eine sinnvolle Art und Weise ergänzen.
Das Wälzlager hat die Schlüsselfunktion in fast jeder sich drehenden Maschine übernommen (große Ausnahme: Verbrennungskraftmaschinen!) und ohne Übertreibung gilt der Slogan [14]:
„Jede Maschine ist so gut wie ihre Wälzlager.“

1.2 Funktionselemente

Der fachspezifische Begriff „Wälzlager“ leitet sich aus der Funktion „Wälzen“ der Funktionselemente (Einzelteile) des Lagers ab. Wälzen ist der Überbegriff für „überwiegendes Rollen mit geringen Gleitanteilen“.
Die Wälzlager unterscheiden sich durch die Form und die Lage ihrer Laufbahnen. Daraus ergeben sich durch Variationen die Bauarten. Gemeinsam mit den Arten der Funktionslemente entsteht eine sinnvolle Namensgebung.
Es gibt folgende Funktionselemente:
— Wälzkörper
— Lagerring/Lagerscheibe
— Käfig.
Im erweiterten Sinne gehört dazu auch der Schmierfilm.

1.2.1 Wälzkörper

Wälzkörper sind einfache geometrische Körper, die kranzförmig – daher: Wälzkörperkranz – zwischen den Laufbahnen der Lagerringe oder Lagerscheiben (ab)rollen und an der Kraftübertragung beteiligt sind. Als Wälzkörper werden im wesentlichen verwendet (Abb. 1.3):
— Kugel
— Zylinderrolle/Nadelrolle
— Tonnenrolle
— Kegelrolle.
Die Übergangsfläche zwischen der Mantelfläche und den Stirnflächen der Rollen nennt man Verrundung; sie ist im einfachsten Falle Teil einer Kreis-Torusfläche.

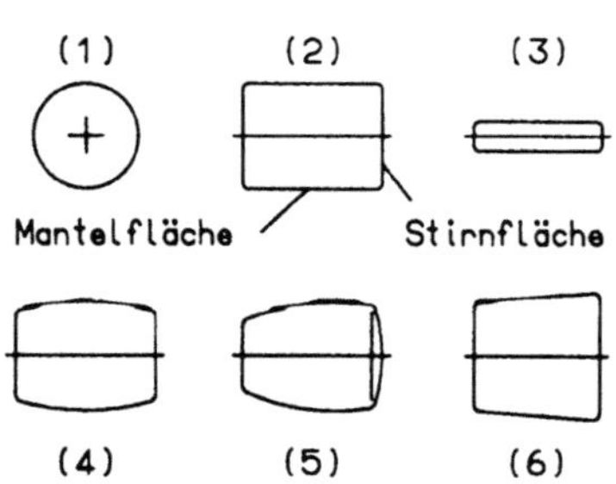

Abb. 1.3. Wälzkörper-Arten (idealisierte Darstellung): (1) Kugel, (2) Zylinderrolle, (3) Nadelrolle, (4) Tonnenrolle symmetrisch, (5) Tonnenrolle unsymmetrisch, (6) Kegelrolle

Die Mantellinie kann von der stetigen Grundform (Gerade, Kreisbogen) gegen die Stirnflächen hin abweichen (modifiziert werden), um Randspannungsspitzen zu vermeiden.
Die Stirnflächen können ebenfalls modifiziert werden, um bessere tribologische Betriebsbedingungen oder rationellere Fertigungsbedingungen zu ermöglichen.

1.2.2 Lagerringe, Lagerscheiben

Lagerringe sind ringförmige Körper (Abb. 1.4), die entweder auf der Außenseite → Innenring oder auf der Innenseite → Außenring Laufbahnen tragen.

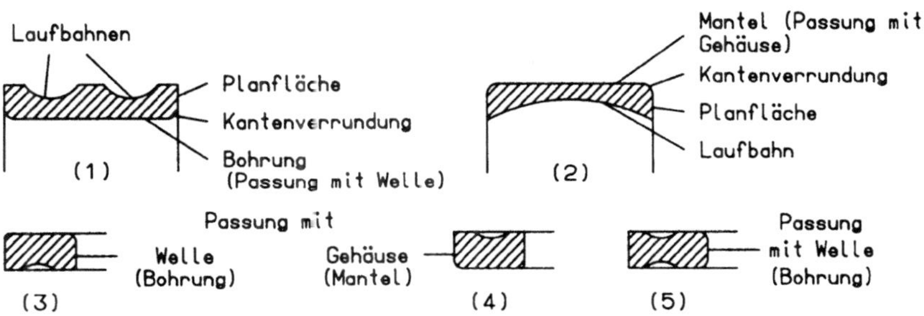

Abb. 1.4. Lagerringe, Lagerscheiben (Beispiele): (1) Innenring, (2) Außenring, (3) Wellenscheibe, (4) Gehäusescheibe, (5) Mittelscheibe

Lagerscheiben sind scheibenförmige Körper (Abb. 1.4), die entweder auf der Innenseite eine Paßfläche zur Paarung mit einer Welle → Wellenscheibe oder auf der Außenseite eine Paßfläche zur Paarung mit einem Gehäuse → Gehäusescheibe haben. Sie tragen Laufbahnen auf einer ihrer beiden Planflächen. Mittelscheiben tragen auf beiden Planflächen Laufbahnen und sind für zweiseitig wirkende Lager bestimmt.
Lagerringe übertragen Kräfte überwiegend in radialer Richtung → Radial-Wälzlager.
Lagerscheiben übertragen Kräfte überwiegend in axialer Richtung → Axial-Wälzlager.
Die Übergangsfläche zwischen den Planflächen und dem Mantel/der Bohrung der Lagerringe/der Lagerscheiben nennt man Kantenverrundung. Sie ist genormt und setzt sich aus Teilen von zwei Kegelflächen und einer Kreis-Torusfläche zusammen.
Die Laufbahnen der Lagerringe/Lagerscheiben können in ähnlicher Art wie die Mantelflächen der Wälzkörper von ihrer stetigen Grundform abweichen (modifiziert werden).

1.2.3 Käfige

Der Name Käfig (engl.: cage) kommt wohl der Vorstellung über seine Hauptaufgabe am nächsten, nämlich die Wälzkörper einzusperren oder festzuhalten, was auch der heute nicht mehr verwendete Begriff Halter (engl.: retainer) ausdrücken wollte.

In modernen Wälzlagern haben die Käfige neben dieser auch sehr wesentliche andere Aufgaben, sowohl allein als auch gemeinsam mit den Lagerringen zu erfüllen.

1.2.3.1 Aufgaben

Die Aufgaben des Käfigs sind:
— Wälzkörper zwischen den Laufbahnen halten
— Berührung der Wälzkörper untereinander verhindern
— Wälzkörper im Käfig festhalten
— Wälzkörper führen
— Lagerdrehzahl (Grenzdrehzahl) beeinflussen
— Lagerschmierung beeinflussen
— Schwingungen (Geräusch) dämpfen.

Bei hohen Drehgeschwindigkeiten würden in Lagern ohne Käfig die sich mit doppelter relativer Gleitgeschwindigkeit berührenden Wälzkörper große Reibung (Verschleiß, Erwärmung, Zerstörung) bewirken (Abb. 1.5). Es ist daher eine wichtige Aufgabe des Käfigs, die Berührung der Wälzkörper untereinander zu verhindern. In der unbelasteten Zone des drehenden Lagers werden die Wälzkörper vom Käfig geschoben und nehmen eine ihrer eigenen und der Form der Käfigtasche entsprechende Lage ein. In der belasteten Zone schieben umgekehrt die Wälzkörper den Käfig. Beim Zonenwechsel springt dabei der Kontakt schlagartig von einer Seite der Tasche zur anderen.

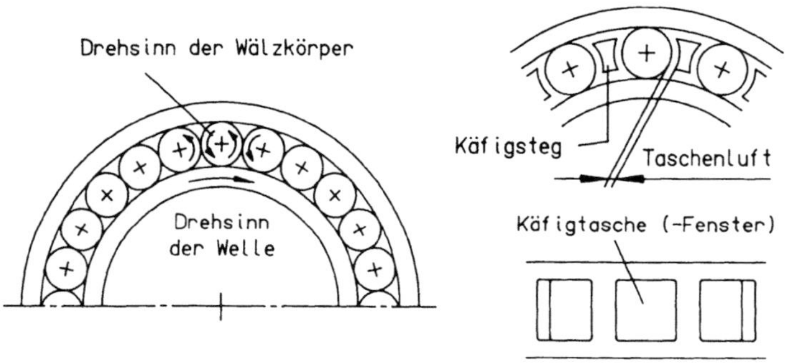

Abb. 1.5. Bewegungsverhältnisse der Wälzkörper im käfiglosen Lager und im Lager mit Käfig

Funktionell und fertigungstechnisch bedingt können die Wälzkörper, vor allem Rollen, in den Taschen „taumeln" (Taschenluft). Es ist auch erwiesen, daß die dabei entstehenden Schränkkräfte in der belasteten Zone im allgemeinen größer sind als der Druck des Käfigs, der der Schränkung der Rollen entgegenwirkt. Die Führung der Rollen kann daher nicht ausschließlich während der gesamten Lebensdauer (Taschenverschleiß) vom Käfig übernommen, sondern muß von den Schultern (Borden) der Lagerringe unterstützt werden. An der Übertragung der äußeren Kräfte nehmen Käfige nicht teil. Wegen der immer vorhandenen Taschenluft sind sie im Lager frei beweglich und können ihrerseits über die

Schränkkräfte hinaus durch beträchtliche Zusatzkräfte (z. B. zufolge Exzentrizität, Schwingungen) beansprucht werden, die ein zigfaches der Gewichtskräfte erreichen können. Je nach der Stärke dieser inneren Kräfte sind Maßnahmen zu setzen, um die verlangten Aufgaben zu gewährleisten und den Käfig selbst vor der Eigenzerstörung zu bewahren.
Es gibt dazu drei Maßnahmen:
— Verringerung des Eigengewichtes
— Erhöhung der Festigkeit
— Schaffung (Vergrößerung) von Führungsflächen.
Die Bauform (Stegquerschnitte) und das spezifische Gewicht wirken auf die beiden ersten Punkte, hingegen wird durch besseres Umschließen der Wälzkörper und Gleitführungen in den Laufbahnen oder auf den Lagerringborden (Abb. 1.6) die Käfigführung den Erfordernissen angepaßt. Dadurch kann die Grenzdrehzahl erhöht, die Reibung vermindert und die Laufruhe verbessert werden, indem bei ausreichend großen Führungsflächen ein tragfähiger hydrodynamischer Schmierfilm gebildet wird; Voraussetzung ist eine sorgfältige Schmierstoffversorgung. Schmierstoffe dürfen auch nicht verschmutzt sein. In beiden Fällen ist sonst der Verschleiß enorm, der Käfig verliert seine Führung (Zentrierung), hängt durch und bewirkt unter Umständen die Zerstörung (Blockierung, Bruch) des Lagers.

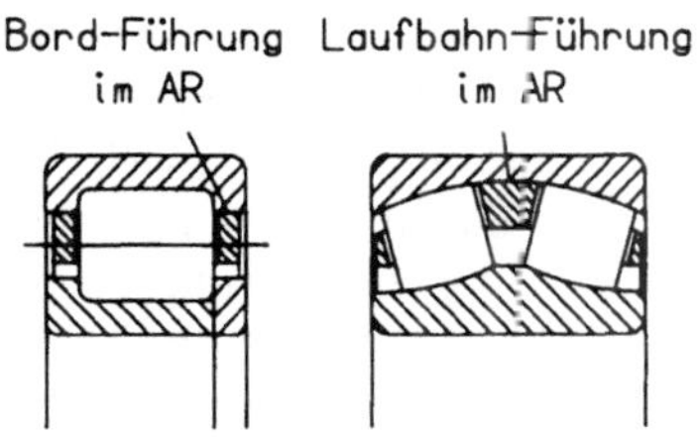

Abb. 1.6. Käfigführung im Außenring (AR)

1.2.3.2 Arten, Werkstoffe und Leistungsvermögen

Den Löwenanteil der heutigen Erfindungen in der Wälzlagertechnik teilen sich Phantasieformen von Dichtungen und Konstruktionsvarianten von Käfigen. Damit wird deren spät erkannter Stellenwert für die Lebenserwartung des Wälzlagers demonstriert.
Die ersten Wälzlager wurden ohne Käfige gebaut, die Drehzahlen waren niedrig. Mit den zunehmenden Drehgeschwindigkeiten bei Maschinen und Aggregaten hat man dann herausgefunden, daß Käfige geeignet sind, die Reibung in den Wälzlagern zu vermindern. Nach vielen untauglichen Versuchen wurden die ersten serienmäßigen Käfige aus massiven Stahlringen und später, hauptsächlich wegen der besseren Gleitpaarung mit den stählernen Wälzkörpern, aus Messing hergestellt [15]. Wegen ihrer massiven Bauweise heißen sie auch heute noch „Massiv-Käfige" (Abb. 1.7). Die Beherrschung der Blechverformungstechnik führte zum Messingblech-Käfig. Nur zögernd gewöhnte man sich an den Stahlblech-Käfig (Abb. 1.7). Käfige aus Messingblech gibt es heute kaum mehr, jene aus Stahlblech haben sich überzeugend durchgesetzt. Sie sind als (Stahl-)Blechkäfige geläufig.
Letztendlich hat man auch entdeckt, daß sich für Lager mit höchster Laufgenauig-

keit und hohen Drehzahlen besonders gut Massivkäfige aus gewickelten Textilfasern mit Harztränkung eignen (Abb. 1.7); sie sind jedoch aufwendig und teuer in der Herstellung. Trotzdem haben diese Käfige noch keine überzeugende Substitution gefunden.

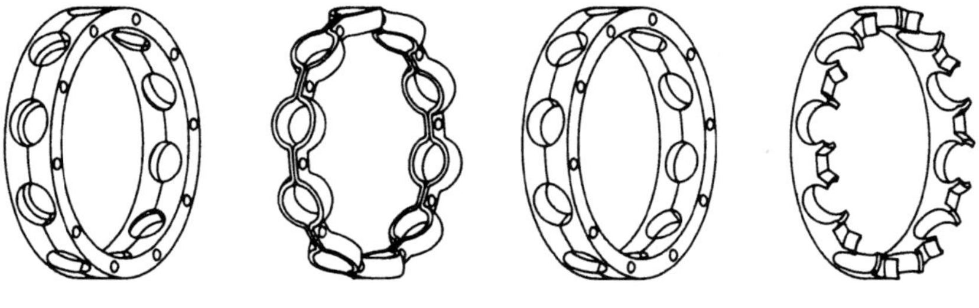

Abb. 1.7. Wälzlager-Käfigvarianten für Rillenkugellager: (1) Metall-Massivkäfig, (2) Blechkäfig, (3) Textilfaser-Massivkäfig, (4) Kunststoff-Massivkäfig („Krejci-Schnappkäfig")

Die Erfindung der Kunststoffe brachte neue Möglichkeiten. Zu Beginn der fünfziger Jahre war die Spritzguß-Technologie so weit entwickelt und Polyamide aus der Gruppe der Thermoplaste derart preiswert, daß daran zu denken war, massive wälzkörperumschließende Käfige aus diesem Werkstoff herzustellen (Abb. 1.7). Sie waren und sind preiswerter und leichter als Blechkäfige und haben beträchtlich bessere Gleitreibungszahlen aufzuweisen. Ihre Einführung in die Großserienanfertigung fällt in das Jahr 1956 [16], [17]. 1960 bestätigte Auto Union – heute AUDI, daß nach 100000 km Fahrleistung die Kurbelwelle des DKW 1000 in vier Lagern 6206 mit Kunststoffkäfigen besser lief als mit Metallkäfigen; das überzeugende Ergebnis bei 5000 Wellen führte zur generellen Umstellung [18]. In der Folge wurde auch die DKW Junior-Generation in vier Rillenkugellagern 6207 mit Kunststoffkäfigen gelagert.
Die Käfige aus den schon genannten, meist verwendeten Polyamid-Werkstoffen haben bloß einen (vermeintlichen) Nachteil: Dauerbetriebstemperaturen über 120 °C schaden dem Werkstoff, obwohl auch kurzzeitige Temperaturspitzen (Hitzestau) bis 150 °C (180 °C) ertragen werden. Obwohl mehr als 90% aller Wälzlager bei Betriebstemperaturen weit unter 120 °C laufen, wurden Käfige aus Thermoplasten von den Verbrauchern vorerst durchwegs abgelehnt. „Kunststoff hält nicht soviel aus wie Stahl", war die landläufige Argumentation. „Kostenschere" war damals ein eher untergeordneter Begriff. Dazu kam die unterbewußte Vorstellung, daß bei Kunststoffkäfigen keine „Katastrophen-Reserve" da ist. Über deren Notwendigkeit war andererseits niemand bereit zu diskutieren. Das Bild hat sich gewandelt. In modernen Hochleistungsmaschinen mit hohen Drehzahlen und unvermeidbaren Schwingungen erreichen die dünnen wälzkörpergeführten Blechkäfige wegen des starken Verschleißes ihre Einsatzgrenzen, Messing-Massivkäfige mit der in diesem Falle notwendigen Führung im Außenring des Lagers sind schwer und unwuchtig, um ein Vielfaches teurer, und erschweren den Schmierstoffzutritt zu den Kontaktflächen.

Mit der ersten Ölkrise sind zwar auch Kunststoffe teurer geworden, offenbar aber besinnt man sich jetzt der besonderen tribologischen Eigenschaft, zumal inzwischen in praktisch allen Anwendungsbereichen der Kunststoff als verläßlicher Werkstoff anerkannt ist. Alles in allem ist es soweit, daß der Kunststoffkäfig in den meisten Bereichen der Antriebstechnik akzeptiert wird. Die Wälzlager-Hersteller haben ausreichend Erfahrung sammeln können, so daß heute die Gefahr einer Fehlberatung auszuschließen ist. Es wäre aber sicher ein großes Mißverständnis zu glauben, daß es in Zukunft nur mehr die sogenannten „Kunststoff-Käfige" geben wird.

Wie schon erwähnt, gibt es zwar unzählige Konstruktionsvarianten von Käfigen, die sich aber allesamt von gewissen Basisvarianten ableiten lassen; die Terminologienorm ÖNORM M 6315/2 [N 3] (ähnlich ISO 5593 [N 4]) hat dafür Namen festgelegt. Abb. 1.8 ist dieser ÖNORM entnommen (dort: Bilder 70 bis 77). Für die Beispiele sind jeweils Käfige von solchen Lagerarten gewählt, die sich am anschaulichsten für die Beschreibung eignen. Sie können in ähnlicher Form für andere Lagerarten Anwendung finden. Werkstoffe und Bearbeitungsverfahren werden nicht erwähnt, obwohl sie sich bei der einen oder anderen Bauart logischerweise von selbst anbieten.

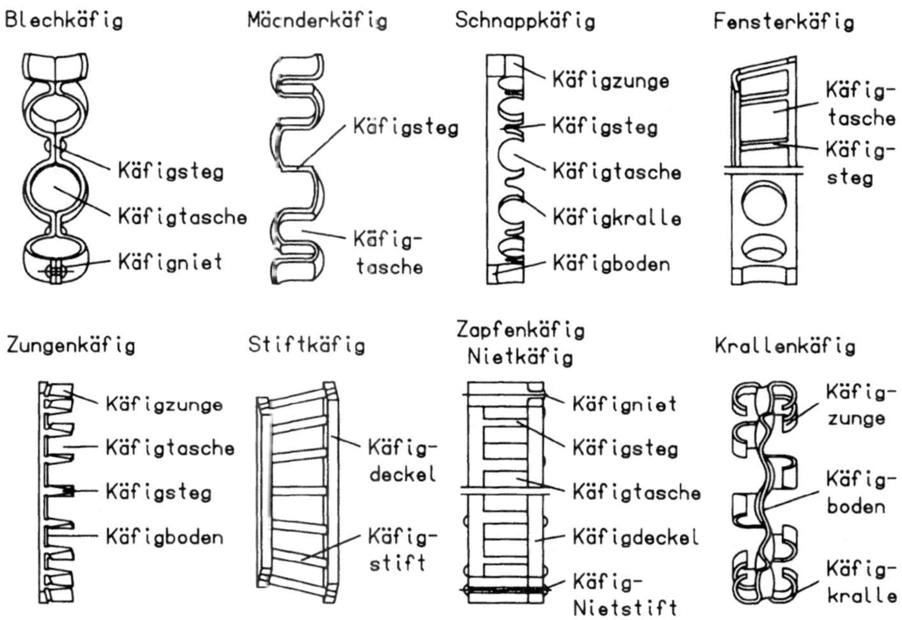

Abb. 1.8. Käfig-Basisvarianten

1.2.3.3 Leistungsvermögen der Kunststoff-Käfige (Käfige aus Thermoplasten)

Käfigen aus Kunststoff wird wegen der tribologischen Bedeutung und der noch teilweise fehlenden Akzeptanz dieser eigene Abschnitt gewidmet.

Das Ziel der Verwendung von Thermoplasten für Käfige ist, deren besonders positive Eigenschaften anwendungstechnisch und wirtschaftlich zu nutzen.

In der Luft- und Raumfahrt werden beispielsweise Massivkäfige aus Polyamid-, Polyäthersulfon- und PTFE-Werkstoffen bei Betriebstemperaturen bis 300 °C eingesetzt. Bei den spezifischen Umweltbedingungen gewährleisten sie die größte Zuverlässigkeit.

Im Maschinen- und Anlagenbau mit weniger spektakulären Temperaturen hat sich Polyamid 6.6 (PA 6.6) wegen seiner tribologischen Eigenschaften und seiner Preiswürdigkeit durchgesetzt; bestimmte Eigenschaften können dabei durch Füllung mit Glasfasern, Molybdändisulfid oder Graphit verbessert werden.

Die hervorstechenden Eigenschaften sind:

— geringe Dichte
— große Elastizität
— bestes Gleitverhalten
— Korrosionsfestigkeit
— Widerstandsfähigkeit gegen Chemikalien
— gute Schmierstoffverträglichkeit
— hohe Verschleißfestigkeit
— Fähigkeit zur Fremdkörpereinbettung
— gutes Dämpfungsvermögen
— Eignung zur Formenvielfalt.

Die geringe Dichte, 1/7 von Stahl, wirkt sich besonders bei höheren Drehzahlen in der auf denselben Betrag verringerten Fliehkraft aus. Entsprechend reduziert sind die verschiedensten Auswirkungen auf Schmierung, Beanspruchung, Reibung u. a. Zusammen mit der größeren Elastizität (Elastizitätsmodul max. 1/10 von Stahl) wirkt sich die geringe Dichte bei Stößen und Schwingungen positiv aus. Allein schon beim Wechsel von der Lastzone in die entlastete Zone (und umgekehrt) während eines Umlaufes des Wälzkörperkranzes gibt es Stöße zwischen den Wälzkörpern und dem Käfig. Die dabei entstehenden Reaktionskräfte (Beanspruchungen, Verschleiß) sind proportional der Steifigkeit des Käfigs. Der Körperschall aus dem Abrollvorgang wird durch den Kunststoffkäfig praktisch nicht beeinflußt und verursacht kaum Eigengeräusche (Luftschall), die mit dem „Käfigrasseln“ von Blechkäfigen vergleichbar wären. Die guten Gleiteigenschaften (geringe Reibungszahl) von geschmierten Kunststoffen ist bekannt. Bei Polyamidkompositionen mit Graphit und Molybdändisulfid (MoS_2) können die Reibungszahlen nochmals verringert werden. Dies läßt sich mit der vergrößerten Haftfestigkeit des Schmierstoffes in Anwesenheit der Füllpartner erklären. Die Optimierung zwischen Gleitverhalten, Verschleißfestigkeit und Festigkeit ergibt sich bei folgenden Kompositionen:

— Polyamid 6.6 + 1% MoS_2 → 60% weniger Reibung
— Polyamid 6.6 + 2% Graphit → 44% weniger Reibung.

Abb. 1.9 zeigt die Reibzahl bei verschiedenen Füllungen. Die hohe Verschleißfestigkeit ist ein Phänomen, das sich nur aus dem molekularen Aufbau des Werkstoffes erklären läßt.

Die Fähigkeit zur Einbettung von Fremdkörpern ist besonders hoch zu bewerten. Dichtungen sind bekanntlich nicht 100%ig dicht und verschleißen außerdem mit der Zeit. Daher läßt sich das Eindringen von Fremdkörperpartikeln in das Lagerinnere nie vermeiden. Ebenso kommt der Abrieb aus den Laufbahnen in den

Schmierstoff. Diese harten Teilchen werden in die Käfigoberfläche eingebettet und kommen nicht mehr mit den Laufbahnen in Berührung (Verschleißminderung). Von dieser Eigenschaft profitieren z. B. Radlagerungen in Kraftfahrzeugen, Förderbandrollen und in starkem Ausmaße die Lagerungen von Landmaschinen. Bei letzteren wirkt sich auch die hohe Korrosionsfestigkeit sehr positiv aus. Darüber hinaus hat der Abrieb des Käfigs selbst eine ausgeprägte Schmierwirkung. Die Eignung zur Formenvielfalt resultiert aus dem Herstellverfahren durch Spritzgießen. Durch spanabhebende Bearbeitung und Blechverformung können nicht in gleicher Weise federnde Leisten, Schmiertaschen, Umschließungen der

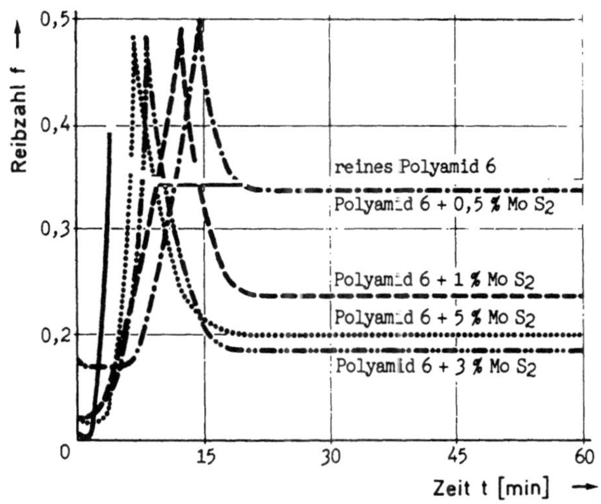

Abb. 1.9. Zeitlicher Verlauf der Reibzahl *f* verschiedener Polyamidkompositionen

Wälzkörper und andere Funktionsverbesserungen verwirklicht werden. In der praktischen Anwendung hat sich herausgestellt, daß eine Glasfaserfüllung bis zu 25% die Formbeständigkeit von Polyamid (nach dem Ausformen und bei hohen Betriebstemperaturen) vergrößert. Feuchtigkeitsaufnahme und Schwund werden kleiner, die Verträglichkeit mit den Schmierstoffen besser, die Wärmedehnung geringer. Fälschlicherweise wird in der Literatur immer von „Glasfaserverstärkung“ gesprochen. Es ist zwar richtig, daß auch die Festigkeit durch die Glasfaserfüllung erhöht wird, das aber ist nicht der primäre Grund für die Komposition. Man spricht vergleichsweise auch nicht von „MoS_2-Verstärkung“. Alle beschriebenen Vorteile von gefüllten und ungefüllten Polyamiden lassen sich in der Anwendungstechnik reproduzieren. Die folgenden Beispiele bestätigen das.
Abb. 1.10 zeigt ein Weibull-Diagramm unter erschwerten Schmierungsbedingungen: Außenringtemperatur 120 °C, Schmierstoff Lithiumseifenfett. Deutlich zeigt sich die Überlegenheit des PA 6.6-Käfigs in schwierigen Gleit- und Notlaufsituationen.
Abb. 1.11 stellt die Lagertemperatur über der Drehzahl dar: Blech- und Messingmassivkäfig haben bei jeder Drehzahl den gleichen Energieverlust, der PA 6.6-Käfig liegt darunter, bei 1,5facher (Katalog-)Grenzdrehzahl um deutliche 25%; bei

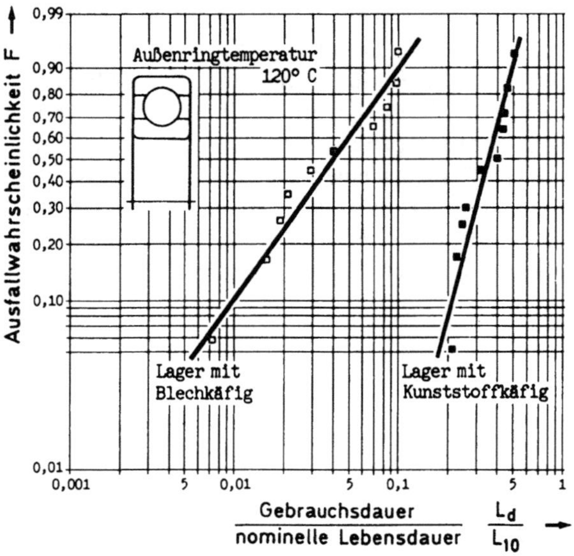

Abb. 1.10. Ausfallwahrscheinlichkeit F/Gebrauchsdauer L_d: nominelle Lebensdauer L_{10} für Lager mit Blechkäfig und Lager mit Kunststoffkäfig

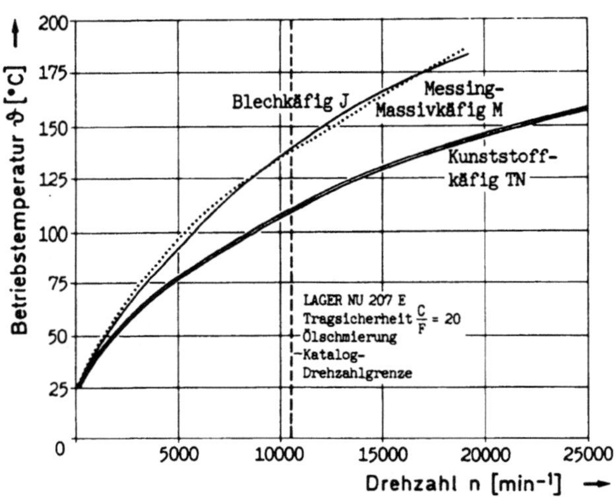

Abb. 1.11. Betriebstemperatur ϑ/Drehzahl n für verschiedene Käfigwerkstoffe

der doppelten Grenzdrehzahl arbeitet der PA 6.6-Käfig einwandfrei, die beiden anderen Käfige erreichen diesen Wert nicht.

Abb. 1.12 demonstriert einen interessanten Anwendungsfall: Bei einer Drehzahl von 15.000 min^{-1} fällt die Schmierung aus! Der Blechkäfig versagt sofort, der Messingmassivkäfig läuft noch 6 Stunden, der PA 6.6-Käfig fällt erst nach 20 Stunden aus.

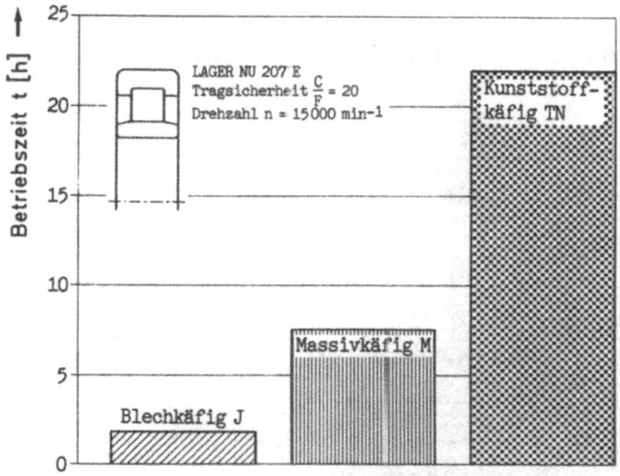

Abb. 1.12. Notlaufeigenschaften verschiedener Käfigbauformen (-werkstoffe)

1.3 Werkstoffe der Wälzkörper und Lagerringe

An den Berührstellen zwischen Wälzkörpern und Lagerringen treten sehr hohe örtliche Druckspannungen (Hertzsche Pressungen bis 4000 $N{\cdot}mm^{-2}$) bei der Kraftübertragung auf. Preßsitze der Lagerringe mit der Welle oder dem Gehäuse bewirken eine Veränderung dieser Spannungen. Die praktischen Betriebsbedingungen (Schmierstoffmangel, Verunreinigung) verursachen Verschleiß und Erwärmung. Daher muß der Wälzlagerstahl neben sehr guten Festigkeitseigenschaften, hoher Härte und großer Zähigkeit auch noch beste Verschleißeigenschaften besitzen.

Den heute noch am meisten verwendeten durchhärtbaren schwach legierten Chromstahl hat bereits Stribeck [19] in seiner wesentlichen Zusammensetzung um 1900 empfohlen. Hauptsächlich in den USA wurden allerdings immer schon Einsatzstähle bevorzugt (Timken-Tiefenhärte-Verfahren). Für besondere Einsatzbedingungen werden in geringerem Maße Vergütungsstähle, rostfreie und warmfeste Stähle verarbeitet.

Tabelle 1.1 (aus [N 5]) zeigt die wichtigsten durchhärtbaren Wälzlagerstähle mit einem durchschnittlichen Gehalt von 1% Kohlenstoff. Standardstahl ist 100 Cr6 für Ringe mit normal dünnen Querschnitten. In sinngemäßer Ordnung wird für dicke Querschnitte die Stahlsorte 100 CrMnMo8 verwendet. Die zusätzlichen Legierungsanteile gewährleisten eine gleichmäßige Durchhärtung mit wachsendem Querschnitt. Die chemische Zusammensetzung der Stahlsorte bürgt lediglich für ihre statische Festigkeit

Die Funktionstüchtigkeit für Wälzkörper und Lagerringe wird darüber hinaus nach folgenden Kriterien beurteilt:

— Gefügeausbildung
— Homogenität
— Eigenspannung
— makroskopischer Reinheitsgrad
— mikroskopischer Reinheitsgrad.

Tabelle 1.1. Durchhärtbare Wälzlagerstähle

Stahlsorte Kurzname Werkstoffnummer	Chemische Zusammensetzung in Gew. %							
	C	Si	Mn	P max.	S max.	Cr	Mo	Ni max.	Cu max.
100 Cr 2 1.3501	0,90 bis 1,05	0,15 bis 0,35	0,25 bis 0,45	0,030	0,025	0,40 bis 0,60	—	0,30	0,30
100 Cr 6 1.3505	0,90 bis 1,05	0,15 bis 0,35	0,25 bis 0,45	0,030	0,025	1,35 bis 1,65	—	0,30	0,30
100 CrMn 6 1.3520	0,90 bis 1,05	0,50 bis 0,70	1,00 bis 1,20	0,030	0,025	1,40 bis 1,65	—	0,30	0,30
100 CrMo 7 1.3537	0,90 bis 1,05	0,20 bis 0,40	0,25 bis 0,45	0,030	0,025	1,65 bis 1,95	0,15 bis 0,25	0,30	0,30
100 CrMo 7 3 1.3536	0,90 bis 1,05	0,20 bis 0,40	0,60 bis 0,80	0,030	0,025	1,65 bis 1,95	0,20 bis 0,35	0,30	0,30
100 CrMnMo 8 1.3539	0,90 bis 1,05	0,40 bis 0,60	0,80 bis 1,10	0,030	0,025	1,80 bis 2,05	0,50 bis 0,60	0,30	0,30

Tabelle 1.2. Oberflächenhärtbare Wälzlagerstähle

	Stahlsorte Kurzname Werkstoffnummer	Chemische Zusammensetzung in Gew. %								
		C	Si max.	Mn	P max.	S max.	Cr	Mo	Ni	Cu max.
Einsatzstähle	17 MnCr 5 1.3521	0,14 bis 0,19	0,40	1,00 bis 1,30	0,035	0,035	0,80 bis 1,10	—	—	0,30
Einsatzstähle	19 MnCr 5 1.3523	0,17 bis 0,22	0,40	1,10 bis 1,40	0,035	0,035	1,00 bis 1,30	—	—	0,30
Einsatzstähle	16 CrNiMo 6 1.3531	0,15 bis 0,20	0,40	0,40 bis 0,60	0,035	0,035	1,50 bis 1,80	0,25 bis 0,35	1,40 bis 1,70	0,30
Einsatzstähle	17 NiCrMo 14 1.3533	0,15 bis 0,20	0,40	0,40 bis 0,70	0,035	0,035	1,30 bis 1,60	0,15 bis 0,25	3,25 bis 3,75	0,30
Vergütungsstähle	Cf 54 1.1219	0,50 bis 0,57	0,40	0,40 bis 0,70	0,025	0,035	—	—	—	0,30
Vergütungsstähle	44 Cr 2 1.3561	0,42 bis 0,48	0,40	0,50 bis 0,80	0,025	0,035	0,40 bis 0,60	—	—	0,30
Vergütungsstähle	43 CrMo 4 1.3563	0,40 bis 0,46	0,40	0,60 bis 0,90	0,025	0,035	0,90 bis 1,20	0,15 bis 0,30	—	0,30
Vergütungsstähle	48 CrMo 4 1.3565	0,46 bis 0,52	0,40	0,50 bis 0,80	0,025	0,035	0,90 bis 1,20	0,15 bis 0,30	—	0,30

Von der chemischen Zusammensetzung her ist der durchhärtbare Wälzlagerstahl ein billiger Stahl. Um aber den höchsten Ansprüchen hinsichtlich einer verläßlichen Lebenserwartung zu genügen, wurden im Laufe der Zeit immer kostspieligere Herstellverfahren entwickelt. Diese sind der Rangordnung nach:

— basisches Siemens-Martin-Verfahren
— basisches Elektroofen-Verfahren
— Sauerstoffaufblas-Verfahren
— Vakuum-Entgasungs-Verfahren (europäischer Standard)
— Vakuum-Erschmelzungs (Umschmelzungs)-Verfahren.

Wie schon erwähnt, werden Einsatzstähle (Tabelle 1.2, aus [N 5]) in den USA traditionell für Kegelrollenlager verwendet, in Europa auch für große Zylinderrollenlager und Pendelrollenlager (im besonderen Innenringe).

Stützlager von Kränen, Baggern u. ä. werden aus Vergütungsstählen (Tabelle 1.2) mit oberflächengehärteten Laufbahnen erzeugt. Die Härtung erfolgt durch Induktions- und Flammhärteverfahren.

Tabelle 1.3. Hochlegierte Sonder-Wälzlagerstähle

	Stahlsorte Kurzname Werkstoffnummer	Chemische Zusammensetzung in Gew. % C	Si max.	Mn max.	P max.	S max.	Cr	Mo	Ni max.	V	W	Cu
Nichtrostende Stähle	X 45 Cr 13 1.3541	0,42 bis 0,50	1,00	1,00	0,040	0,030	12,5 bis 14,5	—	1,00	—	—	0,30
	X 102 CrMo 17 1.3543	0,95 bis 1,10	1,00	1,00	0,040	0,030	16,0 bis 18,0	0,35 bis 0,75	0,50	—	—	0,30
	X 89 CrMoV 18 1 1.3549	0,85 bis 0,95	1,00	1,00	0,045	0,030	17,0 bis 19,0	0,90 bis 1,30	—	0,07 bis 0,12	—	0,30
Warmharte Stähle	80 MoCrV 42 16 1.3551	0,77 bis 0,85	0,25	0,35	0,015	0,015	3,75 bis 4,25	4,00 bis 4,50	—	0,90 bis 1,10	—	—
	X 82 WMoCrV 6 5 4 1.3553	0,73 bis 0,86	0,40	0,40	0,030	0,030	3,80 bis 4,50	4,70 bis 5,20	—	1,70 bis 2,00	6,00 bis 6,70	—
	X 75 WCrV 18 4 1 1.3558	0,70 bis 0,78	0,45	0,40	0,030	0,030	3,80 bis 4,50	max. 0,60	—	1,00 bis 1,20	17,5 bis 18,5	—

Hochgradig korrosionsgefährdete Wälzlager, z. B. bei Berührung mit Säuren, werden aus hochlegierten, nicht rostenden Stählen erzeugt (Tabelle 1.3, aus [N 5]). Extrem hohe Temperaturen, z. B. in Strahltriebwerken von Flugzeugen, verlangen Wälzlager aus warmfesten Stählen (Tabelle 1.3), die wegen der unabdingbar extrem hohen Betriebssicherheit bei Temperaturen um 600 °C im Vakuum-Umschmelzverfahren hergestellt werden müssen.

Maßstabilisierung siehe Abschnitt 1.6.2.4.7.

1.4 Lagerarten – genormte Bauformen

Die Aufnahme/Verwendung der von den Herstellern angebotenen Lager bei den Konstrukteuren ist offensichtlich auch einem gewissen Modezyklus unterworfen. Anders ist das zeitweilige Verschwinden einzelner Lagerarten nicht erklärbar, die dann wieder nach gewisser Zeit mehr denn je zuvor verlangt werden, wenngleich gerade zu diesem Zeitpunkt niemand ein „neues" Funktionsmerkmal entdeckt hat.

Die nachfolgende Beschreibung der Lagerarten ist daher eine Darstellung der gegenwärtigen genormten Bauformen nach allen Funktionsmerkmalen, ausgenommen die maßlichen Einzelheiten im Lagerinnenraum. In sehr allgemeiner, nur die gegenseitige Austauschbarkeit der Lagerarten berücksichtigender Form sind die Hauptmaße – Manteldurchmesser, Bohrungsdurchmesser, Breite/Höhe, Kantenverrundungen – mit den zugehörigen Toleranzen schon seit den Anfängen der nationalen und internationalen Normung festgelegt. Die in den europäischen nationalen Normen praktisch gleichgeschalteten Kurzbezeichnungen (u. a. auch Japan) gibt es international nicht; eine einzige Ausnahme bilden dabei die Kegelrollenlager im Gefolge der weltweit gesetzlichen Einführung des SI-Maßsystems. Mit ISO 5593-1985 [N 4] ist wenigstens erstmals eine umfangreiche Norm über die Terminologie der Wälzlagertechnik erschienen; eine größere Anzahl von „vergessenen" Begriffen wurde in der entsprechenden ÖNORM M 6315/Teil 2 [N 3] nachgetragen.

1.4.1 Internationaler Maßplan

In ÖNORM M 6316 [N 6] sind die relevanten ISO-Maßpläne (ISO 15-1981 [N 7], ISO 104-1979 [N 8], ISO 355-1977 [N 9] und ISO 582-1979 [N 10]) in einer Norm zusammengefaßt.

Nadellager sind darin nicht abgedeckt. Vgl. dazu ÖNORM M 6318/Teile 7 [N 21] und 11 [N 25] mit ISO 1206-1982 [N 11], ISO 3245-1974 [N 12], ISO 3030-1974 [N 13] und ISO 3031-1979 [N 14].

1.4.1.1 Aufbau des Maßplanes

Der Maßplan nach [N 6] legt die möglichen Hauptmaße von genormten Wälzlagern fest. Er regelt nicht die spezifischen Merkmale von Lagerarten und Lagerbauformen. Bei der Konstruktion von neuen Lagerreihen oder auch von einzelnen Sonderlagern soll der Wälzlagerhersteller die Richtlinien dieser ÖNORM berücksichtigen. Der Maßplan bietet die Grundlage zur Schaffung einer ausreichenden, aber nicht uneingeschränkten Typenvielfalt.

Jeder einzelne Maßplan enthält mehrere Maßreihen. Jede Maßreihe drückt in der ersten Kennziffer eine bestimmte Breiten- bzw. Höhenreihe aus, in der zweiten Kennziffer die Durchmesserreihe (Tabelle 1.4). Die Inhomogenität des Maßplanes läßt sich mit seiner historischen Entwicklung begründen.

Tabelle 1.4. Maßreihen. Beispiel Radiallager, ausgenommen Kegelrollenlager (nach [N6]

		Durchmesserreihe									
		0	1	2	3	4	5	6	7	8	9
Breiten- oder Höhenreihe	0	00	01	02	03	04	—	—	—	08	09
	1	10	11	12	13	14	—	—	17	18	19
	2	20	21	22	23	24	—	—		28	29
	3	30	31	32	33	—	—	—	37	38	39
	4	40	41	42	—	—	—	—	—	48	49
	5	50	—	—	—	—	—	—	—	58	59
	6	60	—	—	—	—	—	—	—	68	69
	7	70	71	72	73	74	—	—	—	—	—
	8	—	—	82	83	—	—	—	—	—	—
	9	90	91	92	93	94	95	—	—	—	—

Beispiel: Maßreihe 23 besteht aus der Breitenreihe 2 und der Durchmesserreihe 3

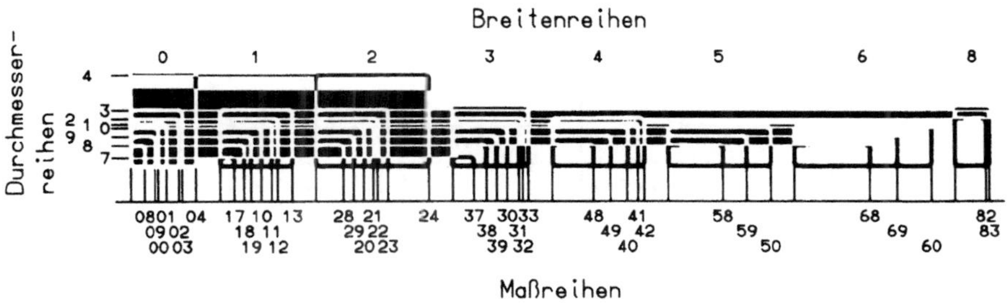

1.4.1.2 Unterteilung des Maßplanes

Radiallager, ausgenommen Kegelrollenlager (Tabelle 1.5)

Tabelle 1.5. Maßplan für Radiallager, ausgenommen Kegelrollenlager (Auszug aus [N6])

Maße in mm

	Durchmesserreihe 2									Durchmesserreihe 3							
		Breitenreihe						Maßreihe 02 bis 42	Maßreihe 82		Breitenreihe					Maßreihe 03 bis 33	Maßreihe 83
		0	1	2	3	4	8				0	1	2	3	8		
		Maßreihe									Maßreihe						
		02	12	22	32	42	82				03	13	23	33	83		
d	*D*	*B*						r_{smin}		*D*	*B*					r_{smin}	
4	13	5			7		3	0,2	0,15	16	5			9		0,3	
5	16	5			8		3,5	0,3	0,15	19	6			10		0,3	
6	19	6			10		4	0,3	0,2	22	7		11	13		0,3	
7	22	7			11		5	0,3	0,3	26	9		13	15		0,3	
8	24	8			12		5	0,3	0,3	28	9		13	15		0,3	
9	26	8			13		6	0,6	0,3	30	10		14	16		0,6	
800	1420	200	272	355	488	615		15		1600	258	355	462	600		15	
850	1500	206	280	375	515	650		15		1700	280	375	488	630		19	
900	1580	218	300	388	515	670		15		1780	280	388	500	650		19	

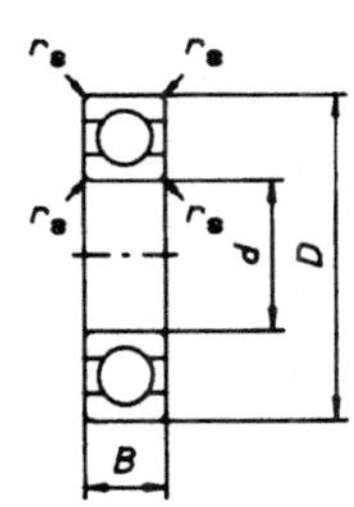

Die Maße von r_{smin} gelten nicht für
— die Nutseite von Lagern mit Ringnuten am Außenring,

— die bordlose Seite dünnwandiger Ringe von Zylinderrollenlagern,
— die keine Axialbelastung aufnehmende Seite von Schrägkugellagern und
— die Innenringe von Lagern mit kegeliger Bohrung.

Kegelrollenlager (Tabelle 1.6)

Die Kantenverrundungen an den kleinen Planflächen der Lagerringe sind nicht genormt, die Kanten sollen jedoch nicht scharf sein.
Anmerkung: Fälschlicherweise werden in ISO 355-1977 [N 9] für die Kantenverrundungen in radialer und axialer Richtung verschiedene Indizes verwendet, und zwar

— $r_{1s\,min}$, $r_{2s\,min}$ für $r_{is\,min}$
— $r_{3s\,min}$, $r_{4s\,min}$ für $r_{es\,min}$.

Tabelle 1.6. Maßplan für Kegelrollenlager (Auszug aus [N6])

Maße in mm

	Durchmesserreihe 0									Durchmesserreihe 2							
		Breitenreihe						Maßreihe 20 und 30			Breitenreihe						Maßreihe 02 bis 32
		2			3						0			2			
		Maßreihe									Maßreihe						
		20			30						02			22			
d	*D*	*B*	*C*	*T*	*B*	*C*	*T*	$r_{is\,min}$	$r_{es\,min}$	*D*	*B*	*C*	*T*	*B*	*C*	*T*	$r_{is\,min}$
10										30	9		9,7	14		14,7	0,6
12	20	11		11	13		13	0,3	0,3	32	10	9	10,75	14		14,75	0,6
15	32	12		12	14		14	0,3	0,3	35	11	10	11,75	14		14,75	0,6
17	35	13		13	15		15	0,3	0,3	40	12	11	13,25	16		17,25	0,6
20	42	15	12	15	17		17	0,6	0,6	47	14	12	15,25	16		19,25	1
22	44	15	11,5	15				0,6	0,6	50	14		15,25	18		19,25	1
240	360	76	57	76				4	3	440	72	60	79	120	100	127	5
260	400	87	65	87				5	4	480	80	67	89	130	106	137	6
280	420	87	65	87				5	4	500	80	67	89	130	106	137	6

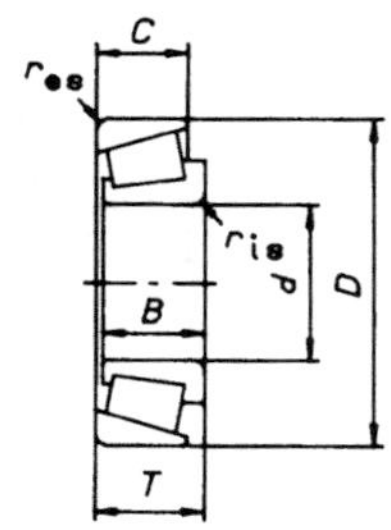

Axiallager, einseitig wirkend (Tabelle 1.7)

Tabelle 1.7. Maßplan für Axiallager, einseitig wirkend (Auszug aus [N6]))

Maße in mm

	Durchmesserreihe 0					Durchmesserreihe 1					Durchmesserreihe 2					
		Höhenreihe			Maßreihe 10 bis 90		Höhenreihe			Maßreihe 11 bis 91		Höhenreihe			Maßreihe 12 bis 92	
		1	7	9			1	7	9			1	7	9		
		Maßreihe					Maßreihe					Maßreihe				
		10	70	90			11	71	91			12	72	92		
d	*D*	*T*			$r_{s\,min}$	*D*	*T*			$r_{s\,min}$	*D*	*T*			$r_{s\,min}$	*d*
4	12	6	4		0,3						16	11	7		0,6	4
6	16	7	5		0,3						20	12	8		0,6	6
8	18	7	5		0,3						22	12	8		0,6	8
10	20	7	5		0,3	24	9	6		0,3	26	14	9		0,6	10
12	22	7	5		0,3	26	9	6		0,3	28	14	9		0,6	12
15	26	7	5		0,3	28	9	6		0,3	32	15	10		0,6	15
2240	2430	200			5	2570	258			9,5						15
2360	2550	206			5	2700	265			9,5						19
2500	2700	218			5	2850	272			9,5						19

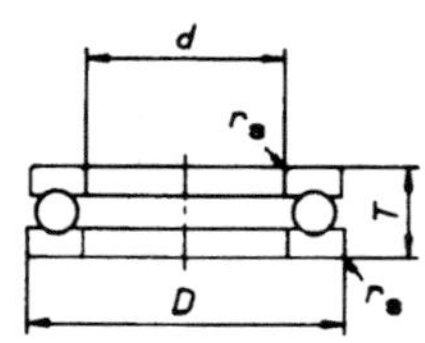

Axiallager, zweiseitig wirkend (Tabelle 1.8)

Tabelle 1.8. Maßplan für Axiallager, zweiseitig wirkend (Auszug aus [N6])

Maße in mm

	Durchmesserreihe 2						Durchmesserreihe 3						
		Höhenreihe 2						Höhenreihe 2					
		Maßreihe 22						Maßreihe 23					
d	d_2	D	T_1	B	r_{min}	r_{1min}	d_2	D	T_1	B	r_{min}	r_{1min}	d
15	10	32	22	5	0,6	0,3							15
20	15	40	26	6	0,6	0,3							20
25	20	47	28	7	0,6	0,3	20	52	34	8	1	0,3	25
30	25	52	29	7	0,6	0,3	25	60	38	9	1	0,3	30
35	30	62	34	8	1	0,3	30	68	44	10	1	0,3	35
40	30	68	36	9	1	0,6	35	78	49	12	1	0,6	40
190	160	270	109	24	2	2	160	320	183	40	4	2	190
200	170	280	109	24	2	2	170	340	192	42	4	2	200
220	190	300	110	24	2	2							220

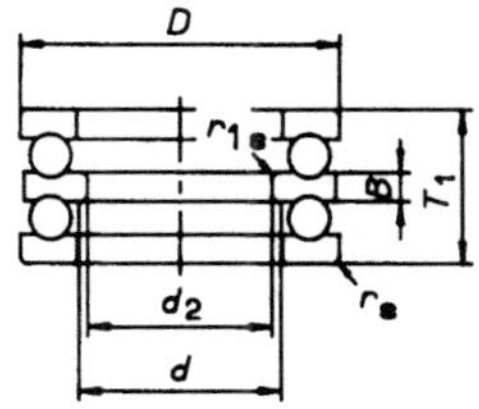

1.4.2 *Genormte Lagerarten – Benennungen und Einteilung*

In den nationalen Normenwerken bietet die ÖNORM M 6318 Teile 1 bis 14 [N 15 bis N 28] den umfangreichsten geschlossenen Block über genormte Wälzlager an.

Benennung nach der Art der Wälzkörper

Wälzlager bestehen im allgemeinen aus zwei Ringen oder Scheiben, Wälzkörpern und einem Käfig. Die Wälzkörper rollen auf den Laufbahnen der Ringe oder Scheiben ab und bewirken damit die Kraftübertragung.

Kugellager: Wälzlager, deren Wälzkörper Kugeln sind (Tabellen 1.9 und 1.10).

Rollenlager: Wälzlager, deren Wälzkörper zylinder-, tonnen- oder kegelförmige Rollen sind (Tabellen 1.11 und 1.12).

Benennung nach der vorwiegenden Belastungsrichtung

Je nachdem, ob vorwiegend Radialkräfte oder Axialkräfte übertragen werden sollen, erfolgt die Einteilung in

Radial- Kugellager (Tabelle 1.9)
Rollenlager (Tabelle 1.11)

Axial- Kugellager (Tabelle 1.10)
Rollenlager (Tabelle 1.12)

Radial-Axial-Lager (Lagerensembles) (Tabelle 1.13)

In der Spalte „Lagerart" der Tabellen 1.9 bis 1.12 ergibt sich nach Weglassen der Klammern die vollständige Benennung der Lagerart; die nicht eingeklammerten Begriffe allein bedeuten die Kurzbenennung der Lagerart. Es wurden nicht alle Konstruktionsvarianten dargestellt.

Tabelle 1.9. Radial-Kugellager, Einteilung

Über-begriff	Lagerart / Normenhinweis	Schema	Symbol
Radial-Rillenkugellager	(einreihiges Radial-)Rillenkugellager ÖNORM M 6318/1	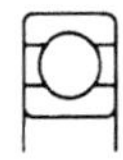	
	(Radial-)Schulterkugellager ÖNORM M 6318/1	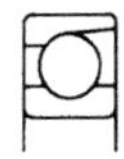	
	zweireihiges (Radial-)Rillenkugellager ÖNORM M 6318/1	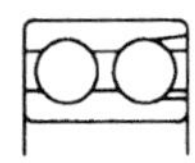	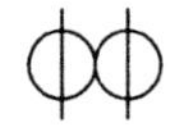
	(einreihiges Radial-)Spannlager ÖNORM M 6318/1	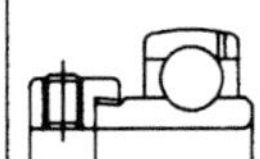	
Radial-Schrägkugellager	(einreihiges Radial-)Schrägkugellager ÖNORM M 6318/2	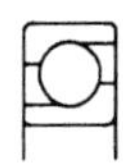	
	(Radial-)Vierpunktlager ÖNORM M 6318/2	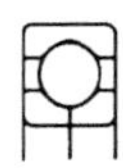	
	zweireihiges (Radial-)Schrägkugellager ÖNORM M 6318/2	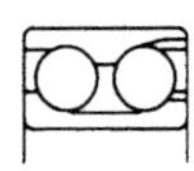	
	(Radial-)Pendelkugellager ÖNORM M 6318/3	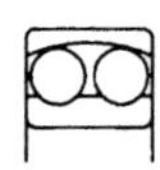	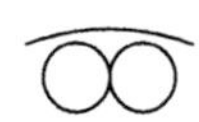

Tabelle 1.10. Axial-Kugellager, Einteilung

Über-begriff	Lagerart / Normenhinweis	Schema	Symbol
Axial-Rillenkugellager	(einseitig wirkendes)Axial-(Rillen-) Kugellager ÖNORM M 6318/4	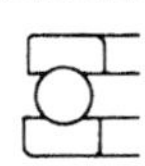	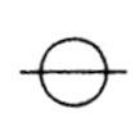
	zweiseitig wirkendes Axial-(Rillen-) Kugellager ÖNORM M 6318/4	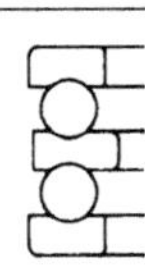	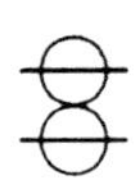
	zweiseitig wirkendes Axial-Schrägkugellager ÖNORM M 6318/5	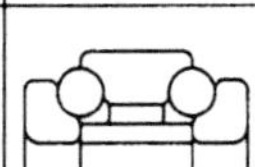	

Tabelle 1.11. Radial-Rollenlager, Einteilung

Über-begriff		Lagerart / Normenhinweis	Schema	Symbol
Radial-Zylinderrollenlager	einreihige	(einreihiges Radial-)Zylinderrollenlager feste Außenringborde		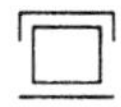
		feste Innenringborde ÖNORM M 6318/6		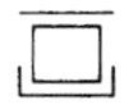
	mehrreihige	zweireihiges (Radial-)Zylinderrollenlager feste Außenring- oder Innenringborde ÖNORM M 6318/5	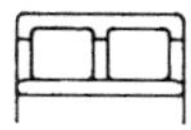	
		n-reihiges (Radial-)Zylinderrollenlager feste Außenring- oder Innenringborde *n*...Anzahl der Reihen	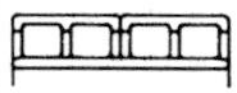	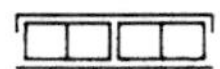
	Radial-Nadellager	(Radial-)Nadellager ÖNORM M 6318/7	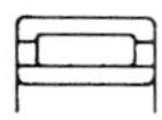	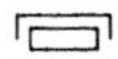
		(Radial-)Nadelhülse ÖNORM M 6318/7	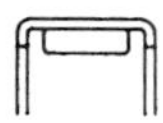	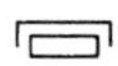
		(Radial-)Nadelbüchse ÖNORM M 6318/7	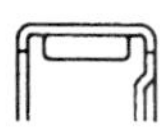	
		(Radial-)Nadelkranz, (Radial-)Walzenkranz ÖNORM M 6318/7		
Radial-Tonnenlager		(einreihiges Radial-)Tonnenlager ÖNORM M 6318/8		
		(Radial-)Pendelrollenlager, Zweireihiges (Radial-)Tonnenlager ÖNORM M 6318/8		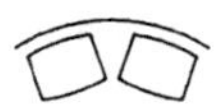
Radial-Kegelrollenlager		(einreihiges Radial-)Kegelrollenlager ÖNORM M 6318/9		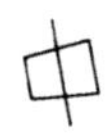
		Zweireihiges (Radial-)Kegelrollenlager einteiliger Außenring	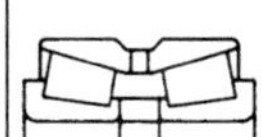	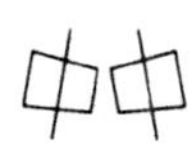
		einteiliger Innenring	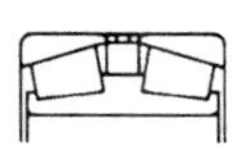	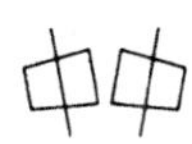

Tabelle 1.12. Axial-Rollenlager, Einteilung

Überbegriff	Lagerart / Normenhinweis	Schema	Symbol
Axial-Zylinderrollenlager	(einseitig wirkendes) Axial-Zylinderrollenlager ÖNORM M 6318/10	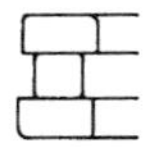	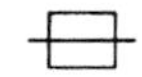
	Axial-Nadelkranz ÖNORM M 6318/11		
Axial-Tonnenlager	(einseitig wirkendes)Axial-Tonnenlager Axial-Pendelrollenlager ÖNORM M 6318/12	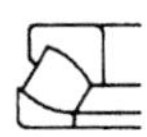	
Axial-Kegelrollenlager	(einseitig wirkendes)Axial-Kegelrollenlager ÖNORM M 6318/13	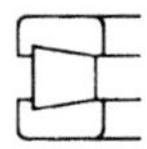	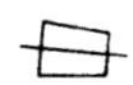

Tabelle 1.13. Wälzlager-Ensembles, Einteilung

Überbegriff	Lagerart / Normenhinweis	Schema	Symbol
Wälzlager-Ensembles	Ensemble von Radial-Nadellager und Radial-Schrägkugellager ÖNORM M 6318/14	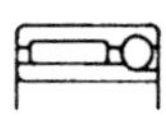	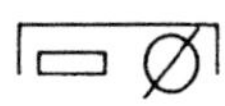
	Ensemble von Radial-Nadellager und Axial-Rillenkugellager ÖNORM M 6318/14	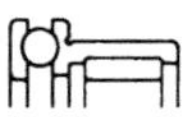	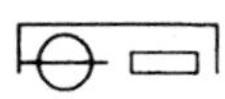
	Ensemble von Radial-Nadellager und Axial-Zylinderrollenlager ÖNORM M 6318/14	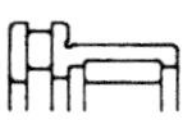	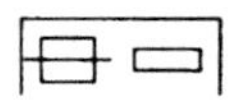

1.4.3 Gestaltung der Lagerarten

Die Lagerarten präsentieren sich, ausgehend von ihrer genormten Grundform nach Abschnitt 1.4.2, in zum Teil vielfältig programmäßig variierten und individuell variierbaren Bauformen.

Die nachfolgende Beschreibung der Lagerarten und ihrer Bauformen mit Hinweisen auf übliche Anwendungsbereiche, Verfügbarkeit, Kostensituation u. a. darf eher nur als Enzyklopädie verstanden werden. Der erfahrene Konstrukteur kennt die komplexen Auswahlkriterien und optimiert seine Kreation nach eigenen Gesichtspunkten.

Hinweis: Begriffe, die verwendet, aber nicht erklärt sind, werden in den nachfolgenden Abschnitten ausführlich behandelt.

1.4.3.1 Radial-Kugellager

1.4.3.1.1 Rillenkugellager

ÖNORM M 6318/1 [N 15], DIN 625/1, DIN 625/3, DIN 626/1, [N 30 bis N 32]

Einreihige Rillenkugellager (Abb. 1.13)

Einreihige Rillenkugellager sind starre, nicht zerlegbare Radiallager. Der Kugelkranz wird im Innen- und Außenring in tiefen Rillen geführt. Die radiale und axiale Tragfähigkeit ist bei einreihigen Rillenkugellagern gleichermaßen hoch, sie haben die höchsten Drehzahlgrenzen aller Lagerarten. Bei normalen Betriebsverhältnissen sind – abhängig von der Radialluft – Schiefstellungen von 8 bis 16 Winkelminuten aus der Mittellage zugelassen. Im Standardserien-Lagerprogramm bieten die Hersteller einreihige Rillenkugellager sowohl mit berührungsfreien Deckscheiben (Nachsetzzeichen Z, 2 Z) als auch mit schleifenden Dichtscheiben (Nachsetzzeichen RS, 2 RS) an. Lager mit beidseitig integrierten Abdichtungen (2 Z, 2 RS) sind wartungsfrei und für Betriebstemperaturen von – 20 °C (253 K) bis 120 °C (393 K) geeignet.
Zur einfachen und raumsparenden axialen Befestigung im Gehäuse werden Rillenkugellager mit Ringnut im Außenring (Nachsetzzeichen N) oder mit Ringnut und Sprengring (Nachsetzzeichen NR) angeboten.

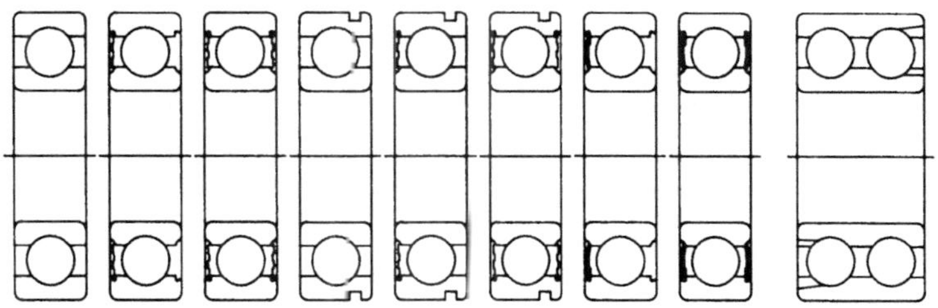

Abb. 1.13. Radial-Rillenkugellager

Zweireihige Rillenkugellager (Abb. 1.13)

Zweireihige Rillenkugellager sind radial tragfähiger als einreihige, jedoch der Füllnuten wegen axial weniger belastbar. In der neueren Ausführungsform ohne Füllnuten ist die axiale Belastbarkeit in beiden Richtungen gleich gut, die Tragzahlen sind zum Teil jedoch etwas geringer. Zweireihige Rillenkugellager sind nicht geeignet, um Schiefstellungen auszugleichen. Obwohl heute noch immer verwendet, können sie gegenüber dem zweireihigen Schrägkugellager keine Vorteile aufweisen.

Schulterkugellager (Abb. 1.14)

Schulterkugellager sind im Aufbau dem einreihigen Rillenkugellager ähnlich. Sie unterscheiden sich im Außenring (nur eine Schulter): Das Laufprofil geht einseitig am Rillengrund in eine kurze zylindrische Laufbahn über.
Zwei Schulterkugellager einer Wellenlagerung werden mit geringem Axialspiel eingebaut; temperaturbedingte Längenänderungen der Welle sind dadurch gut ausgleichbar. Axialkräfte werden im beschränkten Ausmaß übertragen. Der

Innenring mit Kugelkranz und der Außenring sind tauschbar und werden getrennt eingebaut. Das erlaubt für beide Lagerringe feste Sitze und ergibt bei Serienmontagen Vorteile.

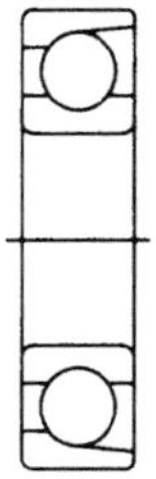

Abb. 1.14. Schulterkugellager

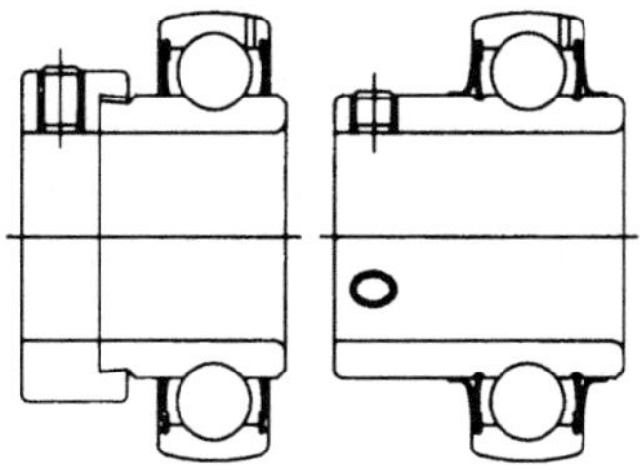

Abb. 1.15. Spannlager

Spannlager (Abb. 1.15)

Spannlager sind Rillenkugellager mit verlängertem Innenring, der mit einem Exzenterring oder mit zwei Gewindestiften auf der Welle befestigt wird. Die Lager haben auf beiden Seiten eine schleifende Dichtung, mitunter als zusätzlichen Schutz auch Schleuderbleche. Die Mantelfläche des Außenringes ist in der Regel kugelig geschliffen, so daß sich der Ring in einem entsprechend ausgebildeten Blech- oder Gußgehäuse einstellen kann, wenn die Lagerstellen nicht fluchten.

1.4.3.1.2 Schrägkugellager

ÖNORM M 6318/2 [N 16], DIN 628/1 [N 33]

Einreihige Schrägkugellager (Abb. 1.16)

Einreihige Schrägkugellager nehmen nur in einer Richtung Axialkräfte auf, weswegen sie gegen ein zweites Lager angestellt werden müssen. Sie sind nicht zerlegbar, der Druckwinkel beträgt 40°, optimale Laufbedingungen entstehen bei einem Kräfteverhältnis von $F_a/F_r \geqq 1$. Sie eignen sich für hohe Drehzahlen. Der Abstand zum Gegenlager ist kurz zu wählen, da temperaturbedingte Längenänderungen der Welle die Betriebslagerluft beeinflussen.
Für starre Lagerungen mit geringem Axialspiel gibt es Schrägkugellager für paarweisen Einbau. Diese Lager werden mit dem Nachsetzzeichen G gekennzeichnet und einzeln verpackt geliefert. Der Verbraucher bestellt die Zahl der Einzellager und stellt die gewünschte Lagerung (Tandem-, O- oder X-Anordnung) beliebig zusammen.

Tandem-Anordnung (Abb. 1.17)

Axialkräfte werden in einer Richtung aufgenommen und gleichmäßig aufgeteilt. Schrägkugellager in Tandem-Anordnung sind gegen ein weiteres Lager, das die Gegenführung übernimmt, anzustellen.

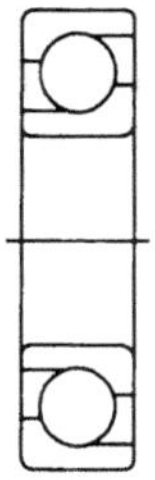

Abb. 1.16. Einreihiges Schrägkugellager

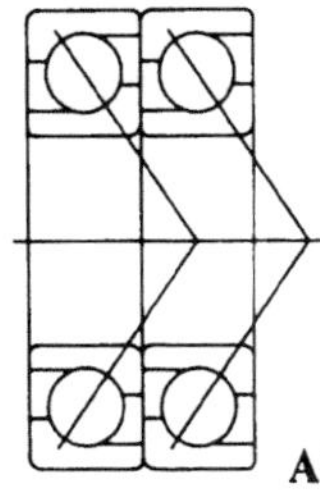

Abb. 1. 17. Schrägkugellager, Tandem-Anordnung

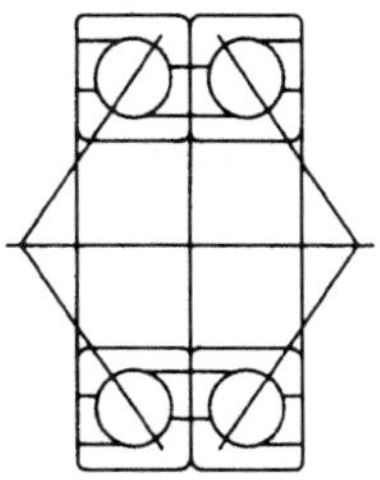

Abb. 1.18. Schrägkugellager, O-Anordnung

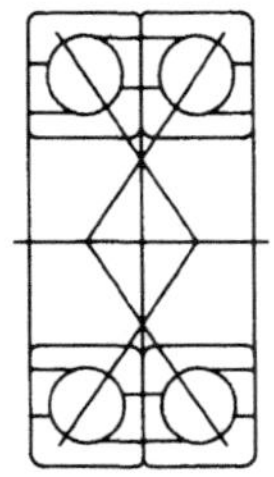

Abb. 1.19. Schrägkugellager, X-Anordnung

O-Anordnung (engl.: back to back) (Abb. 1.18)

Axialkräfte werden in beiden Richtungen, jeweils von einem Lager, aufgenommen. Wegen der großen Stützbreite ist diese Lagerung sehr starr und nimmt große Kippmomente auf. Bei Lagerungen mit mehreren Lagerstellen werden Belastungen um so besser übertragen, je genauer die Lagerstellen fluchten.

X-Anordnung (engl.: face to face) (Abb. 1.19)

Axialkräfte werden wie bei der O-Anordnung in beiden Richtungen, jeweils von einem Lager, aufgenommen. Die kleine Stützbreite stellt bei Lagerungen mit mehreren Lagerstellen keine großen Anforderungen an die Genauigkeit der Fluchtung. Kippmomente werden allerdings wegen der geringeren Starrheit der Anordnung weniger gut aufgenommen.

Wird die Welle nach j5 und die Gehäusebohrung nach J6 bearbeitet, so ist bei O- und X-Anordnung eine geringe Lagerluft vorhanden.

Vierpunktlager (Abb. 1.20)

Vierpunktlager sind einreihige Schrägkugellager mit geteiltem Innenring und einem Druckwinkel von 35°. Sie nehmen in gleicher Weise Axialbelastungen in beiden Richtungen auf. Bei einem Kräfteverhältnis von $F_a/F_r \geqq 1{,}27$ entstehen optimale Laufbedingungen. Vierpunktlager sind für hohe Drehzahlen geeignet. Der Außenring mit dem Kugelkranz wird getrennt vom geteilten Innenring eingebaut. Bei ausschließlicher Axialbelastung erhält der Außenring im Gehäuse eine Spielpassung; größere Vierpunktlager haben zum Fixieren Haltenuten im Außenring, um ein Mitdrehen zu verhindern.

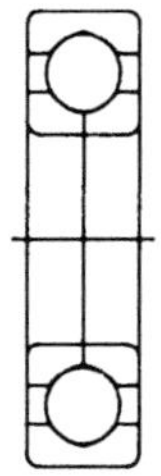

Abb. 1.20. Vierpunktlager

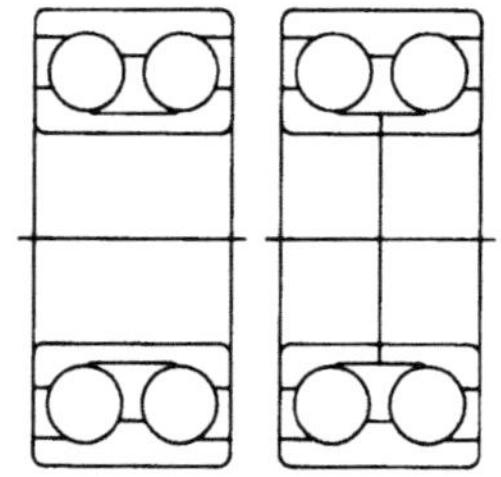

Abb. 1.21. Zweireihige Schrägkugellager

Zweireihige Schrägkugellager (Abb. 1.21)

Zweireihige Schrägkugellager entsprechen in der Funktion paarweise verwendeten einreihigen Schrägkugellagern in O-Anordnung. Die Standardausführung hat auf einer Seite Füllnuten und ist nicht zerlegbar, der Druckwinkel beträgt 32°. Die Lager sind so einzubauen, daß die größeren Axialkräfte von den Laufbahnen ohne Füllnuten aufgenommen werden.

Die Ausführungsform ohne Füllnuten weist einen Druckwinkel von 25° auf.

Zweireihige Schrägkugellager gibt es auch in zerlegbarer Ausführung mit geteiltem Innenring (Nachsetzzeichen D), der Druckwinkel beträgt 45°. Diese Lager haben keine Füllnuten, Axialkräfte werden in beiden Richtungen gleich gut aufgenommen, sie sind sehr starr und vertragen keine Schrägstellungen.

1.4.3.1.3 Pendelkugellager (Abb. 1.22)

ÖNORM M 6318/3 [N 17], DIN 630/1 und 2 [N 34]

Pendelkugellager sind zweireihige, nicht zerlegbare Lager mit einer hohlkugeligen Laufbahn im Außenring. Sie sind dadurch winkeleinstellbar und gegen Fluchtungsfehler bzw. Wellendurchbiegungen, bis 4° aus der Mittellage, unempfindlich. Pendelkugellager sind sowohl mit zylindrischer als auch mit kegeliger Bohrung 1 : 12 in den Standardserien-Lagerprogrammen. Mit kegeliger Bohrung sind sie entweder unmittelbar auf kegeligen Wellensitzen oder mit Spannhülsen auf zylindrischen Wellen montierbar.

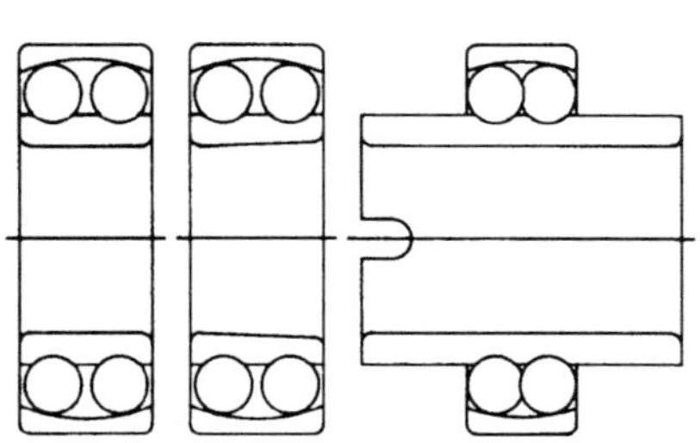

Abb. 1.22. Pendelkugellager

Pendelkugellager mit breitem Innenring

Pendelkugellager mit breitem Innenring eignen sich für Montagen auf gezogenen Wellen. Die Abmaße der Lagerbohrung liegen bei diesen Innenringen im Toleranzfeld J7. Mit einem zylindrischen Stift, der in eine Nut auf einer Seite des Innenringes eingreift, wird der Innenring gegen Mitdrehen gesichert. Werden zwei Pendelkugellager mit breitem Innenring für eine Lagerung verwendet, so sind die Nuten der Innenringe entweder beide nach innen oder beide nach außen (zur Lagerung) zu richten.

1.4.3.2 Radial-Rollenlager

1.4.3.2.1 Zylinderrollenlager

ÖNORM M 6318/6 [N 20], DIN 5412/1, 1.1, 4, 9 [N 35 bis N 38]

Einreihige Zylinderrollenlager (Abb. 1.23)

Einreihige Zylinderrollenlager sind zerlegbare Radiallager. Die Linienberührung zwischen Rollen und Laufbahnen ist modifiziert; Kantenspannungen werden dadurch verhindert. Die radiale Tragfähigkeit und die Drehzahlgrenze sind sehr hoch. Die zulässige Schrägstellung aus der Mittellage beträgt zwei bis vier Winkelminuten. Die verschiedenen Bauformen der Zylinderrollenlager werden durch die Anordnung der Borde bestimmt. Die Bauform N hat zwei Borde am Innenring und einen bordlosen Außenring. Bei der Bauform NU hat der Außenring zwei Borde, der Innenring ist bordlos. Lager dieser beiden Bauformen gleichen Längenänderungen der Welle innerhalb des Lagers aus und sind deshalb ideale Loslager. Die Bauform NU darf nur mit einem Winkelring HJ ergänzt werden und überträgt dann Axialkräfte in einer Richtung.

Zylinderrollenlager der Bauform NJ haben am Außenring zwei Borde und am Innenring einen Bord. Axialkräfte werden in einer Richtung aufgenommen. Mit einem Winkelring HJ ergänzt, bilden Lager dieser Bauform Festlager (NJ + HJ = NH) und führen die Welle axial in beiden Richtungen.

Zur Aufnahme wechselseitig wirkender Axialkräfte bzw. als Festlager werden Zylinderrollenlager der Bauform NUP verwendet. Sie haben zwei feste Borde am Außenring, einen festen Bord am Innenring und eine lose Bordscheibe.

Bei räumlich gedrängten Lagerungen werden auch die Bauform RNU (Baugruppe RNU), das sind Zylinderrollenlager NU ohne Innenring, oder die Bauform RN (Baugruppe RN), das sind Zylinderrollenlager N ohne Außenring, eingebaut. In beiden Fällen muß die dem Lager entsprechende Qualität der gehärteten und geschliffenen Laufbahnen auf der Welle oder im Gehäuse gesichert sein. Für die Baugruppe RNU ist normalerweise die Welle nach Toleranzfeld g6 und die Gehäusebohrung nach K7 zu bearbeiten. Für die Baugruppe RN ist zu beachten, daß bei festem Sitz des Innenringes auf der Welle dieser aufgeweitet wird und dies jeweils bei der Wahl des Gehäusetoleranzfeldes zu berücksichtigen ist.

Im Normalfall werden Zylinderrollenlager im Lagerluftbereich „Ringe gepaart" (siehe Tabelle 3.44) geliefert. Die kleinere Streuung der Lagerluft „Ringe gepaart"

bleibt erhalten, wenn der freie Ring und die Baugruppe beim Einbau zusammenbleiben. Werden sie vertauscht, kann die größere Streuung der Lagerluft „Ringe vertauscht" entstehen.
Für besonders hohe radiale Belastungen werden Zylinderrollenlager mit optimiertem Innenaufbau erzeugt. Diese Ausführung kennzeichnet das Nachsetzzeichen E. Sie verdrängen in zunehmendem Maße die Lager der „Normalausführung".

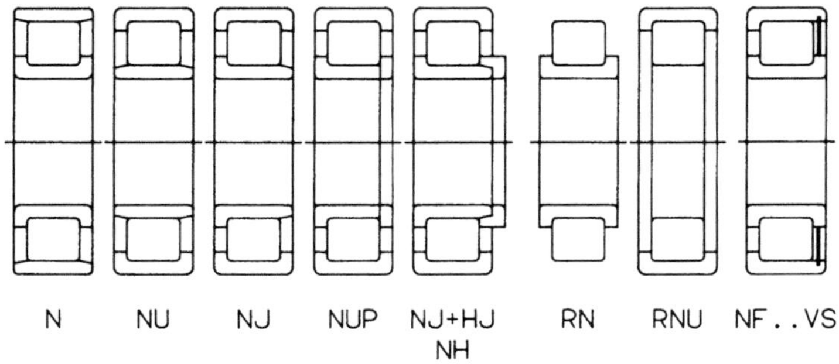

Abb. 1.23. Einreihige Zylinderrollenlager

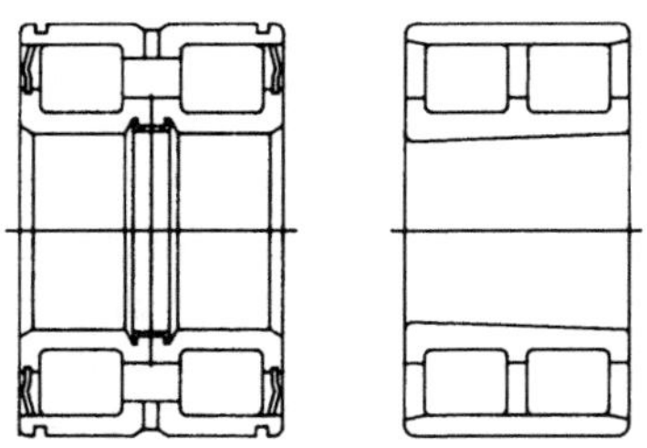

Abb. 1.24. Zweireihige Zylinderrollenlager

Zweireihige Zylinderrollenlager (Abb. 1.24)

Zweireihige Zylinderrollenlager werden hauptsächlich für Spindeln von Werkzeugmaschinen in höherer Genauigkeit gefertigt.
Stütz- und Arbeitswalzen von Walzgerüsten werden häufig in *mehrreihigen Zylinderrollenlagern* gelagert. Solche Lager sind nicht genormt, finden sich aber in den Bedarfserien- oder Sonderserien-Lagerprogrammen der Hersteller.

Vollrollige Zylinderrollenlager

Die Ansprüche des Schwermaschinenbaues an höchste Tragfähigkeit haben in letzter Zeit zu umfangreichen Angeboten an einreihigen und zweireihigen Zylinderrollenlagern ohne Käfig (vollrollige Zylinderrollenlager) in den Standardserien-Lagerprogrammen der Hersteller geführt. Diese Lager nützen den Lagerquerschnitt optimal durch eine größtmögliche Rollenzahl und haben dadurch auch die größtmögliche Tragfähigkeit in radialer Richtung. Wegen der höheren Reibung

durch die gegenseitige Berührung der Rollen sinkt ihre Drehzahlgrenze auf etwa den halben Wert der Zylinderrollenlager mit Käfigen.
Im Regelfall sind die Lager entweder nicht zerlegbar (Sicherungsring) oder die Rollensätze selbsthaltend, d. h. die Rollen fallen bei abgezogenem Innenring nicht aus dem Außenring heraus. Die zweireihigen Zylinderrollenlager gibt es auch in wartungsfreier Ausführung mit Fettfüllung und beidseitiger Abdichtung.

Radial-Nadellager (Abb. 1.25)

ÖNORM M 6318/7 [N 21], DIN 617 [N 39], DIN 5405/1 [N 40]

Radial-Nadellager sind eine Sonderbauart der Zylinderrollenlager. Als Wälzkörper dienen Nadeln (Nadelrollen); das sind lange, zylindrische Rollen mit geringem Durchmesser (Durchmesser-Längenverhältnis zwischen 1 : 2 und 1 : 10) und ebenen oder profilierten Stirnflächen. Nadellager haben eine sehr geringe Bauhöhe; sie eignen sich daher besonders für Konstruktionen, bei denen der Einbauraum in radialer Richtung knapp ist.
Radial-Nadellager werden als Nadelkränze (KNA), Nadelhülsen (HNA), Nadelbüchsen (BNA) und als Nadellager mit massiven Lagerringen (festen Borden, NA) gefertigt.
Radial-Nadellager können nur als Loslager verwendet werden. Für Fälle, in denen auch Axialkräfte aufgenommen werden müssen, gibt es genormte Lager-Ensembles (siehe Abschnitt 1.4.3.5).

Nadelkränze

Nadelkränze laufen als Baugruppe unmittelbar auf der Welle und im Gehäuse. Welle und Gehäusebohrung müssen gehärtet und geschliffen werden. Hierdurch erhält man bei geringster radialer Bauhöhe eine sehr preiswerte Lagerung.

Nadelhülsen und Nadelbüchsen

Nadelhülsen und Nadelbüchsen haben spanlos hergestellte gehärtete, aber nicht geschliffene Außenringe, die durch den Festsitz in der Gehäusebohrung die notwendige geometrische Form erhalten. Beide Bauarten sind ebenfalls sehr wirtschaftlich und werden häufig in Getriebelagerungen verwendet.

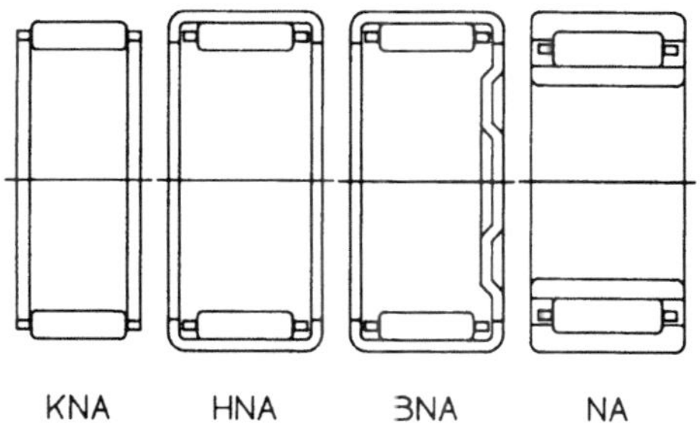

Abb. 1.25. Radial-Nadellager

Nadellager mit massiven Lagerringen

Bei dieser Bauart hat der Außenring meist zwei feste Borde, doch gibt es auch Nadellager mit bordlosen Lagerringen.

Laufrollen als Stütz- und Kurvenrollen (Abb. 1.26)

Laufrollen als Stütz- und Kurvenrollen sind Sonderbauformen der Radial-Nadellager mit massiven Ringen, sie haben einen dickwandigen Außenring und können daher beim direkten Abrollen des Außenringes hohe und stoßartige Radialkräfte übertragen. Stützrollen haben einen Innenring wie ein normales Wälzlager; Kurvenrollen haben anstelle des Innenringes einen Bolzen (Achsstummel) mit Gewinde und können damit in einem Halter (Gegenstück) befestigt werden.

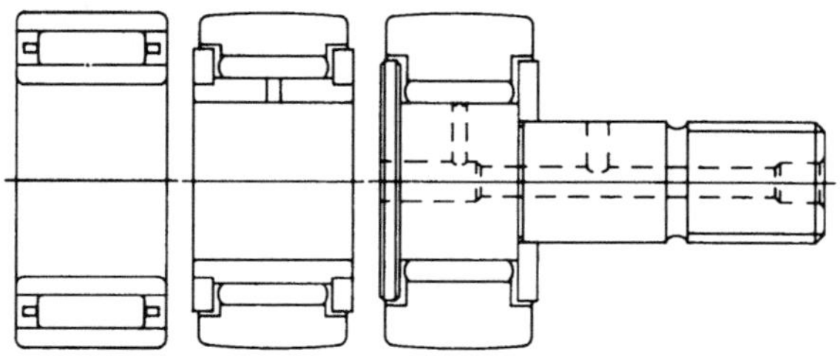

Abb. 1.26. Nadellager mit bordlosen Ringen, Stützrolle, Kurvenrolle

1.4.3.2.2 Tonnenlager

(Einreihige) Tonnenlager (Abb. 1.27)
ÖNORM M 6318/8 [N 22]

(Einreihige) Tonnenlager zählen zur Gruppe der Pendellager. Ebenso wie Pendelkugellager und Pendelrollenlager haben sie eine hohlkugelige Außenringlaufbahn. Dadurch kann sich der Rollenkranz mit dem Innenring pendelnd einstellen, so daß die Lager unempfindlich gegen Durchbiegungen der Welle und gegen Fluchtungsfehler sind.
Die Rollen sind tonnenförmig und werden am Innenring zwischen festen Borden geführt; ihre Mantellinie „schmiegt" sich dem Laufbahnprofil von Außen- und Innenring eng an. Tonnenlager sind sehr robust und eignen sich besonders für hohe und stoßartige Radialkräfte. Zur Übertragung von Axialkräften sind sie schlecht geeignet.

Pendelrollenlager (zweireihige Tonnenlager) (Abb. 1.28)
ÖNORM M 6318/8 [N 22], DIN 635/2 [N 41]

Pendelrollenlager sind zweireihige, nicht zerlegbare Tonnenlager mit einer hohlkugeligen Außenringlaufbahn. Sie sind dadurch winkeleinstellbar und gegen Fluch-

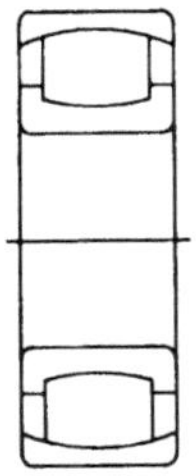

Abb. 1.27. Einreihiges Tonnenlager

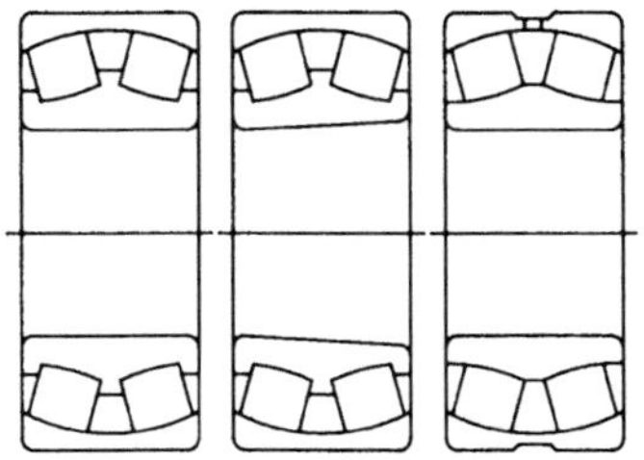

Abb. 1.28. Pendelrollenlager

tungsfehler bzw. Wellendurchbiegungen bis 0,5° (1°) aus der Mittellage unempfindlich.

Pendelrollenlager sind sowohl mit zylindrischer als auch mit kegeliger Bohrung 1 : 12 im Standardserien-Lagerprogramm der Hersteller. Mit kegeliger Bohrung sind sie entweder unmittelbar auf kegeligen Wellensitzen oder mit Spannhülsen auf zylindrischen Wellen montierbar. Grenzbeanspruchungen können bei größeren Lagern Schmierprobleme bewirken; Abhilfe ist durch eine Schmiernut mit radialen Schmierbohrungen im Außenring möglich.

Pendelrollenlager haben höchste Tragfähigkeit. Sie werden verwendet, wenn hohe und stoßartige Kräfte aufzunehmen sind und Fluchtungsfehler oder größere Durchbiegungen der Welle erwartet werden.

1.4.3.2.3 Kegelrollenlager

ÖNORM M 6318/9 [N23], DIN 720 [N42], ISO 355-1977 [N9]

Einreihige Kegelrollenlager (Abb. 1.29)

Einreihige Kegelrollenlager sind zerlegbare Radiallager. Modifizierte Linienberührungen zwischen den Rollen und den Laufbahnen verhindern Kantenspannungen. Kegelrollenlager nehmen Axialkräfte nur in einer Richtung auf, die Gegenführung übernimmt ein zweites Kegelrollenlager. Lagerstellen von Lagerungen mit Kegelrollenlagern müssen gut fluchten. Die Schiefstellung aus der Mittellage soll zwei Winkelminuten nicht überschreiten. Optimale Laufbedingungen werden bei den Reihen 320, 302, 303, 322, 323[1] ab dem Kräfteverhältnis $F_a/F_r \geqq 0{,}3$ erreicht. Temperaturbedingte Längenänderungen der Welle beeinträchtigen die Betriebslagerluft. Der Abstand zwischen den Lagern (Lagerstellen) ist deshalb klein zu wählen. Die Lagerluft wird durch Anstellen zum Gegenlager bei der Montage eingestellt.

Der Berührwinkel der meisten Kegelrollenlager-Reihen liegt zwischen 10° und 16°. Es gibt auch eine Lagerreihe (313) mit einem Berührwinkel von ca. 30°; Lager dieser Reihe nehmen noch höhere Axialkräfte als die zuvor genannten Reihen auf ($F_a/F_r \geqq 0{,}7$).

---

[1] ISO-Bezeichnungen vergleiche Tabelle 3.53.

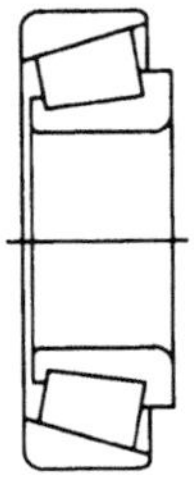

Abb. 1.29. Einreihiges Kegelrollenlager

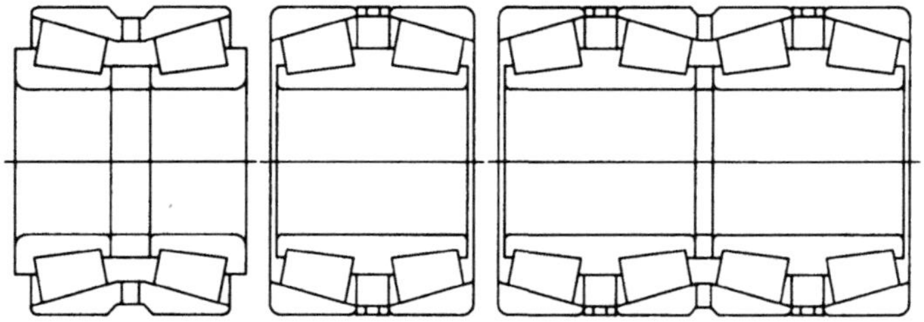

Abb. 1.30. Zweireihige Kegelrollenlager

Zweireihige Kegelrollenlager (Abb. 1.30)

Zweireihige Kegelrollenlager werden vorwiegend für Hauptspindel-Lagerungen von Werkzeugmaschinen und als Radsatzlager in Schienenfahrzeugen verwendet.

Vierreihige Kegelrollenlager (Abb. 1.30)

Vierreihige Kegelrollenlager werden hauptsächlich in Walzgerüsten eingebaut.

1.4.3.3 Axial-Kugellager

1.4.3.3.1 Axial-Rillenkugellager (Abb. 1.31)

ÖNORM M 6318/4 [N 18], DIN 711/1 [N 43], DIN 715 [N 44]

Axial-Rillenkugellager sind zerlegbar und werden in einseitig und zweiseitig wirkender Ausführung gefertigt. Die einseitig wirkenden Lager bestehen aus der Wellenscheibe, dem Kugelkranz und der Gehäusescheibe. Die zweiseitig wirkenden Lager bestehen aus zwei Gehäusescheiben, zwei Kugelkränzen und der Mittelscheibe (Wellenscheibe). Beide Lagerarten nehmen hohe Axialkräfte auf. Für Radialkräfte und hohe Drehzahlen dürfen sie nicht verwendet werden. Drehzahlabhängige Mindestbelastungen sind zu berücksichtigen. Winkelfehler (Schiefstellungen) können durch Axial-Rillenkugellager mit kugeligen Gehäusescheiben und gegebenenfalls mit zusätzlichen Einstellscheiben (Unterlagscheiben) beherrscht werden.

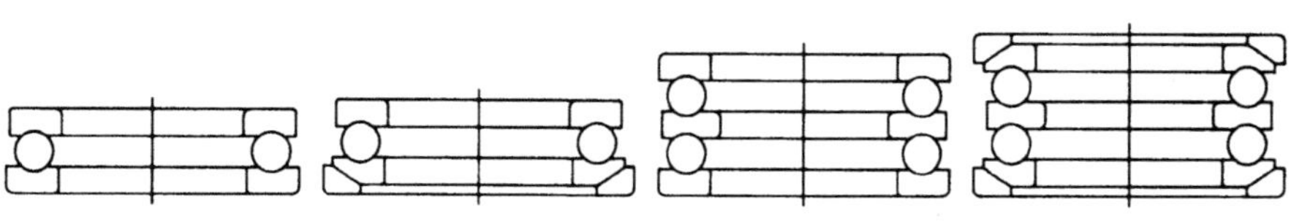

Abb. 1.31. Axial-Rillenkugellager

1.4.3.3.2 Axial-Schrägkugellager (Abb. 1.32)

ÖNORM M 6318/5 [N 19]

Axial-Schrägkugellager sind zerlegbar und werden in einseitig wirkender und zweiseitig wirkender Ausführung gefertigt.
Im Gegensatz zu Axial-Rillenkugellagern sind ihre Laufbahnen so gestaltet, daß sie Kräfte unter einem bestimmten Druckwinkel (Berührwinkel) übertragen. Entsprechend dem Berührwinkel ist jeweils ein Bord der Wellen- und Gehäusescheiben erhöht. Dadurch werden die Kugeln bei axialer Vorspannung gut geführt und deren Fliehkräfte sicher aufgenommen.
Beide Lagerarten haben i. a. Messing-Massivkäfige, die in der Bohrung der Gehäusescheiben geführt werden. Die zweireihigen Lager haben zwischen den beiden Wellenscheiben einen Distanzring, der dem eingebauten Lager die erforderliche Vorspannung gibt. Beide Lagerarten werden im Hinblick auf ihre bevorzugte Verwendung in hochtourigen, starren Werkzeugmaschinen nur in erhöhter Genauigkeit gefertigt.

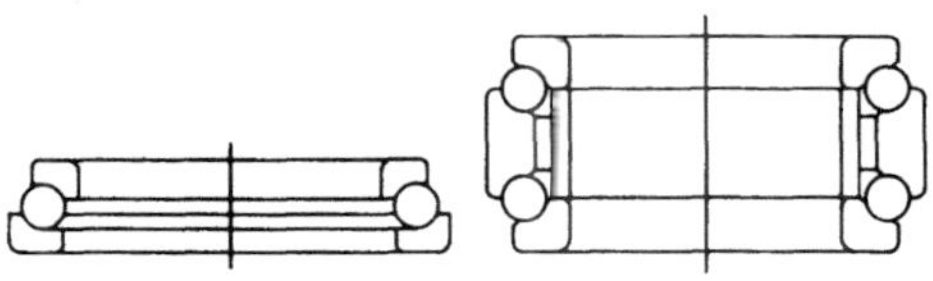

Abb. 1.32. Axial-Schrägkugellager

1.4.3.4 Axial-Rollenlager

1.4.3.4.1 Axial-Zylinderrollenlager

ÖNORM M 6318/10 [N 24], DIN 722 [N 45]

Axial-Zylinderrollenlager (Abb. 1.33)

Axial-Zylinderrollenlager sind zerlegbar und werden vorwiegend als einseitig wirkende Lager gefertigt. Sie bestehen aus zwei ebenen, bordlosen Scheiben und einem Kranz von sternförmig angeordneten Zylinderrollen, die von einem Käfig geführt werden.
Beim Abrollvorgang tritt an den inneren und äußeren Ende der Rollen Gleiten (Gleitreibung) auf. Aus diesem Grund erhalten Lager mit breitem Querschnitt anstelle einer langen Rolle in jeder Käfigtasche mehrere kurze Rollen. Häufig werden auf der Welle geführte Messing-Massivkäfige verwendet.
Die Lager können sich in radialer Richtung einstellen.

Axial-Nadellager (Abb. 1.34)

ÖNORM M 6318/11 [N 25], DIN 5405/2 [N 46]

Axial-Nadellager sind für Einbaufälle, in denen eine nur sehr kleine Bauhöhe zur Verfügung steht, in Verwendung. Ihr Aufbau ist ähnlich dem der Axial-Zylinderrollenlager.

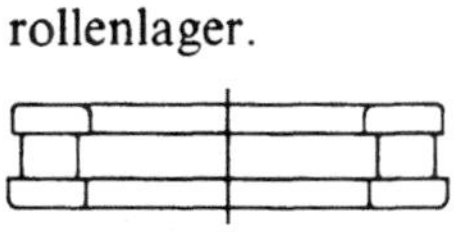

Abb. 1.33. Axial-Zylinderrollenlager

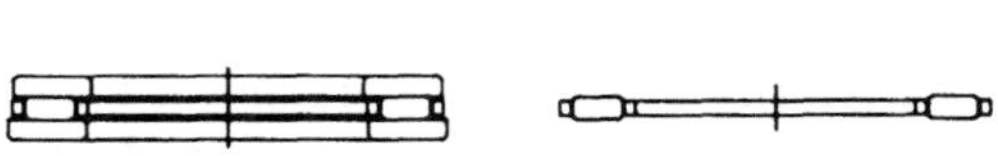

Abb. 1.34. Axial-Nadellager

Wie bei den Radial-Nadellagern können Axial-Nadellager bei gehärteten und geschliffenen Gehäusesitzflächen auch mit nur einer Scheibe oder als Axial-Nadelkranz eingebaut werden. Als Scheiben werden auch gestanzte und gehärtete Federstahlscheiben von geringer Dicke eingesetzt. Solche Scheiben werden nicht geschliffen und sind daher sehr preiswert. Bei hoher Genauigkeit oder bei unterbrochenen Anlageflächen können allenfalls Wellen- und Gehäusescheiben der Axial-Zylinderrollenlager verwendet werden.

1.4.3.4.2 Axial-Tonnenlager (Abb. 1.35)

ÖNORM M 6318/12 [N 26], DIN 728/1 [N 47]

Axial-Tonnenlager sind zerlegbar und haben einen Kranz von unsymmetrischen Tonnenrollen, die so gegen die Drehachse des Lagers geneigt sind, daß außer hohen axialen Kräften auch beträchtliche radiale Kräfte aufgenommen werden können. Die Tonnenrollen stützen sich an dem hohen Bord der Wellenscheibe ab und können sich in der hohlkugeligen Laufbahn der Gehäusescheibe einstellen. Dadurch ist das Lager ebenso wie das Radial-Pendellager unempfindlich gegen Fluchtungsfehler und Wellendurchbiegungen. Als Käfige werden Stahlblechkäfige und Messing-Massivkäfige verwendet.

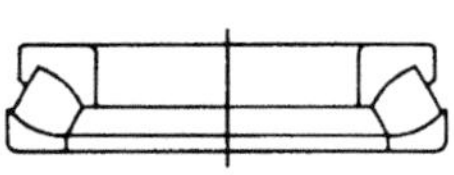

Abb. 1.35. Axial-Tonnenlager

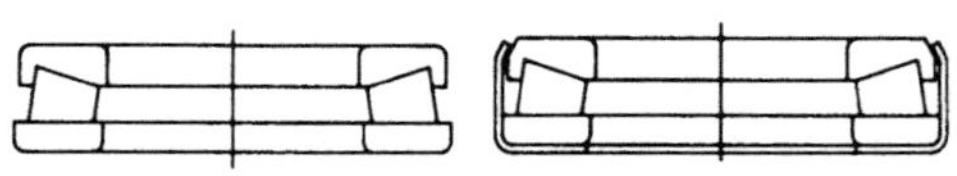

Abb. 1.36. Axial-Kegelrollenlager

1.4.3.4.3 Axial-Kegelrollenlager (Abb. 1.36)

ÖNORM M 6318/13 [N 27]

Axial-Kegelrollenlager sind grundsätzlich zerlegbar und es gibt sie in verschiedenen Ausführungen. Bei der meistverwendeten Ausführung ist die Laufbahn der Wellenscheibe kegelig und die der Gehäusescheibe eben. Zur Verhinderung von hoher Gleitreibung wie beim Axial-Zylinderrollenlager wird der Kegelwinkel der Rollen so gewählt, daß sich die verlängerten Mantellinien auf der Lagerachse schneiden. Die Rollen werden vom Bord der Wellenscheibe geführt. Die Lager sind in radialer Richtung einstellbar. Axial-Kegelrollenlager in vollrolliger Ausführung (ohne Käfig) werden vorzugsweise in Kraftfahrzeugen als Lenkschenkel-Lager verwendet. Eine Blechkappe hält das Lager zusammen und erleichtert dadurch den Einbau.

1.4.3.5 Lager-Ensembles (Abb. 1.37)

ÖNORM M 6318/14 [N 28]

Lager-Ensembles sind fest verbundene Kombinationen (Baugruppen) von Radiallagern und Axiallagern aus genormten Maßreihen des Maßplanes (siehe Abschnitt 1.4.1).

Die kompakten Einheiten sind eine Entwicklung aus neuerer Zeit und für spezielle Anwendungen maßgeschneidert; sie sind meist nur in den Bedarfsserien- oder Sonderserien-Lagerprogrammen zu finden.
Aus ihrem konstruktiven Aufbau ist schon erkennbar, daß Lager-Ensembles sich für sehr starre Lagerungen eignen (vgl. zweireihige Schrägkugellager, Abschnitt 1.4.3.1.2).

Folgende Lager-Ensembles sind genormt:

— Radial-Nadellager mit Radial-Schrägkugellager (Vierpunktlager)
— Radial-Nadellager mit Axial-Rillenkugellager
— Radial-Nadellager mit Axial-Zylinderrollenlager (Axial-Nadellager)

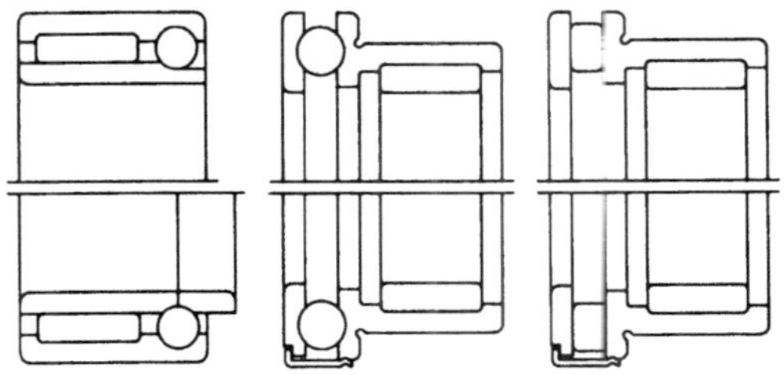

Abb. 1.37. Lager-Ensembles

1.5 Programmdefinition – Erzeugungskriterien

In der Phase des Wirtschaftswachstums, ab den fünfziger Jahren, war alles machbar und die Anzahl der von den Herstellern angebotenen Lager-Varianten stieg ins Gigantische. Auf der anderen Seite vermeinten die Anwender zu Recht oder Unrecht, daß alle diese Varianten – von Sonderlagern ist hier gar nicht einmal die Rede –, auch kurzfristig disponierbar wären. Mit der Zeit sind die Hersteller in eine mißliche Lage geraten. Das Verantwortungsbewußtsein einzelner Hersteller führte im Sinne einer Verständigung zu sogenannten Programm-Definitionen, nach welchen entsprechend der Produktionshäufigkeit und der Liefer-Wahrscheinlichkeit die Verfügbarkeit der Lager ihres Erzeugungsprogrammes garantiert werden kann.
ÖNORM M 6318 Teile 1 bis 14 [N 15 bis 28] hat diese fortschrittliche Überlegung in normierte Texte gefaßt. Das gesamte Erzeugungsprogramm eines Herstellers wird in drei Serien-Lagerprogramme gegliedert.

1.5.1 Standardserien-Lagerprogramm

Diese Programm betrifft Lager des traditionellen Erzeugungsprogrammes (Basisprogrammes) eines Wälzlager-Herstellers. Es umfaßt in der Regel zumindest eine größere Auswahl der genormten Lager, welche nach langjährigen Erfahrungen und Bewährung in der praktischen Anwendung am häufigsten gebraucht werden. Solche Lager sollten wegen der üblichen Großserien-Fertigung vorrätig oder kurzfristig lieferbar sein.

1.5.2 Bedarfsserien-Lagerprogramm (auch: Terminprogramm)

Dieses Programm betrifft Lager für vorerst individuelle Problemlösungen, jedoch mit Ausweitungseffekt. Es kann sich dabei im einfachsten Falle um Lager des Standardserien-Programmes mit geringfügigen konstruktiven Abwandlungen handeln.

1.5.3 Sonderserien-Lagerprogramm (auch: Auftragsprogramm)

Dieses Programm betrifft Lager für individuelle Problemlösungen, jedoch ohne Ausweitungseffekt. In der Regel handelt es sich dabei um Lager, die in gemeinsamer Entwicklungsarbeit von Lager-Hersteller und Lager-Verbraucher entstanden sind.

1.6 Lager-Terminologie

Die Wälzlagertechnik hat wie jedes andere Fachgebiet ihren eigenen Fachjargon, sie gibt Wörtern aus der „gemeinen“ Sprache durch Definition eine fachspezifische Bedeutung.

Die Menge der wälzlagertechnischen Begriffe ist sehr groß und eine lückenlose Darstellung in diesem Abschnitt würde die Verständigung mit dem Leser kaum fördern. Deshalb wird hier für reale Begriffe, z. B. Lagername, Lagerbohrung, die zeichnerische Darstellung mit verbaler Beschreibung bevorzugt. ÖNORM M 6315 Teile 1 und 2 [N 69, N 3] bieten auch hier den letzten Stand; den Inhalt von ISO 5593-1984 [N 4] ergänzt sie durch eine größere Anzahl von Definitionen zeitgemäßer Begriffe. Neben den Begriffen in deutscher Sprache ist auch die englische und französische Übersetzung angegeben.

Der Konstrukteur braucht für seine Zeichnung (Stückliste) aussagefähige Symbolzeichen. ÖNORM M 6317 [N 48] hat den letzten Stand der Technik verarbeitet und bietet ein Kurzzeichen-System, mit dem die unmißverständliche Kommunikation zwischen Lager-Hersteller und -Anwender gewährleistet ist. Im folgenden werden wichtige Textstellen übernommen und der Buchform angepaßt.

1.6.1 Benennung

Die Benennung ist der Eigenname des Wälzlagers. Die Namensgebung ist von der europäischen Entwicklung geprägt. Mit Rücksicht auf die erwünschte Beschränkung auf möglichst wenige Schreibstellen für die Benennung kann der Begriff „Radial“ grundsätzlich weggelassen werden. Aus dem gleichen Grund dürfen z. B. die Kurzzeichen „RKL“ für Radial-Rillenkugellager und „ZRL“ für Radial-Zylinderrollenlager verwendet werden, sofern sie nicht mißverständlich ausgelegt werden können (siehe Tabelle 1.15, Spalte 1).

1.6.2 Bezeichnung

Die Bezeichnung ordnet die entsprechend Abschnitt 1.6.1 benannten Wälzlager nach ihrer geometrischen Größe und nach den Besonderheiten ihrer Konstruktion. Die komplette Bezeichnung besteht aus folgenden vier Teilen:

Normblock, Vorsetzzeichen, Hauptzeichen, Nachsetzzeichen

Merkmalblock = Lager-Kurzzeichen

Zeichen und Zeichengruppen innerhalb des Merkmalblockes sind voneinander durch Bindestriche, Schrägstriche, Punkte oder Leerstellen zu trennen. Es darf jenes Zeichen gewählt werden, welches beste Lesbarkeit und Unverwechselbarkeit garantiert.
Normblock und Hauptzeichen müssen immer vollständig angegeben werden, für ausfallende Vor- und/oder Nachsetzzeichen (keine detaillierten Funktionsmerkmale vorhanden), dürfen keine Leerstellen (Freiräume) freigehalten werden.

1.6.2.1 Normblock

Im Normblock ist die Benennung des Wälzlagers und das Wort ÖNORM oder das Kennzeichen ⊕ und die Nummer der betreffenden ÖNORM anzugeben, z. B.

Rillenkugellager ÖNORM M 6318 oder **Rillenkugellager ⊕ M 6318**
oder **RKL ⊕ M 6318**

Zwischen dem Normblock und dem Merkmalblock ist ein Bindestrich „–“ zu setzen.

1.6.2.2 Vorsetzzeichen

Vorsetzzeichen bezeichnen einzelne Lagerteile oder untrennbar verbundene Lager-Baugruppen (Lager-Ensembles).

B ..... Büchse mit Wälzkörperkranz, z. B.
BNA 8/12/8 = Nadelbüchse mit den Hauptmaßen $F_w = 8\,mm$, $D = 12\,mm$ und $C = 8\,mm$

H ..... Hülse mit Wälzkörperkranz, z. B.
HNA 5/9/9 = Nadelhülse mit den Hauptmaßen $F_w = 5$ mm, $D = 9\,mm$ und $C = 9\,mm$

K ..... Käfig mit Wälzkörpern = Wälzkörperkranz, z. B.
K 511 10 = Kugelkranz des Axialkugellagers 511 10

L ..... loser Lagerring, z. B.
LNU 4 19 = Innenring des Zylinderrollenlagers NU 4 19
LNUP 4 19 = Innenring mit loser Bordscheibe des Zylinderrollenlagers NUP 4 19

R ..... Lagerring mit Wälzkörperkranz, z. B.
RNU 4 19 = Außenring mit Rollenkranz des Zylinderrollenlagers NU 4 19

Die Lagerteile/Baugruppen L/R lassen sich bei dem in den Beispielen gezeigten Lager zu einem kompletten Lager zusammensetzen. Bei solchen zerlegbaren Lagern ist es möglich, daß der lose Lagerring und der Lagerring mit dem Wälzkörperkranz getrennt bestellt werden.
Um Gewährleistungsansprüche zu wahren, wird jedoch empfohlen, alle Lagerelemente eines Wälzlagers vom selben Hersteller zu beziehen.

RB ... Kugel, z. B.
RB 30 G 10 = Kugel mit Durchmesser 30 *mm*, Kugelklasse 10 nach ÖNORM M 6319 Teil 1 [N 49]

RC ... Zylinderrolle, z. B.
RC 5 × 10 G 3.6 = Zylinderrolle, Durchmesser 5 *mm*, Länge 10 *mm*, Güteklasse 3.6 nach ÖNORM M 6319 Teil 2 [N 50]

RS.... Tonnenrolle, z. B.
RS 223 08 = Tonnenrolle für Pendelrollenlager 223 08

RT ... Kegelrolle, z. B.
RT 323 08 = Kegelrolle für Kegelrollenlager 323 08

S ..... Bordscheibe eines Zylinderrollenlagers, z. B.
SNP 4 19 = Bordscheibe für Lager NP 4 19
SNJ 4 19 = Bordscheibe für Lager NJP 4 19

U..... Einstellscheibe (Unterlagscheibe) für Axial-Kugellager, z. B.
U 2 10 = Einstellscheibe für Lager 532 10 und 542 10.

1.6.2.3 Hauptzeichen

Hauptzeichen bezeichnen mit Hilfe von Symbolgruppen die Zugehörigkeit der Lager zu bestimmten Lagerreihen und mit dem Symbol für die Lagerbohrung deren geometrische Größe (siehe Tabellen 1.14 bis 1.16).
Die Lagerreihen selbst sind in ÖNORM M 6318 Teile 1 bis 14 [N 15 bis N 28] genormt.

1.6.2.4 Nachsetzzeichen

Nachsetzzeichen bezeichnen die spezifischen Merkmale, durch die sich ein Lager von seiner Normalausführung unterscheidet, wie z. B.:

- Innenkonstruktion (Änderung gegenüber der bisher bekannten Konstruktion); Universalausführung von einreihigen Schrägkugellagern
- Ergänzung der äußeren Grundform (durch Dichtung, Ringnut u. dgl.)
- Käfig (von der Normalausführung abweichend hinsichtlich Werkstoff und/oder Bauart)
- Maß-, Form- und Laufgenauigkeit (von der Normalausführung abweichend)
- Lagerluft (von der Normalausführung abweichend)
- Laufruhe (von der Normalausführung abweichend)
- Maßstabilisierung (von der normalen Wärmebehandlung der Lagerringe abweichend)
- Schmierfett (insbesondere bei gedichteten Lagern, von der Normalfettfüllung abweichend)
- Sondervereinbarungen.

Tabelle 1.14. Bilden des Symbols für das Lager-Hauptzeichen

<table>
<tr><td colspan="4">Hauptzeichen</td></tr>
<tr><td colspan="3">Lagerreihe</td><td rowspan="4">Lagerbohrung
(Durchmessersymbol)</td></tr>
<tr><td rowspan="5">Lagerart</td><td colspan="2">Maßreihe (Lagerquerschnitt)</td></tr>
<tr><td>Breiten- oder Höhenreihe</td><td>Durchmesserreihe</td></tr>
<tr><td colspan="2">Kennzahl nach ÖNORM M 6316, Maßplan</td></tr>
<tr><td colspan="3">Ausnahmen: Nadelhülsen, Nadelbüchsen, Nadelkränze (axial und radial),
Axial-Schrägkugellager, Axial-Kegelrollenlager</td></tr>
</table>

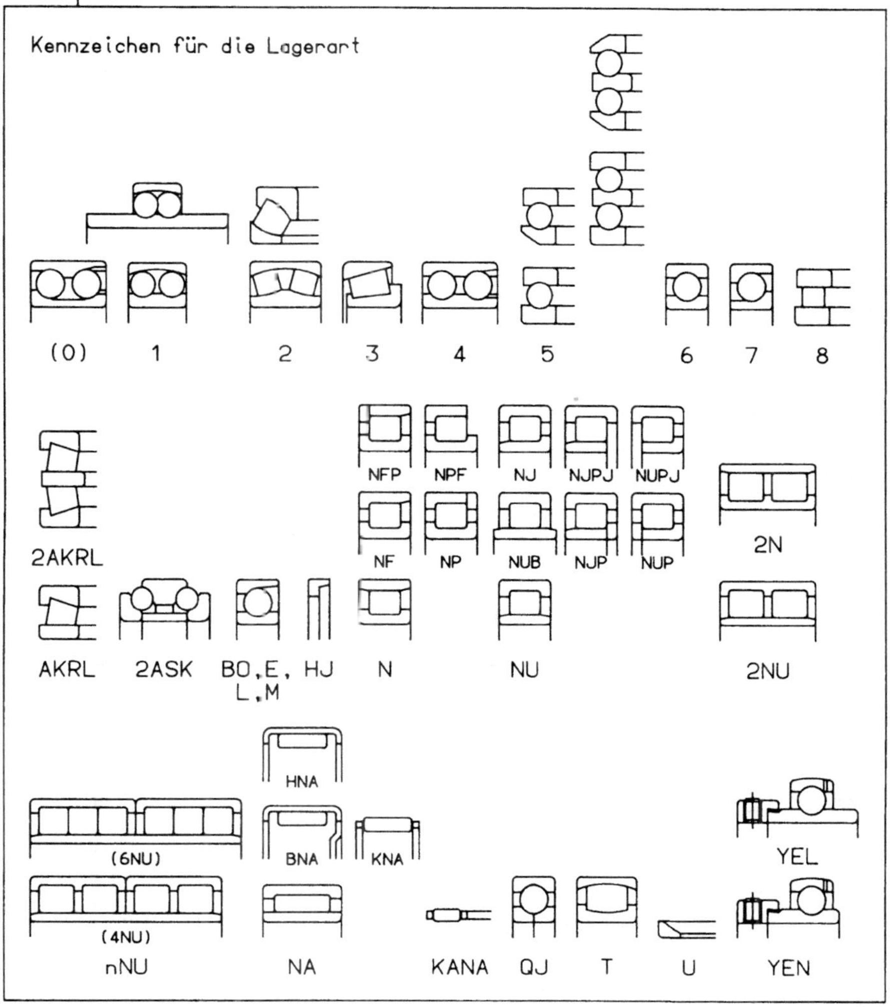

Tabelle 1.15. Bilden des Symbols für die Lagerreihe

Benennung / Symbol	Art	Maß-reihe	Lager-reihe [1]
Zweireihiges Schrägkugellager 2SKL	0	32	(0)32
	0	33	(0)33
Pendelkugellager PKL	1	02	1(0)2
	1	22	(1)22
	1	03	1(0)3
	1	23	(1)23
PKL	1	2 [2]	112
	1	2 [2]	113
Pendelrollenlager PRL	2	30	230
	2	40	240
	2	31	231
	2	41	241
	2	22	222
	2	32	232
	2	13	213
	2	23	223
Axial-Pendelrollenlager APRL	2	92	292
	2	93	293
	2	94	294
	2	95	295
Kegelrollenlager KRL	3	20	320
	3	30	330
	3	31	331
	3	02	302
	3	22	322
	3	32	332
	3	03	303
	3	13	313
	3	23	323
	3	29	329
Zweireihiges Rillenkugellager 2RKL	4	22	4(2)2
	4	23	4(2)3

Benennung / Symbol	Art	Maß-reihe	Lager-reihe [1]
Axial-Kugellager AKL	5	11	511
	5	12	512
	5	13	513
	5	14	514
AKLB	5	32 [2]	532
	5	33 [2]	533
	5	34 [2]	534
2AKL	5	22	522
	5	23	523
	5	24	524
2AKLB	5	42 [2]	542
	5	43 [2]	543
	5	44 [2]	544
Rillenkugellager RKL	6	00	16(0)0
	6	10	6(1)0
	6	02	6(0)2
	6	22	622
	6	03	6(0)3
	6	23	623
	6	04	6(0)4
	6	18	618
	6	19	619
Schrägkugellager SKL	7	10	7(1)0
	7	02	7(0)2
	7	03	7(0)3
	7	04	7(0)4
Axial-Zylinderrollenlager AZRL	8	11	811
	8	12	812
Axial-Kegelrollenlager AKRL	AKR	AKR $d/D/T$	
2AKRL	2AKR	2AKR $d_2/D/T$	

[1] Eingeklammerte Symbole werden aus Tradition weggelassen.

[2] Nur Durchmesser nach Maßplan.

[3] Bezeichnungsschema: 2ASK20 d_2/T_1
2ASK29 d_2/T_1

Tabelle 1.15 (Fortsetzung)

Benennung / Symbol	Art	Maß-reihe	Lager-reihe [1]
Axial-Schrägkugellager 2ASK	2ASK 2ASK	20 [2] 29 [2]	[3]
Schulterkugellager ML	BO E L M		BO E L M
Winkelring WR	HJ HJ HJ HJ HJ	pass. zur Maßreihe 02 22 03 23 04	HJ(0)2 HJ22 HJ(0)3 HJ23 HJ(0)4
Zylinderrollenlager ZRL	N	10 20 02 22 03 23 04 49	N,NF,NFP,NP,NPF 10 20 (0)2 22 (0)3 23 (0)4 49
ZRL	NF		
ZRL	NFP		
ZRL	NP		
ZRL	NPF		
ZRL	NU	10 20 02 22 03 23 04 49	NU,NUB,NJ,NJP 10 20 (0)2 22 (0)3 23 (0)4 49
ZRL	NUB		
ZRL	NJ		
ZRL	NJP		
ZRL	NJPJ	10 20 02 22 03 23 04 49	NJPJ,NUP,NUPJ 10 20 (0)2 22 (0)3 23 (0)4 49
ZRL	NJP		
ZRL	NUPJ		
Zweireihiges Zylinderrollenlager 2ZRL	2N	30	2N30
2ZRL	2NU 2NU 2NU	50 48 49	2NU50 2NU48 2NU49
n-reihiges Zylinderrollenlager 4ZRL nZRL 6ZRL	nNU	60	nNU60
Nadellager NL	NA NA	48 49	NA48 NA49
Nadelbüchse NB	BNA	BNA F_w /D/C	
Nadelhülse NH	HNA	HNA F_w /D/C	
Nadelkranz NK	KNA	KNA F_w /E_w /B_c	
Axial-Nadelkranz ANK	KANA	KANAd_c /D_c /D_w	
Vierpunktlager VPL	QJ QJ QJ	10 02 03	10 (0)2 (0)3
Tonnenlager TL	T T T	02 03 04	T(0)2 T(0)3 T(0)4
Einstellscheibe (Unterlagscheibe) ES	U U U	passend zu Maßreihen 32,42 33,43 34,44	U2 U3 U4
Spannlager SPL	YEN	02 [2]	YEN(0)2
SPL	YEL	02 [2]	YEL(0)2

Tabelle 1.16. Bilden des Symbols für die Lagerbohrung

Bohrungsdurchmesser d in mm über	bis	Durchmessersymbol	Beispiel	
	10	Der Bohrungsdurchmesser in mm wird unverschlüsselt mit Schrägstrich an das Kurzzeichen für die Lagerreihe angehängt (auch bei Dezimalzahlen)	Rillenkugellager der Lagerreihe 618 mit d = 3 mm	618/3 (3: Bohrungsdurchmesser; 618: Lagerreihe)
		In folgenden Ausnahmen wird der Schrägstrich weggelassen: Rillenkugellager 604, 607, 608, 609, 623, 624, 625, 626, 627, 628, 629, 634, 635 Pendelkugellager 108, 126, 127, 129, 135 Schrägkugellager 705, 706, 707, 708, 709	Rillenkugellager der Lagerreihe 62 mit d = 5 mm Pendelkugellager der Lagerreihe 12 mit d = 6 mm Schrägkugellager der Lagerreihe 70 mit d = 6 mm	62 5 (5: Bohrungsdurchmesser; 62: Lagerreihe) 12 6 (6: Bohrungsdurchmesser; 12: Lagerreihe) 70 6 (6: Bohrungsdurchmesser; 70: Lagerreihe)
10	17	Die Bohrungskennzahlen [1]) 00 für 10 mm Bohrung 01 für 12 mm Bohrung 02 für 15 mm Bohrung 03 für 17 mm Bohrung gelten für alle Lagerreihen	Rillenkugellager der Lagerreihe 62 mit d = 12 mm Zylinderrollenlager der Lagerreihe NU 49 mit d = 15 mm	62 01 (01: Bohrungskennzahl; 62: Lagerreihe) NU 49 02 (02: Bohrungskennzahl; NU 49: Lagerreihe)
17	480	Die Bohrungskennzahl = 1/5 des [1]) Bohrungsdurchmesser in mm gilt für alle Lagerreihen Für Bohrungsdurchmesser bis 45 mm wird vor die Bohrungskennzahl eine Null gesetzt	Pendelrollenlager der Lagerreihe 232 mit d = 120 mm Schrägkugellager der Lagerreihe 73 mit d = 30 mm	232 24 (24: Bohrungskennzahl; 232: Lagerreihe) 73 06 (06: Bohrungskennzahl; 73: Lagerreihe)
480		Der Bohrungsdurchmesser in mm wird unverschlüsselt mit Schrägstrich an das Kurzzeichen für die Lagerreihe angehängt	Pendelrollenlager der Lagerreihe 230 mit d = 500 mm	230/500 (500: Bohrungsdurchmesser; 230: Lagerreihe)
[1]) Ausnahmen:				
Zwischengrößen		Die Bohrungsdurchmesser 22, 28 und 32 mm werden unverschlüsselt mit Schrägstrich an das Kurzzeichen für die Lagerreihe angehängt	Rillenkugellager der Lagerreihe 62 mit d = 22 mm	62/22 (22: Bohrungsdurchmesser; 62: Lagerreihe)
alle Größen		Der Bohrungsdurchmesser in mm für die Lagerreihen BO, E, L und M wird unverschlüsselt an das Kurzzeichen für die Lagerreihe angehängt	Schulterkugellager der Lagerreihe BO mit d = 17 mm	BO 17 (17: Bohrungsdurchmesser; BO: Lagerreihe)
		Für alle zweiseitig wirkenden Axial-Kugellager der Reihen 522, 523, 524, 542, 543 und 544 gibt die Bohrungskennzahl den größten Stützdurchmesser d_{max} an. Der Bohrungsdurchmesser d der Wellenscheibe ist in Abhängigkeit von der Lagergröße jeweils kleiner. Nähere Angaben siehe [N 18]		

Bei der Verwendung mehrerer Nachsetzzeichen sind diese vorzugsweise in der oben angeführten Reihenfolge anzuschreiben.

1.6.2.4.1 Innenkonstruktion

A, B, C, E... Änderung der Innenkonstruktion ohne Anzeige der veränderten Einzelheit; nur für eine angemessene Übergangszeit vorgesehen (Verwechslungsgefahr), z. B.
NU 3 10 E = Zylinderrollenlager NU 3 10 mit verstärktem Innenaufbau (Tragzahlerhöhung)
Dauer-Bezeichnung von Lagern mit gleichen Hauptmaßen und definierten Einzelheiten im Innenaufbau, z. B.
72 10 B = Schrägkugellager mit Berührwinkel $\alpha = 40°$

G.... (Einzelnes) Universal-Schrägkugellager, generell für die Verwendung in X-, O- und T-(Tandem-)Paarung hergestellt (vgl. Abb. 1.17 bis 1.19), z. B.
72 09 BG = Schrägkugellager 72 09 B für Paarung, geringe axiale Lagerluft bei X- und O-Paarung
Angaben über axiale Lagerluft und -vorspannung siehe Abschnitt 1.6.2.4.5.
Universal-Schrägkugellager werden einzeln geliefert und dürfen nicht mit gepaarten Lagern nach Abschnitt 1.6.2.4.9 verwechselt werden.

S .... Lager selbsthaltend (dieses Nachsetzzeichen wird bei sonst zerlegbaren Lagern angewendet), z. B.
33 10 DS = zweireihiges Schrägkugellager 33 10 mit geteiltem Innenring; Ringhälften nicht abnehmbar

V .... Lager ohne Käfig, vollrollig oder vollkugelig, z. B.
NJ 23 09 V = vollrolliges Zylinderrollenlager NJ 23 09

VH .. Lager ohne Käfig, mit selbsthaltendem Wälzkörperkranz, z. B.
NJ 23 09 VH = vollrolliges Zylinderrollenlager NJ 23 09 mit selbsthaltendem Rollenkranz

1.6.2.4.2 Äußere Form

Im folgenden werden Nachsetzzeichen für Abweichungen von der äußeren Grundform anhand von Beispielen erklärt.

D Lager mit geteiltem Innenring, z. B.
33 10 D = zweireihiges Schrägkugellager mit geteiltem Innenring

P Lager mit geteiltem Außenring, z. B.
241 22 P = Pendelrollenlager mit geteiltem Außenring

H Lager mit drei radialen Schmierbohrungen (Anzahl der Bohrungen im Bedarfsfall angeben) im Außenring oder im Gehäusezwischenring bei Lagerpaaren, z. B.
241 22 H6 = Pendelrollenlager mit 6 radialen Schmierbohrungen im Außenring

HN — Lager mit drei radialen Schmierbohrungen und Schmier-Ringnut im Außenringmantel, z. B.
241 22 HN = Pendelrollenlager mit drei radialen Schmierbohrungen und Schmier-Ringnut im Außenringmantel

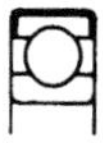

I — Lager mit (strom-)isoliertem Außenring, z. B.
6318 I = Rillenkugellager mit (strom-)isoliertem Außenring

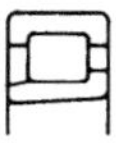

K — Lager mit kegeliger Bohrung 1 : 12; bei ungleichen Schulterhöhen (Bord-Höhen) Kegelöffnung hin zur großen Planfläche, z. B.
222 22 K = Pendelrollenlager mit kegeliger Bohrung
NJ 22 22 K = Zylinderrollenlager mit kegeliger Bohrung, Kegelöffnung hin zur großen Planfläche (Bord)

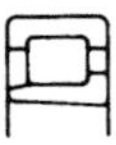

KB — Lager mit kegeliger Bohrung 1 : 12; bei ungleichen Schulterhöhen (Bord-Höhen) Kegelöffnung weg von der großen Planfläche, z. B.
NJ 22 22 KB = Zylinderrollenlager mit kegeliger Bohrung, Kegelöffnung weg vom Bord

K 30 — Lager mit kegeliger Bohrung 1 : 30; bei ungleichen Schulterhöhen (Bord-Höhen) Kegelöffnung hin zur großen Planfläche, z. B.
241 22 K 30 = Pendelrollenlager mit kegeliger Bohrung 1 : 30

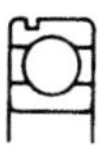

N — Lager mit Ringnut im Außenringmantel, z. B.
62 07 N = Rillenkugellager mit Ringnut im Außenringmantel

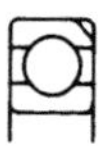

N 1 — Lager mit einer Haltenut im Außenring, z. B.
62 07 N 1 = Rillenkugellager mit einer Haltenut im Außenring

N 2 — Lager mit zwei Haltenuten auf einer Seite im Außenring

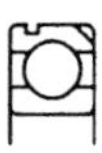

N 3 — Lager mit Ringnut auf einer Seite und einer Haltenut auf der anderen Seite im Außenring

N 4 — Lager mit Ringnut auf einer Seite und zwei Haltenuten auf der anderen Seite im Außenring

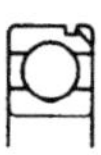

N 5 — Lager mit Ringnut und einer Haltenut auf derselben Seite im Außenring

N 6 — Lager mit Ringnut und zwei Haltenuten auf derselben Seite im Außenring

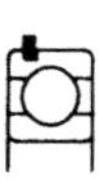

NR — Lager mit Ringnut im Außenringmantel und zugehörigem Sprengring, z. B.

6207 NR = Rillenkugellager mit Ringnut im Außenringmantel und zugehörigem Sprengring

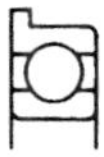

R — Lager mit Bund am Außenring, z. B.
6207 R = Rillenkugellager mit Bund am Außenring

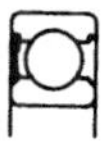

RS, RAS, RFS — Lager mit berührender Dichtung = Dichtscheibe auf einer Seite, z. B.
Rillenkugellager mit Dichtscheibe auf einer Seite

	RS bis 120 °C	
6207	RAS bis 150 °C	Betriebstemperatur
	RFS bis 200 °C	

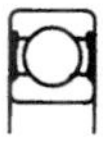

– 2 RS, – 2 RAS, – 2 RFS — Lager mit berührenden Dichtungen = Dichtscheiben auf beiden Seiten, z. B.
Rillenkugellager mit Dichtscheiben auf beiden Seiten

	– 2 RS bis 120 °C	
6207	– 2 RAS bis 150 °C	Betriebstemperatur
	– 2 RFS bis 200 °C	

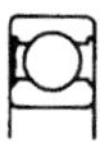

Z — Lager mit berührungsfreier Dichtung = Deckscheibe auf einer Seite, z. B.
6207 Z = Rillenkugellager mit Deckscheibe auf einer Seite

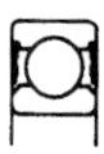

– 2 Z — Lager mit berührungsfreien Dichtungen = Deckscheiben auf beiden Seiten, z. B.
6207 – 2 Z = Rillenkugellager mit Deckscheiben auf beiden Seiten

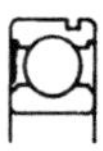

ZN, RSN — Lager mit Deckscheibe / Lager mit Dichtscheibe } auf einer Seite und Ringnut auf der gegenüberliegenden Seite im Außenringmantel, z. B.
6207 ZN = Rillenkugellager mit Deckscheibe
6207 RSN = Rillenkugellager mit Dichtscheibe

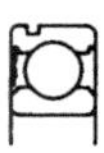

ZNB, RSNB — Lager mit Deckscheibe / Lager mit Dichtscheibe } und Ringnut auf derselben Seite im Außenringmantel, z. B.
6207 ZNB = Rillenkugellager mit Deckscheibe
6207 RSNB = Rillenkugellager mit Dichtscheibe

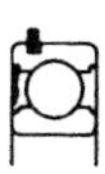

ZNBR, RSNBR — Lager mit Deckscheibe / Lager mit Dichtscheibe } und Ringnut auf derselben Seite im Außenringmantel und zugehörigem Sprengring, z. B.
6207 ZNBR = Rillenkugellager mit Deckscheibe
6207 RSNBR = Rillenkugellager mit Dichtscheibe

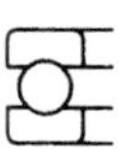

– 2 G, – 2 W — Axial-Kugellager mit zwei Gehäuse- oder Wellenscheiben, z. B.

51208 – 2G= Axial-Kugellager mit zwei Gehäusescheiben
51208 – 2W= Axial-Kugellager mit zwei Wellenscheiben

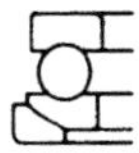

U — Axial-Kugellager mit Einstellscheibe(n), z. B.
53210U = Axial-Kugellager 53210 mit Einstellscheibe

X — Anpassung von Hauptmaßen an (geänderte) ISO-Normen, z. B.
51206X = Axial-Kugellager 51206 mit nach ISO-Norm geändertem Manteldurchmesser

1.6.2.4.3 Lagerkäfig, Ausführung und Bezeichnung

Im allgemeinen wird kein Nachsetzzeichen für den Käfig angegeben; der Hersteller liefert dann seinen Standardkäfig. Wenn der Anwendungsfall aus funktionellen Gründen einen bestimmten vom Standardkäfig abweichenden Käfig verlangt, ist ein Nachsetzzeichen zu schreiben. Dieses Nachsetzzeichen besteht aus Kennbuchstaben für den Werkstoff und bei Bedarf aus weiteren Kennbuchstaben für die Bauart des Käfigs.
Hinter den Kennbuchstaben findet man gelegentlich noch eine Zahl; sie kennzeichnet eine Konstruktionsvariante des Herstellers, z. B. J 1.

1.6.2.4.3.1 Werkstoff

Massivkäfig:
F ..... Stahl (oder sonstiger Eisenwerkstoff)
L ..... Leichtmetall
M .... Messing (Kupfer-Zink-Legierung)
T ..... Hartgewebe
TN ... Polyamid
TG ... Polyamid mit Glasfaserfüllung
TM... Polyamid mit Molybdän-Disulfid-Füllung
TC.... Polyamid mit Graphit-Füllung

Blechkäfig:
J...... Stahlblech
Y..... Messingblech (Kupfer-Zink-Legierung)

1.6.2.4.3.2 Bauart

Die folgenden Kennbuchstaben sind immer an das Nachsetzzeichen für den Werkstoff gemäß Abschnitt 1.6.2.4.3.1 anzufügen.

A ... Käfigführung im Außenring
B.... Käfigführung am Innenring
P.... Metallkäfig: einstückig (Fensterkäfig)
Kunststoffkäfig: beidseitig geschlossen

1.6.2.4.3.3 Oberflächenbehandlung

Die nachfolgenden Kennbuchstaben sind immer an das Nachsetzzeichen für den Werkstoff und/oder die Bauart anzufügen.

E.... gebondert
H ... gehärtet
T.... kunststoffbeschichtet

1.6.2.4.3.4 Bezeichnungsbeispiele

NU 3 09 E/M = Zylinderrollenlager mit verstärkter Innenkonstruktion, Messing-Massivkäfig rollengeführt

NU 3 09 E/MA6 = Zylinderrollenlager mit verstärkter Innenkonstruktion, Messing-Massivkäfig im Außenring geführt, Konstruktionsvariante 6 des Herstellers

NU 3 09 E/TG = Zylinderrollenlager mit verstärkter Innenkonstruktion, Polyamid-Käfig mit Glasfaserfüllung, axial einseitig offen

NU 3 09 E/TGP = Zylinderrollenlager mit verstärkter Innenkonstruktion, Polyamid-Käfig mit Glasfaserfüllung, beidseitig geschlossen

NU 3 09 E/JE = Zylinderrollenlager mit verstärkter Innenkonstruktion, gebonderter Stahlblechkäfig

1.6.2.4.4 Lagergenauigkeit

Maß-, Form- und Laufgenauigkeit sind in ÖNORM M 6321 Teil 3 [N 53] zahlenmäßig als Lager-Toleranzklassen festgelegt. Sie haben folgende Bedeutung:

P0.... (Lager-)Toleranzklasse 0: Toleranzen normal (kein Nachsetzzeichen üblich)
P6.... (Lager-)Toleranzklasse 6: Toleranzen kleiner als normal
P5.... (Lager-)Toleranzklasse 5: Toleranzen kleiner als P 6
P4.... (Lager-)Toleranzklasse 4: Toleranzen kleiner als P 5
P2.... (Lager-)Toleranzklasse 2: Toleranzen kleiner als P 4

Kombination mit Lagerluft siehe Abschnitt 1.6.2.4.5.

1.6.2.4.5 Lagerluft(-vorspannung)

Die Lagerluft (für nicht eingebaute Lager) ist in ÖNORM M 6321 Teil 4 [N 54] zahlenmäßig in Lager-Luftklassen festgelegt. Sie haben folgende Bedeutung:

C1.... (Lager-)Luftklasse 1: Lagerluft kleiner als C 2
C2.... (Lager-)Luftklasse 2: Lagerluft kleiner als normal
C0.... (Lager-)Luftklasse 0: Lagerluft normal (kein Nachsetzzeichen üblich)
C3.... (Lager-)Luftklasse 3: Lagerluft größer als normal
C4.... (Lager-)Luftklasse 4: Lagerluft größer als C 3
C5.... (Lager-)Luftklasse 5: Lagerluft größer als C 4

Kombination von Lagergenauigkeit und Lagerluft,
Beispiel: P 63 = Toleranzklasse P 6 und Luftklasse C 3.

Besondere Lagerluft

A ... besondere axiale Lagerluft, z. B.

3208 A 25.35	= Zweireihiges Schrägkugellager mit axialer Lagerluft G_a von 25 μm bis 35 μm
7305 BGA 50.70	= Einzelnes Universal-Schrägkugellager 7305 BG, welches in X- und O-Paarung eine axiale Lagerluft G_a von 50 μm bis 70 μm ergibt
7305 BDXA 50.70	= Zwei Schrägkugellager 7305 B, zusammen geliefert für X-Paarung (siehe Abschnitt 1.6.2.4.9) mit einer axialen Lagerluft G_a von 50 μm bis 70 μm

R ... besondere radiale Lagerluft, z. B.

6308 R 25.40	= Rillenkugellager mit radialer Lagerluft G_r von 25 μm bis 40 μm

Axiale Vorspannung von gepaarten Schrägkugellagern

O ...	Lagerpaar praktisch spielfrei	Gilt für eingebaute Lager bei bestimmten vom Hersteller empfohlenen Passungen.
L....	Lagerpaar hat leichte Vorspannung	
M ...	Lagerpaar hat mittlere Vorspannung	
H ...	Lagerpaar hat hohe Vorspannung	

Beispiele:

7305 BGL	= Einzelnes Universalschrägkugellager, welches in X- und O-Paarung eine leichte Vorspannung erhält
7305 BDXL	= Zwei Schrägkugellager, zusammen geliefert für X-Paarung (siehe Abschnitt 1.6.2.4.9) mit leichter Vorspannung

F.... bestimmte axiale Vorspannkraft, z. B.

7305 BDXF 1.5 – 2.5	= Zwei Schrägkugellager 7305 B, zusammen geliefert für X-Paarung (siehe Abschnitt 1.6.2.4.9) mit einer axialen Vorspannkraft F_v von 1,5 kN bis 2,5 kN

S.... bestimmter axialer Vorspannweg, z. B.

7305 BDXS 5.10	= Zwei Schrägkugellager 7305 B, zusammen geliefert für X-Paarung (siehe Abschnitt 1.6.2.4.9) mit einem axialen Vorspannweg s_v von 5 μm bis 10 μm

1.6.2.4.6 Laufruhe

Das konventionelle Maß für die Laufruhe eines Lagers ist das Laufgeräusch, das aufgrund der präzisen Herstellung der Wälzlager sehr gering und, gemessen an den Umgebungsgeräuschen, in den meisten Fällen ohne Bedeutung ist.
In speziellen Anwendungsfällen wird jedoch eine über das normale Maß hinausgehende Laufruhe oder Hakfreiheit verlangt.
Nachsetzzeichen für die Laufklassen solcher Lager sind festgelegt; Abnahmewerte sind derzeit jedoch noch nicht genormt und bedürfen besonderer Vereinbarungen.

Q0 = Laufklasse 0 ... Laufruhe normal (kein Nachsetzzeichen üblich)
Q6 = Laufklasse 6 ... Laufruhe besser als normal
Q5 = Laufklasse 5 ... Laufruhe besser als Q6

1.6.2.4.7 Maßstabilisierung (Wärmebeständigkeit) der Lagerringe

Die Lagerringe (Außen- und Innenringe) werden durch entsprechende Wärmebehandlung für die Verwendung bis zu bestimmten Betriebstemperaturen maßstabilisiert.

S00.... Lagerringe maßstabilisiert für Betriebstemperaturen bis 120 °C
S0 ..... Lagerringe maßstabilisiert für Betriebstemperaturen bis 150 °C
S1 ..... Lagerringe maßstabilisiert für Betriebstemperaturen bis 200 °C
S2 ..... Lagerringe maßstabilisiert für Betriebstemperaturen bis 250 °C
S3 ..... Lagerringe maßstabilisiert für Betriebstemperaturen bis 300 °C
S4 ..... Lagerringe maßstabilisiert für Betriebstemperaturen bis 350 °C
S0B ... Innenring (Wellenscheibe) maßstabilisiert für Betriebstemperaturen bis 150 °C

1.6.2.4.8 Schmierfett

Lager mit Deck- oder Dichtscheiben auf beiden Seiten sind im Regelfall mit einem nach Art und Füllmenge vom Lagerhersteller bestimmten Fett, das sich im allgemeinen für Betriebstemperaturen zwischen − 20 °C und + 120 °C eignet, befüllt. In diesem Fall wird kein Nachsetzzeichen angeschrieben. Für spezielle Anwendungsfälle können andere Fette verwendet werden. Je nach Einsatzbereich werden folgende Buchstabengruppen als Nachsetzzeichen verwendet:

LT ..... Schmierfett für Tieftemperaturbereich
MT .... Schmierfett für Mitteltemperaturbereich
HT..... Schmierfett für Hochtemperaturbereich
LHT ... Schmierfett für Tief- und Hochtemperaturbereich

Diesen Buchstabengruppen wird immer eine Zahl angefügt. Sie kennzeichnet die vom Hersteller festgelegte laufende Nummer der Fettsorte für den einzelnen Bereich, z. B.

LT5.... Schmierfett für den Tieftemperaturbereich, Fettsorte Nr. 5 des Lagerherstellers

Für spezielle Anwendungsfälle kann die normale Fettfüllmenge verändert werden:

X ... Fettfüllmenge größer als normal (maximale Fettfüllung)
P.... Fettfüllmenge kleiner als normal (minimale Fettfüllung)

Der Kennbuchstabe wird an das Nachsetzzeichen für die Fettsorte angehängt, z. B. LT5X.

1.6.2.4.9 Gepaarte Lager für Bündelpaarung

Die Lager werden gepaart und gebündelt geliefert; sie dürfen nicht untereinander vertauscht werden.

Zweifachpaarungen:

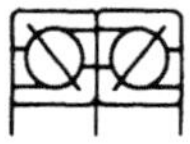 DX Lagerpaar in X-Anordnung

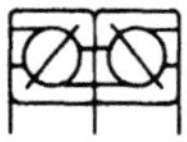 DO Lagerpaar in O-Anordnung

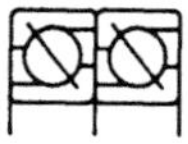 DT Lagerpaar in T-Anordnung (Tandem)

Dreifachpaarungen:

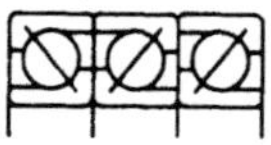 DXT 1 Lagerpaar in X-Anordnung mit 1 Lager in T-Anordnung

 DOT 1 Lagerpaar in O-Anordnung mit 1 Lager in T-Anordnung

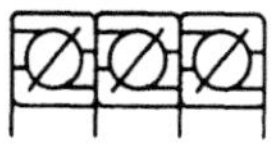 DTT 3 Lager in T-Anordnung

Vierfachpaarungen:

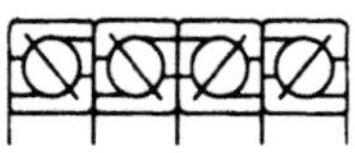 TDXT 1 Lagerpaar in X-Anordnung mit je 1 T-Lager links und rechts

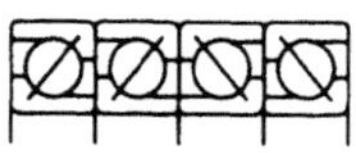 TDOT 1 Lagerpaar in O-Anordnung mit je 1 T-Lager links und rechts

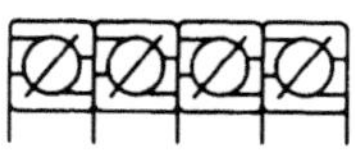 DTTT 4 Lager in T-Anordnung

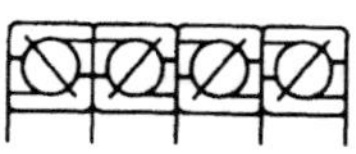 DXTT 1 Lagerpaar in X-Anordnung mit 2 T-Lagern auf einer Seite

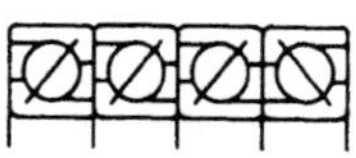 TTDO 1 Lagerpaar in O-Anordnung mit 2 T-Lagern auf einer Seite

Nachsetzzeichen für Paarungen mit mehr als vier Lagern können sinngemäß zusammengesetzt werden.

1.6.2.4.10 Sondervereinbarungen

Individuelle Problemlösungen und Merkmale des Lagers, die nicht durch eines der genormten Nachsetzzeichen erfaßbar sind, beschreibt der Lagerhersteller durch ein weiteres Nachsetzen (Buchstabengruppen in Verbindung mit einer fortlaufenden Zahl, z.B. SV 15). Aufgrund einer solchen Sondervereinbarung erstellt der

Lagerhersteller eine Sondervorschrift, die er in der Regel nur jenem Kunden mitteilt, für den sie geschaffen worden ist.

1.6.2.5 Sprechweise für die Lagerhauptzeichen

Die Zusammenfassung von Buchstaben und Zahlengruppen beim Sprechen hat dem sinnvollen Aufbau des Kurzzeichens zu folgen, z. B.

62 5	zweiundsechzig(bohrung)fünf
62 05	zweiundsechzig nullfünf
62/28	zweiundsechzig(bohrung)achtundzwanzig, zweiundsechzig Schrägstrich achtundzwanzig
302 05	dreihundertzwei nullfünf
223 10	zweihundertdreiundzwanzig zehn
NJ 2 10	enjot zwei zehn

1.6.3 Wälzlagertechnische Begriffe

1.6.3.1 Reale Einzelheiten

In diesem Abschnitt werden allgemeine wälzlagertechnische Begriffe für die kompletten Lager selbst, die Außenringe, die Innenringe und die Wälzkörper festgelegt (Abb. 1.38 bis 1.76). Zugehörteile, wie integrierte Dichtungen, Halte- und Spannelemente, aber auch Käfige in ihren vielfältigen Ausführungsformen werden nicht berücksichtigt.
Grundsätzlich werden Wiederholungen von Bild zu Bild vermieden; beispielsweise werden die Begriffe Außenring und Innenring nicht immer wiederholt, ebenso Kantenverrundung usw., soferne dies nicht zum besseren Verständnis notwendig ist.

1.6.3.1.1 Radial-Kugellager (Abb. 1.38 bis 1.50)

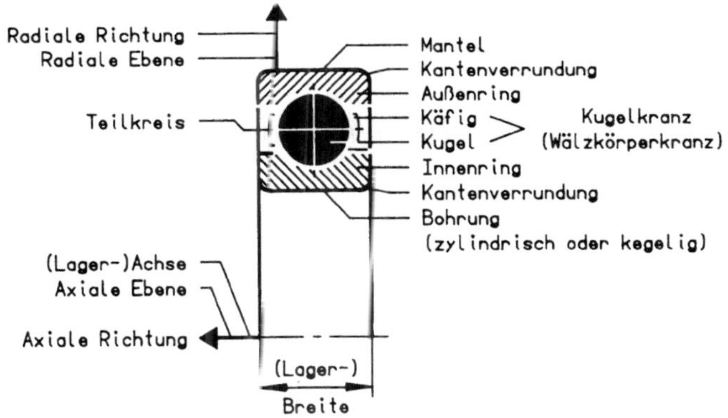

Abb. 1.38. Begriffe: Radial-Kugellager

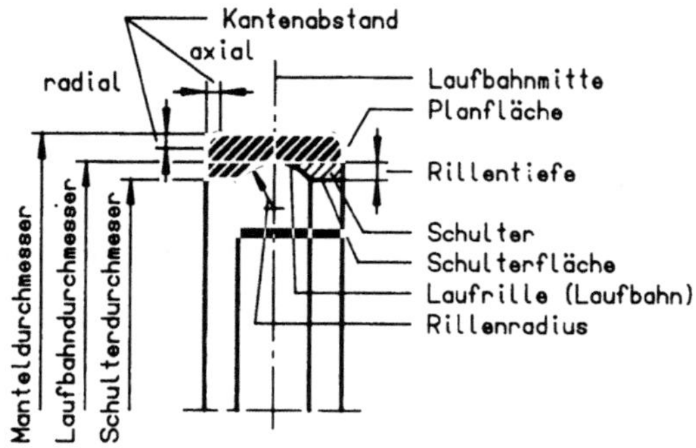

Abb. 1.39. Begriffe: Außenring, Radial-Kugellager

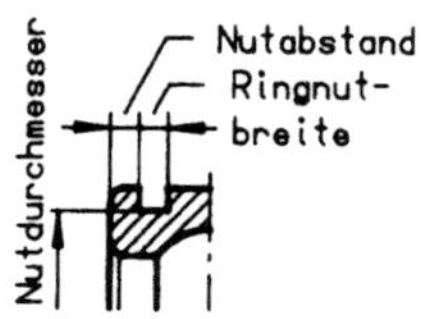

Abb. 1.40. Begriffe: Umfangsnut für Sprengring

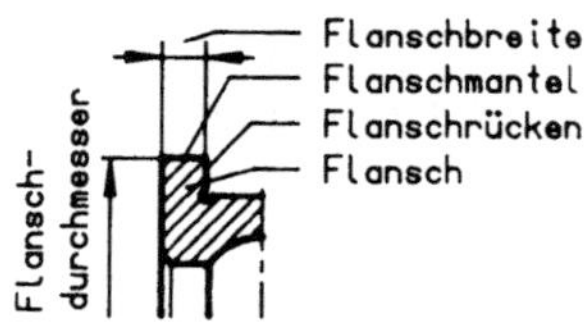

Abb. 1.41. Begriffe: Flansch

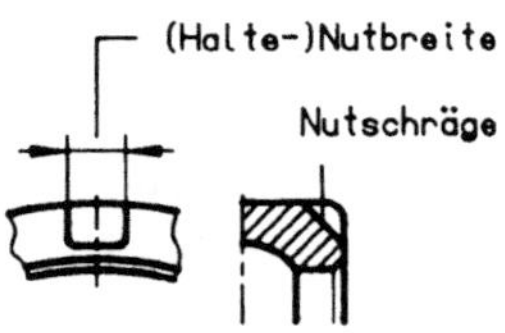

Abb. 1.42. Begriffe: Haltenut

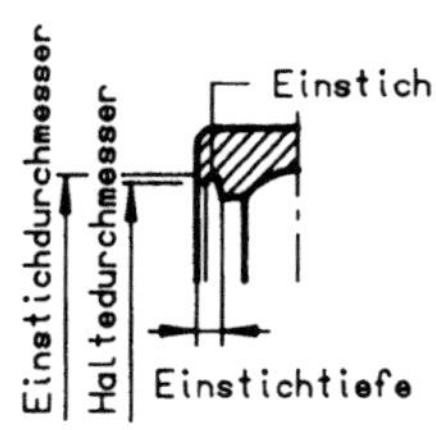

Abb. 1.43. Begriffe: Einstich für Dichtung

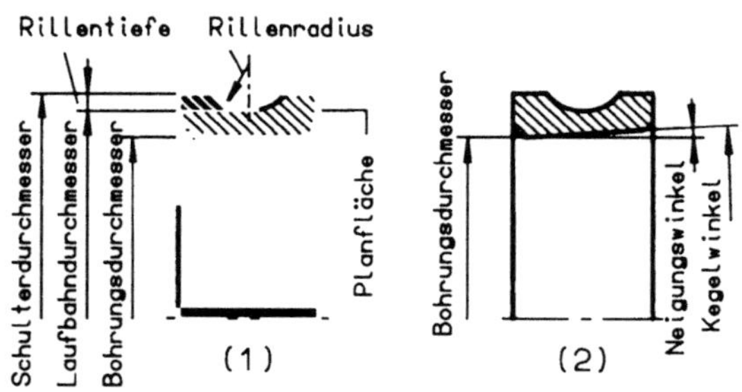

Abb. 1.44. Begriffe: Innenring, (1) zylindrische Bohrung, (2) kegelige Bohrung

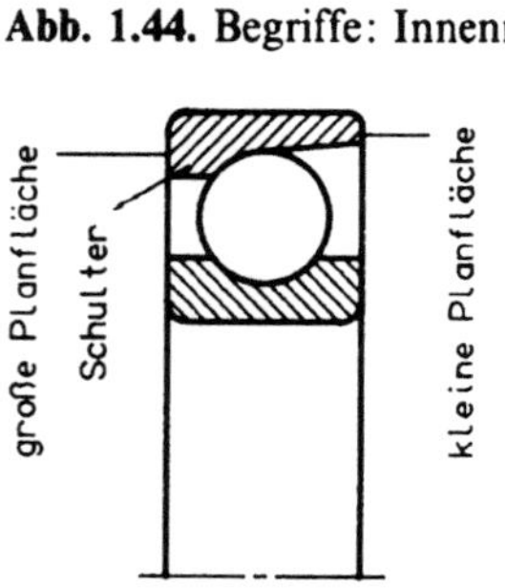

Abb. 1.45. Begriffe: Radial-Schulterkugellager

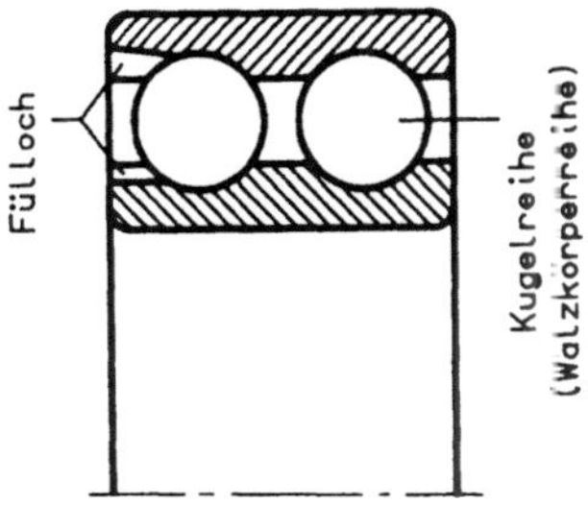

Abb. 1.46. Begriffe: Zweireihiges Radial-Rillenkugellager

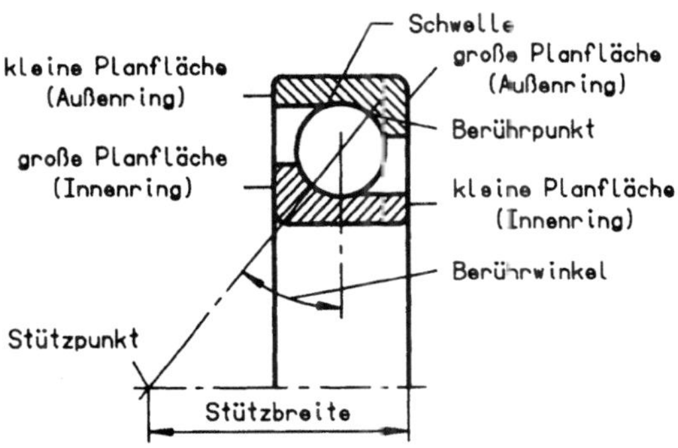

Abb. 1.47. Begriffe: Einreihiges Radial-Schrägkugellager

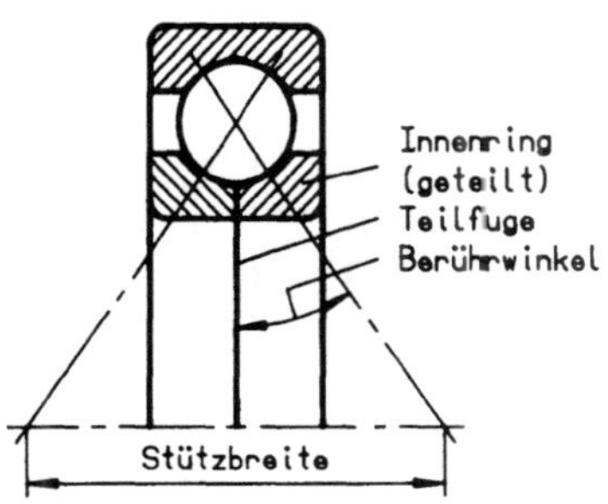

Abb. 1.48. Begriffe: Radial-Vierpunktlager

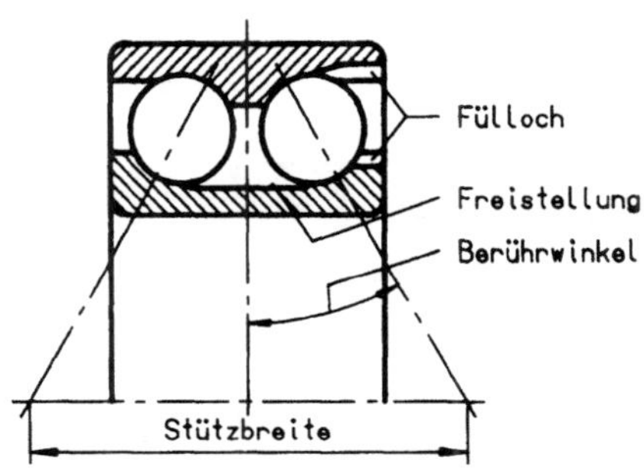

Abb. 1.49. Begriffe: Zweireihiges Radial-Schrägkugellager

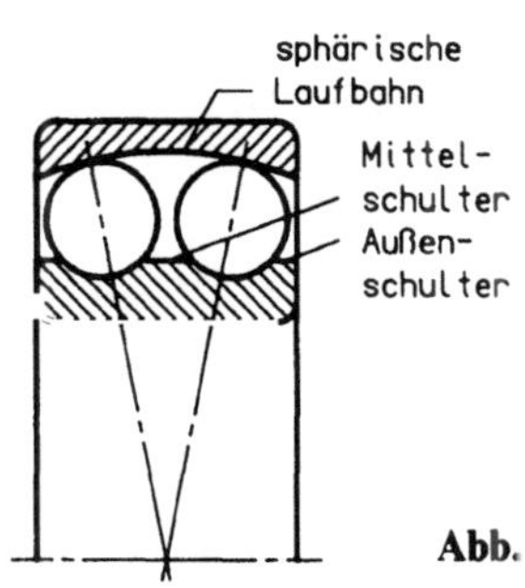

Abb. 1.50. Begriffe: Radial-Pendelkugellager

1.6.3.1.2 Axial-Kugellager (Abb. 1.51 bis 1.53)

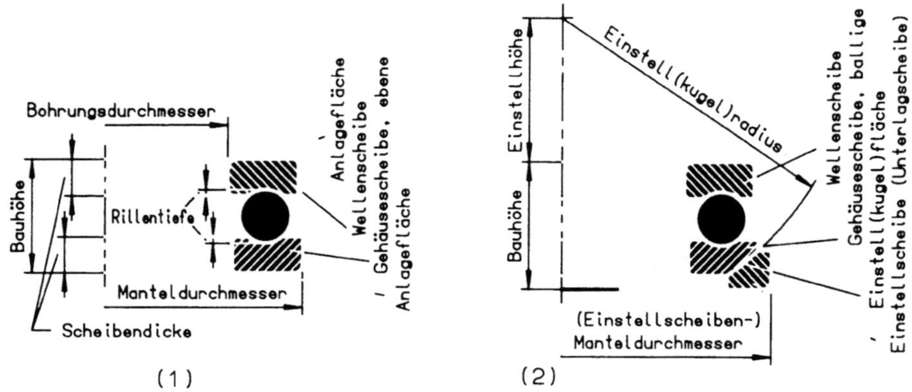

Abb. 1.51. Begriffe: einseitig wirkendes Axial-Rillenkugellager, (1) Grundausführung, (2) mit Einstellscheibe

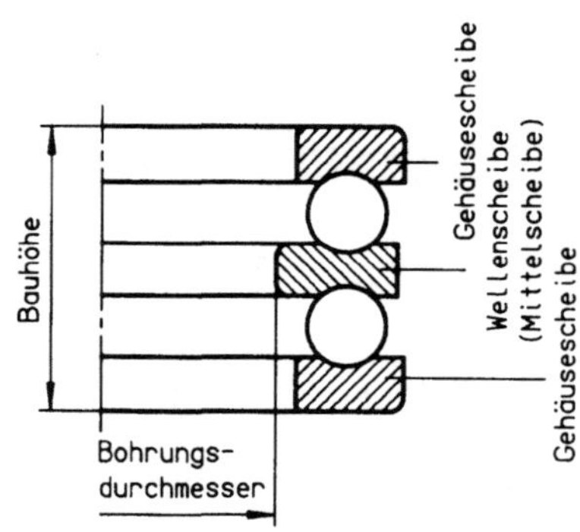

Abb. 1.52. Begriffe: Zweiseitig wirkendes Axial-Rillenkugellager

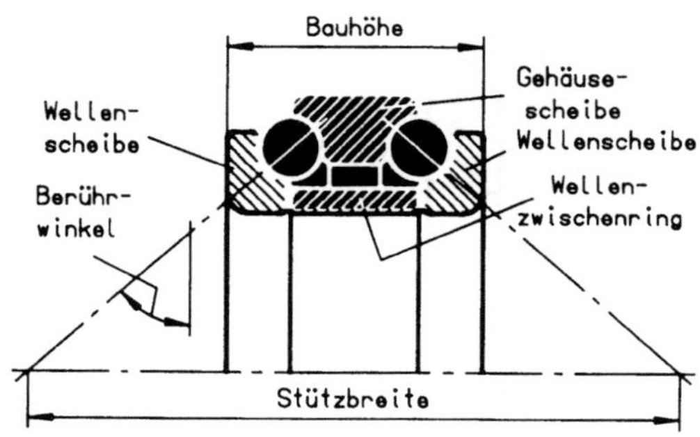

Abb. 1.53. Begriffe: Axial-Schrägkugellager

1.6.3.1.3 Radial-Rollenlager (Abb. 1.54 bis 1.72)

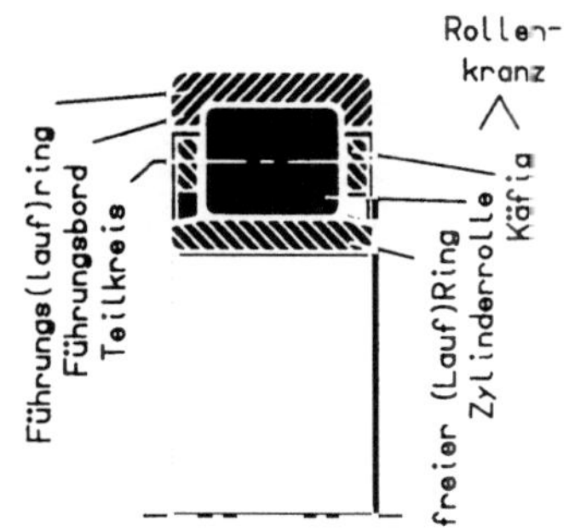

Abb. 1.54. Begriffe: Radial-Rollenlager

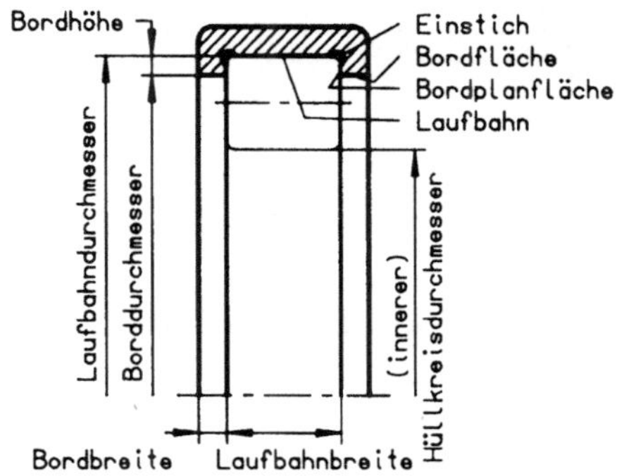

Abb. 1.55. Begriffe: Außenring, Radial-Rollenlager

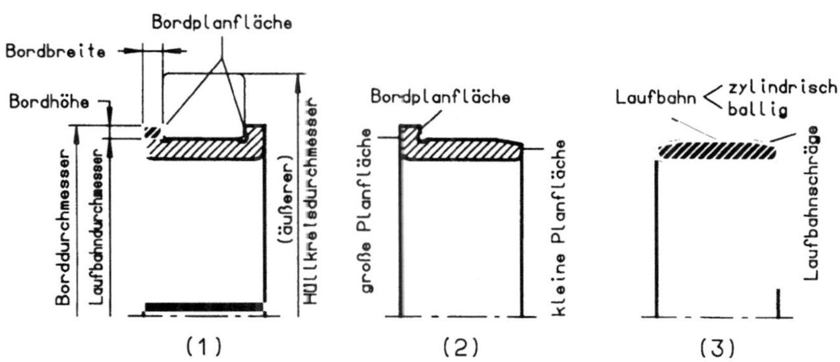

Abb. 1.56. Begriffe: Innenring, Radial-Rollenlager, (1) Bauform N, (2) Bauform NJ, (3) Bauform NU

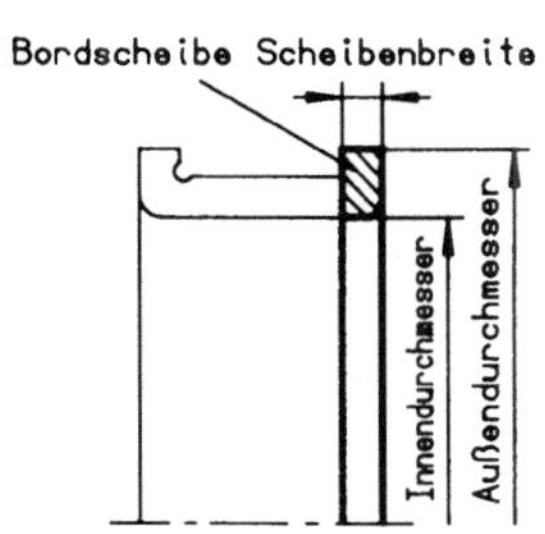

Abb. 1.57. Begriffe: Bordscheibe, Radial-Rollenlager

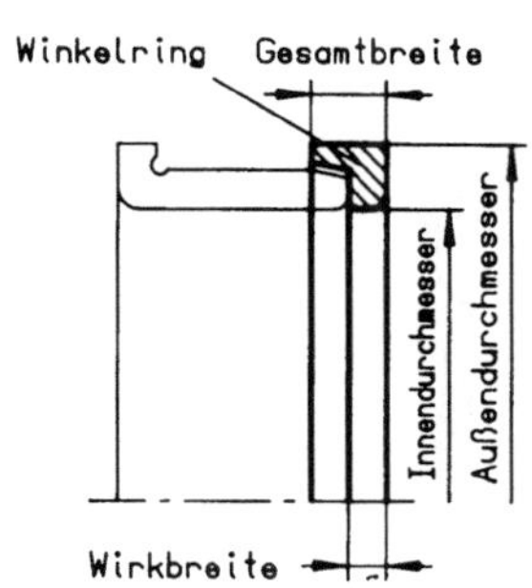

Abb. 1.58. Begriffe: Winkelring, Radial-Rollenlager

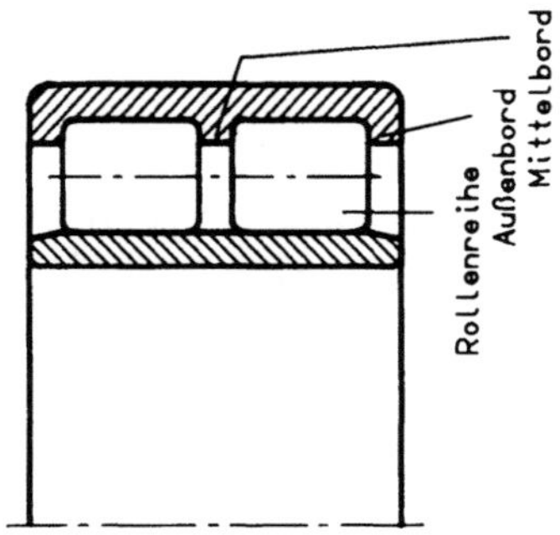

Abb. 1.59. Begriffe: Zweireihiges Radial-Zylinderrollenlager

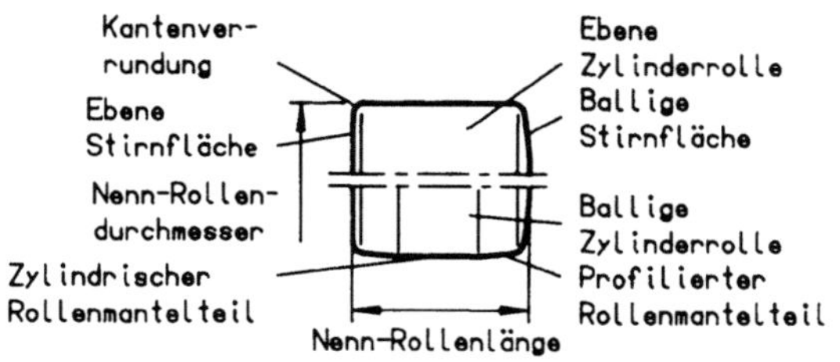

Abb. 1.60. Begriffe: Zylinderrolle, (1) Zylinderrolle, (2) Nadelrolle

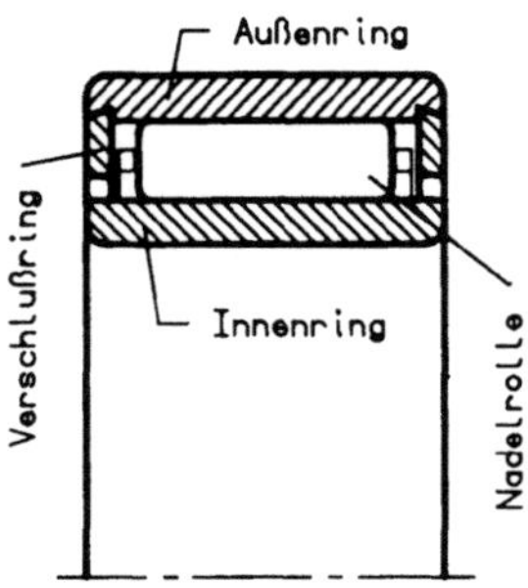

Abb. 1.61. Begriffe: Radial-Nadellager

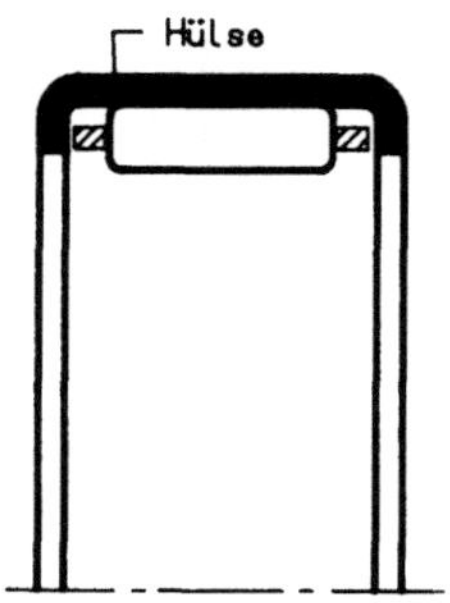

Abb. 1.62. Begriffe: Radial-Nadelhülse

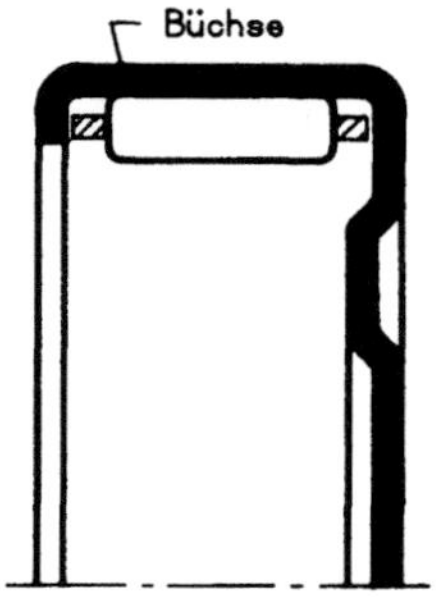

Abb. 1.63. Begriffe: Radial-Nadelbüchse

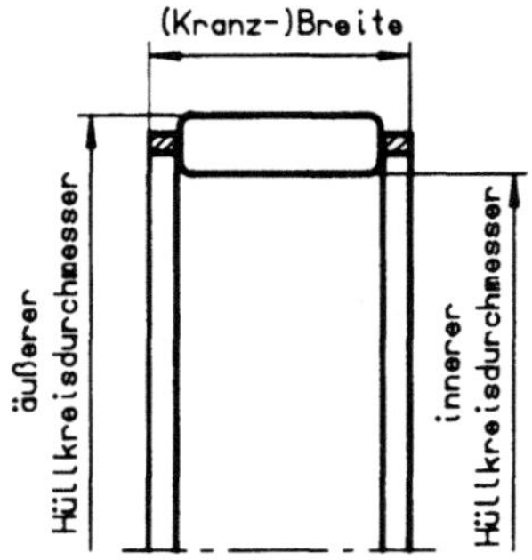

Abb. 1.64. Begriffe: Radial-Nadelkranz

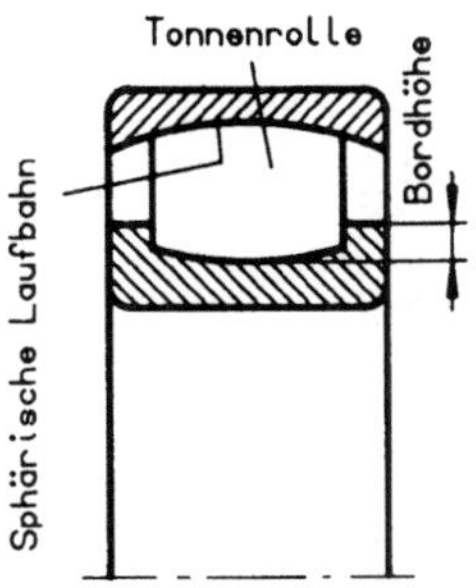

Abb. 1.65. Begriffe: Einreihiges Radial-Tonnenlager

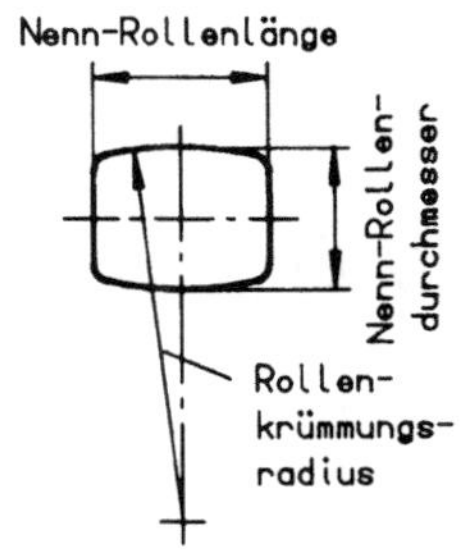

Abb. 1.66. Begriffe: Tonnenrolle

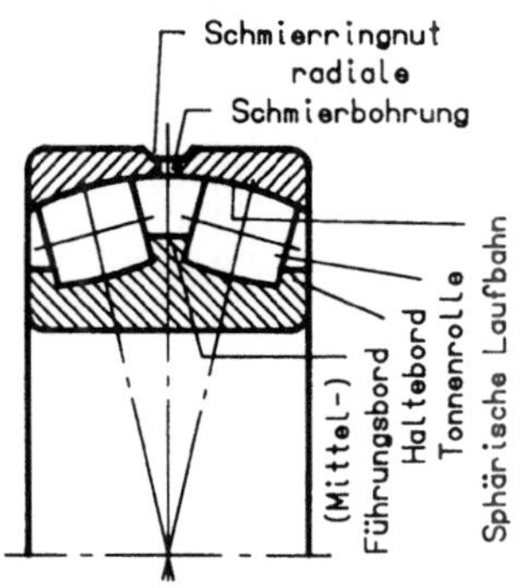

Abb. 1.67. Begriffe: Radial-Pendelrollenlager (zweireihiges Radial-Tonnenlager)

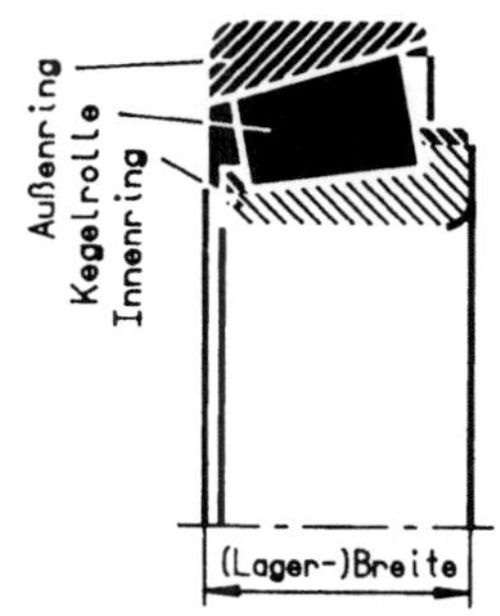

Abb. 1.68. Begriffe: Einreihiges Radial-Kegelrollenlager

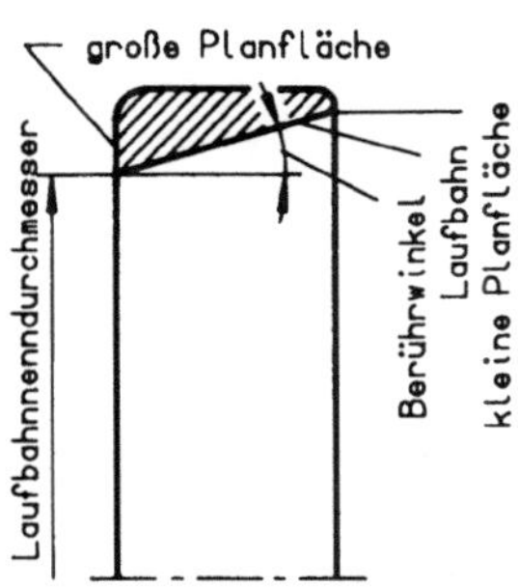

Abb. 1.69. Begriffe: Außenring, Radial-Kegelrollenlager

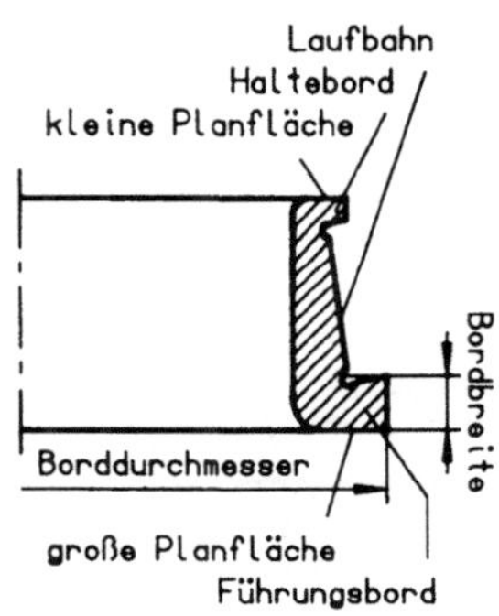

Abb. 1.70. Begriffe: Innenring, Radial-Kegelrollenlager

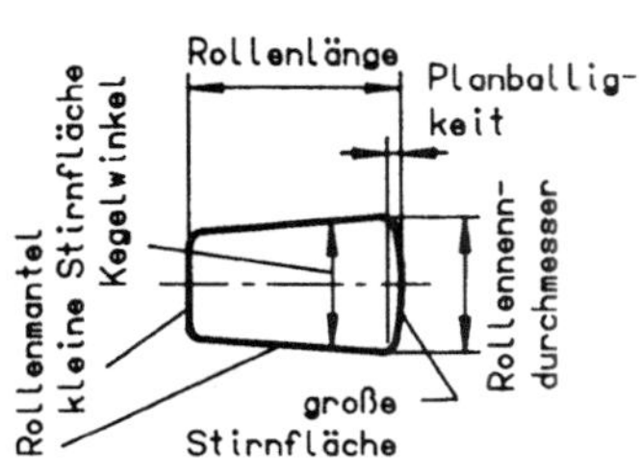

Abb. 1.71. Begriffe: Kegelrolle

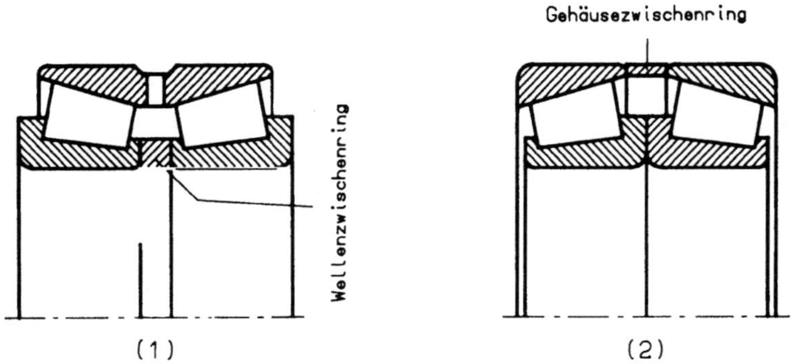

Abb. 1.72. Begriffe: Zweireihiges Radial-Kegelrollenlager, (1) Wellenzwischenring, (2) Gehäusezwischenring

1.6.3.1.4 Axial-Rollenlager (Abb. 1.73 bis 1.76)

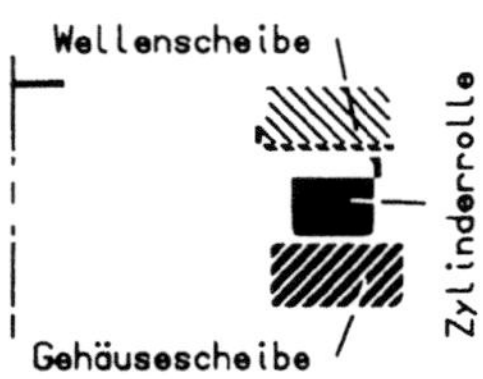

Abb. 1.73. Begriffe: Einseitig wirkendes Axial-Zylinderrollenlager

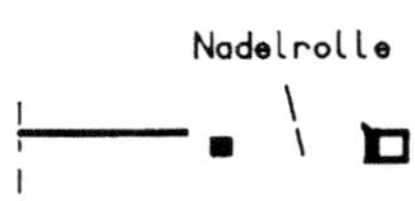

Abb. 1.74. Begriffe: Axial-Nadelkranz

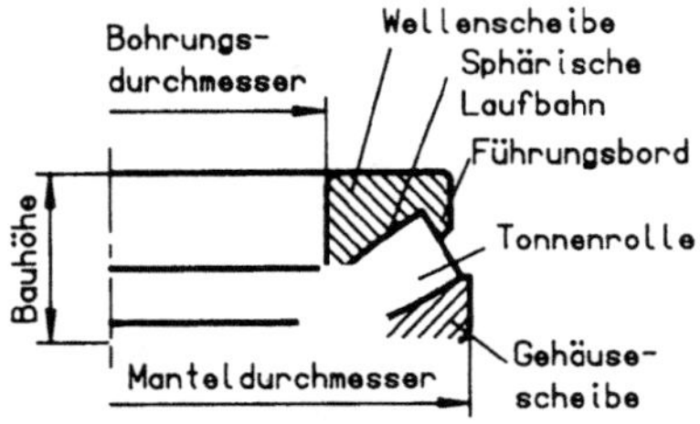

Abb. 1.75. Begriffe: Axial-Pendelrollenlager

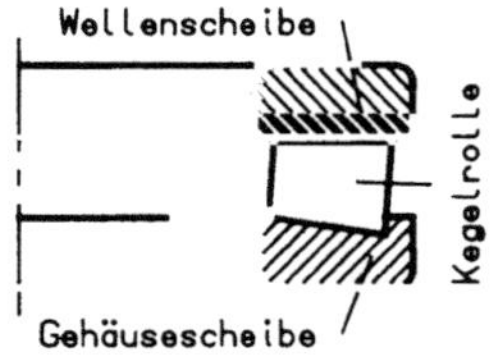

Abb. 1.76. Begriffe: Axial-Kegelrollenlager

1.6.3.2 Begriffe der Lagergenauigkeit

Soweit möglich, sind die Begriffe bildlich dargestellt (Abb. 1.77 bis 1.79). Begriffe allgemeiner Bedeutung sind verbal in Kurzform abgefaßt.

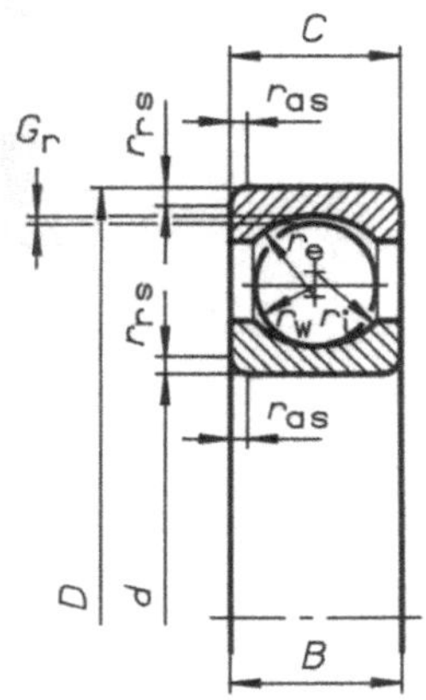

Abb. 1.77. Begriffe: Maße, Grundlagen

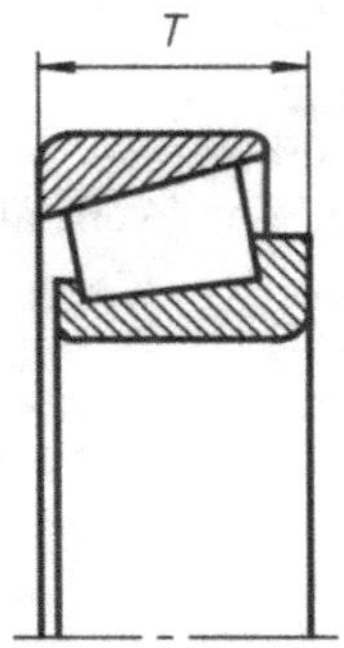

Abb. 1.78. Begriffe: Maße, Ergänzung

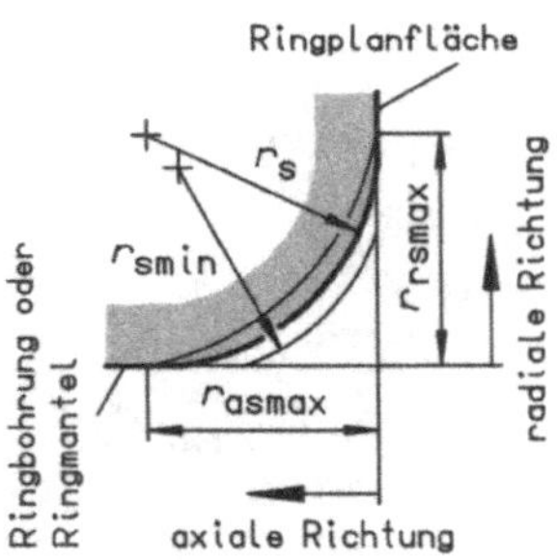

Abb. 1.79. Begriffe: Maße, Kantenverrundung

1.6.3.2.1 Erklärung der Zeichen (Symbole)

Hauptzeichen

B Innenringbreite bzw. Lagerbreite
C Außenringbreite
d Bohrungsdurchmesser
D Manteldurchmesser (Außendurchmesser)
G Lagerluft
K Wanddickenschwankung, Rundlauf
r Kantenabstand, Kantenverrundung; Krümmungsradius
S Scheibendickenschwankung; Planlauf, Schwankung der Neigung; Laufbahnparallelität
T Lagerbreite (Radiallager); Lagerhöhe (Axiallager)
V Schwankung des Istmaßes
Δ Abweichung des Istmaßes
ϑ Bezugstemperatur

Zusatzzeichen (Indizes)

a	axial; zusammengebautes Lager (als zweiter Index)
B	Innenringbreite
C	Außenringbreite
d	Bohrungsdurchmesser
D	Manteldurchmesser (Außendurchmesser)
e	Außenring
i	Innenring
L	Länge
m	arithmetischer Mittelwert aus Istwerten; mittel
max	größter Einzelwert
min	kleinster Einzelwert
p	eine (einzelne) Ebene
r	radial
s	Istwert aus Einzelmessung; sphärisch
S	Kugelform
w	Wälzkörper

1.6.3.2.2 Geometrische Grundbegriffe

— *gerader Zylinder/gerader Kegel:*
Körper mit kreisförmigen Querschnitten in Schnittebenen normal zur Lagerachse (Drehachse);
Mantellinie zur Drehachse parallel/Mantellinie die Drehachse schneidend.

— *Achse des Innenringes:*
Achse eines Zylinders, der in eine im wesentlichen zylindrische Bohrung – bzw. Achse eines Kegels, der in eine im wesentlichen kegelige Bohrung – eingeschrieben ist.

— *Achse des Außenringes:*
Achse eines Zylinders, der eine im wesentlichen zylindrische Mantelfläche umschreibt.

— *Lagerachse:*
identisch mit der Achse des Innenringes.

— *Bezugsplanfläche eines Ringes:*
vom Lagerhersteller ausgewählte Planfläche, welche als Meßbasisfläche dient.

— *radiale Ebenen:*
alle Ebenen normal zur Lager- oder Innenringachse. Es ist vereinfachend zulässig, alle zur Bezugsplanfläche parallelen Ebenen als radiale Ebenen anzusehen.

— *radiale Richtungen:*
alle Richtungen normal zur Lager- oder Innenringachse.

— *axiale Ebenen:*
alle Ebenen, die die Lager- oder Innenringachse enthalten.

— *axiale Richtungen:*
alle Richtungen parallel zur (und einschließlich der) Lager- oder Innenringach-

se. Es ist vereinfachend zulässig, alle zur Bezugsplanfläche normalen Richtungen als axiale Richtungen anzusehen.

— *Laufbahnmitte:*
Punkt oder Linie auf der Laufbahnoberfläche in der Mitte zwischen den zwei Laufbahnrändern (-borden).
— *Laufbahnberührdurchmesser:*
Durchmesser des theoretischen Kreises durch die (nominellen) Berührpunkte der Wälzkörper mit der Laufbahn.
Anmerkung: Für Rollenlager gilt im allgemeinen die Mitte der Rollenlänge.
— *Berührwinkel:*
Winkel zwischen Wirkungslinie der Wälzkörperbelastung und einer zur Lagerachse senkrechten Ebene.

1.6.3.2.3 Genauigkeit der Hauptmaße

Die in diesem Abschnitt definierten Durchmesser-(Breiten-)Schwankungen und mittleren Durchmesser (Breiten) sind die Unterschiede und arithmetischen Mittelwerte der tatsächlich größten und kleinsten einzelnen Maße und nicht jene der zulässigen Grenzwerte für die einzelnen Maße.

1.6.3.2.3.1 Form

— *Abweichung von der Kreisform*, Δ_r (einer im wesentlichen kreisrunden Linie in einer radialen Ebene):
radialer Abstand zweier konzentrischer Kreise, zwischen denen alle Punkte der wirklichen Linie liegen müssen. Ihre Mittelpunkte fallen mit dem Mittelpunkt jenes Kreises (des Referenzkreises) zusammen, der vornehmlich nach der mathematischen Methode des Kreises der kleinsten Quadrate (Least Square Circle, LSC) bestimmt wird.
— *Abweichung von der Zylinderform*, Δ_{rL} (einer im wesentlichen zylindrischen Fläche):
radialer Abstand zweier koaxialer Zylinder, zwischen denen alle Punkte der wirklichen Fläche liegen müssen.
Die Minimumbedingung gemäß ÖNORM ISO 1101 [N 58] ist dabei zu erfüllen.
— *Abweichung von der Kugelform* Δ_S (einer im wesentlichen kugeligen Fläche):
radialer Abstand zweier konzentrischer Kugeln, zwischen denen alle Punkte der wirklichen Fläche liegen müssen.
Die Minimumbedingung gemäß ÖNORM ISO 1101 [N 58] ist dabei zu erfüllen.

1.6.3.2.3.2 Bohrungsdurchmesser

— *Nenndurchmesser der Bohrung (Nenn-Bohrungsdurchmesser), d:*
Durchmesser jenes Zylinders, der die theoretische Bohrungsfläche einer zylindrischen Bohrung enthält bzw. kleiner Durchmesser jenes Kegelstumpfes, der die theoretische Fläche einer kegeligen Bohrung enthält.

Anmerkung: Der Nenndurchmesser der Bohrung ist im allgemeinen der Bezugswert (Hauptmaß) für Abweichungen der tatsächlichen Bohrungsfläche.

— *einzelner Bohrungsdurchmesser, d_s:*
Normalabstand zwischen zwei parallelen Tangenten an die Schnittlinie der tatsächlichen Bohrungsfläche mit einer radialen Ebene.

— *Abweichung eines einzelnen Bohrungsdurchmessers, Δ_{ds}:*
Unterschied zwischen einem einzelnen Bohrungsdurchmesser und dem Nenndurchmesser der Bohrung,

$$\Delta_{ds} = d_s - d \tag{1.1}$$

— *Schwankung des Bohrungsdurchmessers, V_{ds}:*
Unterschied zwischen dem größten und dem kleinsten tatsächlichen Bohrungsdurchmesser,

$$V_{ds} = d_{s\,\max} - d_{s\,\min} \tag{1.2}$$

— *mittlerer Bohrungsdurchmesser, d_m:*
arithmetischer Mittelwert aus dem größten und dem kleinsten tatsächlichen Bohrungsdurchmesser,

$$d_m = (d_{s\,\max} + d_{s\,\min})/2 \tag{1.3}$$

— *Abweichung des mittleren Bohrungsdurchmessers, Δ_{dm}:*
Unterschied zwischen dem mittleren Bohrungsdurchmesser und dem Nenndurchmesser der Bohrung,

$$\Delta_{dm} = d_m - d \tag{1.4}$$

— *mittlerer Bohrungsdurchmesser in einer einzelnen radialen Ebene, d_{mp}:*
arithmetischer Mittelwert aus dem größten und dem kleinsten tatsächlichen Bohrungsdurchmesser in einer einzelnen radialen Ebene,

$$d_{mp} = (d_{p\,\max} + d_{p\,\min})/2 \tag{1.5}$$

— *Abweichung des mittleren Bohrungsdurchmessers in einer einzelnen radialen Ebene, Δ_{dmp}:*
Unterschied zwischen dem mittleren Bohrungsdurchmesser in einer einzelnen radialen Ebene und dem Nenndurchmesser der Bohrung,

$$\Delta_{dmp} = d_{mp} - d \tag{1.6}$$

— *Schwankung des Bohrungsdurchmessers in einer einzelnen radialen Ebene, V_{dp}:*
Unterschied zwischen dem größten und dem kleinsten tatsächlichen Bohrungsdurchmesser in einer einzelnen radialen Ebene,

$$V_{dp} = d_{p\,\max} - d_{p\,\min} \tag{1.7}$$

— *Schwankung des mittleren Bohrungsdurchmessers, V_{dm}:*
Unterschied zwischen dem größten und dem kleinsten mittleren Bohrungsdurchmesser aus den einzelnen radialen Ebenen (innerhalb der Meßzone),

$$V_{dm} = d_{m\,\max} - d_{m\,\min} \tag{1.8}$$

1.6.3.2.3.3 Manteldurchmesser (Außendurchmesser)

— *Nenndurchmesser des Mantels (Nenn-Manteldurchmesser), D:*
Durchmesser jenes Zylinders, der die theoretische Mantelfläche enthält.
Anmerkung: Der Nenn-Manteldurchmesser ist im allgemeinen der Bezugswert (Hauptmaß) für Abweichungen der tatsächlichen Mantelfläche.

— *einzelner Manteldurchmesser, D_s:*
Normalabstand zwischen zwei parallelen Tangenten an die Schnittlinie der tatsächlichen Mantelfläche mit einer radialen Ebene.

— *Abweichung eines einzelnen Manteldurchmessers, Δ_{Ds}:*
Unterschied zwischen einem einzelnen Manteldurchmesser und dem Nenndurchmesser des Mantels,

$$\Delta_{Ds} = D_s - D \tag{1.9}$$

— *Schwankung des Manteldurchmessers, V_{Ds}:*
Unterschied zwischen dem größten und dem kleinsten tatsächlichen Manteldurchmesser,

$$V_{Ds} = D_{s\max} - D_{s\min} \tag{1.10}$$

— *mittlerer Manteldurchmesser, D_m:*
arithmetischer Mittelwert aus dem größten und dem kleinsten tatsächlichen Manteldurchmesser,

$$D_m = (D_{s\max} + D_{s\min})/2 \tag{1.11}$$

— *Abweichung des mittleren Manteldurchmessers, Δ_{Dm}:*
Unterschied zwischen dem mittleren Manteldurchmesser und dem Nenndurchmesser des Mantels,

$$\Delta_{Dm} = D_m - D \tag{1.12}$$

— *mittlerer Manteldurchmesser in einer einzelnen radialen Ebene, D_{mp}:*
arithmetischer Mittelwert aus dem größten und dem kleinsten tatsächlichen Manteldurchmesser in einer einzelnen radialen Ebene,

$$D_{mp} = (D_{p\max} + D_{p\min})/2 \tag{1.13}$$

— *Abweichung des mittleren Manteldurchmessers in einer einzelnen radialen Ebene, Δ_{Dmp}:*
Unterschied zwischen dem mittleren Manteldurchmesser in einer einzelnen radialen Ebene und dem Nenndurchmesser des Mantels,

$$\Delta_{Dmp} = D_{mp} - D \tag{1.14}$$

— *Schwankung des Manteldurchmessers in einer einzelnen radialen Ebene, V_{Dp}:*
Unterschied zwischen dem größten und dem kleinsten tatsächlichen Manteldurchmesser in einer einzelnen radialen Ebene,

$$V_{Dp} = D_{p\max} - D_{p\min} \tag{1.15}$$

— *Schwankung des mittleren Manteldurchmessers,* V_{Dm}:
Unterschied zwischen dem größten und dem kleinsten mittleren Manteldurchmesser aus den einzelnen radialen Ebenen (innerhalb der Meßzone),

$$V_{Dm} = D_{m\,\mathrm{max}} - D_{m\,\mathrm{min}} \quad (1.16)$$

1.6.3.2.3.4 Breite und Höhe

— *Nennbreite des Innenringes, B, und des Außenringes, C:*
Abstand zwischen den zwei theoretischen Planflächen (Seitenflächen) eines Ringes.
Anmerkung: Die Nennbreite ist im allgemeinen der Bezugswert (Hauptmaß) für Abweichungen der tatsächlichen Breite.

— *einzelne Ringbreite,* B_s *oder* C_s:
Abstand zwischen den Schnittpunkten der zwei tatsächlichen Planflächen eines Ringes mit einer Geraden, welche normal auf die an die Bezugsfläche des Ringes angelegte Tangentialfläche steht.

— *Abweichung einer einzelnen Ringbreite,* Δ_{Bs} *oder* Δ_{Cs}:
Unterschied zwischen einer einzelnen Ringbreite und der Nennbreite des Ringes,

$$\Delta_{Bs} = B_s - B \text{ oder } \Delta_{Cs} = C_s - C \quad (1.17), (1.18)$$

— *Schwankung der Ringbreite,* V_{Bs} *oder* V_{Cs}:
Unterschied zwischen der größten und der kleinsten tatsächlichen Breite des Ringes,

$$V_{Bs} = B_{s\,\mathrm{max}} - B_{s\,\mathrm{min}} \text{ oder } V_{Cs} = C_{s\,\mathrm{max}} - C_{s\,\mathrm{min}} \quad (1.19), (1.20)$$

— *mittlere Ringbreite,* B_m *oder* C_m:
arithmetischer Mittelwert aus der größten und der kleinsten tatsächlichen Breite des Ringes,

$$B_m = (B_{s\,\mathrm{max}} + B_{s\,\mathrm{min}})/2 \text{ oder } C_m = (C_{s\,\mathrm{max}} + C_{s\,\mathrm{min}})/2 \quad (1.21), (1.22)$$

— *Nennbreite des Lagers, B, C oder T* (gilt für alle Radiallager):
Abstand zwischen den zwei theoretischen Ringplanflächen, die die Lagerbreite begrenzen.
Anmerkung: Die Nennbreite des Lagers ist im allgemeinen der Bezugswert (Hauptmaß) für Abweichungen der tatsächlichen Lagerbreite. Das Symbol „*B*" wird benutzt, wenn die Nennbreite dem Abstand zwischen den Innenringplanflächen entspricht oder wenn Innen- und Außenring gleich breit sind und deren Planflächen theoretisch in derselben Ebene liegen. Das Symbol „*C*" wird benutzt, wenn die Nennbreite dem Abstand zwischen den Außenringplanflächen entspricht (vorausgesetzt: Symbol *B* ist nicht anwendbar). Das Symbol „*T*" wird benutzt, wenn die Nennbreite dem Abstand zwischen einer Innenringplanfläche und der Außenringplanfläche auf der gegenüberliegenden Seite entspricht.

— *wirkliche Lagerbreite,* T_s (gilt für Radiallager, bei denen eine Innenringplanfläche und die gegenüberliegende Außenringplanfläche die Lagerbreite begrenzen):

Abstand zwischen den Schnittpunkten der Lagerachse mit den zwei Tangentialebenen der tatsächlichen Planflächen der Ringe, welche die Lagerbreite begrenzen.
Anmerkung: Für ein einreihiges Kegelrollenlager ist dies der Abstand zwischen den Schnittpunkten der Lagerachse mit zwei Ebenen, von denen eine die große Planfläche des Innenringes und die andere die große Planfläche des Außenringes tangiert. Dabei berühren die Laufbahnen beider Ringe und der Führungsbord (des Innenringes) alle Kegelrollen.

— *Abweichung der wirklichen Lagerbreite*, Δ_{Ts} (gilt für Radiallager, bei denen eine Innenringplanfläche und die gegenüberliegende Außenringplanfläche die Lagerbreite begrenzen):
Unterschied zwischen der tatsächlichen Lagerbreite und der Nennbreite des Lagers,

$$\Delta_{Ts} = T_s - T \tag{1.23}$$

— *Nennhöhe des Lagers*, T (gilt für Axiallager):
Abstand zwischen den zwei theoretischen Anlageflächen der Scheiben, die die Lagerhöhe begrenzen
Anmerkung: Die Nennhöhe des Lagers ist im allgemeinen der Bezugswert (Hauptmaß) für Abweichungen der tatsächlichen Lagerhöhe.

— *wirkliche Lagerhöhe*, T_s (gilt für Axiallager):
Abstand der Schnittpunkte der Lagerachse mit den zwei Tangentialebenen an die tatsächlichen Anlageflächen der Scheiben, welche die Lagerhöhe begrenzen.

— *Abweichung der wirklichen Lagerhöhe*, Δ_{Ts} (gilt für Axiallager):
Unterschied zwischen der tatsächlichen Lagerhöhe und der Nennhöhe des Lagers,

$$\Delta_{Ts} = T_s - T \tag{1.24}$$

1.6.3.2.3.5 Kantenverrundung der Lagerringe

— *Kantenverrundung*:
Verbindungslinie zwischen den Schnittlinien der wirklichen Bohrung/Mantelfläche und der Planfläche mit einer einzelnen axialen Ebene eines Ringes. Die Grenzlinie der Kantenverrundung ist ein gedachter Kreisbogen mit dem Radius $r_{s\,min}$, der die Schnittlinien der Bohrung/Mantelfläche und die der Planfläche mit einer einzelnen axialen Ebene tangiert. Es darf kein einzelner Punkt der wirklichen Kantenverrundungslinie, vom Ringinneren her gesehen, den gedachten Kreisbogen durchstoßen.

— *einzelner Kantenabstand*, r_{rs}, r_{as}:
radialer Kantenabstand, r_{rs}: tatsächlicher Abstand in einer einzelnen axialen Ebene zwischen dem Schnittpunkt der Schnittlinie der Kantenverrundung mit der Schnittlinie der Planfläche und dem Schnittpunkt der Schnittlinie der Mantelfläche/Bohrung mit der Schnittlinie der Planfläche in dieser axialen Ebene.
axialer Kantenabstand, r_{as}: tatsächlicher Abstand in einer einzelnen axialen Ebene zwischen dem Schnittpunkt der Schnittlinie der Kantenverrundung mit

der Schnittlinie der Mantelfläche/Bohrung und dem Schnittpunkt der Schnittlinie der Mantelfläche/Bohrung mit der Schnittlinie der Planfläche in dieser axialen Ebene.

— *kleinster einzelner Kantenabstand,* $r_{rs\,\min}$, $r_{as\,\min}$:
kleinster einzelner Kantenabstand in radialer Richtung $r_{rs\,\min}$ oder axialer Richtung $r_{as\,\min}$.
— *größter einzelner Kantenabstand* $r_{rs\,\max}$, $r_{as\,\max}$:
größter einzelner Kantenabstand in radialer Richtung $r_{rs\,\max}$ oder axialer Richtung $r_{as\,\max}$.

1.6.3.2.4 Laufgenauigkeit

1.6.3.2.4.1 Lagerring

Planlauf des Ringes

— *Planlauf des Innenringes,* S_d:
Unterschied zwischen dem größten und dem kleinsten axialen Abstand in einer (zur Ringachse normalen) radialen Ebene, gemessen in einem radialen Abstand von der Lagerachse gleich dem halben Laufbahndurchmesser, auf der Bezugsplanfläche des Innenringes.
— *Schwankung der Neigung der Mantellinie des Außenringes,* S_D, *Planlauf des Außenringes,* S_{Da},
Schwankung der Neigung der Mantellinie, S_D:
Unterschied zwischen dem größten und dem kleinsten radialen Abstand zweier Mantelkreislinien in zwei zur Tangentialebene an die Bezugsplanfläche parallelen Ebenen mit dem axialen Randabstand von den Planflächen gleich dem größten einzelnen axialen Kantenabstand $r_{as\,\max}$.
Planlauf, S_{Da}: auf die Bezugsplanfläche umgerechneter Wert der Schwankung der Neigung der Mantellinie, bezogen auf den um den doppelten Wert des größten einzelnen radialen Kantenabstandes $r_{rs\,\max}$ verringerten Nenn-Mantel-durchmesser D,

$$S_{Da} = \frac{S_D \cdot (D - 2\,r_{rs\,\max})}{2\,(C - 2\,r_{as\,\max})} \tag{1.25}$$

Parallelität der Laufbahn

— *Parallelität der Innenringlaufbahn,* S_i:
Unterschied zwischen dem größten und dem kleinsten axialen Abstand einer Tangentialebene an die Bezugsplanfläche von der Laufbahnmitte des Innenringes.
— *Parallelität der Außenringlaufbahn,* S_e:
Unterschied zwischen dem größten und dem kleinsten axialen Abstand einer Tangentialebene an die Bezugsplanfläche von der Laufbahnmitte des Außenringes.

Schwankung der Wanddicke

— *Schwankung der Innenringwanddicke,* K_i (gilt für Radiallager):
Unterschied zwischen dem größten und dem kleinsten radialen Abstand der Bohrungsfläche von der Laufbahnmitte des Innenringes.

— *Schwankung der Außenringwanddicke,* K_e (gilt für Radiallager):
Unterschied zwischen dem größten und dem kleinsten radialen Abstand der Mantelfläche von der Laufbahnmitte des Außenringes.

— *Schwankung der Wellenscheibendicke,* S_i (gilt für Axiallager):
Einseitig wirkende Lager: Unterschied zwischen dem größten und dem kleinsten axialen Abstand der ebenen Anlagefläche von der Laufbahnmitte der Wellenscheibe.
Zweiseitig wirkende Lager: Unterschied zwischen dem größten und dem kleinsten axialen Abstand der beiden Laufbahnmitten der Wellenscheibe.

— *Schwankung der Gehäusescheibendicke,* S_e (gilt für Axiallager):
Unterschied zwischen dem größten und dem kleinsten axialen Abstand der ebenen Anlagefläche von der Laufbahnmitte der Gehäusescheibe.

1.6.3.2.4.2 Lager

Planlauf des Lagers

— *Planlauf des Innenringes im zusammengebauten Lager,* S_{ia}:
Radialkugellager: Unterschied zwischen dem größten und dem kleinsten axialen Abstand der Bezugsplanfläche des Innenringes in einem radialen Abstand von der Innenringachse gleich dem halben Laufbahndurchmesser – aus unterschiedlichen Winkellagen – gesehen von einem festen Bezugspunkt am Außenring. Die Laufbahnen von Innen- und Außenring müssen alle Kugeln des Lagers berühren.
Kegelrollenlager: Unterschied zwischen dem größten und dem kleinsten axialen Abstand der großen Planfläche des Innenringes in einem radialen Abstand von der Innenringachse gleich dem halben Laufbahndurchmesser (Laufbahnmitte) – aus unterschiedlichen Winkellagen – gesehen von einem festen Bezugspunkt am Außenring. Die Laufbahn von Innen- und Außenring sowie der Führungsbord müssen alle Rollen des Lagers berühren.

— *Planlauf des Außenringes im zusammengebauten Lager,* S_{ea}:
Radialkugellager: Unterschied zwischen dem größten und dem kleinsten axialen Abstand der Bezugsplanfläche des Außenringes in einem radialen Abstand von der Außenringachse gleich dem halben Laufbahndurchmesser – aus unterschiedlichen Winkellagen – gesehen von einem festen Bezugspunkt am Innenring. Die Laufbahnen von Innen- und Außenring müssen alle Kugeln des Lagers berühren.
Kegelrollenlager: Unterschied zwischen dem größten und dem kleinsten axialen Abstand der großen Planfläche des Außenringes in einem radialen Abstand von der Außenringachse gleich dem halben Laufbahndurchmesser (Laufbahnmitte) – aus unterschiedlichen Winkellagen – gesehen von einem festen Bezugspunkt am Innenring. Die Laufbahnen von Innen- und Außenring sowie der Führungsbord müssen alle Rollen des Lagers berühren.

Rundlauf des Lagers

— *Rundlauf des Innenringes, K_{ia}:*
Unterschied zwischen dem größten und dem kleinsten radialen Abstand der Bohrungsfläche des Innenringes – aus unterschiedlichen Winkellagen – gesehen von einem festen Bezugspunkt am Außenring. Die Wälzkörper müssen die Laufbahnen von Innenring und Außenring berühren, und zwar im oder beiderseits symmetrisch zum Bezugspunkt; bei Kegelrollenlagern müssen die Rollen auch den Führungsbord berühren.

— *Rundlauf des Außenringes, K_{ea}:*
Unterschied zwischen dem größten und dem kleinsten radialen Abstand der Mantelfläche des Außenringes – aus unterschiedlichen Winkellagen – gesehen von einem festen Bezugspunkt am Innenring. Die Wälzkörper müssen die Laufbahnen von Innenring und Außenring berühren, und zwar im oder beiderseits symmetrisch zum Bezugspunkt; bei Kegelrollenlagern müssen die Rollen auch den Führungsbord berühren.

1.6.3.2.5 Lagerluft

1.6.3.2.5.1 Radiale Lagerluft

— *(wirkliche) radiale Lagerluft, G_r* (gilt für Lager, die vorwiegend radial belastbar, aber unbelastet sind):
arithmetischer Mittelwert der radialen Abstände, um die ein Lagerring zum anderen von der einen exzentrischen Grenzlage in die diametral gegenüberliegende verschoben werden kann, aus unterschiedlichen Winkellagen und ohne äußere Kräfte. Der Mittelwert schließt Verschiebungen ein, bei welchen die Ringe in unterschiedlichen Winkellagen zueinander stehen und sich der Wälzkörperkranz in unterschiedlichen Winkellagen zu den Ringen befindet.
Anmerkung: In jeder exzentrischen Grenzlage müssen die jeweilige axiale Lage der Ringe zueinander und die jeweilige Lage der Wälzkörper in den Laufbahnen gestatten, daß der eine Ring tatsächlich die exzentrische Grenzlage zum anderen Ring einnehmen kann.

— *theoretische radiale Lagerluft* (gilt für Lager, die vorwiegend radial belastbar, aber unbelastet sind):
Unterschied zwischen dem Laufbahndurchmesser des Außenringes und dem Laufbahndurchmesser des Innenringes, vermindert um den zweifachen Durchmesser des Wälzkörpers.
Anmerkung: Für ein Meisterlager, d.i. ein Lager mit vernachlässigbaren Formfehlern, ist die wirklich radiale Lagerluft mit der theoretischen Lagerluft identisch, vorausgesetzt, daß sich in jeder Winkellage ein Wälzkörper genau in die radiale Meßrichtung einstellt.

1.6.3.2.5.2 Axiale Lagerluft

— *(wirkliche) axiale Lagerluft, G_a* (gilt für Lager, die vorwiegend axial belastbar, aber unbelastet sind): arithmetischer Mittelwert der axialen Abstände, um die

ein Lagerring zum anderen von der einen axialen Grenzlage in die gegenüberliegende verschoben werden kann, aus unterschiedlichen Winkellagen und ohne äußere Kräfte.
Der Mittelwert schließt Verschiebungen ein, bei welchen die Ringe in unterschiedlichen Winkellagen zueinander stehen und sich der Wälzkörperkranz in unterschiedlichen Winkellagen zu den Ringen befindet.
Anmerkung: In jeder axialen Grenzlage müssen die jeweilige radiale Lage der Ringe zueinander und die jeweilige Lage der Wälzkörper in den Laufbahnen gestatten, daß der eine Ring tatsächlich die axiale Grenzlage zum anderen Ring einnehmen kann.

1.6.3.2.6 Genauigkeit der Wälzkörper

Im Regelfall werden komplette Wälzlager gekauft, deshalb enthält dieses Buch auch weitgehend alle üblichen Begriffe und Definitionen, die sich darauf beziehen. Viele Wälzlager-Hersteller führen allerdings auch Kugeln, Zylinderrollen und Nadeln in ihrem Standard-Programm. Die nationalen und internationalen Normen berücksichtigen das [N 49, N 50, N 79, N 80]. Die Terminologie ist ähnlich wie bei den kompletten Lagern aufgebaut, jedoch nicht minder umfangreich. Wegen des begrenzten Bedarfs wird hier auf eine Darstellung verzichtet und auf die relevanten Normen verwiesen, resp. empfohlen bei einem aktuellen Anlaß den Hersteller zu kontaktieren.

2 FUNKTIONSERFÜLLUNG

In den Kontaktzonen von Wälzkörpern und Laufbahnen treten bereits bei normaler Belastung Beanspruchungen in Größenordnungen auf, die weit über den sonst bei Maschinenelementen gewohnten Werten liegen. Statisch betrachtet stellt die Abstützung Laufbahn – Wälzkörper – Laufbahn ein unbestimmtes System dar. Es ist allein schon schwer lösbar und wird überaus komplex, wenn die Einflüsse von Einfederung, Lagerluft, Form- und Maßtoleranzstreuung etc. berücksichtigt werden müssen.

2.1 Merkmale der Wälzlagergeometrie

Wälzlager haben, so verschiedengestaltig sie auch sein mögen, gewisse Merkmale gemeinsam oder anders gesagt: als „echtes Geometriemerkmal" gilt nur, was für alle Bauarten, in gleicher Weise angewendet, die gleiche Aussagekraft besitzt.

2.1.1 Berührverhältnisse

Die Berührung zweier allseits gekrümmter Körper wird durch die HERTZsche Theorie ausführlich beschrieben [56] (Abb. 2.1).
Die Krümmung ρ ist der Kehrwert des zugehörigen Krümmungsradius r,

$$\rho = 1/r \tag{2.1}$$

wobei bei konvexen Körpern – der Krümmungsmittelpunkt liegt hier auf der Körperinnenseite – die Krümmung positiv und bei konkaven Körpern – der Krümmungsmittelpunkt liegt dann auf der Körperaußenseite – die Krümmung negativ gezählt wird (Abb. 2.2).
Bei allseitig gekrümmten Körpern können wir zwei aufeinander senkrecht stehende Hauptberührungsebenen Σ_1 und Σ_2 einführen. Die Indizes K und Σ der Krümmung $\rho_{K\Sigma}$ stehen für den Körper K und die Hauptkrümmungsebene Σ, auf die sich die

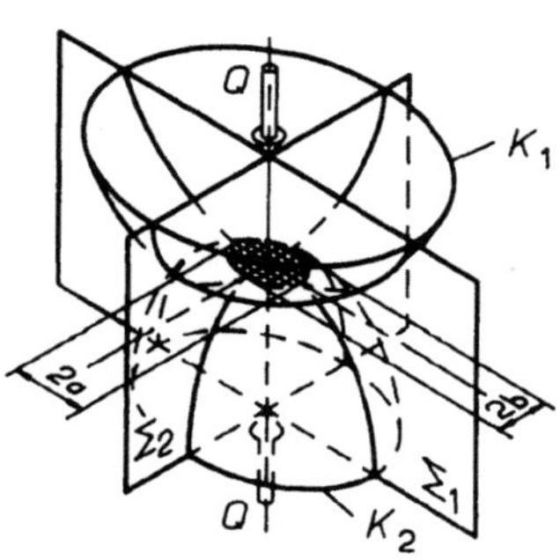

Abb. 2.1. Berührung zweier allseitig gekrümmter Körper

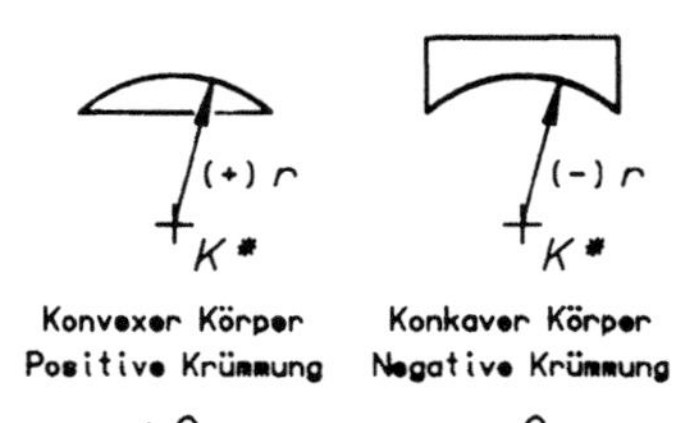

Abb. 2.2. Positive und negative Krümmung

Krümmung bezieht, z. B. ρ_{12} ... Krümmung des Körpers $K1$ in Hauptkrümmungsebene Σ_2.

Für die Berechnung der Annäherung (Berührung) der Körper und der dabei entstehenden Flächenpressung (Druckflächen) spielen die vier Krümmungsradien ρ_{11}, ρ_{12}, ρ_{21} und ρ_{22} eine wesentliche Rolle; bei Wälzlagern fallen die Hauptkrümmungsebenen der beiden Körper immer zusammen (Abb. 2.3).

Betrachten wir in Abb. 2.3 die Lager im Axialschnitt, so sehen wir, daß das Profil der konvexen Wälzkörper stärker als das Profil der konkaven Laufbahnen gekrümmt ist, Wälzkörper und Laufbahnen berühren sich somit im unbelasteten Zustand nur in einem Punkt. Diese sogenannte Punktberührung ergibt sich bei allen Kugellagern.

Bei gleicher Krümmung von Wälzkörper und Laufbahn berühren sich im unbelasteten Zustand die beiden Körper hingegen längs einer Linie. Diese

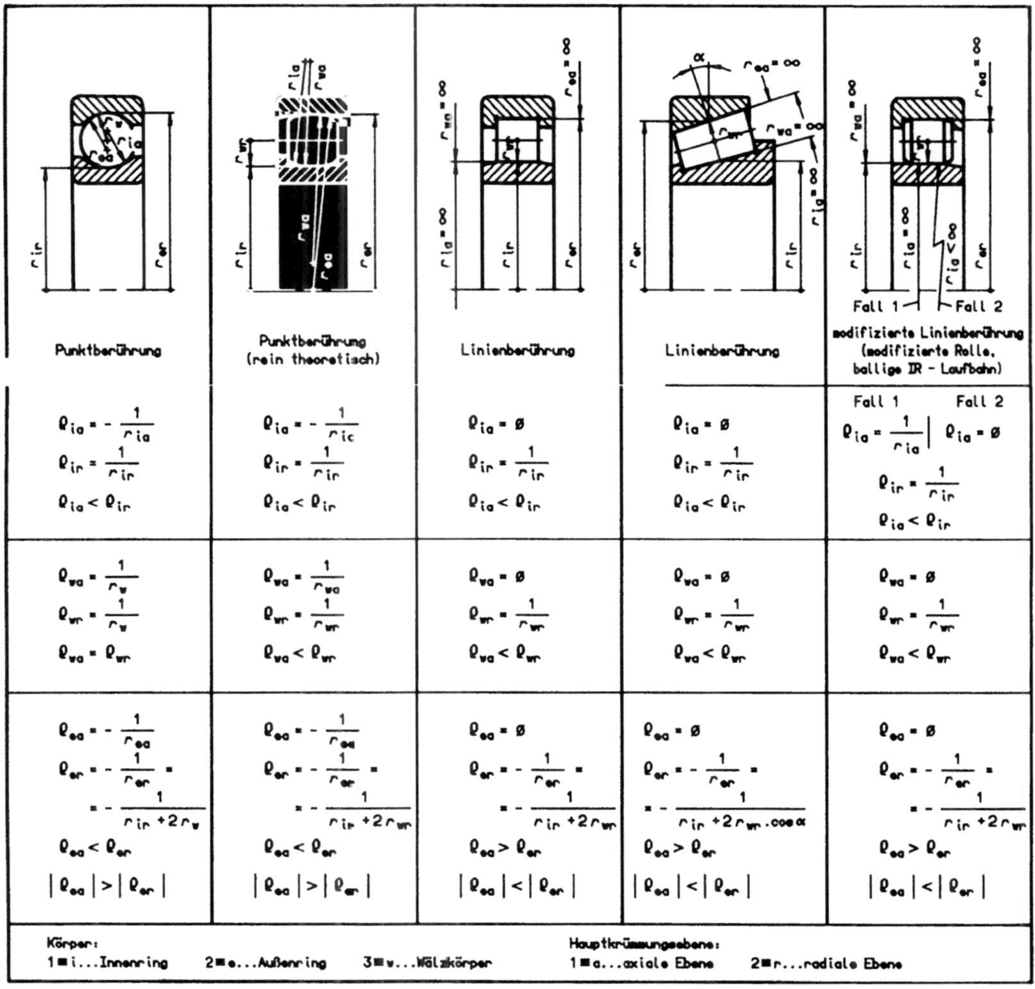

$\rho_{ia} = -\frac{1}{r_{ia}}$ $\rho_{ir} = \frac{1}{r_{ir}}$ $\rho_{ia} < \rho_{ir}$	$\rho_{ia} = -\frac{1}{r_{ic}}$ $\rho_{ir} = \frac{1}{r_{ir}}$ $\rho_{ia} < \rho_{ir}$	$\rho_{ia} = 0$ $\rho_{ir} = \frac{1}{r_{ir}}$ $\rho_{ia} < \rho_{ir}$	$\rho_{ia} = 0$ $\rho_{ir} = \frac{1}{r_{ir}}$ $\rho_{ia} < \rho_{ir}$	Fall 1 $\rho_{ia} = \frac{1}{r_{ia}}$ | Fall 2 $\rho_{ia} = 0$ $\rho_{ir} = \frac{1}{r_{ir}}$ $\rho_{ia} < \rho_{ir}$
$\rho_{wa} = \frac{1}{r_w}$ $\rho_{wr} = \frac{1}{r_w}$ $\rho_{wa} = \rho_{wr}$	$\rho_{wa} = \frac{1}{r_{wa}}$ $\rho_{wr} = \frac{1}{r_{wr}}$ $\rho_{wa} < \rho_{wr}$	$\rho_{wa} = 0$ $\rho_{wr} = \frac{1}{r_{wr}}$ $\rho_{wa} < \rho_{wr}$	$\rho_{wa} = 0$ $\rho_{wr} = \frac{1}{r_{wr}}$ $\rho_{wa} < \rho_{wr}$	$\rho_{wa} = 0$ $\rho_{wr} = \frac{1}{r_{wr}}$ $\rho_{wa} < \rho_{wr}$
$\rho_{ea} = -\frac{1}{r_{ea}}$ $\rho_{er} = -\frac{1}{r_{er}} = -\frac{1}{r_{ir} + 2r_w}$ $\rho_{ea} < \rho_{er}$ $\lvert\rho_{ea}\rvert > \lvert\rho_{er}\rvert$	$\rho_{ea} = -\frac{1}{r_{ea}}$ $\rho_{er} = -\frac{1}{r_{er}} = -\frac{1}{r_{ir} + 2r_{wr}}$ $\rho_{ea} < \rho_{er}$ $\lvert\rho_{ea}\rvert > \lvert\rho_{er}\rvert$	$\rho_{ea} = 0$ $\rho_{er} = -\frac{1}{r_{er}} = -\frac{1}{r_{ir} + 2r_{wr}}$ $\rho_{ea} > \rho_{er}$ $\lvert\rho_{ea}\rvert < \lvert\rho_{er}\rvert$	$\rho_{ea} = 0$ $\rho_{er} = -\frac{1}{r_{er}} = -\frac{1}{r_{ir} + 2r_{wr} \cdot \cos\alpha}$ $\rho_{ea} > \rho_{er}$ $\lvert\rho_{ea}\rvert < \lvert\rho_{er}\rvert$	$\rho_{ea} = 0$ $\rho_{er} = -\frac{1}{r_{er}} = -\frac{1}{r_{ir} + 2r_{wr}}$ $\rho_{ea} > \rho_{er}$ $\lvert\rho_{ea}\rvert < \lvert\rho_{er}\rvert$

Körper: 1 ≡ i ... Innenring 2 ≡ e ... Außenring 3 ≡ w ... Wälzkörper

Hauptkrümmungsebene: 1 ≡ a ... axiale Ebene 2 ≡ r ... radiale Ebene

Abb. 2.3. Berührungs- und Krümmungsverhältnisse in Wälzlagern

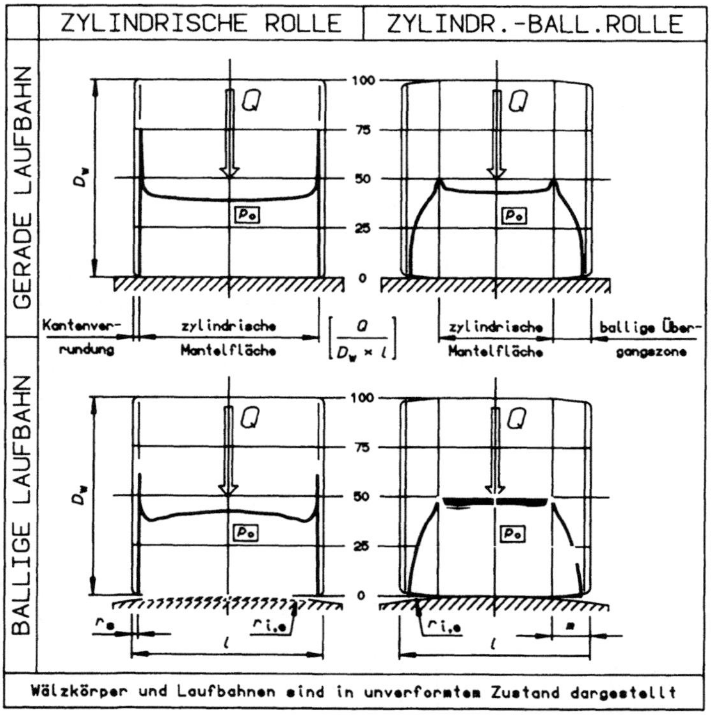

Abb. 2.4. Linienberührung – modifizierte Linienberührung

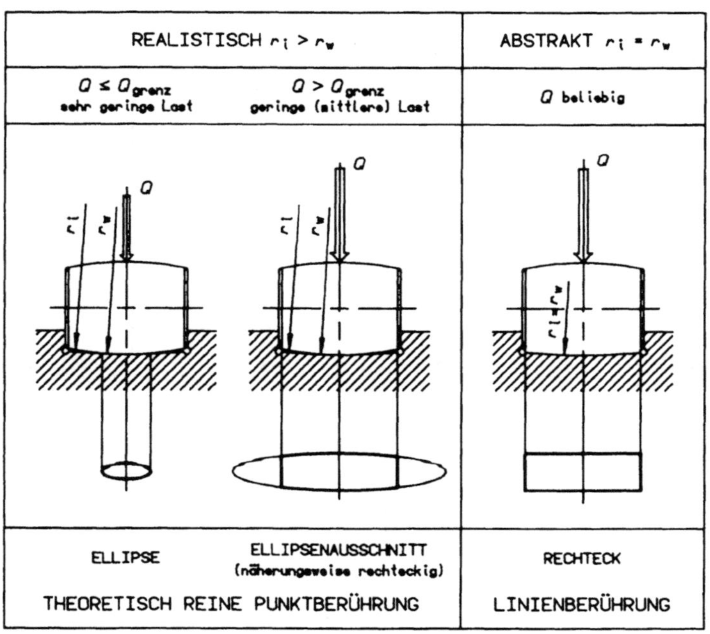

Abb. 2.5. Druckflächenausbildung im Tonnenlager

sogenannte Linienberührung ergibt sich bei Lagern mit zylindrischen oder kegeligen Wälzkörpern. Um die Kantenspannungen zu vermeiden, die an den Enden scharfkantiger Rollen entstehen, erhalten Zylinder- und Kegelrollen eine Profilierung oder/und es werden die Ringlaufbahnen ballig ausgeführt (Abb. 2.4). Der Kontakt wird als modifizierte Linienberührung bezeichnet [77, 85, 86, 87]. Bei einreihigen und zweireihigen Tonnenlagern (Pendelrollenlagern) ist das Profil der Wälzkörper etwas stärker gekrümmt als das Profil der Laufbahnen. Rein theoretisch liegt also Punktberührung vor. Der Krümmungsunterschied ist jedoch so gering, daß sich die Berührfläche, die schon bei relativ geringer Belastung eine Ellipse ist, nur unwesentlich von der Druckfläche der linienberührenden Körper unterscheidet (Abb. 2.5).

2.1.2 Radienverhältnis (Schmiegung)

Die Autoren haben in [30] über die fälschliche Verwendung des Begriffes Schmiegung berichtet und anstelle von Schmiegung den Begriff „Radienverhältnis" (Krümmungsverhältnis, engl. curvature) c mit folgender Definition eingeführt:

$$c_{ae} = \frac{r_e - r_{wa}}{r_{wa}} \times (100) \qquad ([\%]) \tag{2.2}$$

$$c_{re} = \frac{\frac{E}{2} - r_{wr}}{r_{wr}} \times (100) \qquad ([\%]) \tag{2.3}$$

$$c_{ai} = \frac{r_i - r_{wa}}{r_{wa}} \times (100) \qquad ([\%]) \tag{2.4}$$

$$c_{ri} = \frac{\frac{F}{2} - r_{wr}}{r_{wr}} \times (100) \qquad ([\%]) \tag{2.5}$$

c.... Radienverhältnis
r.... Rillenradius, Laufbahn-Balligkeitsradius
r_w... Wälzkörperradius
E ... Laufbahndurchmesser des Außenringes
F ... Laufbahndurchmesser des Innenringes

Indizes:
a.... in einer axialen Ebene
r.... in einer radialen Ebene
e.... auf den Außenring bezogen
i.... auf den Innenring bezogen

Die Radienverhältnisse haben einen relativ starken Einfluß auf das Leistungsvermögen der Wälzlager, und zwar auf
— statische und dynamische Tragzahl

— elastische Verformung und Flächenpressung
— Schmierfilmbildung
— Reibung und Verschleiß.

2.1.3 Berührwinkel

Als Berührwinkel bezeichnet man den Winkel zwischen der Verbindungslinie durch die Berührpunkte eines Wälzkörpers mit den Laufbahnen und einer radialen Richtung.
Da sich der Berührwinkel unter Belastung und der dadurch bedingten Verformung ändert, unterscheidet man zwischen dem Nennberührwinkel α_0 und dem tatsächlichen (wirklichen) Berührwinkel α.
Der Nennberührwinkel gilt für ein unbelastetes Lager, bei dem die Wälzkörper kraftlos die Laufbahnen berühren. Aus Abb. 2.6 ist zu ersehen, daß die Lagerluft den Nennberührwinkel bei axialen Relativverschiebungen der Lagerringe stark beeinflußt, so gilt für Rillenkugellager

$$\alpha_0 = arc\cos\left[1 - \frac{G_r}{(c_{ai} + c_{ae})\cdot D_w}\right] \tag{2.6}$$

G_r... radiale Lagerluft

Für den tatsächlichen Berührwinkel ergibt sich bei Berücksichtigung der Verformungsanteile δ_e am Außenring und δ_i am Innenring, z. B. für ein Schrägkugellager (Abb. 2.7)

$$\alpha_0 = arc\sin\left\{\frac{\frac{D_w}{2}\cdot(c_{ai} + c_{ae})\cdot\sin\alpha_0 + \delta_a}{\sqrt{\frac{D_w^2}{4}\cdot(c_{ai} + c_{ae})^2\cdot\cos^2\alpha_0 + \left[\frac{D_w}{2}\cdot(c_{ai} + c_{ae})\cdot\sin\alpha_0 + \delta_a\right]^2}}\right\} \tag{2.7}$$

δ_a... Summe der Axialkomponenten von δ_e und δ_i; Einfederung in axialer Richtung

Der tatsächliche Berührwinkel bei kombinierter (radialer und axialer) Belastung wird für jede Kugel verschieden sein, da sie verschieden große Belastungen aufnehmen und demnach unterschiedlich einfedern.

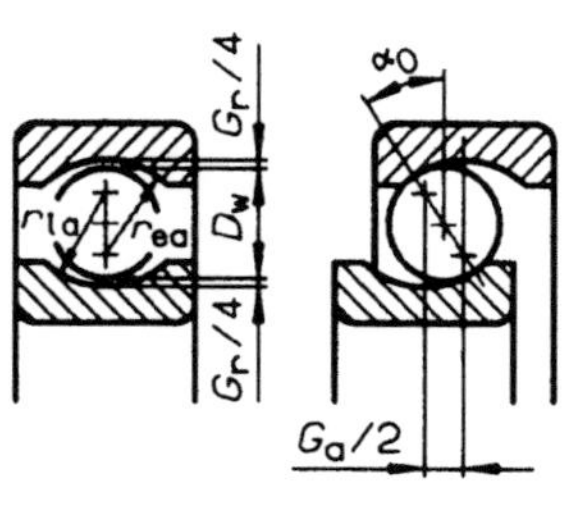

Abb. 2.6. Zusammenhang Lagerluft und Berührwinkel

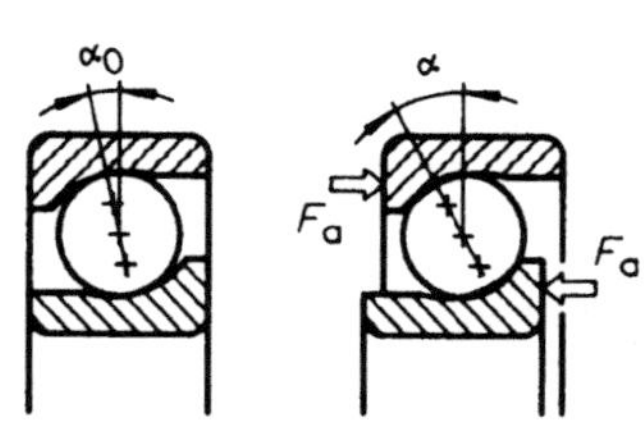

Abb. 2.7. Nennberührwinkel α_0 und Berührwinkel α in einem Schrägkugellager

2.1.4 Kippwinkel

Die radiale oder axiale Lagerluft läßt ein Verkippen des Innenringes aus der Mittellage um den Kippwinkel ψ zu. Das Kippen kann um den Lagermittelpunkt oder um den untersten Wälzkörper erfolgen (Abb. 2.8). Für die tatsächlich auftretenden inneren Lagerkräfte (Kontaktkraft Wälzkörper-Laufbahn) und für die tatsächlichen Berührverhältnisse und damit letztlich für die Lagerlebensdauer stellt die Verkippung eine wesentliche Einflußgröße dar (vergleiche LP-Methode, Abschnitt 2.6.2.2.3).

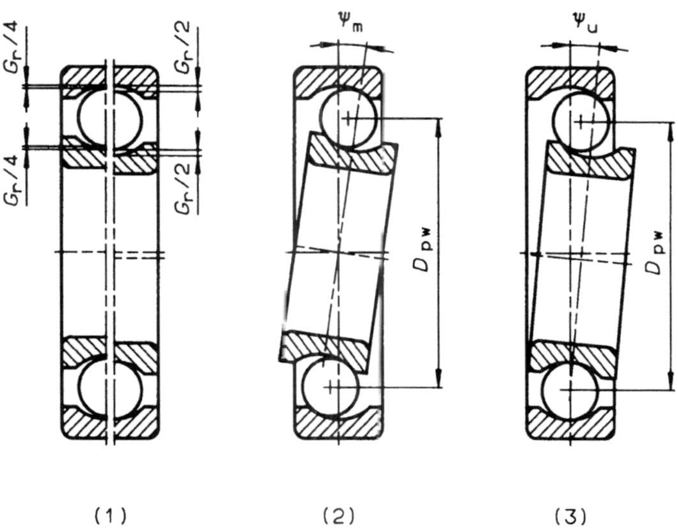

Abb. 2.8. Verkippen eines Lagers: (1) Ausgangslage, (2) Verkippen um den Lagermittelpunkt, (3) Verkippen um die unterste Kugel

2.2 Statik und Dynamik der Lagerung

Die Berechnung der nominellen Lebensdauer verlangt eine reine Radiallast bzw. eine zentrisch wirkende, reine Axiallast unveränderter Größe und Richtung. In dieser Form entsprechen die Belastungen den nach den Gesetzen der klassischen Mechanik errechenbaren äußeren Kräften, wie z. B. Massenkräfte, theoretische Zahnkräfte, Gewichte. Es wird im allgemeinen genügen daraus die Lagerstützkräfte zu ermitteln.

In besonderen Fällen wird es jedoch notwendig sein, das System Lager – Welle – Gehäuse als nicht starr anzusehen und die Kräfte am verformten System anzusetzen (vgl. Abschnitt 2.6.2.2.3). In Beispielen der Literatur wird gezeigt [41, 42], daß die Lagerlebensdauer dadurch beträchtlich (bis zum Faktor 1000) streuen kann. Jedenfalls trifft man damit die praktischen Betriebsverhältnisse bedeutend besser als nach der Näherungsrechnung mit starren Elementen.

2.2.1 *Äußere Kräfte*

Eine Lagerung stellt mit ihren Einzelelementen ein geschlossenes statisches System aus den von außen wirkenden Kräften als Aktionskräfte und den Lagerstellen als sogenannte Auflager, nämlich als Reaktionskräfte, dar. Dieses System ist dann im Gleichgewicht, wenn entweder seine Resultierende oder deren Komponenten im Gleichgewicht sind.
Die Ermittlung der Lagerbelastung (Reaktionskräfte) kann auch graphisch erfolgen; in den meisten Fällen wird die rechnerische Lösung jedoch einfacher, übersichtlicher und genauer sein, Abb. 2.9:

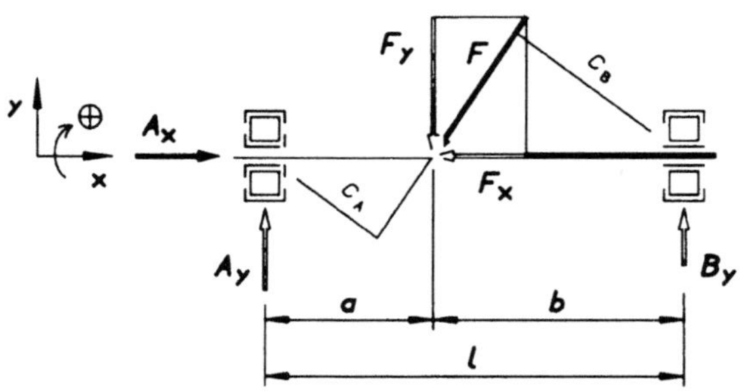

Abb. 2.9. Ermittlung der Lagerbelastungen: Träger auf 2 Stützen mit Einzellast

Statisches Gleichgewicht herrscht, wenn gilt

$\sum F_x = 0 \ldots$ Summe der Horizontalkomponenten
$\sum F_y = 0 \ldots$ Summe der Vertikalkomponenten
$\sum M = 0 \ldots$ Summe der Momente

Horizontalebene: $A_x - F_x = 0$ (2.8)

Vertikalebene: $A_y + B_y - F_y = 0$ (2.9)

Drehpunkt B: $A_y \cdot l - F \cdot c_B = A_y \cdot l - F_y \cdot b = 0$ (2.10)

Drehpunkt A: $- B_y \cdot l + F \cdot c_A = - B_y \cdot l + F_y \cdot a = 0$ (2.11)

Analog zum gezeigten Beispiel können auch Lagersysteme mit mehreren Kräften und/oder Kraglasten berechnet werden.
Wirken Kräfte in verschiedenen Ebenen, dann sind sie geometrisch zu addieren, Abb. 2.10:

Ebene 1:

aus A: $A_1 \cdot l - F_1 \cdot c_{b1} = 0$ (2.12)

$$A_1 = \frac{F_1 \cdot c_{b1}}{l} \quad (2.12.1)$$

aus B: $- B_1 \cdot l + F_1 \cdot c_{a1} = 0$ (2.13)

$$B_1 = \frac{F_1 \cdot c_{a1}}{l} \quad (2.13.1)$$

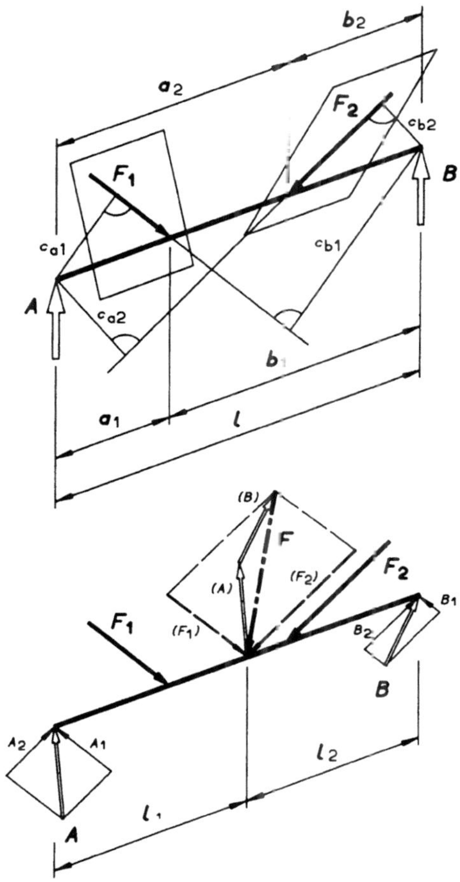

Abb. 2.10. Ermittlung der Lagerbelastungen: Träger auf 2 Stützen mit Kräften in 2 Ebenen

Ebene 2:

$$\text{aus } A\colon\ A_2 \cdot l - F_2 \cdot c_{b2} = 0 \tag{2.14}$$

$$A_2 = \frac{F_2 \cdot c_{b2}}{l} \tag{2.14.1}$$

$$\text{aus } B\colon\ -B_2 \cdot l + F_2 \cdot c_{a2} = 0 \tag{2.15}$$

$$B_2 = \frac{F_2 \cdot c_{a2}}{l} \tag{2.15.1}$$

$$A = \sqrt{A_1^2 + A_2^2 + 2 \cdot A_1 \cdot A_2 \cdot \cos\gamma} \tag{2.16}$$

$$B = \sqrt{B_1^2 + B_2^2 + 2 \cdot B_1 \cdot B_2 \cdot \cos\gamma} \tag{2.17}$$

γ.... Winkel zwischen $F_1 - F_2$, $A_1 - A_2$, $B_1 - B_2$

Resultierende F aus F_1 und F_2 ergibt sich aus:

$$F = \sqrt{F_1^2 + F_2^2 + 2 \cdot F_1 \cdot F_2 \cdot \cos\gamma} \tag{2.18}$$

$$\text{wobei } A = \frac{F \cdot l_2}{l} \text{ und } B = \frac{F \cdot l_1}{l} \tag{2.19, 2.20}$$

gleichwertig aus der geometrischen Summe von A_1 und A_2 sowie B_1 und B_2 sind. Auf dieselbe Art kann die geometrische Addition im Koordinatensystem x, y, z für F_1, F_2 zu F vorgenommen werden. Die räumliche Darstellung in Abb. 2.11 zeigt die Additionskomponenten von A, B zu F und ferner F_1, F_2 zu F.

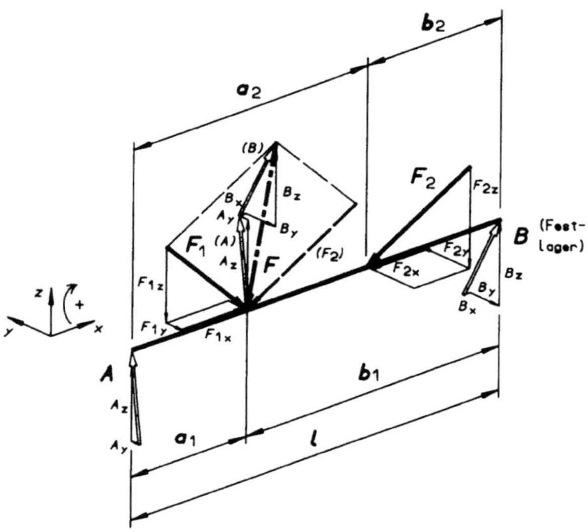

Abb. 2.11. Ermittlung der Lagerbelastungen: Träger auf 2 Stützen mit räumlicher Belastung

Momente in der xy-Ebene (horizontal):

$$A_y \cdot l - F_{1y} \cdot b_1 + F_{2y} \cdot b_2 = 0 \tag{2.21}$$

$$A_y = \frac{F_{1y} \cdot b_1 - F_{2y} \cdot b_2}{l} \tag{2.21.1}$$

$$B_y \cdot l + F_{1y} \cdot a_1 - F_{2y} \cdot a_2 = 0 \tag{2.22}$$

$$B_y = \frac{- F_{1y} \cdot a_1 + F_{2y} \cdot a_2}{l} \tag{2.22.1}$$

Momente in der xz-Ebene (vertikal):

$$A_z \cdot l - F_{1z} \cdot b_1 - F_{2z} \cdot b_2 = 0 \tag{2.23}$$

$$A_z = \frac{F_{1z} \cdot b_1 + F_{2z}}{l} \tag{2.23.1}$$

$$- B_z \cdot l + F_{1z} \cdot a_1 + F_{2z} \cdot a_2 = 0 \tag{2.24}$$

$$B_z = \frac{F_{1z} \cdot a_1 + F_{2z} \cdot a_2}{l} \tag{2.24.1}$$

Kräfte in x-Richtung:

$$A_x = 0 \ldots \text{Loslager} \tag{2.25}$$

$$B_x = F_{1x} - F_{2x} \ldots \text{Festlager} \tag{2.26}$$

Resultierende:

$$A = \sqrt{A_y^2 + A_z^2} \tag{2.27}$$

$$B = \sqrt{B_x^2 + B_y^2 + B_z^2} \tag{2.28}$$

$$\vec{F} = \vec{F}_1 + \vec{F}_2 \tag{2.29}$$

Grundsätzlich sind immer die Regeln der Mechanik/Statik anzuwenden. Die Ermittlung der Lagerbelastungen in statisch unbestimmten Systemen (3fach-, mehrfach gelagerte Welle) ist sehr aufwendig (Beispiel siehe Abschnitt 11.3.6). Häufig werden hiezu EDV-unterstützte Rechenprogramme verwendet, die die Gleichgewichtsbedingungen am verformten System erfüllen (vgl. LP-Methode, Abschnitt 2.6.2.2.3).

2.2.2 Zusatzkräfte

In der Mehrzahl der Fälle sind die wirklich auftretenden Belastungen entweder nicht exakt berechenbar (Zahnkräfte, Schnittkräfte von Werkzeugmaschinen etc.) oder von periodischen Zusatzkräften bzw. Stößen (Unwuchten, Kupplungsvorgängen etc.) begleitet.
In all diesen Fällen werden die theoretischen Kräfte mit Faktoren aufgewertet, welche großteils auf Erfahrung beruhen oder aus Messungen im Betrieb stammen.

2.2.2.1 Berücksichtigung von Zusatzkräften durch Zusatzfaktoren

Nachfolgend werden für Zahnradtriebe und Riementriebe übliche Zusatzfaktoren angegeben, für andere Betriebsfälle sind ähnliche Faktoren zu wählen.

Zahnradtriebe

Bei Zahnradlagerungen unterscheidet man Zusatzkräfte, die im Getriebe (Verzahnung) selbst entstehen und den Grad der Fertigungsgenauigkeit berücksichtigen, und Zusatzkräfte, die durch die angeschlossenen Maschinen verursacht werden. Die effektive Zahnkraft ist:

$$K_{\text{eff}} = f_z \cdot f_d \cdot K \tag{2.30}$$

f_z ... Verzahnungsfaktor (siehe Tabelle 2.1)
f_d ... Beiwert für die Anschlußmaschine (siehe Tabelle 2.1)
K ... theoretische Zahnkraft

Tabelle 2.1. Zusatzfaktoren für dynamische Belastung

Einbauverhältnisse/maschinenelementbezogen:		Faktor f_z
Zahnräder	Teilungs- und Formfehler < 0,02 mm	1,05 ... 1,1
	> 0,02 ... 0,1 mm	1,1 ... 1,3
Kettentriebe		1
Riementriebe	Keilriemen	1,5 ... 2,5
	Flachriemen mit Spannrolle	2 ... 3
	Flachriemen ohne Spannrolle	3 ... 4
Einbauverhältnisse/maschinenbezogen:		**Faktor f_d**
Arbeitsmaschinen	stoßarm (Elektromaschinen, Turbomaschinen)	1,0 ... 1,2
	mittlere Stöße (Verbrennungsmotoren, Werkzeugmaschinen)	1,2 ... 1,5
	schwere Stöße (Mühlen, Brecher)	1,5 ... 3,0
Achslagerungen	gefedert	1,3
	ungefedert	1,5 ... 1,7
Radlagerungen	luftbereift	1,3 ... 1,6

Riementriebe

Riementriebe haben immer eine Vorspannung und ebenso immer dynamische Zusatzkräfte (Riemenschwingungen). Aus diesem Grund wird ein gemeinsamer Faktor für beide Einflüsse angegeben. Die Tabellenwerte f_z gelten für die Aufwertung der aus dem Drehmoment errechneten (theoretischen) Umfangskraft. Für kleinere Wellenabstände, niedrige Drehzahlen und schwere Betriebsverhältnisse nimmt man die größeren Werte. Die effektive Riemenkraft ist:

$$K_{\text{eff}} = f_z \cdot U \tag{2.31}$$

f_z ... Vorspann- und Dynamikfaktor (siehe Tabelle 2.1)
U ... theoretische Umfangskraft

2.2.2.2 Veränderliche Belastung und veränderliche Drehzahl

Ist der veränderliche Kraft- und Drehzahlverlauf über einen bestimmten Zeitraum (Periode T) genau bekannt, dann errechnet man allgemein den für die Lagerberechnung maßgebenden unveränderlichen Mittelwert der Belastung unter Anwendung des Lebensdauergesetzes (Lebensdauerexponent p, siehe Abschnitt 2.6.2.2), (Abb. 2.12).

$$F_m = \left(\frac{{}_{(T)}\int F^p \cdot n \cdot dt}{{}_{(T)}\int n \cdot dt} \right)^{1/p} \tag{2.32}$$

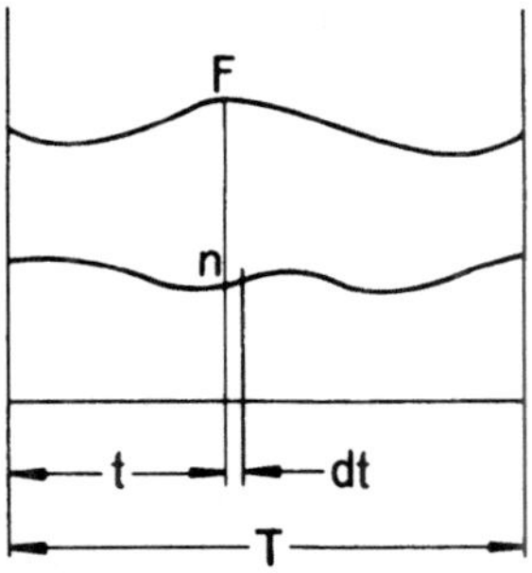

Abb. 2.12. Veränderliche Belastung und veränderliche Drehzahl

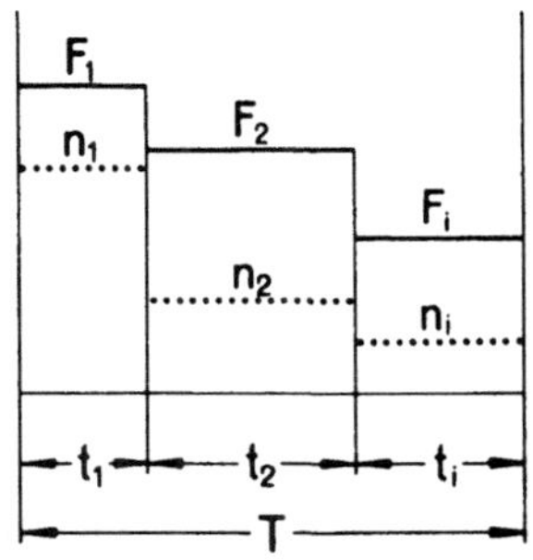

Abb. 2.13. Drehzahl- und Kraftverlauf: Beispiel Schaltgetriebe

Weitaus häufiger ist die Drehzahl über größere Zeitabschnitte konstant (z. B. Schaltgetriebe); ist außerdem in diesen Zeitabschnitten die Kraft konstant (Abb. 2.13), dann ergibt sich die mittlere Kraft

$$F_m = \left(\frac{F_1^p \cdot n_1 \cdot t_1 + F_2^p \cdot n_2 \cdot t_2 + \ldots + F_i^p \cdot n_i \cdot t_i}{n_1 \cdot t_1 + n_2 \cdot t_2 + \ldots + n_i \cdot t_i}\right)^{1/p} \quad (2.33)$$

und die mittlere Drehzahl

$$n_m = \frac{n_1 \cdot t_1 + n_2 \cdot t_2 + \ldots + n_i \cdot t_i}{T} \quad (2.34)$$

Die Einzelwirkzeiten t_1, $t_2 \ldots t_i$ sind prozentuelle Anteile der Periode T.
In den speziellen Fällen linear veränderlicher Belastung bei konstanter Drehzahl (Abb. 2.14) gilt die angenäherte Formel

$$F_m = \frac{F_{\min} + 2 \cdot F_{\max}}{3} \quad (2.35)$$

bzw. die genaue Formel

$$F_m = \left(\frac{1}{p+1} \cdot \frac{F_{\max}^{p+1} - F_{\min}^{p+1}}{F_{\max} - F_{\min}}\right)^{1/p} \quad (2.36)$$

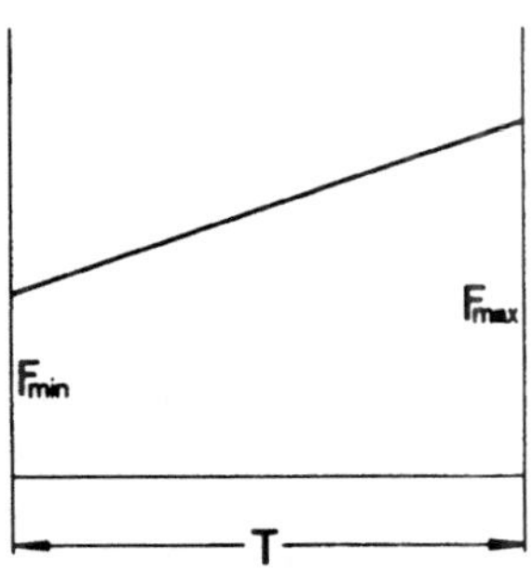

Abb. 2.14. Linear veränderliche Belastung bei konstanter Drehzahl

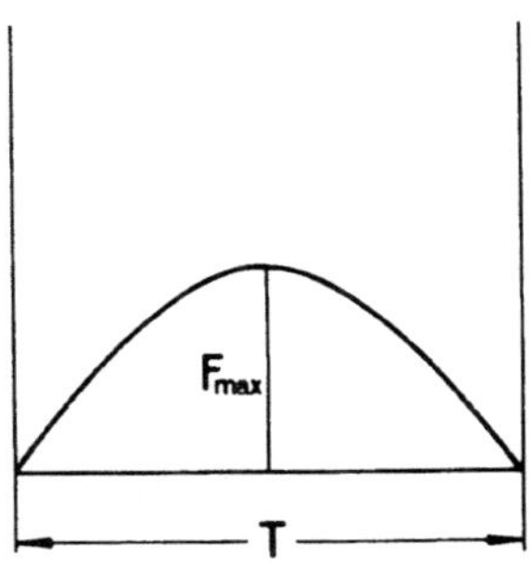

Abb. 2.15. Sinusförmig veränderliche Belastung bei konstanter Drehzahl

Für den Fall sinusförmig veränderlicher Belastung bei konstanter Drehzahl (Abb. 2.15) gilt:

$$F_m = \left(\frac{4}{3\pi}\right)^{1/p} \cdot F_{\max} \tag{2.37}$$

2.2.2.3 Belastung bei angestellten und vorgespannten Lagern

Zwei einreihige Schrägkugellager oder Kegelrollenlager können in O- oder X-Anordnung mit Spiel oder spielfrei (ohne oder mit Vorspannung) eingebaut werden. Jede äußere Radialkraft verursacht eine innere, axiale Reaktionskraft, welche für das Gegenlager wieder zur äußeren Belastung wird. Diese Axialkraftkomponente wirkt nur in dem Lager, welches die kleinere Axialkomponente ausübt und nur dann, wenn $F_a/F_r > e$ (e... Grenzlastwert, Lastverhältnis) ist.

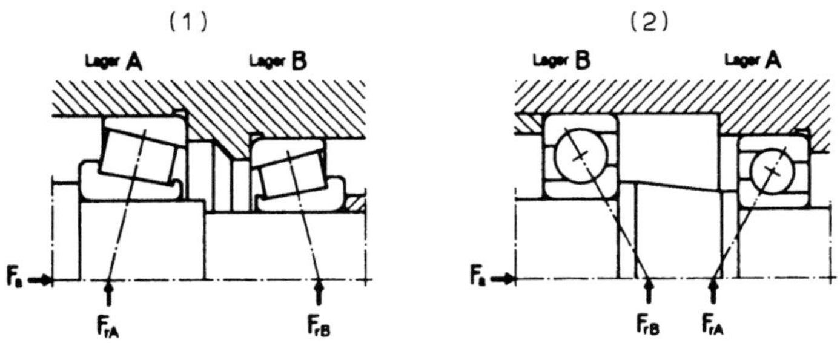

Kegelrollenlager, Einreihige Schrägkugellager	$\Phi_A = \frac{F_{rA}}{2Y_A}$ $\Phi_B = \frac{F_{rB}}{2Y_B}$	Äquivalente Axialbelastung F_{aA}	Äquivalente Axialbelastung F_{aB}
$\Phi_A \leq \Phi_B$		$F_a + \Phi_B$	–
$\Phi_A > \Phi_B$	$F_a > \Phi_A - \Phi_B$	$F_a + \Phi_B$	–
	$F_a \leq \Phi_A - \Phi_B$	–	$\Phi_A - F_a$

Index: A...Lager A Als Lager A wird das Lager bezeichnet, welches die äußere Axialkraft aufnimmt.
B...Lager B

Abb. 2.16. Äquivalente Axialkräfte bei angestellten Lagern: (1) O-Anordnung, (2) X-Anordnung

In Abb. 2.16 sind die äquivalenten Axialkräfte F_{aA} oder F_{aB} für die möglichen Einbau- und Belastungsfälle dargestellt; Y_A und Y_B sind die dynamischen Axiallastfaktoren für $F_a/F_r > e$ aus Tabelle 2.3. Wälzlager werden vorgespannt, um starre Wellenführung, Schwingungsdämpfung und bessere Lastverteilung auf die Wälzkörper zu erzielen, oder um Wärmedehnungen auszugleichen. Vorspannkräfte bis maximal 50 Prozent der äußeren Axialkräfte beeinträchtigen die Lagerlebensdauer nicht nennenswert. Diese Grenze sollte nicht überschritten werden, denn die weitere Zunahme an Starrheit steht in keinem sinnvollen Verhältnis zur Abnahme der Lebensdauer.

Zur Berechnung der Vorspannkraft für spezielle Anwendungsfälle werden von den technischen Beratungsdiensten der Hersteller Berechnungsprogramme angeboten, die meist ihrer Komplexheit wegen mit EDV-Unterstützung arbeiten [22].

2.2.3 Äquivalente Belastung

2.2.3.1 Statisch äquivalente Belastung

Kombinierte Radial- und Axialbelastungen müssen in eine gedachte Belastung, die statisch äquivalente Belastung, umgerechnet werden. Unter dieser statisch äquivalenten Belastung versteht man jene statische Radial- oder Axialbelastung, die den gleichen Einfluß ausübt wie die tatsächlich wirkende Belastung.

Radiallager

Reine Radialbelastung:

$$F_{0re} = F_r \tag{2.38}$$

Kombinierte Belastung:

$$F_{0re} = X_0 \cdot F_r + Y_0 \cdot F_a \tag{2.39}$$

Es muß stets $F_{0re} \geqslant F$ sein.

F_{0re} . statisch äquivalente Belastung in N
F_r . . . Radialbelastung in N
F_a . . . Axialbelastung in N
X_0 . . statischer Radiallastfaktor
Y_0 . . statischer Axiallastfaktor

Die Zahlenwerte von X_0 und Y_0 sind in Tabelle 2.2 angegeben. Für die Radial- und Axialbelastung müssen die größten Werte während eines Betriebsablaufes eingesetzt werden. Wird mit Hilfe der Lastfaktoren für die äquivalente Belastung F_{0re} ein Wert errechnet, der kleiner als F_r ist, so ist $F_{0re} = F_r$ zu setzen. Die Axialkraft ist nicht zu berücksichtigen.

Die Fähigkeit der Zylinderrollenlager Axialbelastungen aufzunehmen, schwankt erheblich in Abhängigkeit von konstruktiven Einzelheiten. Es ist nicht möglich, an dieser Stelle detaillierte Werte anzugeben.

Axiallager

Axial-Rillenkugellager und Axial-Rollenlager mit einem Berührwinkel $\alpha = 90°$ können keine Radialkräfte übertragen.

$$F_{0ae} = F_a \tag{2.40}$$

F_{0ae} . statisch äquivalente Belastung in N
F_a . . . Axialbelastung in N

Tabelle 2.2. Statische Lastfaktoren für kombinierte Belastung

Lagerart		Einreihige Lager		Zweireihige Lager	
		X_0	Y_0	X_0	Y_0
Radial-Rillenkugellager		0,6	0,5	0,6	0,5
Schrägkugellager	$\alpha = 15°$	0,5	0,46	1	0,92
	$\alpha = 20°$	0,5	0,42	1	0,84
	$\alpha = 25°$	0,5	0,38	1	0,76
	$\alpha = 30°$	0,5	0,33	1	0,66
	$\alpha = 35°$	0,5	0,29	1	0,58
	$\alpha = 40°$	0,5	0,26	1	0,52
	$\alpha = 45°$	0,5	0,22	1	0,44
Pendelkugellager		0,5	$0{,}22 \cot \alpha$	1	$0{,}44 \cot \alpha$
Pendelrollen- und Kegelrollenlager $\alpha \neq 0°$		0,5	$0{,}22 \cot \alpha$	1	$0{,}44 \cot \alpha$

Bei Axial-Kugellagern und Axial-Rollenlagern mit $\alpha \neq 90°$ ist

$$F_{0ae} = 2{,}3 \cdot F_r \cdot \tan\alpha + F_a \tag{2.41}$$

Dies gilt für alle Belastungsverhältnisse F_r/F_a bei zweiseitig wirkenden Lagern; bei einseitig wirkenden Lagern gilt Gl. (2.41) für

$$F_r/F_a < 0{,}44 \cdot \cot\alpha \tag{2.42}$$

darüber hinaus sind die Werte von F_{0ae} nach Gl. (2.41) bis

$$F_r/F_a = 0{,}67 \cdot \cot\alpha \tag{2.43}$$

mit geringen Abweichungen noch zufriedenstellend.

2.2.3.2 Dynamisch äquivalente Belastung

Wie eine Lagerbelastung F zur Berechnung der nominellen Lebensdauer L beschaffen sein muß, bestimmt die Definition der dynamischen Tragzahl C. Kombinierte Radial- und Axialbelastungen müssen in eine gedachte Belastung, die dynamisch äquivalente Belastung, umgerechnet werden. Unter dieser dynamisch äquivalenten Belastung versteht man jene dynamische Radial- oder Axialbelastung, die den gleichen Einfluß ausübt wie die tatsächlich wirkende Belastung.

Radiallager

Reine Radialbelastung

$$F_{re} = F_r \tag{2.44}$$

Kombinierte Belastung

$$F_{re} = X \cdot F_r + Y \cdot F_a \tag{2.45}$$

F_{re} .. dynamisch äquivalente Belastung für Radiallager in N
F_r... Radialbelastung in N
F_a... Axialbelastung in N
X... dynamischer Radiallastfaktor
Y... dynamischer Axiallastfaktor

Bei einreihigen Radiallagern ist eine Axialbelastung erst dann zu berücksichtigen, wenn der Grenzlastwert (Lastverhältnis)

$$F_a/F_r > e \tag{2.46}$$

wird. Der Grenzlastwert e (siehe Tabelle 2.3) ist ein charakteristischer Wert für den Innenaufbau eines Lagers. Für Lastverhältnisse

$$F_a/F_r < e \text{ gilt } X = 1 \text{ und } Y = 0, \text{ also } F_{re} = F_r.$$

Bei zweireihigen Radiallagern sind bereits kleinste Axiallasten zu berücksichtigen, wenngleich es auch für sie einen Grenzlastwert gibt.
Tabelle 2.3 zeigt die Zahlenwerte der Lastfaktoren X und Y bei normaler Betriebslagerluft.
Vergrößerte Betriebslagerluft steigert bei Rillenkugellagern die Bereitschaft zur Axiallastaufnahme.
Abb. 2.17 zeigt für Rillenkugellager

X, Y, e	bei normaler Betriebslagerluft
X', Y', e'	bei 75 ... 80% Vergrößerung der Lagerluft des nicht eingebauten Lagers (Sprung um eine Lagerluftklasse)
X'', Y'', e''	bei 150 ... 160% Vergrößerung der Lagerluft des nicht eingebauten Lagers (Sprung um zwei Lagerluftklassen)

in Abhängigkeit von F_a/C_{0r} und gleichbleibenden Passungen.

Bei der Berechnung von Rillenkugellagern und Schrägkugellagern mit einem Berührwinkel $\alpha < 15°$ ist häufig eine Iteration zur Ermittlung der Faktoren X und Y anzuwenden, da eine Abhängigkeit des Grenzlastwertes e vom Verhältnis F_a/C_{0r} besteht. Zunächst wählt man ein bestimmtes Lager, von dem man annehmen könnte, daß es den gegebenen Erfordernissen entspricht. Mit dem Wert C_{0r} läßt sich F_a/C_{0r} bilden und in der Folge aus Tabelle 2.3 oder Abb. 2.17 die dem gewählten Lager entsprechenden Faktoren X und Y in Abhängigkeit vom Grenzlastwert e bei gegebenem Lastverhältnis F_a/F_r ermitteln. Der Vorgang wird bei Fehlwahl wiederholt.
Zylinderrollenlager der Bauformen N und NU können nur Radialbelastungen übertragen. Demzufolge berücksichtigt die Lebensdauerberechnung nur diese allein. Zylinderrollenlager mit festen Borden der Bauform NJ, NJ + HJ und NUP sind aber auch in der Lage, Axialbelastungen aufzunehmen; die Kraftübertragung erfolgt in diesem Fall unter Gleiten zwischen den Ringborden und den Rollenstirnflächen. Die Berechnung der übertragbaren Höchstaxiallasten erfolgt unabhängig von der Lebensdauerberechnung (Abschnitt 2.2.4).

Tabelle 2.3. Dynamische Lastfaktoren für kombinierte Belastung: Radiallager

Lagerart	Relative Axialbelastung		Einreihige Lager				Zweireihige Lager				e
			$\frac{F_a}{F_r} \leqq e$		$\frac{F_a}{F_r} > e$		$\frac{F_a}{F_r} \leqq e$		$\frac{F_a}{F_r} > e$		
			X	Y	X	Y	X	Y	X	Y	
Radial-Rillen-kugellager	$\frac{F_a}{C_{0r}}$	$\frac{F_a}{i Z D_w^2}$									
	0,014	0,172				2,30				2,30	0,19
	0,028	0,345				1,99				1,99	0,22
	0,056	0,689				1,71				1,71	0,26
	0,084	1,03				1,55				1,55	0,28
	0,11	1,38	1	0	0,56	1,45	1	0	0,56	1,45	0,30
	0,17	2,07				1,31				1,31	0,34
	0,28	3,45				1,15				1,15	0,38
	0,42	5,17				1,04				1,04	0,42
	0,56	6,89				1,00				1,00	0,44
α	$\frac{i F_a}{C_{0r}}$	$\frac{F_a}{Z D_w^2}$									
	0,014	0,172				2,30		2,78		3,74	0,23
	0,028	0,345				1,99		2,40		3,23	0,26
	0,056	0,689				1,71		2,07		2,78	0,30
	0,085	1,03				1,55		1,87		2,52	0,34
5°	0,11	1,38	1	0	0,56	1,45	1	1,75	0,78	2,36	0,36
	0,17	2,07				1,31		1,58		2,13	0,40
	0,28	3,45				1,15		1,39		1,87	0,45
	0,42	5,17				1,04		1,26		1,69	0,50
	0,56	6,89				1,00		1,21		1,63	0,52

Schrägkugellager	10°	0,014	0,172	1	0	0,46	1,88	1	2,18	0,75	3,06	0,29
		0,029	0,345				1,71		1,98		2,78	0,32
		0,057	0,689				1,52		1,76		2,47	0,36
		0,086	1,03				1,41		1,63		2,29	0,38
		0,11	1,38				1,34		1,55		2,18	0,40
		0,17	2,07				1,23		1,42		2,00	0,44
		0,29	3,45				1,10		1,27		1,79	0,49
		0,43	5,17				1,01		1,17		1,64	0,54
		0,57	6,89				1,00		1,16		1,63	0,54
	15°	0,015	0,172	1	0	0,44	1,47	1	1,65	0,72	2,39	0,38
		0,029	0,345				1,40		1,57		2,28	0,40
		0,058	0,689				1,30		1,46		2,11	0,43
		0,087	1,03				1,23		1,38		2,00	0,46
		0,12	1,38				1,19		1,34		1,93	0,47
		0,17	2,07				1,12		1,26		1,82	0,50
		0,29	3,45				1,02		1,14		1,66	0,55
		0,44	5,17				1,00		1,12		1,63	0,56
		0,58	6,89				1,00		1,12		1,63	0,56
	20°	–	–	1	0	0,43	1,00	1	1,09	0,70	1,63	0,57
	25°	–	–			0,41	0,87		0,92	0,67	1,41	0,68
	30°	–	–			0,39	0,76		0,78	0,63	1,24	0,80
	35°	–	–			0,37	0,66		0,66	0,60	1,07	0,95
	40°	–	–			0,35	0,57		0,55	0,57	0,93	1,14
	45°	–	–			0,33	0,50		0,47	0,54	0,81	1,34
Pendelkugellager				1	0	0,40	$0{,}4 \cot\alpha$	1	$0{,}42 \cot\alpha$	0,65	$0{,}65 \cot\alpha$	$1{,}5 \tan\alpha$
Schulterkugellager				1	0	0,50	2,5	–	–	–	–	0,20
Radialrollenlager $\alpha \neq 0$				1	0	0,40	$0{,}4 \cot\alpha$	1	$0{,}45 \cot\alpha$	0,67	$0{,}67 \cot\alpha$	$1{,}5 \tan\alpha$

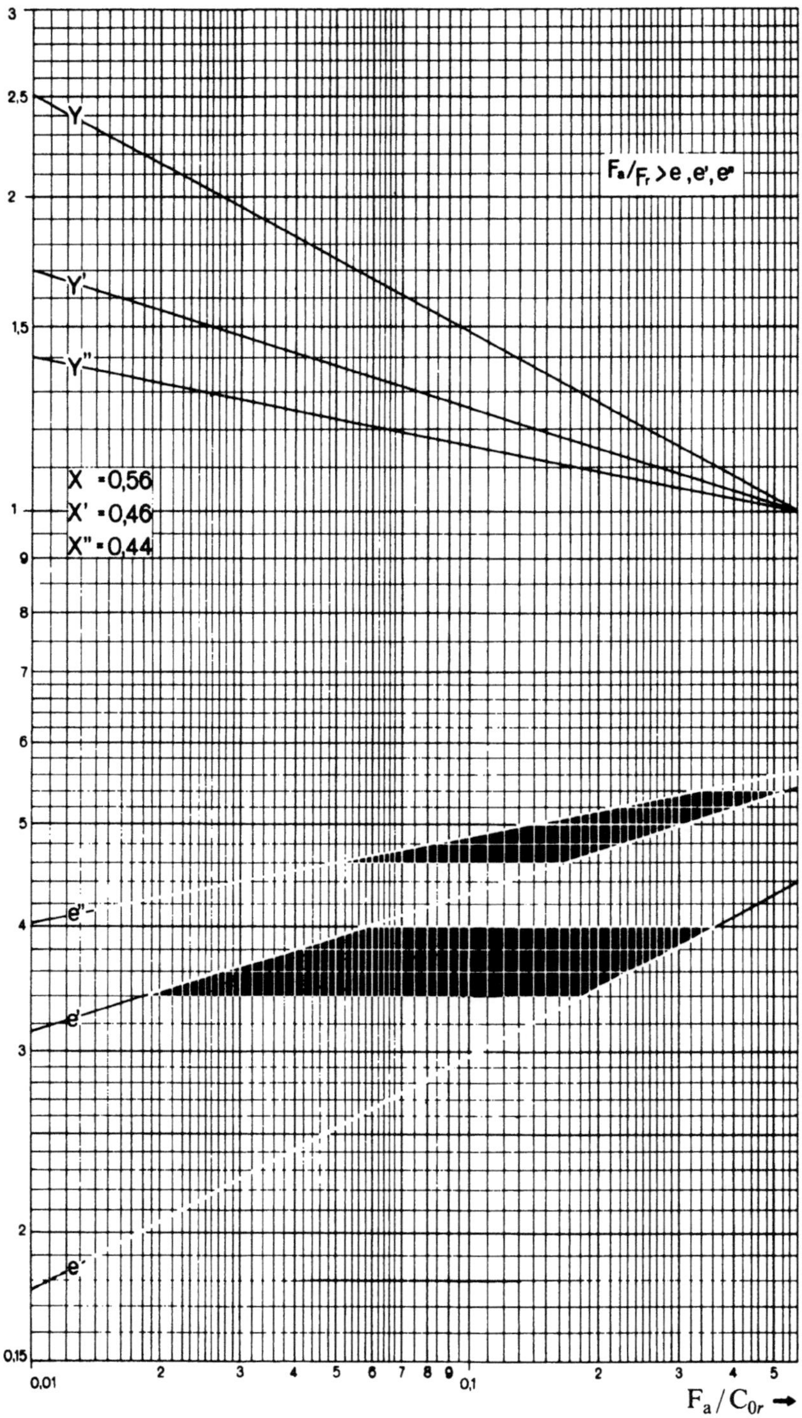

Abb. 2.17. Lastfaktoren und Grenzlastwerte als Funktion der Betriebslagerluft

Tabelle 2.4. Dynamische Lastfaktoren für kombinierte Belastung: Axiallager

Lager-art	α	Einseitig wirkende Lager[1] $\frac{F_a}{F_r} > e$		Zweiseitig wirkende Lager $\frac{F_a}{F_r} \leqq e$		Zweiseitig wirkende Lager $\frac{F_a}{F_r} > e$		e
		X	Y	X	Y	X	Y	
Axial-kugel-lager	45°	0,66	1	1,18	0,59	0,66	1	1,25
	50°	0,73		1,37	0,57	0,73		1,49
	55°	0,81		1,60	0,56	0,81		1,79
	60°	0,92		1,90	0,55	0,92		2,17
	65°	1,06		2,30	0,54	1,06		2,68
	70°	1,28		2,90	0,53	1,28		3,43
	75°	1,66		3,89	0,52	1,66		4,67
	80°	2,43		5,86	0,52	2,43		7,09
	85°	4,80		11,75	0,51	4,80		14,29
	$\alpha \neq 90°$	$1{,}25 \tan\alpha\left(1 - \frac{2}{3}\sin\alpha\right)$	1	$\frac{20}{13}\tan\alpha\left(1 - \frac{1}{3}\sin\alpha\right)$	$\frac{10}{13}\left(1 - \frac{1}{3}\sin\alpha\right)$	$1{,}25 \tan\alpha\left(1 - \frac{2}{3}\sin\alpha\right)$	1	$1{,}25 \tan\alpha$
Axial-rollen-lager	$\alpha \neq 90°$	$\tan\alpha$	1	$1{,}5 \cdot \tan\alpha$	0,67	$\tan\alpha$	1	$1{,}5 \tan\alpha$

[1] $F_a/F_r \leqq e$: Einseitig wirkende Lager ungeeignet.

Axiallager

Die dynamisch äquivalente Belastung von Axiallagern mit einem Berührwinkel $\alpha \neq 90°$ ist

$$F_{ae} = X \cdot F_r + Y \cdot F_a \qquad (2.47)$$

F_{ae}.. dynamisch äquivalente Belastung für Axiallager in N

Werte für X und Y sind in Tabelle 2.4 angegeben.
Die dynamisch äquivalente Belastung von Axiallagern mit $\alpha = 90°$ (z. B. Axial-Rillenkugellager) ist gleich der reinen Axialbelastung, da diese Lager keine Radialbelastung aufnehmen können.

$$F_{ae} = F_a \qquad (2.48)$$

2.2.4 Grenzbelastungen

2.2.4.1 Maximale Axialbelastung von Radial-Rillenkugellagern

Radial-Rillenkugellager nehmen in optimaler Weise kombinierte Belastungen auf. Bei hohen Drehzahlen übertragen sie Axialkräfte besser als Axial-Rillenkugellager. Ihre Fähigkeit reine Axialkräfte zu übertragen, ist durch die Schulterhöhe begrenzt. Es gelten für die Rillenkugellager der Reihen 160, 60, 62, 63 und 64 die Anhaltswerte nach Tabelle 2.5.
Bei kombinierter Belastung verschiebt sich der Kraftangriffspunkt zur Rillenmitte, die zulässige Axialbelastung wird dadurch größer.

Tabelle 2.5. Maximale Axialbelastung von Rillenkugellagern

Lagerluftklasse	max. Axialbelastung $F_{a\,max}$	
	$d^1 \leqslant 60$	$d^1 > 60$
C 0	$0{,}5 \cdot C_{0r}$	$0{,}75 \cdot C_{0r}$
C 3	$0{,}45 \cdot C_{0r}$	$0{,}67 \cdot C_{0r}$
C 4	$0{,}4 \cdot C_{0r}$	$0{,}6 \cdot C_{0r}$

[1] d... Bohrungsdurchmesser in mm.

2.2.4.2 Maximale Axialbelastung von Zylinderrollenlagern

Zylinderrollenlager sollen vorwiegend für die Übertragung von Radialkräften verwendet werden. Die Bauformen NJ, NJ + HJ, NUP übertragen – über die Rollenstirnflächen und die Bordflächen der Ringe – jedoch auch Axialkräfte. Die axiale Belastbarkeit hängt vom ausreichenden Schmierfilm zwischen den Gleitflächen ab. Bei dauernder, konstanter Axialbelastung ist das Lastverhältnis

$$F_a/F_r \leqq 0{,}4 \qquad (2.49)$$

einzuhalten.

Hochviskose Öle garantieren bei niedrigen Drehzahlen eine einwandfreie Kraftübertragung. Hohe Drehzahlen hingegen verlangen niedrigviskose Öle und (eventuell) Rückkühlung. Konstante axiale Belastung ist für die Schmierstoffversorgung der Gleitflächen ungünstiger als kurzzeitige oder unterbrochene.
Bei der Vielzahl von Einflüssen wird es verständlich, daß nur eine angenäherte Berechnung der axialen Tragfähigkeit sinnvoll und möglich ist.

Fettschmierung, Ölschmierung: $n \cdot E \leqq 1{,}2 \cdot 10^5$

$$F_{a\max} = f_a \cdot f_b \cdot E^2 \cdot \left(2 - \frac{n \cdot E}{K}\right) \tag{2.50}$$

Ölschmierung: $n \cdot E > 1{,}2 \cdot 10^5$

$$F_{a\max} = f_a \cdot f_b \cdot E^2 \cdot \left(1 - \frac{n \cdot E}{6 \cdot 10^5}\right) \tag{2.51}$$

$F_{a\max}$ .. maximale Axialbelastung in kN
E ...... Außenring-Laufbahndurchmesser in mm
n .... Drehzahl in min^{-1}
f_a, f_b.... Axiallastfaktoren nach Tabelle 2.6
K ...... Beiwert für Schmierungsbedingung

$K = 100\,000$ für Standard-Innenaufbau
$K = 200\,000$ für Lager mit balligem Innenring, optimiertem Kontakt Rollenstirnfläche/Bordfläche und besonderer Bau- und Führungsart des Käfigs

Abb. 2.18 gibt die maximale Axialbelastung von Standard-Zylinderrollenlagern für konstant und dauernd wirkende Axiallast ($f_a = 0{,}02$) an.

Tabelle 2.6. Axiallastfaktoren für Zylinderrollenlager

Betriebsfaktor/Wirkzeit	Faktor f_a
konstant und dauernd	0,02
veränderlich und kurzzeitig	0,04
stoßweise	0,06
Baureihenfaktor/Baureihe	**Faktor f_b**
NJ 2, NJ 22, NUP 2, NUP 22	0,024
NJ 3, NJ 23, NUP 3, NUP 23, NJ 2E, NJ 22E, NUP 2E, NUP 22E	0,030
NJ 4, NUP 4	0,033
NJ 3E, NJ 23E, NUP 3E, NUP 23E	0,035

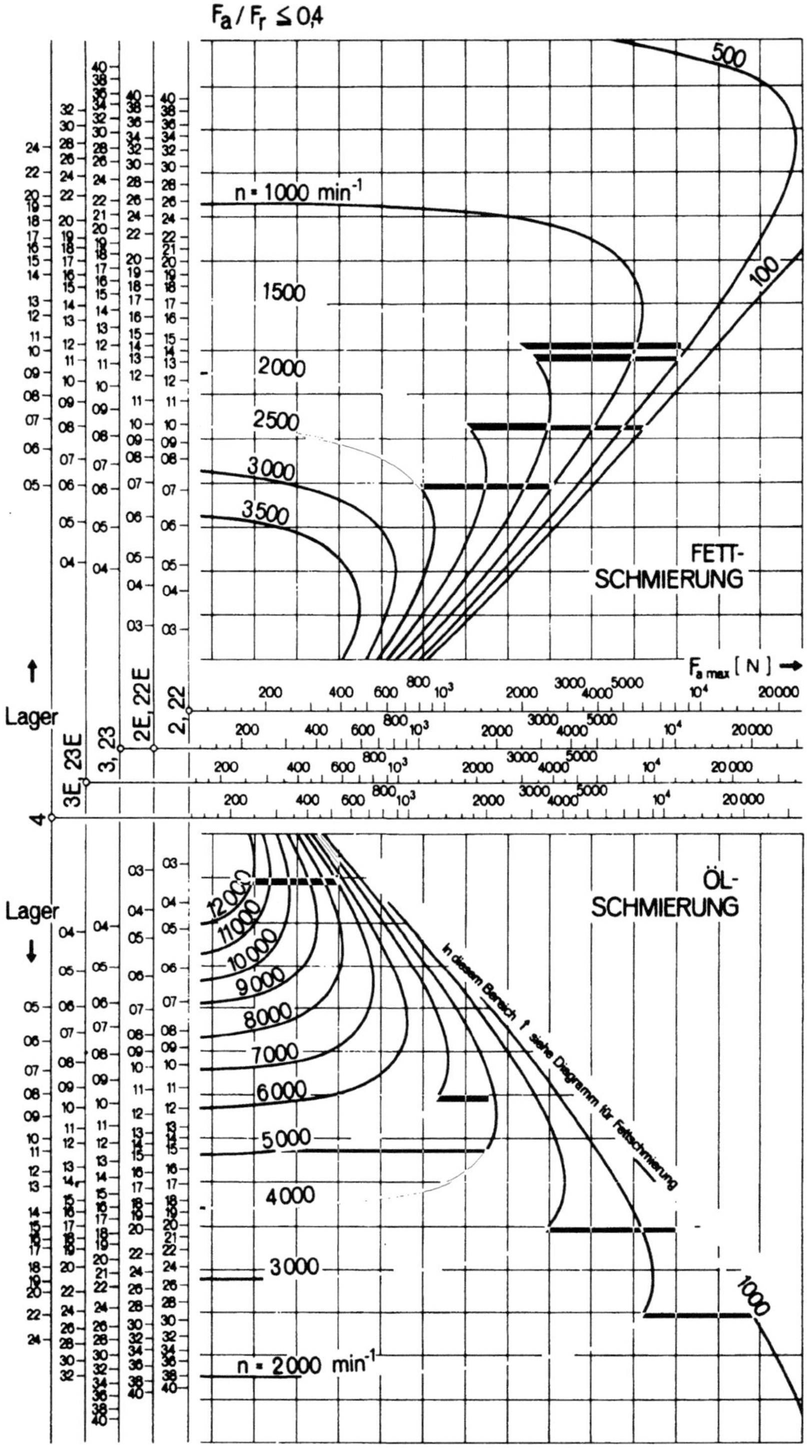

Abb. 2.18. Maximale Axialbelastung von Zylinderrollenlagern

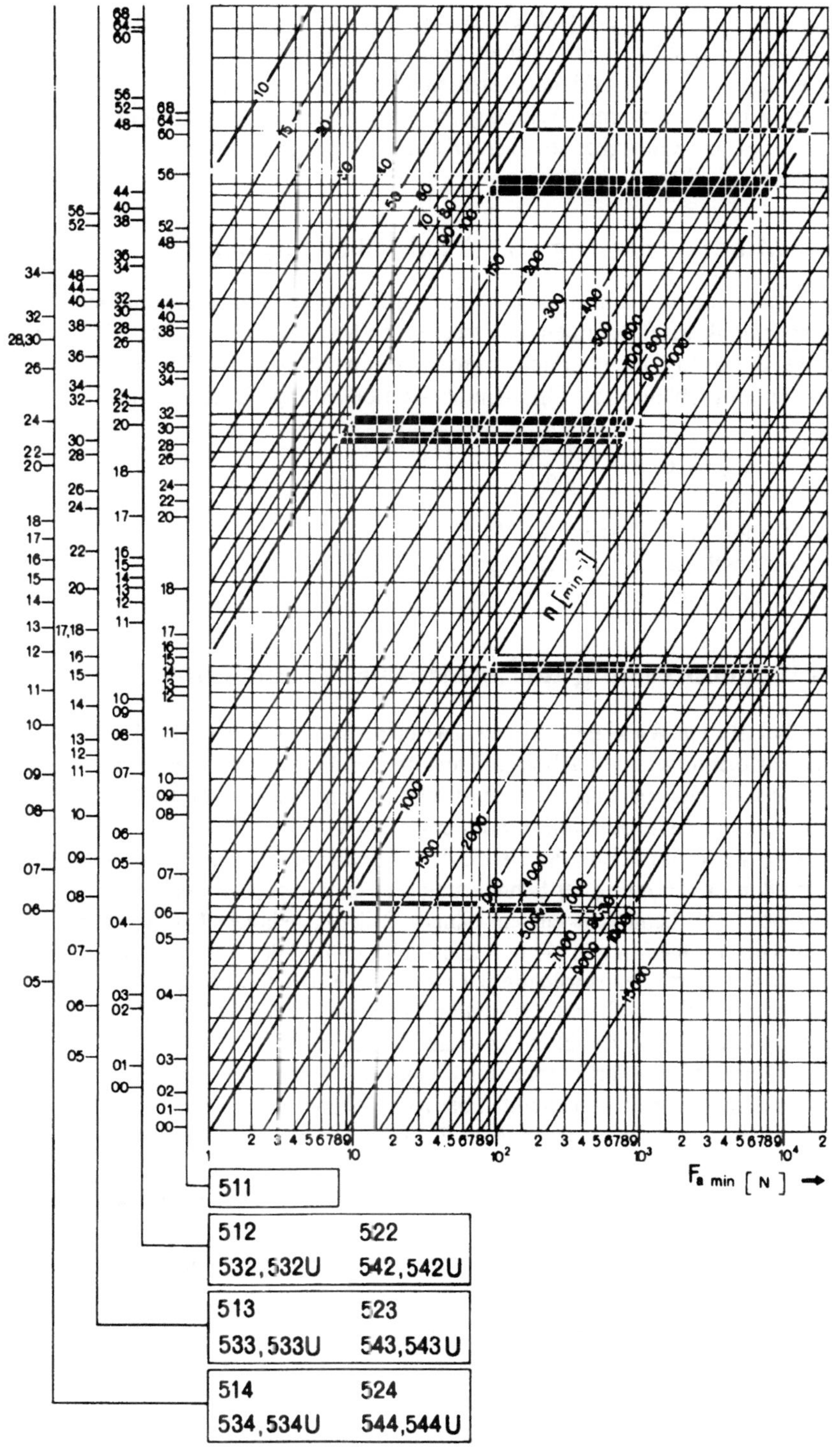

Abb. 2.19. Mindestbelastung von Axial-Rillenkugellagern

Das gezeigte Berechnungsverfahren beruht auf dem Prinzip, daß die durch Gleitreibung erzeugte Erwärmung einen bestimmten Grenzwert nicht überschreitet und Anreibungen der Gleitflächen vermieden werden.
In der Literatur der einzelnen Wälzlagerhersteller werden verschiedene Formeln angegeben, auf den Gültigkeitsbereich (Randbedingungen) bei ihrer Anwendung ist besonders zu achten!

2.2.4.3 Mindestbelastung von Axial-Rillenkugellagern

Axial-Rillenkugellager funktionieren nur unter einer Mindestaxialbelastung (Wälzkörperfliehkräfte). Können die errechneten Mindestwerte (Abb. 2.19) durch die äußere Belastung nicht erzielt werden, dann ist eine Vorspannung durch Druckfedern empfehlenswert. Die Mindestaxialbelastung $F_{a\min}$ beträgt

$$F_{a\min} = 10 \cdot A \cdot \left(\frac{n}{1\,000}\right)^2 \qquad (2.52)$$

$F_{a\min}$... Mindestaxialbelastung in N
A...... Mindestlastfaktor (siehe Lagertafeln [26])
n....... Drehzahl in min^{-1}

2.3 Flächenpressung und elastische Verformung

In einem belasteten Wälzlager gibt es zwischen Wälzkörpern und Laufbahnen elastische Verformungen und Abplattungen. In der Berührstelle bildet sich die sogenannte Druckfläche aus. Diese Fläche ist relativ klein und es treten bei üblichen Belastungen Flächenpressungen von mindestens $4\,000\,N \cdot mm^{-2}$ auf.
Die elastische Verformung und die Größe der Druckfläche für das nicht umlaufende Lager ohne Berücksichtigung der Schmierung sind nachfolgend dargestellt. Das erste Beispiel, Abb. 2.20, behandelt ein einreihiges Rillenkugellager. Die Vorgabewerte bestehen aus der Einfederung in x-, y- und z-Richtung und der Verkippung um die x- und y-Achse (räumliche Beanspruchung). Errechnet werden daraus die Reaktionskräfte und -momente. Die graphische Darstellung zeigt im oberen Teil die Berührkräfte, Pressungen und Berührwinkel über dem Laufbahnumfang.
Im unteren Teil wird die Berührzone am Innen- und Außenring gezeigt.
Das zweite Beispiel, Abb. 2.21, behandelt bei vorgegebener Berührkraft die Pressungsverteilung im Wälzkontakt zwischen einer Zylinderrolle mit modifizierter Geometrie und einer zylindrischen Innenringlaufbahn. Der Verlauf der Druckverteilung in der Kontaktzone über der Rollenlänge ist als Ergebnis der wirkenden Berührkraft errechnet. Die graphische Darstellung zeigt dazu im oberen Teil einen Schnitt durch die Kontaktzone mit unverformten und verformten Umrissen von Rolle und Laufbahn. Im unteren Teil wird die Druckverteilung im Grund- und Aufriß dargestellt.
Als zulässige Flächenpressung für den statischen Belastungsfall wurde in [N 83] vereinbart:

Pendelkugellager .... 4 600 MPa
Kugellager (ausgenommen Pendelkugellager) ...... 4 200 MPa
Rollenlager .... 4 000 MPa

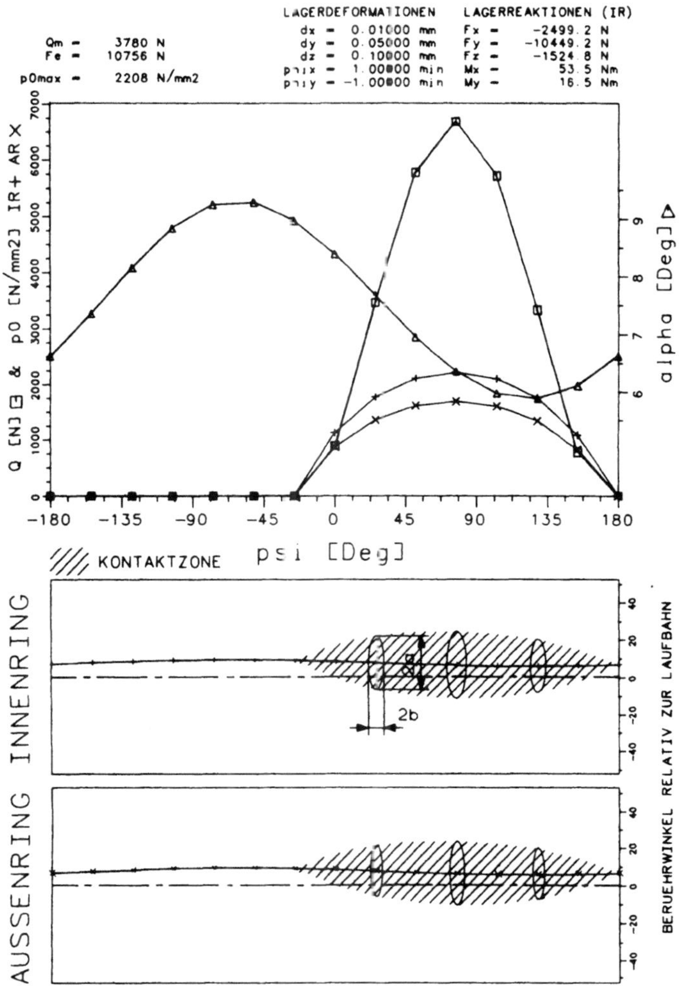

Abb. 2.20 Kontaktverhältnisse in einem Rillenkugellager 6410

2.4 Drehzahl und Drehzahlgrenze

2.4.1 Drehzahl/Drehzahlgrenze der Lager

Drehzahl und Lagerinnenaufbau hängen unmittelbar zusammen. Bei radialer Belastung eignen sich Rillenkugellager, Pendelkugellager und Zylinderrollenlager für hohe Drehzahlen, bei kombinierter Belastung sind es Schrägkugellager; in der weiteren Reihenfolge: Kegelrollenlager, Pendelrollenlager und Axial-Rillenkugellager. Bei axialer Belastung und höheren Drehzahlen sind Radial-Rillenkugellager besser als Axial-Rillenkugellager.

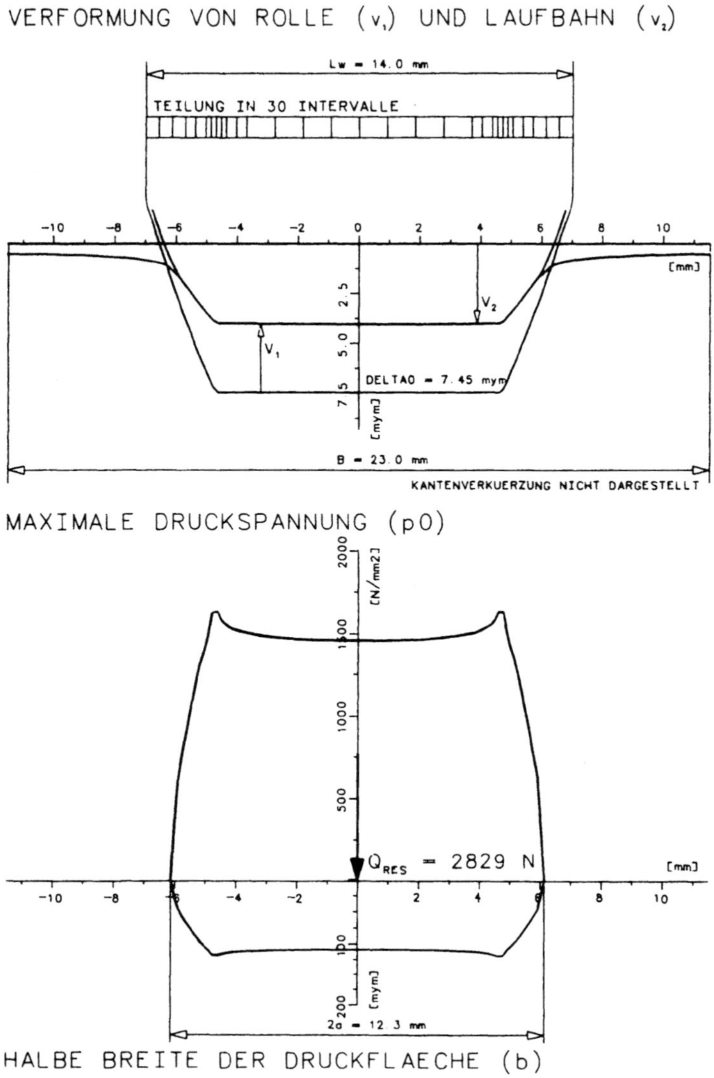

Abb. 2.21. Kontaktverhältnisse zwischen Rolle und Laufbahn in einem Zylinderrollenlager NU 2209

Die Drehzahlgrenze eines Wälzlagers wird beeinflußt durch:
- Art und Größe des Lagers,
- Art und Größe der Belastung,
- Lagerluft,
- Bauart des Käfigs,
- Art des Schmierstoffes und der Schmierung,
- Wärmeabfuhr.

Es ist daher nicht möglich, für die Drehzahl eines Wälzlagers eine präzise Grenze festzulegen. Die Drehzahlgrenze n_g in den Lagertafeln, z. B. [26], gilt für die Standard-

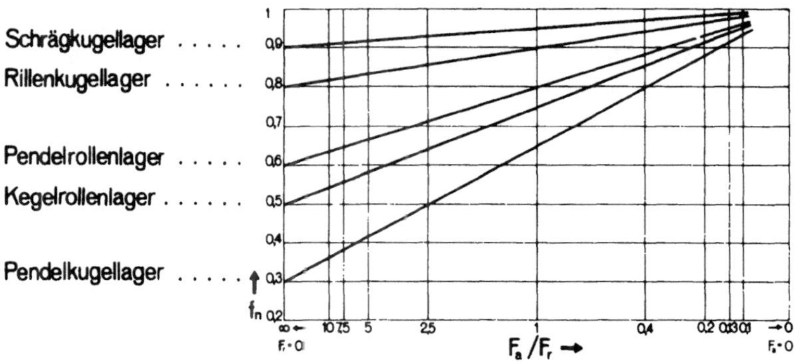

Abb. 2.22. Drehzahlminderungsfaktor f_n

Lagerausführung, wenn Radiallager rein Radial- und Axiallager rein axial belastet werden; die Belastung soll dabei zehn Prozent der dynamischen Tragzahl nicht überschreiten. Bei kombinierter Belastung gilt für die Drehzahlgrenze:

$$n'_g = f_n \cdot n_g \tag{2.53}$$

Der Drehzahlminderungsfaktor f_n ist Abb. 2.22 zu entnehmen.
Die Konsistenz des Schmierfettes oder die Viskosität des Schmieröles haben bei niedrigen und mittleren Drehzahlen keine besondere Bedeutung. Die kinematische Zähigkeit soll den Wert $12\,mm^2 \cdot s^{-1}\,(cSt)$ im Betrieb nicht unterschreiten; bei Fettschmierung ist darunter die Zähigkeit des Grundöles zu verstehen.
Mit steigender Drehzahl muß die zugeführte Schmierstoffmenge vermindert werden, damit die Reibungswärme im Lager nicht zu groß wird. Unterhalb der Drehzahlgrenze sind eigene Kühleinrichtungen nicht erforderlich.
Für abgedichtete Lager der RS-Ausführung ist bei einigen Herstellern die Drehzahlgrenze um 1/3 zu vermindern:

$$n'_g = 2/3 \cdot n_g \tag{2.53.1}$$

Die angegebenen Drehzahlgrenzen können erhöht werden, wenn:
- Form- und Laufgenauigkeit erhöht werden (P6, P5),
- Radialluft vergrößert wird (C3, C4),
- Bau- und Führungsart des Käfigs verändert werden,
- besondere Schmiereinrichtungen vorhanden sind,
- spezielle Toleranzen für Welle und Gehäuse und
- spezielle Gestaltung der Lagerperipherie (Wärmeableitung) vorgesehen sind.

Die Drehzahlgrenze kann dann analog zu Gl. (2.53) modifiziert werden, wobei für f_n (nunmehr Drehzahlerhöhungsfaktor) Werte bis $f_n = 2$ möglich sind.

2.4.2 *Drehzahlgrenze der Welle/Kritische Drehzahl*

Einen anderen Aspekt zur Drehzahlgrenze stellt die Unwuchtkraft dar. Rotierende Massen (Wellen, Räder, Scheiben usw.) sind nie vollkommen statisch und dynamisch ausgewuchtet. Auch im Laufe der Betriebszeit können Unwuchten auftreten, wie bei Ventilatoren durch Verschmutzung des Läufers, durch einseitigen Verschleiß an Bremsscheiben usw. Die Unwuchtkraft hängt von der Größe der Schwerpunktsverlagerung e und der Drehzahl n ab.

$$Q = m \cdot (e + y) \cdot \omega^2 \tag{2.54}$$

Q .... Unwucht-Zentrifugalkraft in N
m .... rotierende Masse in kg
e .... Exzentrizität in m
y .... Wellendurchbiegung, Federweg in m
$e + y$ ...... Schwerpunktverlagerung in m
$\omega = \frac{\pi \cdot n}{30}$ .... Winkelgeschwindigkeit in s^{-1}
n .... Drehzahl in min^{-1}

Die Unwuchtkraft kann ein Vielfaches der statischen Lagerbelastung betragen, daher ist bei der Auslegung der Lagerung darauf Rücksicht zu nehmen. Treten außer den Unwuchten von Rädern und Scheiben Exzentrizitäten in Achsen oder Wellen auf, so entstehen bei der Rotation Kreiseleffekte.
Annahme: Befindet sich auf einer Welle ein Rad mit der Masse m, dessen Schwerpunkt nicht auf der Wellenachse, sondern im Abstand e liegt, so wird bei Rotation die Fliehkraft (Unwucht) die Wellendurchbiegung y zu vergrößern suchen (Abb. 2.23).

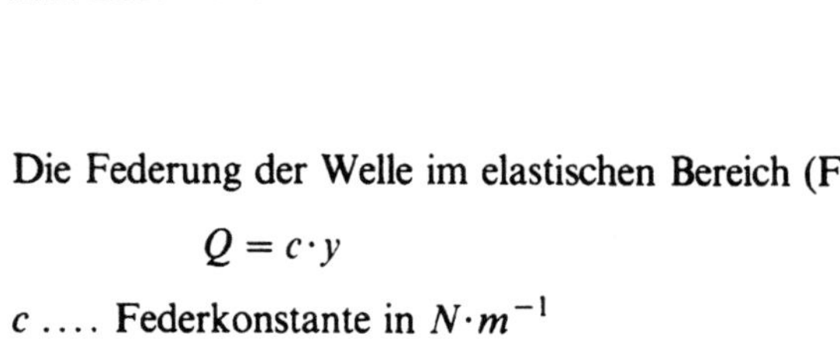

Abb. 2.23. Welle mit exzentrischer Masse

Die Federung der Welle im elastischen Bereich (Federkraft)

$$Q = c \cdot y \tag{2.55}$$

c .... Federkonstante in $N \cdot m^{-1}$

wirkt der Fliehkraft entgegen, ihr Betrag ist

$$m(e + y) \cdot \omega^2 = c \cdot y \tag{2.56}$$

bzw.

$$y = e \cdot \frac{(\omega/\omega_k)^2}{1 - (\omega/\omega_k)^2} \tag{2.57}$$

mit

$$\omega_k = \sqrt{c/m} \tag{2.58}$$

ω_k... kritische Kreisfrequenz der ungedämpft gedachten Eigenschwingung

Im Resonanzfall $y \to \infty$ geht die Welle zu Bruch.
Bei der Annahme einer Durchbiegung f unter der Masse m folgt

$$f = \frac{m \cdot g}{c} \tag{2.59}$$

$g = 9{,}81\, m \cdot s^{-2}$... Erdbeschleunigung

und

$$\omega_k = \sqrt{g/f} \tag{2.60}$$

bzw.

$$n_k \approx 30 \cdot \sqrt{1/f} \tag{2.61}$$

n_k ... kritische Drehzahl in min^{-1}
f..... statische Durchbiegung unter der Masse m in m

Die Welle wird während des Anfahrens das Gebiet der kritischen Drehzahl durchschreiten und sich später beruhigen, $e + y$ wird kleiner als im Ruhezustand; ω_k ist dabei von e vollkommen unabhängig, da auch bei vollkommener Auswuchtung indifferentes Gleichgewicht herrscht und jede kleinste Auslenkung der Welle bei $\omega = \omega_k$ zum Bruch führt (Abb. 2.24).
Bei weiterem Ansteigen der Drehzahl wird ein kritischer Zustand zweiter Art erreicht bzw. überschritten nach der Beziehung:

$$\omega_{kII}^2 = 2 \cdot \omega_{kI}^2 \tag{2.62}$$

Für Wellen, die mit mehreren Scheiben belastet (belegt) sind, berechnet man die kritische Drehzahl nach der DUNKERLY-Methode wie folgt:

$$\frac{1}{\omega_k^2} = \frac{1}{\omega_0^2} + \frac{1}{\omega_1^2} + \frac{1}{\omega_2^2} + \dots \tag{2.63}$$

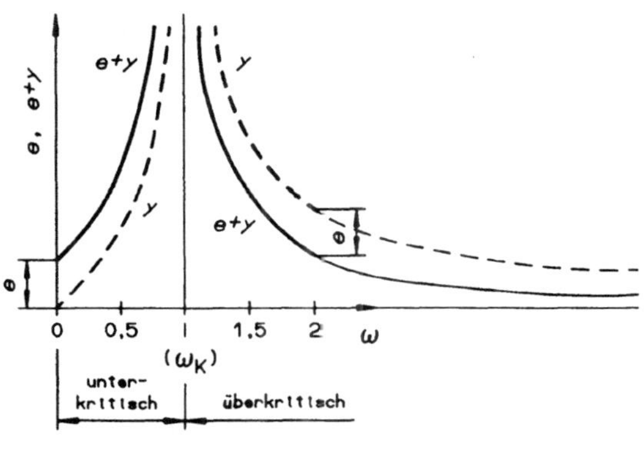

Abb. 2.24. Kritische Drehzahl

ω_0 .. kritische Winkelgeschwindigkeit der Welle allein
ω_1 .. kritische Winkelgeschwindigkeit der masselos gedachten Welle, nur mit Scheibe 1 belastet
ω_2 .. wie vor, nur mit Scheibe 2 belastet, usw.

Üblicherweise denkt man sich das Gewicht der Welle auf die Scheiben so aufgeteilt, daß $\frac{1}{\omega_0} \to 0$ wird.

Es folgt

$$\frac{1}{\omega_k^2} = \frac{f_1}{g} + \frac{f_2}{g} + \frac{f_3}{g} + \dots \tag{2.63.1}$$

mit

$$\omega_1 = \sqrt{g/f_1} \quad \text{etc.} \tag{2.60.1}$$

oder

$$\frac{1}{\omega_k^2} = \frac{f_1 + f_2 + f_3 + \dots}{g} \tag{2.63.2}$$

und

$$\omega_k = \sqrt{g/\sum f_i} \tag{2.60.2}$$

f_i.... Durchbiegungen unter der Masse m_i, können auch mit graphischen Methoden (z. B. Verfahren nach MOHR) ermittelt werden.

Das KULL-Verfahren setzt für

$$\omega_k^2 = \frac{g \cdot \sum m_k \cdot f_k}{\sum m_k \cdot f_k^2} \tag{2.64}$$

f_k ... statische Durchbiegung unter der Masse m_k bei gleichzeitiger Wirksamkeit aller anderen Massen,

oder anders ausgedrückt

$$\omega_k^2 = \sqrt{g/f_k} \tag{2.65}$$

Das Verfahren ergibt gegenüber der DUNKERLY-Methode genauere Werte.

2.5 Reibungsverhalten und Betriebstemperatur

2.5.1 *Reibzahl und Reibmoment*

Reibung entsteht im Lager durch:
— Rollwiderstand zwischen Wälzkörpern und Laufbahnen,
— Schlupf (partielles Gleiten) zwischen Wälzkörpern und Laufringen,

— Gleiten des Käfigs an den Wälzkörpern und auch an den Laufringen bei schultergeführten Massivkäfigen,
— Verdrängungs- und Walkwiderstand des Schmierstoffes,
— Gleiten der schleifenden Dichtungen bei abgedichteten Lagern.

Das Reib(ungs)moment hängt von der Belastung, vom Schmierzustand (Art des Schmierstoffes, Schmierstoffmenge) sowie von der Lagerdrehzahl ab. Der prinzipielle Verlauf der Kennlinie Reibmoment M – Drehzahl n und der Schmierungszustände ist in Abb. 2.25 dargestellt.

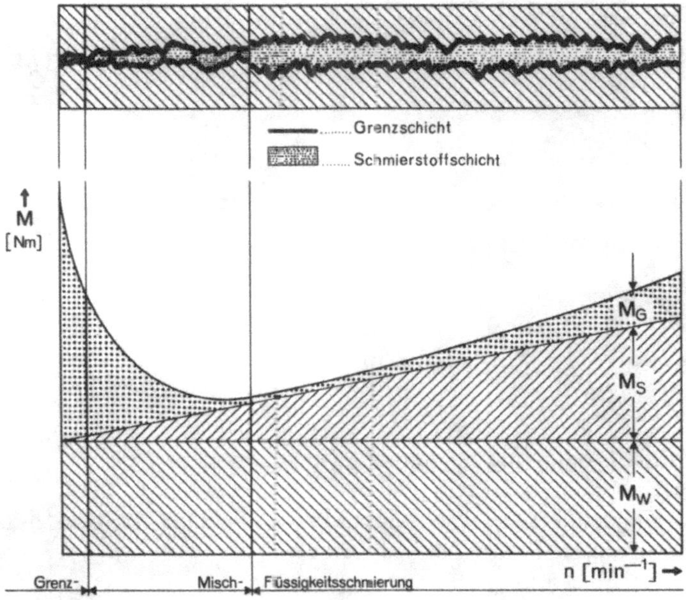

Abb. 2.25. Reibmomentverlauf über der Drehzahl (Stribeck-Diagramm)

Der Reibmomentanteil M_S rührt von der Schmierung her und wächst proportional mit der Geschwindigkeit. Der von der Werkstoffhysterese stammende Anteil M_W ist hingegen unabhängig von der Drehzahl. Der lastabhängige Reibmomentanteil M_G ist die Folge von Mikrogleitbewegungen zwischen Laufbahnen und Wälzkörpern; er ist groß, solange keine vollständige Trennung der Oberflächen durch den Schmierfilm vorliegt und sinkt mit steigender Drehzahl. Bei vollständiger Trennung sinkt dieser Reibmomentanteil bis auf die Scherarbeit im Schmierfilm ab. Die Oberflächen gelten als getrennt, wenn die kleinste Schmierfilmdicke h_{min} größer als die wirksame Summenrauhtiefe ist.

Für überschlägige Berechnungen des Reibmomentes kann die mittlere konstante Reib(ungs)zahl (Reibwert, Reibkoeffizient) f nach Tabelle 2.7 verwendet werden. Dabei müssen normale Betriebsverhältnisse herrschen und die dynamische Tragsicherheit S, das ist das Verhältnis C zur Belastung F, muß im Bereich $5 < S < 40$ liegen. Die angegebenen Reibwerte stellen sich erst nach einer angemessenen Einlaufzeit ein. Ebenso kann die Anlaufreibung, das ist die Reibung während des

Anlaufens des Lagers auf Betriebsdrehzahl, bis zu 50% höher liegen. Ferner ist ein erhöhtes Reibmoment durch schleifende Dichtungen zu beachten.
Überschlägig gilt

$$M = f \cdot F \cdot d/2 \tag{2.66}$$

M... Reibmoment
f.... Reibzahl
F... Lagerbelastung
d.... Lagerbohrungsdurchmesser

Für genauere Berechnungen gilt

$$M = M_0 + M_1 \tag{2.67}$$

M_0.. lastunabhängiger Momentanteil
M_1.. lastabhängiger Momentanteil

mit

$$M_0 = 10^{-7} \cdot f_0 \cdot (\nu \cdot n)^{2/3} \cdot d_m^3 \qquad [N \cdot mm] \tag{2.68}$$

für $\nu \cdot n \geqq 2\,000$

oder

$$M_0 = 1{,}6 \cdot 10^{-5} \cdot f_0 \cdot d_m^3 \qquad [N \cdot mm] \tag{2.69}$$

für $\nu \cdot n < 2\,000$

f_0 ... Einflußfaktor für Lagerart und Schmierung (siehe Tabelle 2.7)
n.... Drehzahl in min^{-1}
ν.... kinematische Zähigkeit bei Betriebstemperatur des Schmieröles oder des Grundöles von Schmierfett in $mm^2 \cdot s^{-1} = cSt$
d_m .. mittlerer Lagerdurchmesser in mm

und

$$M_1 = f_1 \cdot \Gamma \cdot d_m \qquad [N \cdot mm] \tag{2.70}$$

f_1 ... Einflußfaktor für Lagerart und statische Tragsicherheit (siehe Tabelle 2.7)
Γ ... Einflußfunktion für Lastgröße und Lastrichtung (siehe Tabelle 2.7, F_a und F_r in N)

2.5.2 *Betriebstemperatur und Werkstoffverhalten*

Wälzlagerringe und Wälzkörper werden aus Chromstahl hergestellt und auf genormte Werte gehärtet und angelassen. Die Wälzlager erzielen die angegebenen Tragzahlen bei konstanten Betriebstemperaturen bis 120 °C (150 °C). Bei höheren Temperaturen verändert sich das Werkstoffgefüge und es treten Härteverluste und Maßänderungen auf. Den Maßänderungen wird durch eine besondere Wärmebehandlung der Lagerringe begegnet. Die dadurch bedingten Härteverluste ziehen in der Folge eine Verminderung der Tragzahl nach sich, welche durch den Temperaturfaktor f_t (siehe Tabelle 2.8) berücksichtigt wird.

Tabelle 2.7. Reibungskennwerte

Lagerart	f	f_0	f_1	Γ
Rillenkugellager	0,0015 ... 0,002	1,5 ... 2,0	$0{,}9 \cdot 10^{-3} \cdot \left(\frac{1}{S_0}\right)^{0{,}55}$	$(2 \ldots 3) \cdot F_a - 0{,}1 \cdot F_r \geqq F_r$*
Schrägkugellager, einreihig	0,002 ... 0,0025	2	$1{,}3 \cdot 10^{-3} \cdot \left(\frac{1}{S_0}\right)^{0{,}33}$	$F_a - 0{,}1 \cdot F_r \geqq F_r$
Schrägkugellager, zweireihig	0,0024 ... 0,0027	4	$10^{-3} \cdot \left(\frac{1}{S_0}\right)^{0{,}33}$	$1{,}4 \cdot F_a - 0{,}1 \cdot F_r \geqq F_r$
Pendelkugellager	0,0012 ... 0,0015	1,5 ... 2,0	$0{,}3 \cdot 10^{-3} \cdot \left(\frac{1}{S_0}\right)^{0{,}4}$	$1{,}4 \cdot Y \cdot F_a - 0{,}1 \cdot F_r \geqq F_r$
Zylinderrollenlager	0,001 ... 0,0015	2 ... 3	$(0{,}25 \ldots 0{,}3) \cdot 10^{-3}$	F_r
Pendelrollenlager	0,0018 ... 0,0025	4 ... 6	$(0{,}4 \ldots 0{,}5) \cdot 10^{-3}$	$1{,}2 \cdot Y \cdot F_a \geqq F_r$
Kegelrollenlager	0,0018 ... 0,0025	3 ... 4	$(0{,}4 \ldots 0{,}5) \cdot 10^{-3}$	$2 \cdot Y \cdot F_a \geqq F_r$
Axial-Rillenkugellager	0,0013	1,5 ... 2,0	$1{,}2 \cdot \left(\frac{1}{S_0}\right)^{0{,}33}$	F_a

S_0 = statische Tragsicherheit
Y = dynamischer Axiallastfaktor für $F_a/F_r > e$ nach Tabelle 2.3
* Klammerwerte entsprechend $\frac{F_a}{C_{0r}} = 1 \ldots 0{,}1$

Tabelle 2.8. Nachsetzzeichen und Temperaturfaktoren

Nachsetzzeichen	max. Betriebstemperatur ϑ in °C	Temperaturfaktor f_t
$S\,00$[1]	120	1,0
$S\,0$[1,2]	150	1,0
$S\,1$	200	0,9
$S\,2$	250	0,75
$S\,3$	300	0,6

[1] Diese Nachsetzzeichen dürfen weggelassen werden (Standardausführung)
[2] Westeuropäischer Standard

Die Werte der dynamischen Tragzahlen (vgl. Abschnitt 2.6.2) sind dann zu korrigieren:

$$C_{rt} = f_t \cdot C_r \tag{2.71}$$

bzw.

$$C_{at} = f_t \cdot C_a \tag{2.72}$$

Maßstabilisierte Lager für höhere Betriebstemperaturen werden mit einem Nachsetzzeichen gekennzeichnet. Die Nachsetzzeichen S 00 und S 0 werden auf den Lagern nicht angegeben, wenn sie die Standardausführung des Herstellers darstellen.

Die Betriebstemperatur des Lagers hängt von mehreren Einflüssen ab. Wesentlich sind:

— Eigenerwärmung zufolge der Reibung im Lager,
— Fremderwärmung über Welle, Gehäuse oder Wärmestrahlung,
— Temperatur der Umgebung,
— Wärmeabfuhr,
— Art und Menge des Schmierstoffes.

Die Betriebstemperatur ist wegen der Vielfalt der Einflüsse meist nur schwer abschätzbar. Aus der Beobachtung von Maschinen ähnlicher Bauweise, die unter ähnlichen Bedingungen laufen, kann die wahrscheinliche Betriebstemperatur erhoben werden (Erfahrung). Höhere Betriebstemperaturen stellen auch höhere Forderungen an die Temperaturbeständigkeit der Schmierstoffe. Fette dürfen aus den Lagern nicht auslaufen, daher soll ihre Viskosität nicht unter $12\,mm^2 \cdot s^{-1} = 12\,cSt$ sinken.

2.6 Tragfähigkeit

2.6.1 *Statische Tragfähigkeit/Statische Tragzahl*

Wenn ein Lager unter Belastung stillsteht bzw. die Drehzahl klein ist (unter $33\,min^{-1}$) oder nur Schwenkbewegungen durchführt, wird für die Berechnung die statische Tragfähigkeit relevant. Bei dynamisch beanspruchten Lagern mit hohen Stoßbelastungen ist zu prüfen, ob die statische Tragfähigkeit ausreicht; die höchste Belastung darf ein bestimmtes Verhältnis zur statischen Tragzahl C_0 nicht übersteigen (→ statische Tragsicherheit).

Die statische Tragfähigkeit wird durch die statische Tragzahl als Kennzahl beschrieben. Zur Ermittlung der statischen Tragzahl wird die Flächenpressung an der höchstbeanspruchten Kontaktstelle (Laufbahn/Wälzkörper) herangezogen [N 83]. Als zulässig gelten dabei die Werte 4 200 $N \cdot mm^{-2}$ (= MPa) für Kugellager (ausgenommen Pendelkugellager 4 600 $N \cdot mm^{-2}$) und 4 000 $N \cdot mm^{-2}$ für Rollenlager. Diese Werte entsprechen etwa einer gesamten bleibenden Verformung im höchstbeanspruchten Kontakt von 0,0001 des Wälzkörperdurchmessers, die den Bewegungsablauf im Lager nicht stört, und die Basis der alten ISO-Norm darstellte [N 98].

Die Werte der statischen Tragzahl für Radiallager C_{0r} und für Axiallager C_{0a} sind den Lagertafeln der Herstellerkataloge (z. B. [26]) zu entnehmen.

2.6.1.1 Statisch äquivalente Belastung

Wie schon im Abschnitt 2 2.3.1 ausführlich erläutert, sind kombinierte Radial- und Axialbelastungen mit Hilfe der Lastfaktoren X_0 und Y_0 in eine gedachte statisch äquivalente Belastung überzuführen. Mit Hilfe der Gleichungen (2.38) bis (2.43) und Tabelle 2.2 ist diese Umrechnung leicht auszuführen.

2.6.1.2 Statische Tragsicherheit

Die statische Tragsicherheit S_0 drückt das Verhältnis der statischen Tragzahl zur Belastung aus.

$$S_{0r} = \frac{C_{0r}}{F_{0re}} \tag{2.73}$$

bzw.

$$S_{0a} = \frac{C_{0a}}{F_{0ae}} \tag{2.74}$$

C_{0r}, C_{0a} ...... radiale, axiale statische Tragzahl
F_{0re}, F_{0ae} ..... radiale, axiale statisch äquivalente Belastung

Richtwerte für S_0:

2	bei hohen Anforderungen an die Laufruhe
1,5 ... 2	bei ausgeprägter Stoßbelastung
1	bei normalem Betrieb und normalen Ansprüchen an die Laufruhe
0,5	bei erschütterungsfreier statischer Belastung und geringen Anforderungen an die Laufruhe

2.6.2 Dynamische Tragfähigkeit/Dynamische Tragzahl

Wenn das Lager in belastetem Zustand umläuft, wird der Berechnung die Werkstoffermüdung an den Laufflächen der Lagereinzelteile zugrunde gelegt. Die Ermüdung des Werkstoffes ist ein natürlicher zeitlicher Vorgang, welcher von der Größe der Belastung und der Anzahl der Überrollungen abhängt. Das Ende der Lebensdauer eines Wälzlagers kündigt sich durch Schälen der Laufflächen, der sogenannten Grübchen- oder Pitting-Bildung an.
Die dynamische Tragzahl C eines Wälzlagers ist bei Radiallagern die rein radiale und bei Axiallagern die rein axiale, zentrisch wirkende Belastung unveränderlicher Größe und Richtung, bei der hinreichend große Mengen offensichtlich gleicher Lager eine Million Umdrehungen erreichen oder überschreiten.
Die dynamische Tragzahl C ist eine Funktion des Bauartfaktors f_c, der Anzahl der Wälzkörperreihen in einem Lager i, des Berührwinkels α, der Anzahl der Wälzkörper in einer Lagerreihe Z, des Wälzkörperdurchmessers D_w und der wirksamen Rollenlänge L_{we} (bei Rollenlagern).

$$C = f(f_c, i, \alpha, Z, D_w, (L_{we})) \qquad (2.75)$$

Die Formeln unterscheiden sich für Kugel- und Rollenlager, Radial- und Axiallager und bei Kugellagern werden für Kugeldurchmesser $D_w \leqq 1''$ bzw. $D_w > 1''$ verschiedene Beiwerte und Exponenten angesetzt. Die genauen Formeln können den Normen [N 2, N 94] entnommen werden.
Wenn bei Lagerkombinationen zwei gleiche einreihige Lager unmittelbar nebeneinander eingebaut sind, ist das Lagerpaar i. a. wie ein einzelnes zweireihiges Lager zu behandeln.
Die Werte der dynamischen Tragzahlen für Radiallager C_r und für Axiallager C_a sind den Lagertafeln der Hersteller (z. B. [26]) zu entnehmen.

2.6.2.1 Dynamisch äquivalente Belastung

Wie schon in Abschnitt 2.2.3.2 ausführlich erläutert, sind kombinierte Radial- und Axialbelastungen mit Hilfe der Lastfaktoren X und Y in eine gedachte dynamisch äquivalente Belastung überzuführen. Mit Hilfe der Gleichungen (2.44) bis (2.48) und Tabelle 2.3 bzw. Tabelle 2.4 ist diese Umrechnung leicht auszuführen.

2.6.2.2 Lebensdauer

2.6.2.2.1 Nominelle Lebensdauer

Die Berechnung der nominellen Lebensdauer ist auf die mathematische Beurteilung des Ermüdungsmechanismus der Werkstoffpaarungen im Wälzkontakt begründet: die Ermüdung geht vom ersten Riß (Dauerbruch) an einer Schadstelle unter der Oberfläche aus; hier beginnt das grübchenartige Ausbrechen des Werkstoffes (englisch: pittings).
Die Namen Hertz (1885, Berührung elastischer Körper) [56] und Stribeck (1900, Kugellager für beliebige Belastungen) [6] bleiben mit der Wälzlagerberechnung

immer verbunden. Das Fundament der heutigen Berechnung legte jedoch PALMGREN (1924, Die Lebensdauer von Kugellagern) [8] mit der Schaffung des Lebensdauerbegriffes anstelle der Höchstbelastung (vgl. Abschn. 9.3.1).
Das Berechnungsverfahren wurde verständlicherweise mit Befriedigung aufgenommen, denn Lebensdauerprüfungen sind sehr zeitraubend und die Möglichkeiten zur Erzielung der bereits als notwendig erkannten statistischen Gleichmäßigkeit im Werkstoffgefüge (Reinheit) und in der Fertigung ließen noch viel zu wünschen übrig. Die Forschungsarbeiten auf dem Werkstoffsektor konzentrieren sich seit damals hauptsächlich auf die Frage der quantitativen Korrelation zwischen Reinheitsgrad und Ermüdungslebensdauer, also auf die Suche nach den Einflüssen der nichtmetallischen Einschlüsse. Durch verschiedene Verbesserungen in der Stahlerzeugung, wie z. B. Vakuumentgasung oder Elektroschlacke-Umschmelzverfahren, wurden der Reinheitsgrad und die Feinverteilung von Einschlüssen erhöht, was zwar für das Wälzlager eine Steigerung der Zuverlässigkeit bedeutet, jedoch keine ausreichende Begründung für höhere Tragzahlen liefert. Der exakte Einfluß der Werkstoffstruktur ist auch heute weitgehend noch eine offene Frage.
Im Jahre 1939 fand WEIBULL die „Statistische Theorie der Werkstoffbeanspruchung“ [9] (Abb. 2.26) und lieferte die Basis für die heute noch gebräuchliche Definition: die nominelle Lebensdauer gilt für 90% einer hinreichend großen Menge von Wälzlagern! Das ersetzte fortan die vormals technisch-wirtschaftliche Begründung durch eine „streng wissenschaftliche“.

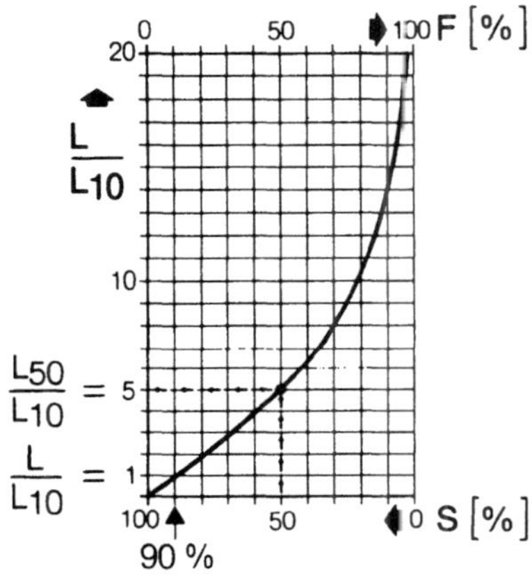

Abb. 2.26. Statistische Lebensdauer der Wälzlager

Im Jahre 1962 erschien die erste internationale Normempfehlung ISO/R 281 [N 1] über die Berechnung der nominellen Lebensdauer und der dynamischen Tragzahlen. Die Lebensdauergleichung lautete:

$$L = \left(\frac{C}{P}\right)^p \tag{2.76}$$

$L \equiv L_{10}$ .... nominelle Lebensdauer in Millionen Umdrehungen (10^6 U)
$C \equiv C_r$ .... für Radiallager
$C \equiv C_a$ .... für Axiallager
$P \equiv F_e$ .... dynamisch äquivalente Belastung

p .... Lebensdauerexponent
$p = 3$ für Kugellager
$p = 10/3$ für Rollenlager
S .... Erlebenswahrscheinlichkeit

wobei

— einwandfreier Einbau
— ausreichende Schmierung und
— vollkommene Abdichtung

als Voraussetzung (Randbedingungen) gegeben sein müssen.

In Betriebsstunden ausgedrückt gilt

$$L_h = \frac{10^6 \cdot L}{60 \cdot n} \tag{2.77}$$

L_h .. nominelle Lebensdauer in h
n.... Lagerdrehzahl in min^{-1}, bei veränderlicher Drehzahl ist die mittlere Drehzahl nach Abschnitt 2.2.2.2 zu setzen

oder in Fahrkilometern

$$L_s = L \cdot \pi \cdot D \tag{2.78}$$

L_s... nominelle Lebensdauer in km
D... Laufraddurchmesser in mm

2.6.2.2.2 Modifizierte nominelle Lebensdauer

In den siebziger Jahren entstand eine neue Interpretation der nominellen Lebensdauer. Es war offensichtlich das latente Unbehagen über die 90% Lebensdauer, welches die Darstellung der nach WEIBULL mathematisch eindeutigen „Erlebenswahrscheinlichkeit" (Abb. 2.27) verursachte.

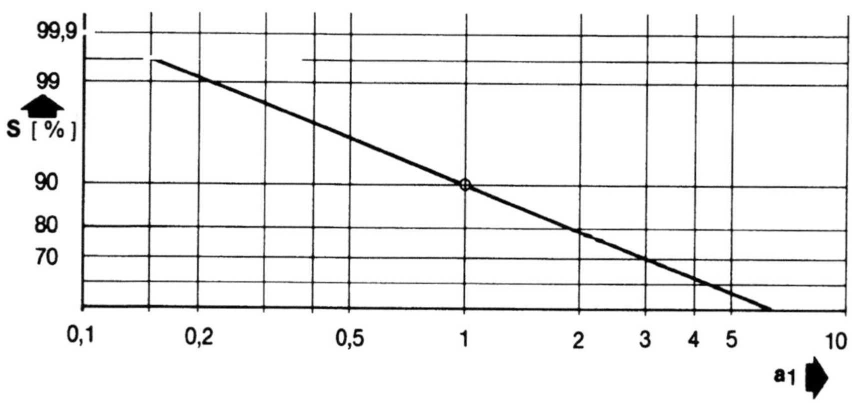

Abb. 2.27. Faktor a_1 für die Erlebenswahrscheinlichkeit S nach WEIBULL

Damit ist es zwar möglich, Erlebenswahrscheinlichkeiten über 90% zu errechnen, jedoch fällt z. B. die Lebensdauer bei 99% Sicherheit auf ein Fünftel! Die Japaner fanden den Ausweg. In der NSK-Publikation „Neue Berechnungsmethode der Lebensdauer für Wälzlager" schreibt HEINEN im Jahre 1972 [88]:

„Die Basis der Lebensdauerberechnung hat sich in den letzten 30 Jahren nicht verändert. Die allgemeine technische Entwicklung, insbesondere in den letzten 20 Jahren, hat jedoch große Fortschritte gemacht. So sind auch die Anforderungen, die an die Wälzlagerindustrie gestellt wurden, immer weiter gestiegen. So konnte die Qualität der Lager wesentlich verbessert werden, die Toleranzen eingeengt und die Formgenauigkeit von Wälzkörpern und Laufbahnen erhöht werden.
Ebenfalls wurden die Eigenschaften des Wälzlagerstahls immer wieder verbessert. All diese Faktoren beeinflussen naturgemäß die Lebensdauer der Lager in positiver Richtung. NSK konnte anhand von neuen Großversuchen nachweisen, daß durch die Verbesserung der Qualität nicht nur die Lebensdauer seiner Lager wesentlich verlängert wurde, sondern auch die Unsicherheit aufgrund der großen Laufzeitstreuung verringert werden konnte.
Auch ist es in vielen Fällen nicht mehr tragbar, daß, gemäß Lebensdauerdefinition, 10% der Lager vor Ablauf der rechnerischen Lebensdauer L_{10} ausfallen können. Oft werden Sicherheiten von 95% bis 99% verlangt, im Gegensatz von bisher 90%. NSK hat in seiner neuen Berechnungsformel für die Lebensdauer sowohl die Qualitätsverbesserung seiner Lager, als auch die Sicherheitsbedürfnisse der Industrie berücksichtigt."

Im Jahre 1977 erschien die internationale Norm ISO 281 [N 2] mit der Gleichung für die modifizierte Lebensdauer

$$L_{na} = a_1 \cdot a_2 \cdot a_3 \cdot L_{10} = a_1 \cdot a_{23} \cdot \left(\frac{C}{F_e}\right)^p \qquad (2.79)$$

L_{na}.. modifizierte nominelle Lebensdauer
L_{10}.. nominelle Lebensdauer
a_1... Erlebensfaktor
a_2... Werkstoffaktor
a_3... Betriebsfaktor
a_{23}.. Faktor für Werkstoff und Schmierung (Betrieb)

Gegen Ende 1981 hatte ein Wälzlager-Hersteller mit großem werbetechnischen Aufwand eine Erhöhung der Tragzahlen um bis zu 30% vorgenommen und den technischen Fortschritt für sich allein reklamiert. Zu dieser Vorgangsweise verfaßte ALBERT 1982 einen kritischen Beitrag [89], der auch eine ausführliche Darstellung der Vorgeschichte beinhaltet. Mit der Tragzahllizitation wurde erstens die internationale Zusammenarbeit in der ISO in Frage gestellt und zweitens der mit der komplexen Materie der Wälzlager-Berechnung nicht vertraute Wälzlager-Verbraucher in starkem Maße verunsichert. Diese Verunsicherung ist noch nicht zu Ende. Wie aus den letzten ISO-Papieren hervorgeht [N 99, N 100], werden nicht ausreichend abgesicherte Erkenntnisse gewisser Interessensgruppen immer wieder diskutiert und mit allen Mitteln durchgedrückt.
Für die Berechnung der Wälzlager werden ein paar scheinbar einfache Gleichungen gebraucht. Diese Gleichungen sind so verknüpft, daß ein tragfähiges Lager nicht leicht ausgewählt werden kann. Es ist ein Zufall, wenn das optimale Lager auf Anhieb gefunden wird.

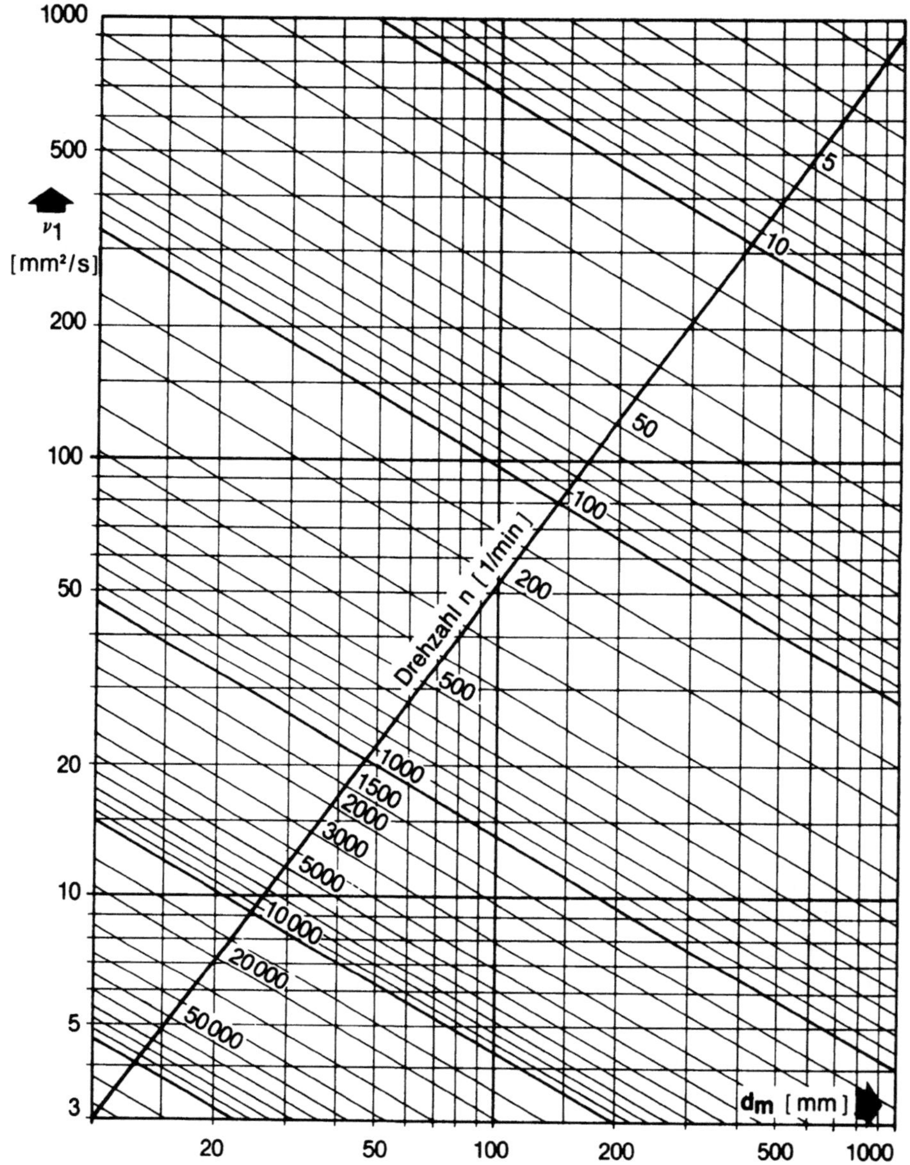

Abb. 2.28. Erforderliche Schmierstoff-Mindestviskosität (Bezugsviskosität) ν_1 als Funktion des mittleren Lagerdurchmessers $d_m = 1/2 \cdot (D + d)$ und der Drehzahl n

Albert hat 1975 ein graphisches Auswahlverfahren [45] entwickelt, das von Entwurfskonstrukteuren geschätzt wird.

Die gekoppelte Netztafel, die nun von Köttritsch [91] entwickelt wurde, vereinigt die bereits bekannten Einzelbilder über die „Erlebenswahrscheinlichkeit nach Weibull" (Abb. 2.27), die „Erforderliche Schmierstoff-Mindestviskosität ν_1 als Funktion des mittleren Lagerdurchmessers d_m und der Drehzahl n" (Abb. 2.28), die

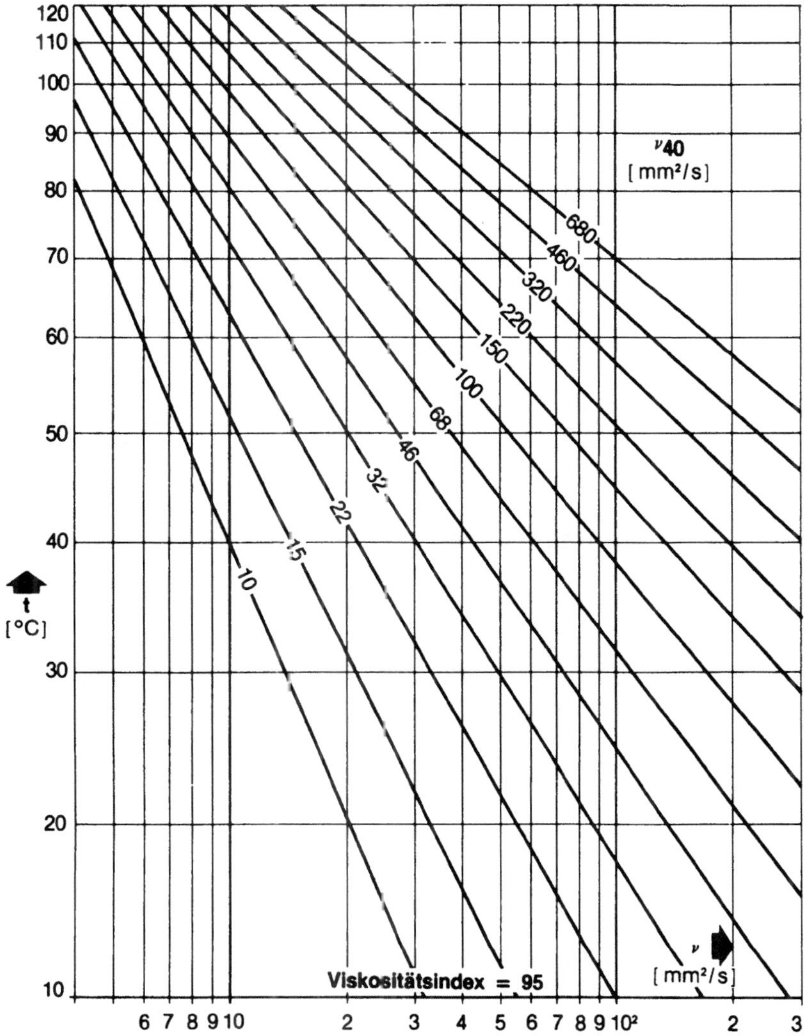

Abb. 2.29. Betriebsviskosität ν als Funktion der Temperatur ϑ und der Nennviskosität bei 40 °C, ν_{40}; Viskosität-Temperatur (V-T) — Diagramm

„Betriebsviskosität ν als Funktion der Temperatur ϑ und der Nennviskosität bei 40 ° C, ν_{40}" (Abb. 2.29) und den „Faktor a_{23} als Funktion des Viskositätsverhältnisses $\kappa = \nu/\nu_1$" (Abb. 2.30).

Die Arbeitsweise mit der gekoppelten Netztafel (Abb. 2.31) kann am eingezeichneten Beispiel verfolgt werden. Selbstverständlich kann auch abweichend vom gezeigten Beispiel aus jedem anderen Einzelbild mit einer Eingabe begonnen und nach den anderen Bestimmungsgrößen aufgelöst werden.

Der Anwender gewinnt rasch einen guten Überblick, wie die modifizierte nominelle Lebensdauer von den Einflußgrößen Drehzahl, Schmierstoffeigenschaften, Betriebstemperatur und Erlebenswahrscheinlichkeit bestimmt wird und/oder sich diese Einflußgrößen graduell auswirken.

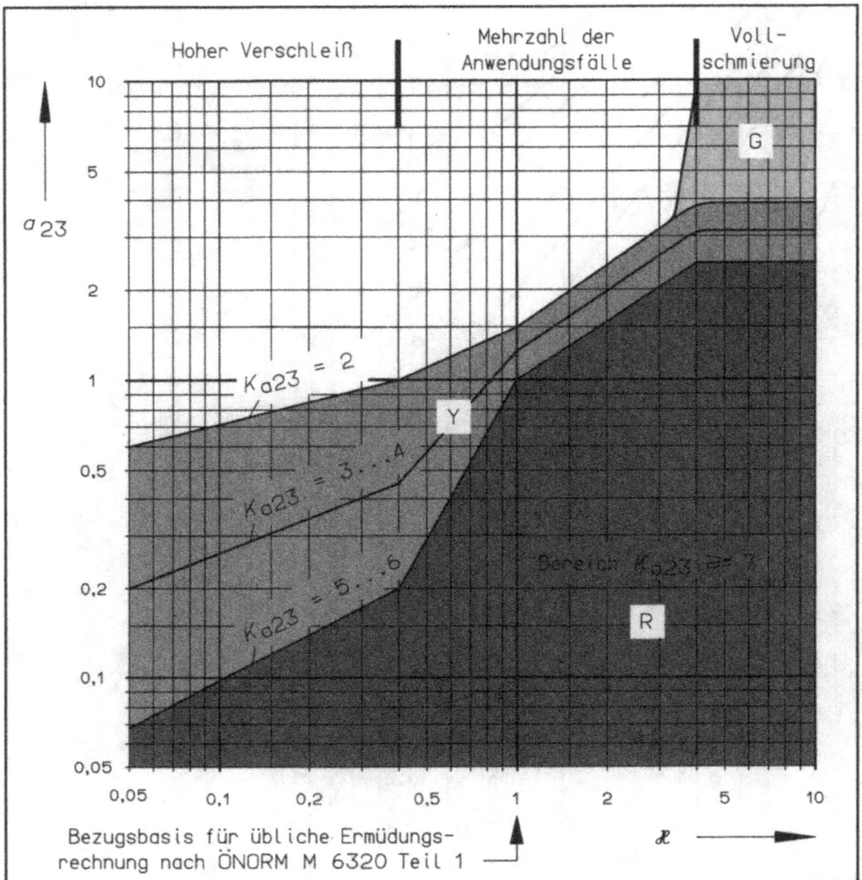

Betriebszustand	Bereich	Bestimmungswert K_{a23}[1)] für Faktor a_{23}
Ungünstige Betriebsbedingungen; schlechte oder mäßige Abdichtung; verunreinigte oder ungeeignete Schmierstoffe	R	≥ 7
Normale Betriebsbedingungen; gute oder sehr gute Abdichtung; saubere oder geeignet additivierte Schmierstoffe	Y	2...6
Ideale Betriebsbedingungen; beste Abdichtung; höchst saubere Schmierstoffe bei vollständiger Trennung der Oberflächen durch den Schmierfilm → → Übergang zur Dauerfestigkeit	G	< 2

1) $K_{a23} = K_1 + K_2$ Werte für K_1 und K_2 siehe Fortsetzung Abb. 2.30.

Abb. 2.30. Faktor a_{23} als Funktion des Viskositätsverhältnisses $\kappa = \nu/\nu_1$ (Fortsetzung Seite 113)

Beiwert für	Benennung [2] (Symbol)	$S_0 \geq 8$	$8 > S_0 \geq 4$	$S_0 < 4$
Lagerart K_1	Kugellager	0	0	0
	Radial-Zylinderrollenlager Kegelrollenlager	0	1	2
	Pendelrollenlager Axial-pendelrollenlager Axial-Zylinderrollenlager Vollrollige Zylinderrollenlager	1	2	3
Schmierstoff K_2	(geeignet) additiviert [3]	1	2	3
	nicht additiviert $\kappa \geq 0{,}4$	2	4	6
	nicht additiviert $\kappa < 0{,}4$	7	> 7	> 7

2) (1) Zu beachten ist, daß die Reibung > 50 % höher als bei Lagern mit Käfigen ist und sich eine höhere Betriebstemperatur ϑ und somit ein kleinerer Wert für die Betriebsviskosität ν ergibt.

(2) Feinfilterung des Schmierstoffes erforderlich, sonst ist $K_1 \geq 6$ anzusetzen.

3) Bei Additivierung mit besonders günstiger Auswirkung auf die Ermüdungslebensdauer können für K_2 noch geringere Werte angesetzt werden.

Abb. 2.30. (Fortsetzung)

2.6.2.2.3 LP-Methode

Das Lagerumfeld spielt in der Analyse der Kraftverteilung auf die Lager selbst eine wesentliche Rolle. Anstelle der klassischen Methoden der Kraftaufteilung wird zeitgemäß bei wichtigen und heiklen Fällen die Lager-Peripherie-Methode, kurz LP-Methode, die den Einfluß aller wichtigen Konstruktionsparameter von Lager, Welle und Gehäuse berücksichtigt, angewendet. Die Aussagefähigkeit einer derartigen Berechnung übersteigt diejenige der konventionellen Methoden, technische und wirtschaftliche Vorteile ergeben sich. Das Lager und seine Peripherie stellen ein sehr kompliziertes System dar. Die Zusammenhänge zwischen Kräften und Verformungen im Lager und in der Peripherie müssen analytisch dargestellt

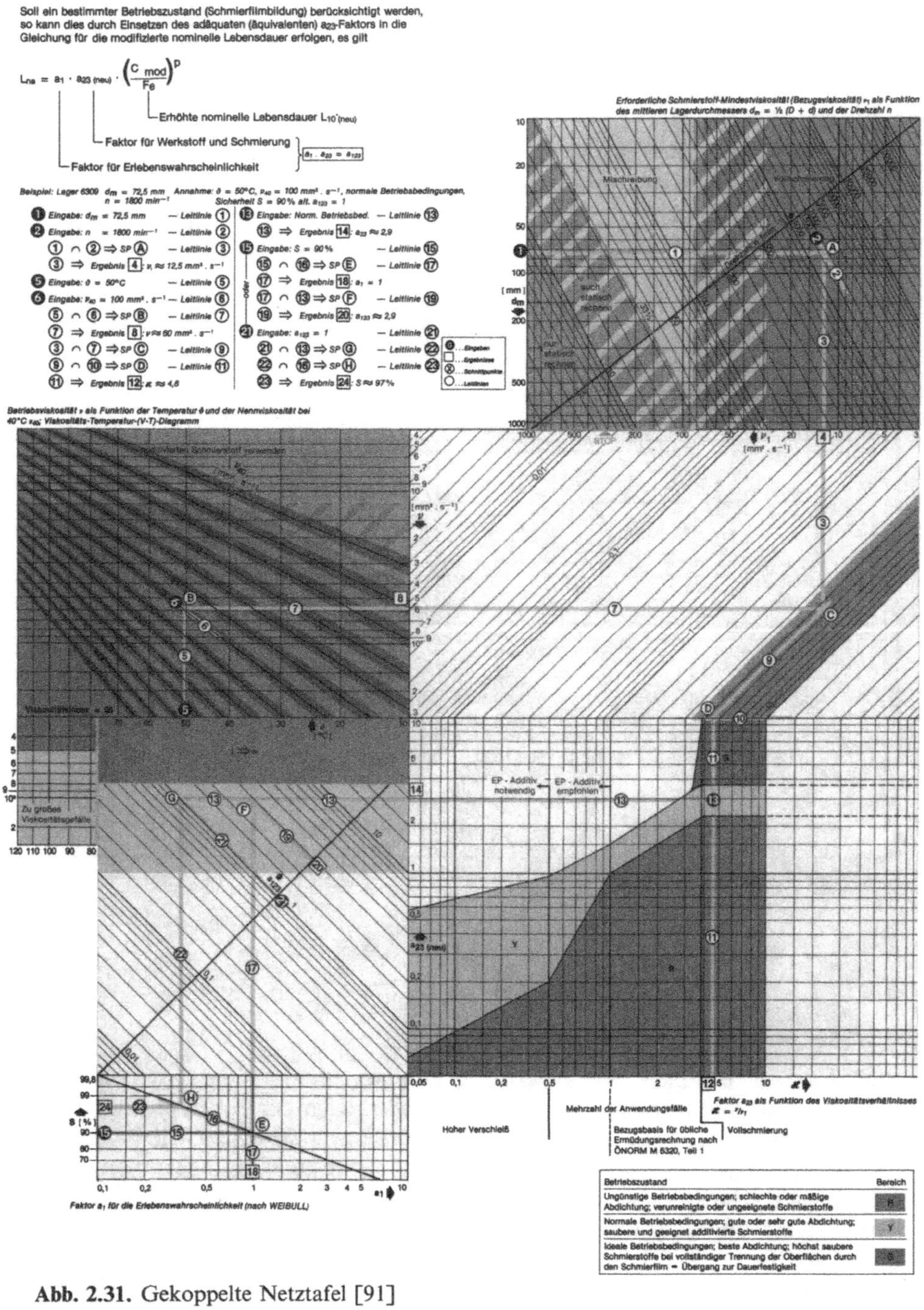

Abb. 2.31. Gekoppelte Netztafel [91]

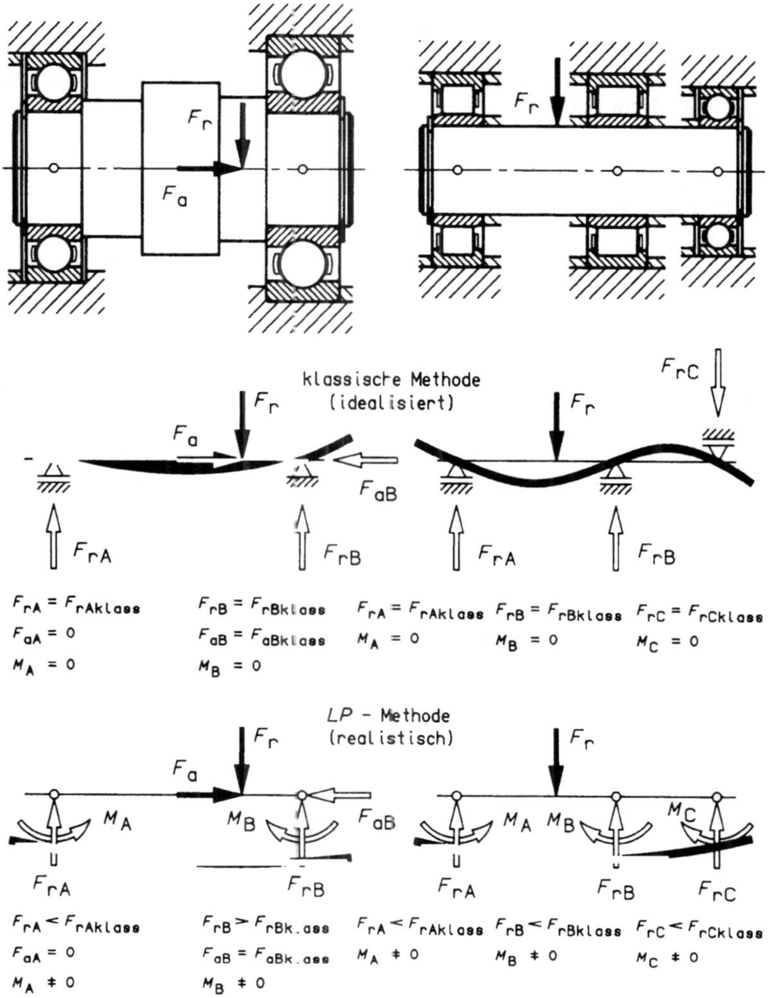

Abb. 2.32. Verlauf der Biegelinie, Kräfte und Momente bei der LP-Methode im Vergleich zur klassischen Methode

werden. Hierbei wird eine Verschiebung der Lagerringe zueinander in radialer und axialer Richtung und eine Schiefstellung zu berücksichtigen sein. Der Druckwinkel und die Lastzone sind in ihrer realen Ausbildung zu berücksichtigen und nicht in idealisierter Form, innere Kräfte und Momente sind anzusetzen und liefern einen Beitrag zur Lagerbeanspruchung. Diese Ansätze gewährleisten eine realistische Wiedergabe der Vorgänge im Lager. Egal ob es sich um eine Zwei-, Drei- oder Mehrfachlagerung handelt (Abb. 2.32), die Auswirkungen auf die Lagerauswahl sind häufig nicht zu vernachlässigen. Wichtige Parameter stellen neben den Wellen- und Gehäuseparametern und den Einbauparametern auch die Daten der inneren Lagergeometrie (Kontaktgeometrie) dar. Die Anwendung bedingt den Zugriff auf Lagerdatenbanken und die Rechnung selbst verlangt relativ aufwendige EDV-

Programme, – sie stellt ja auch das derzeit höchste Berechnungs- und Entwicklungsniveau dar. Diese Methode bleibt daher den Wälzlagerherstellern bzw. einem kleinen Kreis von auf die Datenbanken und Programme der Wälzlagerhersteller zugriffsberechtigten Kunden vorbehalten.

2.6.3 Dauerfestigkeit

Neuere Forschungsergebnisse zeigen deutlich, daß es auch bei Wälzlagern eine Dauerfestigkeit gibt [13]. Insbesondere bei Vollschmierung, also bei vollständiger Trennung der Laufbahnen von Ringen und Wälzkörpern durch einen hydrodynamischen Schmierfilm, wie dies bei κ-Werten größer als 4 der Fall ist, sind die Voraussetzungen für Dauerfestigkeit gegeben, da die Oberflächen in diesem Zustand praktisch nicht verschleißen, sofern sie nicht durch äußere Verunreinigungen geschädigt werden.
Der Exponent p der Lebensdauergleichung Gl. (2.76) ist nicht konstant, sondern belastungsabhängig [N 99]; Dauerfestigkeit ist bei statischen Tragsicherheiten $S_0 > 8$ erreichbar, wie Versuche zeigen. Die Orientierung an der statischen Tragsicherheit respektive an der statischen Tragzahl C_0 kann deshalb erfolgen, weil damit der Bezug zur Flächenpressung erhalten bleibt. Zum Ausdruck kommt der Bereich der Dauerfestigkeit auch in Abb. 2.30 (resp. Abb. 2.31) im Bereich „G" – ideale Betriebsbedingungen bei bester Abdichtung, höchster Sauberkeit der Schmierstoffe und vollständiger Trennung der Oberflächen durch den Schmierfilm. Der Wert des a_{23}-Faktors steigt für $\kappa > 4$ sehr rasch an, als Maximalwert kann für Rechnungen $a_{23} = 50$ angenommen werden, was praktisch Dauerfestigkeit bedeutet.

2.7 Leistungsgrenzen

2.7.1 Lebensdauer-Erfahrungswerte

Für verschiedene Einsatzbereiche sind aus vielen individuellen Annahmen branchenübliche Erfahrungswerte entstanden. In Tabelle 2.9 sind Erfahrungswerte angegeben.

2.7.2 Gebrauchsdauer

Die Tatsache, daß die im Abschnitt 2.6.2.2.1 genannten Randbedingungen, wie einwandfreier Einbau, ausreichende Schmierung und vollkommene Abdichtung, nicht leicht beherrschbar sind, hat schon zu Versuchen geführt, diese äußeren Einflüsse zu berechnen. Neben der nominellen Lebensdauer (Ermüdungslaufzeit) hat man dafür den Begriff Gebrauchsdauer (Verschleißlaufzeit) geprägt. Sie sollte die spezifischen Einflüsse der Einsatzbereiche berücksichtigen.
Grundsätzlich ist eine Unterscheidung zwischen nomineller Lebensdauer und Gebrauchsdauer notwendig. Jedoch sind die Einflüsse, die das Idealverhalten

Tabelle 2.9. Lebensdauer-Erfahrungswerte

Betriebsverhältnisse	Nominelle Lebensdauer L_h in Betriebsstunden
Selten benutzte Vorrichtungen und Geräte z. B. Haushaltgeräte	500 ... 2000
Kurzzeitbetrieb z. B. Personenkraftwagen	2000 ... 4000
Mittlere tägliche Betriebszeit, Betriebsstörungen ohne größere Bedeutung z. B. Landwirtschaftsmaschinen	4000 ... 8000
Mittlere tägliche Betriebszeit, große Betriebssicherheit z. B. Aufzüge	8000 ... 12000
Längere tägliche Betriebszeit, nur teilweise ausgelastet z. B. Fördereinrichtungen	12000 ... 20000
Längere tägliche Betriebszeit, meist voll ausgelastet z. B. Werkzeugmaschinen, Schienenfahrzeuge	20000 ... 40000
Dauerbetrieb z. B. Großmotoren, Kompressoren	40000 ... 80000
Dauerbetrieb mit großer Betriebssicherheit z. B. Papiermaschinen, öffentliche Kraftanlagen	80000 ... 200000

Betriebsverhältnisse	Nominelle Lebensdauer L_s in Fahrkilometer
Radlagerungen für Straßenfahrzeuge:	
Personenkraftwagen	100000
Lastkraftwagen, Omnibusse	200000 ... 300000
Achslagerungen für Schienenfahrzeuge:	
Güterwagen (bei ständig wirkender größter Achslast)	800000
Nahverkehrsfahrzeuge, Straßenbahnen	1 500000
Reisezugwagen für Fernverkehr	3000000
Triebwagen für Fernverkehr	3000000 ... 4000000
Diesel- und Elektrolokomotiven für Fernverkehr	3000000 ... 5000000

stören, derart schwer beherrschbar, daß eine einigermaßen rechnerisch exakte Erfassung nicht möglich ist. Die Gebrauchsdauer darf daher nur dazu dienen, abzuschätzen, wie groß der Spielraum zwischen der ideellen Ermüdungslaufzeit (nominelle Lebensdauer) und der praktischen Verschleißlaufzeitsgrenze (untere Grenze der Gebrauchsdauer) sein kann. Es ist so gut wie unmöglich, alle praktischen Einflüsse in der Lebensdauerberechnung zu berücksichtigen, jetzt und sicherlich auch in nächster Zukunft. Es liegt dabei bestimmt nicht am mangelnden Bemühen, sondern zeigt, welche Sorgfalt bei der Auswahl und Gestaltung einer Lagerung erforderlich ist.

Ein anschauliches Beispiel für den Begriff Gebrauchsdauer geben die wartungsfreien Rillenkugellager der Ausführung 2 Z und 2 RS. Die Gebrauchsdauer dieser Lager kann der nominellen Lebensdauer oder der temperaturabhängigen Lebensdauer des Schmierfettes entsprechen. Obwohl in diesen Lagern ideale Laufbedingungen herrschen, kann gegebenenfalls die Gebrauchsdauer geringer als die nominelle Lebensdauer sein. Deshalb ist es nicht richtig, diese Lager als „lebensdauergeschmiert" zu bezeichnen. Die Gebrauchsdauer von wartungsfreien Rillenkugellagern ist in [45] graphisch dargestellt.

2.8 Schmierung

2.8.1 Grundlagen, Schmiertheorie

Bei der Berechnung der nominellen Ermüdungslebensdauer von Wälzlagern wird ausreichende Schmierung vorausgesetzt. Die benötigten Schmierstoffmengen sind – bei gleichen Betriebsbedingungen – bei Wälzlagern geringer als bei Gleitlagern. Der Einfluß der Schmierstoffarten und der Schmierverfahren wird nachfolgend noch näher beschrieben.

Bei Schmierfetten können als Näherungswerte für die Viskosität die Viskositätswerte des Grundöles verwendet werden.

Die Schmierfilmausbildung wird vorrangig durch die Theorie der elastohydrodynamischen Schmierung (EHD-Schmierung) beschrieben. Die Ausbildung eines tragenden Schmierfilms hängt von der Lagerbelastung, der Drehzahl, der Betriebsviskosität des Schmierstoffes und der Lagergröße wesentlich ab. Auch die Makro- und Mikrogeometrie (Summe der maximalen Oberflächenrauheiten) der Berührflächen bestimmen die Schmierfilmausbildung. Die Trennung der Berührflächen wird angestrebt.

Im allgemeinen wird nur der Schmierungszustand im Wälzkontakt beschrieben und bewertet, in anderen Kontaktflächen – mit zum Teil erheblicher Gleitreibung (z. B. Wälzkörper/Käfig, Wälzkörperstirnfläche/Bordfläche) – wird der Schmierungszustand zumeist nach praktischen Erfahrungen bewertet. Die Werte ν_1 der erforderlichen kinematischen Viskosität im Wälzkontakt für ausreichende Schmierung durch ein Mineralöl sind aus Abb. 2.28 zu entnehmen. Bei der Bewertung der Schmierfilmdicke muß beachtet werden, daß nur der Schmierungszustand im Wälzkontakt beschrieben wird, die Schmierverhältnisse in den anderen Kontaktzonen werden nicht erfaßt! Daher soll die Schmierstoffauswahl nicht ausschließlich nur nach Gesetzmäßigkeiten der EHD-Theorie, sondern auch nach praktischen Erfahrungen, die den gesamten Schmierungszustand des Lagers berücksichtigen, erfolgen. Bei der Verwendung von Schmierstoffen mit Additiven (Zusätzen) können chemische Reaktionen wirksam werden, die durch die EHD-Theorie nicht berücksichtigt werden. Ebenso kann bei Syntheseölen die tatsächliche Schmierfilmdicke von der theoretisch berechneten abweichen.

Mit steigender Temperatur nimmt die Viskosität des Schmierstoffes ab. Damit ein ausreichender Schmierfilm im Wälzkontakt vorhanden ist, muß eine erforderliche (Mindest-)Viskosität bei Betriebstemperatur (Betriebsviskosität) ν gewählt werden. Aus Abb. 2.29 können die Werte für die Betriebsviskosität ν bei entsprechender Betriebstemperatur ϑ abgelesen werden. Das Verhältnis ν (Betriebsviskosität) zu ν_1 (erforderliche Viskosität gemäß EHD-Theorie) wird mit κ (Viskositätsverhältnis) bezeichnet,

$$\kappa = \frac{\nu}{\nu_1} \tag{2.80}$$

Es sollte stets $\kappa > 1$ angestrebt werden.
Wird $\kappa < 1$, so wird die Verwendung eines Schmierstoffes mit Hochdruck-Additiven (EP-Additiven) empfohlen, bei $\kappa < 0{,}4$ ist die Verwendung von EP-Additiven unbedingt notwendig. Bei $\kappa > 1$ kann sich eine Verbesserung der Funktionssicherheit ergeben, wenn Schmierstoffe mit EP-Zusätzen verwendet werden, besonders bei mittleren und größeren Rollenlagern mit Gleitreibungsanteilen. Für herkömmliche Lagerungsfälle reicht die genormte Berechnung der Lebensdauer mit Gl. (2.76) nach [N 2, N 94] aus. Die zugrunde gelegte nominelle Lebensdauer setzt, wie schon erwähnt, ordnungsgemäße Schmierung voraus. Sie beruht letztlich auf Erfahrungen und berücksichtigt somit auch Einflüsse der Schmierung. Soll die Schmierung detailliert berücksichtigt werden, so kann Gl. (2.79) für die modifizierte nominelle Lebensdauer L_{na} verwendet werden.
Werte für die statistische Erlebenswahrscheinlichkeit a_1 sind in Abb. 2.27 angegeben. Werte für den Werkstoffaktor a_2 können nicht unabhängig vom Betriebsfaktor a_3 angegeben werden; der Einfluß des Schmierstoffes ist im Beiwert a_3 enthalten. Die Faktoren a_2 und a_3 werden deshalb durch den gemeinsamen Faktor,

$$a_{23} = a_2 \cdot a_3 \tag{2.81}$$

ersetzt; Werte für a_{23} siehe Abb. 2.30 resp. Abb. 2.31. Wirksame Abdichtung und gute Schmierstoffpflege (Sauberkeit) erhöhen den a_{23}-Wert.

2.8.2 Wahl des Schmierverfahrens

Welchem Schmierverfahren der Vorzug zu geben ist, hängt von technischen und wirtschaftlichen Überlegungen ab. Zirka 90 Prozent aller Wälzlager werden mit Fett geschmiert. Die Konstruktion ist einfach, der Aufwand für die Abdichtung gering.
Ölschmierung wird zweckmäßig dort angewendet, wo bereits andere Maschinenelemente eine Ölschmierung erfordern (z. B. Getriebe), oder Öl zur Wärmeabfuhr benötigt wird.
Die Schmierung mit Feststoffen sollte nur in Sonderfällen angewendet werden.
Der Drehzahlkennwert $n \cdot d_m$ ist das wichtigste Auswahlkriterium für das Schmierverfahren (Tabelle 2.10). Ein weiteres Kriterium ist die vorgegebene Temperaturgrenze.
Die Betriebstemperatur im Beharrungszustand darf die funktionstechnisch vorgegebene Grenze nicht übersteigen.

Tabelle 2.10. Übersicht über Schmierverfahren

Schmierverfahren	Drehzahl-Kennwert $n \cdot d_m$ in $mm \cdot min^{-1}$	Bemerkungen	Schmiermittel
Fettschmierung	$\leqq 0{,}5 \cdot 10^6$ ($1{,}0 \cdot 10^6$)	Vorrats- und/oder Verlustschmierung; wartungsarm, dennoch Schmierfristen beachten; keine Wärmeabfuhr durch Schmierstoff	Handpresse, automatische Presse, Zentralanlage mit Zugehör, Fettmengenregler
Tropfölschmierung		Verlustschmierung; kleine Ölmenge, keine Wärmeabfuhr	Tropföler, Zentralanlage mit Pumpe, Dosiereinheit, Behälter, Leitungen
Eigenförderung der Lager Ölbadschmierung Öltauchschmierung	$\leqq 0{,}5 \cdot 10^6$	Vorratsschmierung; Wärmeabfuhr über Ölvorrat und Gehäuseform, Ölstandshöhe beachten (kontrollieren); große Ölmenge	Ölkanäle, Druckausgleichsbohrungen; Ölstab, Ölstandsrohr, Überlaufbohrungen
Ölumlaufschmierung Öldurchlaufschmierung	$\leqq 0{,}8 \cdot 10^6$	Umlaufschmierung; gute Wärmeabfuhr; Filterung und Rückkühlung möglich; Eigenförderung der Lager beachten; Ölablauf ausreichend dimensionieren; große Ölmengen	Pumpe, Filter, Behälter, Ventile; Ölkühler
Ölnebel-Öl/Luft-schmierung Sondereinrichtungen	$\leqq 1{,}5 \cdot 10^6$ $\leqq 3{,}0 \cdot 10^6$	Verlustschmierung; Wärmeabfuhr unbedeutend, Dichtwirkung durch Sperrluft verstärkt, problematisch bei kinematisch schwierigen Lagerbauformen, Eigenförderung der Lager beachten	Pumpe, Behälter, Düsen, Leitungen, Dosiereinheit, Absaugung
Öleinspritzschmierung Sondereinrichtungen	$> 0{,}8 \cdot 10^6$ $\leqq 3 \cdot 10^6$	Umlaufschmierung; gute Wärmeabfuhr; Ölstrahlgeschwindigkeit $> 15\,m \cdot s^{-1}$ vorsehen; Ölablauf ausreichend dimensionieren	Pumpe, Filter, Behälter, Düsen, Leitungen, Ventile; Ölkühler

2.8.2.1 Fettschmierung

Fettschmierung ist die häufigste Art der Wälzlagerschmierung.
Einfache Konstruktionen und wartungsarme Lagerstellen ergeben eine hohe Wirtschaftlichkeit.
Drehzahlkennwert für

Normalfette: $n \cdot d_m < 0{,}5 \cdot 10\, mm \cdot min^{-1}$

Sonderfette: $n \cdot d_m < 1{,}0 \cdot 10\, mm \cdot min^{-1}$

Schmierfette sind durch Dickungsmittel eingedickte Mineral- oder Syntheseöle. Die Dickungsmittel sind vorwiegend Metallseifen.
Die Konsistenz des Schmierfettes wird durch die Art und Viskosität des Grundöles, die Art und Menge des Dickungsmittels (Verdicker) und durch den Herstellungsprozeß bestimmt. Unter Konsistenz versteht man die Eigenschaft des Schmierfettes, der Verformung durch von außen einwirkenden Kräften einen inneren Widerstand entgegenzusetzen. Für die Wälzlagerschmierung kommen hauptsächlich Fette der Konsistenzklassen 1 bis 3 in Betracht (NLGI-Werte, National Lubricating Grease Institute, USA).

2.8.2.1.1 Fettarten, Fettwahl

Eine Übersicht über Fettarten (Art, Seife, Verdicker) und deren Eigenschaften (Gebrauchstemperaturbereich, Tropfpunkt, Wasserbeständigkeit, Korrosionsschutzwirkung, Druckbelastbarkeit) gibt Tabelle 2.11. Gemischt verseifte Fette enthalten zwei Seifen. Die Kombinationen Na/Ca, Na/Al, Li/Ca und Li/Na sind üblich. Die jeweils erstgenannte Metallseife bestimmt die Haupteigenschaft des Fettes.
Bei der Nachschmierung von Wälzlagern gilt:
(1) Kalkseifenfette und Lithium-Seifenfette sind mischbar, alle anderen Fette mit verschiedener Seifenbasis nicht!
(2) Das chemische bzw. physikalische Verhalten der Schmierfette gegenüber Elastomeren (Dichtungen, Käfige) ist zu beachten!

2.8.2.1.2 Nachschmierfrist, Fettwechselfrist, Fettmenge

Mechanische Beanspruchung und chemische Alterung begrenzen die Lebensdauer eines Schmierfettes. Es wird unterschieden zwischen Dauerschmierung und Nachschmierung. Dauerschmierung ist dann sinnvoll, wenn die Lebensdauer des Schmierfettes (Schmierfrist) gleich oder größer ist als die Lebensdauer der Wälzlager, oder der Überholungszyklus der Maschinen, in welchen die Wälzlager eingebaut sind.
Zu Wälzlagern mit Dauerschmierung zählen beidseitig abgedeckte Lager, deren Gebrauchsdauer von der Lebensdauer des eingefüllten Schmierfettes begrenzt wird. Der erforderliche Zeitraum für die Ergänzung wird Nachschmierfrist t_{fn} und für die Erneuerung Fettwechselfrist (Schmierfrist) t_f genannt. Die Schmierfettge-

Tabelle 2.11. Übersicht über Fettarten

Fettart			Eigenschaften					Anmerkung	
Verdicker		Grundöl	Gebrauchs-temperatur-bereich in °C	Tropf-punkt in °C	Wasser-beständigkeit[1]	Korrosions-schutz-wirkung[1]	Druck-belast-barkeit[1]	Preis-relation[2]	Besondere Hinweise
Seife	Art								
Lithium	normal	Mineralöl	(−35) −30 bis 120(130)	170 bis 200	1	2	3	1	3
Kalzium			(−30) −20 bis 50	80 bis 100	1	2	3	0,8	4
Natrium (Natron)			−30 bis 80(100)	150 bis 190	4	1	3	0,9	5
Aluminium			−20 bis 70	120	2	3	3	2,5 bis 3	6
Lithium	komplex	Mineralöl	−30 bis 150	240	2	3	2	2	7
Kalzium			−30 bis 140	240	2	2	2	0,9 bis 1,2	8
Natrium			−30 bis 130	220	3	1	3	3,5	Mehrzweckfett
Aluminium			−30 bis 160	220	1	1	3	2,5 bis 4	9
Barium			−30 bis 140	220	2	1	2	4 bis 5	10
Lithium	normal	Ester	−60 bis 130	190	3	3	3	5 bis 6	11
Lithium		Silikonöl	−60 bis 130	190	1	4	4	20	12
Lithium		Polyglykol	−35 bis 130	190	2	2	2	3 bis 5	13
Lithium	komplex	synth. Kohlen-wasserstoff	−40 bis 200	240	2	2	2	4 bis 6	14
Lithium		Ester	−40 bis 180	240	2	3	3	10	15
Barium			−60 bis 130	200	2	1	2	7	16

Bentonit	Mineralöl	– 20 bis 150	kein	1	4	3	6 bis 10	für höhere Temperaturen bei niedrigen Drehzahlen
Aerosil		– 20 bis 130 (150)	kein	4	4	4	5	
Polyharnstoff		– 25 bis 160	250	1	3	2	3	17
Bentonit	synth. Kohlenwasserstoff	– 50 bis 200	kein	2	4	3	4 bis 6	für hohe und tiefe Temperaturen, geringe und mäßige Belastung
Polyharnstoff	Silikonöl	– 40 bis 200	250	1	3	4	35 bis 40	
Polyharnstoff	Fluorsilikonöl	– 40 bis 200	250	1	3	3	100	
PTFE	Alkoxyfluoröl	– 50 bis 200 (150)	kein	1	3	2	150 bis 400	18
PTFE	Fluorsilikonöl	– 40 bis 230	kein	1	3	2	120	18

1 Bewertung: 1 = sehr gut, 2 = gut, 3 = mäßig, 4 = schlecht
2 Lithiumseifenfett/Mineralöl als Bezugsbasis
3 Lithium-Seifenfett: Mehrzweckfett, vereinigt die Vorteile der Kalk- und Natriumseifenfette und ist gegenwärtig das gebräuchlichste Seifenfett. Lithiumseifenfett ist in gewissen Grenzen wasserabweisend und kann durch Zusätze von Korrosionsschutzmitteln auch bei Feuchtigkeit eingesetzt werden. Oxydationshemmende Zusätze verlängern die Gebrauchsdauer. Für höhere Belastungen gibt es Lithium-Seifenfette mit EP-Zusätzen. Lithium-Seifenfett findet wegen dieser Vorzüge in abgedeckten Lagern Verwendung
4 Kalzium-Seifenfett: gute Dichtwirkung gegen Wasser
5 Natrium-Seifenfett: Hat die Fähigkeit mit Wasser zu emulgieren und somit Korrosion zu verhindern. Dabei wird das Fett jedoch dünnflüssiger und tritt leicht aus dem Lager aus.
6 Aluminium-Seifenfett: quillt mit Wasser, wird häufig in Getrieben (primär zur Schmierung der Zahnräder) eingesetzt
7 Lithiumkomplex-Seifenfett: Mehrzweckfett für höhere Temperaturen
8 Kalziumkomplex-Seifenfett: Erweicht bei höheren Temperaturen nicht so stark wie andere Fette, verhärtet jedoch bei raschem Abkühlen. Es schützt vor Korrosion und ist wasserbeständig. Das Lagergehäuse ist möglichst vollständig mit Fett zu füllen
9 Aluminiumkomplex-Seifenfett: Mehrzweckfett, gute Wasserbeständigkeit, verhärtet nicht beim Abkühlen, die Druckbelastbarkeit kann durch EP-Zusätze gesteigert werden
10 Bariumkomplex-Seifenfett: Mehrzweckfett, wasserabweisend und dampfbeständig
11 Lithiumester-Seifenfett: für tiefe Temperaturen und hohe Drehzahlen
12 Lithiumsilikon-Seifenfett: für sehr geringe Belastungen $C/F_e > 40$
13 Lithium-Seifenfett/Polyglykol: geeignet für Getriebefließfette, für tiefe Temperaturen
14 Lithiumkomplex-Seifenfett/synthetischer Kohlenwasserstoff (Polyalfaolefin): geeignet für tiefe, normale und hohe Temperaturen
15 Lithiumkomplexester-Seifenfett: für besonders breiten Temperaturbereich
16 Bariumkomplexester-Seifenfett: für tiefe Temperaturen, höhere Drehzahlen bei mäßiger Belastung
17 Polyharnstoff-Mineralöl: für höhere Temperaturen, mittlere Drehzahlen
18 PTFE-Alkoxyfluoröl/-Fluorsilikonöl: für sehr hohe und tiefe Temperaturen, sehr hohe Chemikalien- und Lösungsmittelstabilität

brauchsdauer hängt wesentlich vom Schmierfett (Grundölviskosität, Grundölart, Dickungsmittelart, Dickungsmittelanteil, Gebrauchstemperaturbereich, Druckbelastbarkeit), von der Konstruktion (Wellenanordnung, Wärmeabfuhr, Abdichtung, Nachschmiereinrichtung/Fettzuführung – Fettaustritt) und den Betriebsbedingungen (Einschaltdauer, Drehzahl, Belastung, Umgebungseinfluß) ab.
Die näherungsweise Berechnung der Nachschmierfrist kann nach folgender Formel erfolgen:

$$t_{fn} = \frac{10^6 \cdot K}{n \cdot \sqrt{d}} - c \cdot d \qquad [\mathrm{h}] \tag{2.82}$$

Zahlenangaben für die Beiwerte der Lagerart siehe Tabelle 2.12.

Tabelle 2.12. Beiwerte K, c für Nachschmierfrist

Lagerart	K	c
Reihe 60, 62, 12, 22, NU 10, N 2, NU 2	75	18
Reihe 63, 72 B, QJ 2, NU 3, N 3	64	18
Reihe 64, 73 B, QJ 3, NU 4, N 4	53	18
Reihe 222 C, 320 X, 302, 322	21	7
Reihe 303, 313	19	7
Reihe 223 C, 323	16	7

Abb. 2.33 bietet die Möglichkeit, die Nachschmierfrist graphisch zu ermitteln.
Hat ein Schmierfett neben seiner Aufgabe zu schmieren auch noch die Funktion der Abdichtung zu erfüllen, so vermindert sich der Wert der errechneten (Nach-) Schmierfrist.
Bei kleinem Drehzahlverhältnis $n/n_{g\mathrm{Fett}}$ und niedrigen Lagertemperaturen können die Nachschmierfristen zum Teil erheblich verlängert werden. Bei Betriebstemperaturen über 70 °C ist die Nachschmierfrist entsprechend Abb. 2.34 um den Faktor k zu verringern, es gilt

$$t'_{f(n)} = k \cdot t_{f(n)} \tag{2.83}$$

Die Nachschmierfrist wird mit rund 50% der Schmierfrist gewählt.
Der Schmierfrist liegen Werte von 10% bis 20% der Ausfallswahrscheinlichkeit der Schmierfettgebrauchsdauer zugrunde. Richtwerte für die Schmierfrist von Lithiumseifenfetten bei $\vartheta < 70$ °C und dynamischen Tragsicherheiten $S = C/F_e \geqq 10$ bei normalen Umgebungseinflüssen und drehendem Innenring können aus Abb. 2.35 unter Benutzung des entsprechenden lagerartabhängigen Beiwertes K_L ermittelt werden.
Zutritt von Feuchtigkeit, aggressiven Medien, Strömung von Luft durch das Lager und Schwingungen können eine Verminderung der Schmierfrist bis auf 1/5 der Werte zur Folge haben.
Bei drehendem Außenring muß für $n/n_{g\mathrm{Fett}} > 0{,}5$ je nach Einbau- und Dichtungsverhältnissen eine kürzere Schmierfirst gewählt werden.
Längere Schmierfristen als die Grenzkurve angibt, führen zu einer höheren Ausfallswahrscheinlichkeit. Nach Ablauf der Schmierfrist sollte das Fett erneuert

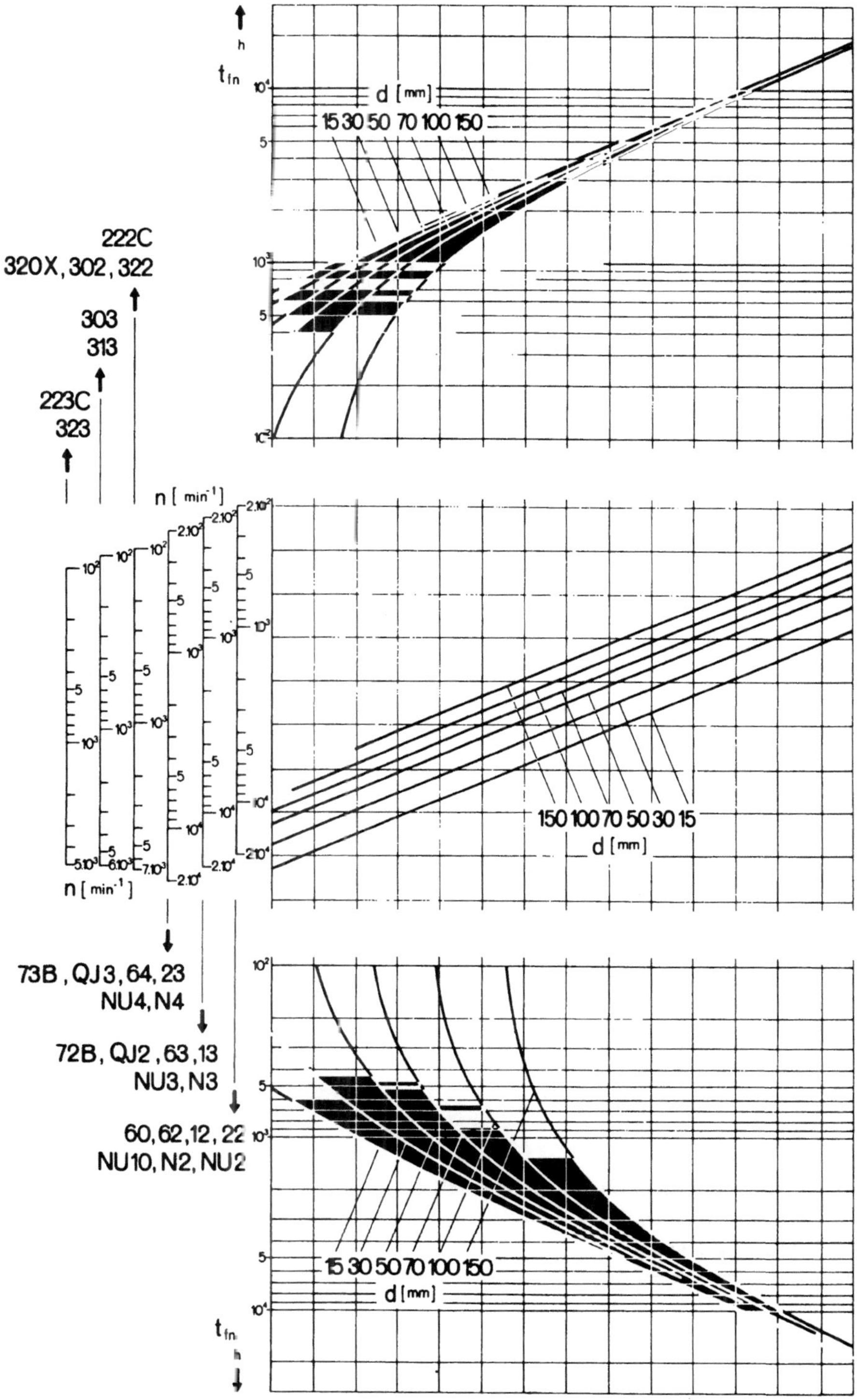

Abb. 2.33. Graphische Ermittlung der Nachschmierfrist

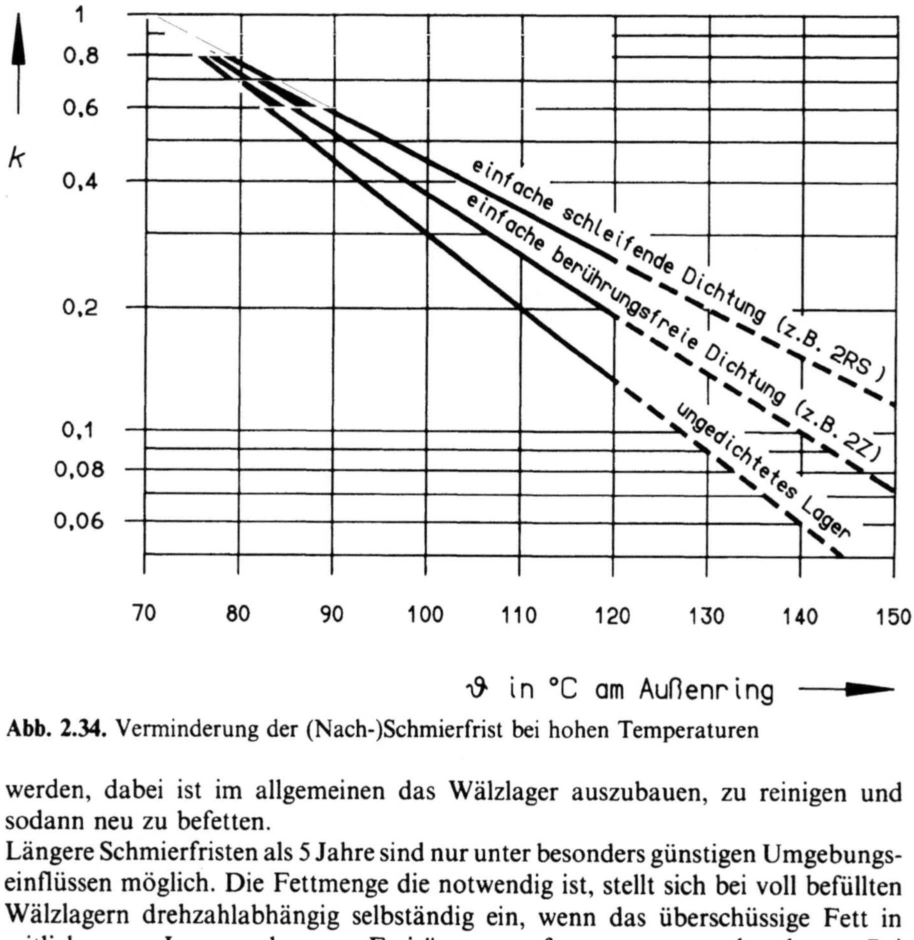

Abb. 2.34. Verminderung der (Nach-)Schmierfrist bei hohen Temperaturen

werden, dabei ist im allgemeinen das Wälzlager auszubauen, zu reinigen und sodann neu zu befetten.

Längere Schmierfristen als 5 Jahre sind nur unter besonders günstigen Umgebungseinflüssen möglich. Die Fettmenge die notwendig ist, stellt sich bei voll befüllten Wälzlagern drehzahlabhängig selbständig ein, wenn das überschüssige Fett in seitlich vom Lager gelegenen Freiräumen aufgenommen werden kann. Bei langsamlaufenden Lagern, deren Drehzahl unter 20% der Grenzdrehzahl liegt ($n/n_{g\,\mathrm{Fett}} < 0{,}2$) darf der Gehäusefreiraum ganz mit Fett gefüllt werden. Im Drehzahlbereich $n/n_{g\,\mathrm{Fett}} = 0{,}2\ldots0{,}8$ soll der Gehäusefreiraum zu 50...25% gefüllt sein und bei $n/n_{g\,\mathrm{Fett}} > 0{,}8$ leer bleiben. In jedem Fall ist das Lager selbst mit Fett vollzufüllen.

Tabelle 2.13. Beiwerte k_t für Nachschmierfettmenge

Nachschmierbedingung		k_t
reichlich (guter) Fettaustausch		100...200
Nachschmierfrist	jährlich	250
	monatlich	330
	täglich	500

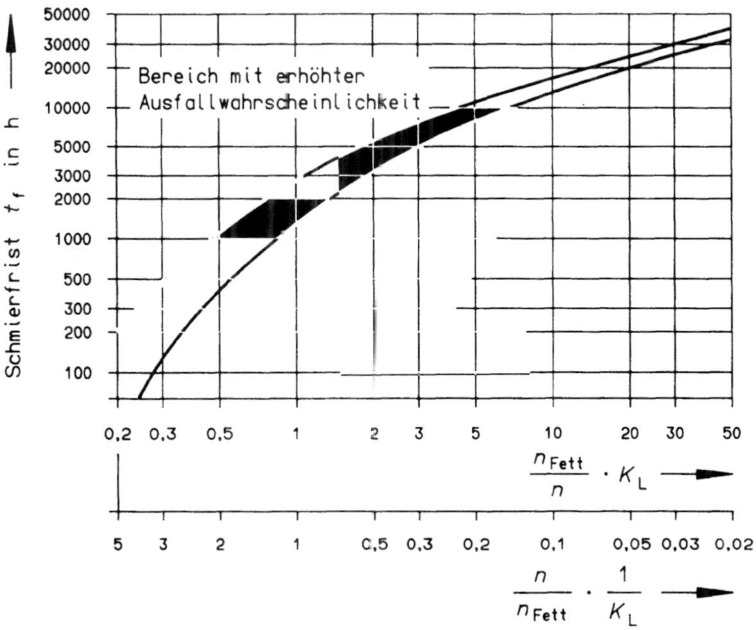

Lagerart		Beiwert K_L	$1/K_L$
	Radial-Rillenkugellager	1,8	0,56
	Schrägkugellager	1,4	0,71
	Pendelkugellager	1,4	0,71
	Axial-Rillenkugellager	1,2	0,83
	Radial-Zylinderrollenlager	1,0	1,00
	Vollrollige Zylinderrollenlager	0,3	3,33
	Nadellager	1,0	1,00
	Kegelrollenlager	0,8	1,25
	Pendelrollenlager	0,4	2,50
	Axial-Zylinderrollenlager	0,1	10,0

Abb. 2.35. Richtwerte für die Schmierfrist

Bei großen Gehäusefreiräumen oder bei Einbau eines Fettmengenreglers ist die Gefahr der Überschmierung gering. Reichliche Nachschmierung ist vorteilhaft. Die Nachschmierung sollte, wenn möglich, bei betriebswarmen und drehenden Lagern erfolgen.

Werte für die Nachschmierfettmenge $m_{n\text{Fett}}$ können nach folgender Richtformel festgelegt werden,

$$m_{n\text{Fett}} = \frac{D \cdot B}{k_t} \qquad [g] \qquad (2.84)$$

D = Manteldurchmesser des Lagers in *mm*
B = Lagerbreite in *mm*

Zahlenwerte für k_t nach Tabelle 2.13.

2.8.2.2 Ölschmierung

Ölschmierung ist erforderlich, wenn die zulässigen Werte der Drehzahlgrenze für Fett überschritten werden, wenn in den Lagern hohe Eigen- oder Fremderwärmung auftritt und wenn das Öl neben der Schmierfunktion auch noch die der Wärmeableitung zu übernehmen hat. Weiters ist die Ölschmierung dann sinnvoll, wenn in der Umgebung der Wälzlager Öl zur Schmierung anderer Maschinenelemente (z. B. Zahnräder) bereits vorhanden ist.
Welches Schmierverfahren gewählt wird, hängt von den Betriebsbedingungen und Umgebungseinflüssen ab. Übersicht über Schmierverfahren siehe Tabelle 2.10.

2.8.2.2.1 Wahl der Schmieröles

Der Drehzahlkennwert $n \cdot d_m$ bzw. das Drehzahlverhältnis $n/n_{g\text{Öl}}$, die Belastung F_e bzw. die dynamische Tragsicherheit (das Belastungsverhältnis) $s = C/F_e$ und die Lagertemperatur ϑ bestimmen vorrangig die Anforderungen an den Schmierstoff.
Die Zähigkeit (Viskosität) gilt als Hauptmerkmal für die Schmierfähigkeit eines Öles. Man unterscheidet zwischen dynamischer Zähigkeit η und kinematischer Zähigkeit ν, es gilt der Zusammenhang mit der Dichte ρ

$$\nu = \frac{\eta}{\rho} \qquad (2.85)$$

Die Zähigkeit nimmt mit steigender Temperatur ab. Daher wird sie immer auf eine bestimmte Temperatur bezogen, üblicherweise auf 40 °C. Die Viskosität bei der Bezugstemperatur 40 °C wird als Nennviskosität ν_{40} bezeichnet.
Gewisse Erfahrungswerte dürfen bei bestimmten Betriebstemperaturen nicht unterschritten werden. Die Viskosität darf andererseits bei schnellaufenden Maschinen nicht hoch sein, weil dann Bewegungswiderstand und Wärmeentwicklung zunehmen. Für mittlere und große Lager soll unter normalen Bedingungen wie Atmosphärendruck, Raumtemperatur, dynamische Tragsicherheit $S > 10$ und Drehzahlen $n/n_{g\text{Öl}} < 0{,}67$ ein Schmieröl mit einer Betriebsviskosität von $\nu \geqslant 12\,mm^2 \cdot s^{-1}$ *(12 cSt)* verwendet werden. Für kleinere, schnellaufende und gering belastete Lager dürfen dünnflüssigere Öle Verwendung finden. Schließlich muß in jedem Betriebsfall ein tragfähiger Schmierfilm gewährleistet sein. Mit Rücksicht auf die Betriebssicherheit sollte eine hohe nominelle Lebensdauer durch Wahl eines Öles mit hoher Viskosität angestrebt werden. Es sollte

$$\nu \geqq 3 \ldots (4) \cdot \nu_1; \quad \kappa \geqq 3 \ldots (4) \qquad (2.86)$$

gewählt werden.

Bei kinematisch ungünstigen Lagerbauformen, axial belasteten Lagern, sowie langsamlaufenden und hoch belasteten größeren Lagern kann für Pendelrollenlager, axial belastete Rollenlager, Axialpendelrollenlager, Axialzylinderrollenlager, vollrollige Zylinderrollenlager, Stützrollen

$$\nu = 2 \cdot \nu_1; \quad \kappa = 2 \tag{2.87}$$

und für große Lager ($D > 400\,mm$)

$$\nu = 2{,}5 \cdot \nu_1; \quad \kappa = 2{,}5 \tag{2.88}$$

gewählt werden.
Die Betriebsviskosität ν erfordert je nach vorliegender Betriebstemperatur ϑ ein Schmieröl geeigneter Nennviskosität ν_1 (Abb. 2.28).
Von Ölen für Wälzlagerschmierung verlangt man Säurefreiheit und großen Reinheitsgrad. Wirkstoffzusätze (Additive), wie sie in Getriebeölen durchwegs üblich sind, schaden den Wälzlagern im allgemeinen nicht. Das chemische bzw. physikalische Verhalten der Schmieröle gegenüber Elastomeren (Dichtungen, Käfige) ist zu beachten. Unter den vorhin erwähnten normalen Bedingungen können unlegierte, bevorzugt aber inhibierte Öle (Korrosions- und Alterungsschutz, Kennbuchstabe *L* nach DIN 51502 [N 101]) verwendet werden.
Bei hohen Belastungen, geringen dynamischen Tragsicherheiten $S < 10$ werden Schmieröle mit verschleißmindernden Hochdruckzusätzen (EP-Zusätzen, Kennbuchstabe *P* nach DIN 51502 [N 101]) empfohlen. Für Ölnebel- und Öl-Luft-Schmierung muß die Vernebelbarkeit und Oxydationsbeständigkeit des Öles gegeben sein.
Der überwiegende Teil aller Betriebsfälle wird mit Mineralölen beherrscht. Syntheseöle werden bei extrem hohen oder tiefen Temperaturen und bei hohen Drehzahlen verwendet. Silikonöle sind nur bei hohen dynamischen Tragsicherheiten $S > 40$ einsetzbar.
Gegenüber den Mineralölen haben Syntheseöle den Nachteil der geringeren Druckfestigkeit und des höheren Preises. Das Vermischen von Mineral- und Syntheseölen ist nicht zulässig!

2.8.2.2.2 Schmierölmenge, Ölwechsel, Ölalterung

Auch wenn die Betriebs- und Einbauverhältnisse bekannt sind, gibt es keine allgemeingültige Berechnungformel für die erforderliche Ölmenge. Die sicherste Methode ist, mit neuen Anlagen einen Probelauf durchzuführen und im Beharrungszustand Öl- und Lagertemperatur bei verschiedenen, konstanten Ölmengen zu messen. Die näherungsweise Ermittlung der erforderlichen Ölmenge für Umlaufschmierung ist in Abb. 2.36 angegeben. Unter Größtölmenge ist jene Ölmenge zu verstehen, die der Durchflußwiderstand des Wälzlagers begrenzt.
Für unsymmetrische Lager (Schrägkugellager und Kegelrollenlager) ist die Größtölmenge wegen der Pumpwirkung des Käfigs größer als bei symmetrischen Lagern.
Die Gebrauchsdauer einer Ölfüllung hängt von den Betriebsbedingungen, der Ölqualität und der Ölpflege ab. Neu zu befüllende Ölanlagen müssen sauber sein.

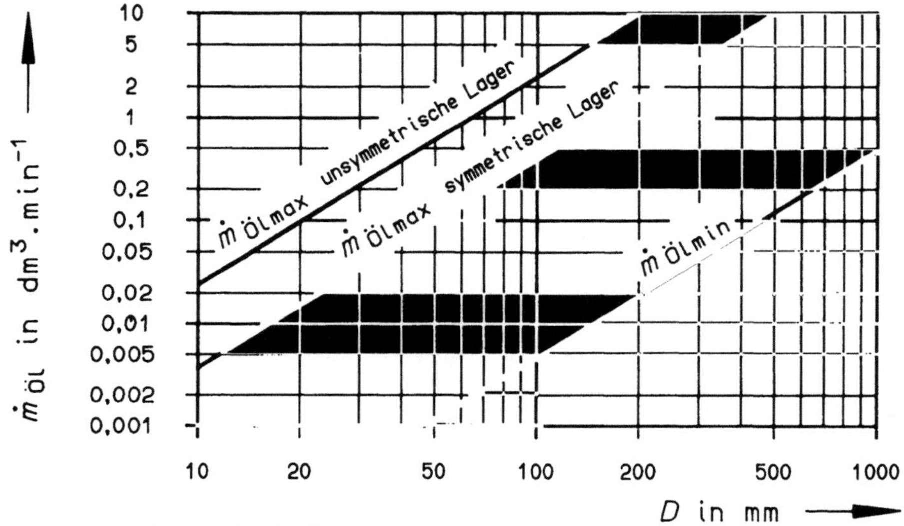

Abb. 2.36. Richtwerte für die Ölmenge

Reinigungs- und Korrosionsschutzmittel müssen entfernt werden oder mit dem Schmieröl verträglich sein. Das Schaum- und Luftabscheideverhalten könnte sonst negativ beeinflußt werden.
Durch Absetzschleusen, Schrägböden, Schlammablässe, Haupt- oder Nebenstromfilter, Zentrifugen oder ausreichende Verweilzeit im Sammelbehälter (Wasser- und Luftabscheidung) kann das Öl saubergehalten werden. Die Öltemperatur soll 70 °C nicht überschreiten. Es sind zwar höhere Temperaturen zulässig, aber dann ist mit überproportionaler Alterungsgeschwindigkeit zu rechnen. Bei Ölumlaufanlagen ist die Ölumlaufzahl ein Kriterium für die Alterung,

$$\text{Ölumlaufzahl U } [h^{-1}] = \frac{\text{Pumpenförderung Q } [m^3 \cdot h^{-1}]}{\text{Ölvolumen V } [m^3]} \tag{2.89}$$

Für Wälzlagerschmierung soll die Ölumlaufzahl zwischen 3 bis 8 pro Stunde liegen.
Tabelle 2.14 zeigt Werte für Ölumlaufzahlen aus der Praxis. Die Ölalterung wird auch durch katalytische Wirkung einiger Buntmetalle (z. B. Kupfer) beeinflußt. Haupteinflüsse der Alterung sind hohe Temperaturen und Oxydation durch den Luftsauerstoff.

Tabelle 2.14. Richtwerte für Ölumlaufzahlen

Maschinen-/Anlagenart	U in h^{-1}
Allgemeiner Maschinenbau	3... 8
Walzwerksanlagen	≦ 5
Turbinen	≦ 10
Großdieselmotoren	≦ 12
Werkzeugmaschinen	20... 50
KFZ-Motore	≦ 100

2.8.2.3 Feststoffschmierung

Festschmierstoffe sind eine sinnvolle Ergänzung zu den konventionellen Schmierstoffen Fett und Öl. Sie sollen dann eingesetzt werden, wenn Schmierfett und Schmieröl nicht mehr ihre Funktion erfüllen; das ist im allgemeinen Maschinenbau vor allem im Hochtemperaturgebiet (z. B. Lager für Brennofenwagen) der Fall.
Festschmierstoffe kommen trocken als Pulver oder als Zusatz in Schmierfetten und -ölen sowie gebunden in Lacken, Kunststoffen und Metallmatrizen zum Einsatz. Ebenso können Thermoplaste und Weichmetallfilme zu den Festschmierstoffen gezählt werden. Die Gebrauchsdauer ist begrenzt und von der Anzahl der Überrollungen und den Betriebsbedingungen abhängig.

2.8.2.3.1 Trockenschmierung

Trockenschmierstoffe werden dann angewendet, wenn fettige, ölige oder pastöse Schmierstoffe nicht erwünscht oder zulässig sind, z. B. bei tiefen oder hohen Temperaturen, bei optischen Systemen (Gefahr des Beschlagens), bei Vakua und radioaktiver Strahlung. Zur besseren Verankerung und Bindung von Trockenschmierstoffen werden Oberflächentechniken wie Beizen, Phosphatieren, Sandstrahlen usw. angewendet.
Die wichtigsten Trockenschmierstoffe, ihre Anwendungen und Eigenschaften sind in Tabelle 2.15 angeführt.

2.8.2.3.2 Festschmierstoffe in Suspensionen, Pasten, Fetten

Festschmierstoffe in Form von Suspensionen (kolloidal verteilt oder aufgeschäumt in Flüssigkeiten), Pasten oder eingebettet in Schmierfetten werden bei hohen Gleitanteilen und außergewöhnlich hohen Belastungen angewendet. Sie bringen dann Vorteile, wenn die Gesetzmäßigkeiten der EHD-Theorie nicht erfüllbar sind. Die wichtigsten Formen, ihre Anwendungen und Eigenschaften sind in Tabelle 2.16 angeführt.

2.8.3 Konstruktionshinweise für Schmiereinrichtungen

2.8.3.1 Fettschmierung

Es muß die Schmiervorrichtung so gestaltet sein, daß das neue Fett mit Sicherheit in das Lager kommt und das verbrauchte verdrängt (Abb. 2.37, 2.38). Freier Raum zur Aufnahme des verbrauchten Fettes ist vorzusehen.
Fettmengenregler verhindern auf einfache Weise eine Überschmierung der Wälzlager.
Die Zuführung des Schmierfettes zum Lager soll durch möglichst kurze Schmierkanäle bzw. -leitungen erfolgen. Scharfe Umlenkungen und Stauräume sind zu vermeiden. Schmierkanäle des Lagers müssen mit jenen der Umbauteile (Periphe-

Tabelle 2.15. Trockenschmierstoffe: Anwendungen und Eigenschaften

Gebrauchsform	Art	Beschreibung	Anwendungen	Eigenschaften	
				max. Einsatztemperatur in °C	Schichtdicke des Trockenschmierfilms in μm
Pulver	Graphit	Festschmierstoff verschiedener Partikelform und -größe aus Mineralien oder synthetischen Stoffen	bei größeren Serien; Entfettung erforderlich, Oberflächenbehandlung (Aufrauhen) ratsam	450	~ 1
	Molybdändisulfid			450	
	Polytetrafluoräthylen (PTFE)			260	
Gleitlack	organisch: — lufttrocknend	Dispersion von Festschmierstoffpulver mit organischem oder anorganischem Binde- und geeignetem Lösungsmittel	kleine Drehzahlen, oszillierende Bewegung, intermittierender Betrieb; Verhinderung von Freßerscheinungen	80 ... 150	2 ... 4 (nach Einlaufvorgang)
	— hitzehärtend			180 ... 300	
	anorganisch			600	
Weichmetallfilm	Silber Gold Blei Zinn	Galvanischer, aufgedampfter oder gesputterter Überzug	Röntgen-, Kryogen- und Vakuumanlagen; Luft- und Raumfahrt	~ 450	3 ... 5 (z. T. auch größer!)

Tabelle 2.16. Festschmierstoffe in Schmierölen und Schmierfetten: Anwendungen und Eigenschaften

Gebrauchsform	Beschreibung	Anwendungen	Eigenschaften	
			max. Einsatztemperatur in °C	Schichtdicke des Festschmierstoffilms in μm
Suspension	Kombination von Trockenschmierstoffpulver (Tabelle 2.15) in kolloidaler Form (< 5 Gew.-%) mit Trägeröl	hochbelastete Wälzlager mit hohen Gleitanteilen (insbesondere Rollenlager)	nach Fabrikaten verschieden, Angaben der Hersteller beachten	
Paste[1]	Anteigung von Trockenschmierstoffpulver (> 50 Gew.-%) in Schmieröl mit geeignetem Verdicker	kleine Drehzahlen bei Temperaturen über 200 °C, z. B. Wälzlager für Brennöfen	entsprechend der Trockenschmierstoffart	~ 1 ... 2
Schmierfettbettung	Kombination von Trockenschmierstoffpulver (≦ 3 Gew.-%) mit Schmierfett	hochbelastete Wälzlager, bis zu mittleren Drehzahlen, mit hohen Gleitanteilen (insbesondere Rollenlager)	nach Fabrikaten verschieden, Angaben der Hersteller beachten	

[1] Montagepasten, die zum Einbau von Wälzlagern verwendet werden, sind für die Wälzlagerschmierung nicht geeignet!

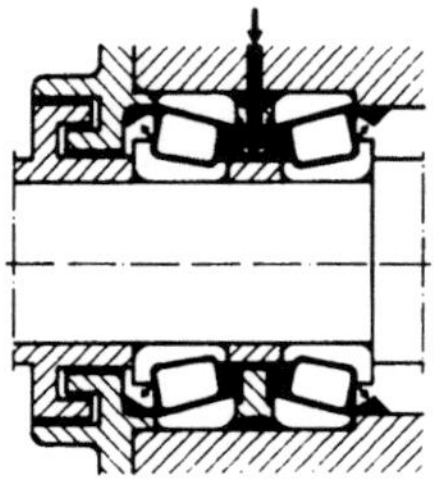

Abb. 2.37. Schmiervorrichtung bei Fettschmierung: Beispiel Kegelrollenlager in O-Anordnung

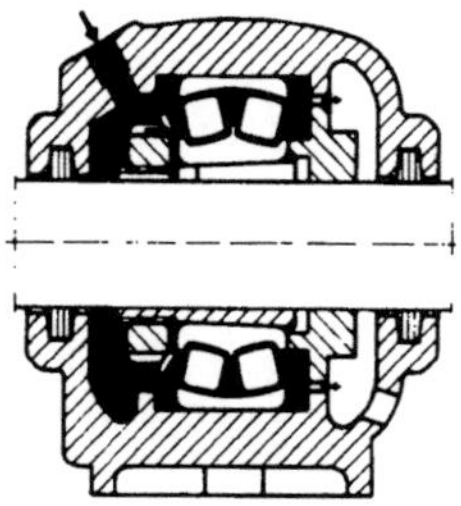

Abb. 2.38. Schmiervorrichtung bei Fettschmierung: Beispiel Pendelrollenlager in einem Stehlagergehäuse

rie) korrespondieren, um hohe Nachschmierdrücke zu vermeiden. Starke Erwärmung der fettführenden Teile ist ebenfalls zu vermeiden, um keine Verhärtung des Schmierfettes zu riskieren.

2.8.3.2 Ölschmierung

Es ist darauf zu achten, daß das Schmieröl möglichst kühl unmittelbar bis zum Lager geleitet wird (konstruktiv richtige Führung der Zuführbohrungen). Um einen Ölstau zu verhindern, müssen ausreichend dimensionierte Ölablaufbohrungen vorgesehen werden. Als Richtformel gilt (für Schmieröle bis ISO VG 320):

$$d_a = (15\ldots25)\cdot\sqrt{m_{\text{Öl}}} \tag{2.90}$$

Der Ölstand soll etwa bis zur Mitte des untersten Wälzkörpers reichen. Je nach Schmierverfahren sind entsprechende Einrichtungen wie Schleuderscheiben, Schöpfeinrichtungen, Sammeltaschen, Düsen, Filter, Pumpen, Ölstandsgläser, Ablaßschrauben usw. vorzusehen.

Konstruktionsbeispiele siehe Abb. 2.39 bis 2.41.

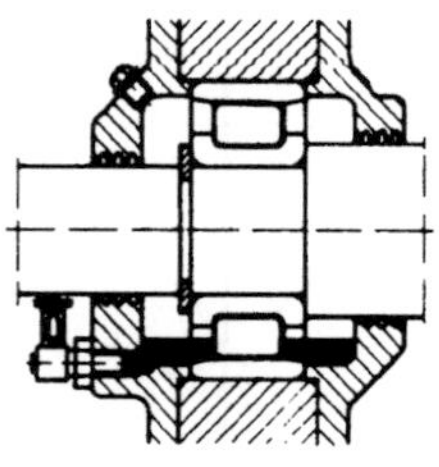

Abb. 2.39. Tauch- oder Ölbadschmierung

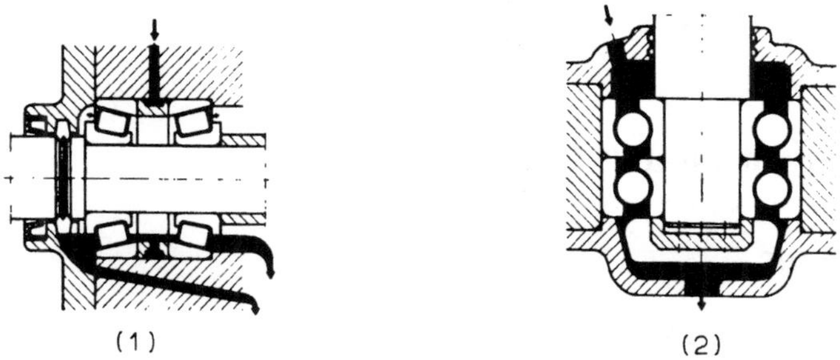

Abb. 2.40. Ölumlaufschmierung: (1) horizontale Welle, (2) vertikale Welle

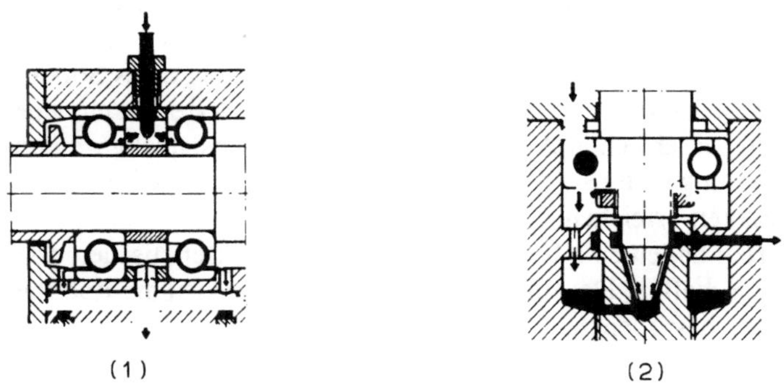

Abb. 2.41. Einspritz- oder Ölstrahlschmierung: (1) horizontale Welle, (2) vertikale Welle

3 LAGER UND LAGERUNG

3.1 Anforderungen an das Lager

3.1.1 Allgemeines

Wälzlager zählen zu den wichtigsten (Maschinen-)Elementen in einer Maschine/Anlage und ihre Präzision macht sie sehr sensibel. Daher muß der Konstrukteur immer vor seiner Wahl-Entscheidung die Randbedingungen genau prüfen und die Lagerart mit größter Sorgfalt aussuchen. Viele äußere Einflüsse müssen daher gründlich durchdacht sein, bevor das optimale Lager aus der Vielzahl der möglichen herausgefunden wird. Natürlich ist zuerst an Lager des Standardserienprogrammes zu denken, bevor der Hersteller um die Erfüllung eines Sonderwunsches gebeten wird. Wälzlager sind im Regelfall relativ preiswerte Maschinenelemente, können jedoch bei schlechter Auswahl nicht nur selbst kostspielig werden, sondern auch die Lagerumgebung stark verteuern, und schließlich doch nicht die angestrebte Zuverlässigkeit erreichen.
Die einzelnen Lagerarten haben eine Reihe verschiedener charakteristischer, aber auch viele gleiche Eigenschaften. Darauf Rücksicht nehmend werden die Randbedingungen im folgenden besprochen.

3.1.2 Platzbedarf

Dieselbe Tragfähigkeit kann sowohl mit einem schmalen und im Manteldurchmesser großen Lager als auch mit einem breiten und im Manteldurchmesser kleineren Lager erzielt werden. Mit dem Durchmesser wächst das Volumen (auch der Umgebung) quadratisch, mit der Breite bloß linear (Abb. 3.1). Diese einfache Tatsache wird oft leicht vergessen. Das Größenangebot der Lagerarten bietet der Problemlösung meist breiten Spielraum, denn zu einem bestimmten Bohrungsdurchmesser gibt es Abstufungen im Manteldurchmesser und in der Breite – und

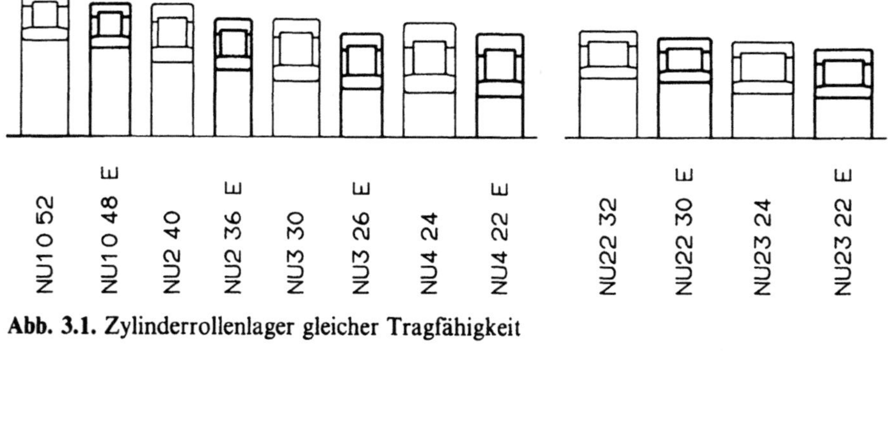

Abb. 3.1. Zylinderrollenlager gleicher Tragfähigkeit

damit auch beträchtliche Unterschiede in der Tragfähigkeit sowie der Grenzdrehzahl. In den meisten Anwendungsfällen hat der Konstrukteur schon zumindest ein Hauptmaß im Auge; sehr oft ist das der Wellendurchmesser (Festigkeit der Welle). Bei kleineren Wellendurchmessern lassen sich z. B. Rillenkugellager meist leicht unterbringen und sind auch preiswerter als die tragfähigeren Zylinder- oder Pendelrollenlager.

Sehr oft, wie z. B. in Hochleistungsgetrieben (z. B. KFZ) ist der Platz in radialer Richtung äußerst knapp. Hier bieten sich genormte Lager mit geringerer Querschnitthöhe (z. B. Nadellager) oder Lager-Baugruppen (Innenring/Außenring-Baugruppen) und Rollen-/Nadel-Kränze an. Im letzten Falle trägt der Anwender die Verantwortung für die funktionsfähigen Laufbahnen an Welle und Gehäuse. Wenn kombinierte Belastungen zu übertragen sind, kann das getrennt durch zwei nebeneinanderliegende Lager erfolgen.

3.1.3 Äußere Belastung

Die Größe der äußeren Belastung ist für die erste Entscheidungsfindung nicht so wichtig wie deren Richtung, nämlich radial oder axial, und das Verhältnis der Komponenten zueinander (Abb. 3.2).

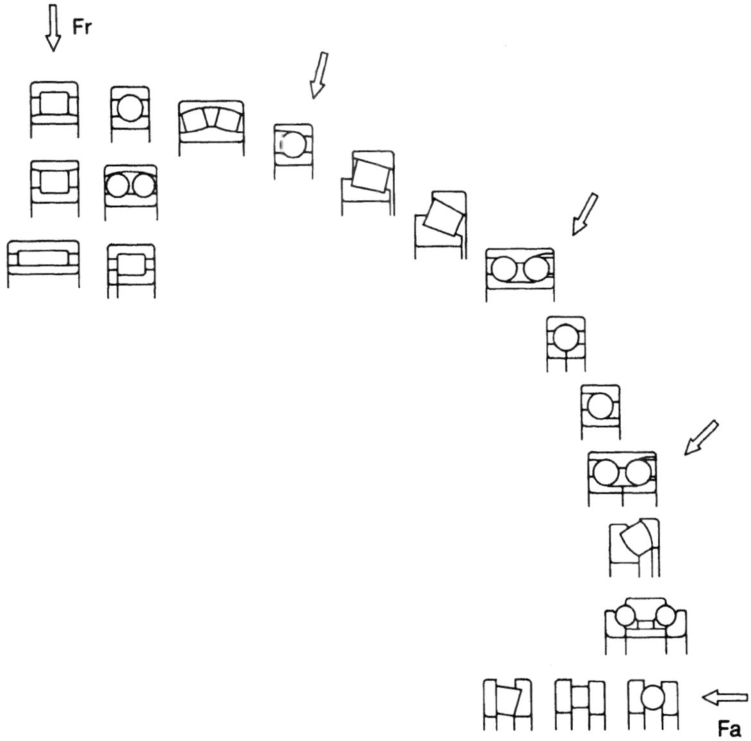

Abb. 3.2. Radiale und axiale Belastbarkeit verschiedener Lagerarten

Rillenkugellager übertragen nahezu gleichwertig Radiallasten sowie Axiallasten in beiden Richtungen. Einreihige Schrägkugellager und Kegelrollenlager dürfen nicht ohne Axialbelastung laufen und sind die idealen Wälzlager für kombinierte Belastungen, axial allerdings nur in einer Richtung. Bei dem üblicherweise notwendigen paarweisen Einbau liefern die inneren axialen Reaktionskräfte des „angestellten“ Gegenlagers (siehe Abschnitt 2.2.2.3) schon bei reiner Radialbelastung hinreichend große Axialkräfte für die einwandfreie Funktion.
Zweireihige Schrägkugellager und Vierpunktlager übertragen Axialkräfte in beiden Richtungen und brauchen kein angestelltes Gegenlager. Allerdings muß für optimale Laufbedingungen das Kräfteverhältnis $F_a/F_r \geqq 1$ (Schrägkugellager) bzw. $F_a/F_r \geqq 1{,}27$ (Vierpunktlager) betragen.
Pendelkugellager und Pendelrollenlager eignen sich besonders zur Übertragung von Radialkräften. Axialkräfte beeinträchtigen die Funktion zwar in keiner Weise, mindern jedoch sehr stark die Leistungsfähigkeit (große Y-Werte siehe Abschnitt 2.2.3.2).
Zylinderrollenlager und Nadellager sind in erster Linie Radiallager, wobei allerdings moderne Zylinderrollenlager bei sorgfältiger Schmierung und entsprechender Gestaltung der Ringborde und der Rollenstirnflächen auch beträchtliche Axialkräfte übertragen können (siehe Abschnitt 2.2.4.2).
Axiallager der verschiedenen Bauarten übertragen praktisch nur Axiallasten.
Kombinierte Lagerensembles übertragen in beide Richtungen Kräfte je nach ihrem Konstruktionskonzept.
Die Größe der Belastung betreffend gilt überschlägig (Abb. 3.3):

- (Rillen-)Kugellager sind bei kleinen bis mittleren Belastungen zweckmäßig und preiswert
- Rollenlager steigern ihre Wirtschaftlichkeit mit größerwerdenden Belastungen; sie sind grundsätzlich tragfähiger als Kugellager (bei gleichen Hauptmaßen).

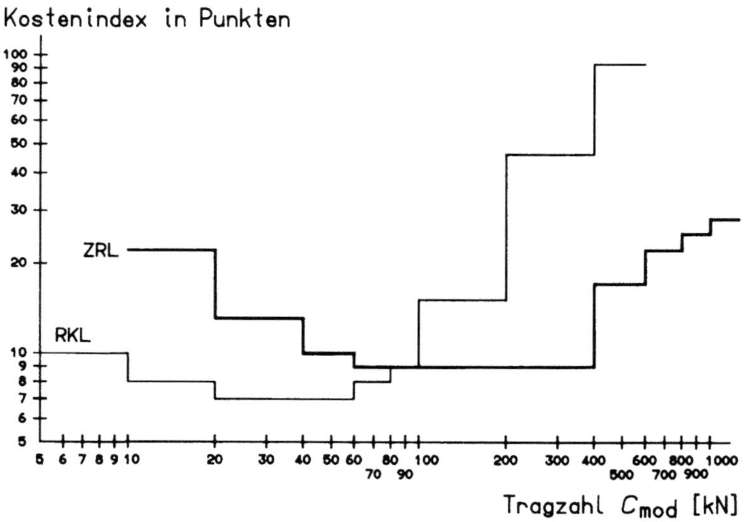

Abb. 3.3. Wirtschaftlichkeitsvergleich Rillenkugellager (*RKL*)/Zylinderrollenlager (*ZRL*)

3.1.4 Verwendungszweck

Dieses Kriterium ist komplex mit den meisten anderen Anforderungen sowohl an das Lager als auch an dessen Umgebung verbunden. Anhand von extremen Beispielen wird das am besten deutlich:
Ein Wälzlager in einem hochpräzisen Meßgerät oder einer hochtourigen Präzisionsschleifmaschine kann in keinem seiner Merkmale mit einem Lager in einer Förderbandführung im Bergwerk oder in einem Backenbrecher verglichen werden außer in einem, nämlich einer unabdingbaren Zuverlässigkeit. Die ganz speziellen Randbedingungen (Wärmeempfindlichkeit, Verschleiß, besondere Starrheit u. a.) verlangen hier weitreichende Erfahrungen bei Auswahl und Berechnung.

3.1.5 Schiefstellung/Fluchtungsfehlerausgleich

Schiefstellungen treten zwangsweise bei nichtfluchtenden Lagersitzen (Fluchtungsfehler durch falsche Bearbeitung), bei einzeln aufgestellten Lagergehäusen sowie bei Wellendurchbiegungen und Verformungen von Gehäusen auf.
Diese Fehler können von den dafür konstruierten winkeleinstellbaren Pendellagern, d. s. Pendelkugellager, Tonnen- und Pendelrollenlager sowie von Axial-Pendelrollenlagern ausgeglichen werden, ohne die Lager zusätzlich zu belasten (innere Kräfte). Spannlager schaffen den Ausgleich über den kugeligen Außenringmantel. Die Schiefstellung ist allein durch die Laufbahnbreite begrenzt. Richtwerte siehe Tabelle 3.1.

Tabelle 3.1. Richtwerte für Schiefstellwinkel

Lagerart	zul. Kippwinkel ψ_{zul}
Rillenkugellager (Passungen k5/J6)	
Lagerluftklasse C0	8′
Lagerluftklasse C3	12′
Lagerluftklasse C4	16′
Pendelkugellager	4°
Pendelrollenlager	30′ ...1°
Zylinderrollenlager	
"Normale"	2′ ...4′
"erhöhte"	6′
"starke"	8′
Laufbahnballigkeit	
Kegelrollenlager	2′

Bei allen anderen Lagerarten werden bei Schiefstellungen (Winkelfehlern) innere Kräfte (Verspannungen) erzeugt, d. h. es entsteht eine zusätzliche Belastung [20]. Sie wird im allgemeinen von den Lagern ohne Schaden ertragen, wenn die Richtwerte nach Tabelle 3.1 eingehalten werden. Ballige Laufbahnen bei Rollenlagern mildern den Einfluß der Winkelfehler. Mit den gegen Winkelfehlern äußerst empfindlichen Axial-Rillenkugellagern können genormte kugelige Gehäusescheiben eingebaut werden, wenn Fehler nicht vermeidbar sind.

3.1.6 Starrheit/Steifigkeit

Die unter Betriebslast entstehenden elastischen Verformungen der Wälzlagerteile sind gegenüber den üblichen Fertigungstoleranzen vernachlässigbar. Eine Ausnahme bilden Arbeitsspindeln von Werkzeugmaschinen, für welche die Starrheit der Lagerung eine bedeutende Rolle spielt. Die linienberührenden Zylinderrollenlager und Kegelrollenlager sind steifer als die punktberührenden Rillenkugellager [21, 22].
Die Starrheit von paarweise eingebauten, einreihigen Schrägkugellagern läßt sich durch axiale Vorspannung erhöhen [23].

3.1.7 Axiale Verschiebbarkeit und Montage

Im Regelfall soll es bei einer zwei- oder mehrfach gelagerten Welle nur ein Festlager geben, welches die Axialkraft überträgt. Alle anderen Lager sind Loslager. Problemlose Loslager sind Zylinderrollenlager mit einem schulterfreien Lagerring der Bauarten NU oder N. Die Verschiebbarkeit liegt im Lager selbst, weshalb Innenring und Außenring eine feste Passung erhalten dürfen. Wenn z. B. Rillenkugellager als Loslager verwendet werden, dann muß einer der beiden Lagerringe einen Schiebesitz bekommen.
Lager mit kegeliger Bohrung haben den Vorteil der einfachen Montage mit Spannhülsen, wobei aber beim Anziehen der Muttern große Sorgfalt erforderlich ist, damit die Betriebslagerluft nicht zu klein wird.

3.1.8 Genauigkeit

Es gibt für alle Wälzlagerbauarten eine sogenannte Normalausführung. Sehr genau zu führende Wellen (z. B. Werkzeugmaschinenspindeln) sowie solche mit hohen Drehzahlen stellen höhere Anforderungen; die Funktionsmaße der Lager müssen dann mit kleineren Toleranzen ausgeführt werden. Dabei ist für die Wahl der Genauigkeit des Lagers die mögliche Genauigkeit von Wellen- und Gehäusesitz maßgebend (vgl. Abschnitt 3.2). Für Hochgenauigkeitslager gibt es keine Einschränkung auf bestimmte Typen oder Reihen.
An mit Spannhülsen montierte Lager, vorzugsweise Pendelkugellager und Pendelrollenlager mit kegeliger Bohrung dürfen keine allzu hohen Ansprüche gestellt werden.

3.1.9 Laufruhe/Laufgeräusch

Lager der Normalausführung besitzen bereits ein derart geringes Laufgeräusch, daß das Umgebungsgeräusch meist größer ist. Für die Einzelfälle, wo umgebungsbedingt ruhigere Lager verlangt werden (z. B. Elektromotoren von Aufzügen und Haushaltsmaschinen), gibt es besonders geräuscharme Lager. Auch in anderen Anwendungsbereichen (z. B. Getriebebau) sind die Ansprüche an die Laufruhe im Steigen begriffen.
Ihre Klassifikation ist nicht genormt, doch halten sich alle Wälzlagerhersteller etwa an denselben Standard (siehe Abschnitt 3.3).

3.1.10 Drehzahl

Grenzdrehzahl und Lagerinnenaufbau hängen unmittelbar zusammen. Bei radialer Belastung eignen sich Rillenkugellager, Pendelkugellager und Zylinderrollenlager für hohe Drehzahlen, bei kombinierter Belastung sind es Schrägkugellager; in der weiteren Reihenfolge: Kegelrollenlager, Pendelrollenlager. Bei axialer Belastung und höheren Drehzahlen sind Radial-Rillenkugellager besser als Axial-Rillenkugellager geeignet (siehe Abschnitt 2.4).

3.1.11 Umwelt

Bei fast allen Wälzlagern, welche die errechnete nominelle Lebensdauer nicht erreichen, sind Umwelteinflüsse im Spiel, die hauptsächlich durch Verschmutzung und Korrosion zu erhöhtem Verschleiß der Laufbahnen führen (siehe Abschnitt 6).
Vor den schädlichen Umwelteinflüssen (Abb. 3.4) gibt es nur einen Schutz durch entsprechende Maßnahmen bei der Abdichtung und/oder der Schmierung.
Eine aufwendig konstruierte Dichtung kann allein schon teurer sein als ein sinnvoll angewendetes Schmierverfahren. Die Kombination von guter Dichtung und billigem Nachschmierverfahren kann zu einer verläßlichen Lösung führen. Bei sehr schwierigen Umweltsituationen kann letztlich nur ein Kostenvergleich zeigen, ob ein hoher Aufwand für Abdichtung, Schmierung und Wartung unter den Kosten für einen intervallmäßigen Lagerwechsel und die dafür aufzuwendende Reparaturzeit bleibt.

3.1.12 Betriebssicherheit

Lager in hochbeanspruchten Maschinen können eine kürzere Lebensdauer als die Maschine selbst haben. Solche Lager sind also vorsätzlich als Verschleißteile (Ersatzteile) zu erklären und in fix verplanten Intervallen auszutauschen. Von dieser Entscheidung werden der konstruktive Aufwand, der Lagerpreis und schließlich auch die Qualitätsbeurteilung (Image) der Maschine beeinflußt. Denn: Was von der Maschine selbstverständlich verlangt wird, ist ihre Betriebssicherheit.

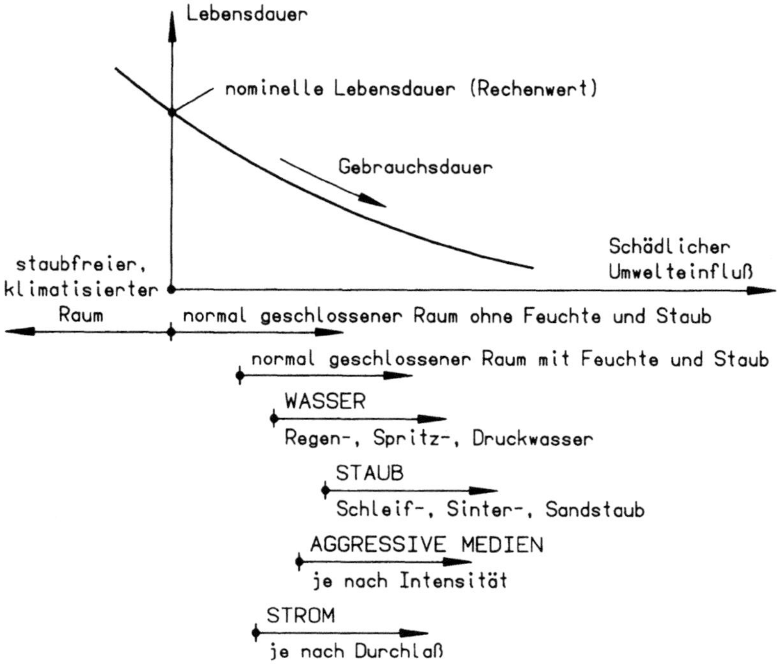

Abb. 3.4. Umwelteinfluß und Lebensdauer

Das Risiko eines vorzeitigen Lagerausfalles, der zu Betriebsstörungen und allenfalls auch zu Folgeschäden führen könnte, wird durch dauernde Überwachung wirkungsvoll ausgeschaltet (siehe Abschnitt 5.4).

3.2 Anforderungen an die Lagerumgebung

3.2.1 Allgemeines

Das Wälzlager kann seinen von außen vorgegebenen Anforderungen nicht entsprechen, wenn ihm seine (nächste) Umgebung – nicht zu verwechseln mit seiner Umwelt – nicht die richtigen (Lebens-)Bedingungen verschafft. Dieser Tatsache Rechnung tragend, geben verschiedene nationale Normen [N 29, N 55] dem Wälzlagerverbraucher allgemeingültige Empfehlungen für die Auswahl von Passungen und Oberflächengüten von Wellen und Gehäusen, damit diese bei bestimmten Betriebsbedingungen mit den Lagern funktionsgerecht gepaart werden können. Die Normen gelten für den normalen Maschinenbau; für besondere Anwendungen wie im Flugwerkbau sowie im Hochpräzisions- und Ultrapräzisionsmaschinenbau gibt es spezielle Normen, Vorschriften und Werknormen [N 97, 24, 25]. Die Genauigkeit der Wälzlager ist ihr eigenes, wesentliches Funktionsmerkmal und steht in direkter, ursächlicher Beziehung zu den Anforderungen des Anwendungsfalles. Mit wachsender Genauigkeit steigen die Kosten progressiv (Abb. 3.5).

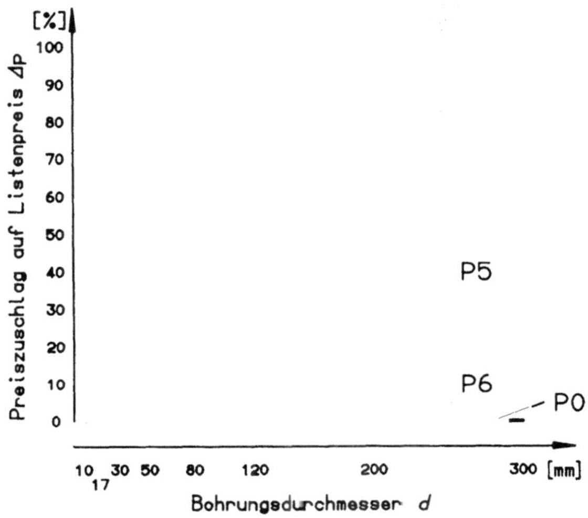

Abb. 3.5. Lagergenauigkeit und Kosten

Daher gilt die Regel: Genauigkeit des Lagers niemals mit dessen Qualität verwechseln!
Aber auch: Die Genauigkeit der Umgebung ist jener des Lagers anzupassen!

3.2.2 Maßtoleranzen/Passungen

Passungen sollen eine ausreichende radiale Befestigung der Lager gewährleisten, um tangentiale Gleitbewegungen in den Paßfugen zu verhindern. Diese Forderung kann nur mit festen Passungen (Preßpassungen) erfüllt werden. Solche Passungen haben auch den Vorteil, daß die verhältnismäßig dünnen Lagerringe auf ihrem gesamten Umfang unterstützt werden, was für die Ausnützung der Tragfähigkeit wichtig ist.
Allerdings sind Preßpassungen nicht immer anwendbar, denn andere Forderungen, wie Verschiebbarkeit des sogenannten Loslagers oder einfacher Ein- und Ausbau müssen (unter Umständen) berücksichtigt werden.
Die ausreichende axiale Befestigung kann eine Preßpassung nicht verläßlich gewährleisten; daher wird sie üblicherweise von formschlüssigen Befestigungselementen übernommen (siehe Abschnitt 3.4).
Preßpassungen schnüren den Außenring ein und weiten den Innenring auf – sie verringern die radiale Lagerluft und verursachen Ringspannungen (siehe Abschnitt 3.3.2).
Die empfohlenen Toleranzfelder für Wellen- und Gehäusedurchmesser sind aus dem ISO-Passungssystem für Wellen und Bohrungen ausgewählt [N 56, N 57]. Sie sind dem Anwendungsfall entsprechend den nicht nach diesem System genormten Toleranzen für den Bohrungsdurchmesser (KB) und dem Manteldurchmesser (hB) des Lagers zugeordnet. Nach der Paßsystem-Terminologie entsprechen beide Toleranzfeldlagen (KB und hB) dem Einheitswellen-System, jedoch sind die

Tabelle 3.2. Toleranzfeldlagen für Radiallager

Bewegung Ringe / Belastung	 Innenring rotiert Außenring steht still Last steht still	 Innenring steht still Außenring rotiert Last rotiert (synchron mit Außenring)	 Innenring steht still Außenring rotiert Last steht still	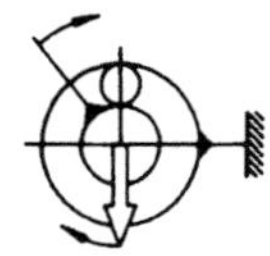 Innenring rotiert Außenring steht still Last rotiert (synchron mit Innenring)
Beispiel	Elektromotor	Drehkran (stillst. Säule)	Radlagerung	Unwuchtmotor

Innenring / Welle

Belastungsfall	Umfangslast am Innenring			Punktlast am Innenring
Belastungsgröße	$S_r > 15$	$15 \geq S_r \geq 7$	$S_r < 7$	F_{re} beliebig
Passung	Preßpassung erforderlich			Spielpassung zulässig
Zylindrische Lagerbohrung – Toleranzfeldlage Welle – Kugellager: d mm $\leq$	50 100 200	50 100 200	200 300	für alle Durchmesser:
Kugellager: d mm $>$	50 100	50 100	100 200	
Kugellager	h j k	j k m	m n	j, h, g
Rollenlager: d mm $\leq$	50 200 300	50 100 200 300	200 300	für alle Durchmesser:
Rollenlager: d mm $>$	50 200	50 100 200	100 200	
Rollenlager	j k m	k m n p	n p,r	j, h, g
Kegelige Lagerbohrung Kugel- und Rollenlager	Innenringbefestigung mit Spann- und Abziehhülsen nach ÖNORM M 6324 Teil 1 Toleranzfeldlage der Welle für alle Durchmesser d: h			

Außenring / Gehäuse

Belastungsfall	Punktlast am Außenring	Umfangslast am Außenring		
Belastungsgröße	F_{re} beliebig	$S_r > 15$	$15 \geq S_r \geq 7$	$S_r < 7$
Passung	Spielpassung zulässig	Preßpassung erforderlich		
Zylindr. / Kegel. Lagerbohrung – Toleranzfeldlage Gehäuse – Kugellager: D mm $\leq$	130 250 375 500	130	250 275	275 500
Kugellager: D mm $>$	130 250 375		130 150	250 275
Kugellager	J H G F	J	K M	M N
Rollenlager: D mm $\leq$	130 250 375 500	130	250 275	275 500
Rollenlager: D mm $>$	130 250 375		130 150	250 275
Rollenlager	J H G F	K	M N	N P

Tabelle 3.3. Toleranzfeldlagen für Axiallager

Lagerart		Axial-Kugellager Axial-Zylinderrollenlager Axial-Nadellager	Axial-Tonnenlager Axial-Schrägkugellager Axial-Kegelrollenlager	
Lastart		Reine Axiallast	Kombinierte Last	
Wellenscheibe / Welle	Belastungsfall der Radiallast	—	Umfangslast	Punktlast
	Passung	Preßpassung erforderlich	Preßpassung erforderlich	Spielpassung (Übergangspassung) erforderlich
	Toleranzfeldlage Welle, d mm ≤	alle	200 400	alle
	Toleranzfeldlage Welle, d mm >	alle	200 400	alle
		einseitig wirkend: j Zweiseitig wirkend: k	k m n	j
Gehäusescheibe / Gehäuse	Belastungsfall der Radiallast	—	Punktlast	Umfangslast
	Passung	Spielpassung (Übergangspassung) erforderlich	Spielpassung (Übergangspassung) zulässig	Preßpassung zulässig
	Toleranzfeldlage Gehäuse, D mm	alle	alle	alle
		H	J	$S_a \geq 7$: K $S_a < 7$: M

Toleranzfeldgrößen mit keiner Qualität des ISO-Systems vergleichbar (Anmerkung: jeweils zwischen zwei ISO-Qualitäten je nach Toleranzklasse P des Lagers, siehe Abschnitt 3.3).

3.2.2.1 Einflüsse auf die Toleranzfeldlage

Die Empfehlungen zur Anwendung bestimmter Toleranzfeldlagen nach den Tabellen 3.2 und 3.3 stützen sich auf langjährige Erfahrungen und sind im allgemeinen Maschinenbau anwendbar für

— Voll-Wellen (Achsen) aus Stahl

— Gehäuse (Umbauteile) aus Stahl, Stahlguß und Gußeisen mit Lamellen- und Kugelgraphit.

Die Benützung der Tabellen muß unter Berücksichtigung der in den nachfolgenden Abschnitten beschriebenen Einflüsse erfolgen.

3.2.2.1.1 Art der Lagerung/Lagerstelle

Normalfall: Loslager – Festlager

In einer Lagerung gibt es grundsätzlich nur eine Fest-Lagerstelle, alle anderen Lagerstellen (bei Mehrfachlagerung) müssen Los-Lagerstellen sein, siehe Abb. 3.6.

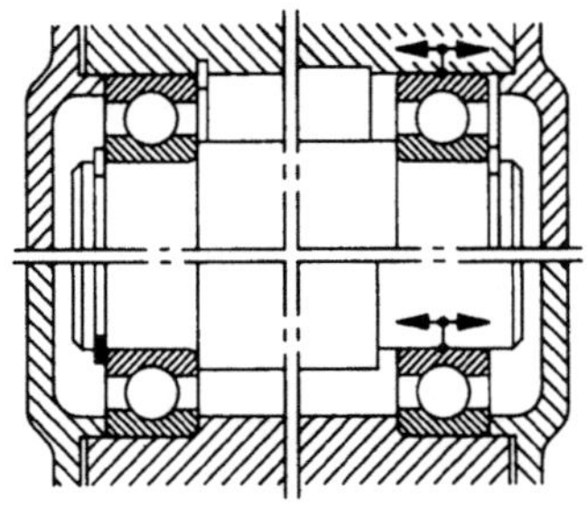

Abb. 3.6. Festlager-Loslager

Bei Festlagern dürfen beide Lagerringe Preßpassungen haben. Bei Loslagern erhält im allgemeinen der Lagerring mit Punktlast eine Spielpassung (Übergangspassung), der andere eine Preßpassung.
Ausnahme: Innen- und Außenringe von Zylinderrollenlagern N, NJ und NU sind gegeneinander in axialer Richtung verschiebbar, weshalb beide Ringe Preßpassungen erhalten dürfen, siehe Abb. 3.7.

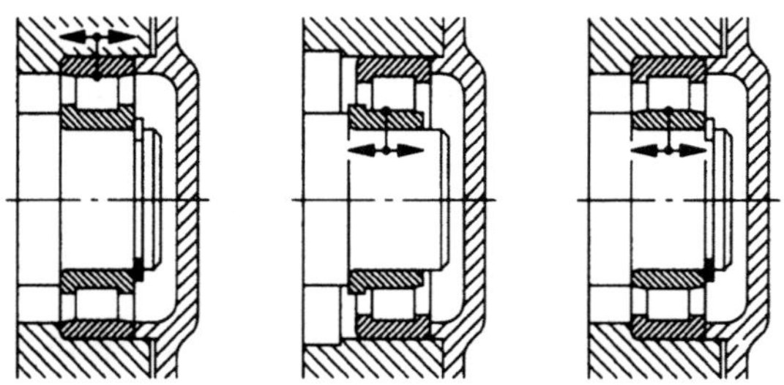

Abb. 3.7. Passungen bei Zylinderrollenlagern

Sonderfall: Loslager – Loslager

Die sogenannte schwimmende Lagerung hat zwei Loslager, siehe Abb. 3.8. Sie wird bei kleinen Lagerabständen und zugelassener Axialluft angewandt.

3.2.2.1.2 Richtung der äußeren Belastung (Wirkungslinie)

Bezogen auf den jeweiligen Lagerring unterscheidet man die Belastungsfälle
— Punktlast
— Umfangslast
— unbestimmte Lastrichtung.

Umfangslast liegt vor, wenn der Ring umläuft und die Last stillsteht oder wenn die Last umläuft und der Ring stillsteht, das heißt, wenn während jeder Umdrehung jeder Punkt der Laufbahn einmal belastet wird. Lagerringe mit Umfangslast neigen zum „Wandern" in Umfangsrichtung, weshalb in jedem Fall eine feste Passung

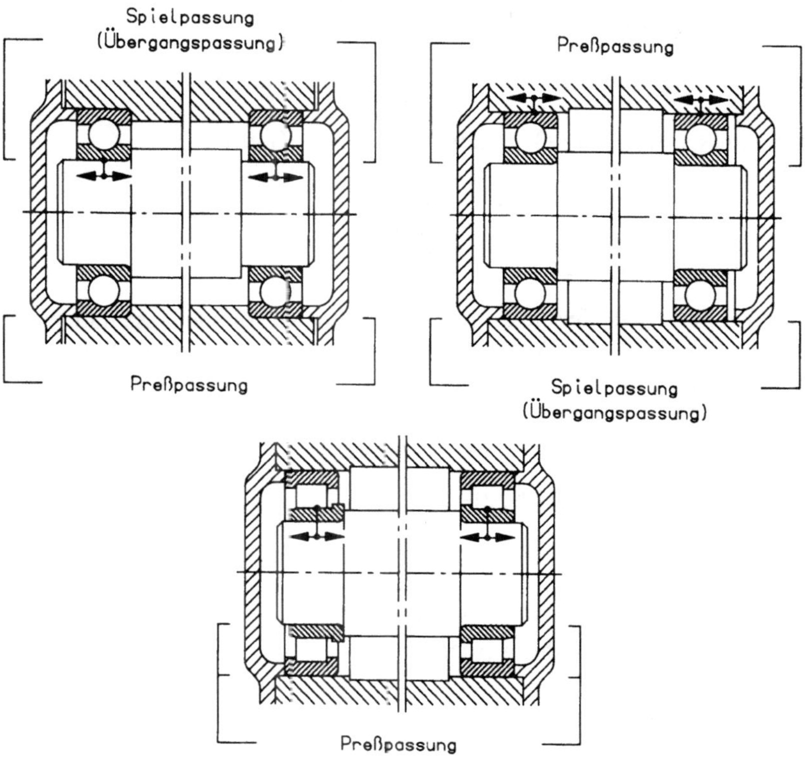

Abb. 3.8. Loslager-Loslager, schwimmende Lagerung

vorzusehen ist. Je größer Belastungen und Stöße werden, um so fester muß diese Passung sein.

Punktlast liegt vor, wenn bei stillstehendem Ring die Last stillsteht oder bei umlaufendem Ring die Last umläuft. Lagerringe mit Punktlast neigen nicht zum „Wandern", eine lose Passung ist daher zulässig.

Von *unbestimmter Lastrichtung* spricht man, wenn sowohl Punktlast als auch Umfangslast auftreten. Beide Lagerringe sollten feste Passungen erhalten.

Es wird empfohlen, bei Loslagern jenem Lagerring die Spielpassung (Übergangspassung) zu geben, für den die Richtung der äußeren Belastung relativ stillsteht (Punktlast). Bei unbestimmter Lastrichtung sollten möglichst beide Ringe Preßpassungen erhalten.

3.2.2.1.3 Art und Größe der äußeren Belastung

Für stoßartige und größere Belastungen sind analog Übermaße größer und Spiele kleiner zu wählen. Man sieht die Größe der Belastung relativ zur dynamischen Tragsicherheit S_r oder S_a, und zwar

— Niedrige Belastung: $S_r, S_a > 15$
— Mittlere Belastung: $S_r, S_a = 7$ bis 15
— Hohe Belastung: $S_r, S_a < 7$

3.2.2.1.4 Art und Größe des Lagers

Mit wachsender Lagergröße sind analog Übermaße größer und Spiele kleiner zu wählen.
Rollenlager müssen festere Preßpassungen haben als Kugellager.
Für kegelige Lagerbohrung gilt einheitlich die Toleranzfeldlage h, das erforderliche Übermaß wird über die Spann-/Abziehhülse erzielt.

3.2.2.1.5 Sonstige Einflüsse

Eigenschaften der Werkstoffe und konstruktiver Aufbau von Gehäuse und Welle, Montierbarkeit und Einstellbarkeit der Lagerung sowie Temperaturgefälle in der Lagerstelle können die Wahl der Toleranzfeldlage ebenfalls beeinflussen.
Die Auswirkungen der einzelnen Einflüsse unter anderem auf die Lagerluft müssen im Zweifelsfall berechnet werden (siehe Abschnitt 3.3.2).

3.2.2.2 Einflüsse auf die Größe der Toleranz

Die Größe der Toleranz richtet sich nach den Anforderungen an die Laufgenauigkeit und die Laufruhe des Lagers. Mit steigenden Ansprüchen wird das Feld schmäler (Qualität IT kleiner). Die empfohlenen Toleranzqualitäten können nach den Tabellen 3.4 und 3.5 gewählt werden.

3.2.3 Form- und Lagetoleranzen

Sie hängen direkt mit der gewählten Passung (Maßtoleranz) zusammen. Das Bezugsmaß ist der Wellen- oder Gehäusedurchmesser [N 58].

Zylinderformtoleranz

Sie soll die Hälfte des Wertes jener Toleranz betragen, die um zwei IT-Qualitäten besser ist als die Durchmessertoleranz, Beispiel siehe Abb. 3.9.
Bei Paßflächen für Spann- und Abziehhülsen wird Qualität IT 5 empfohlen.

Rechtwinkligkeitstoleranz

Die Rechtwinkligkeitstoleranz der axialen Anlageflächen für Lagerringe und Lagerscheiben soll um zwei IT-Qualitäten besser sein als die Toleranz der

Tabelle 3.4. Toleranzqualitäten für Wellen

Anforderungen an die Laufgenauigkeit und Laufruhe	Qualität IT
gering 1)	8, 9
normal	6
mittel	5
hoch	4
1) Spann- und Abziehhülsen	

Tabelle 3.5. Toleranzqualitäten für Gehäuse

Anforderungen an die Laufgenauigkeit und Laufruhe	Qualität IT
gering 1)	8
normal	7
mittel / hoch	6
1) Stehlager	

zugehörigen Wellen- und Gehäusedurchmesser. Bei Anlageflächen für Lagerscheiben soll die Qualität – bezogen auf den Nenndurchmesser – nicht schlechter sein als IT 5, Beispiel siehe Abb. 3.9.

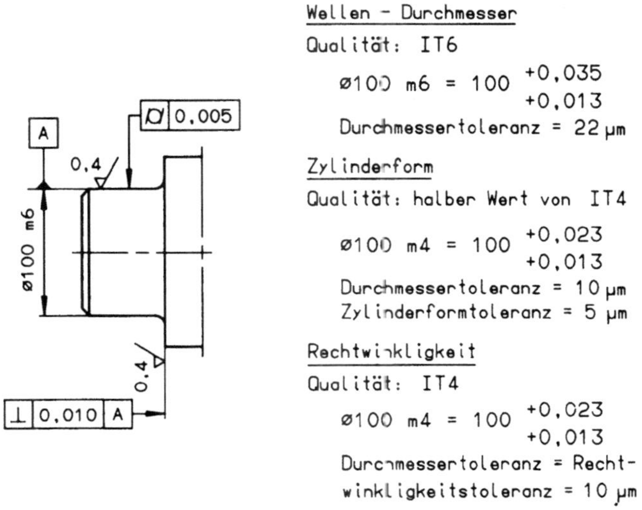

Abb. 3.9. Beispiel für Zylinderform- und Rechtwinkligkeitstoleranz einer Welle

3.2.4 Passungstafeln mit theoretischen Übermaßen

Die Tabellen 3.6 bis 3.8 enthalten neben den genormten Abmaßen die theoretischen Werte des maximalen, wahrscheinlichen und minimalen Übermaßes, entsprechend dem möglichen Zusammentreffen der Istmaße in den Paßfugen. Das wahrscheinliche Übermaß wurde unter der Annahme errechnet, daß die Istmaße um ein Drittel der Toleranz von der Gutseite entfernt liegen [26].
Unter den Spalten d bzw. D sind zur Orientierung des Anwenders die Abmaße der Toleranzklasse P0 von Lagerbohrung bzw. Lagermantel eingetragen (Δ_{dmp}, Δ_{Dmp}).

3.2.5 Oberflächengüte der Lagersitze

Mit der Angabe des Toleranzfeldes ist die Größe der Toleranz und ihre Lage zum Nennmaß festgelegt. Um den gewünschten Sitzcharakter über lange Zeit aufrechtzuerhalten, ist auch der Oberflächengüte der Lagersitze entsprechende Aufmerksamkeit zu widmen. Rauhe Oberflächen führen dazu, daß unter Betriebslast die Pressung in der Paßfuge nachläßt und der Lagersitz locker wird. Damit die festgelegte Passung über die gesamte Betriebszeit erhalten bleibt, muß die Oberflächengüte der Sitzfläche bestimmten Mindestanforderungen gerecht werden. Die Lagersitzflächen sollen geschliffen oder feinstgedreht sein. Andere Bearbeitungsverfahren sind zulässig, sofern entsprechende Oberflächenqualitäten erreicht werden. In Ausnahmefällen, in denen die geforderte Oberflächengüte nicht

Tabelle 3.6. Wellenpassungen für Radiallager

d [mm] > / ≤	10 / 18	18 / 30	30 / 50	50 / 80	80 / 120	120 / 180	180 / 250	250 / 315	315 / 400	400 / 500
Δ_{dmp} (KB) [μm]	-8 / 0	-10 / 0	-12 / 0	-15 / 0	-20 / 0	-25 / 0	-30 / 0	-35 / 0	-40 / 0	-45 / 0
g5	-6 / -14: **2** / ***3*** / ***14***	-7 / -16: **3** / ***3*** / ***16***	-9 / -20: **3** / ***5*** / ***20***	-10 / -23: **5** / ***4*** / ***23***	-12 / -27: **8** / ***4*** / ***27***	-14 / -32: **11** / ***3*** / ***32***	-15 / -35: **15** / ***2*** / ***35***	-17 / -40: **18** / ***1*** / ***40***	-18 / -43: **22** / ***0*** / ***43***	-20 / -47: **25** / **1** / ***47***
g6	-6 / -17: **2** / ***4*** / ***17***	-7 / -20: **3** / ***5*** / ***20***	-9 / -25: **3** / ***6*** / ***25***	-10 / -29: **5** / ***6*** / ***29***	-12 / -34: **8** / ***6*** / ***34***	-14 / -39: **11** / ***6*** / ***39***	-15 / -44: **15** / ***5*** / ***44***	-17 / -49: **18** / ***4*** / ***49***	-18 / -54: **22** / **3** / ***54***	-20 / -60: **25** / ***3*** / ***60***
h5	0 / -8: **8** / **3** / ***8***	0 / -9: **10** / **4** / ***9***	0 / -11: **12** / **4** / ***11***	0 / -13: **15** / **6** / ***13***	0 / -15: **20** / **8** / ***15***	0 / -18: **25** / **11** / ***18***	0 / -20: **30** / **13** / ***20***	0 / -23: **35** / **16** / ***23***	0 / -25: **40** / **18** / ***25***	0 / -27: **45** / **21** / ***27***
h6	0 / -11: **8** / **2** / ***13***	0 / -13: **10** / **2** / ***13***	0 / -16: **12** / **3** / ***16***	0 / -19: **15** / **4** / ***19***	0 / -22: **20** / **6** / ***22***	0 / -25: **25** / **8** / ***25***	0 / -29: **30** / **10** / ***29***	0 / -32: **35** / **13** / ***32***	0 / -36: **40** / **15** / ***36***	0 / -40: **45** / **17** / ***40***
h8	0 / -27: **8** / ***4*** / ***27***	0 / -33: **10** / ***4*** / ***33***	0 / -39: **12** / ***5*** / ***39***	0 / -46: **15** / ***5*** / ***46***	0 / -54: **20** / ***5*** / ***54***	0 / -63: **25** / ***4*** / ***63***	0 / -72: **30** / ***4*** / ***72***	0 / -81: **35** / ***4*** / ***81***	0 / -89: **40** / ***3*** / ***89***	0 / -97: **45** / ***2*** / ***97***
h9	0 / -43: **8** / ***9*** / ***43***	0 / -52: **10** / ***11*** / ***52***	0 / -62: **12** / ***13*** / ***62***	0 / -74: **15** / ***15*** / ***74***	0 / -87: **20** / ***16*** / ***87***	0 / -100: **25** / ***17*** / ***100***	0 / -115: 30 / ***18*** / ***115***	0 / -130: 35 / ***20*** / ***130***	0 / -140: 40 / ***20*** / ***140***	0 / -155: 45 / ***22*** / ***155***
j5	+5 / -3: **13** / **8** / ***3***	+5 / -4: **15** / **9** / ***4***	+6 / -5: **18** / **10** / ***5***	+6 / -7: **21** / **12** / **7**	+6 / -9: **26** / **14** / ***9***	+7 / -11: **32** / **18** / ***11***	+7 / -13: **37** / **20** / ***13***	+7 / -16: **42** / **23** / ***16***	+7 / -18: **47** / **25** / ***18***	+7 / -20: **52** / **21** / ***20***
j6	+8 / -3: **16** / **10** / ***3***	+9 / -4: **19** / **11** / ***4***	+11 / -5: **23** / **14** / ***5***	+12 / -7: **27** / **16** / ***7***	+13 / -9: **33** / **19** / ***9***	+14 / -11: **39** / **22** / ***11***	+16 / -13: **46** / **26** / ***13***	+18 / -16: **51** / **29** / ***16***	+18 / -18: **58** / **33** / ***18***	+20 / -20: **65** / **37** / ***20***
k4	+6 / +1: **14** / **10** / **1**	+8 / +2: **18** / **13** / **2**	+9 / +2: **21** / **15** / **2**	+10 / +2: **25** / **17** / **2**	+13 / +3: **33** / **13** / **3**	+15 / +3: **40** / **28** / **3**	+18 / +4: **48** / **33** / **4**	+20 / +4: **55** / **38** / **4**	+22 / +4: **62** / **43** / **4**	+25 / +5: **70** / **48** / **5**
k5	+9 / +1: **17** / **12** / **1**	+11 / +2: **21** / **15** / **2**	+13 / +2: **25** / **17** / **2**	+15 / +2: **30** / **21** / **2**	+18 / +3: **38** / **26** / **3**	+21 / +3: **46** / **32** / **3**	+24 / +4: **54** / **37** / **4**	+27 / +4: **62** / **43** / **4**	+29 / +4: **69** / **47** / **4**	+32 / +5: **77** / **53** / **5**
k6	+12 / +1: **20** / **14** / **1**	+15 / +2: **25** / **17** / **2**	+18 / +2: **30** / **21** / **2**	+21 / +2: **36** / **25** / **2**	+25 / +3: **45** / **31** / **3**	+28 / +3: **53** / **36** / **3**	+33 / +4: **63** / **43** / **4**	+36 / +4: **71** / **49** / **4**	+40 / +4: **80** / **55** / **4**	+45 / +5: **90** / **62** / **5**
m4	+12 / +7: **20** / **16** / **7**	+14 / +8: **24** / **19** / **8**	+16 / +9: **28** / **22** / **9**	+19 / +11: **34** / **26** / **11**	+23 / +13: **43** / **33** / **13**	+27 / +15: **52** / **40** / **15**	+31 / +17: **61** / **46** / **17**	+36 / +20: **71** / **54** / **20**	+39 / +21: **79** / **60** / **21**	+43 / +23: **88** / **66** / **23**
m5	+15 / +7: **23** / **18** / **7**	+17 / +8: **27** / **21** / **8**	+24 / +9: **32** / **24** / **9**	+24 / +11: **39** / **30** / **11**	+28 / +13: **48** / **36** / **13**	+33 / +15: **58** / **44** / **15**	+37 / +17: **67** / **50** / **17**	+43 / +20: **78** / **59** / **20**	+46 / +21: **86** / **64** / **21**	+50 / +23: **95** / **71** / **23**
m6	+18 / +7: **26** / **20** / **7**	+21 / +8: **31** / **23** / **8**	+25 / +9: **37** / **27** / **9**	+30 / +11: **45** / **34** / **11**	+35 / +13: **55** / **41** / **13**	+40 / +15: **65** / **48** / **15**	+46 / +17: **76** / **56** / **17**	+52 / +20: **87** / **65** / **20**	+57 / +21: **97** / **72** / **21**	+63 / +23: **108** / **71** / **23**
n4	+17 / +12: **25** / **21** / **12**	+21 / +15: **31** / **36** / **15**	+24 / +17: **36** / **30** / **17**	+28 / +20: **43** / **25** / **20**	+33 / +23: **53** / **43** / **23**	+39 / +27: **64** / **52** / **27**	+45 / +31: **75** / **60** / **31**	+50 / +34: **85** / **68** / **34**	+55 / +37: **95** / **76** / **37**	+60 / +40: **105** / **83** / **40**
n5	+20 / +12: **28** / **23** / **12**	+24 / +15: **40** / **32** / **15**	+28 / +17: **40** / **32** / **17**	+33 / +20: **48** / **39** / **20**	+38 / +23: **58** / **46** / **23**	+45 / +27: **70** / **56** / **27**	+51 / +31: **81** / **64** / **31**	+57 / +34: **92** / **73** / **34**	+62 / +37: **102** / **80** / **37**	+67 / +40: **112** / **88** / **40**
n6	+23 / +12: **31** / **25** / **12**	+28 / +15: **38** / **30** / **15**	+33 / +17: **45** / **36** / **17**	+39 / +20: **54** / **43** / **20**	+45 / +23: **65** / **51** / **23**	+52 / +27: **77** / **60** / **27**	+60 / +31: **90** / **70** / **31**	+66 / +34: **101** / **79** / **34**	+73 / +37: **113** / **88** / **37**	+80 / +40: **125** / **97** / **40**
p5	+26 / +18: **34** / **29** / **18**	+31 / +22: **41** / **35** / **22**	+37 / +26: **49** / **41** / **26**	+45 / +32: **60** / **51** / **32**	+52 / +37: **72** / **60** / **37**	+61 / +43: **86** / **72** / **43**	+70 / +50: **100** / **83** / **50**	+79 / +56: **114** / **95** / **56**	+87 / +62: **127** / **105** / **62**	+95 / +68: **140** / **116** / **68**
p6	+29 / +18: **37** / **31** / **18**	+35 / +22: **45** / **37** / **22**	+42 / +26: **54** / **45** / **26**	+51 / +32: **66** / **55** / **32**	+59 / +37: **79** / **65** / **37**	+68 / +43: **93** / **76** / **43**	+79 / +50: **109** / **89** / **50**	+88 / +56: **123** / **101** / **56**	+98 / +62: **138** / **113** / **62**	+108 / +68: **153** / **135** / **68**

(Zeilenbeschriftung links: Wellenabmaß, Passungsübermaß bzw. Passungsspiel [μm])

Fettgedruckte Zahlen = Passungsübermaß
Fettgedruckte kursive Zahlen = Passungsspiel

Ablesebeispiel: Welle ⌀ 60 h6

Gutseite	0	15	Übermaß, wenn die Gutseiten zusammentreffen
		4	Wahrscheinliches Übermaß
Ausschußseite	−19	19	Übermaß, wenn die Ausschußseiten zusammentreffen

Tabelle 3.7. Gehäusepassungen für Radiallager

Gehäuseabmaß, Passungsübermaß bzw. Passungsspiel [µm] (in each cell: Gehäuseabmaße upper / lower; Passungswerte top / middle / bottom)

D [mm] > ≤	10 18	18 30	30 50	50 80	80 120	120 150	150 180	180 250	250 315	315 400	400 500	500 630
Δ_{Dmp}(hB) [µm]	0 / -8	0 / -9	0 / -11	0 / -13	0 / -15	0 / -18	0 / -25	0 / -30	0 / -35	0 / -40	0 / -45	0 / -50
F6	+16 / +27; 16 / 22 / 35	+20 / +33; 20 / 27 / 42	+25 / +41; 25 / 34 / 52	-30 / -49; 30 / 41 / 62	+36 / +58; 36 / 48 / 73	+43 / +68; 43 / 57 / 86	+43 / +68; 43 / 60 / 93	+50 / +79; 50 / 70 / 109	+56 / +88; 56 / 78 / 123	+62 / +98; 62 / 87 / 138	+68 / +108; 68 / 96 / 153	—
F7	+16 / +34; 16 / 25 / 42	+20 / +41; 20 / 30 / 50	+25 / +50; 25 / 37 / 61	+30 / +60; 30 / 44 / 73	+36 / +71; 36 / 53 / 86	+43 / +83; 43 / 62 / 101	+43 / +83; 43 / 65 / 108	+50 / +96; 50 / 75 / 126	+56 / +108; 56 / 85 / 143	+62 / +119; 62 / 94 / 159	+68 / +108; 68 / 104 / 176	—
G6	+6 / +17; 6 / 12 / 25	+7 / +20; 7 / 14 / 29	+9 / +25; 9 / 18 / 36	+10 / +29; 10 / 21 / 42	+12 / +34; 12 / 24 / 49	+14 / +39; 14 / 28 / 57	+14 / +39; 14 / 31 / 64	+15 / +44; 15 / 35 / 74	+17 / +49; 17 / 39 / 84	+18 / +54; 18 / 43 / 94	+20 / +60; 20 / 48 / 105	+22 / +66; 22 / 53 / 116
G7	+6 / +24; 6 / 15 / 32	+7 / +28; 7 / 17 / 37	+9 / +34; 9 / 21 / 45	+10 / +40; 10 / 24 / 53	+12 / +47; 12 / 29 / 62	+14 / +54; 14 / 33 / 72	+14 / +54; 14 / 36 / 79	+15 / +61; 15 / 40 / 91	+17 / +69; 17 / 46 / 104	+18 / +75; 18 / 50 / 115	+20 / +83; 20 / 56 / 128	+22 / +92; 22 / 62 / 142
H6	0 / +11; 0 / 6 / 19	0 / +13; 0 / 7 / 22	0 / +16; 0 / 9 / 27	0 / +19; 0 / 11 / 32	0 / +22; 0 / 12 / 37	0 / +25; 0 / 14 / 43	0 / +25; 0 / 17 / 50	0 / +29; 0 / 20 / 59	0 / +32; 0 / 22 / 67	0 / +36; 0 / 25 / 76	0 / +40; 0 / 28 / 85	0 / +44; 0 / 31 / 94
H7	0 / +18; 0 / 9 / 26	0 / +21; 0 / 10 / 30	0 / +25; 0 / 12 / 36	0 / +30; 0 / 14 / 43	0 / +35; 0 / 17 / 50	0 / +40; 0 / 19 / 58	0 / +40; 0 / 22 / 65	0 / +46; 0 / 25 / 76	0 / +52; 0 / 29 / 87	0 / +57; 0 / 32 / 97	0 / +63; 0 / 36 / 108	0 / +70; 0 / 40 / 120
H8	0 / +27; 0 / 12 / 35	0 / +33; 0 / 14 / 42	0 / +39; 0 / 17 / 50	0 / +46; 0 / 20 / 59	0 / +54; 0 / 23 / 69	0 / +63; 0 / 27 / 81	0 / +63; 0 / 29 / 88	0 / +72; 0 / 34 / 102	0 / +81; 0 / 39 / 116	0 / +89; 0 / 43 / 129	0 / +97; 0 / 47 / 142	0 / +110; 0 / 53 / 160
J6	-5 / +6; 5 / 1 / 14	-5 / +8; 5 / 2 / 17	-6 / +10; 6 / 3 / 21	-6 / +13; 6 / 5 / 26	-6 / +16; 6 / 6 / 31	-7 / +18; 7 / 7 / 36	-7 / +18; 7 / 10 / 43	-7 / +22; 7 / 13 / 52	-7 / +25; 7 / 15 / 60	-7 / +29; 7 / 18 / 69	-7 / +33; 7 / 21 / 78	—
J7	-8 / +10; 8 / 1 / 18	-9 / +12; 9 / 1 / 12	-11 / +14; 11 / 13 / 25	-12 / +18; 12 / 2 / 31	-13 / +22; 13 / 4 / 37	-14 / +26; 14 / 5 / 44	-14 / +26; 14 / 8 / 51	-16 / +30; 16 / 9 / 60	-16 / +36; 16 / 13 / 71	-18 / +39; 18 / 14 / 79	-20 / +43; 20 / 16 / 88	—
K6	-9 / +2; 9 / 3 / 10	-11 / +2; 11 / 4 / 11	-13 / +3; 13 / 4 / 14	-15 / +4; 15 / 4 / 17	-18 / +4; 18 / 6 / 19	-21 / +4; 21 / 7 / 22	-21 / +4; 21 / 4 / 29	-24 / +5; 24 / 4 / 34	-27 / +5; 27 / 5 / 40	-29 / +7; 29 / 4 / 47	-32 / +8; 32 / 4 / 53	-44 / +0; 44 / 13 / 50
K7	-12 / +6; 12 / 3 / 14	-15 / +6; 15 / 5 / 15	-18 / +7; 18 / 6 / 18	-21 / +9; 21 / 7 / 22	-25 / +10; 25 / 8 / 10	-28 / +12; 28 / 9 / 30	-28 / +12; 28 / 6 / 37	-33 / +13; 33 / 8 / 43	-36 / +16; 36 / 7 / 51	-40 / +17; 40 / 8 / 57	-45 / +18; 45 / 9 / 63	-70 / +0; 70 / 30 / 50
M6	-15 / -4; 15 / 9 / 4	-17 / -4; 17 / 10 / 5	-20 / -4; 20 / 11 / 7	-24 / -5; 24 / 13 / 8	-28 / -6; 28 / 16 / 9	-33 / -8; 33 / 19 / 10	-33 / -8; 33 / 16 / 17	-37 / -8; 37 / 16 / 22	-41 / -9; 41 / 19 / 26	-46 / -10; 46 / 21 / 30	-50 / -10; 50 / 22 / 35	-70 / -26; 70 / 39 / 24
M7	-18 / 0; 18 / 9 / 8	-21 / 0; 21 / 11 / 9	-25 / 0; 25 / 13 / 11	-30 / 0; 30 / 16 / 13	-35 / 0; 35 / 18 / 15	-40 / 0; 40 / 21 / 18	-40 / 0; 40 / 18 / 25	-48 / 0; 48 / 21 / 30	-52 / 0; 52 / 23 / 35	-57 / 0; 57 / 25 / 40	-63 / 0; 63 / 27 / 45	—
N6	-20 / -9; 15 / 9 / 1	-24 / -11; 24 / 19 / 1	-28 / -12; 28 / 19 / 1	-33 / -14; 33 / 22 / 1	-38 / -16; 38 / 26 / 1	-45 / -20; 45 / 31 / 2	-45 / -20; 45 / 28 / 5	-51 / -22; 51 / 31 / 8	-57 / -25; 57 / 35 / 10	-62 / -26; 62 / 37 / 14	-67 / -27; 67 / 39 / 18	-88 / -44; 88 / 57 / 6
N7	-23 / -5; 23 / 14 / 3	-28 / -7; 28 / 18 / 2	-33 / -8; 33 / 21 / 3	-39 / -9; 39 / 25 / 4	-45 / -10; 45 / 28 / 5	-52 / -12; 52 / 33 / 6	-52 / -12; 52 / 30 / 13	-60 / -14; 60 / 35 / 16	-66 / -14; 66 / 37 / 21	-73 / -16; 73 / 41 / 24	-80 / -17; 80 / 44 / 28	—
P6	-26 / -15; 26 / 20 / 7	-31 / -18; 31 / 24 / 9	-37 / -21; 37 / 28 / 10	-45 / -26; 45 / 34 / 13	-52 / -30; 52 / 40 / 15	-61 / -36; 61 / 47 / 18	-61 / -36; 61 / 44 / 11	-70 / -41; 70 / 50 / 11	-79 / -47; 79 / 57 / 12	-87 / -51; 87 / 62 / 11	-95 / -55; 95 / 67 / 10	-122 / -78; 122 / 91 / 28
P7	-29 / -11; 29 / 20 / 37	-35 / -14; 35 / 25 / 5	-42 / -17; 42 / 30 / 6	-51 / -21; 51 / 37 / 8	-59 / -24; 59 / 42 / 9	-68 / -28; 68 / 49 / 10	-68 / -28; 68 / 47 / 3	-79 / -33; 79 / 54 / 3	-88 / -36; 88 / 59 / 1	-98 / -41; 98 / 66 / 1	-108 / -45; 108 / 72 / 0	-148 / -78; 148 / 108 / 28

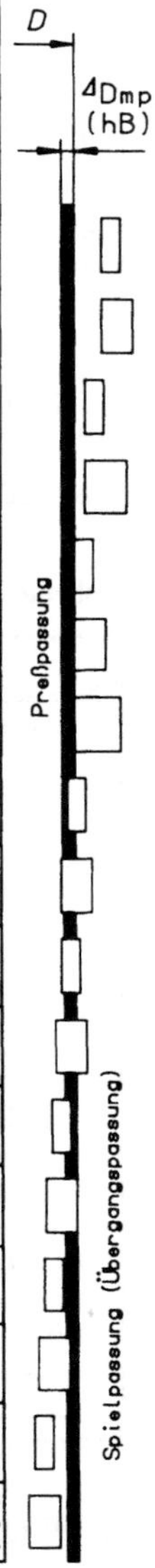

Fettgedruckte Zahlen = Passungsübermaß
Fettgedruckte kursive Zahlen = Passungsspiel

Ablesebeispiel: Gehäuse ⌀ 110 K7

Gutseite	-25	25	Übermaß, wenn die Gutseiten zusammentreffen
Ausschußseite	+10	8	Wahrscheinliches Übermaß
		25	Passungsspiel, wenn die Ausschußseiten zusammentreffen

erreichbar ist, kann durch eine festere Passung – z. B. K6 statt J6 – der verlangte Sitzcharakter des Wälzlagerringes erzielt werden.

Tabelle 3.9 enthält Richtwerte für die Mittenrauhwerte R_a der Lagersitze.

Tabelle 3.8. Wellenpassungen für Spann- und Abziehhülsen

		d [mm] >	10	18	30	50	80	120	180	250	315	400
		d [mm] ≤	18	30	50	80	120	180	250	315	400	500
Toleranzen und Formabweichungen [µm]	h7 / IT5		0 / -18 **8**	0 / -21 **9**	0 / -25 **11**	0 / -30 **13**	0 / -35 **15**	0 / -40 **18**	0 / -46 **20**	0 / -52 **23**	0 / -57 **25**	0 / -63 **27**
	h8 / IT5		0 / -27 **8**	0 / -33 **9**	0 / -39 **11**	0 / -46 **13**	0 / -54 **15**	0 / -63 **18**	0 / -72 **20**	0 / -81 **23**	0 / -89 **25**	0 / -97 **27**
	h9 / IT6, IT7		0 / -40 **11** / **18**	0 / -52 **13** / **21**	0 / -62 **16** / **25**	0 / -74 **19** / **30**	0 / -87 **22** / **35**	0 / -100 **25** / **40**	0 / -115 **29** / **46**	0 / -130 **32** / **52**	0 / -140 **36** / **57**	0 / -155 **40** / **63**
	h10 / IT6, IT7		0 / -70 **11** / **11**	0 / -84 **13** / **13**	0 / -100 **16** / **16**	0 / -120 **19** / **30**	0 / -140 **22** / **35**	0 / -160 **25** / **40**	0 / -185 **29** / **46**	0 / -210 **32** / **52**	0 / -230 **36** / **57**	0 / -250 **40** / **63**

Fettgedruckte Zahlen = Formabweichung der IT-Klasse

Tabelle 3.9. Empfohlene Mittenrauhwerte R_a für Lagersitze

Durchmesser-toleranz	Schneide [1] (Werkzeug)	R_a - Werte Durchmesser d [2] [mm] $d \leq 80$	$80 < d \leq 250$	$250 < d \leq 500$	$d > 500$
IT9	1 2	— 3,2	— 3,2	— 6,3	— 6,3
IT8	1 2	1,6 3,2	1,6 3,2	— 6,3	— 6,3
IT7	1 2	0,8 1,6	0,8 1,6	1,6 3,2	1,6 6,3
IT6	1 2	0,4 0,8	0,4 1,6	0,8 1,6	1,6 3,2
IT5	1 2	0,2 0,8	0,2 0,8	0,4 1,6	0,8 1,6
IT4	1 2	0,2 0,4	0,2 0,4	0,4 0,8	0,8 1,6

1) Form der Schneide: Zeile 1 ... geometrisch undefiniert
Zeile 2 ... geometrisch definiert

2) Gilt für Wellendurchmesser d, Gehäusedurchmesser D und zugeordnete Anlageflächen.

Bemerkung: Für Paßflächen von Schiebesitzen in Gehäusen sind doppelte R_a - Werte ausreichend.

Die Einhaltung dieser Mittenrauhwerte für Wellen- und Gehäusepaßflächen sowie auf Anlageflächen gewährleistet die zuverlässige Funktion der Lager [27], betreffend Laufgenauigkeit, Laufruhe und Lebensdauer und vermindert die Gefahr zur Bildung von Passungsrost und von Setzungen.

Die Angabe des R_a-Wertes als Vergleichswert entspricht am besten der Wälzlager-Fertigungstechnik und der Forderung nach großen Traganteilen der gefügten Flächen (Paßflächen). Die empirische Zuordnung des Mittenrauhwertes R_a zur Rauhtiefe R_y ($\sim R_t$) ist in Tabelle 3.10 angegeben [N 59].

Den Zusammenhang zwischen der erreichbaren Oberflächenrauhheit bzw. dem erreichbaren Flächentraganteil und dem jeweiligen Fertigungsverfahren zeigt Tabelle 3.11.

Tabelle 3.10. Zuordnung $R_a - R_y(R_t)$

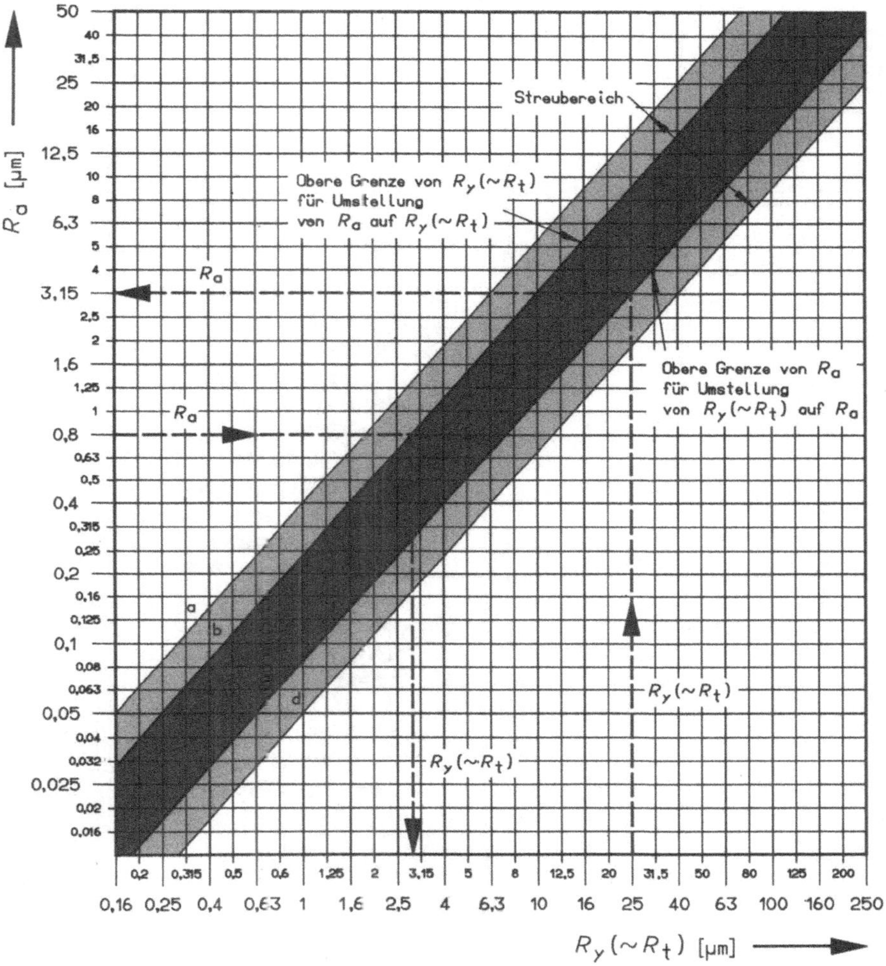

3.3 Genauigkeit des Lagers – Fertigungstoleranzen

Wenngleich, wie schon von Abschnitt 1 her bekannt, nur die Hauptmaße der Lager genormt sind, so gibt es doch lückenlose ISO-Normen über die Toleranzen aller Funktionsmerkmale. Damit ist an sich die Möglichkeit geschaffen, ein Lager mit „beliebig" hoher Genauigkeit zu definieren, nur: es muß auch hergestellt werden können.

Tabelle 3.11. Fertigungsverfahren und erzielbare Oberflächenrauheiten

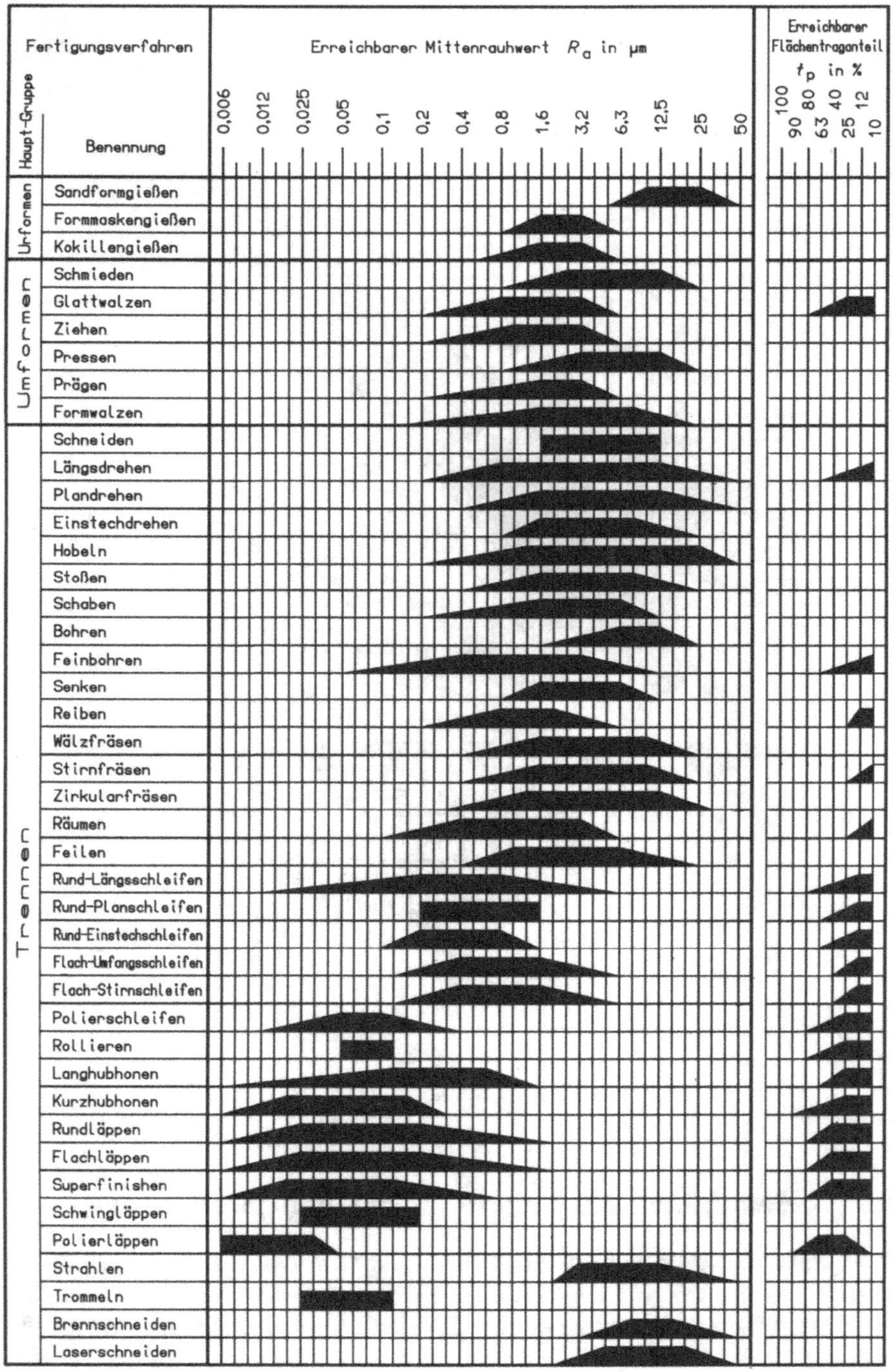

Wenn einerseits mit Entschiedenheit gilt, daß Genauigkeit nicht mit Qualität gleichgesetzt werden darf, dann gilt andererseits sehr wohl, daß die Einhaltung von in einer bestimmten Genauigkeitsklasse vorgegebenen Toleranzen das Qualitätsmerkmal des Lagers schlechthin ist. Dazu kommt noch eine Verschärfung, nämlich die Verteilung (Streuung) der Abmaße von Lagern eines (größeren) Fertigungsloses innerhalb des Toleranzfeldes. Diese Verteilung (Gauß-Verteilung) hängt aber von der Maschinenfähigkeit, die Maße über längere Zeit zu halten, und von der Strenge der Qualitätssicherung ab (Abb. 3.10). Aus dieser Sicht darf also erwartet werden, daß es Qualitätsunterschiede aus verschiedenen Produktionen gibt [28].

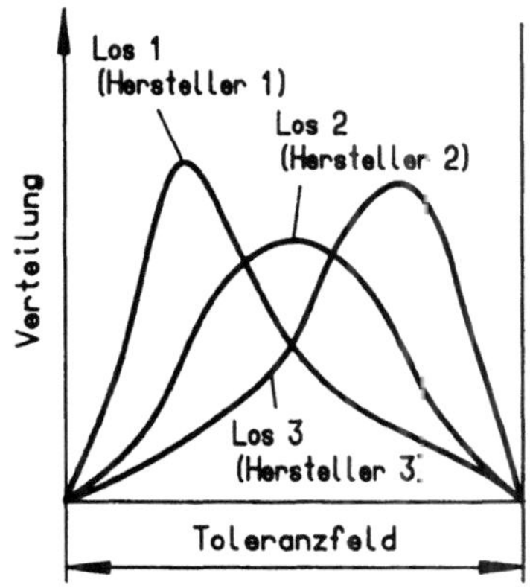

Abb. 3.10. Verteilung (Streuung) der Abmaße in verschiedenen Fertigungslosen

Die genormte Lagerluft ist ein typisches Funktionsmerkmal und wird einem bestimmten Anwendungsfall nach der Erfahrung zugeordnet.
Über die Festlegung von Zahlenwerten für die Laufruhe (Laufgeräusch) mit bestimmten Randbedingungen gibt es noch keine internationale Übereinstimmung, weil sich die Materie offensichtlich sehr komplex darstellt. Allerdings gibt es schon einige vielversprechende und mutige nationale Lösungen [N 60 bis N 63].

3.3.1 Toleranzen der Hauptmaße und Laufgenauigkeit

Die genormten Toleranzen für die Hauptmaße und für die Laufgenauigkeit ermöglichen die Prüfung von Lagerringen und Lagern (Lager-Ensembles) auf Gleichartigkeit und gewährleisten in weiterer Folge ihre Funktionstüchtigkeit und Austauschbarkeit [N 10, N 51 bis N 53, N 64 bis N 67]. Meßverfahren siehe Abschnitt 8; Einfluß auf die Lagerluft siehe Abschnitt 3.3.2.

3.3.1.1 Toleranzklassen – Merkmale, Bedeutung

Merkmale

Die Maß-, Form- und Laufgenauigkeit ist in Toleranzklassen gestuft. Die genormten Toleranzklassen sind in Tabelle 3.12 wiedergegeben. In jeder Klasse sind Toleranzen für bestimmte Einzelmaße (-Messungen) zahlenmäßig festgelegt

[N 53, N 66, N 67], und zwar werden mit steigender Genauigkeit die Abmaße kleiner – man spricht von „eingeengten Toleranzen" (P 6, P 5, P 4, P 2); außerdem werden nicht in allen Klassen alle Merkmale (Einzelmaße) gemessen (vgl. Tabelle 3.12). Ausgangsbasis der Genauigkeit ist die „Normal-Toleranz" (P 0). Die an „P" angefügten Zahlen sind willkürlich.

Tabelle 3.12. Toleranzklassen und ihre Merkmale

Toleranzklasse		Erläuterung	Toleranzmerkmale
Radiallager mit zylindrischer Bohrung, außer Kegelrollenlager	P0	Toleranz normal	Δ_{dmp} V_{dp} V_{dm} K_{ia} Δ_{Bs} V_{Bs} Δ_{Dmp} V_{Dp} V_{Dm} K_{ea} Δ_{Cs} V_{Cs}
	P6	Toleranz kleiner als normal	wie Toleranzklasse P0
	P5	Toleranz kleiner als P6	wie Toleranzklasse P6 zusätzlich S_d S_{ia} S_D S_{ea}
	P4	Toleranz kleiner als P5	wie Toleranzklasse P5 zusätzlich Δ_{ds} Δ_{Ds}
	P2	Toleranz kleiner als P4	wie Toleranzklasse P4
Kegelrollenlager mit zylindrischer Bohrung	P0	Toleranz normal	Δ_{dmp} V_{dp} V_{dm} K_{ia} Δ_{Bs} Δ_{Ts} Δ_{T1s} Δ_{Dmp} V_{Dp} V_{Dm} K_{ea} Δ_{Cs} Δ_{T2s} Δ_{D1mp}
	P6X	Toleranz kleiner als normal	wie Toleranzklasse P0
	P5	Toleranz kleiner als P6X	wie Toleranzklasse P6X zusätzlich S_d S_D jedoch ohne Δ_{T1s} Δ_{T2s}
	P4	Toleranz kleiner als P5	wie Toleranzklasse P5 zusätzlich Δ_{ds} Δ_{Ds} S_{ia} S_{ea}
Axiallager	P0	Toleranz normal	Δ_{dmp} V_{dp} S_i Δ_{Ts} Δ_{T2s} Δ_{Dmp} V_{Dp} S_e Δ_{T1s}
	P6	Toleranz kleiner als normal	wie Toleranzklasse P0
	P5	Toleranz kleiner als P6	wie Toleranzklasse P6
	P4	Toleranz kleiner als P5	wie Toleranzklasse P5

Die Definitionen der Toleranzbegriffe und zugeordnete Meßprinzipien sind in Tabelle 3.13 zusammengestellt.

Im Regelfall werden den Wälzlagerverbrauchern die Symbole für Form- und Lagetoleranzen nach [N 58] vertrauter sein als die speziell in der Wälzlagertechnik verwendeten; eine Gegenüberstellung wird im Anhang zu Tabelle 3.13 gezeigt.

Tabelle 3.13. Toleranzbegriffe und Meßprinzipien, Gegenüberstellung der Toleranzsymbole

Toleranzbegriff			Symbol Formel	Meßprinzip	Lfd. Nr.
Formtoleranzen		Abweichung von der Kreisform	Δ_r	—	1
		Abweichung von der Zylinderform	$\angle_{rL}$	—	2
		Abweichung von der Kugelform	Δ_S	—	3
Maßtoleranzen	Bohrungsdurchmesser	Nenndurchmesser der Bohrung	d	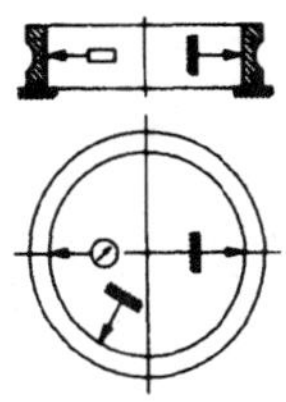	4
		einzelner Bohrungsdurchmesser	d_s		5
		Abweichung eines einzelnen Bohrungsdurchmessers	Δ_{ds} $\Delta_{ds} = d_s - d$		6
		Schwankung des Bohrungsdurchmessers	V_{ds} $V_{ds} = d_{smax} - d_{smin}$		7
		mittlerer Bohrungsdurchmesser	d_m $d_m = \frac{(d_{smax} + d_{smin})}{2}$		8
		Abweichung des mittleren Bohrungsdurchmessers	Δ_{dm} $\Delta_{dm} = d_m - d$		9
		mittlerer Bohrungsdurchmesser in einer einzelnen radialen Ebene	d_{mp} $d_{mp} = \frac{(d_{pmax} + d_{pmin})}{2}$		10
		Abweichung des mittleren Bohrungsdurchmessers in einer einzelnen radialen Ebene	Δ_{dmp} $\Delta_{dmp} = d_{mp} - d$		11
		Schwankung des Bohrungsdurchmessers in einer einzelnen radialen Ebene	V_{dp} $V_{dp} = d_{pmax} - d_{pmin}$		12
		Schwankung des mittleren Bohrungsdurchmessers	V_{dm} $V_{dm} = d_{mmax} - d_{mmin}$		13
	Manteldurchmesser	Nenndurchmesser des Mantels	D	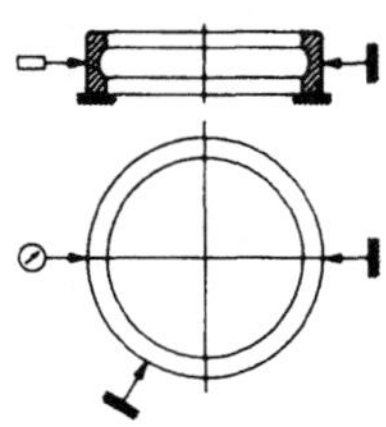	14
		einzelner Manteldurchmesser	D_s		15
		Abweichung eines einzelnen Manteldurchmessers	Δ_{Ds} $\Delta_{Ds} = D_s - D$		16
		Schwankung des Manteldurchmessers	V_{Ds} $V_{Ds} = D_{smax} - D_{smin}$		17

Tabelle 3.13 (Fortsetzung)

Toleranzbegriff			Symbol Formel	Meßprinzip	Lfd. Nr.
Maßtoleranzen	Manteldurchmesser	mittlerer Manteldurchmesser	D_m $D_m = \frac{(D_{smax} + D_{smin})}{2}$		18
		Abweichung des mittleren Manteldurchmessers	Δ_{Dm} $\Delta_{Dm} = D_m - D$		19
		mittlerer Manteldurchmesser in einer einzelnen radialen Ebene	D_{mp} $D_{mp} = \frac{(D_{pmax} + D_{pmin})}{2}$	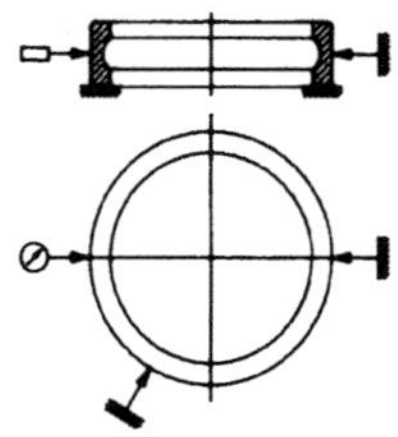	20
		Abweichung des mittleren Manteldurchmessers in einer einzelnen radialen Ebene	Δ_{Dmp} $\Delta_{Dmp} = D_{mp} - D$		21
		Schwankung des Manteldurchmessers in einer einzelnen radialen Ebene	V_{Dp} $V_{Dp} = D_{pmax} - D_{pmin}$		22
		Schwankung des mittleren Manteldurchmessers	V_{Dm} $V_{Dm} = D_{mmax} - D_{mmin}$		23
	Breite / Höhe	Nennbreite des Innenringes Nennbreite des Außenringes	B C	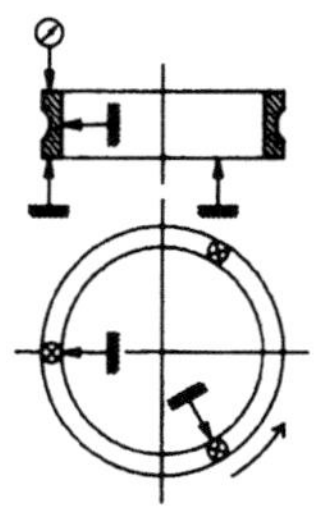	24
		einzelne Ringbreite	B_s, C_s		25
		Abweichung einer einzelnen Ringbreite	Δ_{Bs}, Δ_{Cs} $\Delta_{Bs} = B_s - B$ $\Delta_{Cs} = C_s - C$		26
		Schwankung der Ringbreite	V_{Bs}, V_{Cs} $V_{Bs} = B_{smax} - B_{smin}$ $V_{Cs} = C_{smax} - C_{smin}$		27
		mittlere Ringbreite	B_m, C_m $B_m = \frac{(B_{smax} + B_{smin})}{2}$ $C_m = \frac{(C_{smax} + C_{smin})}{2}$	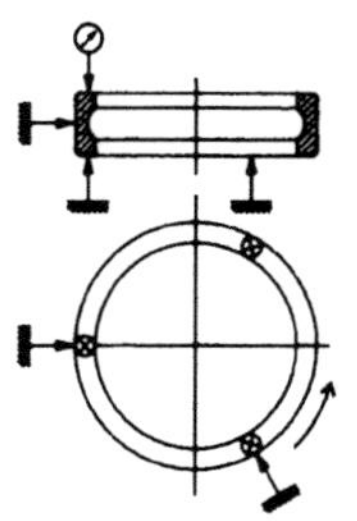	28
		Nennbreite des Lagers gilt für alle Radiallager	B, C oder T		29
		wirkliche Lagerbreite gilt für Radiallager, bei denen eine Innenringplanfläche und die gegenüberliegende Außenringplanfläche die Lagerbreite begrenzen	T_s	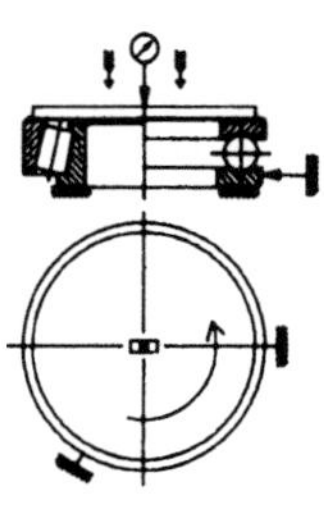	30
		Abweichung der wirklichen Lagerbreite	Δ_{Ts} $\Delta_{Ts} = T_s - T$		31
		Nennhöhe des Lagers	T (gilt für Axiallager)		32
		wirkliche Lagerhöhe	T_s (gilt für Axiallager)		33
		Abweichung der wirklichen Lagerhöhe	Δ_{Ts} $\Delta_{Ts} = T_s - T$ (gilt für Axiallager)		34

Tabelle 3.13 (Fortsetzung)

Toleranzbegriff			Symbol Formel	Meßprinzip	Lfd. Nr.
Lauftoleranzen	Laufgenauigkeit der Ringe	Planlauf des Innenringes	S_d	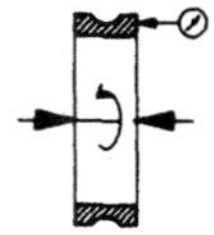	35
		Schwankung der Neigung der Mantellinie des Außenringes Planlauf des Außenringes	S_D S_{Da} $S_{Da} = \frac{S_D \cdot (D - 2\, r_{rsmax})}{2 \cdot (C - 2\, r_{asmax})}$	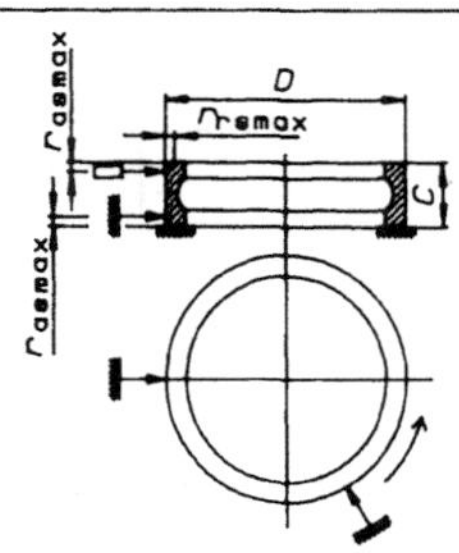	36
		Parallelität der Innenringlaufbahn	S_i	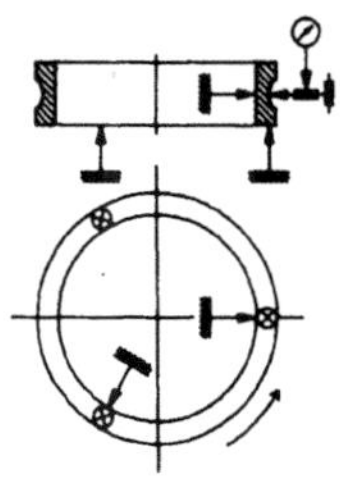	37
		Parallelität der Außenringlaufbahn	S_e	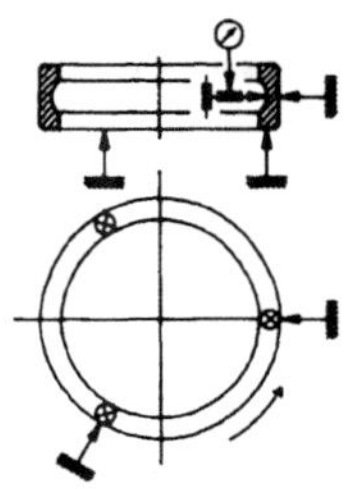	38
		Schwankung der Innenringwanddicke	K_i	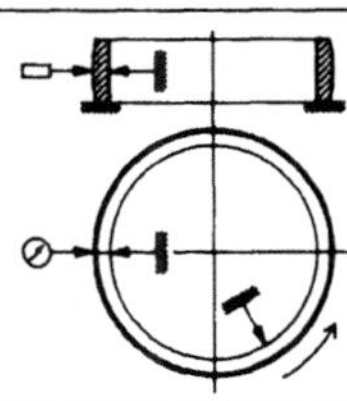	39
		Schwankung der Außenringwanddicke	K_e	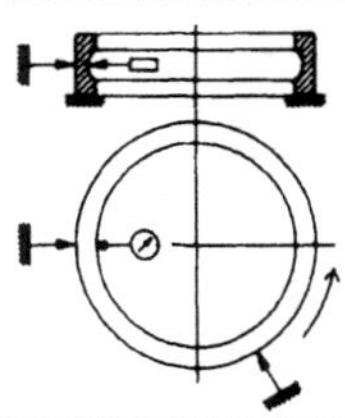	40

Tabelle 3.13 (Fortsetzung)

Toleranzbegriff			Symbol Formel	Meßprinzip	Lfd. Nr.
Lauftoleranzen	Laufgenauigkeit der Ringe	Schwankung der Wellenscheibendicke	S_i	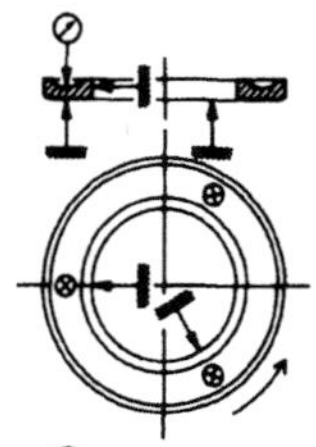	41
		Schwankung der Gehäusescheibendicke	S_e	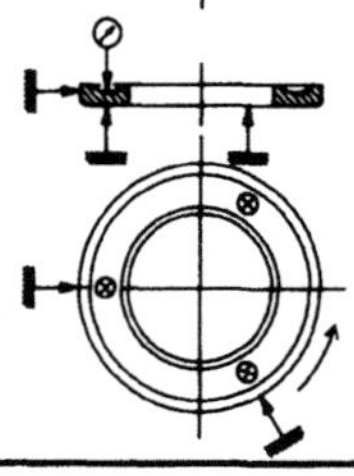	42
	Laufgenauigkeit des Lagers	Planlauf des Innenringes im zusammengebauten Lager	S_{ia}	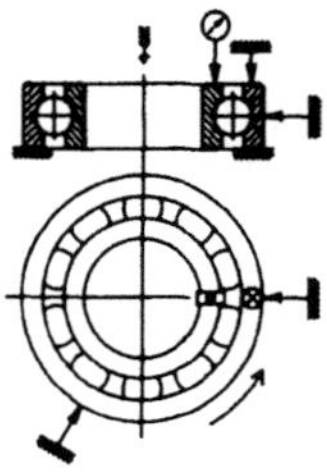	43
		Planlauf des Außenringes im zusammengebauten Lager	S_{ea}	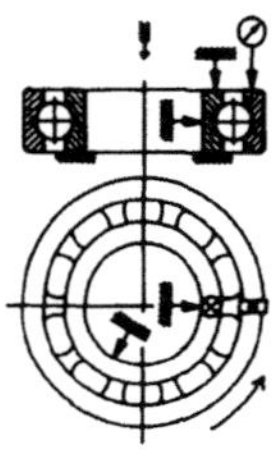	44
		Rundlauf des Innenringes im zusammengebauten Lager	K_{ia} 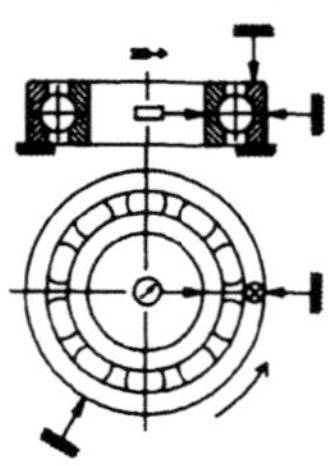	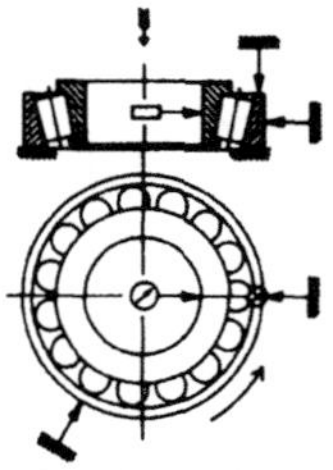	45
		Rundlauf des Außenringes im zusammengebauten Lager	K_{ea} 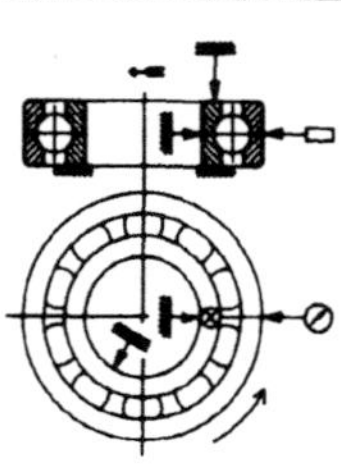	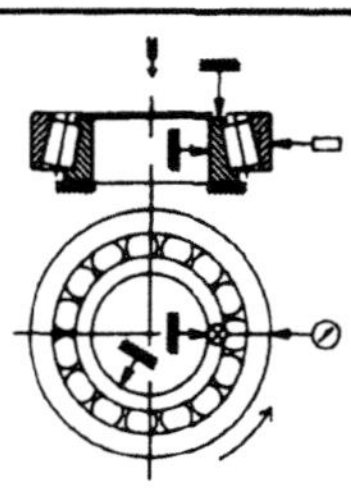	46

Tabelle 3.13 (Anhang)

Gegenüberstellung der Toleranzsymbole		
Toleranzbegriff	ÖNORM M 6321 ISO 1132 DIN ISO 1132 / DIN 620	ÖNORM ISO 1101 ISO 1101 DIN ISO 1101 / DIN 7184
Abweichung von der Kreisform	Δ_r	○
Abweichung von der Zylinderform	Δ_{rL}	⌭
Schwankung des Bohrungsdurchmessers in einer einzelnen radialen Ebene	V_{dp}	○ (= $V_{dp}/2$)
Schwankung des mittleren Bohrungsdurchmessers	V_{dm}	//
Schwankung des Manteldurchmessers in einer einzelnen radialen Ebene	V_{Dp}	○ (= $V_{Dp}/2$)
Schwankung des mittleren Manteldurchmessers	V_{Dm}	//
Planlauf des Innenringes	S_d	↗ (Planlauf)
Schwankung der Neigung der Mantellinie des Außenringes	S_D	↗ (Rundlauf)
Planlauf des Außenringes	S_{Da}	↗ (Planlauf)
Parallelität der Innenringlaufbahn	S_i	//
Parallelität der Außenringlaufbahn	S_e	//

Bedeutung

Lager mit Normaltoleranz P0 erfüllen jene Anforderungen, die der allgemeine Maschinenbau im Normalfall stellt, also z. B. nicht zu hohe Belastungen, Drehzahlen und Temperaturen, sowie keine besonderen Ansprüche an die Laufruhe.
Lager mit eingeengten Toleranzen P6, P5, P4 und P2 – irreführend oft Genauigkeitslager genannt – müssen bei hohen Ansprüchen an die eben genannten Merkmale verwendet werden, z. B. bei Werkzeugmaschinen und Meß-Maschinen. An dieser Stelle darf besonders auf die Anforderungen an die Lager-Umgebung, Abschnitt 3.2, hingewiesen werden.
Eine vom Konstrukteur falsch gewählte Genauigkeit kann in Summe recht kostspielig werden.
Der Grund für die oft beträchtlichen Preisunterschiede liegt vor allem in der Fertigungsstrategie; und zwar haben die Hersteller ihre Maschinen auf die Fertigung einer bestimmten Toleranzklasse (z. B. P6) eingerichtet, die Lager mit erhöhter Genauigkeit werden dann aus dem Produktionslos, welches eine gewisse Streuung aufweist, herausgemessen, Abb. 3.11 (vgl. Abb. 3.10). In Abb. 3.12 wird gezeigt, wie bei einer beliebigen Einschränkung der Toleranz (-feldbreite) die Anzahl der wahrscheinlich anfallenden Lager als Funktion der Anzahl der einschränkenden Bedingungen verläuft. Engt man z. B. die Toleranz (-feldbreite) um 20% bei 6 einschränkenden Bedingungen ein, so werden nur 80% der Lager alle

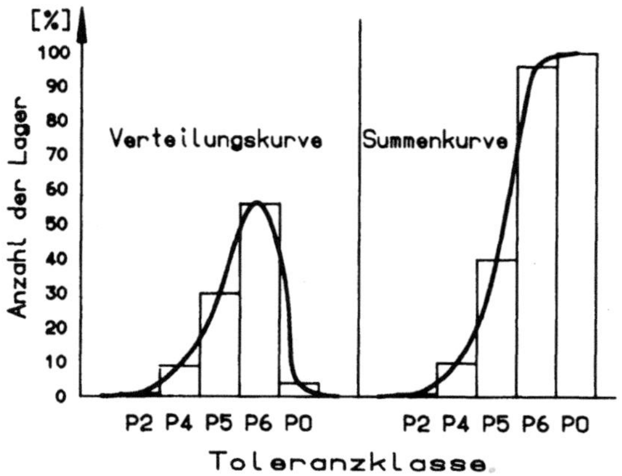

Abb. 3.11. Verteilung und Summe der Toleranzklassen in einem bestimmten Fertigungslos

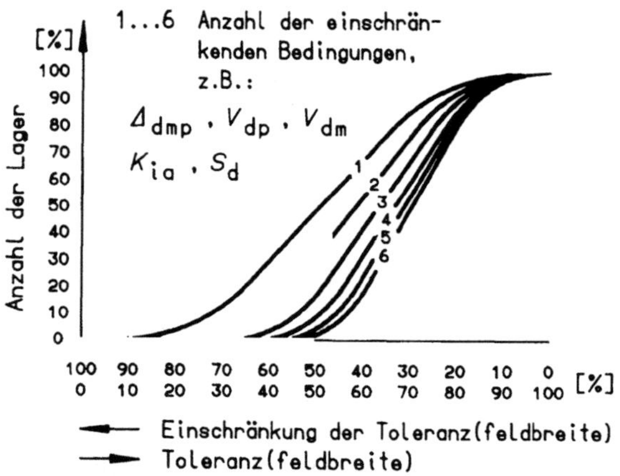

Abb. 3.12. Einschränkung der Toleranz (-feldbreite) mit mehreren gleichzeitigen Bedingungen

gestellten Bedingungen erfüllen, 96% werden hingegen die Bedingung 1 erfüllen, Bedingung 1 und 2 erfüllen 93%, Bedingung 1, 2 und 3 erfüllen 90% usw. Untragbar wird es bei einer Einschränkung der Toleranz (-feldbreite) auf 50% – etwa ist dies bei einigen Kriterien beim Übergang von Toleranzklasse P6 zu Toleranzklasse P2 der Fall –, da dann bei einem Aussuchvorgang praktisch keine Lager mehr anfallen. Ebenso schwierig ist die Herstellung von Lagern in einer der höchsten Toleranzklassen, da es auch beim Einsatz genauester Werkzeugmaschinen und sorgfältigster Arbeitsfolge immer wieder Probleme gibt, alle gesetzten Bedingungen gleichzeitig zu erfüllen. Der Aufwand des Herstellers findet natürlich im Preis seinen Niederschlag, vgl. Abb. 3.5.

3.3.1.2 Toleranz – Tafeln

3.3.1.2.1 Radiallager mit zylindrischer Bohrung, ausgenommen Kegelrollenlager

Tabelle 3.14. Toleranzklasse P 0, Innenring

Werte in μm

d mm		Δ_{dmp}		V_{dp} Durchmesserreihe			V_{dm}	K_{ia}	Δ_{Bs}			V_{Bs}
				0,1	2,3,4	7,8,9				normal	mod [1)]	
>	≤	max	min	max			max	max	max	min		max
0,6 [2)]	2,5	0	- 8	8	6	10	6	10	0	- 40		12
2,5	10	0	- 8	8	6	10	6	10	0	- 120	- 250	15
10	18	0	- 8	8	6	10	6	10	0	- 120	- 250	20
18	30	0	- 10	10	8	13	8	13	0	- 120	- 250	20
30	50	0	- 12	12	9	15	9	15	0	- 120	- 250	20
50	80	0	- 15	19	11	19	11	20	0	- 150	- 380	25
80	120	0	- 20	25	15	25	15	25	0	- 200	- 380	25
120	180	0	- 25	31	19	31	19	30	0	- 250	- 500	30
180	250	0	- 30	38	23	38	23	40	0	- 300	- 500	30
250	315	0	- 35	44	26	44	26	50	0	- 350	- 500	35
315	400	0	- 40	50	30	50	30	60	0	- 400	- 630	40
400	500	0	- 45	56	34	56	34	65	0	- 450		50
500	630	0	- 50	63	38	63	38	70	0	- 500		60
630	800	0	- 75					80	0	- 750		70
800	1000	0	- 100					90	0	- 1000		80
1000	1250	0	- 125					100	0	- 1250		100
1250	1600	0	- 160					120	0	- 1600		120
1600	2000	0	- 200					140	0	- 2000		140

1) Diese Toleranzen gelten nur für Ringe, die für gepaarte Lageranordnung erzeugt werden.
2) Dieser Durchmesser ist eingeschlossen.

Tabelle 3.15. Toleranzklasse P 0, Außenring

Werte in μm

D mm		Δ_{Dmp}		V_{Dp} [1)] Durchmesserreihe				V_{Dm} [1)]	K_{ea}	Δ_{Cs}	V_{Cs}
				0,1	2,3,4	7,8,9	2,3,4 mod [2)]				
>	≤	max	min	max				max	max		
2,5 [3)]	6	0	- 8	8	6	10	10	6	15		
6	18	0	- 8	8	6	10	10	6	15		
18	30	0	- 9	9	7	12	12	7	15		
30	50	0	- 11	11	8	14	16	8	20		
50	80	0	- 13	13	10	16	20	10	25		
80	120	0	- 15	19	11	19	26	11	35		
120	150	0	- 18	23	14	23	30	14	40		
150	180	0	- 25	31	19	31	38	19	45		
180	250	0	- 30	38	23	38		23	50	Identisch mit Δ_{Bs} und V_{Bs} (siehe Tabelle 3.14)	
250	315	0	- 35	44	26	44		26	60		
315	400	0	- 40	50	30	50		30	70		
400	500	0	- 45	56	34	56		34	80		
500	630	0	- 50	63	38	63		38	100		
630	800	0	- 75	94	55	94		55	120		
800	1000	0	- 100	125	75	125		75	140		
1000	1250	0	- 125						160		
1250	1600	0	- 160						190		
1600	2000	0	- 200						220		
2000	2500	0	- 250						250		

1) Diese Toleranzen gelten vor dem Montieren von Sprengringen.
2) Diese Toleranzen gelten nur für Lager mit Deck- und Dichtscheiben.
3) Dieser Durchmesser ist eingeschlossen.

Tabelle 3.16. Toleranzklasse P 6, Innenring

Werte in µm

d mm		Δ_{dmp}		V_{dp} Durchmesserreihe			V_{dm}	K_{ia}	Δ_{Bs}			V_{Bs}
				0,1	2,3,4	7,8,9				normal	mod [1]	
>	≤	max	min	max			max	max	max	min		max
0,6 [2]	2,5	0	- 7	7	5	9	5	5	0	- 40		12
2,5	10	0	- 7	7	5	9	5	6	0	- 120	- 250	15
10	18	0	- 7	7	5	9	5	7	0	- 120	- 250	20
18	30	0	- 8	8	6	10	6	8	0	- 120	- 250	20
30	50	0	- 10	10	8	13	8	10	0	- 120	- 250	20
50	80	0	- 12	15	9	15	9	10	0	- 150	- 380	25
80	120	0	- 15	19	11	19	11	13	0	- 200	- 380	25
120	180	0	- 18	23	14	23	14	18	0	- 250	- 500	30
180	250	0	- 22	28	17	28	17	20	0	- 300	- 500	30
250	315	0	- 25	31	19	31	19	25	0	- 350	- 500	35
315	400	0	- 30	38	23	38	23	30	0	- 400	- 630	40
400	500	0	- 35	44	26	44	26	35	0	- 450		45
500	630	0	- 40	50	30	50	30	40	0	- 500		50

1) Diese Toleranzen gelten nur für Ringe, die für gepaarte Lageranordnung erzeugt werden.

2) Dieser Durchmesser ist eingeschlossen.

Tabelle 3.17. Toleranzklasse P 6, Außenring

Werte in µm

D mm		Δ_{Dmp}		V_{Dp} [1] Durchmesserreihe				V_{Dm} [1]	K_{ea}	Δ_{Cs}	V_{Cs}
				0,1	2,3,4	7,8,9	0,1, 2,3,4 mod [2]				
>	≤	max	min	max				max	max		
2,5 [3]	6	0	- 7	7	5	9	9	5	8		
6	18	0	- 7	7	5	9	9	5	8		
18	30	0	- 8	8	6	10	10	6	9		
30	50	0	- 9	9	7	11	13	7	10		
50	80	0	- 11	11	8	14	16	8	13		
80	120	0	- 13	16	10	16	20	10	18		
120	150	0	- 15	19	11	19	25	11	20	Identisch mit Δ_{Bs} und V_{Bs} (siehe Tabelle 3.16)	
150	180	0	- 18	23	14	23	30	14	23		
180	250	0	- 20	25	15	25		15	25		
250	315	0	- 25	31	19	31		19	30		
315	400	0	- 28	35	21	35		21	35		
400	500	0	- 33	41	25	41		25	40		
500	630	0	- 38	48	29	48		29	50		
630	800	0	- 45	56	34	56		34	60		
800	1000	0	- 60	75	45	75		45	75		

1) Diese Toleranzen gelten vor dem Montieren von Sprengringen.

2) Diese Toleranzen gelten nur für Lager mit Deck- und Dichtscheiben.

3) Dieser Durchmesser ist eingeschlossen.

Tabelle 3.18. Toleranzklasse P 5, Innenring

Werte in µm

d mm		Δ_{dmp}		V_{dp} Durchmesserreihe		V_{dm}	K_{ia}	S_d	S_{ia}[1]	Δ_{Bs}			V_{Bs}
				0,1, 2,3,4	7,8,9						normal	mod[2]	
>	≤	max	min	max		max	max	max	max	max	min		max
0,6[3]	2,5	0	- 5	4	5	3	4	7	7	0	- 40	- 250	5
2,5	10	0	- 5	4	5	3	4	7	7	0	- 40	- 250	5
10	18	0	- 5	4	5	3	4	7	7	0	- 80	- 250	5
18	30	0	- 6	5	6	3	4	8	8	0	- 120	- 250	5
30	50	0	- 8	6	8	4	5	8	8	0	- 120	- 250	5
50	80	0	- 9	7	9	5	5	8	8	0	- 150	- 250	6
80	120	0	- 10	8	10	5	6	9	9	0	- 200	- 380	7
120	180	0	- 13	10	13	7	8	10	10	0	- 250	- 380	8
180	250	0	- 15	12	15	8	10	11	13	0	- 300	- 500	10
250	315	0	- 18	14	18	9	13	13	15	0	- 350	- 500	13
315	400	0	- 23	18	23	12	15	15	20	0	- 400	- 630	15

1) Diese Toleranzen gelten für alle Kugellager, außer Pendelkugellager.

2) Diese Toleranzen gelten nur für Ringe, die für gepaarte Lageranordnung erzeugt werden.

3) Dieser Durchmesser ist eingeschlossen.

Tabelle 3.19. Toleranzklasse P 5, Außenring

Werte in µm

D mm		Δ_{Dmp}		V_{Dp}[1] Durchmesserreihe		V_{Dm}	K_{ea}	S_D	S_{ea}[2]	Δ_{Cs}	V_{Cs}
				0,1, 2,3,4	7,8,9						
>	≤	max	min	max		max	max	max	max		max
2,5[3]	6	0	- 5	4	5	3	5	8	8	Identisch mit Δ_{Bs} (siehe Tabelle 3.18)	5
6	18	0	- 5	4	5	3	5	8	8		5
18	30	0	- 6	5	6	3	6	8	8		5
30	50	0	- 7	5	7	4	7	8	8		5
50	80	0	- 9	7	9	5	8	8	10		6
80	120	0	- 10	8	10	5	10	9	11		8
120	150	0	- 11	8	11	6	11	10	13		8
150	180	0	- 13	10	13	7	13	10	14		8
180	250	0	- 15	11	15	8	15	11	15		10
250	315	0	- 18	14	18	9	18	13	18		11
315	400	0	- 20	15	20	10	20	13	20		13
400	500	0	- 23	17	23	12	23	15	23		15
500	630	0	- 28	21	28	14	25	18	25		18
630	800	0	- 35	26	35	18	30	20	30		20

1) Diese Toleranzen gelten nicht für Lager mit Deck- und Dichtscheiben.

2) Diese Toleranzen gelten für alle Kugellager, außer Pendelkugellager.

3) Dieser Durchmesser ist eingeschlossen.

Tabelle 3.20. Toleranzklasse P 4, Innenring

Werte in µm

d mm		Δ_{dmp}		Δ_{ds} [1]		V_{dp} Durchmesserreihe 0,1,2,3,4	V_{dp} Durchmesserreihe 7,8,9	V_{dm}	K_{ia}	S_d	S_{ia} [2]	Δ_{Bs}	Δ_{Bs} normal	Δ_{Bs} mod [3]	V_{Bs}
$<$	$\leq$	max	min	max	min	max	max	max	max	max	max	max	min	min	max
0,6 [4]	2,5	0	- 4	0	- 4	3	4	2	2,5	3	3	0	- 40	- 250	2,5
2,5	10	0	- 4	0	- 4	3	4	2	2,5	3	3	0	- 40	- 250	2,5
10	18	0	- 4	0	- 4	3	4	2	2,5	3	3	0	- 80	- 250	2,5
18	30	0	- 5	0	- 5	4	5	2,5	3	4	4	0	- 120	- 250	2,5
30	50	0	- 6	0	- 6	5	6	3	4	4	4	0	- 120	- 250	3
50	80	0	- 7	0	- 7	5	7	3,5	4	5	5	0	- 150	- 250	4
80	120	0	- 8	0	- 8	6	8	4	5	5	5	0	- 200	- 380	4
120	180	0	- 10	0	- 10	8	10	5	6	6	7	0	- 250	- 380	5
180	250	0	- 12	0	- 12	9	12	6	8	7	8	0	- 300	- 500	6

1) Diese Toleranzen gelten nur für die Durchmesserreihen 0 bis 4.
2) Diese Toleranzen gelten für alle Kugellager, außer Pendelkugellager.
3) Diese Toleranzen gelten nur für Ringe, die für gepaarte Lageranordnung erzeugt werden.
4) Dieser Durchmesser ist eingeschlossen.

Tabelle 3.21. Toleranzklasse P 4, Außenring

Werte in µm

D mm		Δ_{Dmp}		Δ_{Ds} [1]		V_{Dp} [2] Durchmesserreihe 0,1,2,3,4	V_{Dp} [2] Durchmesserreihe 7,8,9	V_{Dm}	K_{ea}	S_D	S_{ea} [3]	Δ_{Cs}	V_{Cs}
$>$	$\leq$	max	min	max	min	max	max	max	max	max	max		max
2,5 [4]	6	0	- 4	0	- 4	3	4	2	3	4	5	Identisch mit Δ_{Bs} (siehe Tabelle 3.20)	2,5
6	18	0	- 4	0	- 4	3	4	2	3	4	5		2,5
18	30	0	- 5	0	- 5	4	5	2,5	4	4	5		2,5
30	50	0	- 6	0	- 6	5	6	3	5	4	5		2,5
50	80	0	- 7	0	- 7	5	7	3,5	5	4	5		3
80	120	0	- 8	0	- 8	6	8	4	6	5	6		4
120	150	0	- 9	0	- 9	7	9	5	7	5	7		5
150	180	0	- 10	0	- 10	8	10	5	8	5	8		5
180	250	0	- 11	0	- 11	8	11	6	10	7	10		7
250	315	0	- 13	0	- 13	10	13	7	11	8	10		7
315	400	0	- 15	0	- 15	11	15	8	13	10	13		8

1) Diese Toleranzen gelten nur für die Durchmesserreihen 0 bis 4.
2) Diese Toleranzen gelten nicht für Lager mit Deck- und Dichtscheiben.
3) Diese Toleranzen gelten für alle Kugellager, außer Pendelkugellager.
4) Dieser Durchmesser ist eingeschlossen.

Tabelle 3.22. Toleranzklasse P 2, Innenring

Werte in µm

d mm		Δ_{dmp}		Δ_{ds}		V_{dp}	V_{dm}	K_{ia}	S_d	S_{ia} [1]	Δ_{Bs}		V_{Bs}
>	≤	max	min	max	min	max	max	max	max	max	max	min	max
0,6 [2]	2,5	0	- 2,5	0	- 2,5	2,5	1,5	1,5	1,5	1,5	0	- 40	1,5
2,5	10	0	- 2,5	0	- 2,5	2,5	1,5	1,5	1,5	1,5	0	- 40	1,5
10	18	0	- 2,5	0	- 2,5	2,5	1,5	1,5	1,5	1,5	0	- 80	1,5
18	30	0	- 2,5	0	- 2,5	2,5	1,5	2,5	1,5	2,5	0	- 120	1,5
30	50	0	- 2,5	0	- 2,5	2,5	1,5	2,5	1,5	2,5	0	- 120	1,5
50	80	0	- 4	0	- 4	4	2	2,5	1,5	2,5	0	- 150	1,5
80	120	0	- 5	0	- 5	5	2,5	2,5	2,5	2,5	0	- 200	2,5
120	150	0	- 7	0	- 7	7	3,5	2,5	2,5	2,5	0	- 250	2,5
150	180	0	- 7	0	- 7	7	3,5	5	4	5	0	- 300	4
180	250	0	- 8	0	- 8	8	4	5	5	5	0	- 350	5

1) Diese Toleranzen gelten für alle Kugellager, außer Pendelkugellager.
2) Dieser Durchmesser ist eingeschlossen.

Tabelle 3.23. Toleranzklasse P 2, Außenring

Werte in µm

D mm		Δ_{Dmp}		Δ_{Ds}		V_{Dp} [1]	V_{Dm}	K_{ea}	S_D	S_{ea} [2]	Δ_{Cs}	V_{Cs}
>	≤	max	min	max	min	max	max	max	max	max		max
2,5 [3]	6	0	- 2,5	0	- 2,5	2,5	1,5	1,5	1,5	1,5	Identisch mit Δ_{Bs} (siehe Tabelle 3.22)	1,5
6	18	0	- 2,5	0	- 2,5	2,5	1,5	1,5	1,5	1,5		1,5
18	30	0	- 4	0	- 4	4	2	2,5	1,5	2,5		1,5
30	50	0	- 4	0	- 4	4	2	2,5	1,5	2,5		1,5
50	80	0	- 4	0	- 4	4	2	4	1,5	4		1,5
80	120	0	- 5	0	- 5	5	2,5	5	2,5	5		2,5
120	150	0	- 5	0	- 5	5	2,5	5	2,5	5		2,5
150	180	0	- 7	0	- 7	7	3,5	5	2,5	5		2,5
180	250	0	- 8	0	- 8	8	4	7	4	7		4
250	315	0	- 8	0	- 8	8	4	7	5	7		5
315	400	0	- 10	0	- 10	10	5	8	7	8		7

1) Diese Toleranzen gelten nicht für Lager mit Deck- und Dichtscheiben.
2) Diese Toleranzen gelten für alle Kugellager, außer Pendelkugellager.
3) Dieser Durchmesser ist eingeschlossen.

Tabelle 3.24. Kantenabstand, Innenring und Außenring

Werte in mm

$r_{s\,min}$ [1]	d >	d ≤	$r_{rs\,max}$	$r_{as\,max}$
0,05			0,1	0,2
0,08			0,16	0,3
0,1			0,2	0,4
0,15			0,3	0,6
0,2			0,5	0,8
0,3		40	0,6	1
	40		0,8	1
0,6		40	1	2
	40		1,3	2
1		50	1,5	3
	50		1,9	3
1,1		120	2	3,5
	120		2,5	4
1,5		120	2,3	4
	120		3	5
		80	3	4,5
2	80	220	3,5	5
	220		3,8	6
2,1		280	4	6,5
	280		4,5	7
		100	3,8	6
2,5	100	280	4,5	6
	280		5	7
3		280	5	8
	280		5,5	8
4			6,5	9
5			8	10
6			10	13
7,5			12,5	17
9,5			15	19
12			18	24
15			21	30
19			25	38

1) $r_{hs\,max} \leq r_{s\,min}$

3.3.1.2.2 Kegelrollenlager mit zylindrischer Bohrung

Toleranzklasse P 6 X: Durchmesser- und Rundlauftoleranz gleich Toleranzklasse P 0, und zwar
- — Innenring nach Tabelle 3.25
- — Außenring nach Tabelle 3.26

Tabelle 3.25. Toleranzklasse P 0, Innenring

Werte in µm

d mm		Δ_{dmp}		V_{dp}	V_{dm}	K_{ia}
>	≤	max	min	max	max	max
10	18	0	- 12	12	9	15
18	30	0	- 12	12	9	18
30	50	0	- 12	12	9	20
50	80	0	- 15	15	11	25
80	120	0	- 20	20	15	30
120	180	0	- 25	25	19	35
180	250	0	- 30	30	23	50
250	315	0	- 35	35	26	60
315	400	0	- 40	40	30	70

Tabelle 3.26. Toleranzklasse P 0, Außenring

Werte in µm

D mm		Δ_{Dmp}		V_{Dp}	V_{Dm}	K_{ea}	Δ_{D1mp}
>	≤	max	min	max	max	max	
18	30	0	- 12	12	9	18	h9 1)
30	50	0	- 14	14	11	20	
50	80	0	- 16	16	12	25	
80	120	0	- 18	18	14	35	
120	150	0	- 20	20	15	40	
150	180	0	- 25	25	19	45	
180	250	0	- 30	30	23	50	
250	315	0	- 35	35	26	60	
315	400	0	- 40	40	30	70	
400	500	0	- 45	45	34	80	
500	630	0	- 50	50	38	100	

1) Toleranz nach ÖNORM M 1302 Teil 2

Tabelle 3.27. Toleranzklasse P 0, Breite der Ringe, Lagerbreite und wirksame Lagerbreite

Werte in µm

d mm		Δ_{Bs}		Δ_{Cs}		Δ_{Ts}		Δ_{T1s}		Δ_{T2s}	
>	≤	max	min	max	min	max	min	max	min	max	min
10	18	0	- 120	0	- 120	+ 200	0	+ 100	0	+ 100	0
18	30	0	- 120	0	- 120	+ 200	0	+ 100	0	+ 100	0
30	50	0	- 120	0	- 120	+ 200	0	+ 100	0	+ 100	0
50	80	0	- 150	0	- 150	+ 200	0	+ 100	0	+ 100	0
80	120	0	- 200	0	- 200	+ 200	- 200	+ 100	- 100	+ 100	- 100
120	180	0	- 250	0	- 250	+ 350	- 250	+ 150	- 150	+ 200	- 100
180	250	0	- 300	0	- 300	+ 350	- 250	+ 150	- 150	+ 200	- 100
250	315	0	- 350	0	- 350	+ 350	- 250	+ 150	- 150	+ 200	- 100
315	400	0	- 400	0	- 400	+ 400	- 400	+ 200	- 200	+ 200	- 200

Tabelle 3.28. Toleranzklasse P 6 X, Breite der Ringe, Lagerbreite und wirksame Lagerbreite

Werte in µm

d mm		Δ_{Bs}		Δ_{Cs}		Δ_{Ts}		Δ_{T1s}		Δ_{T2s}	
>	≤	max	min	max	min	max	min	max	min	max	min
10	18	0	- 50	0	- 100	+ 100	0	+ 50	0	+ 50	0
18	30	0	- 50	0	- 100	+ 100	0	+ 50	0	+ 50	0
30	50	0	- 50	0	- 100	+ 100	0	+ 50	0	+ 50	0
50	80	0	- 50	0	- 100	+ 100	0	+ 50	0	+ 50	0
80	120	0	- 50	0	- 100	+ 100	0	+ 50	0	+ 50	0
120	180	0	- 50	0	- 100	+ 150	0	+ 50	0	+ 100	0
180	250	0	- 50	0	- 100	+ 150	0	+ 50	0	+ 100	0
250	315	0	- 50	0	- 100	+ 200	0	+ 100	0	+ 100	0
315	400	0	- 50	0	- 100	+ 200	0	+ 100	0	+ 100	0

Tabelle 3.29. Toleranzklasse P 5, Innenring

Werte in µm

d mm		Δ_{dmp}		V_{dp}	V_{dm}	K_{ia}	S_d	Δ_{Bs}		Δ_{Ts}	
>	≤	max	min	max	max	max	max	max	min	max	min
10	18	0	- 7	5	5	5	7	0	- 200	+ 200	- 200
18	30	0	- 8	6	5	5	8	0	- 200	+ 200	- 200
30	50	0	- 10	8	5	6	8	0	- 240	+ 200	- 200
50	80	0	- 12	9	6	7	8	0	- 300	+ 200	- 200
80	120	0	- 15	11	8	8	9	0	- 400	+ 200	- 200
120	180	0	- 18	14	9	11	10	0	- 500	+ 350	- 250
180	250	0	- 22	17	11	13	11	0	- 600	+ 350	- 250

Tabelle 3.30. Toleranzklasse P5, Außenring

Werte in µm

D mm		Δ_{Dmp}		V_{Dp}	V_{Dm}	K_{ea}	S_D	Δ_{Cs}	Δ_{D1mp}
>	≤	max	min	max	max	max	max		
18	30	0	- 8	6	5	6	8		
30	50	0	- 9	7	5	7	8		
50	80	0	- 11	8	6	8	8	Identisch mit	
80	120	0	- 13	10	7	10	9	Δ_{Bs}	h9[1]
120	150	0	- 15	11	8	11	10	(siehe	
150	180	0	- 18	14	9	13	10	Tabelle 3.29)	
180	250	0	- 20	15	10	15	11		
250	315	0	- 25	19	13	18	13		
315	400	0	- 28	22	14	20	13		

1) Toleranz nach ÖNORM M 1302 Teil 2

Tabelle 3.31. Toleranzklasse P4, Innenring

Werte in µm

d mm		Δ_{dmp}		Δ_{ds}		V_{dp}	V_{dm}	K_{ia}	S_d	S_{ia}	Δ_{Bs}		Δ_{Ts}	
>	≤	max	min	max	min	max	max	max	max	max	max	min	max	min
10	18	0	- 5	0	- 5	4	4	3	3	3	0	- 200	+ 200	- 200
18	30	0	- 6	0	- 6	5	4	3	4	4	0	- 200	+ 200	- 200
30	50	0	- 8	0	- 8	6	5	4	4	4	0	- 240	+ 200	- 200
50	80	0	- 9	0	- 9	7	5	4	5	4	0	- 300	+ 200	- 200
80	120	0	- 10	0	- 10	8	5	5	5	5	0	- 400	+ 200	- 200
120	180	0	- 13	0	- 13	10	7	6	6	7	0	- 500	+ 350	- 250
180	250	0	- 15	0	- 15	11	8	8	7	8	0	- 600	+ 350	- 250

Tabelle 3.32. Toleranzklasse P4, Außenring

Werte in µm

D mm		Δ_{Dmp}		Δ_{Ds}		V_{Dp}	V_{Dm}	K_{ea}	S_D	S_{ea}	Δ_{Cs}	Δ_{D1mp}
>	≤	max	min	max	min	max	max	max	max	max		
18	30	0	- 6	0	- 6	5	4	4	4	5		
30	50	0	- 7	0	- 7	5	5	5	4	5		
50	80	0	- 9	0	- 9	7	5	5	4	5	Identisch mit	
80	120	0	- 10	0	- 10	8	5	6	5	6	Δ_{Bs}	h9[1]
120	150	0	- 11	0	- 11	8	6	7	5	7	(siehe	
150	180	0	- 13	0	- 13	10	7	8	5	8	Tabelle 3.31)	
180	250	0	- 15	0	- 15	11	8	10	7	10		
250	315	0	- 18	0	- 18	14	9	11	8	10		
315	400	0	- 20	0	- 20	15	10	13	10	13		

1) Toleranz nach ÖNORM M 1302 Teil 2

Tabelle 3.33. Kantenabstand, Innenring und Außenring, große Planfläche

Werte in mm

r_{smin} [1)]	d, D >	d, D ≤	r_{smax}: r_{rsmax}	r_{smax}: r_{asmax}
0,3		40	0,7	1,4
	40		0,9	1,6
0,6		40	1,1	1,7
	40		1,3	2
1		50	1,6	2,5
	50		1,9	3
1,5		120	2,3	3
	120	250	2,8	3,5
	250		3,5	4
2		120	2,8	4
	120	250	3,5	4,5
	250		4	5
2,5		120	3,5	5
	120	250	4	5,5
	250		4,5	6
3		120	4	5,5
	120	250	4,5	6,5
	250	400	5	7
	400		5,5	7,5
4		120	5	7
	120	250	5,5	7,5
	250	400	6	8
	400		6,5	8,5
5		180	6,5	8
	180		7,5	9
6		180	7,5	10
	180		9	11

1) $r_{hsmax} \leqslant r_{smin}$

3.3.1.2.3 Radiallager mit kegeliger Bohrung

Tabelle 3.34. Kegelige Bohrungen, Nennmaße

Merkmal	Kegel 1 : 12	Kegel 1 : 30
α	2° 23′ 9,4″ 2,38594° 0,041643 rad	0° 57′ 16,4″ 0,95457° 0,016666 rad
d_1	$d + \frac{B}{12}$	$d + \frac{B}{30}$

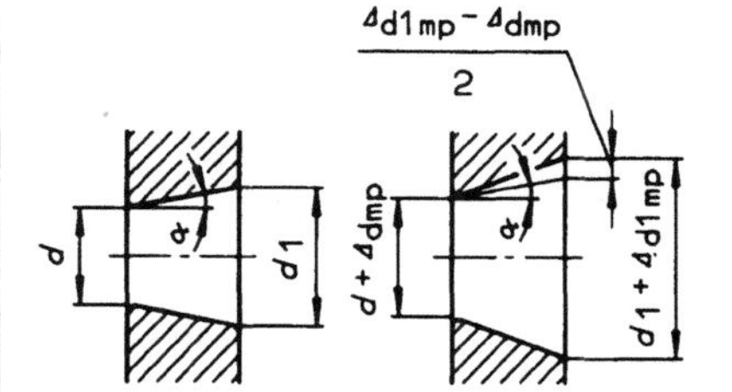

Tabelle 3.35. Kegelige Bohrungen, Toleranzwerte

Werte in µm

d mm		Kegel 1:12 Toleranzklasse P0					Kegel 1:30 Toleranzklasse P0					Kegel 1:30 Toleranzklasse P6				
		Δ_{dmp}		V_{dp} 1)	$\Delta_{d1mp} - \Delta_{dmp}$		Δ_{dmp}		V_{dp} 1)	$\Delta_{d1mp} - \Delta_{dmp}$		Δ_{dmp}		V_{dp} 1)	$\Delta_{d1mp} - \Delta_{dmp}$	
>	≤	max	min	max	max	min	max	min	max	max	min	max	min	max	max	min
	10	+ 15	0	10	+ 15	0						+ 7	0	7	+ 7	0
10	18	+ 18	0	10	+ 18	0						+ 7	0	7	+ 7	0
18	30	+ 21	0	13	+ 21	0						+ 8	0	8	+ 8	0
30	50	+ 25	0	15	+ 25	0						+ 10	0	10	+ 10	0
50	80	+ 30	0	19	+ 30	0	+ 15	0	19	+ 35	0	+ 12	0	15	+ 12	0
80	120	+ 35	0	25	+ 35	0	+ 20	0	25	+ 40	0	+ 15	0	19	+ 15	0
120	180	+ 40	0	31	+ 40	0	+ 25	0	31	+ 50	0	+ 18	0	23	+ 18	0
180	250	+ 46	0	38	+ 46	0	+ 30	0	38	+ 55	0	+ 22	0	28	+ 22	0
250	315	+ 52	0	44	+ 52	0	+ 35	0	44	+ 60	0	+ 25	0	31	+ 25	0
315	400	+ 57	0	50	+ 57	0	+ 40	0	50	+ 65	0	+ 30	0	38	+ 30	0
400	500	+ 63	0	56	+ 63	0	+ 45	0	56	+ 75	0	+ 35	0	44	+ 35	0
500	630	+ 70	0	63	+ 70	0	+ 50	0	63	+ 85	0	+ 40	0	50	+ 40	0

1) Gilt in beliebigen radialen Schnitten.

3.3.1.2.4 Axiallager

Tabelle 3.36. Toleranzen, Wellenscheibe, Bohrungsdurchmesser

Werte in μm

d d_2 mm		Toleranzklassen P0, P6, P5 Δ_{dmp} Δ_{d2mp}		V_{dp} V_{d2p}	Toleranzklasse P4 Δ_{dmp} Δ_{d2mp}		V_{dp} V_{d2p}
>	≤	max	min	max	max	min	max
	18	0	- 8	6	0	- 7	5
18	30	0	- 10	8	0	- 8	6
30	50	0	- 12	9	0	- 10	8
50	80	0	- 15	11	0	- 12	9
80	120	0	- 20	15	0	- 15	11
120	180	0	- 25	19	0	- 18	14
180	250	0	- 30	23	0	- 22	17
250	315	0	- 35	26	0	- 25	19
315	400	0	- 40	30	0	- 30	23
400	500	0	- 45	34	0	- 35	26
500	630	0	- 50	38	0	- 40	30
630	800	0	- 75		0	- 50	
800	1000	0	- 100				
1000	1250	0	- 125				

Tabelle 3.37. Toleranzen, Gehäusescheibe, Manteldurchmesser

Werte in μm

D mm		Toleranzklassen P0, P6, P5 Δ_{Dmp}		V_{Dp}	Toleranzklasse P4 Δ_{Dmp}		V_{Dp}
>	≤	max	min	max	max	min	max
10	18	0	- 11	8	0	- 7	5
18	30	0	- 13	10	0	- 8	6
30	50	0	- 16	12	0	- 9	7
50	80	0	- 19	14	0	- 11	8
80	120	0	- 22	17	0	- 13	10
120	180	0	- 25	19	0	- 15	11
180	250	0	- 30	23	0	- 20	15
250	315	0	- 35	26	0	- 25	19
315	400	0	- 40	30	0	- 28	21
400	500	0	- 45	34	0	- 33	25
500	630	0	- 50	38	0	- 38	29
630	800	0	- 75	55	0	- 45	34
800	1000	0	- 100	75			
1000	1250	0	- 125				
1250	1600	0	- 160				

Tabelle 3.38. Wellen- und Gehäusescheibe, Schwankungen der Scheibendicke

Werte in µm

d D mm		S_i Toleranzklasse				S_e Toleranzklassen
		P0	P6	P5	P4	P0, P6, P5, P4
>	≤	max	max	max	max	
	18	10	5	3	2	
18	30	10	5	3	2	
30	50	10	6	3	2	
50	80	10	7	4	3	
80	120	15	8	4	3	
120	180	15	9	5	4	
180	250	20	10	5	4	Identisch mit S_i
250	315	25	13	7	5	
315	400	30	15	7	5	
400	500	30	18	9	6	
500	630	35	21	11	7	
630	800	40	25	13	8	
800	1000	45	30	15		
1000	1250	50	35	18		

Tabelle 3.39. Lagerhöhe

Werte in µm

d mm		Δ_{Ts} AKL AZRL		APRL		Δ_{T1s} 2AKL 2AZRL		Δ_{T2s} AKL+ES		2AKL+2ES	
>	≤	max	min	max	min	max	min	max	min	max	min
	18	+ 20	- 250	+ 20	- 300	+ 150	- 400	+ 100	- 250	+ 300	- 400
18	30	+ 20	- 250	+ 20	- 300	+ 150	- 400	+ 100	- 250	+ 300	- 400
30	50	+ 20	- 250	+ 20	- 300	+ 150	- 400	+ 100	- 250	+ 300	- 400
50	80	+ 20	- 300	+ 20	- 400	+ 150	- 500	+ 100	- 300	+ 300	- 500
80	120	+ 25	- 300	+ 25	- 400	+ 200	- 500	+ 150	- 300	+ 400	- 500
120	180	+ 25	- 400	+ 25	- 500	+ 200	- 600	+ 150	- 400	+ 400	- 600
180	250	+ 30	- 400	+ 30	- 500	+ 250	- 600	+ 150	- 400	+ 500	- 600
250	315	+ 40	- 400	+ 40	- 700	+ 350	- 700	+ 200	- 400	+ 600	- 700
315	400	+ 40	- 500	+ 40	- 700	+ 350	- 700	+ 200	- 500	+ 600	- 700
400	500	+ 50	- 500	+ 50	- 900	+ 400	- 900	+ 300	- 500	+ 750	- 900
500	630	+ 60	- 600	+ 60	- 1200	+ 500	- 1100	+ 350	- 600	+ 900	- 1100
630	800	+ 70	- 750	+ 70	- 1400	+ 600	- 1300	+ 400	- 750	+ 1100	- 1300
800	1000	+ 80	- 1000	+ 80	- 1800	+ 700	- 1500	+ 450	- 1000	+ 1300	- 1500
1000	1250	+ 100	- 1400	- 100	- 2400	+ 900	- 1800	+ 500	- 1400	+ 1600	- 1800

Tabelle 3.40. Kantenabstand, Wellen- und Gehäusescheibe

Werte in mm

r_{smin} [1]	r_{rsmax} r_{asmax}
0,05	0,1
0,08	0,16
0,1	0,2
0,15	0,3
0,2	0,5
0,3	0,8
0,6	1,5
1	2,2
1,1	2,7
1,5	3,5
2	4
2,1	4,5
3	5,5
4	6,5
5	8
6	10
7,5	12,5
9,5	15
12	18
15	21
19	25

[1] $r_{hsmax} \leq r_{smin}$

3.3.2 Lagerluft

Unterschiedlich zu den Toleranzen nach Abschnitt 3.3.1 ist die genormte Lagerluft [N 54, N 68] ein reines Funktionsmerkmal; nur aus der Sicht des Anwenders gelten dieselben Regeln bei der Beurteilung der Verteilung der Meßwerte innerhalb einer gelieferten Lagermenge. Die Größe der Lagerluft hängt vom Anwendungsfall und dessen auf das Lager einwirkende Randbedingungen ab, z. B. Passungen, Temperatur, Drehzahl, Schmierung.

3.3.2.1 Lagerluftklassen – Merkmale, Bedeutung

Merkmale

Die Lagerluft ist in Luftklassen gestuft. Die genormten Luftklassen [N 54, N 68] sind in Tabelle 3.41 wiedergegeben. Ausgehend von der Luftklasse C 0 – willkürlich als „normal" bezeichnet, gibt es „erweiterte Lagerluft" der Klassen C 3, C 4, C 5 und „eingeengte Lagerluft" der Klassen C 2, C 1.

Die beiden Begriffe Lagerluft und Lagerspiel werden häufig gleichbedeutend nebeneinander verwendet. Bei einigen Autoren wird hingegen ein Unterschied

Tabelle 3.41. Lagerluftklassen

Lagerluft-klasse	Erläuterung
C1	Lagerluft kleiner als C2
C2	Lagerluft kleiner als normal
C0	Lagerluft normal
C3	Lagerluft größer als normal
C4	Lagerluft größer als C3
C5	Lagerluft größer als C4
Kombination von Lagergenauigkeit und Lagerluft: Beispiel: P63 = Toleranzklasse P6 und Luftklasse C3	

gemacht. Die Radial-Lagerluft gemäß den Normen ist der arithmetische Mittelwert der radialen Abstände, um die ein Lagerring zum anderen von der exzentrischen Grenzlage in die diametral gegenüberliegende verschoben werden kann – ohne Wirkung äußerer Kräfte (!); das Lagerspiel berücksichtigt zusätzlich die Einfederung, die von einer Belastung herrührt, Abb. 3.13.

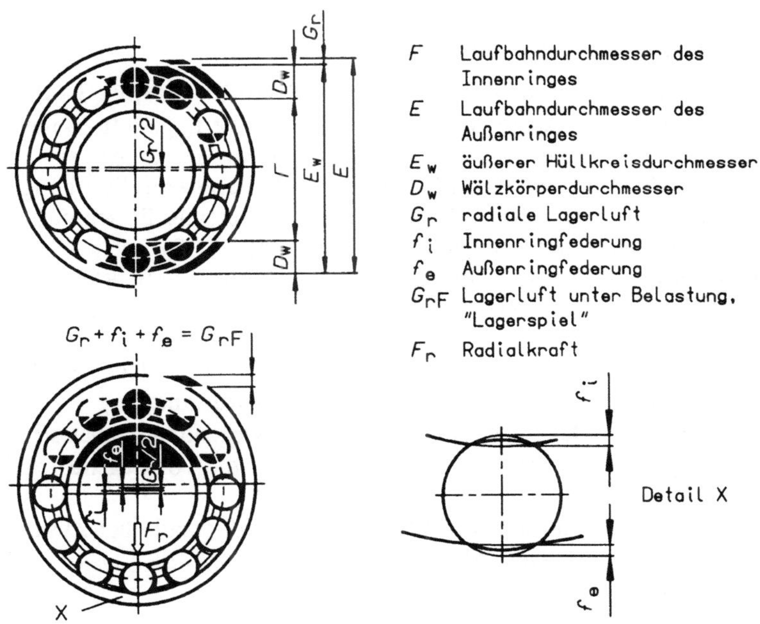

Abb. 3.13. Lagerluft und Einfederung

Nach dieser Unterscheidung findet man somit beim Messen eines kompletten Lagers eigentlich immer das „Lagerspiel", da der Messung immer eine gewisse Belastung zugrunde gelegt wird [29].

Aus der Sicht der Sprachregelung ergibt das aber keinen richtigen Sinn, daß man den Begriff wechselt, wenn bloß ein neuer Einfluß zu berücksichtigen ist; dadurch entsteht keine bessere Klarstellung, sondern eher Verwirrung beim Konstrukteur (Anwender).

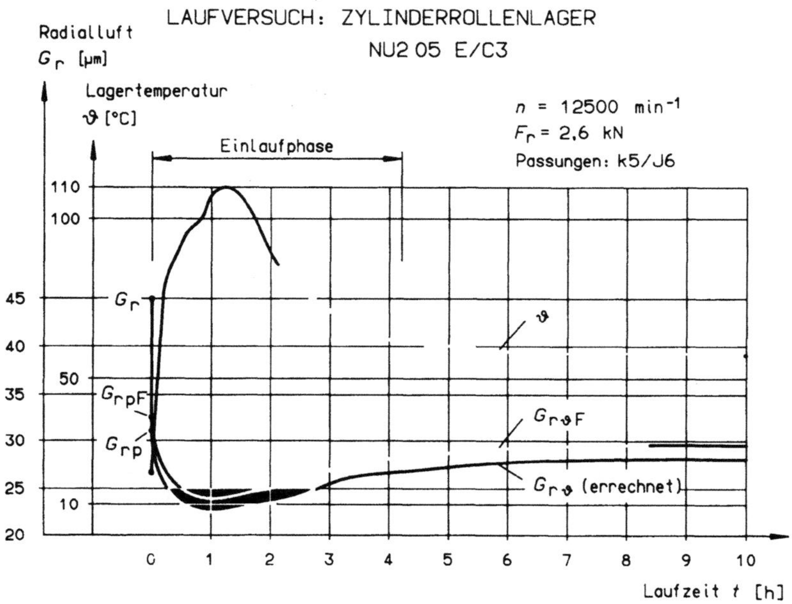

Abb. 3.14. Veränderung der Lagerluft im Betrieb

Die heute übliche Terminologie sieht daher folgende Begriffe vor (Abb. 3.14):

— *Fertigungslagerluft* G_r, G_a: das ist wie oben beschrieben die Lagerluft im nicht eingebauten unbelasteten Zustand des Lagers (Anlieferungszustand)

— *Passungslagerluft* (Passungsspiel) G_{rp}, G_{ap}; das ist die Differenz aus Fertigungslagerluft verringert um die zufolge der Passungen auftretende Einschnürung bzw. Aufweitung der Ringlaufbahnen (Einbauzustand)

— *Erwärmungslagerluft* G_r, G_a; das ist die durch den Einfluß der Betriebstemperatur veränderte Passungslagerluft (vereinfachter Betriebszustand ohne Kraftwirkung)

— *Betriebslagerluft* G_{rF}, G_{aF}; das ist die Restlagerluft, bei der Einfederung der Lagerteile mitberücksichtigt wird (tatsächlicher Betriebszustand).

Die radiale Lagerluft G_r wird für Lager angegeben, die vorwiegend radial belastbar sind. Die axiale Lagerluft G_a wird für Lager angegeben, die vorwiegend axial belastbar sind.

Zwischen der radialen und axialen Lagerluft besteht ein mathematischer Zusammenhang, z. B. für Rillenkugellager, Abb. 3.15:

$$G_a = \sqrt{2 \cdot G_r (c_{ai} + c_{ae}) \cdot D_w - \frac{G_r^2}{4}} \tag{3.1}$$

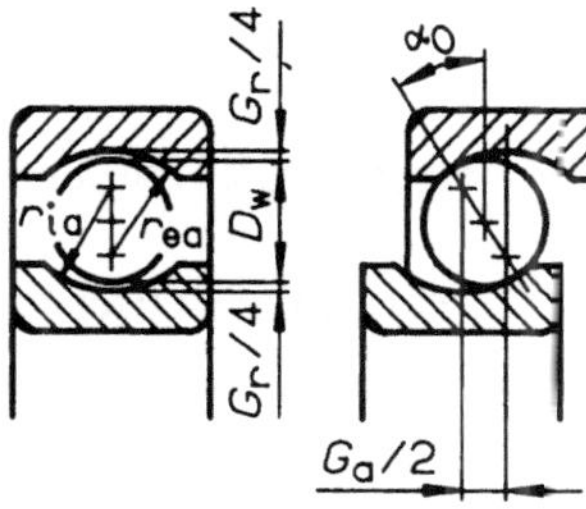

Abb. 3.15. Radiale und axiale Lagerluft

mit

c_{ai} .. Radienverhältnis (Schmiegung) im Axialschnitt am Innenring (vgl. [30]),
c_{ae} .. Radienverhältnis (Schmiegung) im Axialschnitt am Außenring,
D_w.. Kugeldurchmesser

Radienverhältnisse und Kugeldurchmesser sind nicht genormt; deshalb hat Abb. 3.15 nur beispielhafte Gültigkeit.
Neben der Lagerluft in radialer und axialer Richtung ist natürlich auch ein Kippen (Schiefstellen, Schwenken, Kippluft, Winkelspiel) möglich. Die Schiefstellung (Kippwinkel ψ) hängt in erster Linie von der Form und Lage der Laufbahnen ab. Sie wird umso größer je größer das Radienverhältnis $c_{a(e)}$ (z. B. Rillenkugellager: Rillenradius/Kugelradius) wird und erreicht ihren Maximalwert, wenn der Krümmungsmittelpunkt des Laufbahnprofils auf der Lagerachse liegt (Pendelkugellager, Pendelrollenlager), Abb. 3.16.

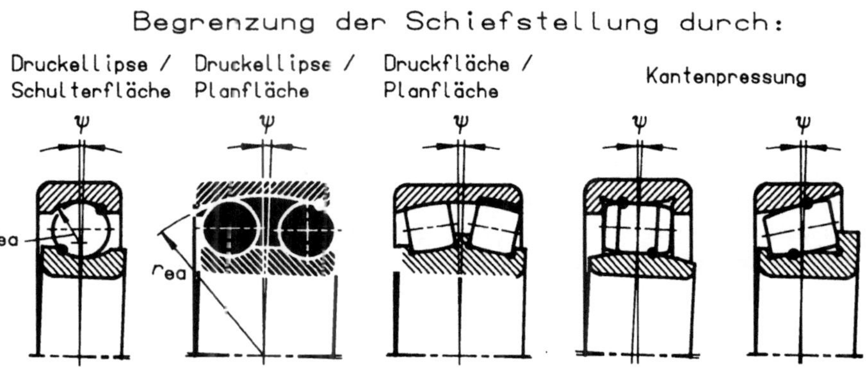

Abb. 3.16. Kippwinkel ψ

Diese zulässigen Schiefstellwerte ψ_{zul} sind aus Tabelle 3.1 ersichtlich, sie sind nicht (einheitlich) genormt.
Zur Messung der Lagerluft werden spezielle Meßvorrichtungen oder Meßautomaten verwendet [29, 31]; siehe auch Abschnitt 8.

Bedeutung

Die Lagerluft-Tafeln, Abschnitt 3.3.2.2, geben Zahlengrenzwerte für das nicht eingebaute Lager an. Wälzlager sollen Wellen möglichst genau führen. Die Radialluft des eingebauten Lagers soll daher nur wenige Mikrometer betragen. Um diesen Betriebszustand zu bekommen, müssen verschiedene Kriterien beachtet werden:

Unterschiedliche Wärmedehnung der Lagerringe und der umgebenden Teile kann das Lager verspannen.

Preßpassungen der Lagerringe verkleinern die Lagerluft. Meist ist die Betriebslagerluft kleiner als die Lagerluft des nicht eingebauten Lagers. Die Lagerluft des nicht eingebauten Lagers ist auf die unterschiedlichen Betriebszustände und Passungen abzustimmen. Dazu gibt es neben Lagern mit normaler Lagerluft auch Lager mit kleinerer und größerer Lagerluft.

Lager mit normaler Lagerluft gewährleisten bei normalen Passungen und normalen Betriebsverhältnissen eine richtige Betriebslagerluft.

Mit den genormten Luftgruppen werden praktisch alle Betriebsfälle beherrscht.

Sind im Ausnahmefall engere Toleranzen als die der genormten Luftgruppe notwendig, so erhält das Lager das Nachsetzzeichen R (für Radialluft) oder A (für Axialluft) mit den Grenzwerten der Lagerluft, z. B. R 30.40.

Grundsätzlich werden Zylinderrollenlager in der Ausführung „Ringe gepaart" (übliche, jedoch nicht genormte Bezeichnung: ZS) geliefert. Werden die losen Ringe beim Einbau vertauscht, dann kann die Lagerluft den Bereich „Ringe vertauscht" ergeben. Bei der internationalen Normungsorganisation ISO liegt ein Vorschlag vor, wonach eine Neuordnung bei der Lagerluft für Zylinderrollenlager angestrebt wird, die diese Unterscheidung nicht mehr kennt.

In Lagern mit kegeliger Bohrung muß die Betriebslagerluft nach dem Aufpressen des Innenringes auf den kegeligen Sitz kontrolliert werden. Die genormten Radialluftwerte sind größer als bei Lagern mit zylindrischer Bohrung.

Für zweireihige Schrägkugellager wird anstatt der Radialluft die Axialluft angegeben. Bei Lagerungen mit zwei einreihigen Schrägkugellagern oder Kegelrollenlagern (X- oder O-Anordnung) wird die Axialluft beim Einbau eingestellt; ob Spiel oder Vorspannung, hängt im Einzelfall von den Betriebsbedingungen ab.

Richtlinien für die Wahl der Lagerluft:

Normale Lagerluft C 0 wird bei normalen Betriebsbedingungen gewählt, wenn einer der beiden Lagerringe eine leichte Preßpassung erhält.

Verminderte Radialluft C 2 wird gewählt, wenn eine möglichst spielfreie Lagerung erforderlich ist. Passungen dürfen nicht stramm sein.

Vergrößerte Lagerluft C 3, C 4, C 5 wird gewählt, wenn besondere Betriebsbedingungen, wie stramme Passungen bei großen Belastungen, Preßpassungen für beide Ringe bei unbestimmter Lastrichtung, großes Wärmegefälle zwischen Außenring und Innenring, Kühlung des Gehäuses oder Wärmezufuhr über die Welle vorhanden sind.

Die Lagerluft kann die Tragfähigkeit (Gebrauchsdauer) wesentlich beeinflussen, und zwar abhängig von der Lagerart. So besteht z. B. für Radialrillenkugellager ein komplexer Zusammenhang zwischen der radialen und der axialen Belastung sowie der statischen Tragzahl, siehe Abschnitt 2.2.3.2; vergrößerte Lagerluft steigert die Bereitschaft zur Axiallastaufnahme.

Osanna [28] weist für Zylinderrollenlager nach, daß die größte Tragfähigkeit bei ca. 4% Vorspannung erreicht wird.

3.3.2.2 Lagerluft-Tafeln

Die Tabellen-Grenzwerte sind verbindliche Abnahmewerte und gelten im nicht eingebauten und unbelasteten Zustand des Lagers.

3.3.2.2.1 Radiale Lagerluft

Tabelle 3.42. Radiale Lagerluft, Rillenkugellager mit zylindrischer oder kegeliger Bohrung

	d [mm]		G_r [µm] Lagerluftklasse C2		C0		C3		C4		C5	
	>	≤	min.	max.	min.	max.	min.	max.	min.	max.	min.	max.
Zylindrische Bohrung	2,5	6	0	7	2	13	8	23				
	6	10	0	7	2	13	8	23	14	29	20	37
	10	18	0	9	3	18	11	25	18	33	25	45
	18	24	0	10	5	20	13	28	20	36	28	48
	24	30	1	11	5	20	13	28	23	41	30	53
	30	40	1	11	6	20	15	33	28	46	40	64
	40	50	1	11	6	23	18	36	30	51	45	73
	50	65	1	15	8	28	23	43	38	61	55	90
	65	80	1	15	10	30	25	51	46	71	65	105
	80	100	1	18	12	36	30	58	53	84	75	120
	100	120	2	20	15	41	36	66	61	97	90	140
	120	140	2	23	18	48	41	81	71	114	105	160
	140	160	2	23	18	53	46	91	81	130	120	180
	160	180	2	25	20	61	53	102	91	147	135	200
	180	200	2	30	25	71	63	117	107	163	150	230
	200	225	4	32	28	82	73	132	120	187	180	274
	225	250	4	36	31	92	87	152	140	217	200	304
	250	280	4	39	36	97	97	162	152	237	225	334
	280	315	8	45	42	110	110	180	175	260	260	360
	315	355	8	50	50	120	120	200	200	290	290	390
	355	400	8	60	60	140	140	230	230	330	330	450
Kegelige Bohrung		10	6	13	8	19	14	29	20	35	26	43
	10	18	7	16	10	25	18	32	25	40	32	52
	18	24	8	18	13	28	21	36	28	44	36	56
	24	30	10	20	14	29	22	37	32	50	39	62
	30	40	11	21	16	30	25	43	38	56	50	74
	40	50	13	23	18	35	30	48	42	63	57	85
	50	65	13	27	20	40	35	55	50	73	67	102
	65	80	13	27	22	42	37	63	58	83	77	117
	80	100	15	32	26	50	44	72	67	98	89	134
	100	120	17	35	30	56	51	81	76	112	105	155

Tabelle 3.43. Radiale Lagerluft, Pendelkugellager mit zylindrischer oder kegeliger Bohrung

	d [mm]		G_r [µm]									
			Lagerluftklasse									
			C2		C0		C3		C4		C5	
	>	≤	min.	max.	min.	max.	min.	max.	min.	max.	min.	max.
Zylindrische Bohrung	2,5	6	1	8	5	15	10	20	15	25	21	33
	6	10	2	9	6	17	12	25	19	33	27	42
	10	14	2	10	6	19	13	26	21	35	30	48
	14	18	3	12	8	21	15	28	23	37	32	50
	18	24	4	14	10	23	17	30	25	39	34	52
	24	30	5	16	11	24	19	35	29	46	40	58
	30	40	6	18	13	29	23	40	34	53	46	66
	40	50	6	19	14	31	25	44	37	57	50	71
	50	65	7	21	16	36	30	50	45	69	62	88
	65	80	8	24	18	40	35	60	54	83	76	108
	80	100	9	27	22	48	42	70	64	96	89	124
	100	120	10	31	25	56	50	83	75	114	105	145
	120	140	10	38	30	68	60	100	90	135	125	175
	140	160	15	44	35	80	70	120	110	161	150	210
	160	180	18	52	40	92	83	142	133	193	173	243
	180	200	21	62	47	104	97	167	160	225	196	275
Kegelige Bohrung	18	24	7	17	13	26	20	33	28	42	37	55
	24	30	9	20	15	28	23	39	33	50	44	62
	30	40	12	24	19	35	29	46	40	59	52	72
	40	50	14	27	22	39	33	52	45	65	58	79
	50	65	18	32	27	47	41	61	56	80	73	99
	65	80	23	39	35	57	50	75	69	98	91	123
	80	100	29	47	42	68	62	90	84	116	109	144
	100	120	35	56	50	81	75	108	100	139	130	170
	120	140	40	68	60	98	90	130	120	165	155	205
	140	160	45	74	65	110	100	150	140	191	180	240
	160	180	53	87	75	127	118	177	168	228	208	278
	180	200	61	102	87	144	137	207	200	265	236	315

Tabelle 3.44. Radiale Lagerluft, Zylinderrollenlager und Nadellager mit zylindrischer Bohrung

d [mm]		G_r [µm]																					
		Lagerluftklasse																					
		C1		C2				CC				C3				C4				C5			
		Ringe gepaart		Ringe vertauscht	Ringe gepaart		Ringe vertauscht	Ringe vertauscht	Ringe gepaart		Ringe vertauscht	Ringe vertauscht	Ringe gepaart		Ringe vertauscht	Ringe vertauscht	Ringe gepaart		Ringe vertauscht	Ringe vertauscht	Ringe gepaart		Ringe vertauscht
>	≤	min.	max.	min.	min.	max.	max.	min.	min.	max.	max.	min.	min.	max.	max.	min.	min.	max.	max.	min.	min.	max.	max.
	10	5	15	0	10	20	30	10	20	30	40	25	35	45	55	35	45	55	65				
10	18	5	15	0	10	20	30	10	20	30	40	25	35	45	55	35	45	55	65	55	65	75	85
18	24	5	15	0	10	20	30	10	20	30	40	25	35	45	55	35	45	55	65	55	65	75	85
24	30	5	15	0	10	25	30	10	25	35	45	30	40	50	65	40	50	60	70	60	70	80	90
30	40	5	15	0	12	25	35	15	25	40	50	35	45	55	70	45	55	70	80	70	80	95	105
40	50	5	18	5	15	30	40	20	30	45	55	40	50	65	75	55	65	80	90	85	95	110	120
50	65	5	20	5	15	35	45	20	35	50	65	45	55	75	90	65	75	90	105	100	110	130	140
65	80	10	25	5	20	40	55	25	40	60	75	55	70	90	105	75	90	110	125	115	130	150	165
80	100	10	30	10	25	45	60	30	45	70	80	65	80	105	115	90	105	125	140	145	155	180	195
100	120	10	30	10	25	50	65	35	50	80	90	80	95	120	135	105	120	145	160	165	180	205	220
120	140	10	35	10	30	60	75	40	60	90	105	90	105	135	155	115	135	160	180	185	200	230	250
140	160	10	35	15	35	65	80	50	65	100	115	100	115	150	165	130	150	180	195	210	225	260	275
160	180	10	40	20	35	75	85	60	75	110	125	110	125	165	175	150	165	200	215	235	250	285	300
180	200	15	45	25	40	80	95	65	80	120	135	125	140	180	195	165	180	220	235	260	275	315	330
200	225	15	50	30	45	90	105	75	90	135	150	140	155	200	215	180	200	240	255	290	305	350	365
225	250	15	50	40	50	100	115	90	100	150	165	155	170	215	230	205	215	265	280	320	330	380	395
250	280	20	55	45	55	110	125	100	110	165	180	175	185	240	255	230	240	295	310	355	370	420	435
280	315	20	60	50	60	120	135	110	120	180	195	195	205	265	280	255	265	325	340	400	410	470	485
315	355	20	65	55	65	135	145	125	135	200	215	215	225	295	305	280	295	360	370	440	455	520	530
355	400	25	75	65	75	150	160	140	150	225	235	245	255	330	340	320	330	405	415	500	510	585	595
400	450	25	85	70	85	170	190	155	170	255	275	270	285	370	390	355	370	455	465	555	565	650	675
450	500	25	95	85	95	190	205	180	190	285	300	300	315	410	420	395	410	505	515	620	625	720	740

Tabelle 3.45. Radiale Lagerluft, Zylinderrollenlager mit kegeliger Bohrung

d [mm]		G_r [μm]																							
		Lagerluftklasse																							
		C1		C2				C0				C3				C4				C5					
				Ringe vertauscht				Ringe vertauscht				Ringe vertauscht				Ringe vertauscht				Ringe vertauscht					
		Ringe gepaart			Ringe gepaart				Ringe gepaart				Ringe gepaart				Ringe gepaart				Ringe gepaart		
>	≤	min.	max.	min.	min.	max.	max.	min.	min.	max.	max.	min.	min.	max.	max.	min.	min.	max.	max.	min.	min.	max.	max.		
	10	10	20	10	20	30	40	25	35	45	55	35	45	55	65	45	55	65	75						
10	18	10	20	10	20	30	40	25	35	45	55	35	45	55	65	45	55	65	75	65	75	85	95		
18	24	10	20	10	20	30	40	25	35	45	55	35	45	55	65	45	55	65	75	65	75	85	95		
24	30	15	25	10	25	35	45	30	40	50	65	40	50	60	70	50	60	70	85	70	80	95	105		
30	40	15	25	15	25	40	50	35	45	55	70	45	55	70	80	60	70	80	95	85	95	110	120		
40	50	17	30	20	30	45	55	40	50	65	75	55	65	80	90	70	80	95	105	100	110	125	135		
50	65	20	35	20	35	50	65	45	55	75	90	65	75	90	105	80	90	110	125	115	130	150	160		
65	80	25	40	25	40	60	75	55	70	90	105	75	90	110	125	95	110	130	145	135	150	170	185		
80	100	35	55	30	45	70	80	65	80	105	115	90	105	125	140	110	125	150	160	165	180	205	215		
100	120	40	60	35	50	80	90	80	95	120	135	105	120	145	160	130	145	170	185	190	205	230	245		
120	140	45	70	40	60	90	105	90	105	135	155	115	135	160	180	145	160	190	210	215	230	260	280		
140	160	50	75	50	65	100	115	100	115	150	165	130	150	180	195	165	180	215	230	245	260	295	310		
160	180	55	85	60	75	110	125	110	125	165	175	150	165	200	215	190	200	240	255	275	285	325	340		
180	200	60	90	65	80	120	135	125	140	180	195	165	180	220	235	205	220	260	275	300	315	350	370		
200	225	60	95	75	90	135	150	140	155	200	215	180	200	240	255	225	240	285	300	335	350	390	410		
225	250	65	100	90	100	150	165	155	170	215	230	205	215	265	280	255	265	315	330	370	380	430	445		
250	280	75	110	100	110	165	180	175	185	240	255	230	240	295	310	285	295	350	365	410	420	475	490		
280	315	80	120	110	120	180	195	195	205	265	280	255	265	325	340	315	325	385	400	460	470	530	545		
315	355	90	135	125	135	200	215	215	225	295	305	280	295	360	370	350	360	430	440	510	520	590	600		
355	400	100	150	140	150	225	235	245	255	330	340	320	330	405	415	395	405	480	490	575	585	660	670		
400	450	110	170	155	170	255	275	270	285	370	390	355	370	455	465	440	455	540	570	640	655	740	760		
450	500	120	190	180	190	285	300	300	315	410	420	395	410	505	515	490	505	600	610	715	725	820	835		

Tabelle 3.46. Radiale Lagerluft, Tonnenlager mit zylindrischer oder kegeliger Bohrung

	d [mm]		G_r [µm]									
			Lagerluftklasse									
			C2		C0		C3		C4		C5	
	>	≤	min	max	min	max	min	max	min	max	min	max
Zylindrische Bohrung		30	2	9	9	17	17	28	28	40	40	55
	30	40	3	10	10	20	20	30	30	45	45	60
	40	50	3	13	13	23	23	35	35	50	50	65
	50	65	4	15	15	27	27	40	40	55	55	75
	65	80	5	20	20	35	35	55	55	75	75	95
	80	100	7	25	25	45	45	65	65	90	90	120
	100	120	10	30	30	50	50	70	70	95	95	125
	120	140	15	35	35	55	55	80	80	110	110	140
	140	160	20	40	40	65	65	95	95	125	125	155
	160	180	25	45	45	70	70	100	100	130	130	160
	180	225	30	50	50	75	75	105	105	135	135	165
	225	250	35	55	55	80	80	110	110	140	140	170
	250	280	40	60	60	85	85	115	115	145	145	175
	280	315	40	70	70	100	100	135	135	170	170	205
	315	355	45	75	75	105	105	140	140	175	175	210
Kegelige Bohrung		30	9	17	17	28	28	40	40	55	55	75
	30	40	10	20	20	30	30	45	45	60	60	75
	40	50	13	23	23	35	35	50	50	65	65	80
	50	65	15	27	27	40	40	55	55	75	75	90
	65	80	20	35	35	55	55	75	75	95	95	120
	80	100	25	45	45	65	65	90	90	120	120	150
	100	120	30	50	50	70	70	95	95	125	125	155
	120	140	35	55	55	80	80	110	110	140	140	170
	140	160	40	65	65	95	95	125	125	155	155	185
	160	180	45	70	70	100	100	130	130	160	160	190
	180	225	50	75	75	105	105	135	135	165	165	195
	225	250	55	80	80	110	110	140	140	170	170	205
	250	280	60	85	85	115	115	145	145	175	175	210
	280	315	70	100	100	135	135	170	170	205	205	240
	315	355	75	105	105	140	140	175	175	210	210	245

Tabelle 3.47. Radiale Lagerluft, Pendelrollenlager mit zylindrischer Bohrung

d [mm]		G_r [μm]									
		Lagerluftklasse									
		C2		C0		C3		C4		C5	
>	≤	min	max	min	max	min	max	min	max	min	max
14	18	10	20	20	35	35	45	45	60	60	75
18	24	10	20	20	35	35	45	45	60	60	75
24	30	15	25	25	40	40	55	55	75	75	95
30	40	15	30	30	45	45	60	60	80	80	100
40	50	20	35	35	55	55	75	75	100	100	125
50	65	20	40	40	65	65	90	90	120	120	150
65	80	30	50	50	80	80	110	110	145	145	180
80	100	35	60	60	100	100	135	135	180	180	225
100	120	40	75	75	120	120	160	160	210	210	260
120	140	50	95	95	145	145	190	190	240	240	300
140	160	60	110	110	170	170	220	220	280	280	350
160	180	65	120	120	180	180	240	240	310	310	390
180	200	70	130	130	200	200	260	260	340	340	430
200	225	80	140	140	220	220	290	290	380	380	470
225	250	90	150	150	240	240	320	320	420	420	520
250	280	100	170	170	260	260	350	350	460	460	570
280	315	110	190	190	280	280	370	370	500	500	630
315	355	120	200	200	310	310	410	410	550	550	690
355	400	130	220	220	340	340	450	450	600	600	750
400	450	140	240	240	370	370	500	500	660	660	820
450	500	140	260	260	410	410	550	550	720	720	900

Telle 3.48. Radiale Lagerluft, Pendelrollenlager mit kegeliger Bohrung

d [mm]		G_r [μm]									
		Lagerluftklasse									
		C2		C0		C3		C4		C5	
>	≤	min	max	min	max	min	max	min	max	min	max
18	24	15	25	25	35	35	45	45	60	60	75
24	30	20	30	30	40	40	55	55	75	75	95
30	40	25	35	35	50	50	65	65	85	85	105
40	50	30	45	45	60	60	80	80	100	100	130
50	65	40	55	55	75	75	95	95	120	120	160
65	80	50	70	70	95	95	120	120	150	150	200
80	100	55	80	80	110	110	140	140	180	180	230
100	120	65	100	100	135	135	170	170	220	220	280
120	140	80	120	120	160	160	200	200	260	260	330
140	160	90	130	130	180	180	230	230	300	300	380
160	180	100	140	140	200	200	260	260	340	340	430
180	200	110	160	160	220	220	290	290	370	370	470
200	225	120	180	180	250	250	320	320	410	410	520
225	250	140	200	200	270	270	350	350	450	450	570
250	280	150	220	220	300	300	390	390	490	490	620
280	315	170	240	240	330	330	430	430	540	540	680
315	355	190	270	270	360	360	470	470	590	590	740
355	400	210	300	300	400	400	520	520	650	650	820
400	450	230	330	330	440	440	570	570	720	720	910
450	500	260	370	370	490	490	630	630	790	790	1000

3.3.2.2.2 Axiale Lagerluft für Schrägkugellager (Tabelle 3.49, Seite 188)

3.3.2.3 Betriebslagerluft

Im Betriebszustand muß ein Lager die Funktionskriterien erfüllen. Daher kann der Konstrukteur in seiner Zeichnung (Stückliste) die genormte Lagerluft (des nicht eingebauten Lagers = Fertigungslagerluft) erst eintragen, nachdem er die maßgebenden Betriebseinflüsse berücksichtigt hat. Bei „normalen" Betriebsbedingungen wird er sie ohne Rechenaufwand nach Erfahrungsregeln wählen. In kritischen Fällen muß er die wahrscheinliche Betriebslagerluft berechnen, und zwar (vgl. Abb. 3.14):

— Verminderung durch Preßpassungen
— Veränderung durch Wärmeeinfluß
— Vergrößerung durch Einfederungen in den Laufbahnen
— Verminderung durch Fliehkraft.

Fliehkräfte weiten den Innenring auf, wirken sich aber erst bei hohen Drehzahlen über der (Katalog-)Drehzahlgrenze aus [32, 33] z. B. bei Schleifspindeln und im Flugwerkbau mit speziellen Werkstoffpaarungen und Hohlwellen statt Vollwellen.

3.3.2.3.1 Verminderung der Lagerluft durch Preßpassungen

Oberflächenglättung

Beim Fügen von zwei zylindrischen Körpern mit Übermaß werden deren Oberflächen geglättet. Der dadurch entstehende Übermaßverlust ist umso größer, je rauher die Oberflächen sind.

Erfahrungsgemäß verliert jede gefügte Oberfläche etwa 40% ihrer Rauhtiefe R_t [N 70]. Gegenüber den durchschnittlich vorkommenden Oberflächengüten von Welle und Gehäuse können die Glättungen G der feinstgeschliffenen gehärteten Oberflächen der Lagerringe im allgemeinen vernachlässigt werden. Der gesamte Übermaßverlust durch Glättung ist dann

$$G_I = 0{,}6 \cdot R_{tI} \tag{3.2}$$

$$G_A = 0{,}6 \cdot R_{tA} \tag{3.3}$$

I ... Innenteil (Welle)/Innenpaßfuge
A ... Außenteil (Gehäuse)/Außenpaßfuge

Rauhtiefen R_t und Zusammenhang mit empfohlenen Mittenrauhwerten R_a siehe Abschnitt 3.2.5.

Wirksames Übermaß

Die gewählten Passungen ergeben das theoretische Übermaß
Δd...... zwischen Welle und Lagerbohrung in μm
ΔD...... zwischen Gehäuse und Lagermantel in μm

Tabelle 3.49. Axiale Lagerluft, einreihige Schrägkugellager, Vierpunktlager und zweireihige Schrägkugellager

Bohrungsdurchmesser d mm		G_a in µm – Lagerluftklasse									
		Gepaarte Schrägkugellager $\alpha = 40°$		Vierpunktlager $\alpha = 35°$							
		C0		C2		C0		C3		C4	
>	≤	min	max	min	max	min	max	min	max	min	max
	10										
10	18	16	29	15	55	45	85	75	125	115	165
18	24	21	35	26	66	56	106	96	146	136	186
24	30	23	38	26	66	56	106	96	146	136	186
30	40	26	41	26	66	56	106	96	146	136	186
40	50	26	43	36	86	76	126	116	166	156	206
50	60	29	47	36	86	76	126	116	166	156	206
60	65	29	47	46	96	86	136	126	176	166	226
65	80	30	49	46	96	86	136	126	176	166	226
80	100	37	59	56	106	96	156	136	196	186	246
100	120	38	62	66	126	116	176	156	216	206	266
120	140	44	70	66	126	116	176	156	216	206	266
140	180	44	70	76	156	136	196	176	246	226	296
180	200	51	79								

Bohrungsdurchmesser d mm		Zweireihige Schrägkugellager $\alpha = 25°$								$\alpha = 32°$								Ausführung D, $\alpha = 45°$					
		C2		C0		C3		C4		C2		C0		C3		C4		C2		C0		C3	
>	≤	min	max	min	max	min	max	min	max	min	max	min	max	min	max	min	max	min	max	min	max	min	max
	10	1	14	7	26	15	34	30	52	1	11	5	21	12	28	25	45	5	21	12	28	25	45
10	18	1	16	8	28	17	38	33	55	1	12	6	23	13	31	27	47	6	23	13	31	27	47
18	24	3	18	9	31	20	42	33	55	2	14	7	25	16	34	27	47	7	25	16	34	27	47
24	30	3	19	11	34	23	45	37	60	2	15	8	27	18	37	30	50	8	27	18	37	30	50
30	40	3	21	12	36	27	49	41	65	2	16	9	29	21	40	33	54	9	29	21	40	33	54
40	50	3	23	14	41	29	54	45	70	2	18	11	33	23	44	36	58	11	33	23	44	36	58
50	60	4	28	17	45	33	59	50	76	3	22	13	36	26	48	40	63	13	36	26	48	40	63
60	65	4	28	17	45	33	59	50	76	3	22	13	36	26	48	40	63	13	36	26	48	40	63
65	80	4	31	20	50	38	67	57	86	3	24	15	40	30	54	46	71	15	40	30	54	46	71
80	100	4	34	24	58	45	78	69	101	3	26	18	46	35	63	55	83	18	46	35	63	55	83
100	120	5	39	29	67	54	91	81	117	4	30	22	53	42	73	65	96	22	53	42	73	65	96
120	140	5	44	33	75	62	103	94	134	4	34	25	59	48	82	74	108	25	59	48	82	74	108
140	180																						
180	200																						

In den Tabellen 3.6 und 3.7 ist das maximale, wahrscheinliche und minimale Übermaß entsprechend dem möglichen Zusammentreffen der Istmaße angegeben. Das wirksame Übermaß ist

in der Wellenpassung (Lagerbohrung)

$$\Delta d_{\text{eff}} = \Delta d - G_I \qquad [\mu m] \tag{3.4}$$

in der Gehäusepassung (Lagermantel)

$$\Delta D_{\text{eff}} = \Delta D - G_A \qquad [\mu m] \tag{3.5}$$

Beachte Abschnitt 3.3.2.3.2.: Lagerluftveränderung durch Wärme.

Passungslagerluft G_{rP}

Aus dem wirksamen Übermaß kann bei bekannten Lagermaßen die Durchmesseränderung der jeweiligen Laufbahn errechnet werden [34, 35]. Die Berechnung ist hinreichend genau, wenn die relativ niedrigen Ringschultern/-Borde durch flächengleiche Rechtecke ersetzt werden (d_a, D_i). Dann ergeben sich die entsprechenden Querschnittverhältnisse C_1 und C_3, für Rillenkugellager in Abb. 3.17 dargestellt.

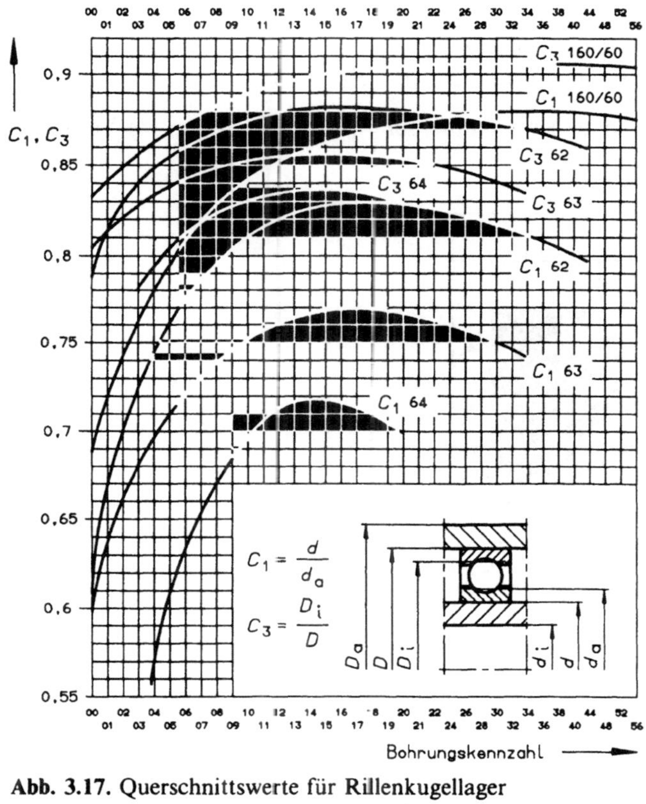

Abb. 3.17. Querschnittswerte für Rillenkugellager

In weiterer Folge errechnet man:

Durchmesserzunahme der Innenringlaufbahn ΔF *(Aufweitung des Innenringes)*

$$\Delta F = 2 \cdot 10^3 \cdot \frac{d}{E_{IR}} \cdot \frac{C_1}{1 - C_1^2} \cdot p \quad [\mu m] \tag{3.6}$$

$$C_1 = \frac{d}{d_a} \tag{3.7}$$

$$C_2 = \frac{d_i}{d} \tag{3.8}$$

$$p = \frac{\Delta d_{eff}}{d} \cdot \frac{1}{10^3 \left[\frac{1}{E_{IR}} \cdot \left(\frac{1 + C_1^2}{1 - C_1^2} \cdot \nu_{IR} \right) + \frac{1}{E_w} \cdot \left(\frac{1 + C_2^2}{1 - C_2^2} - \nu_w \right) \right]} \quad [N \cdot mm^{-2}] \tag{3.9}$$

$p = \sigma_r$ ... Pressung in der Paßfuge zwischen Innenring und Welle (Radialspannung) in $N \cdot mm^{-2}$
E_{IR} ...... Elastizitätsmodul des Wälzlager-Innenringes: 210 000 $N \cdot mm^{-2}$
E_w .... Elastizitätsmodul der Welle; Stahl: 210 000 $N \cdot mm^{-2}$
ν_{IR} ...... Querdehnungszahl des Wälzlager-Innenringes: 0,3
ν_w .... Querdehnungszahl der Welle; Stahl: 0,3
Δd_{eff} .... wirksames Übermaß in μm
d .... Bohrungsdurchmesser in mm
d_i, d_a .... Ersatzdurchmesser, siehe Abb. 3.17 resp. 3.18

Abb. 3.18 zeigt die Durchmesserzunahme der Innenringlaufbahn als Verhältnis $\Delta F / \Delta d_{eff}$.

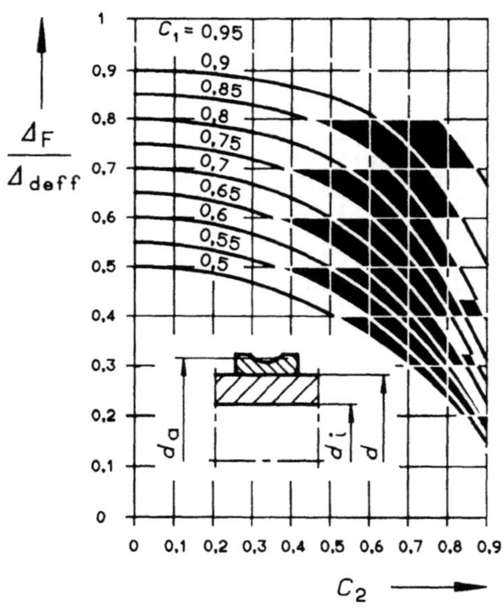

Abb. 3.18. Durchmesserzunahme $\Delta F / \Delta d_{eff}$ der Innenringlaufbahn von Rillenkugellagern

Durchmesserverringerung der Außenringlaufbahn ΔE (Einengung des Außenringes)

$$\Delta E = 2 \cdot 10^3 \cdot \frac{D}{E_{AR}} \cdot \frac{C_3}{1 - C_3^2} \cdot p \quad [\mu m] \tag{3.10}$$

$$C_3 = \frac{D_i}{D} \tag{3.11}$$

$$C_4 = \frac{D}{D_a} \tag{3.12}$$

$$p = \frac{\Delta D_{\text{eff}}}{D} \cdot \frac{1}{10^3 \left[\frac{1}{E_G} \cdot \left(\frac{1 + C_4^2}{1 - C_4^2} + \nu_G \right) + \frac{1}{E_{AR}} \cdot \left(\frac{1 + C_3^2}{1 - C_3^2} - \nu_{AR} \right) \right]} \quad [\mathrm{N \cdot mm^{-2}}] \tag{3.13}$$

$p = \sigma_r$ ... Pressung in der Paßfuge zwischen Gehäuse und Außenring (Radialspannung) in $N \cdot mm^{-2}$
E_G ...... Elastizitätsmodul des Gehäuses;
Stahl: 210000 $N \cdot mm^{-2}$
Gußeisen: 105000 $N \cdot mm^{-2}$
Leichtmetall: 76000 $N \cdot mm^{-2}$
E_{AR} ..... Elastizitätsmodul des Wälzlager-Außenringes: 210000 $N \cdot mm^{-2}$
ν_G .... Querdehnungszahl des Gehäuses;
Stahl, Stahlguß, Leichtmetall: 0,3
Gußeisen: 0,25
ν_{AR} ...... Querdehnungszahl des Wälzlager-Außenringes: 0,3.
ΔD_{eff} .... wirksames Übermaß in μm
D .... Manteldurchmesser in mm
D_i, D_a ... Ersatzdurchmesser, siehe Abb. 3.17 resp. 3.19

Abb. 3.19 zeigt die Durchmesserverringerung der Außenringlaufbahn als Verhältnis $\Delta E/\Delta D_{\text{eff}}$.
Schlußendlich kann die wirksame Passungslagerluft errechnet werden:

$$\begin{aligned} G_{rp} &= G_r - (\Delta F + \Delta E) = \\ &= G_r - \Delta G_{rp} \quad [\mu m] \end{aligned} \tag{3.14}$$

3.3.2.3.2 Lagerluftveränderung durch Wärme

Im Betriebszustand erwärmt sich jedes Lager. Wenn die gefügten Teile aus demselben Werkstoff (z. B. Stahl/Stahl) bestehen, gibt es zwar keinen Übermaßverlust durch Temperaturänderung (gegenüber dem Einbauzustand), jedoch in jedem Fall eine Verminderung der Radial-Lagerluft. Im Getriebe- und Motorenbau werden häufig Gehäuse aus Leichtmetall verwendet; hier tritt wegen des unterschiedlichen Dehnungsverhaltens von Lageraußenring und Gehäuse ein oft beträchtlicher Übermaßverlust ein, der bis zu einem Lockern (Mitdrehen) des Außenringes führen kann.

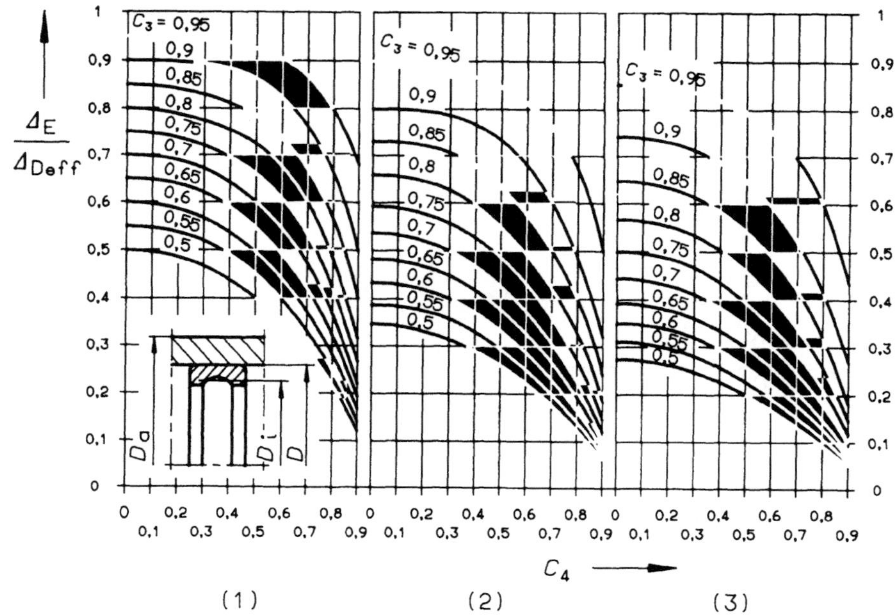

Abb. 3.19. Durchmesserabnahme $\Delta E/\Delta D_{eff}$ der Außenringlaufbahn von Rillenkugellagern: (1) St-Gehäuse, (2) GG-Gehäuse, (3) Leichtmetallgehäuse

Lager in Stahlgehäusen

In fast allen Betriebsfällen herrscht am Lagerinnenring eine höhere Temperatur als am Lageraußenring. Dadurch kann eine zusätzliche Radialluftverminderung entstehen, die dem Lager schadet. Für Lager in Stahlgehäusen wird die Radialluftverminderung überschlägig nach folgender Gleichung berechnet:

$$\Delta G_{r\vartheta} = 10^3 \cdot \alpha_{St} \cdot \frac{d + D}{2} \cdot \Delta \vartheta \quad [\mu m] \tag{3.15}$$

d.... Bohrungsdurchmesser in *mm*
D... Manteldurchmesser in *mm*
$\Delta\vartheta$.. Temperaturdifferenz zwischen Innen- und Außenring in °C
α_{St}.. linearer Ausdehnungskoeffizient für Stahl: $12 \cdot 10^{-6}\,K^{-1}$

Lager in Leichtmetallgehäusen

Bei Lagern in Leichtmetallgehäusen ist die temperaturbedingte Ausdehnung besonders zu beachten.
Wegen der verschiedenen Wärmeausdehnungskoeffizienten von Stahl ($\alpha_{St} = 12 \cdot 10^{-6}\,K^{-1}$) und Leichtmetall ($\alpha_{Al} = 22 \cdot 10^{-6}\,K^{-1}$) ergibt sich bei Temperaturänderung auch ohne Temperaturgefälle eine Veränderung der Gehäusepassung und der Radialluft. Bei Betriebstemperaturen, höher als die Raumtemperatur (= Meßtemperatur), wird sich der Lagersitz lockern und die Radialluft erhöhen; bei niedrigeren Temperaturen wird der Sitz strammer und die Radialluft geringer.

Die Änderung des wirksamen Passungsübermaßes zwischen Gehäuse und Außenring durch Temperaturänderung erhält man aus

$$\Delta D_\vartheta = 10^3 \cdot D \cdot \Delta \alpha \cdot \Delta \vartheta \quad [\mu m] \tag{3.16}$$

D ... Manteldurchmesser in mm
$\Delta\alpha$.. Differenz der linearen Ausdehnungskoeffizienten Leichtmetall – Stahl: $\alpha_{Al} - \alpha_{St} = 10.10^{-6} K^{-1}$
$\Delta\vartheta$.. Temperaturabweichung von 20 °C
> 20 °C: Luftvergrößerung (+)
< 20 °C: Luftverkleinerung (–)

Das wirksame Passungsübermaß ist in diesem Fall:

$$\Delta D_{\vartheta\text{eff}} = \Delta D_{\text{eff}} - \Delta D_\vartheta \quad [\mu m] \tag{3.17}$$

Aus Abb. 3.19 erhält man die Durchmesserveränderung der Außenringlaufbahn, und zwar für diesen Fall als Verhältnis $\Delta F / \Delta D_{\vartheta\text{eff}}$ und damit die wirksame Passungslagerluft

$$\begin{aligned} G_{rp/Al} &= G_r - (\Delta E + \Delta F) \\ &= G_r - \Delta G_{rp/Al} \quad [\mu m] \end{aligned} \tag{3.18}$$

Tritt noch zusätzlich ein Temperaturgefälle auf, so ist die daraus resultierende Radialluftverminderung von der Radialluft, die das Lager bei der Temperatur des Außenringes besitzt, abzuziehen.

3.3.2.3.3 Luftvergrößerung durch Einfederung

Wie in Abb. 3.13 gezeigt ist, vergrößert sich die Lagerluft eines belasteten Wälzlagers zufolge der Verformung der Wälzkörper und der Laufbahnen in ihren Berührungsstellen um die Beträge f_i – Federung am Innenring – und f_e – Federung am Außenring – so daß sich die Änderung der Lagerluft unter Belastung ΔG_{rF} ergibt.

3.3.2.3.4 Wirkliche Betriebslagerluft

Bei Berücksichtigung aller beschriebenen Einflüsse ergibt sich die Gleichung für die wirkliche Betriebslagerluft G_{rw} für

Lager in Stahlgehäusen

$$G_{rw} = G_r - \Delta G_{rp} - \Delta G_{r\vartheta} + \Delta G_{rF} \tag{3.19}$$

Lager in Leichtmetallgehäusen

$$G_{rw} = G_r - \Delta G_{rp/Al} - \Delta G_{r\vartheta} + \Delta G_{rF} \tag{3.20}$$

3.3.2.5 Axiale Verschiebekraft und Ringspannungen

Bekanntlich können schwingende Bewegungen in mangelhaften Preßpassungen zu Passungsrost führen. Hohe Axialbelastungen können ebenfalls gefährlich werden, wenn die Lager in axialer Richtung mangelhaft festgehalten werden. Die axiale Verschiebekraft (Haftkraft) für die Lagerringe ist ein Anhaltswert. Es gilt für

$$\text{Innenring:} \quad F_H = \sigma_r \cdot \pi \cdot d \cdot B \cdot f_H \tag{3.21}$$

$$\text{Außenring:} \quad F_H = \sigma_r \cdot \pi \cdot D \cdot C \cdot f_H \tag{3.22}$$

F_H........ Verschiebe-/Haftkraft
B, C...... Innenring-/Außenringbreite
f_H......... Haftreibbeiwert
$\sigma_r = p$..... Paßfugen-Pressung (vgl. Abschnitt 3.3.2.3.1)

Für f_H kann kein genauer Wert angegeben werden, weil die Oberflächenbeschaffenheit stark schwanken kann, z. B. durch unterschiedliche Fettrückstände; normal darf mit $f_H = 0{,}15 \ldots 0{,}25$ gerechnet werden, in kritischen Fällen (ohne Sicherung) empfiehlt es sich $f_H = 0{,}05 \ldots 0{,}1$ zu wählen.
Bei fachmännischer Montage ist – bei den empfohlenen Preßpassungen – kein Ringbruch durch Überschreitung der zulässigen Festigkeit zu befürchten.
Im Zweifelsfalle muß man wissen, daß in der Bohrung große Zugspannungen auftreten können. Diese Tangentialspannungen hängen vom Übermaß in der Paßfuge ab. Ihre Gleichung lautet

$$\sigma_t = p \cdot \frac{1 + C_1^2}{1 - C_1^2} \quad [N \cdot mm^{-2}] \tag{3.23}$$

3.3.3 Laufruhe und Laufgeräusch

3.3.3.1 Allgemeines

Das konventionelle Maß für die Laufruhe eines Lagers ist das Laufgeräusch [36]. Normale Wälzlager aus Hochtechnologie-Ländern haben ein Eigengeräusch, das im allgemeinen von den Umgebungsgeräuschen überdeckt wird. Es wird vom Hersteller im Regelfall mehr oder weniger streng kontrolliert (Stichprobe, 100%-Prüfung). Normen zur Geräuschprüfung gibt es bislang nur in den USA [N 71] und der DDR [N 72, N 73], eine ÖNORM ist in Vorbereitung [N 60 bis N 63]; jedoch prüfen die Hersteller nach ähnlichen Methoden und Grenzwerten. Eine solche vom Hersteller vorgenommene Prüfung auf „Genauigkeit der Laufruhe" kann sich aber nur auf das „nackte" Lager beziehen; sie stellt eine relative Prüfung dar. Das tatsächliche „Geräuschverhalten" des Lagers in der Maschine wird von seiner Umgebung sehr stark beeinflußt [37]. Mit Sicherheit kann ausschließlich nur eines gesagt werden: werden je ein gutes und ein schlechtes Lager fachmännisch eingebaut, dann wird sich das gute Lager im Betrieb relativ besser verhalten als das schlechte.
Die Optimierung der Maschinen und Anlagen im Sinne des Leichtbaues und der Leistungssteigerung, also der Steigerung der spezifischen Belastung und der Verringerung des Leistungsgewichtes nützt das Leistungsvermögen der Wälzlager in bezug auf Tragzahl- und Drehzahlgrenze voll aus. Diesen Basisanforderungen wird immer häufiger die des geräuscharmen und schwingungsfreien Laufes

hinzugefügt. Die Verbesserung der Laufruhe und somit auch die des Laufgeräusches kann nur unter folgenden Randbedingungen erfüllt werden:
— Verbesserung der Reinheit des Werkstoffes,
— Steigerung der Warmfestigkeit des Werkstoffes,
— Anerkennung des Schmierfilms als Maschinenelement,
— Anpassung der Schmierstoffe an die spezifischen Wälzlager-Bedürfnisse,
— funktionsgerechte Gestaltung der Wälzlager-Peripherie,
— zeitgemäße Nutzung der Hochgenauigkeitsfertigung,
— beschleunigte Erforschung des Funktionspartners „Käfig".

Wenngleich heute die Ursachen zur Entstehung des Wälzlager-Geräusches in groben Umrissen geklärt sind, mangelt es an der notwendigen wissenschaftlichen Zusammenarbeit zur Aufstellung von Qualifikationsregeln. Man kann sich oft des Eindruckes nicht erwehren, daß manche Hersteller den Begriff „Geräusch" am liebsten überhaupt aus ihrer Nomenklatur verdrängen möchten. Anstatt die Zusammenarbeit im Interesse des allgemeinen Fortschrittes zu suchen, wird leider immer wieder jede kleinste neue Erkenntnis als Basis für zugkräftige Werbeslogans mißbraucht.

Vollständigkeitshalber muß noch an die Spitze der folgenden Betrachtungen gestellt werden, daß das Wälzlager von seinem konstruktiven Aufbau her ein Schwingungserreger ist und es so zur Anregung von Schwingungen oder zur Resonanz von ganzen Maschinen oder Teilen davon kommen kann. Aus diesem Grunde ist es beispielsweise zur Regel geworden, bei Elektromotoren, Aufzügen, Ventilatoren und Haushaltsgeräten besondere Maßnahmen zur Geräuschdämmung zu treffen.

Es ist allerdings heute nicht mehr richtig, wie manche Verfasser [38, 39] behaupten, daß davon im wesentlichen nur Rillenkugellager unter 50 mm Bohrungsdurchmesser betroffen sind und wegen der hohen Herstellgenauigkeit die Verwendung von besonders geräuschgeprüften Lagern deshalb nur in Ausnahmefällen notwendig ist.

Laufgeräusche von Wälzlagern entstehen durch Luftschwingungen, deren Ursache Körperschall ist. Sortierungsfehler der Wälzkörper, Formfehler und rauhe Laufbahnen beeinflussen den Körperschall. Der Standard der Wälzlager-Serienfertigung ist heute sehr hoch. Höchste Präzision der Anschlußteile (Lagersitze) ist nötig. Eine vernünftige Relation zwischen Aufwand und Nutzen ist anzustreben.

Mit Hilfe der Geräuschprüfung (Schwingungsmessung) kann auch der Gebrauchszustand des Wälzlagers im Betrieb diagnostiziert werden.

Die Laufruhe ist der Überbegriff aus Laufgeräusch und Laufgenauigkeit. Die Beziehungen der beiden Unterbegriffe kann man so sehen: Die Laufgenauigkeit beeinflußt fast immer das Laufgeräusch, was umgekehrt nicht der Fall ist.

3.3.3.2 Laufgeräusch

3.3.3.2.1 Physikalische Grundlagen

Zuvor wurden die Begriffe Schwingung und Geräusch verwendet. Genau genommen sind „Schwingungen" die Schwingungen im festen Körper, die Körperschall

hervorrufen. An den Grenzflächen der festen Körper zur sie umgebenden Luft regen die Schwingungen diese an; die Luft schwingt mit und man nennt diese Erscheinungen Luftschall. Der Vollständigkeit wegen sei noch vermerkt: grenzt an den festen Körper eine Flüssigkeit, so regen – analog zur Luft – die Schwingungen auch diese an; man spricht dann von Flüssigkeitsschall.
Ist die Frequenz f, mit der die Anregung erfolgt, konstant, so sind die Abstände zwischen je zwei aufeinanderfolgenden Erregerzuständen gleich groß und man bezeichnet diese Abstände als Wellenlänge λ.
Die Geschwindigkeit, mit der sich die Erregung ausbreitet, heißt Schallgeschwindigkeit c und es gilt:

$$c = \lambda \cdot f \tag{3.24}$$

In Luft beträgt die Schallgeschwindigkeit etwa $340\, m \cdot s^{-1}$ (bei 18 °C), in Stahl z. B. ist sie bedeutend größer: als Richtwert darf $5\,170\, m \cdot s^{-1}$ genommen werden.
Die meisten Schall-Ereignisse lassen sich durch periodische Funktionen beschreiben, also durch Zeitfunktionen, die nach Fourier und Euler in eine Summe von Sinus- und Cosinus-Schwingungen zerlegbar sind. Dabei stehen die Frequenzen der Sinus-Schwingungen zur niedrigsten vorkommenden Frequenz in einem ganzzahligen oder harmonischen Verhältnis. Die Schwingung der niedrigsten Frequenz f_1 heißt Grundschwingung, die übrigen Schwingungen mit den Frequenzen $n \cdot f_1$ ($n = 2, 3 \ldots$) heißen Oberschwingungen oder Harmonische n-ter Ordnung.
Harmonische Schwingungen einer einzigen Frequenz bezeichnet man als Ton. Stehen aber mehrere Töne (Frequenzen) in einem ganzzahligen Verhältnis zur tiefsten vorkommenden Frequenz, analog zu oben, als Grundfrequenz oder Grundton bezeichnet, dann spricht man von einem Klang.
Der Schall, aus Tönen beliebiger Frequenzen zusammengesetzt, heißt Tongemisch; der Schall aus Klängen mit Grundtönen verschiedener beliebiger Frequenzen heißt Klanggemisch.
Einzuflechten ist hier der Begriff Knall. Knallartiger Schall hat seine Ursache in einer einmaligen, also nichtperiodischen, jedoch sehr heftigen Luftdruckänderung.
Alle Schall-Ereignisse, die weder als Knall noch als Klang- oder Tongemisch stattfinden, faßt man unter der Sammelbezeichnung Geräusch zusammen. Dennoch lassen sich Geräusche mathematisch darstellen, und zwar als Fouriersche Integrale mit reinen Sinus-Schwingungen als Summenelemente. Die spektrale Lückenlosigkeit bei regelloser Amplituden-Verschiedenheit ist ihr wesentliches Unterscheidungsmerkmal zu anderen Schall-Ereignissen mit diskreter Frequenzfolge (Abb. 3.20).
Eine Schwingung ist durch Größe und Frequenz vollständig beschrieben (Abb. 3.21). Die Frequenz f ergibt sich aus dem Kehrwert der Dauer einer vollen Schwingung T

$$f = 1/T \tag{3.25}$$

Aus dem Modell des Kreisschwingers erhalten wir noch den Zusammenhang mit der Winkelgeschwindigkeit

$$f = \omega/2 \cdot \pi \tag{3.26}$$

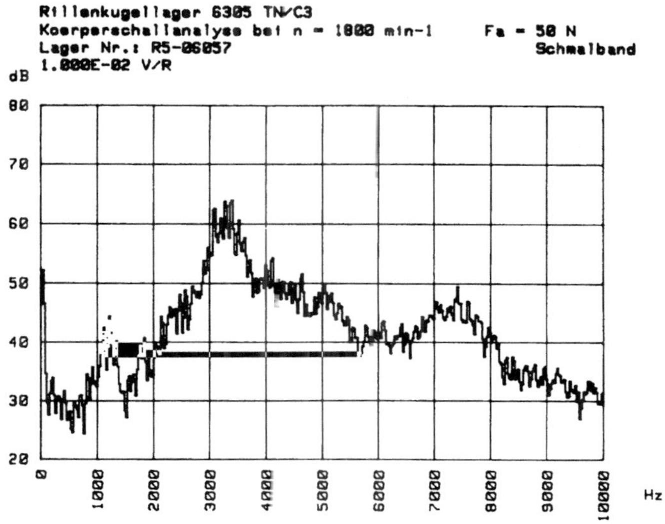

Abb. 3.20. Geräuschaufnahme, Amplituden über dem Frequenzgang – Schmalbandanalyse

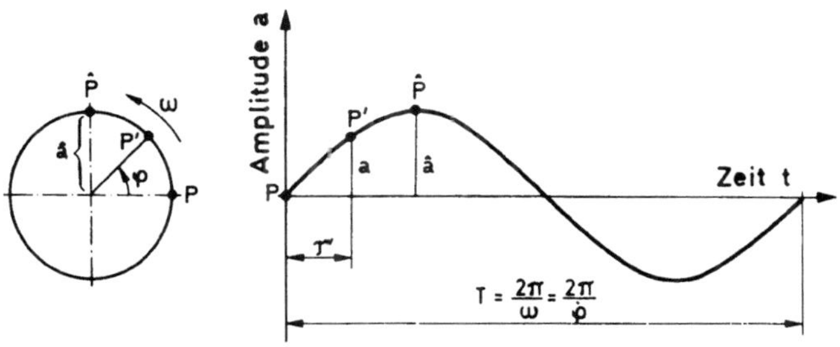

Abb. 3.21. Modell des Kreisschwingers

Ein Maß für die Größe einer Schwingung gibt der Schwingweg a, also die Amplitude, deren Augenblickswert

$$a = \hat{a} \cdot \sin(\omega t) \tag{3.27}$$

ist. Die Schwinggeschwindigkeit v ist die erste Ableitung des Schwingweges nach der Zeit t, also

$$v = da/dt = \hat{a} \cdot \omega \cdot \cos(\omega t) \tag{3.28}$$

und die Schwingbeschleunigung b dessen zweite Ableitung nach der Zeit t

$$|b| = \left|\frac{d^2 a}{dt^2}\right| = \left|\frac{dv}{dt}\right| = |\hat{a} \cdot \omega^2 \cdot \sin(\omega t)| \tag{3.29}$$

In allen Fällen ist $\hat{a}$ der Größtwert des Schwingweges (Elongation).
Wir ersehen aus den Gleichungen (3.27) bis (3.29), daß der Schwingweg keine Aussage über die Frequenz der Schwingung angibt, die Schwinggeschwindigkeit und die Schwingungsbeschleunigung aber sehr wohl mit der Frequenz verknüpft

sind. Zur Umrechnung kann Abb. 3.22 zweckdienlich verwendet werden: In diesem Bild werden auch die in der Wälzlager-Geräuschmessung gebräuchlichen Maßeinheiten verwendet, und zwar für den Schwingweg μm, für die Schwinggeschwindigkeit $\mu m \cdot s^{-1}$ und für die Schwingbeschleunigung $\mu m \cdot s^{-2}$ bzw. Dezibel dB. Für die Größe p in dB gilt die Definition

$$p\,[dB] = 20 \cdot \log(b/b_0) \tag{3.30}$$

mit dem Referenzwert b_0 als ein Tausendstel der Erdbeschleunigung

$$b_0 = 0{,}001 \cdot g = 9{,}81 \cdot 10^3\,\mu m \cdot s^{-2} \approx 10^4\,\mu m \cdot s^{-2} \tag{3.31}$$

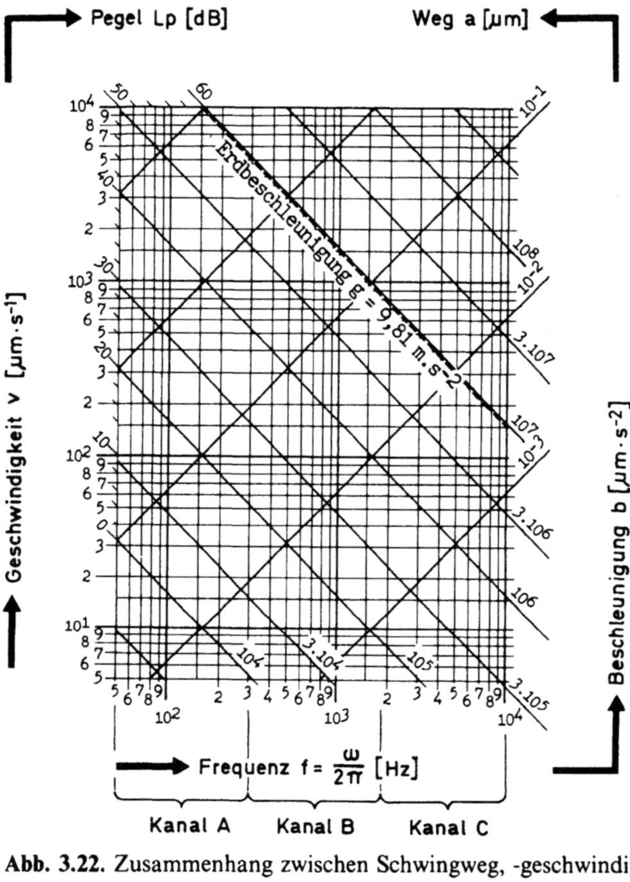

Abb. 3.22. Zusammenhang zwischen Schwingweg, -geschwindigkeit und -beschleunigung

Gleichung (3.31) ist nicht in allen Ländern verbindlich, so gilt z. B. in der DDR:

$$b_0 = 3{,}16 \cdot 10^5\,\mu m \cdot s^{-2} \tag{3.31.1}$$

Es muß beachtet werden, daß der Körperschall-Dezibelwert nicht mit dem Luftschall-Dezibelwert identisch ist, denn für letzteren gilt als sogenannten Schalldruckpegel die Definition

$$L\,[dB] = 20 \cdot \log(\tilde{p}/\tilde{p}_0) \tag{3.32}$$

wobei $\tilde{p}$ den Effektivwert des Schalldruckes und $\tilde{p}_0$ den Bezugsschalldruck angibt, der mit

$$\tilde{p}_0 = 20\,N\cdot m^{-2} = 2\cdot 10^{-4}\,\mu bar \qquad (3.33)$$

international genormt ist. In der Praxis wird öfter empfohlen, den Schalldruckpegel mit einer Bewertungskurve (Abb. 3.23) zu messen. Am meisten verbreitet ist die Bewertungskurve A, wobei man dann vom bewerteten Schalldruckpegel L_A spricht und den Wert in $dB(A)$ angibt.

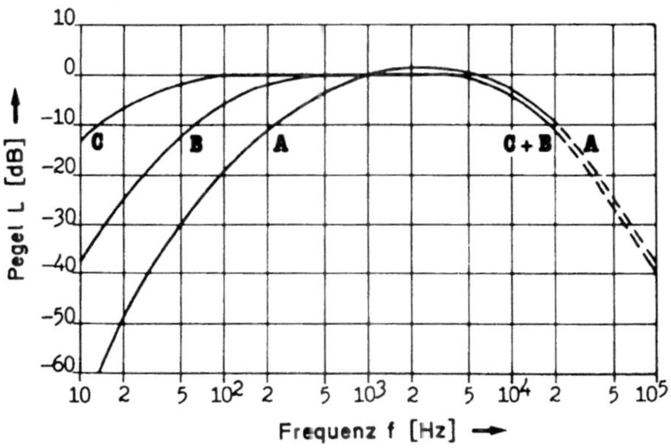

Abb. 3.23. Bewertungskurven für Schallpegelmessungen, Bewertungsfilter A, B, C nach IEC

3.3.3.2.2 Geräuschquellen im Lager

Die Ursachen für Geräusche im Wälzlager sind systematisierbar, zum einen in vermeidbare und unvermeidbare Ursachen und zum anderen in fertigungsbedingte und anwendungsbedingte Ursachen.

Elastische Laufbahnverformungen

Beim Abrollen der belasteten Wälzkörper auf den Laufbahnen der Lagerringe entstehen elastische Verformungen, die wegen des nichtlinearen Zusammenhanges zwischen der Kontaktverformung und der Krafteinwirkung zu nicht streng periodischen Schwingungen führen. Diese Schwingungen treten immer auf, selbst bei idealer Geometrie des Lagers.

Während der Dehnungsphase ergeben sich wechselnde Lastverteilungen im Lager (Abb. 3.24), die elastische Verformungen und als Folge davon periodische Biegeschwingungen hervorrufen. Bei radialer Belastung sind das radiale Schwingungen des Innenringes in Lastrichtung, bei axialer Belastung treten Schwingungen des Außenringes, die mit dem Wälzkörperkranz umlaufen, auf. Bei eingebauten Lagern werden diese Schwingungen über die Anschlußteile weitergeleitet; sie können sowohl verstärkt als auch gedämpft oder überhaupt unterdrückt werden. Die diskrete Grundfrequenz der Schwingungserregung ist das mathematische Produkt aus der Käfigdrehzahl n_k und der Wälzkörperzahl Z

$$f_w = n_k \cdot Z/60 \qquad (3.34)$$

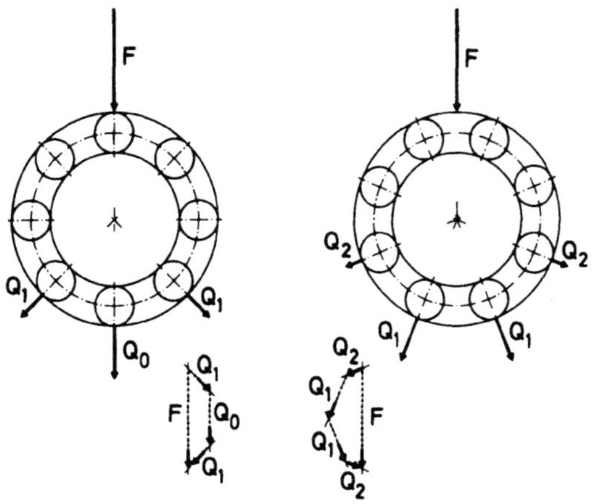

Abb. 3.24. Schwingungserregung durch elastische Laufbahnverformung als Folge der Radialbelastung

Diese Frequenz wird als Wälzkörper-Duchgangsfrequenz bezeichnet. Für die Käfigdrehzahl n_k in min^{-1} ergibt sich aus der Lagerkinematik folgende Gleichung:

$$n_k = \left(1 - \frac{D_w}{D_m} \cdot \cos\alpha\right) \cdot \frac{n_I}{2} + \left(1 + \frac{D_w}{D_m} \cdot \cos\alpha\right) \cdot \frac{n_A}{2} \tag{3.35}$$

D_w ... Wälzkörperdurchmesser
D_m ... Teilkreisdurchmesser
n_I .... Innenring-Drehzahl in min^{-1}
n_A .... Außenring-Drehzahl in min^{-1}
α ..... Berührwinkel

Für den in der Anwendungspraxis meistvorkommenden Fall des stillstehenden Außenringes vereinfacht sich Gl (3.35) zu

$$n_k = \left(1 - \frac{D_w}{D_m} \cdot \cos\alpha\right) \cdot \frac{n_I}{2} \tag{3.36}$$

Für grobe Abschätzungen von n_k darf, wenn es sich um Normserien-Lager handelt, näherungsweise

$$n_k \approx 0{,}4 \cdot n_I \tag{3.37}$$

gesetzt werden.

Geometrische Fehler

Die Abweichung von der idealen Kreisform wird als geometrischer oder Formfehler bezeichnet. Geräuschverursachend sind hier in erster Linie die langwelligen Formfehler, die sogenannte Welligkeit (Abb. 3.25); einen geringen Einfluß üben die kurzwelligen Formfehler, die sogenannte Rauheit aus.

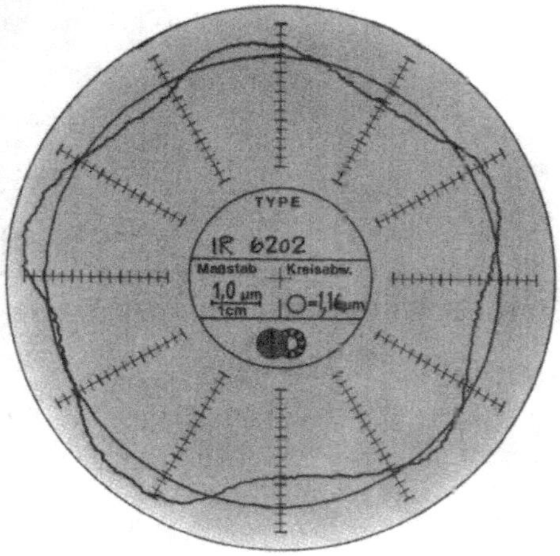

Abb. 3.25. Rundheitsdiagramm mit langwelligem Formfehler

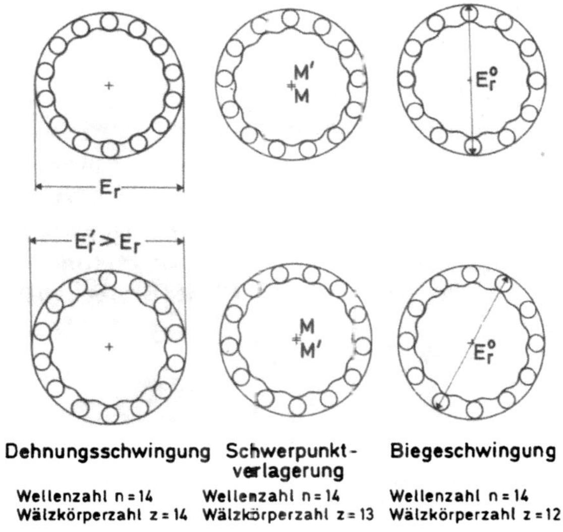

Abb. 3.26. Schwingungsformen im Wälzlager mit welligem Innenring

Die Form der von der Welligkeit erregten Schwingungen hängt vom Verhältniswert der Wellenzahl n zur Wälzkörperzahl Z ab (Abb. 3.26). So entstehen Biegeschwingungen, wenn Wellenzahl und Wälzkörperzahl zwar geradzahlig, aber ungleich sind, d. h.

$$n \neq Z \tag{3.38}$$

und

$$n = 2i \quad i = 1, 2, 3 \ldots \tag{3.39}$$

sowie

$$Z = 2j \quad j = 1, 2, 3 \ldots \tag{3.40}$$

Dehnungsschwingungen entstehen hingegen, wenn Wellenzahl und Wälzkörperzahl gleich sind, nämlich

$$n = Z \tag{3.41}$$

$$n = i \quad i = 1, 2, 3 \ldots \tag{3.42}$$

$$Z = j \quad j = 1, 2, 3 \ldots \tag{3.43}$$

Ist hingegen die Wellenzahl geradzahlig und die Wälzkörperzahl ungeradzahlig oder umgekehrt, also

$$n \neq Z \tag{3.44}$$

und

$$n = 2i \quad Z = 2j - 1 \quad i,j = 1, 2, 3 \ldots \tag{3.45}$$

oder

$$n = 2j \quad Z = 2i - 1 \quad i,j = 1, 2, 3 \ldots \tag{3.46}$$

so entstehen Schwerpunktverlagerungen.
Analoge Schwingungen entstehen, wenn die Außenringlaufbahn oder die Oberflächen der Wälzkörper wellig sind. Grundsätzlich sind alle Wälzelemente wellig, so daß die Gesamterregung immer eine Superposition der einzelnen Schwingungserregungen wird. Der Einfluß der Oberflächen-Rauheit ist heute als sehr gering gegenüber anderen Einflußgrößen anzusehen, weil die angewandte Fertigungstechnologie Oberflächen höchster Qualität, d. s. ein bis zwei Zehntel Mikrometer Rauhtiefe, herstellbar macht. Abb. 3.27 zeigt den Unterschied dreier Bearbeitungsverfahren.

Käfige

Weil der Käfig nicht in festem mechanischen Kontakt mit den anderen Wälzlager-Teilen ist (starke Dämpfung, lose Kupplung), hat das Käfig-Geräusch nur einen relativ geringen Einfluß auf den Gesamt-Körperschall des Wälzlagers. Käfiggeräusche breiten sich vorwiegend als Luftschall aus, in der Fachsprache „Käfigrasseln" genannt.
Ein wälzkörper-zentrierter Käfig kann sich um den Betrag seines Spieles zwischen den Käfigtaschen und den Wälzkörpern aus der zentrischen Lage verschieben (Käfigdurchhang); fertigungsbedingte Ungenauigkeiten und Störungen in der Käfigsymmetrie bilden sich mit der Käfigfrequenz f_k, die sich aus der Käfigdrehzahl nach Gl. (3.35) errechnen läßt, ab:

$$f_k = n_k/60 \tag{3.47}$$

Verschlissene Käfigtaschen machen sich natürlich auch als Geräuschquellen bemerkbar. In besonders unglücklichen Fällen kann auch eine Anregung des Käfigs in seiner Eigenresonanz erfolgen; Blechkäfige neigen in solchen Fällen zum Schwingungsbruch der Führungsstege, bei Massivkäfigen springen Nietköpfe ab.

Laufbahnbeschädigungen

Beschädigungen an den Laufbahnen der Lagerringe und an den Wälzkörpern werden häufig beim Einbau der Lager durch unachtsame Handhabung verursacht. Sie fallen durch Impulse, die aus dem Grundgeräusch heraustreten, auf; Kugelverletzungen sind daran zu erkennen, daß ihre Impulse wegen des ununterbrochenen Polwechsels der Kugeln nicht ständig zu hören sind.

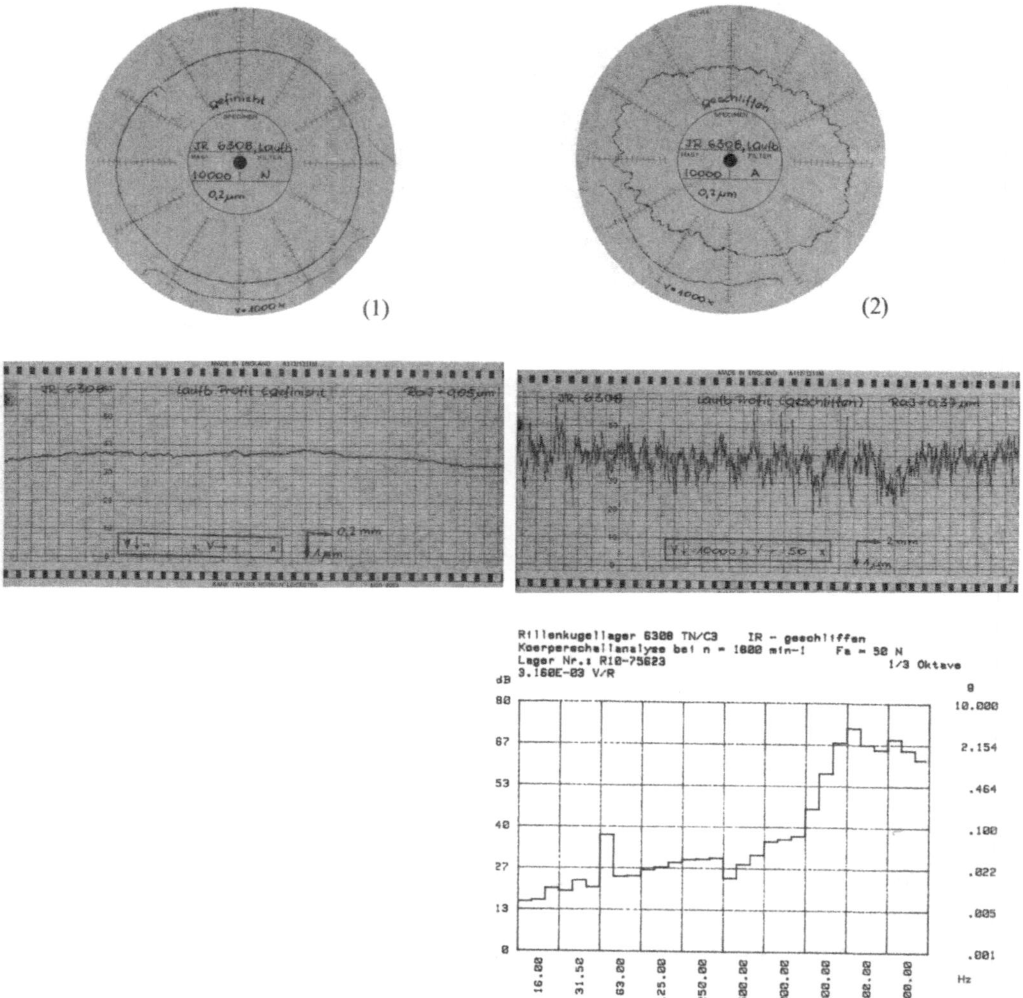

Abb. 3.27. Einfluß der Oberflächenrauheit auf das Lagergeräusch: (1) Tastbilder des Versuchs-Außenringes, (2) Tastbilder und Geräuschspektrum eines Lagers mit geschliffenem Innenring, (3) Tastbilder und Geräuschspektrum eines Lagers mit poliertem Innenring, (4) Tastbilder und Geräuschspektrum eines Lagers mit mikrogefinishtem Innenring [(3) und (4) siehe S. 204]

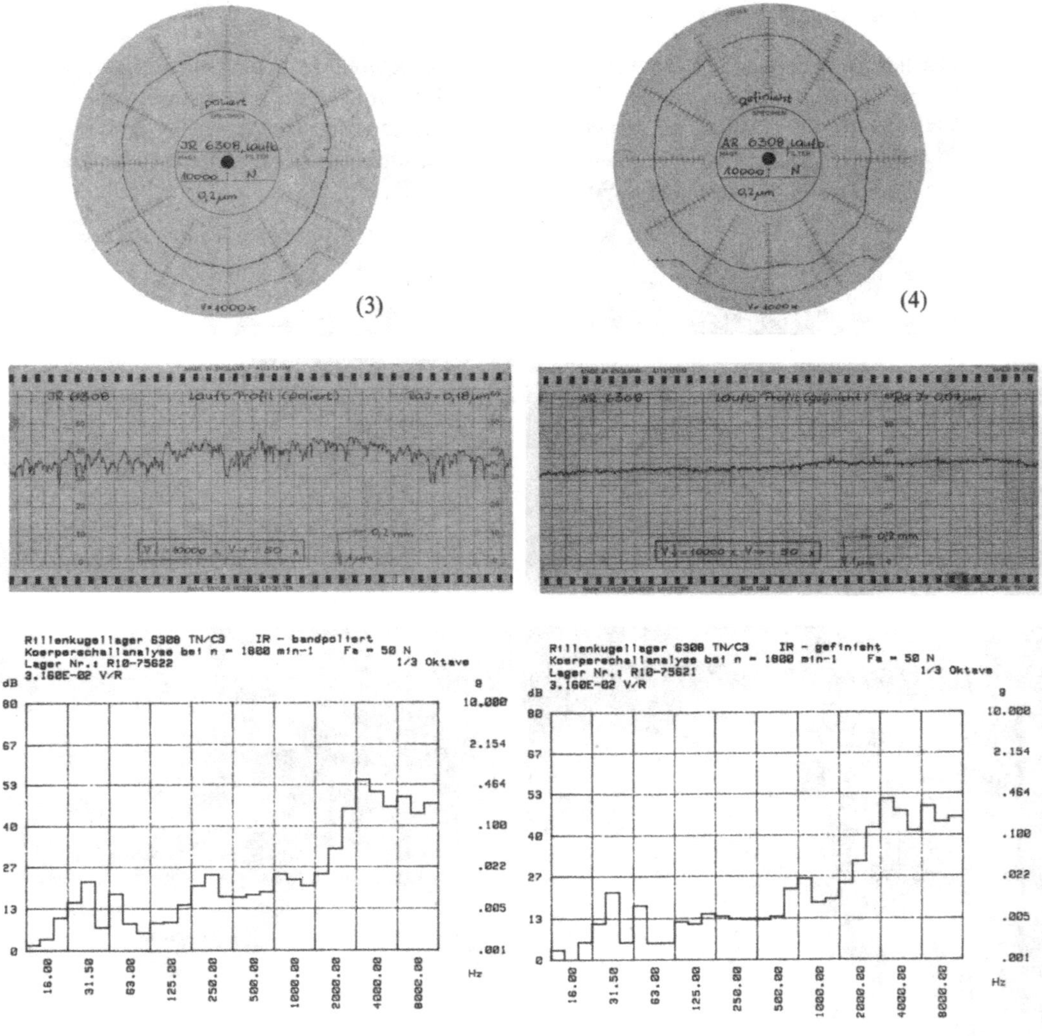

Abb. 3.27 (Fortsetzung)

Ist es in einem Lager durch unsachgemäße Aufbewahrung oder Betriebsstörungen zu Korrosion (Rost, Stromdurchgang, Schwingungskorrosion) gekommen, so führt deren Folgeerscheinung, die Riffeln, zu starken Laufgeräuschen.

Einbaufehler, wie z. B. Schiefstellungen von nur wenigen Winkelminuten oder fehlerhafte Anschlußteile, wie z. B. solche mit ovalen Lagersitzen, führen zur Verspannung der Lager und in der Folge zum raschen Verschleiß der Kontaktflächen, woraus sich wiederum eine Erhöhung des Laufgeräusches ergibt.

Im Falle der Werkstoff-Ermüdung (Grübchen) brechen einzelne Teilchen aus der Laufbahnoberfläche aus, das Ende der Lagerlebensdauer ist an einem raschen Geräuschzuwachs erkennbar.

Fremdkörper

Nicht nur durch Verschleiß- und Ermüdungsvorgänge kommt Abrieb in ein Wälzlager, auch über verschmutzte oder über schlecht gepflegte Schmierstoffe können Fremdkörper (Staub, Metallspäne, Abrieb) in die Kontaktfläche gebracht werden. Sie erzeugen dann meist aperiodische Geräuschimpulse ähnlich wie die Laufbahnverletzungen.
Kunststoff-Käfige können Fremdkörper in ihrer Werkstoffmatrix einbetten und dadurch unwirksam machen, in die Laufbahnen eingewälzte Fremdkörper führen hingegen zum fortschreitenden Schaden, d. h. zum stetig größer werdenden Laufgeräusch. Nur in Ausnahmefällen transportiert der Schmierstoff die Fremdkörper wieder aus der Kontaktzone heraus.

Schmierstoffe

Durch falsche Schmierstoffauswahl, Alterung des Schmierstoffes oder Schmierstoffmangel kann es zu überhöhten Betriebstemperaturen kommen, Anschmierungen und Fressen sind die zwangsweise folgenden Sekundärereignisse, wenn nicht rechtzeitig Abhilfe geschaffen wird. Natürlich macht sich auch in diesen Fällen erhöhtes Laufgeräusch bemerkbar.

Lagerluft

Die Betriebslagerluft beeinflußt das Laufgeräusch sehr wesentlich (Abb. 3.28). Die Problematik bei der Wahl der idealen Lagerluft wurde in Abschnitt 3.3.2 ausführlich behandelt.
Genau bei dieser idealen Lagerluft ist auch das Laufgeräusch am geringsten. Große Lagerluft führt zu dumpfen, polternden oder ratternden Geräuschen; darin liegt auch die Erklärung, warum stark verschlissene Lager lauter werden.
Bei Vorspannung entstehen pfeifende Geräusche.
Wenn funktionelle Gründe größere Betriebslagerluft erfordern, kann durch axiale Anstellung Abhilfe geschaffen werden.

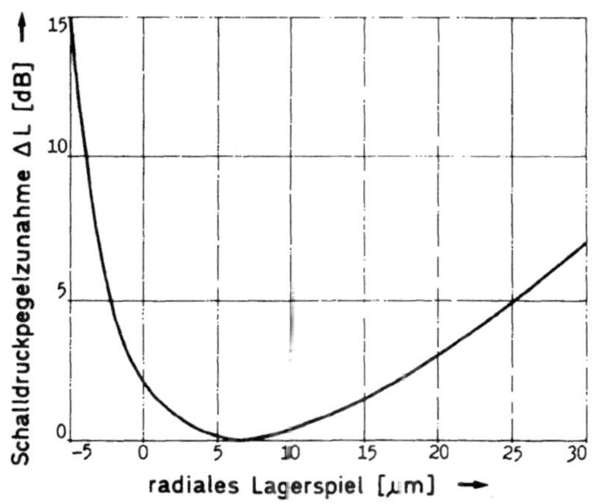

Abb. 3.28. Abhängigkeit des Geräusches von der Lagerluft

Schiefstellung

Bei der Beschreibung der Lagerarten wurde die Fähigkeit, Schiefstellung aufnehmen zu können, als Vorteil zur Verkraftung von Fluchtungsfehlern der Lagersitze ausgewiesen. Schiefstellung beeinflußt das Laufgeräusch jedoch immer negativ. In Abb. 3.29 wird die Verstärkung des Laufgeräusches am Beispiel eines Rillenkugellagers gezeigt.

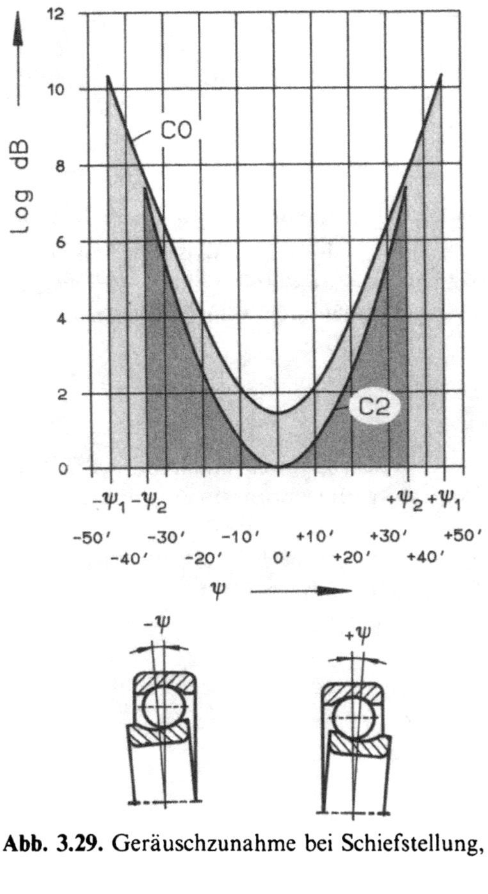

Abb. 3.29. Geräuschzunahme bei Schiefstellung, Rillenkugellager

Bei Pendellagern ist eine Verstärkung des Laufgeräusches nicht meßbar. Schiefstellung von Lagern führt in Kraftfahrzeug-Achsgetrieben mit bogenverzahnten Kegelrädern zur Verstärkung des Getriebegeräusches. Die Lagerungen müssen daher starr und spielfrei sein.

3.3.3.3 Laufgenauigkeit

Die Laufgenauigkeit eines Lagers wirkt sich funktionell und qualitativ in der Abweichung vom idealen Führungsvermögen der Welle oder des Gehäuses in radialer und axialer Richtung aus. Die wichtigsten (inneren) Kriterien sind der

Rundlauf und der Planlauf der Lagerringe im zusammengebauten Lager, sowie die elastische Verformung der Ringe und Wälzkörper.
Dazu kommen noch die Wälzkörpertoleranzen, die jedoch wegen der Art der modernen Fertigungsverfahren eine solche Gleichmäßigkeit in der Sortierung erbringen, daß dieser Einfluß praktisch wegfällt.
Die Lagerluft übt natürlich auch einen Einfluß aus, darf aber nicht direkt zu den inneren Fehlern gezählt werden, weil sie im Bedarfsfalle beliebig steuerbar ist (spielfreie oder vorgespannte Lagerungen). Von der Lagerperipherie her wirkt die Genauigkeit und die elastische Verformung der sich mitdrehenden Anbauteile; das können gelockerte oder Spiel-Passungen, unrunde Paßflächen, unwinkelige Anlageflächen oder durchgebogene Wellen und zu weiche Gehäuse sein.

Rundlauffehler

Eine an sich runde, aber zur Bohrung exzentrisch versetzte Innenringlaufbahn wirkt sich in einer Arbeitsmaschine mit drehender Spindel so aus, daß diese mit der Exzentrizität rotiert (Abb. 3.30). Wenn nun ein Werkstück mit der Spindel rotiert, z. B. bei einer Drehmaschine, so wird es bei der Bearbeitung nicht unrund. Es darf allerdings zwischendurch nicht umgespannt werden, sofern mehrere Flächen mit verschiedenen Durchmessern zu bearbeiten sind; ihre Mittelpunkte würden sonst versetzt werden.

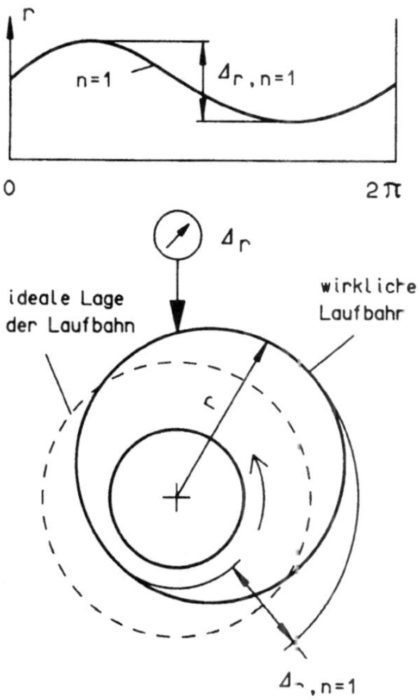

Abb. 3.30. Rundlauffehler, exzentrisch runde Laufbahn

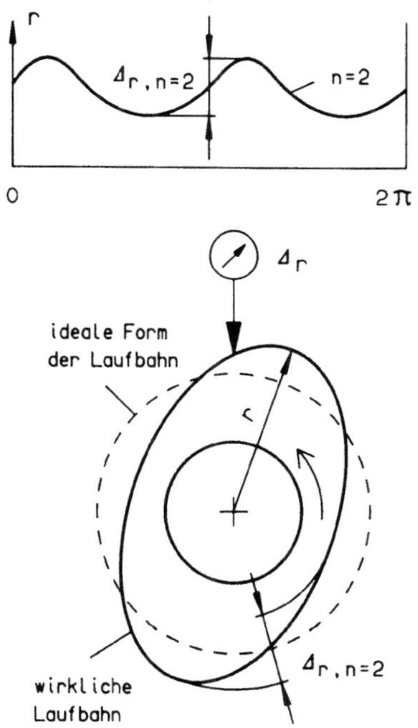

Abb. 3.31. Rundlauffehler, zentrisch elliptische (ovale) Laufbahn

Mit der Spindel rotierende Werkzeuge, z. B. in einer Fräsmaschine, übertragen den Rundlauffehler auf die bearbeitete Fläche in Form von Wellen, deren Größe vom Vorschub und vom Werkzeugdurchmesser (Fräserdurchmesser) abhängen. Ein Rundlauffehler der stillstehenden Außenringlaufbahn hat keinen Einfluß auf den Rundlauf der Spindel.
Eine zur Bohrung konzentrische, elliptische Innenringlaufbahn (Abb. 3.31) bildet den Fehler, z. B. in einer Drehmaschine, direkt auf das Werkstück ab.
Der betriebliche Normalfall ist die Überlagerung der Fehler-Grundformen, nämlich die regellos wellige Laufbahn und konform dazu bilden sich auch die Auswirkungen immer in Mischformen ab.

Planlauffehler

Bei rein radial belasteten Radiallagern wirkt sich ein Planlauffehler zur Umgebung hin nicht aus, bei axialer Belastung stellt sich die Laufbahn schief, wenn der Innenring oder der Wellenabsatz diesen Fehler haben. Eine rotierende Welle wird unrund laufen, d. h. der Planlauffehler wirkt sich nach außen hin als Rundlauffehler aus. Für den Außenring gelten ähnliche Überlegungen. Planlauffehler in den Laufbahnen von Axiallagern wirken immer so, daß der kleinere Fehler – egal, ob er sich auf der Wellen- oder Gehäusescheibe befindet – auf die Axialbewegung einer zu führenden Welle übertragen wird.

Wälzkörperfehler

Es wurde oben schon erwähnt, daß bei den modernen Fertigungsverfahren Rundlauffehler der Wälzkörper so gut wie gar nicht vorkommen.
Als Grundform einer Störung könnte man sich einen einzelnen größeren Wälzkörper im Kranz vorstellen, das wäre ein Sortierungsfehler. Dieser Fehler wirkt sich im Scheitelpunkt der Belastungszone auf die Wellenführung aus, seine Frequenz ist die des Käfigs, d. i. bei umlaufendem Innenring etwas kleiner als dessen halbe Frequenz. Die praktisch noch auftretenden Formfehler der Wälzkörper in Wälzlagern aus Hochtechnologieländern wirken sich im Grenzfall minimal auf das Laufgeräusch oder die Laufruhe aus.

Radiale Betriebslagerluft

Eine Restlagerluft wirkt direkt als Exzentrizität auf die Wellenführung. Der theoretisch ideale Fall wäre Spielfreiheit in jedem Betriebszustand. Das ist aber, wie schon oben beschrieben, aus zwei Gründen nicht möglich:
— Temperaturgefälle zwischen Innen- und Außenring im Betrieb
— notwendige Fertigungstoleranz (Paarungstoleranz) bei der Lagermontage.
Eingeengte Lagerluft (C 2, C 1), Vorspannung oder axiale Anstellung der Lagerung sowie Lager mit kegeliger Bohrung (regelbare Aufweitung beim Einbau) schränken den lagerluftbedingten Rundlauffehler auf ein gewünschtes Maß ein oder schalten ihn gänzlich aus.

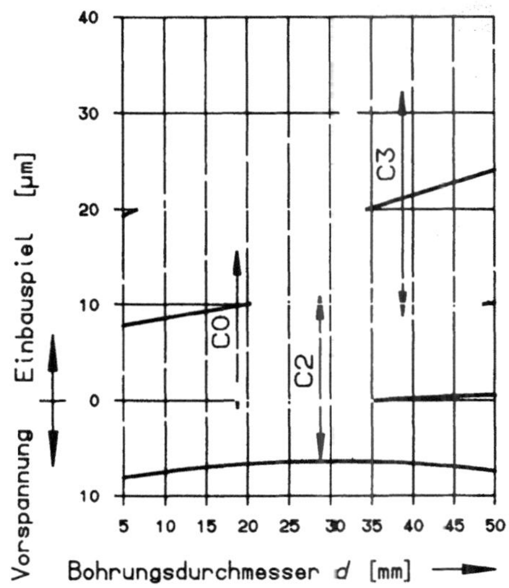

Abb. 3.32. Einfluß der Passungen auf die Betriebslagerluft

Passungsluft (Übergangspassungen)

Passungsluft zwischen Lagerbohrung und Welle sowie zwischen Lagermantel und Gehäuse wirken als Exzentrizität auf die Wellenführung. Diese Fehler sind ausschaltbar durch Verwendung von Zylinderrollenlagern als Loslager, weil dann beide Passungen als Preßpassungen gestaltet werden können. Anhand von Abb. 3.32 wird gezeigt, daß auch schon bei den Passungen J 5/H 5 Vorsicht am Platze ist, je nachdem, welche Lagerluft gewählt wurde.

Lagerluft C 0 kann im Rahmen der zulässigen Toleranzen an der unteren Grenze zu einer Vorspannung von 3 *µm* im Lager führen, an der oberen Grenze ist im Bereich zwischen 5 bis 50 mm Bohrungsdurchmesser eine Restlagerluft von 13 bis 24 *µm* möglich.

Bei Lagerluft C 2 wird die Vorspannung größer, aber im oberen Grenzfall ist noch immer eine Restlagerluft von 8 bis 14 *µm* möglich.

Bei Lagerluft C 3 ist keine Vorspannung mehr möglich, die erwartbare Restlagerluft wird im Durchschnitt hohen Anforderungen an die Laufruhe nicht genügen.

Äußere Belastung

Wegen der Elastizität des Werkstoffes der Lagerteile stellt sich direkt proportional zur Lagerbelastung eine Exzentrizität als Rundlauffehler und eine Axialversetzung ein (siehe Abb. 3.33, vgl. Abschnitt 2.3). Rollenlager haben eine flachere Federkennlinie als Kugellager, sie sind „härter" und starrer, d. h. bei gleicher äußerer Belastung haben sie kleinere Rundlauffehler aus der Elastizität. Die Stellung der Wälzkörper zum Scheitelpunkt der Lastzone ist zwar theoretisch berechenbar als Ellipsen- oder Lemniskatenbahn [40] des Wellenmittelpunktes, in der Betriebspraxis im allgemeinen jedoch vernachlässigbar klein.

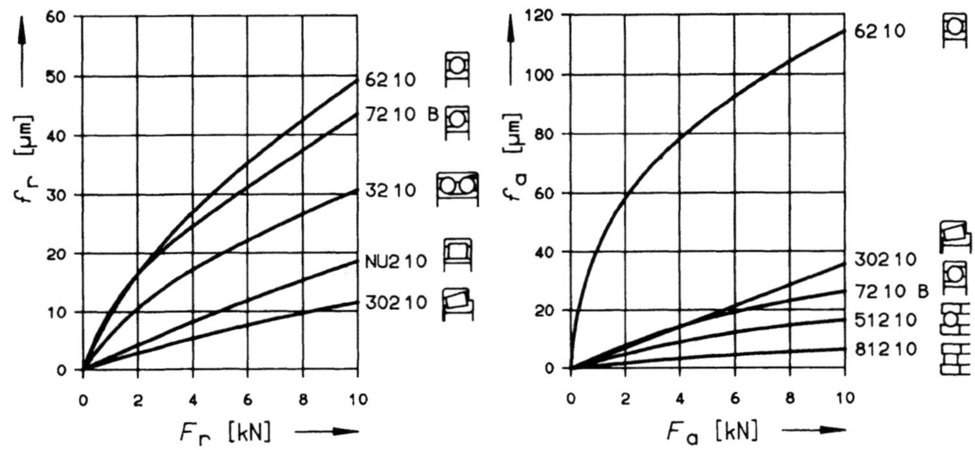

Abb. 3.33. Federung der Lager

Fehler der Lagerperipherie

Die Lagerringe sind je nach Lagerbauart (schwere/leichte Reihe) mehr oder weniger leicht verformbar, so daß Form- und Lagefehler der Peripherie auf die Laufbahnen unterschiedlich übertragen werden. Das Ausmaß der Beeinflussung hängt von der Größe und der Häufigkeit des Fehlers über dem Umfang und von der Passung ab. Je größer der Winkel zwischen zwei Formfehlern (Abb. 3.34) ist, desto weniger widersteht ein Lagerring seiner Verformung. Anders formuliert: Häufige regelmäßige Formfehler über dem Umfang verschlechtern die Laufgenauigkeit nicht im selben Ausmaß wie Einzelfehler.
Axiale Versetzungen und Winkelfehler der peripheren Lagerungsteile verschieben die Laufbahnen relativ zueinander. Sie können zu axialen Verspannungen sowie zu Störungen im Rund- oder Planlauf führen. Die Laufgenauigkeit ist davon immer beeinträchtigt, das Lagergeräusch muß nicht zwangsweise verstärkt werden.

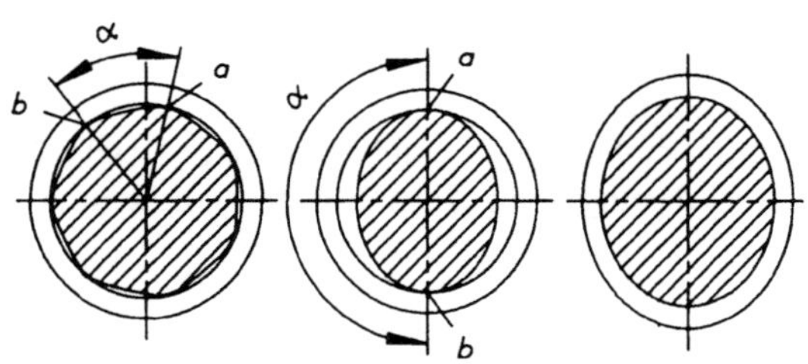

Abb. 3.34. Verformung eines Lagerinnenringes durch eine unrunde Welle

3.3.3.4 Laufruhe und Laufruheklassen

3.3.3.4.1 Allgemeines

Der Begriff Laufruhe wurde eingangs für die qualitative Gesamtbeurteilung des Lagers nach außen festgelegt und ihm das konventionelle Maß des Lagergeräusches

zugeordnet, welches der Lagerhersteller lediglich am noch nicht eingebauten Lager messen kann. Gemessen wird also der von nicht idealer Mikro- und Makro-Geometrie der Berührstellen im Lager verursachte Körperschall.
Die Beschreibung des Laufgeräusches und der Laufgenauigkeit hat aber gezeigt, daß der Körperschall des Lagers allein noch keine schlüssige Aussage über dessen „Wohlverhalten" in einer gestörten Umgebung gibt, sondern daß eine komplexe Wechselbeziehung von Lager und Peripherie schließlich

— einerseits das vom Menschen empfundene Geräusch in Form von Luftschall
— andererseits die Laufgenauigkeit des Lagers und die Qualität der auf einer Arbeitsmaschine bearbeiteten Werkstücke

ausmacht.

Schlußfolgerung

Die von einer Lagerung verlangte Laufgenauigkeit richtet sich ausschließlich nach den Ansprüchen des Anwendungsfalles, wobei an das Lagergeräusch noch keine bestimmten Bedingungen geknüpft sein müssen. Wird hingegen das Laufgeräusch störend empfunden, dann muß auch die Laufgenauigkeit bestimmte Grenzbedingungen erfüllen.
Aus dieser Überlegung heraus ist die Meßphilosophie der Lagerhersteller entstanden, das in ihrem Bereich beeinflußbare Lagergeräusch als Körperschall zu prüfen und auch Lager mit besonderen Anforderungen an das Laufgeräusch zumindest in der Toleranzklasse P 6 auszuführen. Das Geräuschverhalten des Lagers in seiner realen Umwelt beeinflußt der Lagerverbraucher in einem weitaus größeren Ausmaß, als gemeinhin anerkannt wird.

3.3.3.4.2 Abgrenzung Welligkeit – Rauheit

Zum allgemeinen Verständnis über die Mikro- und Makro-Geometrie im Lager wird im folgenden der Unterschied zwischen Welligkeit und Rauheit als Kriterien für Geräusch, Laufgenauigkeit und Laufruhe erläutert. Die Einhaltung der maßgeblichen Grenzen beeinflußt der Lagerhersteller mit dem Standard seiner Fertigungstechnologie.
Die exakte Abgrenzung zwischen Welligkeit und Rauheit einer Oberfläche ist schwierig. Im Lager verhalten sich die Wälzkörper wie die Tasterspitze eines Rauheitsmeßgerätes beim Abtasten des Oberflächenprofiles. Bei kleinen „Wellenabständen" können die Wälzkörper nicht mehr allen Unebenheiten der Laufbahnen folgen und rollen oder gleiten zum Teil darüber hinweg. Die daraus resultierende Relativbewegung verursacht letztlich den unruhigen Lauf und das Laufgeräusch, wenngleich sie nur zum geringen Teil von den „kurzwelligen Formfehlern", der sogenannten Rauheit, beeinflußt werden. Die Praxis hat gezeigt, daß die untere Grenze für diese Profilwellenlänge bei 50 bis 100 μm liegt; für die Abgrenzung Welligkeit – Rauheit können somit diese Werte genannt werden.
Es ist oft von Vorteil, die Rauheit bei der zeichnerischen Darstellung zu eliminieren (auszufiltern), um das Bild zu „entlasten" und um die „Langwelligkeit" besser darstellen zu können (Abb. 3.35).

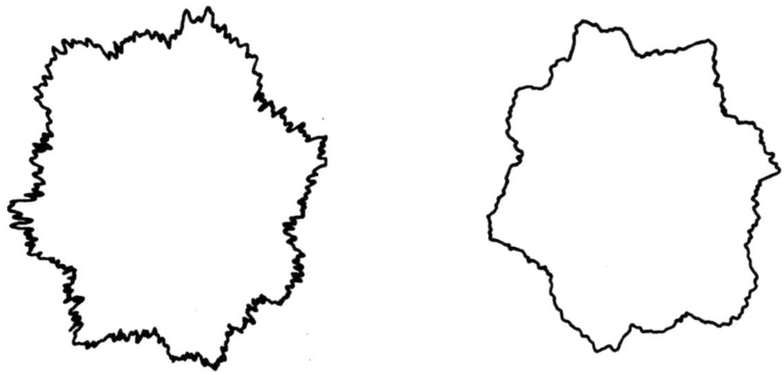

(1) (2)

Abb. 3.35. Tastbild: (1) ohne Filterung, (2) mit Filterung (Frequenzbeschneidung durch Tiefpaßfilter)

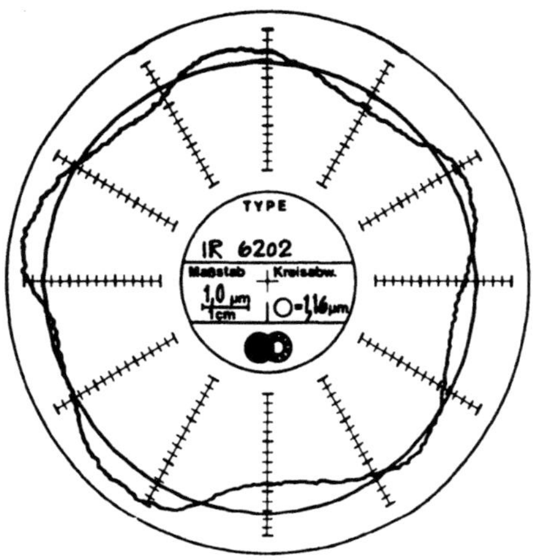

Abb. 3.36. Rundheitsdiagramm mit langwelligem Formfehler (Fünfeck)

Welligkeit

Langwellige Formfehler (Vieleckfehler) zeichnen sich durch große Wellenlängen und Amplituden aus. Abb. 3.36 zeigt das Polardiagramm eines solchen Fehlers. Ihren Ursprung haben sie in der Bearbeitung, entweder als Folge des Centerless-Schleifens (Gleichdick) oder auf Grund von Schwingungen in den Spindeln der Arbeitsmaschinen.

Rauheit

Kurzwellige Formfehler zeichnen sich durch kleine Wellenlängen und Amplituden aus (Abb. 3.37).

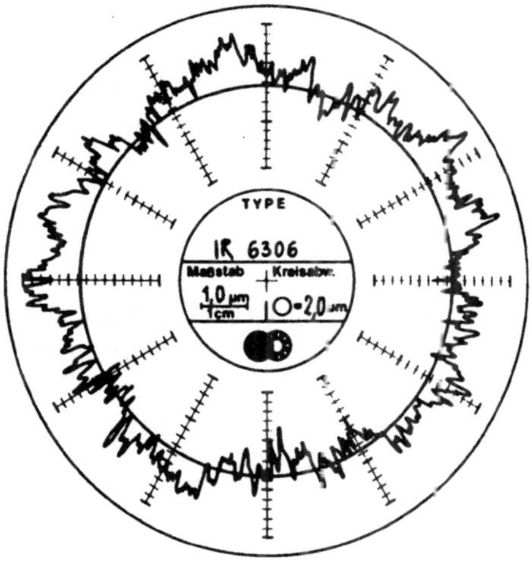

Abb. 3.37. Rundheitsdiagramm mit kurzwelligem Formfehler

Ihre Entstehungsursache liegt primär in den Bearbeitungswerkzeugen (Körnung der Schleifscheiben etc.), es können aber auch höherfrequente Maschinenschwingungen (Resonanzen) schuld sein.

3.3.3.4.3 Laufruheklassen

Gründe, warum die Normung von Abnahmewerten für die Laufruhe noch nicht international vorgenommen wurde, sind in Abschnitt 3.3.3.1 genannt worden. Immerhin gibt es aber schon Ansätze zur Einteilung der Laufruhe in Klassen [N 48], wie bei den Maßtoleranzen und der Lagerluft. In einem ÖNORM-Entwurf [N 60 bis N 63] werden Laufklassen (Tabelle 3.50) und Abnahmewerte vorgeschlagen.

Tabelle 3.50. Laufruheklassen

Grundklassen	
Q0	Laufruhe normal
Q6	Laufruhe besser als normal
Q5	Laufruhe besser als Q6

Spezialklassen	Block 1	2	3	4	5
Beispiele	Q	6	5	6	0
	Q	X	0		
	Q	X	X	6	
	Q	6	6	0	0

Block 1: Grundsymbol für Laufruhe

Block 2: Körperschallpegel
X ... keine Prüfung vorgesehen
0,6,5 ... siehe Grundklassen

Block 3: Körperschallspitzen
X ... keine Prüfung vorgesehen
0,6,5 ... siehe Grundklassen

Block 4: Luftschallpegel
X ... keine Prüfung vorgesehen
0,6,5 ... siehe Grundklassen

Block 5: Luftschallspitzen
0,6,5 ... siehe Grundklassen

3.3.3.4.4 Maßnahmen zur Geräuschdämmung

Es ist grundsätzlich nicht möglich, die Laufgenauigkeit und auch die Laufruhe durch Hilfsmaßnahmen im nachhinein zu verbessern; das vom Inneren der Lagerung kommende Geräusch kann jedoch bis zu einem gewissen Grad durch vorbeugende Maßnahmen gedämpft werden, und zwar von zwei Seiten:
— vom Lagerhersteller
— vom Maschinenkonstrukteur.
Der Lagerhersteller erzeugt wartungsfreie Lager, deren integrierte Dichtungen eine Dämpfung des Luftschalles bewirken. Eine andere Möglichkeit, den Körperschall zu dämmen, ist das Einlegen von Ringen (Federelementen aus Gummi, Abb. 3.38) zwischen Außenring und Gehäuse; solche Elemente sind aber sehr nachgiebig und bewähren sich nur bei kleinen Belastungen.

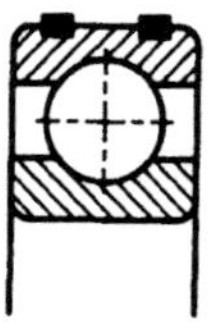

Abb. 3.38. Möglichkeit zur Schwingungsdämpfung (Schallisolation)

Der Anteil des Lagerkäfigs durch seine Eigenschwingungen am Gesamtgeräusch ist minimal. Er kann durch folgende Maßnahmen verringert werden:
— Bewegungsfreiheit begrenzen: Führung auf den Ringschultern/-Borden
— Steifigkeit (Dämpfungsvermögen) erhöhen: Massivkäfige statt Blechkäfige
— Gewicht bei guter Führung reduzieren: Massivkäfig aus Thermoplasten (Preßstoffen) und Leichtmetallen
— Wuchtung, Wuchtgüte erhöhen: statisches und dynamisches Auswuchten
Dem Maschinenkonstrukteur sind die gestalterischen Umfeldmaßnahmen vorbehalten. Es geht dabei um die Verringerung der Erregerkräfte durch
— steife Lagergehäuse/Lagerschilde, z. B. E-Motore
— dämpfende Aufhängungen, z. B. KFZ-Motore
— spezielle Antriebsriemen, z. B. hochtourige Wellen
— Kapselung durch Deckeln und Abdichtungen, z. B. Getriebe
— axiale Anstellung mit Federn, z. B. Meßgeräte (siehe Abb. 3.39)
— geeignete Werkstoffwahl, z. B. Gußeisen- statt Stahlkonstruktion

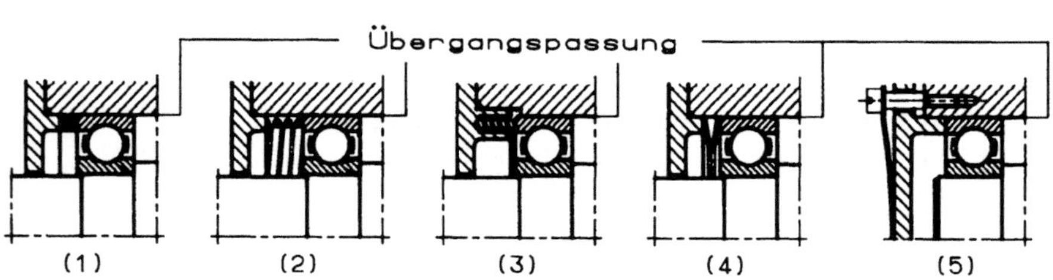

Abb. 3.39. Lager-Anstellung mit Federn

3.4 Gestaltung der Lagerperipherie

Lagerstelle und Lagerung sind voneinander nicht korrekt trennbar; sie wirken funktionell immer zusammen bei der Führung der in den Lagern gehaltenen Welle/Achse. Bei fliegender Anordnung von Rädern/Scheiben schrumpft die Lagerung überhaupt zur kompakten Lagerstelle.
Eine Lagerung enthält immer nur eine Festlagerstelle, alle allfälligen anderen Lagerstellen (Zweifach- oder Mehrfachlagerung) müssen axial frei bewegliche Loslagerstellen sein (siehe Abschnitt 3.2.2.1.1).
Die Gesamtheit der näheren Umgebung, in der Maßnahmen zur Gestaltung der Lagerstelle und der Lagerung ergriffen werden, wird daher mit dem Begriff Lagerperipherie beschrieben.

3.4.1 Axiale Führung/Sicherung

3.4.1.1 Funktion der Lagerstelle

Im Abschnitt 3.2 wurden die Anforderungen an die Lagerumgebung definiert und die Passungen als Mittel der radialen Führung besprochen.
Wellen- und Gehäuse-Passungen gewährleisten die ausreichende radiale Führung. Preßpassungen (Festsitze) eignen sich im beschränkten Maße auch dazu, Axialverschiebungen der Lagerringe zu verhindern, solange keine nennenswerten Axialkräfte wirken. Es ist aber gar nicht selten, daß unvorhergesehen größere Axialkräfte durch Maschinenschwingungen und Stoßbelastungen auftreten. Die zu übertragenden definierten Axialkräfte sind daneben ein klarer Fall. Zur Verhütung von Schäden durch ungewollte Axialverschiebungen ist daher eine axiale Sicherung durch periphere Befestigungselemente erforderlich. Einer schädlichen Verspannung in der Lagerung wird im Normalfall durch die oben genannten Fest-/Los-Lagerstellen vorgebeugt; Ausnahmen bilden die angestellte und die schwimmende Lagerung. Die Gestaltung der Peripherie hängt von der Lagerart und der räumlichen Situation der Lagerung ab.
Bei der Herstellung der Lagerperipherie müssen Fertigungstoleranzen zugelassen werden, weshalb die wirklichen Lagerabstände auf der Welle und im Gehäuse nicht gleich sind. Das Lagergehäuse kann ferner die laufend durch Reibung erzeugte Betriebswärme besser ableiten als die Welle, was immer eine Temperaturdifferenz und damit eine unterschiedliche Längenänderung der beiden Lagerabstände zur Folge hat.

Es muß also
- das Festlager immer außer den Radialkräften auch die Axialkräfte in beiden Richtungen übertragen können; dazu reichen auf die Dauer auch Preßpassungen nicht aus (Abb. 3.40),
- das Loslager außer den Radialkräften nur geringe axiale Verschiebungskräfte aus der Längendifferenz Welle/Gehäuse überwinden; dazu reichen je nach Belastungsfall Übergangspassungen oder leichte Preßpassungen aus, um das axiale Wandern der Ringe zu vermeiden (Abb. 3.41),

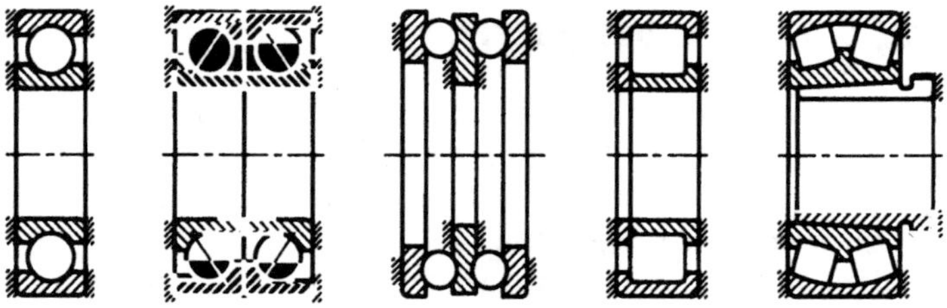

Abb. 3.40. Axiale Sicherung der Festlager

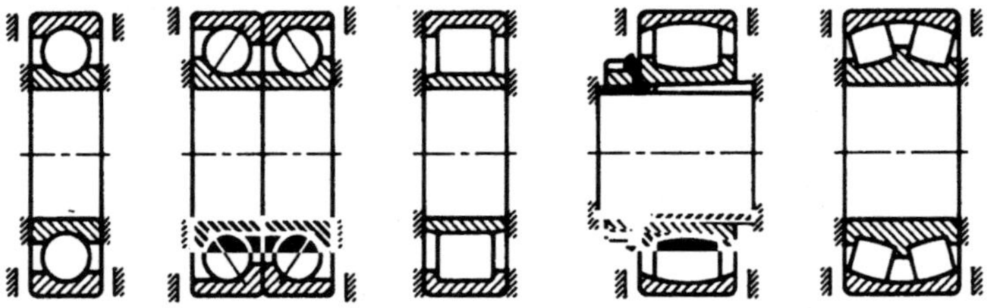

Abb. 3.41. Axiale Sicherung der Loslager

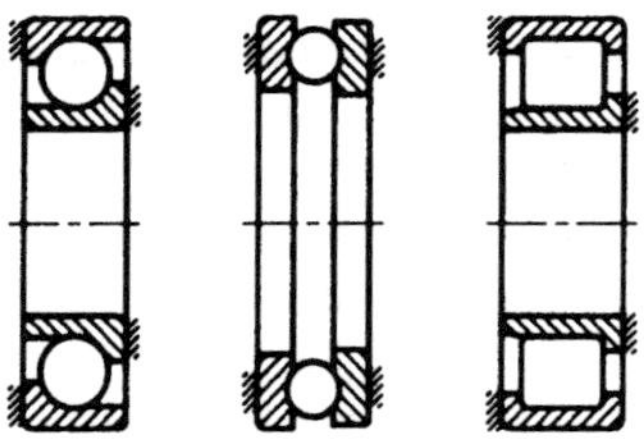

Abb. 3.42. Axiale Sicherung der angestellten/schwimmenden Lager

— die angestellte oder schwimmende Lagerung sowohl die Radialkräfte als auch die Axialkräfte in sich selbst über das Lagerpaar übertragen; die Sicherung erfolgt über die gegenseitige Abstützung der beteiligten Lager (Abb. 3.42).

3.4.1.2 Sicherungselemente

Sicherungselemente müssen das Lager vor dem axialen Wandern bewahren und die zu übertragenden Axialkräfte ohne Schäden verkraften, tangentiales Wandern der Ringe (Mitdrehen) können sie nicht verhindern. Abb. 3.43 zeigt eine Zusammenstellung der gebräuchlichsten Sicherungselemente. Ihrer Anwendung liegen meistens wirtschaftliche Betrachtungen zugrunde.

Erklärungen zu Abb. 3.43:

(1)........ Wellenmuttern sind speziell für Wälzlagersicherungen genormt [N 74] und können proportional zur Axialbelastung vorgespannt werden; die Lösung ist sehr verläßlich und bei Serienfertigung hinreichend preiswert.

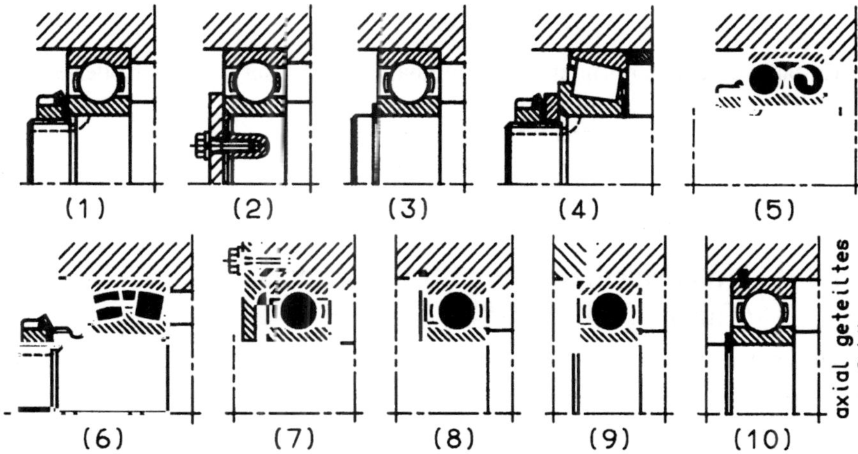

Abb. 3.43. Axiale Befestigung von Lagerringen: (1) Wellenmutter, (2) Scheibe an der Stirnfläche, (3) Sicherungsring, (4) Wellenmutter mit Stützring, (5) Spannhülse, (6) Abziehhülse, (7) Lagerdeckel, (8), (9) Sicherungsringe, (10) Sicherungsring (geteiltes Gehäuse)

(2) .... Scheiben an der Stirnfläche von Wellenenden sind in gleichem Maße verläßlich wie Wellenmuttern, aber wegen der Vielfalt an Teilen und Fertigungsgängen bei Serienfertigung nicht empfehlenswert.

(3) .... Genormte Sicherungsringe in Wellen [N 75] sind die typische preiswerte Großserienlösung; die fehlende Verspannungsmöglichkeit kann bei extremen Fertigungstoleranzen zur Lockerung der Passung führen (Passungsrost).

(4) .... Wellenmuttern mit Stützung ähnlich (1), wenn die genormten Ringverrundungen das Last-Stützungsvermögen nicht hinreichend gewährleisten (Plan-Stützfläche zu klein).

(5) .... Spannhülsen sind ein vielverwendetes und daher wohl auch genormtes Spannelement [N 74] mit Sicherungsmutter für Lager mit kegeliger Bohrung, wobei mit der Sicherung gleichzeitig die Lagerluft eingestellt wird; Anwendung für glatte Wellen (ohne Absätze).

(6) .... Abziehhülsen ähnlich (5), jedoch vornehmlich für Wellenenden; das am Hülsenende des genormten Elementes angebrachte Gewindestück ermöglicht eine bequeme Demontage des Lagers bei Reparaturen (Inspektionen).

(7) .... Lagerdeckel sind dem Gestaltungsvermögen des Konstrukteurs anheimgestellt; von der einfachen Pratze (angeschraubtes rechteckiges Sicherungselement) bis zur Integration von anspruchsvollsten Abdichtungen (siehe Abschnitt 3.5) reicht der Spielraum.

(8) bis (10) Genormte Sicherungsringe in Gehäusen [N 75] sind (3) gleichwertig; die Anwendungsmöglichkeiten sind umfangreicher.

3.4.1.3 Genormte Anschlußmaße

Die Einhaltung der genormten Anschlußmaße [N 76] der Lagerperipherie (Anschlußteile)
— gibt dem Lager eine ausreichende Abstützung
— erleichtert den Ein- und Ausbau des Lagers
— verhindert eine Berührung mit überstehenden Käfigteilen (z. B. bei Kegelrollenlagern).

3.4.1.3.1 Hohlkehlenradien und Schulterhöhen (Tabelle 3.51, S. 219)

Die Hohlkehlen an Wellen und Gehäusen dürfen die Verrundungsflächen an Lagerringen oder Lagerscheiben in keinem Punkt berühren.
Wenn keine oder nur sehr geringe Axiallasten auftreten, dürfen die Schulterhöhen verringert werden, und zwar:
— für die Durchmesserreihe 4: auf die Werte der Reihen 1, 2, 3
— für die Durchmesserreihe 1, 2, 3: auf die Werte der Reihen 8, 9, 0.

3.4.1.3.2 Anschlußdurchmesser für Zylinderrollenlager (Tabelle 3.52, S. 220)

3.4.1.3.3 Anschlußmaße für Kegelrollenlager (Tabelle 3.53, S. 221...225)

3.4.1.3.4 Anschlußmaße für Radiallager mit Spannhülsen (Tabelle 3.54, S. 226...227)

3.4.1.3.5 Umfangsnuten in Außenringen (Tabelle 3.55, S. 228...229)

3.4.2 Berechnungen zur Lagerperipherie

3.4.2.1 Sicherungsring (Sprengring)

Bei größeren Axialkräften muß sowohl die Festigkeit der Nut als auch die des Sprengringes überprüft werden.
Für die Nut (Abb. 3.44, S. 227) gilt:

$$F_N = \sigma_s \cdot A/q \tag{3.48}$$

F_N .... axiale Belastbarkeit der Nut in N
σ_s .... Streckengrenze (Wellen-/Gehäusewerkstoff) in $N \cdot mm^{-2}$

$A = |d_1^2 - d_2^2| \cdot \frac{\pi}{4}$ ... Nutfläche in mm^2

d_1 .... Wellen-/Gehäusedurchmesser in mm
d_2 .... Nutgrunddurchmesser
q .... Beanspruchungszahl (siehe Abb. 3.45, S. 227)
n .... Bundlänge in mm
t .... Nuttiefe in mm

Tabelle 3.51. Hohlkehlenradien und Schulterhöhen für Radial- und Axiallager, ausgenommen Kegelrollenlager

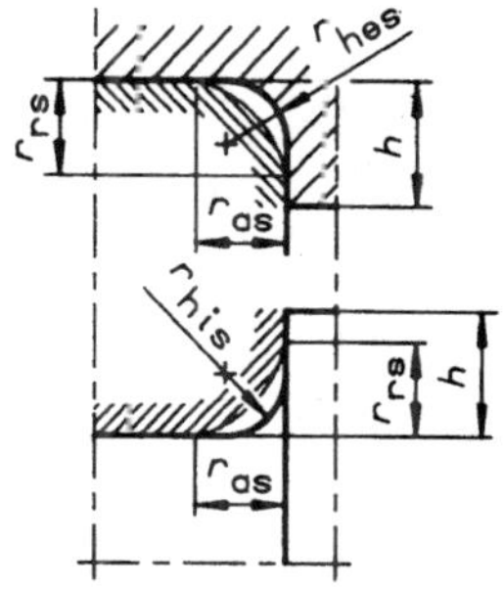

r_{rs} einzelner Kantenabstand in radialer Richtung
r_{as} einzelner Kantenabstand in axialer Richtung
r_{his} einzelner Hohlkehlenradius an der Welle
r_{hes} einzelner Hohlkehlenradius im Gehäuse
h Schulterhöhe für Welle und Gehäuse
r Kantenverrundung

Werte in mm

r_{rs} r_{as} min.	r_{his} r_{hes} max.	h_{min} 1) Durchmesserreihe 8, 9, 0	1, 2, 3	4	r 2) Nennmaß
0,05	0,05	0,2			0,1
0,08	0,08	0,26			0,15
0,1	0,1	0,3	0,6		0,2
0,15	0,15	0,4	0,7		0,3
0,2	0,2	0,7	0,9		0,4
0,3	0,3	1	1,2		0,5
3)	0,5	1,3	1,8		0,8
0,6	0,6	1,6	2,1		1
3)	0,8	1,9	2,4		1,2
1	1	2,3	2,8		1,5
1,1	1	3	3,5	4,5	2
1,5	1,5	3,5	4,5	5,5	2,5
2	2	4,4	5,5	6,5	3
2,1	2,1	5,1	6	7	3,5
3	2,5	6,2	7	8	4
4	3	7,3	8,5	10	5
5	4	9	10	12	6
6	5	11,5	13	15	8
7,5	6	14	16	19	10
9,5	8	17	20	23	12
12	10	21	24	28	15
15	12	25	29	33	18

1) Freistiche nach DIN 509 Form F sind zulässig, wenn

$$h_{min} - h_1 \geq h_{min} - r_{rsmax}$$

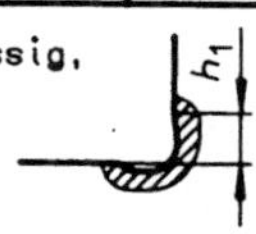

Radiallager: $h_{max} \leq 1,5\ h_{min}$

Axiallager: Die Schulterhöhe soll mindestens gleich der halben Scheibendicke sein

2) Früher war es üblich, Nennmaße r der Kantenverrundung zu verwenden; diese sind nicht mehr genormt, werden aber während einer gewissen Übergangszeit für Vergleichszwecke in dieser ÖNORM angegeben.

3) In ÖNORM M 6321 Teil 3 sind keine entsprechenden Werte genormt

Tabelle 3.52. Anschlußdurchmesser für Zylinderrollenlager

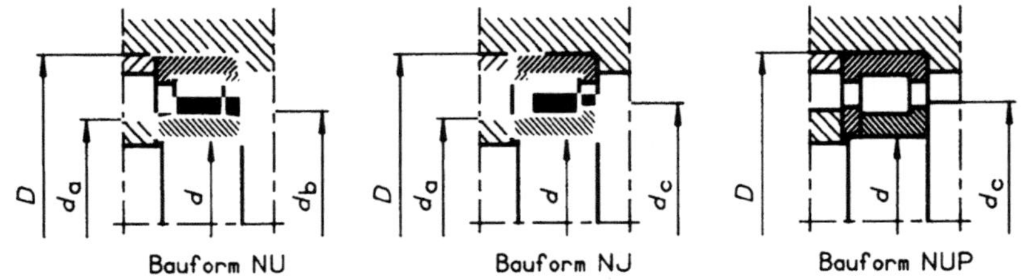

d Wellensitzdurchmesser
D Gehäusesitzdurchmesser
d_a kleiner Anschlußdurchmesser an einen Innenring der Bauform NU oder der Bauform NJ
d_b großer Anschlußdurchmesser an einen Innenring der Bauform NU
d_c großer Anschlußdurchmesser an einen Innenring der Bauform NJ oder der Bauform NUP

Werte in mm

	Lagerreihe														
	NU10, NU20 E			NU2, NU22 [1] NU2 E, NU22 E				NU3, NU23 [1] NU3 E, NU23 E				NU4 [1]			
d	*D*	d_a max.	d_b min.	*D*	d_a max.	d_b min.	d_c min.	*D*	d_a max.	d_b min.	d_c min.	*D*	d_a max.	d_b min.	d_c min.
17				40	21	25	27								
20	42	25	27	47	26	29	32	52	27	30	33				
25	47	30	32	52	31	34	37	62	33	37	40				
30	55	35	38	62	37	40	44	72	40	44	48	90	44	47	52
35	62	41	44	72	43	46	50	80	45	48	53	100	52	55	61
40	68	46	49	80	49	52	56	90	51	55	60	110	57	60	67
45	75	52	54	85	54	57	61	100	57	60	66	120	63	66	74
50	80	57	59	90	58	62	67	110	63	67	73	130	69	73	81
55	90	63	66	100	65	68	73	120	69	72	80	140	76	79	87
60	95	68	71	110	71	75	80	130	75	79	86	150	82	85	94
65	100	73	76	120	77	81	87	140	81	85	93	160	88	91	100
70	110	78	82	125	82	86	92	150	87	92	100	180	99	102	112
75	115	83	87	130	87	90	96	160	93	97	106	190	103	107	118
80	125	90	94	140	94	97	104	170	99	105	114	200	109	112	124
85	130	95	99	150	99	104	110	180	106	110	119	210	111	115	128
90	140	101	106	160	105	109	116	190	111	117	127	225	122	125	139
95	145	106	111	170	111	116	123	200	119	124	134	240	132	136	149
100	150	111	116	180	117	122	130	215	125	132	143	250	137	141	156
105	160	118	122	190	124	129	137	225	132	137	149	260	143	147	162
110	170	124	128	200	130	135	144	240	140	145	158	280	153	157	173
120	180	134	138	215	141	146	156	260	151	156	171	310	168	172	190
130	200	146	151	230	151	158	168	280	164	169	184	340	183	187	208
140	210	156	161	250	166	171	182	300	176	182	198	360	195	200	222
150	225	167	173	270	179	184	196	320	190	195	213	380	210	216	237
160	240	178	184	290	192	197	210	340	200	211	228	400	223	229	250
170	260	190	197	310	204	211	223	360	216	223	241				
180	280	203	209	320	214	221	233	380	227	235	255				
190	290	213	219	340	227	234	247	400	240	248	268				
200	310	226	233	360	240	247	261	420	254	263	283				
220	340	248	254	400	266	273	289	460	276	288	310				
240	360	268	275	440	293	298	316	500	300	314	338				
260	400	292	300	480	318	323	343	540	325	340	365				
280	420	313	320	500	333	344	364	580	353	366	394				
300	460	337	344	540	358	368	391								
320	480	356	365	580	384	394	420								
340	520	381	390												
360	540	401	410												

1) Die Lagerart NU steht hier stellvertretend für NU, NJ und NUP

Tabelle 3.53. Anschlußmaße für Kegelrollenlager

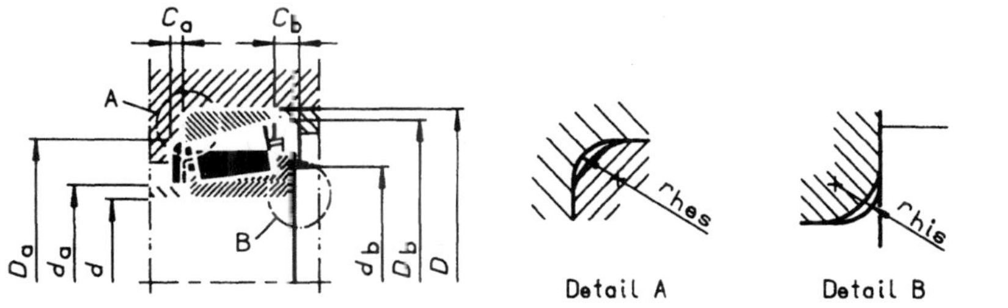

d Wellensitzdurchmesser
D Gehäusesitzdurchmesser
d_a Anschlußdurchmesser an die kleine Planfläche des Innenringes
d_b Anschlußdurchmesser an die große Planfläche des Innenringes
D_a Anschlußdurchmesser an die große Planfläche des Außenringes
D_b Anschlußdurchmesser an die kleine Planfläche des Außenringes
C_a Breite der Freistellung des Anschlußteiles an die große Planfläche des Außenringes
C_b Breite der Freistellung des Anschlußteiles an die kleine Planfläche des Außenringes
r_{his} einzelner Hohlkehlenradius an der Welle
r_{hes} einzelner Hohlkehlenradius im Gehäuse

Werte in mm

d	D	d_a max.	d_b min.	D_a min.	D_a max.	D_b min.	C_a min.	C_b min.	r_{his} max.	r_{hes} max.	Hauptzeichen ÖNORM	Hauptzeichen ISO 355
15	42	22	21	36	36	38	2	3	1	1	303 02	T 2FB 015
	42	22	21	35	36	38	2	4	1	1	323 02	
17	40	23	23	34	34	37	2	2	1	1	302 03	T 2DB 017
	40	22	23	34	34	37	3	3	1	1	322 03	T 2DD 017
	47	25	23	40	41	42	2	3	1	1	303 03	T 2FB 017
	47	24	23	39	41	43	3	4	1	1	323 03	T 2FD 017
20	42	25	25	36	37	39	3	3	0,6	0,6	320 04	T 3CC 020
	47	27	26	40	41	43	2	3	1	1	302 04	T 2DB 020
	47	26	26	39	41	43	3	4	1	1	322 04	T 2DD 020
	47	26	25	37	41	44	2	4	1	1	322 04 B	T 5DD 020
	52	28	27	44	45	47	2	3	1,5	1,5	303 04	T 2FB 020
	52	27	27	43	45	47	3	4	1,5	1,5	323 04	T 2FD 020
	37	24	24	32		34	2	3	0,3	0,3	329 04	T 2BD 020
22	44	27	27	38	39	41	3	3,5	0,6	0,6	320/22	T 3CC 022
	40	26	26	35		37	2	3	0,3	0,3	329/22	T 2BC 022
25	47	30	30	40	42	44	3	3,5	0,6	0,6	320 05	T 4CC 025
	47	30	30	41	42	44	3	3	0,6	0,6	330 05	T 2CE 025
	52	31	31	44	46	48	2	3	1	1	302 05	T 3CC 025
	52	31	31	44	46	48	3	4	1	1	322 05	T 2CD 025
	52	30	31	41	46	49	3	4	1	1	322 05 B	T 5CD 025
	52	30	31	43	46	49	4	4	1	1	332 05	T 2DE 025
	62	34	32	54	55	57	2	3	1,5	1,5	303 05	T 2FB 025
	62	34	32	47	55	59	3	5	1,5	1,5	313 05	T 7FB 025
	62	33	32	53	55	57	3	5	1,5	1,5	323 05	T 2FD 025
	42	29	30	37		39	2	3	0,3	0,3	329 05	T 2BD 025
28	52	33	34	45	46	49	3	4	1	1	320/28	T 4CC 028
	58	33	34	46	52	55	3	4	1	1	322/28 B	T 5DD 028
	58	33	34	49	52	55	4	5	1	1	332/28	T 2DE 028
	45	32	32	41		42	2	3	0,3	0,3	329/28	T 2BD 028

Tabelle 3.53 (Fortsetzung)

d	D	d_a max.	d_b min.	D_a min.	D_a max.	D_b min.	C_a min.	C_b min.	r_{his} max.	r_{hes} max.	Hauptzeichen ÖNORM	Hauptzeichen ISO 355
30	55	35	36	48	49	52	3	4	1	1	320 06	T 4CC 030
	55	35	36	48	49	52	3	4	1	1	330 06	T 2CE 030
	62	37	36	53	56	57	2	3	1	1	302 06	T 3DB 030
	62	37	36	52	56	59	3	4	1	1	322 06	T 3DC 030
	62	36	36	50	56	60	3	4	1	1	322 06 B	T 5DC 030
	62	36	36	53	56	59	5	5,5	1	1	332 06	T 2DE 030
	72	40	37	62	65	66	3	4,5	1,5	1,5	303 06	T 2FB 030
	72	40	37	55	65	68	3	6,5	1,5	1,5	313 06	T 7FB 030
	72	39	37	59	65	66	4	5,5	1,5	1,5	323 06	T 2FD 030
	72	38	37	59	65	67	4	5,5	1,5	1,5	323 06 B	T 5FD 030
	47	34	34	43		44	2	3	0,3	0,3	329 06	T 2BD 030
32	58	38	38	50	52	55	3	4	1	1	320/32	T 4CC 032
	65	39	38	56	59	60	3	3	1	1	302/32	T 3DB 032
	65	38	40	52	59	61	4	6,5	1	1	322/32 B	T 5DC 032
	65	38	38	55	59	62	4	5,5	1	1	332/32	T 2DE 032
	75	40	40	57	68	70	4	6,5	1,5	1,5	323/32 B	T 5FD 032
	52	36	37	47		49	3	3	0,6	0,6	329/32	T 2BD 032
35	62	40	41	54	56	59	4	4	1	1	320 07	T 4CC 035
	62	41	41	55	56	59	4	4	1	1	330 07	T 2CE 035
	72	44	42	62	65	67	3	3	1,5	1,5	302 07	T 3DB 035
	72	43	42	61	65	67	3	5,5	1,5	1,5	322 07	T 3DC 035
	72	42	42	56	65	68	3	5	1,5	1,5	322 07 B	T 5DC 035
	72	42	42	61	65	68	5	6	1,5	1,5	332 07	T 2DE 035
	80	45	44	70	71	74	3	4,5	2	1,5	303 07	T 2FB 035
	80	44	44	62	71	76	4	7,5	2	1,5	313 07	T 7FB 035
	80	44	44	66	71	74	4	7,5	2	1,5	323 07	T 2FE 035
	80	42	44	61	71	76	4	7,5	2	1,5	323 07 B	T 5FE 035
	55	40	40	50	50	52	3	3	0,6	0,6	329 07	T 2BD 035
40	68	46	46	60	62	65	4	4,5	1	1	320 08	T 3CD 040
	68	46	46	61	62	65	4	4	1	1	330 08	T 2BE 040
	75	47	47	65	68	71	4	5,5	1,5	1,5	331 08	T 2CE 040
	80	49	47	69	73	74	3	3,5	1,5	1,5	302 08	T 3DB 040
	80	48	47	68	73	75	3	5,5	1,5	1,5	322 08	T 3DC 040
	80	48	47	65	73	76	4	5,5	1,5	1,5	322 08 B	T 5DC 040
	80	47	47	67	73	76	5	7	1,5	1,5	332 08	T 2DE 040
	90	52	49	77	81	82	3	5	2	1,5	303 08	T 2FB 040
	90	51	49	71	81	86	4	8	2	1,5	313 08	T 7FB 040
	90	50	49	73	81	82	4	8	2	1,5	323 08	T 2FD 040
	90	50	49	69	81	85	4	8	2	1,5	323 08 B	T 5FD 040
	62	45	45	57	57	59	3	3	0,6	0,6	329 08	T 2BC 040
45	75	51	51	67	69	72	4	4,5	1	1	320 09	T 3CC 045
	75	51	51	67	69	71	4	5	1	1	330 09	T 2CE 045
	80	52	52	69	73	77	4	5,5	1,5	1,5	331 09	T 3CE 045
	85	54	52	74	78	80	3	4,5	1,5	1,5	302 09	T 3DB 045
	85	53	52	73	78	80	3	5,5	1,5	1,5	322 09	T 3DC 045
	85	53	52	70	78	82	4	5,5	1,5	1,5	322 09 B	T 5DC 045
	85	52	52	72	78	81	5	7	1,5	1,5	332 09	T 3DE 045
	100	59	54	86	91	92	3	5	2	1,5	303 09	T 2FB 045
	100	56	54	79	91	95	4	9	2	1,5	313 09	T 7FB 045
	100	56	54	82	91	93	4	8	2	1,5	323 09	T 2FD 045
	100	55	54	76	91	94	5	8	2	1,5	323 09 B	T 5FD 045
	68	51	50	62	63	64	3	3	0,6	0,6	329 09	T 2BC 045
50	80	56	56	72	74	77	4	4,5	1	1	320 10	T 3CC 050
	80	56	56	72	74	76	4	5	1	1	330 10	T 2CE 050
	85	56	57	74	78	82	4	6	1,5	1,5	331 10	T 3CE 050
	90	58	57	79	83	85	3	4,5	1,5	1,5	302 10	T 3DB 050
	90	58	57	78	83	85	3	5,5	1,5	1,5	322 10	T 3DC 050
	90	57	57	76	83	87	4	6,5	1,5	1,5	322 10 B	T 5DC 050
	90	57	57	77	83	87	5	7,5	1,5	1,5	332 10	T 3DE 050
	110	65	60	95	100	102	4	6	2,5	2	303 10	T 2FB 050
	110	62	60	87	100	104	4	10	2,5	2	313 10	T 7FB 050
	110	62	60	90	100	102	5	9	2,5	2	323 10	T 2FD 050
	110	60	60	83	100	103	5	9	2,5	2	323 10 B	T 5FD 050
	72	55	55	66	67	69	3	3	0,6	0,6	329 10	T 2BC 050

Tabelle 3.53 (Fortsetzung)

d	D	d_a	d_b	D_a		D_b	C_a	C_b	r_{his}	r_{hes}	Hauptzeichen	
		max.	min.	min.	max.	min.	min.	min.	max.	max.	ÖNORM	ISO 355
55	90	63	62	81	83	86	4	5,5	1,5	1,5	320 11	T 3CC 055
	90	63	62	81	83	86	5	6	1,5	1,5	330 11	T 2CE 055
	95	62	62	83	88	91	5	7	1,5	1,5	331 11	T 3CE 055
	100	64	64	88	91	94	4	4,5	2	1,5	302 11	T 3DB 055
	100	63	64	87	91	95	4	5,5	2	1,5	322 11	T 3DC 055
	100	62	64	85	91	96	6	8	2	1,5	332 11	T 3DE 055
	120	71	65	104	110	111	4	6,5	2,5	2	303 11	T 2FB 055
	120	68	65	94	110	113	4	10,5	2,5	2	313 11	T 7FB 055
	120	68	65	99	110	111	5	10,5	2,5	2	323 11	T 2FD 055
	120	65	65	91	110	112	5	10,5	2,5	2	323 11 B	T 5FD 055
	80	61	61	73	74	76	4	3	1	1	329 11	T 2BC 055
60	95	67	67	85	88	91	4	5,5	1,5	1,5	320 12	T 4CC 060
	95	67	67	85	88	90	5	6	1,5	1,5	330 12	T 2CE 060
	100	67	67	88	93	96	5	7	1,5	1,5	331 12	T 3CE 060
	110	70	69	96	101	103	4	4,5	2	1,5	302 12	T 3EB 060
	110	69	69	95	101	104	4	5,5	2	1,5	322 12	T 3EC 060
	110	69	69	93	101	105	6	9	2	1,5	332 12	T 3EE 060
	130	77	72	112	118	120	5	7,5	3	2,5	303 12	T 2FB 060
	130	73	72	103	118	123	5	11,5	3	2,5	313 12	T 7FB 060
	130	74	72	107	118	120	6	11,5	3	2,5	323 12	T 2FD 060
	130	71	72	100	118	122	6	11,5	3	2,5	323 12 B	T 5FD 060
	85	66	66	78	79	81	4	3	1	1	329 12	T 2BC 060
65	100	72	72	90	93	97	4	5,5	1,5	1,5	320 13	T 4CC 065
	100	72	72	89	93	96	5	6	1,5	1,5	330 13	T 2CE 065
	110	73	72	96	103	106	6	7,5	1,5	1,5	331 13	T 3DE 065
	120	77	74	106	111	113	4	4,5	2	1,5	302 13	T 3EB 065
	120	76	74	104	111	115	4	5,5	2	1,5	322 13	T 3EC 065
	120	74	74	102	111	115	6	9	2	1,5	332 13	T 3EE 065
	140	83	77	122	128	130	5	8	3	2,5	303 13	T 2GB 065
	140	79	77	111	128	132	5	13	3	2,5	313 13	T 7GB 065
	140	80	77	117	128	130	6	12	3	2,5	323 13	T 2GD 065
	140	77	77	109	128	133	6	12	3	2,5	323 13 B	T 5GD 065
	90	71	71	83	84	86	4	3	1	1	329 13	T 2BC 065
70	110	78	77	98	103	105	5	6	1,5	1,5	320 14	T 4CC 070
	110	78	77	99	103	105	5	5,5	1,5	1,5	330 14	T 2CE 070
	120	79	79	104	111	115	6	8	2	1,5	331 14	T 3DE 070
	125	81	79	110	116	118	4	5	2	1,5	302 14	T 3EB 070
	125	80	79	108	116	119	4	6	2	1,5	322 14	T 3EC 070
	125	79	79	107	116	120	7	9	2	1,5	332 14	T 3EE 070
	150	89	82	130	138	140	5	8	3	2,5	303 14	T 2GB 070
	150	84	82	118	138	141	5	13	3	2,5	313 14	T 7GB 070
	150	86	82	125	138	140	6	12	3	2,5	323 14	T 2GD 070
	150	83	82	117	138	143	7	12	3	2,5	323 14 B	T 5GD 070
	100	76	76	93	94	96	4	4	1	1	329 14	T 2BC 070
75	115	83	82	103	108	110	5	6	1,5	1,5	320 15	T 4CC 075
	115	83	82	104	108	110	6	5,5	1,5	1,5	330 15	T 2CE 075
	125	84	84	109	116	120	6	8	2	1,5	331 15	T 3DE 075
	130	86	84	115	121	124	4	5	2	1,5	302 15	T 4DB 075
	130	85	84	115	121	124	4	6	2	1,5	322 15	T 4DC 075
	130	83	84	111	121	125	7	10	2	1,5	332 15	T 3EE 075
	160	95	87	139	148	149	5	9	3	2,5	303 15	T 2GB 075
	160	91	87	127	148	151	6	14	3	2,5	313 15	T 7GB 075
	160	91	87	133	148	149	7	13	3	2,5	323 15	T 2GD 075
	160	90	87	124	148	151	7	14	3	2,5	323 15 B	T 5GD 075
	105	81	81	98	99	101	4	4	1	1	329 15	T 2BC 075
80	125	89	87	112	117	120	6	7	1,5	1,5	320 16	T 3CC 080
	125	90	87	112	117	119	6	6,5	1,5	1,5	330 16	T 2CE 080
	130	89	89	114	121	126	6	8	2	1,5	331 16	T 3DE 080
	140	91	90	124	130	132	4	6	2,5	2	302 16	T 3EB 080
	140	90	90	122	130	134	5	7	2,5	2	322 16	T 3EC 080
	140	89	90	119	130	135	7	11	2,5	2	332 16	T 3EE 080
	170	102	92	148	158	159	5	9,5	3	2,5	303 16	T 2GB 080
	170	97	92	134	158	159	6	15,5	3	2,5	313 16	T 7GB 080
	170	98	92	142	158	159	7	13,5	3	2,5	323 16	T 2GD 080
	170	96	92	130	158	160	7	13,5	3	2,5	323 16 B	T 5GD 080
	110	86	86	102	104	106	4	4	1	1	329 16	T 2BC 080

Tabelle 3.53 (Fortsetzung)

d	D	d_a max.	d_b min.	D_a min.	D_a max.	D_b min.	C_a min.	C_b min.	r_{his} max.	r_{hes} max.	Hauptzeichen ÖNORM	Hauptzeichen ISO 355
85	130	94	92	117	122	125	6	7	1,5	1,5	320 17	T 4CC 085
	130	94	92	118	122	125	6	6,5	1,5	1,5	330 17	T 2CE 085
	140	95	95	122	130	135	7	9	2,5	2	331 17	T 3DE 085
	150	97	95	132	140	141	5	6,5	2,5	2	302 17	T 3EB 085
	150	96	95	130	140	142	5	8,5	2,5	2	322 17	T 3EC 085
	150	95	95	128	140	144	7	12	2,5	2	332 17	T 3EE 085
	180	107	99	156	166	167	6	10,5	4	3	303 17	T 2GB 085
	180	103	99	143	166	169	6	16,5	4	3	313 17	T 7GB 085
	180	103	99	150	166	167	8	14,5	4	3	323 17	T 2GD 085
	180	102	99	138	166	169	7	14,5	4	3	323 17 B	T 5GD 085
	120	92	92	111	113	115	5	5	1,5	1,5	329 17	T 2BC 085
90	140	100	99	125	131	134	6	8	2	1,5	320 18	T 3CC 090
	140	100	99	127	131	135	7	6,5	2	1,5	330 18	T 2CE 090
	150	100	100	130	140	144	7	10	2,5	2	331 18	T 3DE 090
	160	103	100	140	150	150	5	6,5	2,5	2	302 18	T 3FB 090
	160	102	100	138	150	152	5	8,5	2,5	2	322 18	T 3FC 090
	160	101	100	135	150	154	9	13	2,5	2	332 18	T 3FE 090
	190	113	104	165	176	176	6	10,5	4	3	303 18	T 2GB 090
	190	109	104	151	176	179	6	16,5	4	3	313 18	T 7GB 090
	190	108	104	157	176	177	8	14,5	4	3	323 18	T 2GD 090
	125	97	97	116	131	120	5	5	1,5	1,5	329 18	T 2BC 090
95	145	105	104	130	136	140	6	8	2	1,5	320 19	T 4CC 095
	145	104	104	131	136	139	7	6,5	2	1,5	330 19	T 2CE 095
	160	106	105	138	150	154	8	11	2,5	2	331 19	T 3EE 095
	170	110	107	149	158	159	5	7,5	3	2,5	302 19	T 3FB 095
	170	108	107	145	158	161	5	8,5	3	2,5	322 19	T 3FC 095
	170	107	107	144	158	163	9	14	3	2,5	332 19	T 3FE 095
	200	118	109	172	186	184	6	11,5	4	3	303 19	T 2GB 095
	200	114	109	157	186	187	6	17,5	4	3	313 19	T 7GB 095
	200	115	109	166	186	186	8	16,5	4	3	323 19	T 2GD 095
	130	102	102	121	123	125	5	5	1,5	1,5	329 19	T 2BC 095
100	150	109	109	134	141	144	6	8	2	1,5	320 20	T 4CC 100
	150	108	109	135	141	143	7	6,5	2	1,5	330 20	T 2CE 100
	165	111	110	142	155	159	8	12	2,5	2	331 20	T 3EE 100
	180	116	112	157	168	168	5	8	3	2,5	302 20	T 3FB 100
	180	114	112	154	168	171	5	10	3	2,5	322 20	T 3FC 100
	180	112	112	151	168	172	10	15	3	2,5	332 20	T 3FE 100
	215	127	114	184	201	197	6	12,5	4	3	303 20	T 2GB 100
	215	121	114	168	201	202	7	21,5	4	3	313 20	T 7GB 100
	215	123	114	177	201	200	8	17,5	4	3	323 20	T 2GD 100
	140	109	107	131	131	135	5	5	1,5	1,5	329 20	T 2CC 100
105	160	116	115	143	150	154	6	9	2,5	2	320 21	T 4DC 105
	160	116	115	145	150	153	7	9	2,5	2	330 21	T 2DE 105
	175	116	115	150	165	169	9	12	2,5	2	331 21	T 3EE 105
	190	122	117	165	178	177	6	9	3	2,5	302 21	T 3FB 105
	190	120	117	161	178	180	5	10	3	2,5	322 21	T 3FC 105
	190	117	117	159	178	182	10	16	3	2,5	332 21	T 3FE 105
	225	132	119	193	211	206	7	12,5	4	3	303 21	T 2GB 105
	225	127	119	176	211	211	7	22	4	3	313 21	T 7GB 105
	225	128	119	185	211	209	9	18,5	4	3	323 21	T 2GD 105
	145	114	112	135	136	140	5	5	1,5	1,5	329 21	T 2CC 105
110	170	122	120	152	160	163	7	9	2,5	2	320 22	T 4DC 110
	170	123	120	152	160	161	7	10	2,5	2	330 22	T 2DE 110
	180	121	120	155	170	174	9	13	2,5	2	331 22	T 3EE 110
	200	129	122	174	188	187	6	9	3	2,5	302 22	T 3FB 110
	200	126	122	170	188	190	6	10	3	2,5	322 22	T 3FC 110
	240	141	124	206	226	220	8	12,5	4	3	303 22	T 2GB 110
	240	135	124	188	226	224	7	25	4	3	313 22	T 7GB 110
	240	137	124	198	226	222	9	19,5	4	3	323 22	T 2GD 110
	150	118	117	140	141	145	5	5	1,5	1,5	329 22	T 2CC 110

Tabelle 3.53 (Fortsetzung)

d	D	d_a max.	d_b min.	D_a min.	D_a max.	D_b min.	C_a min.	C_b min.	r_{his} max.	r_{hes} max.	Hauptzeichen ÖNORM	Hauptzeichen ISO 355
120	180	131	130	161	170	173	7	9	2,5	2	320 24	T 4DC 120
	180	132	130	160	170	171	6	10	2,5	2	330 24	T 2DE 120
	200	133	130	172	190	192	9	14	2,5	2	331 24	T 3FE 120
	215	140	132	187	203	201	6	9,5	3	2,5	302 24	T 4FB 120
	215	136	132	181	203	204	7	11,5	3	2,5	322 24	T 4FD 120
	260	152	134	221	246	237	10	13,5	4	3	303 24	T 2GB 120
	260	145	134	203	246	244	9	26	4	3	313 24	T 7GB 120
	260	148	134	213	246	239	9	21,5	4	3	323 24	T 2GD 120
	165	128	127	154		160	6	6	1,5	1,5	329 24	T 2CC 120
130	200	144	140	178	190	192	8	11	2,5	2	320 26	T 4EC 130
	200	143	140	178	190	192	8	12	2,5	2	330 26	T 2EE 130
	230	152	144	203	216	217	7	9,5	4	3	302 26	T 4FB 130
	230	146	144	193	216	219	7	13,5	4	3	322 26	T 4FD 130
	280	164	148	239	262	255	8	14,5	5	4	303 26	T 2GB 130
	280	157	148	218	262	261	9	28	5	4	313 26	T 7GB 130
	180	141	139	167	171	173	6	7	2	1,5	329 26	T 2CC 130
140	210	153	150	187	200	202	8	11	2,5	2	320 28	T 4DC 140
	210	152	150	186	200	202	7	12	2,5	2	330 28	T 2DE 140
	250	163	154	219	236	234	9	9,5	4	3	302 28	T 4FB 140
	250	159	154	210	236	238	8	13,5	4	3	322 28	T 4FD 140
	300	176	158	255	282	273	8	14,5	5	4	303 28	T 2GB 140
	300	169	158	235	282	280	9	30	5	4	313 28	T 7GB 140
	190	150	149	177	181	184	6	7	2	1,5	329 28	T 2CC 140
150	225	164	162	200	213	216	8	12	3	2,5	320 30	T 4EC 150
	225	164	162	200	213	217	8	13	3	2,5	330 30	T 2EE 150
	270	175	164	234	256	250	9	11	4	3	302 30	T 4GB 150
	270	171	164	226	256	254	8	17	4	3	322 30	T 4GD 150
	320	189	168	273	302	292	9	17	5	4	303 30	T 2GB 150
	320	181	168	251	302	300	9	32	5	4	313 30	T 7GB 150
	210	162	160	194		202	7	8	2,5	2	329 30	T 2DC 150
160	240	175	172	213	228	231	8	13	3	2,5	320 32	T 4EC 160
	290	189	174	252	276	269	9	12	4	3	302 32	T 4GB 160
	290	183	174	242	276	274	10	17	4	3	322 32	T 4GD 160
	340	201	178	290	322	310	9	17	5	4	303 32	T 2GB 160
	220	173	170	204	210	212	7	8	2,5	2	329 32	T 2DC 160
170	260	187	182	230	248	249	10	14	3	2,5	320 34	T 3EC 170
	310	203	188	269	292	288	8	14	5	4	302 34	T 4GB 170
	310	196	188	259	292	294	10	20	5	4	322 34	T 4GD 170
	360	213	188	307	342	329	9	18	5	4	303 34	T 2GB 170
	230	183	180	213	220	222	7	8	2,5	2	329 34	T 3DC 170
180	280	199	192	247	268	267	10	16	3	2,5	320 36	T 3FD 180
	320	211	198	278	302	297	9	14	5	4	302 36	T 4GB 180
	320	204	198	267	302	303	10	20	5	4	322 36	T 4GD 180
	250	193	190	225	240	241	8	11	2,5	2	329 36	T 4DC 180
190	290	209	202	257	278	279	10	16	3	2,5	320 38	T 4FD 190
	340	224	207	298	322	318	9	14	5	4	302 38	T 4GB 190
	340	216	207	286	322	323	10	22	5	4	322 38	T 4GD 190
	260	204	200	235	249	251	8	11	2,5	2	329 38	T 4DC 190
200	310	221	212	273	298	297	11	17	3	2,5	320 40	T 4FD 200
	360	237	217	315	342	336	9	16	5	4	302 40	T 4GB 200
	360	226	217	302	342	340	11	22	5	4	322 40	T 3GD 200
	280	216	212	257	268	271	9	12	3	2,5	329 40	T 3EC 200
220	340	243	234	300	326	326	12	19	4	3	320 44	T 4FD 220
	300	234	232	275	283	290	9	12	3	2,5	329 44	T 3EC 220
240	360	261	254	318	345	346	12	19	4	3	320 48	T 4FD 240
	320	254	252	294	308	311	9	12	3	2,5	329 48	T 4EC 240
260	400	287	278	352	382	383	14	22	5	4	320 52	T 4FC 260
	360	279	272	328	348	347	11	15,5	3	2,5	329 52	T 3EC 260
280	420	305	298	370	402	402	14	22	5	4	320 56	T 4FC 280
	380	298	292	348	368	368	11	15,5	3	2,5	329 56	T 4EC 280
300	460	329	318	404	442	439	15	26	5	4	320 60	T 4GD 300
	420	324	314	383	406	405	12	19	4	3	329 60	T 3FD 300
320	480	350	338	424	462	461	15	26	5	4	320 64	T 4GD 320
	440	343	334	402	426	426	13	19	4	3	329 64	T 3FD 320
340	460	361	354	421	446	446	14	19	4	3	329 68	T 4FD 340
360	480	380	374	439	466	466	14	19	4	3	329 72	T 4FD 360

Tabelle 3.54. Anschlußmaße für Radiallager mit Spannhülsen

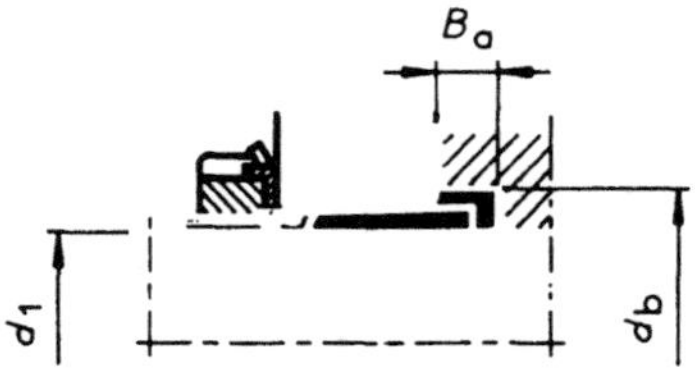

Spannhülsen nach ÖNORM M 6324 Teil 1

d_1 Wellensitzdurchmesser
d_b Anschlußdurchmesser am weiten Ende der Spannhülse
B_a Breite der Freistellung am weiten Ende der Spannhülse

Werte in mm

d_1	Maß-reihe	d_b max.	B_a [1)]	Spann-hülse
17	02	23	5	H2 04
	22	23	5	H3 04
	03	23	8	H3 04
	23	24	5	H23 04
20	02	28	6	H2 05
	22	28	5	H3 05
	03	28	6	H3 05
	23	30	5	H23 05
25	02	33	6	H2 06
	22	33	5	H3 06
	03	33	6	H3 06
	23	35	5	H23 06
30	02	38	5	H2 07
	22	39	5	H3 07
	03	39	7	H3 07
	23	40	5	H23 07
35	02	43	5	H2 08
	22	44	5	H3 08
	03	44	5	H3 08
	23	45	5	H23 08
40	02	48	5	H2 09
	22	50	7	H3 09
	03	50	5	H3 09
	23	50	5	H23 09
45	02	53	5	H2 10
	22	55	9	H3 10
	03	55	5	H3 10
	23	56	5	H23 10
50	02	60	6	H2 11
	22	60	10	H3 11
	03	60	6	H3 11
	23	61	6	H23 11
55	02	64	6	H2 12
	22	65	9	H3 12
	03	65	6	H3 12
	23	66	6	H23 12
60	02	70	6	H2 13
	22	70	8	H3 13
	03	70	6	H3 13
	23	72	6	H23 13
65	02	80	6	H2 15
	22	80	12	H3 15
	03	80	6	H3 15
	23	82	6	H23 15

d_1	Maß-reihe	d_b max.	B_a [1)]	Spann-hülse
70	02	85	6	H2 16
	22	85	12	H3 16
	03	85	6	H3 16
	23	88	6	H23 16
75	02	90	7	H2 17
	22	91	12	H3 17
	03	91	7	H3 17
	23	94	7	H23 17
80	02	95	7	H2 18
	22	96	10	H3 18
	03	96	7	H3 18
	23	100	7	H23 18
	32	100	18	H23 18
85	02	100	7	H2 19
	22	102	9	H3 19
	03	102	7	H3 19
	23	105	7	H23 19
	32	105	18	H23 19
90	02	106	7	H2 20
	22	108	8	H3 20
	03	108	7	H3 20
	23	110	7	H23 20
	32	110	19	H23 20
100	02	116	7	H2 22
	22	118	6	H3 22
	03	118	9	H3 22
	23	121	7	H23 22
	31	117	7	H31 22
	32	121	17	H23 22
110	02	127	13	H30 24
	22	128	11	H31 24
	03	128	14	H31 24
	23	131	7	H23 24
	30	127	7	H30 24
	31	128	7	H31 24
	32	131	17	H23 24
115	02	137	20	H30 26
	22	138	8	H31 26
	03	138	14	H31 26
	23	142	8	H23 26
	30	137	8	H30 26
	31	138	8	H31 26
	32	142	21	H23 26

d_1	Maß-reihe	d_b max.	B_a [1)]	Spann-hülse
125	02	147	19	H30 28
	22	149	8	H31 28
	03	149	14	H31 28
	23	152	8	H23 28
	30	147	8	H30 28
	31	149	8	H31 28
	32	152	22	H23 28
135	02	158	19	H30 30
	22	160	15	H31 30
	03	160	23	H31 30
	23	163	8	H23 30
	30	158	8	H30 30
	31	160	8	H31 30
	32	163	20	H23 30
140	02	168	20	H30 32
	22	170	14	H31 32
	03	170	26	H31 32
	23	174	8	H23 32
	30	168	8	H30 32
	31	170	8	H31 32
	32	174	18	H23 32
150	02	179	23	H30 34
	22	180	10	H31 34
	03	180	24	H31 34
	23	185	8	H23 34
	30	179	8	H30 34
	31	180	8	H31 34
	32	185	18	H23 34
160	02	189	30	H30 36
	22	191	18	H31 36
	03	189	7	H30 36
	23	195	8	H23 36
	30	189	8	H30 36
	31	191	8	H31 36
	32	195	22	H23 36
170	02	199	29	H30 38
	22	202	21	H31 38
	03	199	6	H30 38
	23	206	9	H23 38
	30	199	9	H30 38
	31	202	9	H31 38
	32	206	21	H23 38

Fußnote am Ende der Tabelle

Tabelle 3.54 (Fortsetzung)

d_1	Maßreihe	d_b max.	B_a [1]	Spannhülse
180	02	210	33	H30 40
	22	212	23	H31 40
	03	210	11	H30 40
	23	216	9	H23 40
	30	210	9	H30 40
	31	212	9	H31 40
	32	216	19	H23 40
200	02	231	34	H30 44
	22	233	21	H31 44
	03	231	11	H30 44
	23	236	9	H23 44
	30	231	9	H30 44
	31	233	9	H31 44
	32	236	10	H23 44
220	02	251	31	H30 48
	22	254	19	H31 48
	03	251	8	H30 48
	23	257	11	H23 48
	30	251	11	H30 48
	31	254	11	H31 48
	32	257	6	H23 48
240	02	272	35	H30 52
	22	276	25	H31 52
	23	278	11	H23 52
	30	272	11	H30 52
	31	276	11	H31 52
	32	278	2	H23 52
260	02	292	38	H30 56
	22	296	28	H31 56
	23	299	12	H23 56
	30	292	12	H30 56
	31	296	12	H31 56
	32	299	11	H23 56
280	22	318	32	H31 60
	30	313	12	H30 60
	31	318	12	H31 60
	32	321	12	H32 60
300	22	338	38	H31 64
	30	334	12	H30 64
	31	338	12	H31 64
	32	343	12	H32 64
320	30	355	14	H30 68
	31	360	14	H31 68
	32	364	14	H32 68
340	30	375	14	H30 72
	31	380	14	H31 72
	32	385	14	H32 72
360	30	396	15	H30 76
	31	401	15	H31 76
	32	405	15	H32 76
380	30	417	15	H30 80
	31	421	15	H31 80
	32	427	15	H32 80
400	30	437	15	H30 84
	31	443	15	H31 84
	32	449	15	H32 84
410	30	458	17	H30 88
	31	463	17	H31 88
	32	469	17	H32 88
430	30	478	17	H30 92
	31	484	17	H31 92
	32	490	17	H32 92
450	30	499	18	H30 96
	31	505	18	H31 96
	32	512	18	H32 96
470	30	519	18	H30/500
	31	527	18	H31/500
	32	534	18	H32/500

1) Allgemeintoleranzen nach ÖNORM M 1365 - mittel

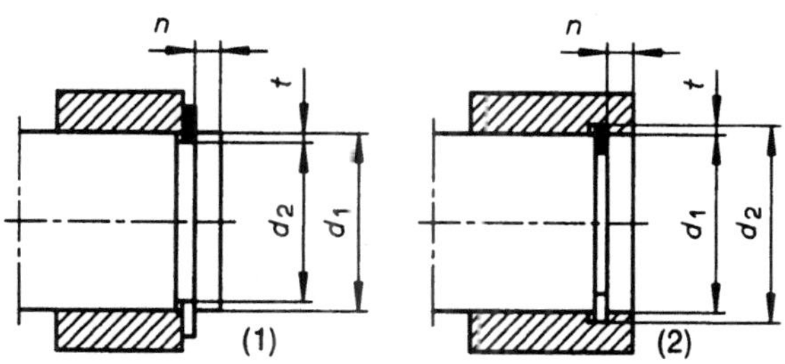

Abb. 3.44. Befestigung mit Sicherungsringen, Bezeichnungen der Maße: (1) Wellennut, (2) Gehäusenut

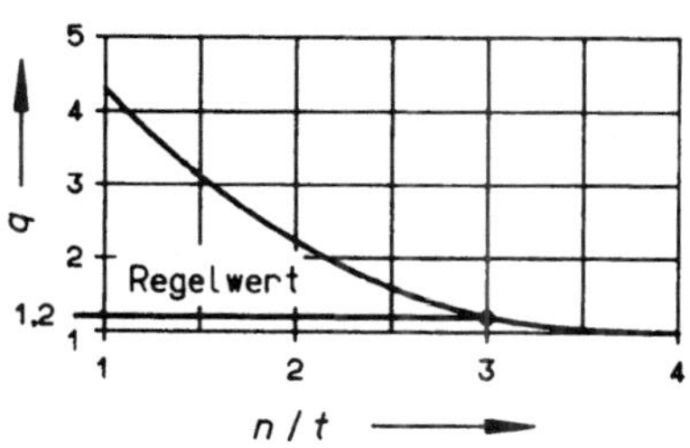

Abb. 3.45. Beanspruchungszahl q für Nuten

Tabelle 3.55. Umfangsnuten in Außenringen

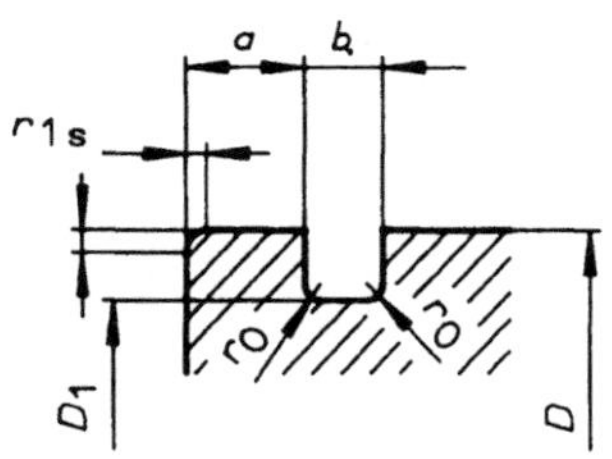

D	Manteldurchmesser des Wälzlagers, Nennmaß
D_1	Ringnutdurchmesser, Nennmaß
Δ_{D1s}	Abweichung eines einzelnen Ringnutdurchmessers
a	Ringnutabstand, Nennmaß
Δ_{as}	Abweichung eines einzelnen Ringnutabstandes
b	Ringnutbreite, Nennmaß
Δ_{bs}	Abweichung einer einzelnen Ringnutbreite
r_0	Radius des Ringnutgrundes, Nennmaß
Δ_{r0s}	Abweichung eines einzelnen Radius des Ringnutgrundes
r_{1s}	einzelne Kantenverrundung, Nennmaß
Δ_{r1s}	Abweichung einer einzelnen Kantenverrundung

Maße in mm

MASZREIHEN 18 UND 19

D	D_1	Δ_{D1s}	Maßreihe 18 a	Maßreihe 18 Δ_{as}	Maßreihe 19 a	Maßreihe 19 Δ_{as}	b	Δ_{bs}	r_0	Δ_{r0s}	Maßreihe 18 r_{1s}	Maßreihe 18 Δ_{r1s}	Maßreihe 19 r_{1s}	Maßreihe 19 Δ_{r1s}
22	20,8		-		1,05		0,8		0,2		0,3		0,3	
24	22,8		-		1,05		0,8		0,2		0,3		0,3	
28	26,7		-		1,3		0,95		0,25		0,3		0,3	
30	28,7		-		1,3		0,95		0,25		0,3		0,3	
32	30,7		1,3		-		0,95		0,25		0,3		0,3	
34	32,7		1,3		-		0,95		0,25		0,3		0,3	
37	35,7		1,3		1,7		0,95		0,25		0,3		0,3	+ 0,5
39	37,7	0	-		1,7		0,95		0,25		0,3		0,3	0
40	38,7	- 0,3	1,3		-		0,95		0,25		0,3		0,3	
42	40,7		1,3		1,7	0	0,95	+ 0,25	0,25	0	0,3	+ 0,5	0,3	
44	42,7		1,3		-	- 0,15	0,95	0	0,25	- 0,1	0,3	0	0,3	
45	43,7		-		1,7		0,95		0,25		0,3		0,3	
47	45,7		1,3	0	1,7		0,95		0,25		0,3		0,3	
52	50,7		1,3	- 0,15	1,7		0,95		0,25		0,3		0,5	
55	53,7		-		1,7		0,95		0,25		0,3		0,5	
58	56,7		1,3		-		0,95		0,25		0,3		0,5	
62	60,7		-		1,7		0,95		0,25		0,3		0,5	
65	63,7		1,3		-		0,95		0,25		0,3		0,5	
68	66,7		-		1,7		0,95		0,25		0,3		0,5	
72	70,7		1,7		1,7		0,95		0,25		0,3		0,5	
78	76,2	0	1,7		-		1,3		0,4		0,3		0,5	
80	77,9	- 0,4	-		2,1		1,3		0,4		0,5		0,5	
85	82,9		1,7		2,1		1,3		0,4		0,5		0,5	
90	87,9		1,7		2,1		1,3		0,4		0,5		0,5	
95	92,9		1,7		-		1,3		0,4		0,5		0,5	
100	97,9		1,7		2,5		1,3		0,4	0	0,5		0,5	
105	102,6		-		2,5		1,3		0,4	- 0,2	0,5		0,5	+ 0,7
110	107,6		2,1		2,5		1,3		0,4		0,5		0,5	0
115	112,6		2,1		-		1,3		0,4		0,5		0,5	
120	117,6		2,1		3,3	0	1,3	+ 0,3	0,4		0,5	+ 0,7	0,5	
125	122,6		2,1		3,3	- 0,2	1,3	0	0,4		0,5	0	0,5	
130	127,6		2,1		3,3		1,3		0,4		0,5		0,5	
140	137,6	0	2,5	0	3,3		1,9		0,6		0,5		0,5	
145	142,6	- 0,5	-	- 0,2	3,3		1,9		0,6		0,5		0,5	
150	147,6		2,5		3,3		1,9		0,6		0,5		0,5	
165	161,8		3,3		3,7		1,9		0,6	0	0,5		0,5	
175	171,8		3,3		-		1,9		0,6	- 0,3	0,5		0,5	
180	176,8		-		3,7		1,9		0,6		0,5		0,5	
190	186,8		3,3		3,7		1,9		0,6		0,5		0,5	
200	196,8		3,3		-		1,9		0,6		0,5		0,5	

Tabelle 3.55 (Fortsetzung)

DURCHMESSERREIHEN 0, 2, 3 UND 4
(ausgenommen Maßreihen 00, 82 und 83)

D	D_1	Δ_{D1s}	Durchmesserreihen 0: a	Durchmesserreihen 0: Δ_{as}	Durchmesserreihen 2, 3 und 4: a	Durchmesserreihen 2, 3 und 4: Δ_{as}	b	Δ_{bs}	r_0	Δ_{r0s}	Durchmesserreihen 0: r_{1s}	Durchmesserreihen 0: Δ_{r1s}	Durchmesserreihen 2, 3 und 4: r_{1s}	Durchmesserreihen 2, 3 und 4: Δ_{r1s}
30	28,17		-		2,06		1,35		0,4		0,3	+ 0,5 / 0	0,5	
32	30,15		2,06		2,06		1,35		0,4		0,3		0,5	
35	33,17		2,06		2,06		1,35		0,4		0,3		0,5	
37	34,77		-		2,06		1,35		0,4		0,5		0,5	
40	38,1		-	0 / - 0,15	2,06		1,35		0,4		0,5		0,5	
42	39,75		2,06		2,06		1,35		0,4		0,5		0,5	
44	41,75	0 / - 0,25	2,06		-	0 / - 0,15	1,35		0,4	0 / - 0,2	0,5		0,5	
47	44,6		2,06		2,46		1,35		0,4		0,5		0,5	
50	47,6		-		2,46		1,35		0,4		0,5		0,5	
52	49,73		2,08		2,46		1,35		0,4		0,5		0,5	
55	52,6		2,08		-		1,35		0,4		0,5		0,5	
56	53,6		-		2,46		1,35		0,4		0,5		0,5	
58	55,6		2,08		2,46		1,35		0,4		0,5		0,5	
62	59,61		2,08		3,28		1,9		0,6		0,5		0,5	
65	62,6		-		3,28		1,9		0,6		0,5		0,5	
68	64,82		2,49		3,28		1,9		0,6		0,5		0,5	
72	68,81		-		3,28		1,9		0,6		0,5		0,5	
75	71,83		2,49		3,28		1,9		0,6		0,5		0,5	
80	76,81		2,49	0 / - 0,2	3,28		1,9	+ 0,3 / 0	0,6		0,5		0,5	
85	81,81		-		3,28		1,9		0,6		0,5		0,5	
90	86,79		2,87		3,28	0 / - 0,2	2,7		0,6		0,5		0,5	+ 0,7 / 0
95	91,82		2,87		-		2,7		0,6		0,5	+ 0,7 / 0	0,5	
100	96,8		2,87		3,28		2,7		0,6		0,5		0,5	
110	106,81		2,87		3,28		2,7		0,6		0,5		0,5	
115	111,81		2,87		-		2,7		0,6		0,5		0,5	
120	115,21		-		4,06		3,1		0,6		0,5		0,5	
125	120,22		2,87		4,06		3,1		0,6		0,5		0,5	
130	125,22	0 / - 0,5	2,87		4,06		3,1		0,6	0 / - 0,3	0,5		0,5	
140	135,23		3,71		4,9		3,1		0,6		0,5		0,5	
145	140,23		3,71		-		3,1		0,6		0,5		0,5	
150	145,24		3,71		4,9		3,1		0,6		0,5		0,5	
160	155,22		3,71		4,9		3,1		0,6		0,5		0,5	
170	163,65		3,71		5,69		3,5		0,6		0,5		0,5	
180	173,66		3,71	0 / - 0,25	5,69	0 / - 0,25	3,5		0,6		0,5		0,5	
190	183,64		-		5,69		3,5		0,6		0,5		0,5	
200	193,65		5,69		5,69		3,5		0,6		0,5		0,5	
210	203,6		5,69		-		3,5		1		0,5		0,5	
215	208,6		-		5,69		3,5		1		0,5		0,5	
225	217		6,5		6,5		4,5		1		0,5		0,5	
230	222		-	0 / - 0,3	6,5	0 / - 0,3	4,5	+ 0,4 / 0	1		0,5		0,5	
240	232		6,5		6,5		4,5		1		0,5		0,5	
250	242		-		6,5		4,5		1		0,5		0,5	

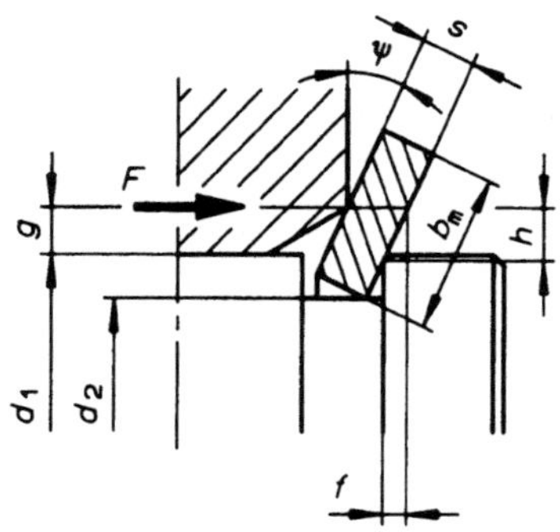

Abb. 3.46. Umstülpen von Sicherungsringen durch das Biegemoment

Für den Sicherungsring (Abb. 3.46) gilt:

$$F_R = \frac{\psi \cdot K}{h} \qquad (3.49)$$

F_R.......... axiale Belastbarkeit des Sicherungsringes in N
$\psi = f/h$..... Umstülpwinkel
h........... Hebelarm in mm

bei scharfkantiger Anlage

$$h = 0{,}3 + 0{,}002 \cdot d_1 \qquad (3.50.1)$$

bei Anlagefläche mit Phase g

$$h = 0{,}05 + g \qquad (3.50.2)$$

bei Anlagefläche mit Radius r

$$h = 0{,}05 + 0{,}75 \cdot r \qquad (3.50.3)$$

$$K = \pi \cdot E \cdot s^3/6 \cdot \ln(1 + 2\,b_m/d_2) \qquad (3.51)$$

E... Elastizitätsmodul in $N \cdot mm^{-2}$
s.... Dicke des Sicherungsringes
b_m .. mittlere Sicherungsringbreite

Der Umstülpwinkel ψ wird allgemein mit 15° begrenzt. Er ist annähernd umgekehrt proportional zur Sicherungsringbreite. Daraus folgt, daß die axiale Belastbarkeit des Sicherungsringes proportional dem Quadrat seiner Dicke ist. Bei handelsüblichen gestanzten Sicherungsringen ist die Dicke aus fertigungstechnischen Gründen begrenzt. Die Belastbarkeit der Sicherungsringe kann, wie Gl. (3.49) zeigt, auch durch Verkleinerung des Hebelarmes h erhöht werden. Eine scharfkantige Anlage liefert günstigere Bedingungen.

3.4.2.2 Klemmkraft

Klemmkräfte an den Seitenflächen von Lagerringen sind nicht in der Lage, einen losen Sitz zu beheben (Abb. 3.47). Auch hohe, auf die Planflächen eines Ringes ausgeübte Drücke, und die damit entstehenden Gleitreibungskräfte, können auf die Dauer das Wandern des Ringes nicht verhindern, insbesondere bei drehendem Ring mit Punktbelastung oder stillstehendem Ring mit Umfangslast.

$$F_K = \frac{F_r}{2 \cdot f} \tag{3.52}$$

F_K.......... Klemmkraft
F_r.......... radiale Lagerlast
$f \approx 0{,}1$ ..... Reibwert zwischen Lagerplanfläche und Anlagefläche

Durch die Wellendurchbiegung kommt es zu einem Klemmkraftverlust, der das Wandern begünstigt. Starker Verschleiß ist zumeist die Folge.

3.4.2.3 Preßverband im Festlager

Preßpassungen sollen das Mitdrehen von Lagerringen verhindern (Abb. 3.48). Durch die tangentiellen Reibkräfte der Wälzkörper in den Laufbahnen entsteht das Bestreben, daß sich der Außenring als Reaktion langsam gegen den Drehsinn der Welle bewegt (wandert); und zwar kommt es zu diesem Mitdrehen, wenn das Haftmoment

$$M_H = F_H \cdot D \tag{3.53}$$

überschritten wird. Auf ein Flächenelement wirkt die Reibkraft

$$d F_H = f_0 \cdot d F_r = f_0 \cdot p \cdot d A \tag{3.54}$$

Das Reibmoment ergibt sich zu

$$M_H = \int d F_H \cdot D/2 = f_0 \cdot p \cdot D/2 \cdot D \cdot \pi \cdot B = 2 f_0 \cdot p \cdot V \tag{3.55}$$

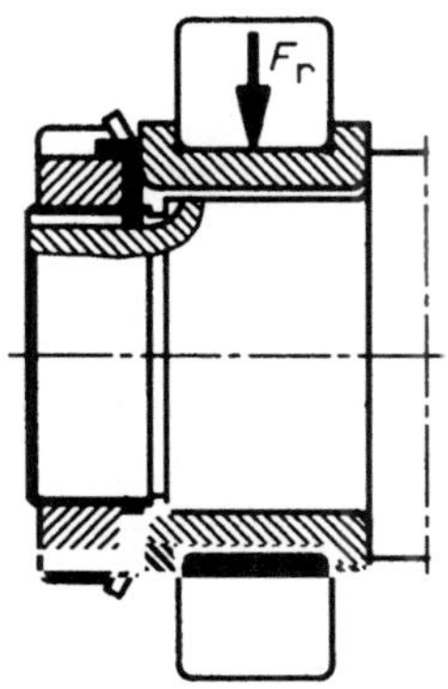

Abb. 3.47. Bewegungsmöglichkeit eines lose sitzenden, geklemmten Lagerringes

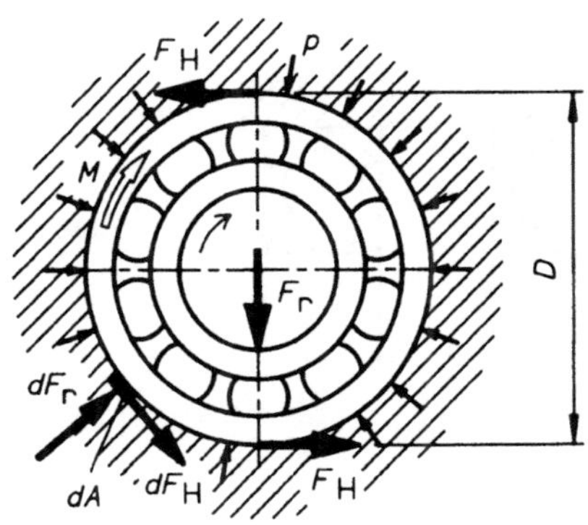

Abb. 3.48. Preßverband

Gleichgewicht herrscht umgekehrt, wenn

$$M < M_H \tag{3.56}$$

ist.

M_H...... Haftmoment
M....... Moment am Lagerring (äußeres Moment und/oder Lagerreibmoment)
F_H ...... Haft-Reibkraft in der Preß-(Paß-)fuge, Tangentialkraft
F_r....... radiale Lagerlast
f_0........ Reibwert in der Preß-(Paß-)fuge
D .... Manteldurchmesser
B........ Lagerbreite
p........ Pressung in der Paßfuge nach Gl. (3.13) resp. Gl. (3.9)
dA...... Flächenelement
V........ Lagervolumen

Beim Preßverband Innenring/Welle ist D durch den Wellendurchmesser d zu ersetzen, für V ist dann das Zapfenvolumen einzusetzen.
Um Passungsrost zu unterbinden, dürfen aber die Kräfte nicht integral gesehen werden, es darf vielmehr an keiner Stelle die Tangentialkraft die Haftreibung überschreiten (Abb. 3.49), oder anders ausgedrückt

$$f_0 \cdot p > \tau_r \tag{3.57}$$

muß stets erfüllt sein.

τ_r........ Tangentialspannung in Umfangsrichtung

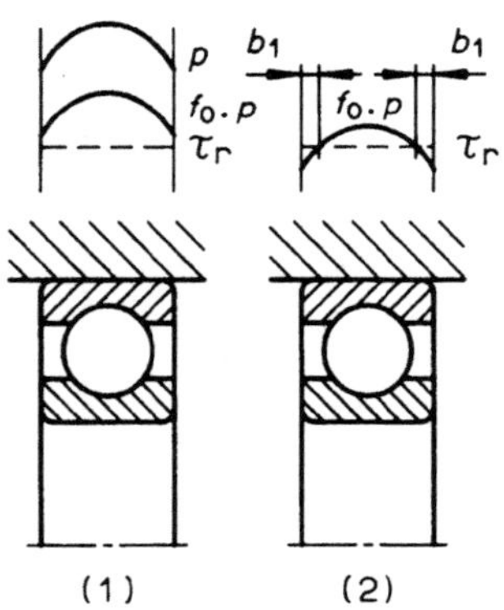

Abb. 3.49. Verteilung der Flächenpressung und Schubspannung: (1) stabile Verbindung, (2) Verbindung mit Neigung zur Bildung von Reibkorrosion in den Zonen b_1

Die Flächenpressung ist nach Messungen [90] zu den beiden Rändern hin abfallend; ist die Tangentialspannung in diesem Bereich (b_1) größer als das Produkt aus Flächenpressung und Reibwert, so wird Schlupf auftreten, der letztlich zu Reibkorrosion führt (vgl. Abschnitt 6.2.2). Als Abhilfe ist eine Erhöhung der Pressung zielführend.

3.4.2.4 Klebeverbindung

Durch moderne Kunstharzkleber (Acryl-, Epoxyd-, Polyesterharz, Cyanacrylat etc.) hat Kleben auch für Leichtmetalle und Stähle eine große Bedeutung gewonnen. Zu beachten ist jedoch, daß Klebeverbindungen für höhere Temperaturen (über 80 ... 120 °C) meist ungeeignet sind oder teure Sonderkleber verwendet werden müssen. Die durch Kleben zu verbindenden Teile bedürfen einer sorgfältigen Reinigung und Vorbehandlung.
Das Einkleben von Wälzlagern wird nur in Einzelfällen zu empfehlen sein. Es kann z. B. zur Verhinderung von Passungsrost angewendet werden, im Demontagefall ist jedoch mit erhöhten Auspreßkräften zu rechnen!
Die Bindefestigkeit hängt von der Klebefilmdicke ab. Ein Optimum stellt sich etwa bei 30 μm Klebefilmdicke ein (Abb. 3.50), die jedoch beim Einbau von Wälzlagern schwierig zu handhaben ist.

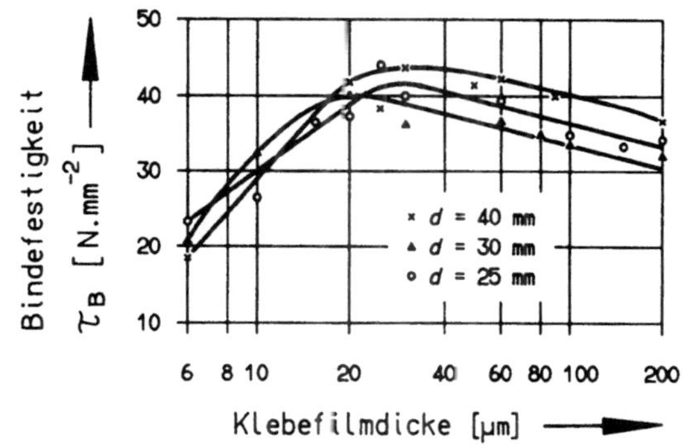

Abb. 3.50. Einfluß der Klebefilmdicke auf die Bindefestigkeit

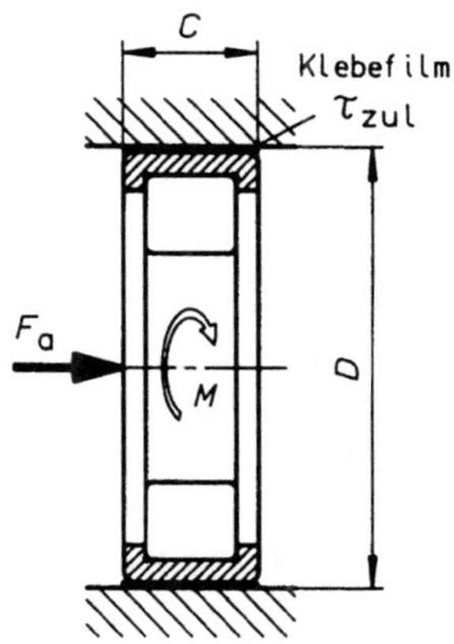

Abb. 3.51. Übertragbare Schubkraft/übertragbares Moment bei Klebeverbindung

Die übertragbare Kraft F_a bzw. das übertragbare Moment M ergeben sich (Abb. 3.51) zu

$$F_a = B \cdot D \cdot \pi \cdot \tau_{zul} \tag{3.58}$$

$$M = B \cdot \frac{D^2}{2} \cdot \pi \cdot \tau_{zul} \tag{3.59}$$

mit $$\tau_{zul} = \frac{\tau_B}{S} \tag{3.60}$$

τ_{zul} .... zulässige Schubspannung
τ_B .... Bindefestigkeit
$S = 2 \dots 3$ ... Sicherheit

3.4.2.5 Haltestift

Für Lager mit Haltenuten und Haltestiften (Abb. 3.52) sowie für Pendelkugellager mit breitem Innenring und Spannstift (Abb. 3.53) sind die Stifte im allgemeinen ausreichend dimensioniert, wenn sie formschlüssig in die vorgesehenen Nuten eingreifen. Im Zweifelsfall ist eine Nachrechnung vorzunehmen (Abscherung, Lochlaibung).

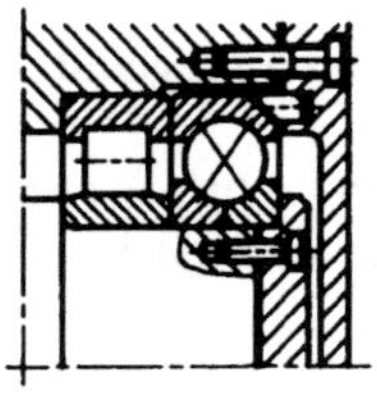

Abb. 3.52. Lager mit Haltenut und Haltestift

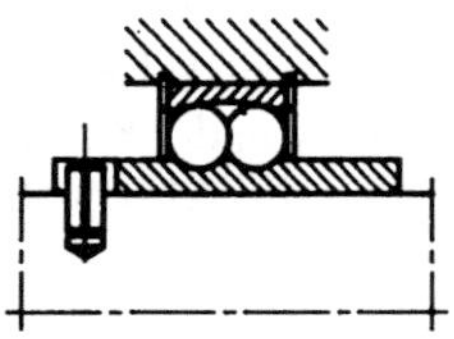

Abb. 3.53. Pendelkugellager mit breitem Innenring und Spannstift

3.4.2.6 Anschlußteile

Wellen und Gehäuse müssen festigkeitsgerechte Konstruktionen entsprechender Steifigkeit und Formgenauigkeit (auch unter Belastung) sein. Über das Zusammenwirken der Anschlußteile (Peripherie) mit dem Lager siehe auch Abschnitt 2.6.2.2.3 (LP-Methode). In vielen Fällen wird eine einfache Berechnung nach der Elastizitätstheorie mit analytischen Methoden erfolgen können.
Der Ansatz als Balkenmodell [Abb. 3.54 (1)] ist einfach, der Ansatz als geschlossenes Balkenmodell [Abb. 3.54 (2)] – in sich geschlossener, gekrümmter

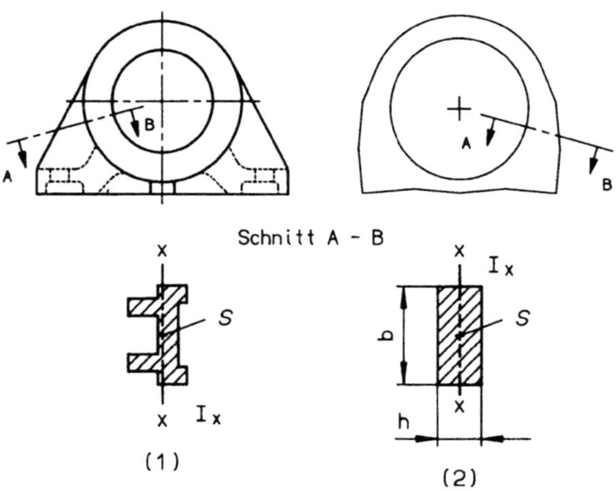

Abb. 3.54. Festigkeitsberechnung von Gehäusen: (1) Balkenmodell, (2) geschlossenes Balkenmodell/idealisierte Geometrie

Balken – wird bereits höheren Rechenaufwand bedingen, da höhere Methoden der Festigkeitslehre (Energiemethode) anzuwenden sind.
Die Finite-Elemente-Methode gilt als sicherste und umfassendste Methode zur Festigkeitsbeurteilung einer Konstruktion (Abb. 3.55). Sie ist aber auch die aufwendigste und kostenintensivste Methode, insbesondere wenn anstelle von Stabelementen oder Flächenelementen Raumelemente zur Beschreibung einer Struktur angewendet werden.

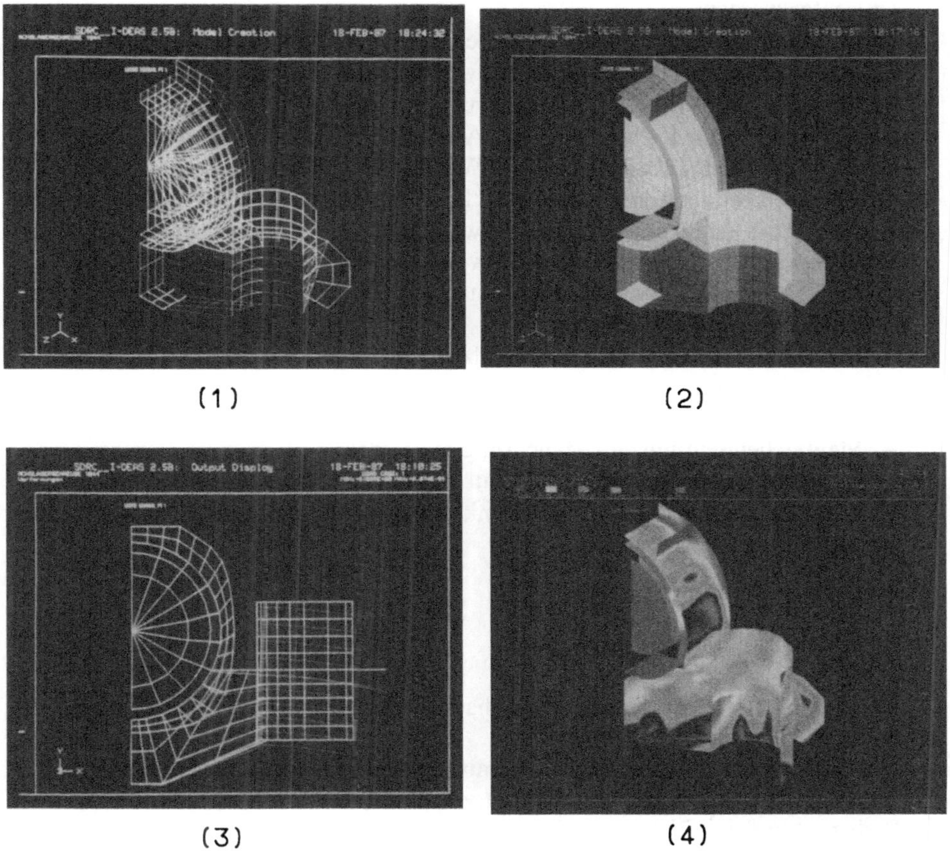

Abb. 3.55. Festigkeitsnachweis nach der Finite-Elemente-Methode an einem Radsatzrollenlagergehäuse: (1) Struktur, Stabmodell, (2) Struktur, Flächenmodell, (3) verformte Struktur, (4) Spannungsverteilung

3.5 Abdichtung (Schutzdichtungen)

3.5.1 Aufgaben und Merkmale

Mit der Berechnung der Tragfähigkeit erhält der Konstrukteur ein Maß für die wahrscheinliche Lebensdauer der Wälzlager in Abhängigkeit von Belastung,

Drehzahl und Schmierung. Dabei ist im wesentlichen die Werkstoffermüdung berücksichtigt.
Die nächste zu beachtende Maßnahme ist der funktionsgerechte Einbau; falsche Montagemanipulationen oder Peripheriefehler zerstören das Lager sofort oder verkürzen die Lebensdauer in empfindlicher Weise (siehe Abschnitt 4.2).
Schließlich muß die Abdichtung besonders kritisch beleuchtet werden, denn mangelhafte Dichtungen bewirken langsam aber sicher einen vorzeitigen Lagerausfall durch Verschleiß, wobei die Laufgenauigkeit und die Laufruhe zunehmend schlechter werden.
Dichtungsvarianten gibt es in unüberblickbarer Zahl und es bedarf großer Erfahrung, für einen bestimmten Anwendungsfall die richtige Konstruktion zu finden. Sehr oft bleibt für die Abdichtung nur wenig Platz übrig und es fehlt am Verständnis für eine Kosten – Nutzen-Analyse, d. h. Dichtungen müssen billig sein.
Wirksamkeit und Lebensdauer von Wälzlager-Schutzdichtungen können nicht verläßlich berechnet werden. Allein die Kombination der möglichen Funktionselemente und die Erfahrung mit deren Anwendung machen Hinweise möglich, welche Dichtungen bei bestimmten Betriebsverhältnissen besser anwendbar sind und welche Maßnahmen ihre Gebrauchsdauer verlängern und der berechneten Lager-Lebensdauer anpassen können.
Aus der Sicht des sich anbietenden Platzes zum Gestalten einer Abdichtung lassen sich die Dichtungen in drei Gruppen gliedern [43]:
— Gehäusedichtungen: Abdichtung neben dem Lager
— Planflächendichtungen: Abdichtung am Lager
— Integraldichtungen: Abdichtung im Lager.
Vom möglichen Aufwand für die Funktionserfüllung her gesehen, sind Integraldichtungen am preiswertesten.

Allgemeine Anforderungen

In vereinfachter Form ausgedrückt, haben Dichtungen zwei Grundaufgaben zu erfüllen:
— Räume mit verschiedenem Druckniveau gegeneinander abzudichten,
— Räume mit verschiedenen Medien voneinander zu trennen.
Reduziert auf das Wälzlager gilt:
— Schutz des Wälzlagers (der Lagerung) vor dem Zutritt von Feststoffen (z. B. Staub), Flüssigkeiten (z. B. Wasser) und aggressiven Gasen (z. B. Freon),
— Schutz der Umgebung des Wälzlagers (der Lagerung) gegen den Austritt des Schmierstoffes aus dem Innenraum der Lagerung (z. B. Elektromotor).
Dabei darf nicht vergessen werden, daß Abdichtung immer ein relativer Begriff sein wird und ein Kompromiß ist zwischen
— Wirksamkeit der Dichtung (Dichtheit) und
— „Energieverlust“ im Kontaktbereich (Reibung, Verschleiß).
Für die Prüfung der „technischen Dichtheit“ gibt es Ansätze zur Normung, z. B. für Radial-Wellendichtringe im Kraftfahrzeugbau (Leckage) und für Dichtungen im Elektromaschinenbau (Staub, Spritzwasser). Das sind Dichtungen für spezielle Anwendungsfälle.

Wälzlager werden zu weniger als 10% mit Ölen geschmiert (z. B. durch ohnehin vorhandene Schmieröle in einem Getriebe), wo meist mehr oder weniger große Druckdifferenzen und auf jeden Fall die Ausströmbestrebungen einer Flüssigkeit bekämpft werden müssen. Es verbleiben also mehr als 90% der Wälzlager für die Fettschmierung. Die Problemlösung für diesen größeren Teil der Dichtungen wird dadurch erleichtert, da auf auf der einen Seite der Dichtung „nur" ein „zähes" Fett meist drucklos zurückgehalten werden muß, und auf der anderen Seite gleich wie bei der Ölschmierung aggressive Stäube und Dämpfe oder Spritzwasser abzuwehren sind. Solche Dichtungen nennt man Dichtungen ohne definierte Dichtkraft und nur sie werden hier behandelt. Die zu dieser Gruppe zählenden Filzdichtungen sind seit jeher genormt [N 81, N 82], andere Bauformen sind es nicht. Die genormten Wellendichtringe [N 88] sind Dichtungen mit definierter Dichtkraft.

3.5.2 Einflußgrößen

Je nach Differenzierung kann die Liste der Einflußgrößen auf eine Abdichtung nahezu beliebig verlängert werden. In Abb. 3.56 sind zum besseren Verständnis die wichtigsten Parameter zusammengestellt; z. B. sind im Parameter „Werkstoff der Dichtung" zusammengefaßt: Wärmeleitfähigkeit, Reibzahl, Verschleißverhalten, Verträglichkeit, Benetzbarkeit, dynamische Festigkeit, Elastizität usw.
Wie schon oben erwähnt, bleibt die Wälzlager-Dichtung vom Problem des Abbaues größerer Druckdifferenzen, wie sie z. B. bei Kolbendichtungen mit rein axialer Bewegung auftreten verschont. Bei solchen Dichtungen steigt der konstruktive (und Kosten-)Aufwand progressiv mit der Druckdifferenz der zu trennenden Räume. Es ist auch nicht nötig, der Oberflächenbeschaffenheit und der Rundheit

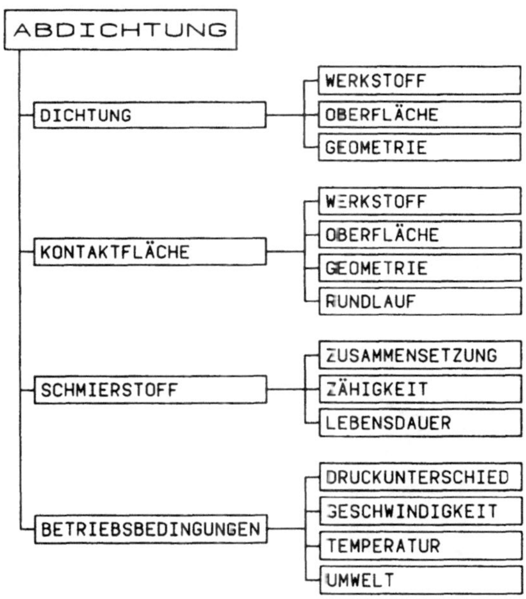

Abb. 3.56. Einflußgrößen auf eine Abdichtung

der Kontaktfläche erhöhte Aufmerksamkeit zu schenken. Bei integrierten Dichtungen hat die Erfahrung sogar gezeigt, daß ungeschliffene Oberflächen ausreichen, daß also die schleifenden Dichtlippen aus entsprechend weichen Werkstoffen in der Lage sind, während der erwarteten Lebensdauer die Unrundheiten der nur gedrehten und gehärteten Berührungsflächen zu verkraften. Diese integrierten Dichtungen haben sich schon so weit durchgesetzt, daß sie bei mehr als 50% aller Rillenkugellager eingesetzt sind. Vor rund 25 Jahren wurden sie zuerst bei den Elektromaschinen voll akzeptiert, heute sind sie im gesamten Anlagenbau kaum mehr wegzudenken; der Trend geht zu immer größeren Lagern und maßgeschneiderten, wartungsfreien Lager-Einheiten.
Zu der anerkannten Verläßlichkeit haben nicht zuletzt die Schmierfett-Hersteller einen wesentlichen Beitrag geleistet. Sie haben spezielle Wälzlager-Fette entwickelt, deren Lebensdauer sich mit der Wälzlager-Lebensdauer abstimmen lassen und den üblichen Werkstoffen der Dichtungen gute tribologische Kontaktpartner sind. Eine tiefergreifende Darstellung der komplexen Wirkungsmechanismen der Parameter bleibt den Lehrbüchern vorbehalten. An dieser Stelle sollte lediglich gezeigt werden, welche Kriterien der Konstrukteur bei der Konzeption von Wälzlager-Dichtungen zu berücksichtigen hat.

3.5.3 Funktionselemente

Dynamische Dichtungen, auch Bewegungsdichtungen genannt, heißen deshalb so, weil sie zwischen einem stillstehenden und einem bewegten Maschinenteil wirken, also zwischen der Dichtung und der Kontaktfläche des Teiles eine Relativbewegung stattfindet. Abb. 3.57 zeigt die Funktionselemente, die dem Konstrukteur zur Gestaltung von dynamischen Dichtungen verfügbar sind. Die Auswahl ist nicht groß. So kommt es also darauf an, diese Elemente möglichst optimal bei den

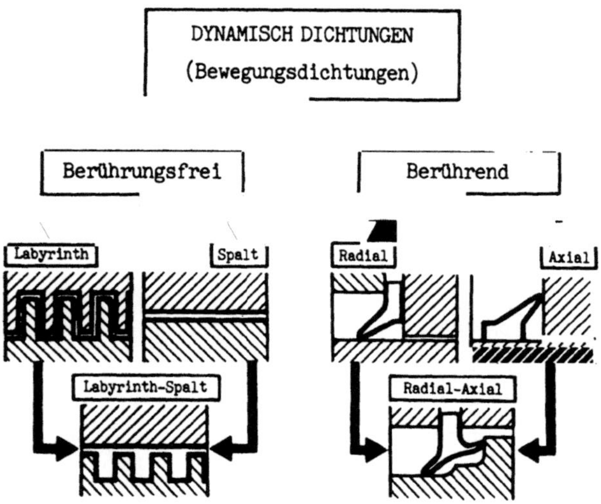

Abb. 3.57. Funktionselemente für Dichtungen

vorgegebenen Randbedingungen zu kombinieren. Bei integrierten Dichtungen ist das minimale Platzangebot in axialer Richtung eine einschneidende Randbedingung.
In Abschnitt 3.5.6 wird am Beispiel einer programmierten Entwicklung durch die Verbindung von tribologischen Erkenntnissen mit der konstruktionssystematischen Kombination von verfügbaren Funktionselementen gezeigt, wie an einen vorgegebenen Platz offenbar optimale Dichtungen „hineinerfunden“ werden können.

3.5.4 Ausgewählte Schutzdichtungen

Die Wahl der Dichtungen ist abhängig von den Umweltbedingungen, der Schmierungsart (Öl- oder Fettschmierung), der Umfangsgeschwindigkeit an der Dichtfläche, der Schiefstellung der Welle, dem zur Verfügung stehenden Platz, der Betriebstemperatur und von den vertretbaren Kosten.

3.5.4.1 Berührfreie Dichtungen

Berührfreie Dichtungen sind einfache, unempfindliche, verschleißfreie Dichtungen, die auch für hohe Drehzahlen und Temperaturen geeignet sind (Abb. 3.58). Bei einfachen Spaltdichtungen können geringfügige Fettmengen austreten. Sie bilden einen Fettkragen und erhöhen die Dichtwirkung.

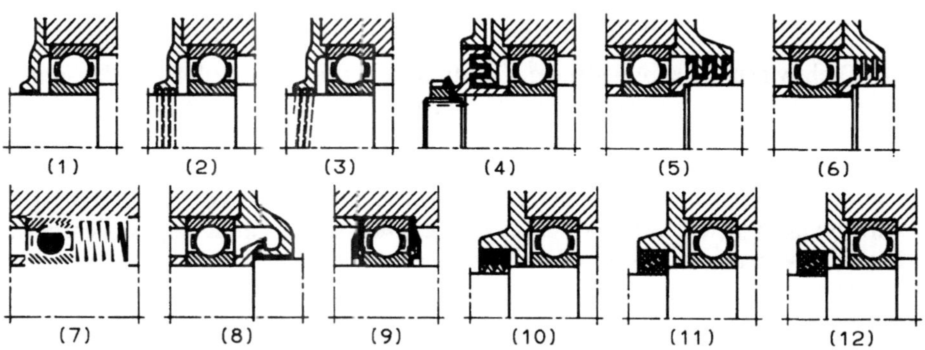

Abb. 3.58. Berührfreie Dichtungen: (1) Spaltdichtung, (2) Dichtrillen, (3) schraubenförmige Dichtrillen, (4) Labyrinth, (5) Labyrinth (geteiltes Gehäuse), (6) Labyrinth mit abgeschrägten Stegen, (7) Blechlamellenlabyrinth; (8) Stauscheibe (Spritzring), (9) Stahlblech-Dichtringe, (10) GMN-Leidenfrost-Labyrinth-Dichtung, (11) GMN-Spaltdichtung, (12) wie (11), jedoch mit Abflußrinne

Die Spaltdichtung (1) ist bei trockenem, staubfreiem Betrieb und Fettschmierung meist ausreichend. Die Dichtwirkung kann durch eine oder mehrere Rillen in der Durchgangsbohrung (2) verbessert werden. Das Fett, das sich in den Rillen ablagert, verhindert das Eindringen von Verunreinigungen. Bei Ölschmierung müssen in die Durchgangsbohrung je nach Drehrichtung rechts- oder linksgängige,

schraubenförmige Rillen (3) eingedreht werden. Diese fördern das auswandernde Öl wieder in die Lagerstelle zurück.
Labyrinthe werden vor allem bei Fettschmierung verwendet. Bei ungeteilten Gehäusen werden sie in axialer Richtung (4), bei geteilten Gehäusen in radialer Richtung (5) angeordnet. Bei der Montage sollen die Labyrinthgänge mit einem wasserunlöslichen Fett gefüllt werden, um Feuchtigkeitseintritt zu verhindern. Wenn Schrägstellungen der Welle zu erwarten sind, werden Labyrinthringe mit abgeschrägten Stegen (6) verwendet. Eine Labyrinthdichtung kann auch aus Blechlamellen (7) zusammengesetzt werden.
Eine verbesserte Dichtwirkung wird bei Fettschmierung mit zusätzlichen Stauscheiben oder bei Ölschmierung mit Spritzringen (8) erreicht, wobei das abgeschleuderte Öl durch einen Rückführkanal wieder dem Lagergehäuse zugeleitet wird.
Eine wirksame und platzsparende Dichtung wird durch besonders geformte, nicht schleifende Dichtringe aus Stahlblech (9) bekannt als NILOS-Ringe erzielt. Der Raum zwischen den Scheiben muß mit Fett gefüllt werden.
Äußerst wirksam und problemlos montierbar ist die relativ neuartige GMN-Leidenfrost-Labyrinth-Dichtung in Stahl-Aluminium-Kombination (10). Eine davon abgeleitete Weiterentwicklung ist die GMN-Spaltdichtung (Firmen-Bezeichnung): in der Grundausführung für starke Schmutz- und leichte Flüssigkeitsbeaufschlagung (11), bei Rotation der Welle (Gehäuse) und viel Flüssigkeit wird im Außen-(Innen-)ring partiell eine Ablußrinne ausgespart (12).

3.5.4.2 Schleifende Dichtungen (Berührdichtungen)

Die Dichtwirkung bei schleifenden Dichtungen beruht darauf, daß ein elastisches Dichtelement mit einem bestimmten Druck an der Dichtfläche anliegt. Es ist dabei eine gute Oberflächenbeschaffenheit der Dichtfläche erforderlich, um die auftretende Reibwärme und den Verschleiß des Dichtelementes möglichst gering zu halten. Die Verwendung von schleifenden Dichtungen ist durch die maximale Umfangsgeschwindigkeit an der Dichtfläche, die von der Dichtungsart abhängig ist, begrenzt. Die Dichtwirkung ist besser als bei berührfreien Dichtungen. Abb. 3.59 zeigt eine Auswahl von gebräuchlichen schleifenden Dichtungen.
Häufig angewandte schleifende Dichtungen sind Filzringe und Filzstreifen (1) mit genormten Abmessungen [N 81, N 82]. Sie eignen sich für Umfangsgeschwindigkeiten bis $4 m \cdot s^{-1}$ und Temperaturen bis 100 °C. Vor der Montage müssen die Filzstreifen mit warmem Öl getränkt werden.
Mit axialgeteilten Kunststoffdichtungen (2) als LAMBDA-Dichtung bekannt, die in die genormte Filzringnut passen, werden sehr gute Abdichtungsergebnisse erzielt. Einfache Montage und vielfältige Anwendungsmöglichkeit kennzeichnen diese Dichtungen. Sie sind für Temperaturen bis 100 °C und bei guter Gleitflächenbeschaffenheit für Umfangsgeschwindigkeiten bis $12 m \cdot s^{-1}$ geeignet. Der Freiraum zwischen den Dichtlippen ist mit Fett zu füllen (ausführliche Beschreibung siehe Abschnitt 3.5.6.1).
Eine gute Abdichtung gegen Flüssigkeiten ist durch Radialwellendichtringe [N 88] erzielbar. Sollen sie den Austritt des Schmierstoffes aus dem Gehäuse verhindern,

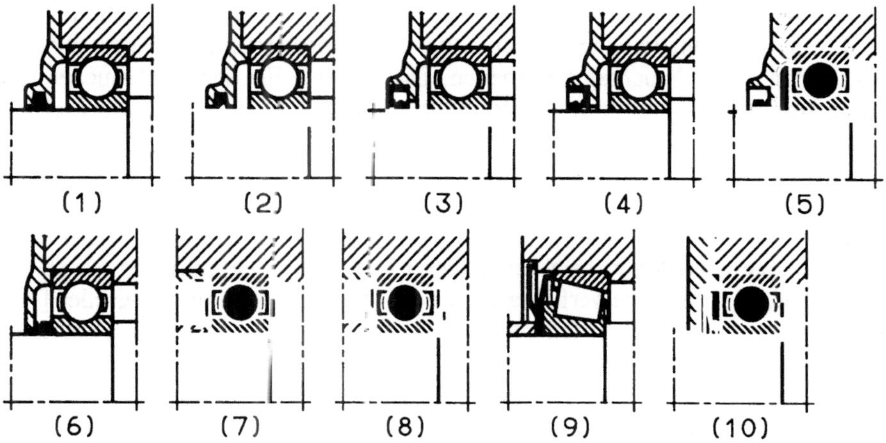

Abb. 3.59. Berührdichtungen (schleifende Dichtungen): (1) Filzring, (2) Axialgeteilte Kunststoffdichtung (Lambda-Dichtung), (3) Radialwellendichtring (Dichtung gegen Austritt), (4) Radialwellendichtring (Dichtung gegen Eintritt), (5) V-Dichtung (Fettschmierung), (6) V-Dichtung (Ölschmierung), (7) Federnde Abdeckscheiben (mit dem Außenring gespannt), (8) Federnde Abdeckscheiben (mit dem Innenring gespannt), (9) Abdeckscheiben für Kegelrollenlager, (10) Axialdichtring mit Vorspannfeder

müssen sie mit der Dichtlippe nach innen (3) eingebaut werden; soll jedoch die Lagerstelle vor dem Eindringen von Flüssigkeiten und Schmutz geschützt werden, sind die Dichtringe mit der Dichtlippe nach außen (4) zu montieren. Sie sind bei entsprechender Oberflächengüte der Dichtfläche für Umfangsgeschwindigkeiten bis $20\,m\cdot s^{-1}$ geeignet.

V-Ringdichtungen (5), (6), die mit ihrer Dichtlippe axial an eine Gleitfläche angedrückt werden, sind für Fett- und Ölschmierung geeignet. Sie sind leicht zu montieren, erlauben bei kleineren Drehzahlen auch Schrägstellungen der Welle und sind bei guter Gleitflächenbeschaffenheit für Umgangsgeschwindigkeit bis $12\,m\cdot s^{-1}$, mit Überring bis $20\,m\cdot s^{-1}$ geeignet. Bei Fettschmierung wird der V-Ring an der Gehäuseaußenseite, bei Ölschmierung an der Innenseite angedrückt.

Federnde Abdeckscheiben (7), (8) stellen bei Umfangsgeschwindigkeit bis $5\,m\cdot s^{-1}$ eine platzsparende Abdichtung dar. Sie werden entweder mit dem Außenring (7) oder mit dem Innenring (8) zusammengespannt und liegen an der Planfläche des anderen Lagerringes federnd an. Bei Kegelrollenlagern verwendet man zumeist doppelte Abdeckscheiben (9), wobei die Kammer zwischen den beiden Scheiben mit Fett zu füllen ist.

Dem Konzept der Radialwellendichtringe nachempfunden und ähnlich wirksam ist der Axial-Dichtring mit Vorspannfeder (10).

3.5.4.3 Integraldichtungen

Im Vergleich zur Variantenvielfalt bei Gehäusedichtungen sind die Möglichkeiten beschränkt, Dichtungen direkt in die genormten Wälzlager zu integrieren, weil der vorhandene Platz zur freien Gestaltung fehlt. Trotzdem lassen sich in miniaturisierter Form die berührfreien und berührenden Funktionselemente zu unterschiedlich wirksamen Dichtelementen verarbeiten. Die Vorteile für den Verbraucher sind eindeutig: Ein Lager mit Integraldichtungen ist die kleinste und preiswerteste Baueinheit, anwendungstechnisch richtig ausgewählt sind beidseitig geschlossene Lager wartungsfrei während der berechneten Lebensdauer.

Die ersten Verbraucher, die den Vorteil ausnutzten, waren die Hersteller kleinerer Elektromotoren in den fünfziger Jahren; bevorzugt verwendet wurde das Rillenkugellager. Heute werden mehr als 50% dieser Lagerart so verkauft; die Absatztendenz ist steigend und die verfügbaren Standardlager werden immer größer [44]. Bei anderen Lagerarten werden integrierte Dichtungen nur zögernd eingesetzt und es gibt keine geschlossenen Standard-Programme. Der Grund dafür ist nicht zwingend plausibel. In der Normen-Terminologie heißen

— integrierte berührfreie Dichtungen: Deckscheiben
— integrierte berührende Dichtungen: Dichtscheiben

und werden als Nachsetzzeichen zum Lager-Hauptzeichen deklariert (siehe Abschnitt 1.6.2.4).

Lager mit einer Deckscheibe tragen das Nachsetzzeichen Z, Lager mit zwei Deckscheiben das Nachsetzzeichen 2 Z; Lager mit einer Dichtscheibe tragen das Nachsetzzeichen RS und Lager mit zwei Dichtscheiben das Nachsetzzeichen 2 RS.

Deckscheiben bestehen üblicherweise aus Stahlblech, Dichtscheiben aus Gummi mit Stahlblechkern. Dichtscheiben schleifen am Innenring; die Drehzahlgrenze ist bei zwei Drittel des Wertes von Fettschmierung (ohne Dichtung) anzusetzen, der Temperaturbereich ist − 20 °C bis + 120 °C.

2 Z- und 2 RS-Lager sind vom Hersteller mit Lithiumfett gefüllt. Sie dürfen weder ausgewaschen noch bei der Montage erwärmt werden. Die Gebrauchsdauer wird von der Lebensdauer des Schmierfettes beeinflußt, was bei höheren Temperaturen oder Drehzahlen berücksichtigt werden muß. Bei normalen Betriebsbedingungen stimmt die Gebrauchsdauer des Schmierfettes mit der nominellen Lebensdauer des Lagers überein. Die Gebrauchsdauer von wartungsfreien Rillenkugellagern kann auch graphisch dargestellt werden [45], Abb. 3.60.

Die einzelnen nationalen Normen [N 48, N 84] bekennen sich zu den Nachsetzzeichen Z und RS − nur: die Hersteller halten sich nicht immer daran und erfinden erweiterte oder andere Zeichen. Das hat folgenden Grund: In keiner Norm wird ein Hinweis auf die Befestigung (im Außenring) oder die Gestaltung der Abdichtungszone (am Innenring) gegeben, was die Hersteller in der Form nützen, ihre eigene Konstruktion als die jeweils beste darzustellen. Es obliegt somit dem Urteilsvermögen des Verbrauchers, die funktionellen Unterschiede zu vergleichen und zu stufen. Abb. 3.61 zeigt die Umsetzung der verfügbaren Konstruktionselemente in marktgängige Produkte.

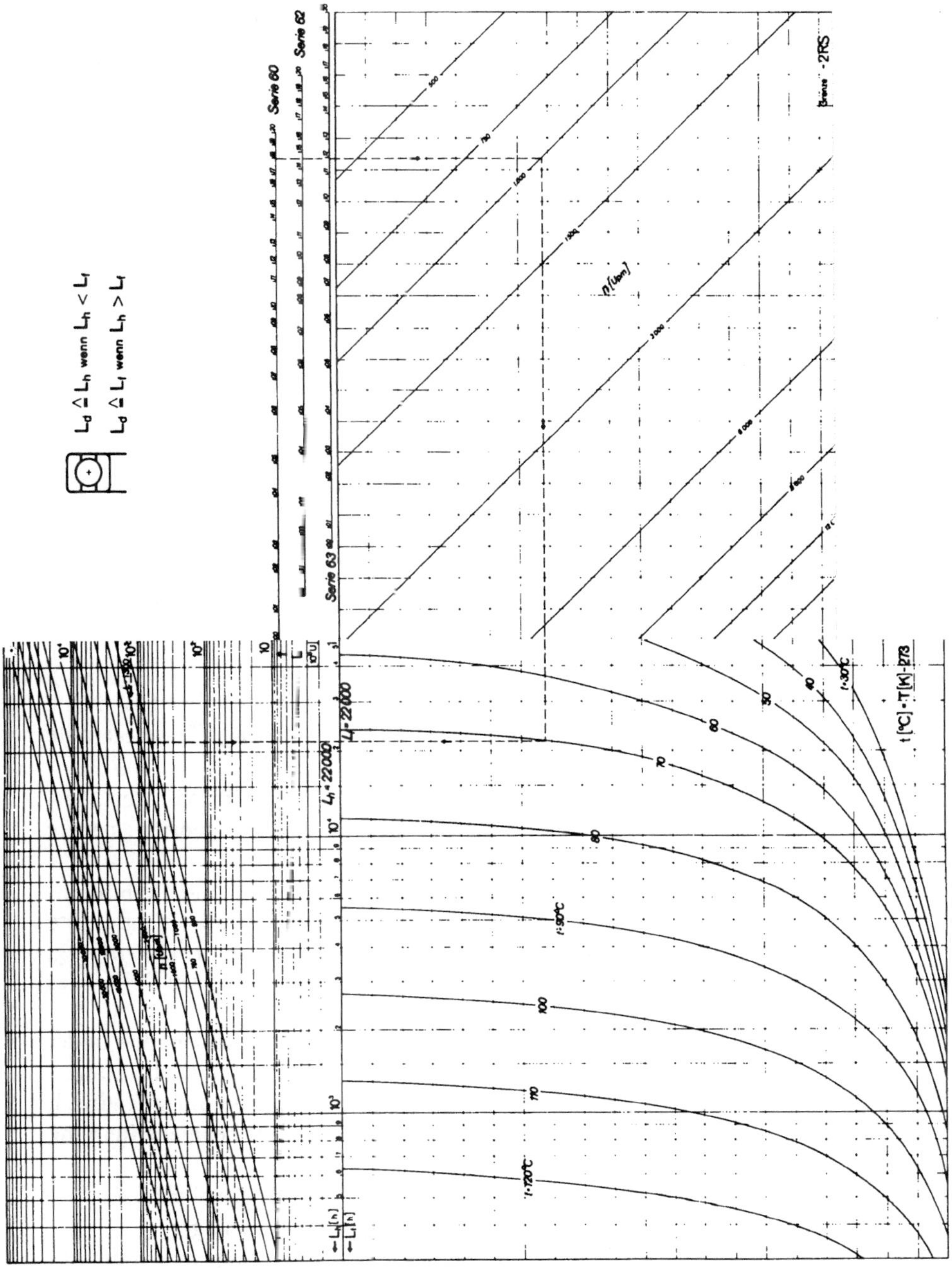

Abb. 3.60. Gebrauchsdauer von wartungsfreien Radial-Rillenkugellagern

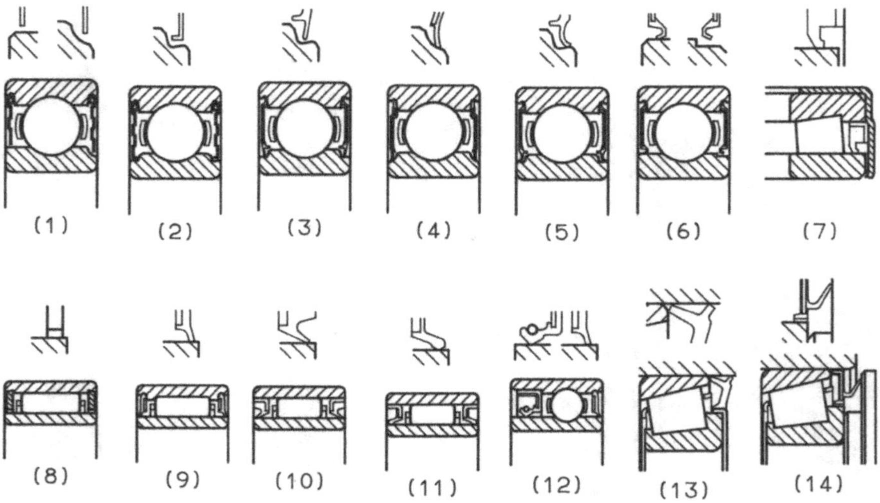

Abb. 3.61. Integraldichtungen: (1), (2) Berührfreie Deckscheiben (Stahlblech), (3) Berührfreie Deckscheibe (Gummi), (4) Berührende Dichtscheibe (Gummi), (5) Zweilippige Dichtscheibe, (6) Einlippige (zweilippige) Dichtscheibe auf zylindrisch geschliffener Lagerschulter, (7) Anwendung von (6) auf ein Axial-Kegelrollenlager, (8) bis (11) Anwendung von (1) bis (6) auf Nadellager, (12) kombinierte Lösung, (13), (14) Anwendung der Doppellippe auf Kegelrollenlager

Erklärungen zu Abb. 3.61:

(1), (2) .... berührfreie Deckscheibe aus Stahlblech, mit oder ohne Hohlkehle am Innenring; älteste und häufigste Dichtung für fettgefüllte Lager ohne Beschränkung der Grenzdrehzahl.

(3) .... berührfreie Deckscheibe aus Gummi mit Stahlblech-Insert, verkürzte Doppellippen über der Hohlkehle am Innenring; neuere Bauart, bessere Dichtwirkung als (1) und (2).

(4) .... einlippig-berührende Dichtscheibe aus Gummi mit Stahlblech-Insert, Hohlkehle am Innenring; neben (1) und (2) häufigste Dichtung für fettgefüllte Lager mit verbesserter Dichtwirkung, jedoch mit Beschränkung der Grenzdrehzahl auf zwei Drittel des Wertes bei Fettschmierung.

(5) .... zweilippige Dichtscheibe, Außenlippe berührt, Innenlippe bildet Schutzraum; sonst gleich wie (4) mit verbesserter Abdichtung.

(6) .... einlippige (oder auch zweilippige) Dichtscheibe auf zylindrisch geschliffener Lagerschulter; bessere Dichtkraft bei mehr Reibung als (4).

(7) .... Anwendung der Lösung (6) auf ein Axial-Kegelrollenlager.

(8) bis (11) .... Anwendung der Lösungen (1) bis (6) auf Nadellager.

(12) .... kostspielige Lösung für eine PKW-Hinterachslagerung; miniaturisierter Radial-Wellendichtring dichtet das fettgefüllte wartungsfreie Lager gegen Ölzutritt aus dem Differentialgetriebe ab (linke Seite).

(13), (14) ...... Anwendungen der Doppellippe in Kegelrollenlagern.

3.5.5 Variantenvielfalt: Abdichtungen einer Förderbandrolle

Unter dem Titel „Die Einfachheit der Konstruktion" beschreibt ESCHMANN in [46] mit lehrreichen und treffenden Worten das klassische Beispiel der Abdichtung einer Förderbandrolle (Abb. 3.62).

Es werden nicht weniger als 18 vom gesamten Aufwand her völlig verschiedene Konstruktionen gezeigt, die bei der Lösung von ein und derselben Aufgabe in der Praxis in großer Zahl verwirklicht worden sind; die Reihe kann mit ein wenig Phantasie fortgesetzt werden. Das Beispiel zeigt in eindruckvoller Weise das breite Band der Auffassungen bei der Aufgabe „Lager einer Förderbandrolle vor Verschmutzung schützen":

— hinreichender oder vollkommener Schutz?
— Wirtschaftlichkeit ja oder nein?

Dem Beispiel ist nichts mehr hinzuzufügen – es spricht für sich!

3.5.6 Dichtungssysteme: Beispiel einer programmierten Entwicklung

Im Abschnitt 3.5.5 wird drastisch vor Augen geführt, was passiert, wenn der Wirtschaftlichkeitsaspekt zum Fremdwort wird.

Hier wird nun gezeigt, was dann passiert, wenn folgendes beachtet wird:

— optimale Funktionserfüllung
— optimierter Aufwand.

Die Aufgabenstellung des Forschungsprojektes [47] war: Es sollen mit wissenschaftlicher Methodik drei verschiedene Dichtungen für einen jeweils fest definierten Platz gefunden werden, nämlich

— eine Gehäusedichtung
— eine Planflächendichtung
— eine Integraldichtung.

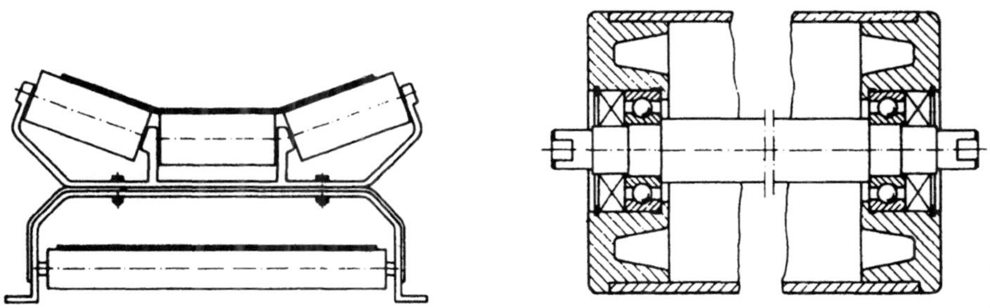

(1) (2)

Abb. 3.62. Abdichtung einer Förderbandrolle nach ESCHMANN [46]: (1) Tragrollenstation, (2) Lagerung einer Förderbandrolle, (3) Übliche Abdichtungen in Förderbandrollen (Fortsetzung S. 246)

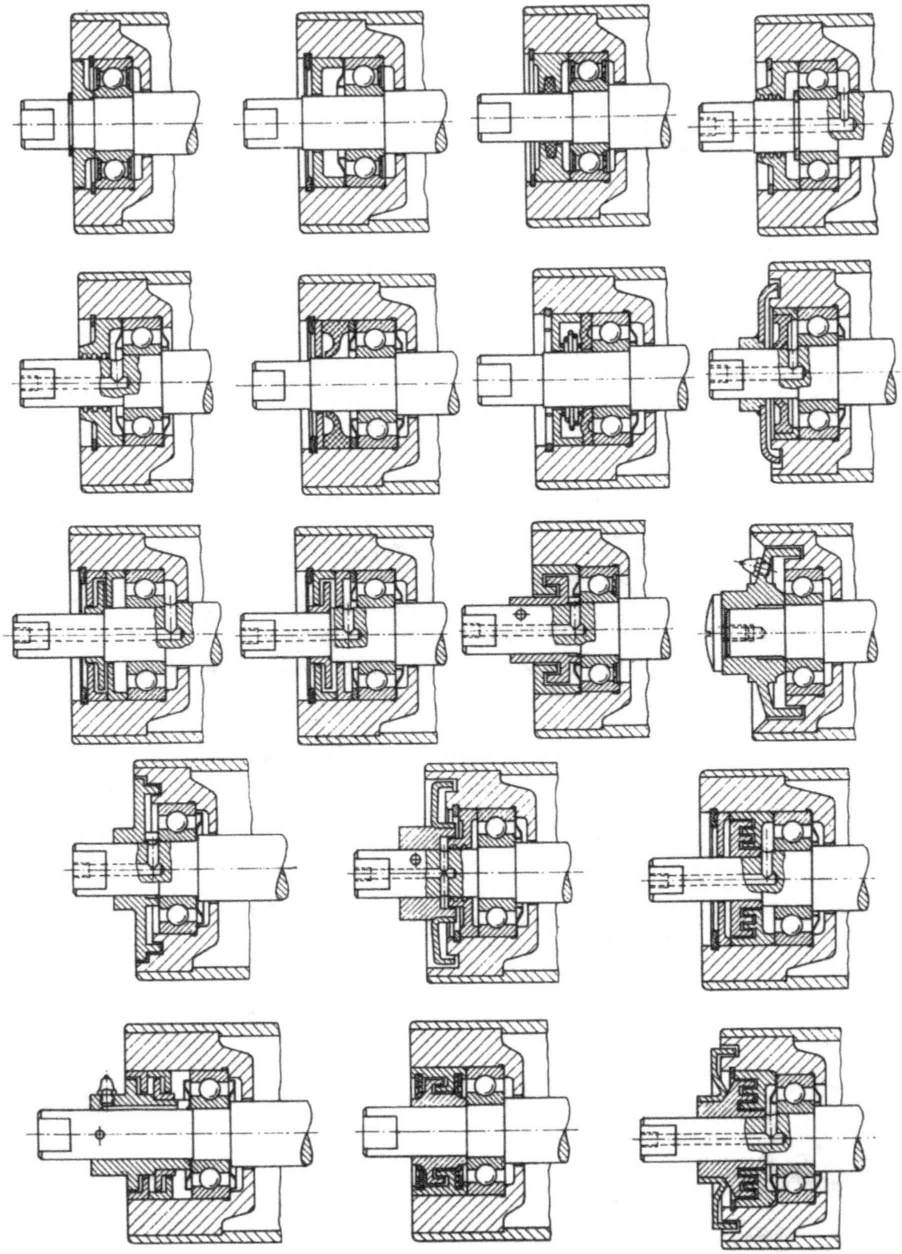

(3)

Abb. 3.62 (Fortsetzung)

In Vergleichsuntersuchungen mit ähnlichen Produkten war nachweisbar, daß die neuartigen, patentgeschützten Dichtungen [48, 49, 50] bei gleichen (Anfangs-) Reibverlusten eine mehrfach bessere Abdichtungsqualität und eine längere Funktionsdauer haben.

3.5.6.1 Gehäuse-Dichtung LAMBDA

Der Entwicklung lag die Vorstellung zugrunde, für die Dichtung einen Querschnitt zu finden, der genau in die Filzringnut der genormten Stehlagergehäuse [N 85 bis N 87] hineinpaßt, der Höhe nach für die verschiedenen Gehäusetypen modifizierbar ist und schließlich im Unterschied zum Filzring eine billige Montage erlaubt. Üblicherweise sind die Gehäusenuten nur grob gedreht und für die Wellen wird oft nur blankgezogener Rundstahl verwendet, worauf die Wälzlager mit Spannhülsen befestigt werden. Alles in allem dürfen die Dichtungen also keine hohen Ansprüche an Rundheit, Formtoleranz und Oberflächenrauheit der Anschlußteile stellen. Aus diesem Grunde muß sich die Dichtung aus weichem Kunststoff auch noch flexibel in axialer und radialer Richtung einstellen können. Das Ergebnis der Überlegungen ist in Abb. 3.63 zu sehen.

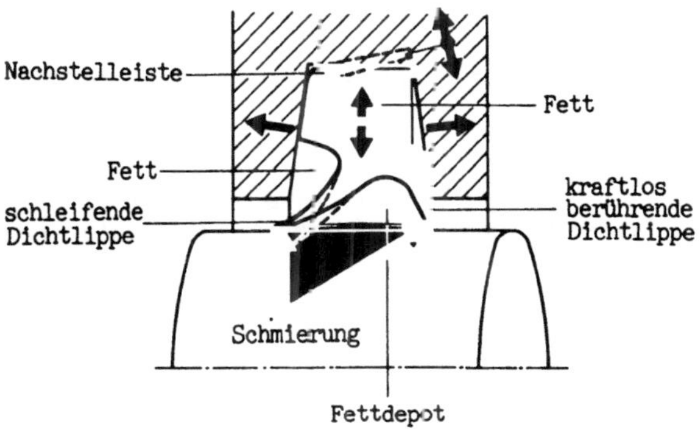

Abb. 3.63. Funktion der LAMBDA-Dichtung

Am Nutgrund liegt eine federnde Leiste unter Vorspannung satt an und sorgt für eine Nachstellung der Dichtlippen bei Verschleiß. Rechts im Bild befindet sich eine relativ starre, kraftlos berührende Lippe, links im Bild berührt eine schlanke schleifende Lippe die Welle unter Vorspannung. Zwischen den beiden Lippen wird eine ringförmiger Freiraum zur Aufnahme von Schmierfett geschaffen. Vor dem Einbau werden die beiden Hälften der axial geteilten Dichtung komplett eingefettet, so daß auch die äußeren Ringräume fettgefüllt sind und die Dichtung gegen die Nutwandungen hin abdichtet. Bei drehender Welle wird der Fettpolster zwischen den Lippen etwas zurückgedrängt, so daß ein Luftspalt gebildet und die Dichtwirkung erhöht wird. Die Lippen werden mit Fett aus dem Depotraum dauergeschmiert.
Einbauregel: Die schleifende Lippe wird zum Gehäuse-Inneren hin gerichtet, wenn Fettaustritt verhindert werden soll, sie wird umgekehrt zur Umgebung hin

gerichtet, wenn Staub- oder Spritzwassergefahr besteht. In Abb. 3.64 wird der Einbau der LAMBDA-Dichtung in einem geschlossenen Gehäuse gezeigt: Zur Außenseite hin wird die Nutwandung zurückgenommen und die eingefetteten Dichtungshälften werden eingeschoben.

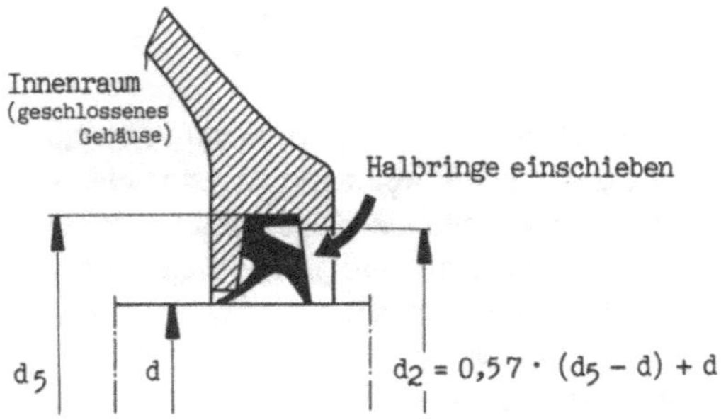

Abb. 3.64. Einbau der LAMBDA-Dichtung in geschlossene Gehäuse

Die entscheidenden Vorteile der LAMBDA-Dichtung sind:
- verbesserte Dichtwirkung wegen Doppellippen und Fettdepot,
- längere Gebrauchsdauer wegen Nachstelleiste und Dauerschmierung,
- sehr schneller Einbau in geteilte und ungeteilte Gehäuse wegen der axialen Teilung,
- wirtschaftliche Lagerhaltung der Stehlagergehäuse wegen der Querschnittmodifikation (s. Abschnitt 3.6),
- einsetzbar in jedem „alten" Stehlagergehäuse.

Abb. 3.65 zeigt die Federkennlinie der LAMBDA-Dichtung bei verschiedenen Temperaturen, z. B. die angestrebte Nachgiebigkeit bei höherer Temperatur. Der

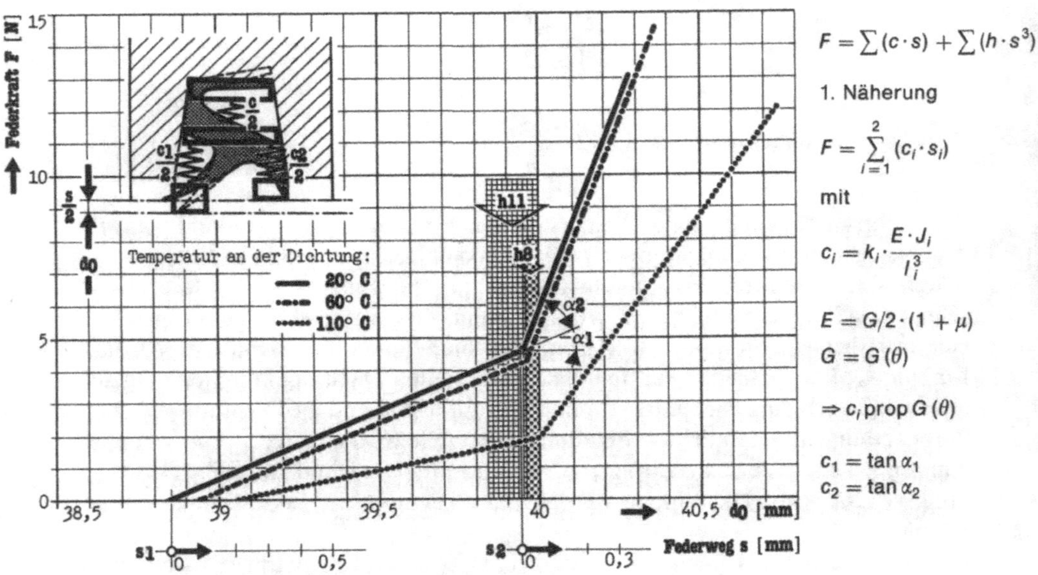

Abb. 3.65. Federkennlinie der LAMBDA-Dichtung

Knick in der Kennlinie entsteht durch das Wirksamwerden (Anlegen) der starren Dichtlippe.
Die Standard-Variante der axialgeteilten Dichtung aus weichem Kunststoff ist für Betriebstemperaturen bis + 120 °C bei Wellenumfangsgeschwindigkeiten bis ca. 15 $m \cdot s^{-1}$ (Grenzdrehzahl der Lager) eine sichere Abdichtung.

3.5.6.2 Planflächen-Dichtung OMEGA

Diese Dichtung entstand aus der Symbiose der guten tribologischen Eigenschaften der Kunststoffe (Elastomere), der modernen Fertigungstechnologien und der Eigenschaften der Drehschalen.
Die Querschnittsmittellinie der Dichtung ist ein flaches einschaliges Drehellipsoid. Diese Drehschale hat als einzige die Eigenschaft, bei einer axialen Verschiebung ihres Randes kaum vom rechten Winkel abzuweichen; die große Achse der Ellipse liegt in der Planfläche des Lagers. Die gleichzeitige radiale Verschiebung ihres Randes bewirkt lediglich eine Dichtkraftänderung. Die wirkliche Querschnittsform der Dichtung ist nicht weiter von Bedeutung, allein der äußere Rand (Dichtlippe) muß hinreichend schlank sein. Das ist dann bereits die Grundbauform mit einer Dichtlippe. In ähnlicher Weise wie bei der LAMBDA-Dichtung kann wieder ein Doppellippen-System angewendet werden (Varianten siehe Abb. 3.66), die funktionellen Auswirkungen sind jedoch anders. Beim ersten Anlauf des fettgefüllten Lagers entsteht in seinem Innenraum ein Überdruck und das Schmierfett wird abgeschleudert: Im Beruhigungsraum (Depot) zwischen der berührungsfreien Innenlippe und der schleifenden Außenlippe wird sowohl der Druckrest abgebaut als auch das Fett abgefangen. Wegen des rechtwinkelig stehenden Lippenrandes kann sich kein Förderkeil ausbilden und somit praktisch kein Fett austreten.

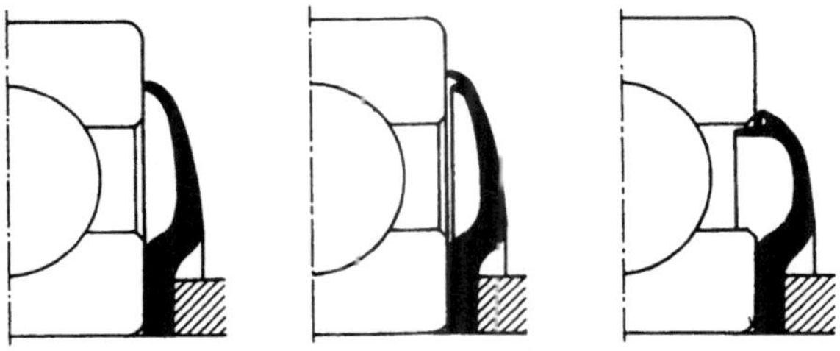

Abb. 3.66. Varianten der OMEGA-Dichtung

Der Beruhigungsraum wird mit dem abgeschleuderten Fett zum Depotraum und sorgt von hier aus für die Dauerschmierung der schleifenden Dichtlippe. Wegen des Doppellippen-Depot-Prinzips darf die Vorspannung bei vergleichsweise ähnlicher Dichtwirkung sehr niedrig gehalten werden, so daß minimaler Verschleiß und praktisch kein Temperatur-Einfluß aus dem Lippenkontakt auf das Lager entsteht.
Abb. 3.67 zeigt die Auswirkungen der axialen Verschiebung der Stirnkante.
Die besonderen Eigenschaften der OMEGA-Dichtung sind:
— praktisch kein Fettaustritt wegen des Beruhigungsraumes (Abb. 3.68),
— lange Lebensdauer wegen der geringen Vorspannung,

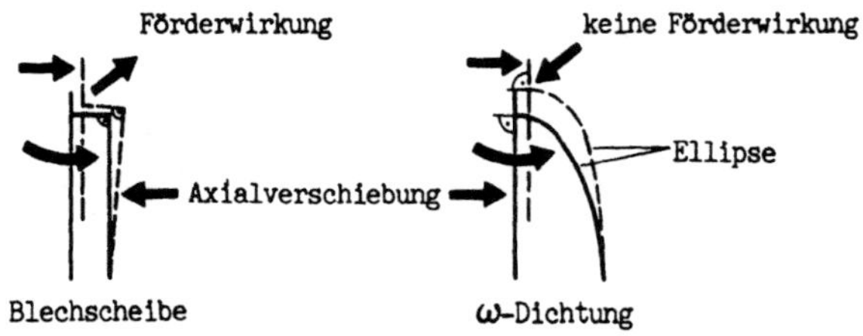

Abb. 3.67. Funktion der OMEGA-Dichtung

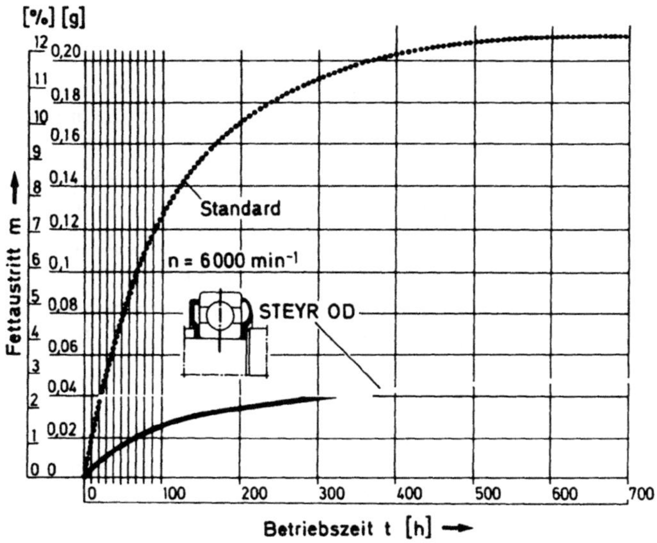

Abb. 3.68. Leckage von Planflächendichtungen über die Betriebszeit

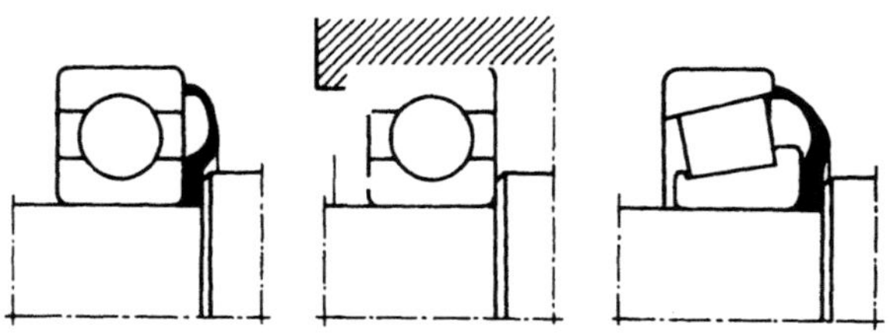

Abb. 3.69. Anwendungsbeispiele für OMEGA-Dichtungen

— vielfach bessere Dichtwirkung wegen des Doppellippen-Depot-Prinzips,
— sehr geringer Reibungsverlust wegen der geringen Vorspannung,
— geringste Lagererwärmung aus dem Lippenkontakt.

Abb. 3.69 zeigt Anwendungsbeispiele für verschiedene Lagerarten. Die Standard-Variante aus weichem Elastomer und einem Stahlblech-Insert hält Betriebstemperaturen bis 120 °C bei der Grenzdrehzahl der Wälzlager aus. Bei erschwerten Betriebsbedingungen werden spezielle Werkstoffe gewählt.

3.5.6.3 Integral-Dichtung Rss

Die Analyse von marktgängigen Doppellippen-Dichtungen ergab, daß das Doppellippen-Prinzip nicht optimal verwirklicht worden ist. Abb. 3.70 zeigt das Verhalten einer bekannten zweilippigen Dichtung. Analytische Überlegungen führten zu einer Lösung nach Abb. 3.71. Man darf wieder davon ausgehen, daß gleich beim ersten Anlauf des Lagers in seinem Inneren ein Überdrück entsteht und das darin befindliche Fett abgeschleudert wird. Sofern dieses Fett durch den langen Dichtungsspalt überhaupt durchkommt, wird es in dem Beruhigungsraum abgefangen, wobei auch der Druck abgebaut wird. Der allenfalls noch vorhandene Restdruck müßte nun, damit Fett ins Freie austreten kann, groß genug sein, die schleifende Dichtlippe abzuheben.

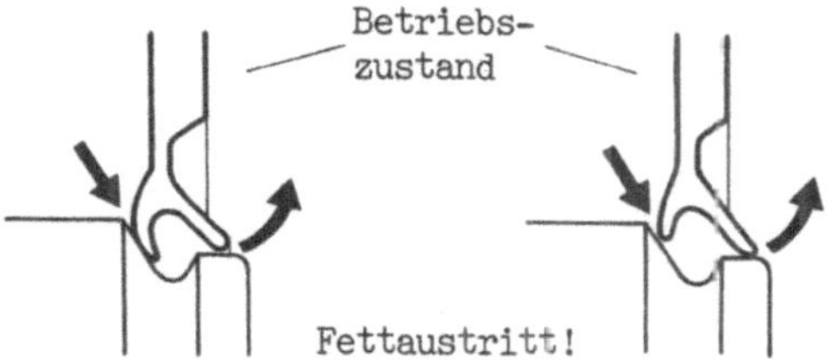

Abb. 3.70. Funktion einer bekannten integrierten Doppellippen-Dichtung

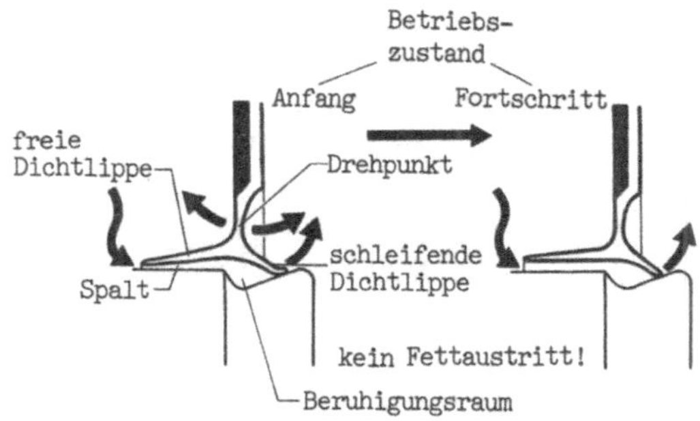

Abb. 3.71. Funktion der Rss-Dichtung

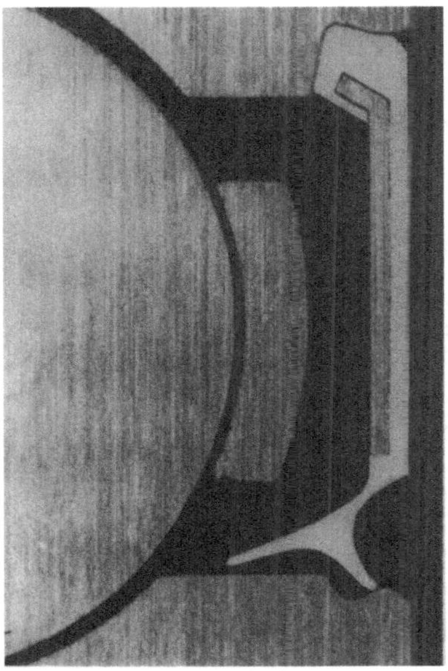

Abb. 3.72. Schnittbild (Schliffbild) durch eine integrierte Rss-Dichtung

Der Beruhigungsraum wird wieder wie bei der OMEGA-Dichtung zum Depotraum und sorgt für die Dauerschmierung der schleifenden Dichtlippe. Der Dichtungskörper ist um den Drehpunkt herum sehr weich gestaltet, so daß ein Einpendeln der Dichtlippen möglich ist. Im Einbauzustand steht die Spaltlippe leicht schräg nach innen geneigt und die schleifende Lippe unter Vorspannung (Abb. 3.72). Während des Betriebes verschleißt die schleifende Lippe langsam, die Vorspannung läßt nach, bis sie schließlich nur mehr kraftlos anliegt; die Spaltlippe stellt sich parallel zur Innenring-Schulter ein. Die Dichtwirkung verringert sich unmerklich. Zur Unterstützung der Dichtwirkung erhält der Innenring eine keilförmige Ringnut von der Form, daß die Steigung zur Innenseite hin steil ist und so das ankommende Fett zurückschleudert, die flache Steigung nach außen hat den Zweck, Schmutzpartikel von der Kontaktstelle wegzuschleudern.

Das System Spaltlippe-Beruhigungsraum-Schleiflippe läßt auch bei dieser Dichtung wieder die Optimierung von Dichtungswirkung und Reibungsverlust zu und bringt schließlich eine beträchtliche Verschleißminderung und höhere Grenzdrehzahlen. Die bei anderen Rs-Dichtungen üblichen Hohlkehlen, die als Anlageflächen der Dichtlippen dienen und die Planflächen schmälern, fallen bei dieser Konstruktion weg.

Für besonders reibungsarmen Betrieb wird die schleifende Lippe soweit zurückgenommen, daß sie nur mehr kraftlos anliegt (Bezeichnung: LRS).

In Abb. 3.73 wird der geringe Unterschied der Reibwerte zwischen ungedichteten und abgedichteten Lagern über der Drehzahl dargestellt (STRIBECK-Kurven).

Abb. 3.74 bietet einen interessanten Vergleich. Mit „Rs“ ist die „alte“ STEYR-Dichtung gemeint, mit „Standard“ die Dichtung eines beliebig gewählten nicht

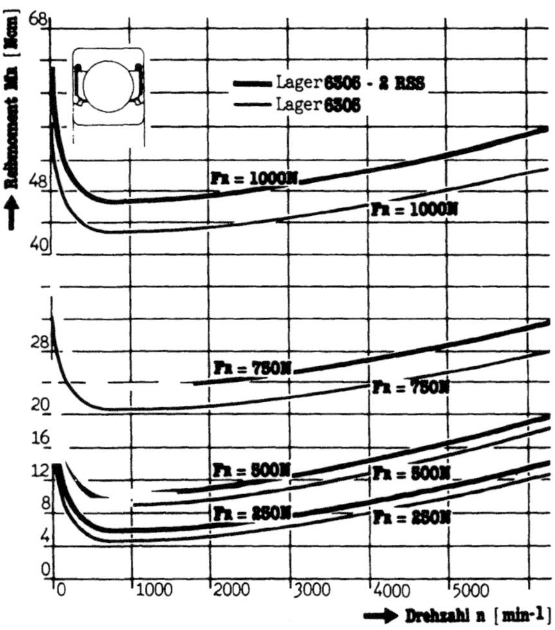

Abb. 3.73. Reibwerte nach STRIBECK: Lager mit integrierten Dichtungen, Lager ohne Dichtungen

genannten Konkurrenten (die Qualitätsunterschiede der beiden Dichtungen sind eher zufällig). Man sieht dabei folgendes:
Während eines kurzen Zeitraumes beim Anlauf tritt bei Rs und Standard unabhängig von der Drehzahl relativ viel Fett aus und stabilisiert sich nach ca. 20 bis 40 Stunden in einen stetigen konstanten Verlust, bei Rss steigt der Verlust stetig und stabilisiert sich bei ca. 150 Stunden.

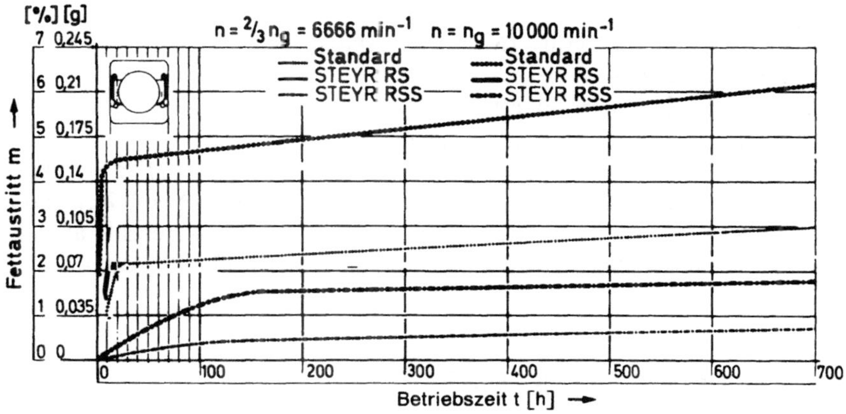

Abb. 3.74. Leckage (Fettverlust) über die Laufzeit von integrierten Dichtungen

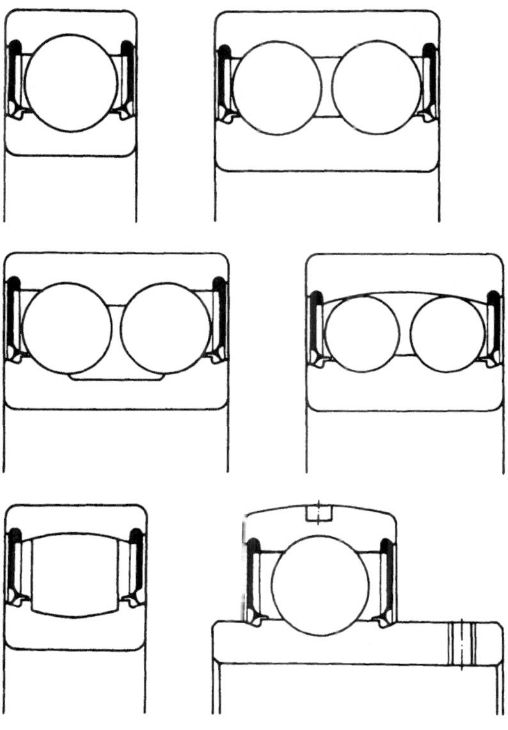

Abb. 3.75. Anwendungsbeispiele für Rss-Dichtungen

Nach einer Betriebszeit von 700 Stunden hat Rss einen Fettverlust von 0,9% resp. 1,8% der Füllmenge und verändert sich praktisch nicht mehr, hingegen hat Rs (Standard) einen Verlust von 2,3% (3%) resp. 4,6% (6,2%) und dieser wächst stetig weiter.

Die offensichtlichen Vorteile der Rss-Dichtung sind:

— verbesserter Schutz gegen Eindringen von Fremdstoffen,
— optimaler Schutz gegen Schmierstoffverlust,
— längere Lebensdauer,
— sehr geringer Reibungsverlust (Minimalvorspannung),
— höhere Grenzdrehzahl,
— ungeschmälerte Innenring-Planfläche,
— verbesserte Fremdstoff-Abwehr (Schleuderkeil).

Abb. 3.75 zeigt Anwendungsbeispiele für verschiedene Lagerarten. Die Standard-Variante der Rss-Dichtung aus weichem Elastomer und einem Stahlblech-Insert hält Betriebstemperaturen von − 20 °C bis 120 °C bis zur Grenzdrehzahl aus. Bei erschwerten Betriebsbedingungen werden spezielle Kunststoffe eingesetzt.

3.6 Lager-Gehäuse(blöcke)

Stehlagergehäuse: ISO 113/2 [N 85], ÖNORM M 6329 [N 86],
DIN 736 bis DIN 739 [N 87]

Lagergehäuse werden als festigkeitsgerechte Konstruktion aus Grauguß angeboten. Für Sondereinsatzfälle wird Stahlguß und Sphäroguß verwendet.

Lagergehäuse und die passenden Lager und Zugehörteile bilden Lagerungseinheiten, die sich in vielen Anwendungsfällen bewährt haben.

Geteilte Stehlagergehäuse nach Abb. 3.76 gibt es für Rillenkugellager, Pendelkugellager, Tonnenlager und Pendelrollenlager mit zylindrischer Bohrung und für Pendelkugellager und Pendelrollenlager mit kegeliger Bohrung.

Die Gehäuse-Bohrungen von Stehlagergehäusen sind grundsätzlich für Loslager-Einbau konzipiert, ein Festlager wird durch einseitig oder beiderseits des Lagers angeordnete sogenannte Festringe erzielt (Abb. 3.77).

Für die Abdichtung der Gehäuse in den Lagerdeckeln werden nach alter Tradition genormte Filzringe verwendet. Der Einbau dieser Dichtungen ist ungemein zeitaufwendig, die Dichtwirkung hängt von der Sorgfalt der Montage ab (Erfahrung des Monteurs), folglich ist diese Dichtung nicht mehr ganz zeitgemäß.

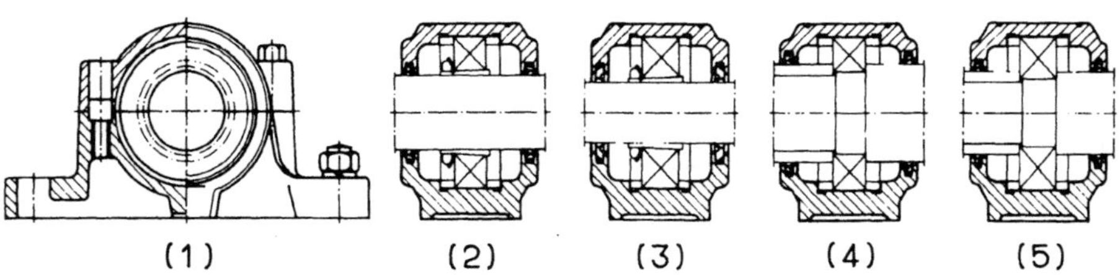

Abb. 3.76. Geteilte Stehlagergehäuse, Reihe S (SN)

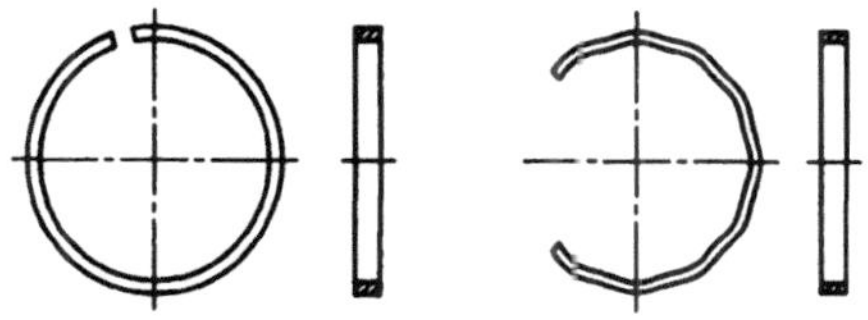

Abb. 3.77. Festringe: (1) Reihe FRA/FRB, (2) Reihe FR

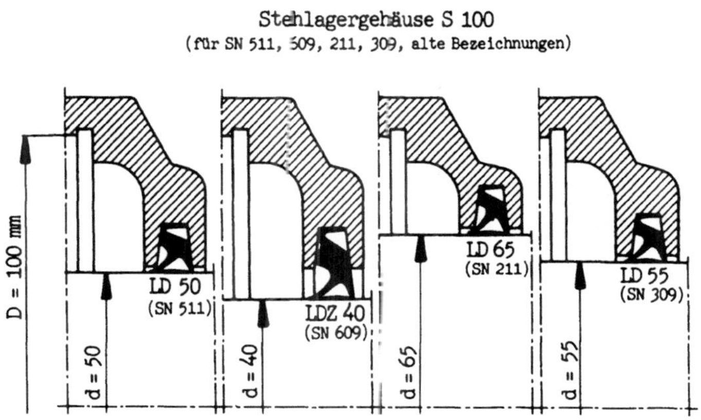

Abb. 3.78. Systemanwendung der Lambda-Dichtung in geteilten Stehlagergehäusen

Als alternative Lösung ist in Abschnitt 3.5.6.1 eine Dichtung für Stehlagergehäuse vorgestellt worden, die ohne besondere Erfahrung eingebaut werden kann und bei optimaler Planung die Lagerhaltung der Gehäuse drastisch reduziert.
Abb. 3.78 zeigt die System-Anwendung der Dichtung an einem konkreten Beispiel. Die vier Stehlagergehäuse SN 511, SN 609, SN 211 und SN 309 haben dieselbe Gehäusebohrung $D = 100\,mm$ und vier verschiedene Wellendurchmesser $d = 50$, 40, 65 und 55 *mm*. Die spezielle Querschnittsform der Dichtung macht es nun möglich, für alle vier Gehäusetypen dasselbe Gehäusemodell zu verwenden (Basis-Bezeichnung: S 100 nach $D = 100\,mm$). Die beiden Typen SN 511 und SN 609 werden direkt zusammengelegt und führen die Bezeichnung *S* 100 (identisch mit dem früheren SN 511-Gehäuse), die dazugehörigen Lambda-Dichtungen sind LD 50 und LDZ 40 entsprechend den Wellendurchmessern 50 resp. 40 *mm*. Sobald ein SN 211-Gehäuse gebraucht wird, setzt man die Ringnut nach und verwendet die Dichtung LD 65, dasselbe gilt für das Gehäuse SN 309 mit LD 55; die Gehäuse führen die Bezeichnungen *S* 100.65 resp. *S* 100.55.
Dieses Konzept wurde wegen der relativen Häufigkeit der Anwendung so gewählt. Die Bevorratung der Gehäuse wird durch dieses Konzept auf ein Viertel reduziert! Es gibt eine kostspielige Nachahmung zu diesem einfachen System, die aber nur die Anpassung an die V-Nut für den konventionellen Filzring kopiert und lediglich als Patentumschreibung gesehen werden darf. Die Gehäuse-Hersteller liefern auf Wunsch Zugehöreinrichtungen, wie Fettmengenregler (Funktion heute umstritten), Abdeckungen für Endlager (Abb. 3.79) und verschiedene Schmiereinrichtungen.

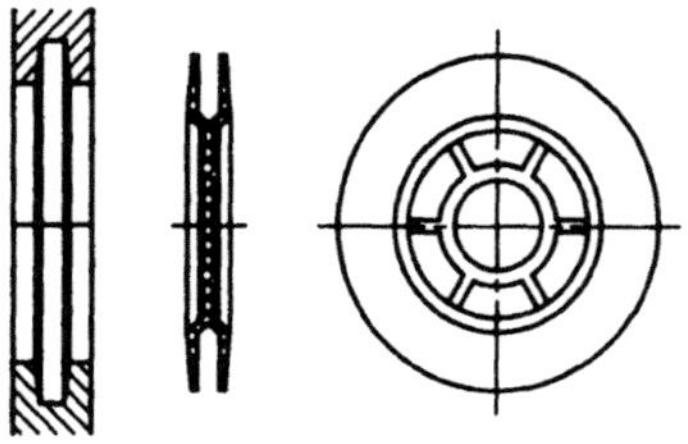

Abb. 3.79. End-Deckel für geteilte Stehlagergehäuse

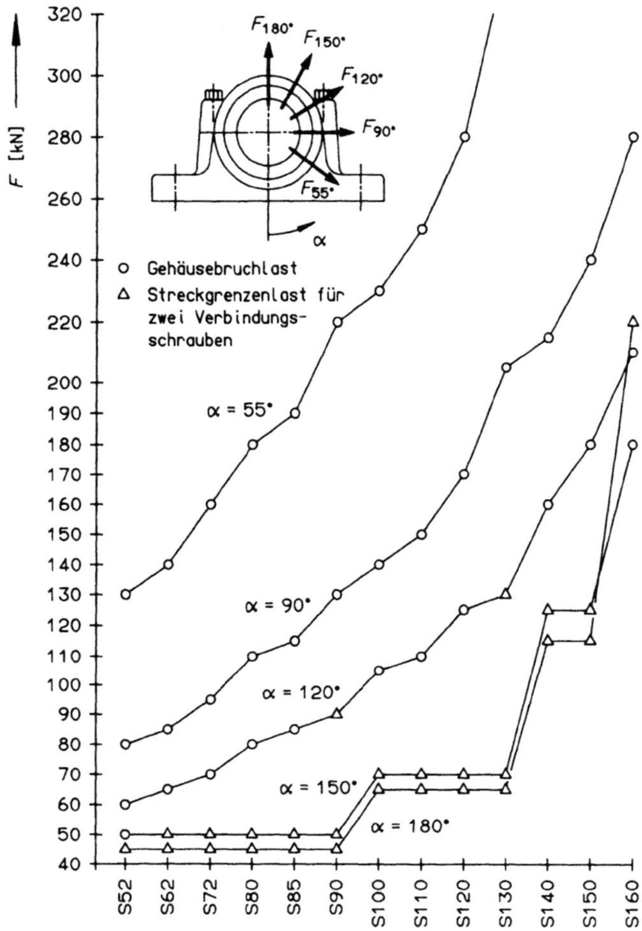

Abb. 3.80. Bruchlasten von Stehlagergehäusen

Es gibt Gehäuse-Hersteller, die auf die Garantie für Bruchlastwerte in verschiedene Winkelrichtungen Wert legen (Abb. 3.80). Ein aufmerksamer Vergleich von angegebenen Bruchlastwerten mit den relevanten Tragzahlen der einbaubaren Wälzlager zeigt allerdings, daß letztere in keiner Belastungsrichtung höher belastbar sind als die Gehäuse.

Ungeteilte Stehlagergehäuse für Pendelkugellager mit breitem Innenring (Abb. 3.81) sowie Förderwagen-Lagergehäuse (Abb. 3.82) für Pendelkugellager, Tonnenlager und Pendelrollenlager sind klassische Lagereinheiten, die jedoch heute zunehmend an Bedeutung verlieren.
Blocklagergehäuse sind ungeteilte Gehäuse als Komplett-Lagerung mit zwei Lagerstellen ohne Fluchtungsfehler, ursprünglich für Ventilator-Lagerungen entwickelt und für alle Radiallagerarten geeignet (Abb. 3.83).
Flanschlagergehäuse haben Anschlußflansche in dreieckiger oder quadratischer Form (Abb. 3.84), dem Anwendungsfall angepaßt.

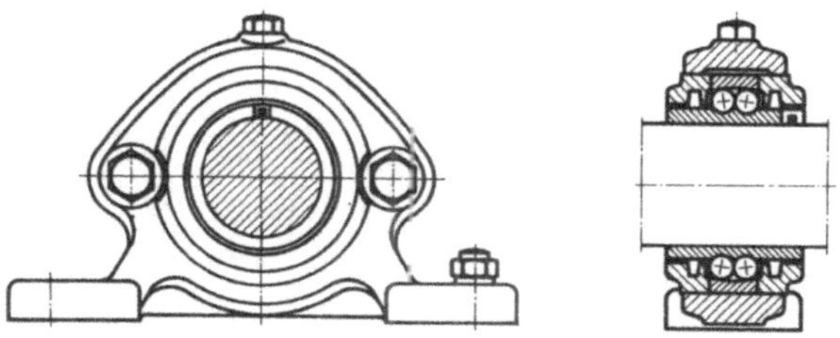

Abb. 3.81. Ungeteilte Stehlagergehäuse, Reihe TN

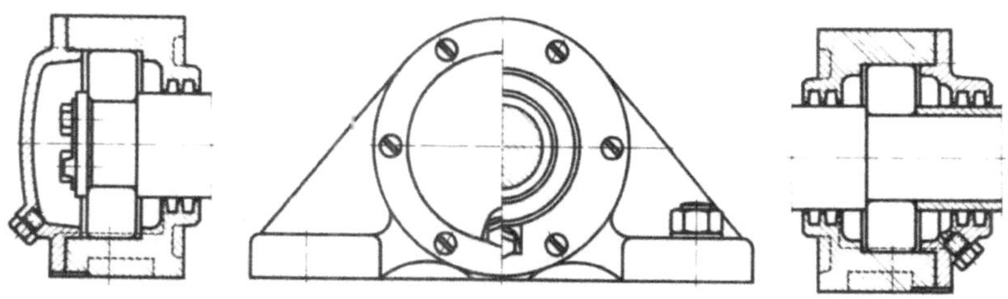

Abb. 3.82. Förderwagen-Lagergehäuse, Reihe TVN

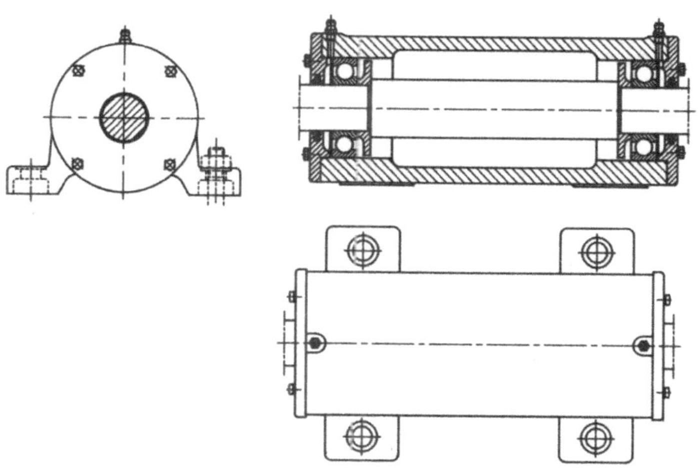

Abb. 3.83. Blocklagergehäuse (Zweilagergehäuse)

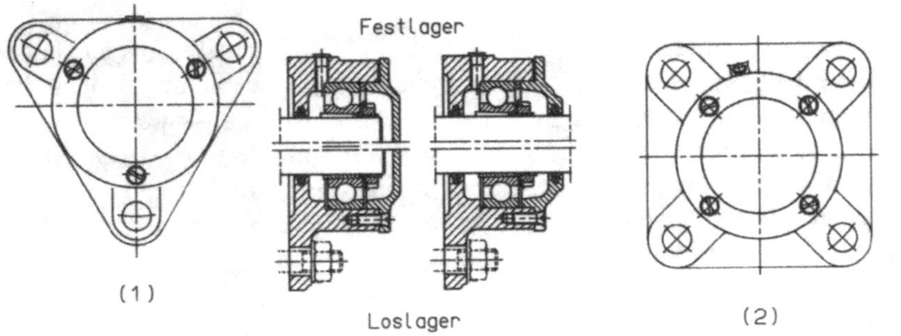

Abb. 3.84. Flanschlagergehäuse: (1) dreieckiger Flansch, (2) quadratischer Flansch

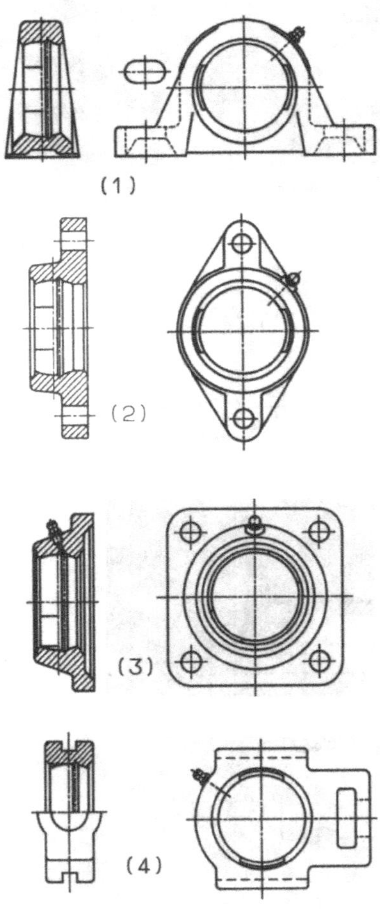

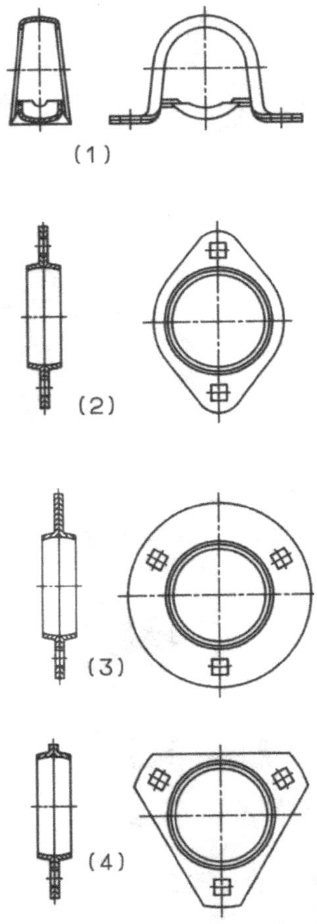

Abb. 3.85. Spannlager-Gußgehäuse: (1) Stehlagergehäuse, (2) ovales Flanschlagergehäuse, (3) viereckiges Flanschlagergehäuse, (4) Stellgehäuse

Abb. 3.86. Spannlager-Blechgehäuse: (1) Stehlagergehäuse, (2) ovales Flanschlagergehäuse, (3) rundes Flanschlagergehäuse, (4) dreieckiges Flanschlagergehäuse

In der Wälzlager-Anwendungstechnik sind noch andere Lagergehäuse gebräuchlich, die hauptsächlich für Spannlager verwendet und immer zusammen mit diesen als Lager-Einheit geliefert werden. Abb. 3.85 zeigt die Vielfalt der Lösungsmöglichkeiten.

In neuerer Zeit sind sogenannte Blechlagergehäuse oder Stahlblechgehäuse „in Mode“ gekommen; zuerst von den Anwendern abgelehnt, haben sie sich doch wegen ihrer einfachen Konstruktion und ihrer Preiswürdigkeit in Anwendungsgebieten mit eingeschränkten Präzisionsanforderungen überzeugend durchgesetzt. Abb. 3.86 zeigt gebräuchliche Anwendungsformen von Stahlblechgehäusen, die lediglich für Spannlager verwendet und immer zusammen mit diesen als Lagereinheit geliefert werden.

4 EIN- UND AUSBAU (HANDHABUNG)

4.1 Anmerkungen zur Zuverlässigkeit

Wälzlager – fachmännisch ausgewählt, eingebaut und betreut – sind problemlose und funktionssichere Bauteile. Allerdings wird häufig nicht daran gedacht, welche hochwertige Technik in Konstruktion und Fertigung diesen Maschinenelementen zugrunde liegt. Sorglos und lückenhaft werden oft die künftigen Betriebsbedingungen definiert, so daß zwar der Konstrukteur oder der Anwendungstechniker eine sehr genaue Berechnung der „theoretischen" Lebensdauer durchführen kann, die aber wenig oder gar nichts mit der „praktischen" Gebrauchsdauer zu tun haben muß, wenn die grundlegenden Randbedingungen nicht eingehalten werden.
Die Berechnung der Lebensdauer setzt grundsätzlich eine einwandfreie Montage, ideale Abdichtung und gute Schmierung voraus.
Sowohl der „Praktiker", der nur gelegentlich ein Wälzlager zu montieren hat, als auch der Konstrukteur, der die Lagerperipherie gestaltet und letztendlich auch der Betriebswirt, der die Einrichtung des Montage-Arbeitsplatzes besorgt, müssen daher vom Lagerhersteller mit entsprechenden Informationen versorgt werden, so daß ihre Tätigkeit zur zuverlässigen Funktionserfüllung des Lagers beiträgt.
Die feinstbearbeiteten Laufbahnen und die geometrisch sorgfältig darauf abgestimmten Paßflächen der Lager verlangen eine Handhabung, die absolut verhindert, daß

— Fremdstoffe in das Lagerinnere gelangen
— sich Rost an den Lagerflächen bildet
— mechanische Beschädigungen erfolgen.

Der Staub in der normalen Umgebungsluft mit einer Partikelgröße von 2 bis 5 μm reicht bereits aus, um unangenehme Laufgeräusche und Schwingungen zu erzeugen, sobald er sich in geringen Mengen an den Laufbahnen festsetzen kann. Erhöhter Verschleiß und frühzeitiger Lagerausfall können daraus resultieren. Derselbe Vorgang tritt bei anderen Verunreinigungen wie metallischem Abrieb, Metallspänen und Zunder in beschleunigtem Ausmaß ein.
Lagerringe und Wälzkörper müssen im regulären Betriebszustand schwerste Belastungen ertragen und dementsprechend sind sie in ihren Kontaktflächen empfindlich. Ein Lager ist deshalb wahrscheinlich betriebsunfähig, wenn es aus einer Höhe von ca. 0,5 m auf eine harte Unterlage fällt.
Lagerringe nehmen nach dem Einbau die Geometrie von Welle und Gehäuse an. Deshalb ist eine sorgfältige Überprüfung dieser Geometrien vor dem Lager-Einbau unerläßlich.
Der Hersteller schützt die verpackten Lager verläßlich vor Rost durch erprobte Korrosionsschutzmittel. Die Schutzschicht an den Lagern in den unteren Lagen im Stapel wird zerstört, wenn die verpackten Lager übereinander zu hoch gestapelt werden.
Grundsätzlich gilt immer:
Vor dem Einbau unsachgemäß behandelte Lager machen sich erst im Betrieb bemerkbar – die Schadensfolgen sind im voraus nicht abschätzbar!

Wer sich mit der Wälzlager-Montage befaßt, muß grundsätzlich zwei verschiedene Formen unterscheiden:

— die Erst-Montage
— die Reparatur-Montage.

Während bei der Erst-Montage Zeichnungen der Baueinheit (Maschine, Anlage) mit Maßen und Toleranzen vorliegen und in der Stückliste die vollständige Lagerbezeichnung (wichtige Funktionsmerkmale in Form von Nachsetzzeichen) ersichtlich ist, so sind die Informationen für die Reparatur-Montage im Regelfall eher lückenhaft. Und wenn ein Reparatur-Handbuch aufliegt, dann wird es entweder flüchtig oder gar nicht gelesen. Die Teile-Identifizierung beschränkt sich dann auf die gewissenhafte Ablesung der auf den (einem der) Lagerringen gestempelten oder signierten Lagerbezeichnung, welche aber nicht zwangsweise vollständig sein muß (Platzmangel für Nachsetzzeichen). So wird unter Umständen ein falsches Reparatur-Lager bestellt; die Qualität der Reparatur-Montage hängt einzig und allein von der Erfahrung und der Gewissenhaftigkeit des Monteurs ab.
Aus vielen negativen und kostspieligen Erfahrungen klug geworden, haben daher große Wälzlager-Verbraucher ihre gut organisierten Instandhaltungsabteilungen eingerichtet (Bahnverwaltungen, Raffinerien, Flug- und Schiffswerften), welche im großen Umfang eine vorbeugende Wartung (Austausch) in vorausbestimmten Intervallen fachmännisch durchführen.
In dieser besonderen Form der Reparatur-Montage sind Qualität und Zuverlässigkeit mit der Erst-Montage beim Hersteller des Aggregates durchaus vergleichbar.
Abschließend darf allerdings – gewissermaßen zur Beruhigung der Pessimisten – erwähnt werden, daß laut Statistik [11] bloß ca. 10% der weltweiten Wälzlager-Produktion von jährlich fast vier Milliarden Stück für den Ersatzbedarf (Reparatur-Montage) verbraucht werden, der große Rest von 90% geht in die Erst-Montage. Die Lebensdauer ist offensichtlich größer als jene von anderen Maschinenteilen, die den Lebenszyklus der Maschine dadurch beenden, daß sie nicht mehr zuverlässig arbeiten und am Schrottplatz landen.

4.2 Montage: Arbeitsplatz, Schutzmaßnahmen, Hilfsmittel

Die Funktionsfähigkeit der präzisen und meist hochbelasteten Wälzlager wird selbst schon durch leichte Verunreinigungen aus der fahrlässigen Aufbewahrung des Lagers oder des Schmierstoffes und durch geringfügige Laufbahn-Verletzungen beim Einbau stark beeinträchtigt. Die Gebrauchsdauer kann dadurch auf einen Bruchteil (bis 1/200) des errechneten Lebensdauerwertes absinken.
Ein sauberer Montage-Arbeitsplatz, adäquate Aufbewahrung und erprobte Montage-Hilfsmittel sind die Grundbedingungen zur Verhinderung von kostspieligen Betriebsunterbrechungen durch unkalkulierbare Schadensfälle.

4.2.1 Arbeitsplatz

Bei der Erst-Montage ist es meist leicht, einen trockenen und staubarmen Arbeitsplatz zu schaffen, alle Hilfsmittel sauber zu halten und die Schmierstoffe vor

Verunreinigung zu schützen. Wälzlager dürfen nur in Notfällen bei Einhaltung der bekannten Regeln außerhalb von geschützten Räumen montiert werden!
Größtmögliche Sauberkeit ist wichtigste Voraussetzung. Die Lager dürfen erst unmittelbar vor dem Einbau der Originalverpackung entnommen werden. Sie sind unbedingt vor Staub und Feuchtigkeit zu schützen. Der Schmierstoff ist in verschließbaren Behältern zu lagern. Verunreinigte und alte Schmierstoffe sind nicht geeignet. Der Korrosionsschutzfilm auf neuen Lagern muß nicht abgewaschen werden; ein Vermischen mit dem Schmierstoff hat keine nachteilige Wirkung (Ausnahme: Sonderschmierstoffe – synthetische Schmierstoffe, auf Nicht-Mineralölbasis!).
Der Korrosionsschutz allein genügt jedoch nicht für die Lagerschmierung.

4.2.2 Schutzmaßnahmen

Aufbewahrung: Bei einer Raumtemperatur von 20 °C und einer relativen Luftfeuchtigkeit unter 65% reicht der Korrosionsschutz bei einzeln verpackten Lagern mindestens zwei (fünf) Jahre. Ungeschützte Lagerflächen korrodieren bereits bei 50% relativer Luftfeuchtigkeit. Die Korrosion beginnt aber früher und verläuft schneller, wenn sich in der Luft aggressive Stoffe wie Schwefeldioxyd, Ruß, Salze usw. befinden. Ebenfalls schneller verläuft die Korrosion bei höherer Temperatur und/oder Luftfeuchtigkeit.
Bei Lagern mit Deck- und Dichtscheiben wird die Aufbewahrungszeit von der Alterungsbeständigkeit des eingefüllten Schmierfettes bestimmt, moderne Schmierfette erlauben aber auch eine Lagerungszeit von 4 bis 5 Jahren bei den oben genannten Bedingungen.
Reinigung: Alle Anschlußteile der Lagerung, wie Welle, Gehäuse und Befestigungselemente müssen sauber und trocken sein. Nach der Reinigung sind alle Lagerungsteile sofort mit Paraffinpapier oder Kunststoff-Folie abzudecken, sofern die Montage nicht unmittelbar danach erfolgt. Putzwolle darf nicht verwendet werden.
Lager, die bereits in Betrieb waren und wiederverwendbar sind, müssen sorgfältig gereinigt werden.
Eine kalte Reinigung kann durch Auswaschen mit einem Pinsel in Petroleum oder einer ähnlichen Flüssigkeit erfolgen. Während des Waschvorganges sollen die Lager gedreht werden, damit alle Flächen gereinigt werden. Vor- und Hauptreinigung sind in zwei getrennten Bädern vorzunehmen.
Das getrocknete Lager ist mit einem ölgetränkten, nicht fasernden (fusselfreien) Lappen einzuölen und bis zum Wiedereinbau zu verpacken.
Als Warmbad zur Reinigung eignet sich dünnes, auf 120 °C erwärmtes Maschinenöl, das aus Sicherheitsgründen einen Flammpunkt über 250 °C haben soll. Diese Art der Reinigung ist sehr wirksam und die anhaftende Ölschicht bietet den nötigen Korrosionsschutz.
Die Handberührung der Lager verursacht vor allem in feucht-warmem Klima Korrosion und ist nach Möglichkeit zu vermeiden. Müssen jedoch frisch in einem Lösungsmittel gewaschene Lager unbedingt berührt werden, dann sollen die Hände mit einer besonderen Schutzcreme oder einem hautverträglichen Öl eingerieben werden.

Dieselbe Schutzmaßnahme gilt bei der Prüfung von Welle und Gehäuse auf Maß- und Formgenauigkeit. Bei Unterbrechung der Montage ist der Montage-Platz wieder mit Rostschutzpapier oder Kunststoff-Folie abzudecken.

4.2.3 Hilfsmittel

Der fachgerechte Ein- und Ausbau der Lager kann nur mit geeigneten Hilfsmitteln erfolgen, siehe Abb. 4.1. Art und Größe des Lagers verlangen unterschiedliche Hilfsmittel und legen mit diesen die folgenden Montage-Methoden fest:

Wälzlagerbefestigung			Einbau-Werkzeuge			Ausbau-Werkzeuge		
			mechanisch	hydraulisch	Anwärmgeräte	mechanisch	hydraulisch	Anwärmgeräte
Zylindrischer Sitz	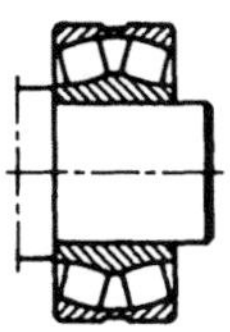	Kleine Lager	Hammer/Schlagkappe	—	Induktiverhitzer	Abzieher	—	—
		Mittlere Lager	—	—			Selbstzentrierender Hydraulik-Abzieher; Druckölgeräte	—
		Große Lager	—	—		—		—
		ZRL Bauformen NU, NJ und NUP: alle Größen	Hammer/Schlagkappe	—		Abzieher		Thermoringe
Kegeliger Sitz	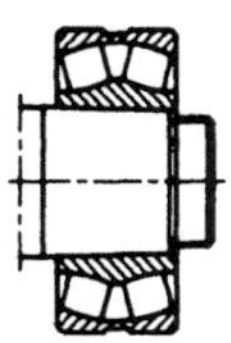	Kleine Lager	Hakenschlüssel	Hydraulikmutter	—	Abzieher	Druckölgeräte	—
		Mittlere Lager	Schlagschlüssel	Hydraulikmutter; Druckölgeräte	—	—		—
		Große Lager	—		Induktiverhitzer	—		—
Spannhülse	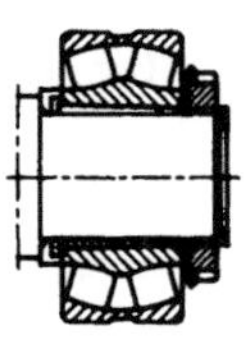	Kleine Lager	Hakenschlüssel	Hydraulikmutter	—	Hammer/Schlagkappe	Hydraulikmutter	—
		Mittlere Lager	Schlagschlüssel		—			—
		Große Lager	—		Induktiverhitzer	—		—
Abziehhülse	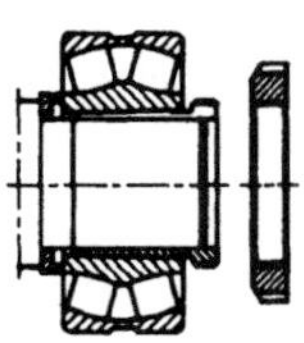	Kleine Lager	Hakenschlüssel	Hydraulikmutter; Druckölgeräte	—	Hakenschlüssel	Hydraulikmutter; Druckölgeräte	—
		Mittlere Lager	Schlagschlüssel		—	Schlagschlüssel		—
		Große Lager	—		Induktiverhitzer	—		—

Kleine Lager: Bohrungsdurchmesser $<$ 80 mm, mittlere Lager: Bohrungsdurchmesser 80 bis 200 mm, große Lager: Bohrungsdurchmesser $>$ 200 mm.

Abb. 4.1. Montagehilfsmittel

— kaltes/warmes Aufpressen (Einpressen)
— Aufpressen mit Hydraulikmutter oder Hydrauliköl
— Spann- oder Abziehhülsen.

In seltenen Fällen wird das Tiefkühlverfahren (flüssiger Stickstoff) angewendet.

4.3 Lager-Einbau

4.3.1 Einbau-Vorbereitung

Zur Einbau-Vorbereitung sind folgende Schritte einzuhalten:

— Reinigung von Welle und Gehäuse
— Kontrolle der Sitze (Oberfläche/Kanten-Grate)
— Einhaltung der Maß- und Formtoleranzen
— Auspacken des Lagers und Kontrolle
— Kontrolle der Type (Verpackung und Lager), Spezifikationen (Lagerluft, Käfigbauart usw.)
— eventuell Reinigung (Sonderfett, spezielle Anwendung)
— händische Funktionsprobe.

4.3.2 Montage

4.3.2.1 Lager mit zylindrischer Bohrung

Kleine Lager können meist kalt auf die Welle oder in das Gehäuse gepreßt werden. Steht keine hydraulische oder pneumatische Montagepresse (Abb. 4.2) zur Verfügung, durch die ein Überschreiten des angestrebten Aufpreßdruckes stetig überwacht werden kann, so darf der Einbau auch mit leichten Hammerschlägen (Abb. 4.3) durchgeführt werden. Die Kraftübertragung muß gleichmäßig über den ganzen Umfang des auf- oder einzupressenden Ringes erfolgen. Am besten eignet sich hiefür eine Montagebüchse (Schlagkappe). Verkantungen der Ringe sind zu vermeiden, mehrere leichte Hammerschläge sind besser als wenige kräftige.

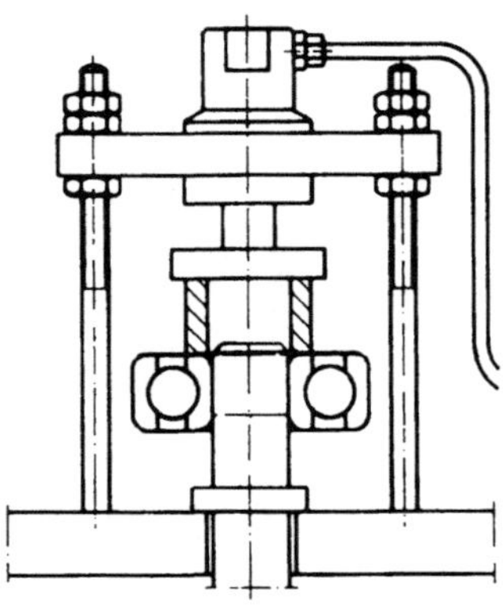

Abb. 4.2. Montagepresse

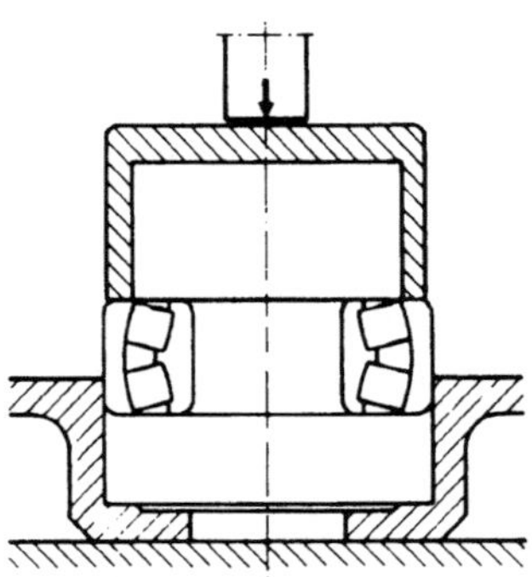

Abb. 4.3. Einbau mit Schlagkappe (Hammerschläge)

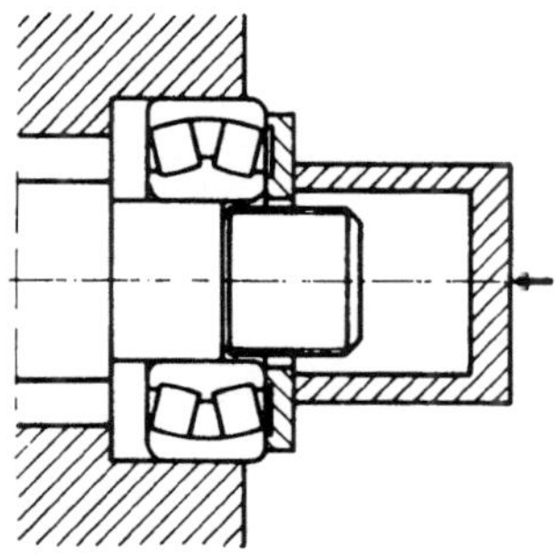

Abb. 4.4. Hilfsmittel (Scheibe) zum gleichzeitigen Einbau eines Lagers auf der Welle und im Gehäuse

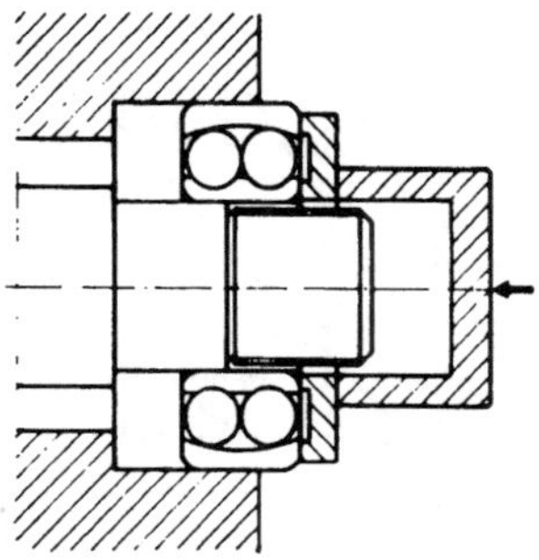

Abb. 4.5. „Freigestellte Scheibe" zum Einbau von Pendelkugellagern

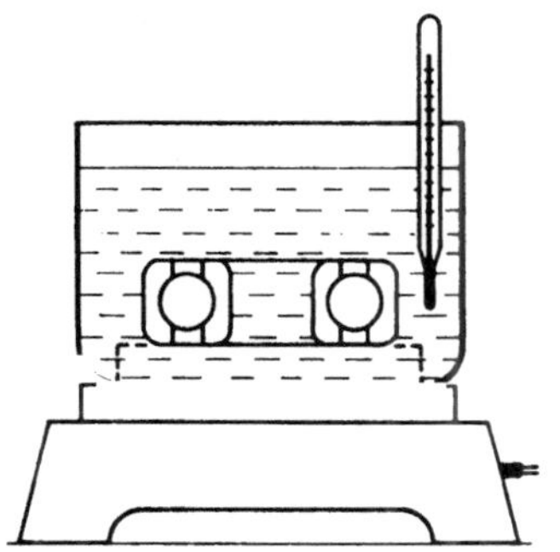

Abb. 4.6. Anwärmen von Lagern im Ölbad

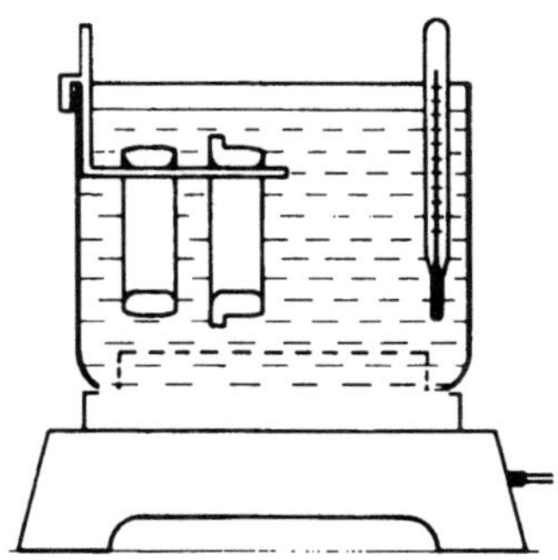

Abb. 4.7. Anwärmen von Lagerringen im Ölbad

Werden Lager gleichzeitig auf die Welle und in das Gehäuse montiert, so ist eine an beiden Lagerringen anliegende Scheibe zu verwenden (Abb. 4.4). Bei einigen Pendelkugellagertypen stehen die Kugeln seitlich vor; hier muß eine Scheibe mit Freistellung (Abb. 4.5) verwendet werden.

Größere Lager und Lager mit Preßsitzen werden zum Montieren angewärmt. Das Anwärmen der Lager oder der Lagerringe von zerlegbaren Lagern kann im Ölbad erfolgen, dies gewährleistet eine gleichmäßige Erwärmung. Die erforderliche Temperatur von 80 ... 100 °C kann zuverlässig eingehalten werden. Durch einen im Ölbad eingelegten Rost werden die Lager gleichmäßig erwärmt und vor Verunreinigung bewahrt (Abb. 4.6 und 4.7).

In Abb. 4.8 sind Richtwerte für die erforderliche Temperaturdifferenz für das „Anwärmen" in Abhängigkeit der gewählten Passung angegeben.

Nach dem Anwärmen sind die Sitzflächen der Lager bzw. Lagerringe mit einem sauberen Lappen vom Öl zu reinigen. Sie werden dann rasch und ohne Verkanten bis zur Plananlagefläche auf die Sitzfläche aufgeschoben. Leichtes Drehen erleichtert das verkantungsfreie Montieren. Zum Anfassen verwendet man nichtfasernde

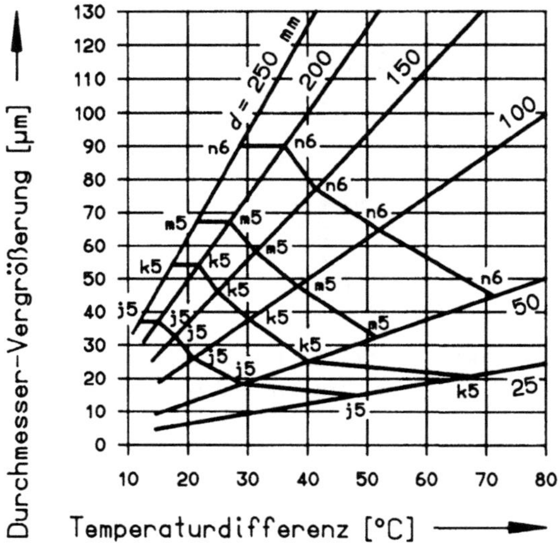

Abb. 4.8. Erforderliche Temperaturdifferenz zur Überwindung von Preßpassungen von Innenringen

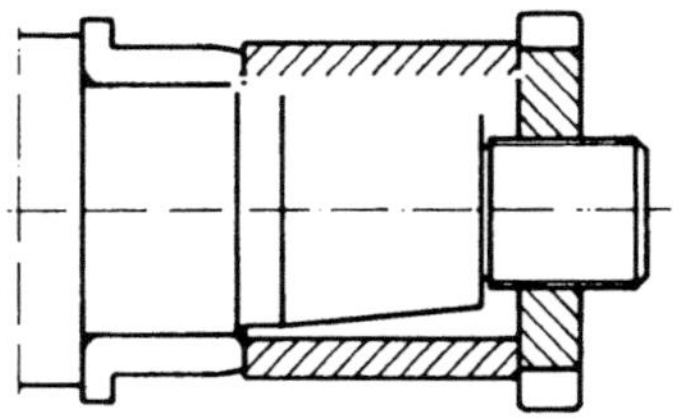

Abb. 4.9. Montage eines angewärmten Lagerringes

Lappen oder Hitzeschutz-Handschuhe, keinesfalls aber Putzwolle. Abb. 4.9 zeigt das Montieren eines angewärmten Lagerringes.

Auch in einem Wärmeschrank oder notfalls auf einer Heizplatte können Lager angewärmt werden. Die Heizplatte hat den Nachteil, daß die Temperatur schwer kontrollierbar ist. Die Lager müssen mehrere Male gewendet werden, damit die Erwärmung annähernd gleichmäßig erfolgt.

Eine zeitgemäße und sehr zu empfehlende Anwärmung ist mit Induktionserhitzern (Abb. 4.10) möglich, mit welchen auch die mit sonst keinem anderen Anwärmeverfahren behandelbaren Lager mit Deck- und Dichtscheiben angewärmt werden dürfen.

Mit dem Schweißbrenner dürfen Wälzlager nicht angewärmt werden, weil weder eine gleichmäßige Erwärmung des Lagers noch eine Temperaturkontrolle möglich ist.

Einbau von Zylinderrollenlagern

Innenringe und Außenringe von Zylinderrollenlagern werden getrennt eingebaut. Das Einschieben des freien Lagerringes in den Rollensatz darf nicht gewaltsam erfolgen, da Schürfspuren auf den Laufbahnen das Lager beschädigen. Beide Lagerringe müssen genau fluchten. Beim Montieren der Lagerringe ist die Welle oder das Gehäuse zu drehen (Abb. 4.11).

Abb. 4.10. Induktionserhitzer, Grundgerät

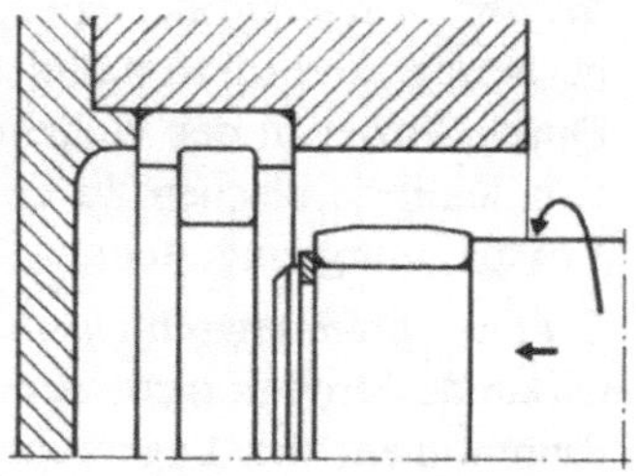

Abb. 4.11. Montage eines Zylinderrollenlagers

Einbau von angestellten Lagern

Einreihige Schrägkugellager und Kegelrollenlager werden in der Regel gegen ein zweites Lager angestellt. Wird große Starrheit der Lagerung gefordert oder treten Stöße bzw. Schwingungen bei geringen Drehzahlen oder im Stillstand auf, so sollen die Lager vorgespannt werden. Die Größe der Vorspannung richtet sich nach den Betriebsbedingungen.

In den meisten Betriebsfällen besteht von der Welle zum Gehäuse ein Temperaturgefälle. Unter der Voraussetzung gleicher Ausdehnungskoeffizienten führt das bei O-Anordnung [Abb. 4.12 (1)] mit großen Lagerabständen zu einer Spielvergrößerung, bei O-Anordnung mit kleinen Lagerabständen und bei X-Anordnung [Abb. 4.12 (2)] zu einer Spielverminderung.

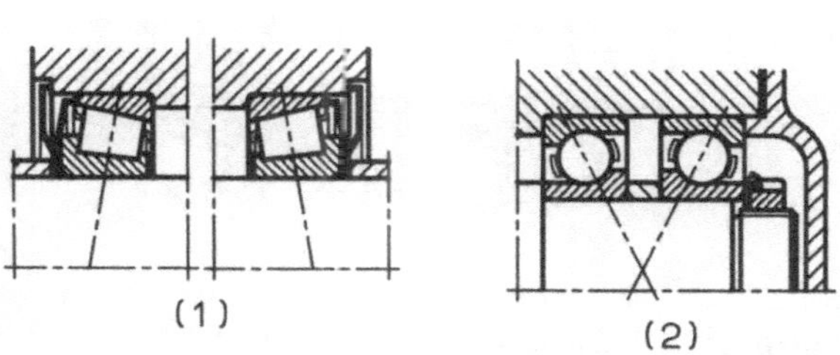

Abb. 4.12. Angestellte Lager: (1) O-Anordnung, (2) X-Anordnung

Während des Anstellvorganges muß die Welle oder das Gehäuse (hin- und her-) gedreht werden; dadurch nehmen die Wälzkörper ihre richtige Lage ein.
Die verläßlichste anwendungstechnische Lösung sind jedoch die von Lagerherstellern gepaarten Bündellager (vgl. Abschnitt 1.6.2.4.9).

Die Anstellung von Hand erfordert große Geschicklichkeit und Erfahrung des Monteurs. Die Lagerung wird mit einer Gewindemutter so lange angestellt, bis sich beim Drehen der Welle oder des Gehäuses ein deutlicher Widerstand bemerkbar macht. In diesem Stadium ist die Lagerung spielfrei. Lockern der Mutter ergibt Axialluft, Festziehen Vorspannung. Der erforderliche Verdrehweg der Mutter hängt von der Gewindesteigung und der gewünschten Axialluft bzw. Vorspannung ab.

Bei der Anstellung mit einer Meßuhr wird die Welle oder das Gehäuse axial hin- und herbewegt und die Axialluft an der Meßuhr abgelesen (Abb. 4.13).
Durch Anziehen der Wellenmutter bzw. des Gewinderinges oder durch Beilegen von Kalibrierblechen zu den Lagerringen wird die gewünschte Axialluft bzw. Vorspannung eingestellt.

Bei der Anstellung mit einem Drehmomentschlüssel wird das auf die Wellenmutter wirkende Drehmoment gemessen. Eine weitere Möglichkeit besteht darin, das Reibmoment des Lagers zu messen. Diese Methoden sind für Serienmontagen geeignet. Es wird jedoch empfohlen, die errechneten Dreh- oder Reibmomente in Versuchen zu erproben.
Axial-Rillenkugellager werden je nach den Betriebserfordernissen mit geringem Spiel oder spielloser Anstellung eingebaut. Die notwendige Mindestaxialbelastung muß durch konstruktive Vorkehrungen (Abb. 4.14) gewährleistet werden.

4.3.2.2 Lager mit kegeliger Bohrung

Lager mit kegeliger Bohrung werden meist mit (1) Spann- oder (2) Abziehhülsen auf der Welle, seltener direkt auf einem (3) kegeligen Wellensitz befestigt (Abb. 4.15). Die Passung der Kegelflächen muß um so fester sein, je höher die

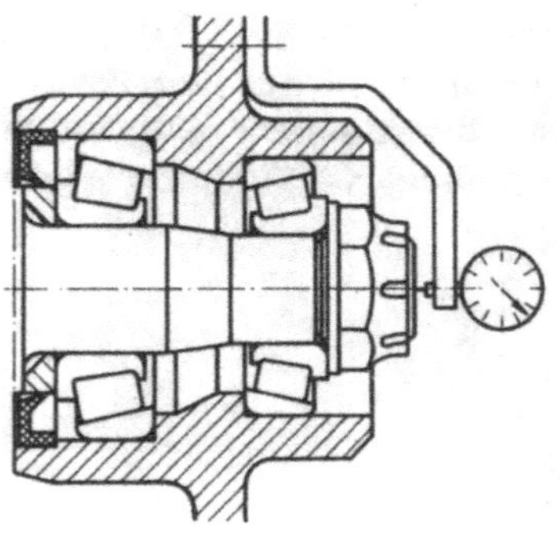

Abb. 4.13. Lageranstellung mit Meßuhr

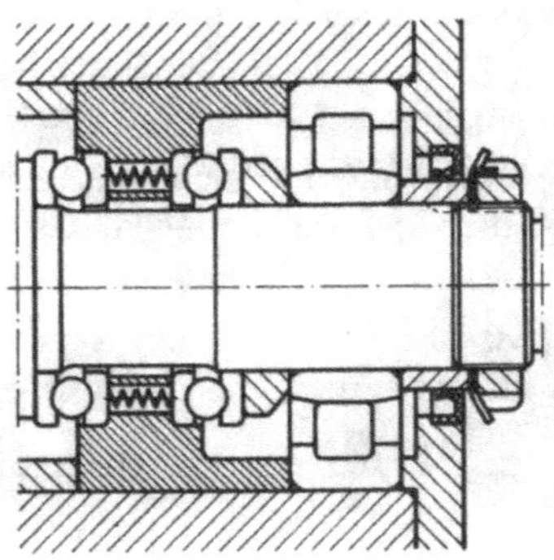

Abb. 4.14. Anstellung von Axial-Rillenkugellagern

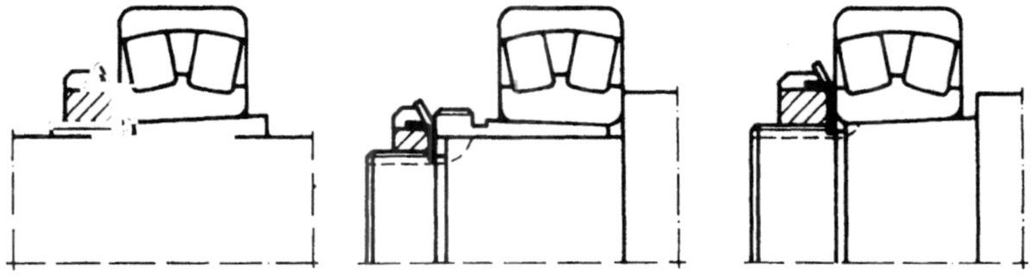

Abb. 4.15. Montage von Lagern mit kegeliger Bohrung: (1) Spannhülse, (2) Abziehhülse, (3) Kegeliger Wellensitz

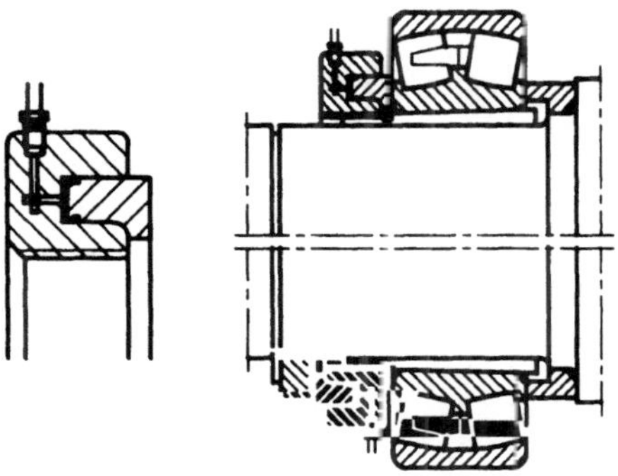

Abb. 4.16. Hydraulikmutter und ihre Anwendung

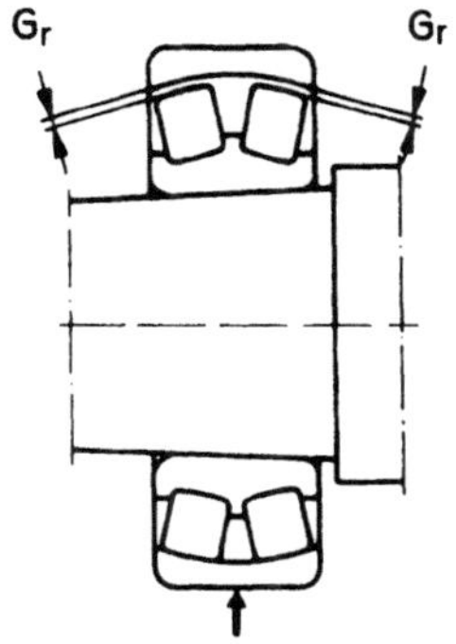

Abb. 4.17. Radialluftmessung im Pendelrollenlager

Lagerbelastung ist. Der Kegelpreßverband verursacht eine Aufweitung des Innenringes und damit eine Verminderung der Radialluft des Lagers. Der Betrag der Aufweitung ist ein Maß für die Strenge des Preßverbandes. Die Radialluft des nicht eingebauten Lagers ist bei kegeliger Bohrung größer als bei zylindrischer Bohrung.

Die Montagearbeit wird bei großen Lagern durch Verwendung einer sogenannten Hydraulikmutter erleichtert (Abb. 4.16).

Ein spezielles Montageverfahren ist das Einpressen von Öl zwischen dem Lagerinnenring und der kegeligen Sitzfläche auf der Welle. Dadurch wird die Reibung und damit die erforderliche Aufpreßkraft wesentlich vermindert (siehe Abschnitt 4.5.1).

Bei Pendelrollenlagern mißt man die Radialluft (Abb. 4.17) am zweckmäßigsten vor dem Einbau und während des Aufziehens mit einer Fühllehre. Ist dies nicht möglich, so wird die axiale Verschiebung des Innenringes während des Aufziehens gemessen. Pendelkugellager haben eine kleinere Radialluft als Pendelrollenlager, weshalb eine Messung mit der Fühllehre nicht möglich ist. Man mißt hier die axiale Verschiebung auf der Welle, die bei dem Normalkegel 1 : 12 etwa das Fünfzehnfache der Radialluftverminderung beträgt. Die Radialluft nach der Montage soll zwischen 40 ... 50% des Betrages vor der Montage liegen. Der untere Wert gilt für

Tabelle 4.1. Richtwerte für die Radialluft und die axiale Verschiebung des Innenringes oder der Hülse bei der Montage

Lagerbohrung in *mm*		Radialluft vor der Montage in *μm*		Radialluft-Verminderung in *μm*		Radialluft nach der Montage in *μm*		Axiale Verschiebung (Kegel 1 : 12) in *mm*
über	bis	min	max	min	max	min	max	
Pendelkugellager:				Radialluft C 0				
18	30	14	28	8	15	6	13	0,10 ... 0,25
30	40	19	32	10	17	9	15	0,15 ... 0,25
40	50	22	35	12	19	10	16	0,20 ... 0,30
50	65	27	41	15	22	12	19	0,25 ... 0,35
65	80	33	50	18	27	15	23	0,30 ... 0,40
80	100	42	62	23	34	19	28	0,35 ... 0,50
100	120	50	75	27	41	23	34	0,40 ... 0,60
				Radialluft C 3				
18	30	22	36	11	18	11	18	0,15 ... 0,25
30	40	29	42	15	22	14	20	0,25 ... 0,35
40	50	33	46	17	24	16	22	0,25 ... 0,35
50	65	41	56	21	29	20	27	0,30 ... 0,45
65	80	50	69	26	35	24	34	0,40 ... 0,55
80	100	62	84	32	43	30	41	0,50 ... 0,65
100	120	75	100	38	51	37	49	0,55 ... 0,75
Pendelrollenlager:				Radialluft C 0				
30	40	35	50	20	25	15	25	0,35 ... 0,4
40	50	45	60	25	30	20	30	0,4 ... 0,45
50	65	55	75	30	40	25	35	0,45 ... 0,6
65	80	65	90	40	50	25	40	0,6 ... 0,75
80	100	80	110	45	60	35	50	0,7 ... 0,9
100	120	100	135	50	70	50	65	0,75 ... 1,1
120	140	120	160	65	90	55	70	1,1 ... 1,4
140	160	130	180	75	100	55	80	1,2 ... 1,6
				Radialluft C 0				
30	40	50	65	25	30	25	35	0,4 ... 0,45
40	50	60	80	30	40	30	40	0,45 ... 0,6
50	65	75	95	40	50	35	45	0,6 ... 0,75
65	80	90	120	50	60	40	60	0,75 ... 0,9
80	100	110	140	60	70	50	70	0,9 ... 1,1
100	120	135	170	70	90	65	80	1,1 ... 1,4
120	140	160	200	80	100	80	100	1,3 ... 1,6
140	160	180	230	90	120	90	110	1,4 ... 1,8

das Lager mit Normalluft, der obere für C 3-Luft. Das Lager muß sich aber in jedem Fall noch leicht drehen und ausschwenken lassen.
In Tabelle 4.1 sind Richtwerte für die Radialluftverminderung und die axiale Verschiebung des Innenringes oder der Hülse angegeben.

4.3.3 Inbetriebnahme (Einlaufversuch)

Soferne während der Montagezeit eine Verschmutzung nicht ganz auszuschließen ist, sollte die Maschine mit den neuen Lagern mit dünnflüssigem Maschinenöl gespült werden. Dabei muß sich die Welle leicht durchdrehen lassen, der Lauf muß gleichmäßig (hakfrei) sein.
Nach dem Einbau der Abdichtungen und Befüllen mit dem vorgeschriebenen Schmierstoff sollte die Maschine mit niedriger Drehzahl in Betrieb genommen und die Lagergeräusche mit einem Handprüfgerät überprüft werden (vgl. Abschnitt 5).
Nach diesem Prüflauf wird die Maschine auf Betriebsdrehzahl gebracht und die (ansteigende) Temperatur am Gehäuse gemessen. Die konstante Betriebstemperatur muß nach einer angemessenen Einlaufzeit erreicht werden.

4.4 Lager-Ausbau

Sollen Lager nach dem Ausbau wiederverwendet werden, dann ist die Demontage mit derselben Sorgfalt vorzunehmen wie die Montage.
Die grundsätzliche Entscheidung zur Wiederverwendung hängt vom Urteilsvermögen und der Erfahrung des Prüfers ab. Sie soll sich nach folgenden Überlegungen ausrichten:
— Erhöhung des Unfallrisikos
— Gefahr von Produktionsausfall (Inspektionsintervall)
— Abschätzung der theoretischen „Restlebensdauer"
— Versteckte Oberflächenfehler (Risse, Kratzer, Roststellen u. a.)
— Veränderte Laufgenauigkeit (Lagerluft, Käfigtaschenluft, Passungen)
— Beratung durch den Hersteller.
Ein sehr wichtiger Punkt beim Lagerausbau: Welle und Gehäuse auf keinen Fall beschädigen!
Die ausgebauten Lager sind gründlich zu reinigen und einzuölen, dann einer visuellen Untersuchung und einer Laufprobe von Hand zu unterziehen. Wird keine Beschädigung festgestellt, dann dürfen die Lager wieder eingebaut werden. Erfolgt der Wiedereinbau nicht sofort, so sind die Lager zu konservieren und vor Verunreinigungen geschützt aufzubewahren. Große Lager, die nicht händisch zu drehen sind, sollten einer besonders sorgfältigen visuellen Begutachtung und eventuell auch einer Maßkontrolle unterzogen werden. Zerlegbare Lager können natürlich viel zuverlässiger als nicht zerlegbare Lager überprüft werden.
Eine sehr wichtige Aufgabe für die Demontage fällt bereits dem Konstrukteur zu. Ausnehmungen in Gehäuse und Welle, wo Abziehvorrichtungen angesetzt werden können, sind schon bei der Konstruktion vorzusehen (Abb. 4.18 und 4.19).

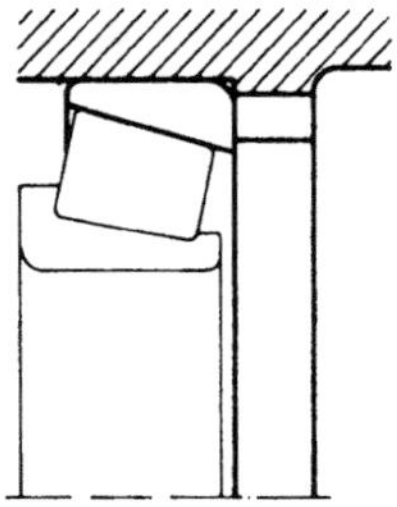

Abb. 4.18. Ausnehmungen für Abziehvorrichtung im Gehäuse

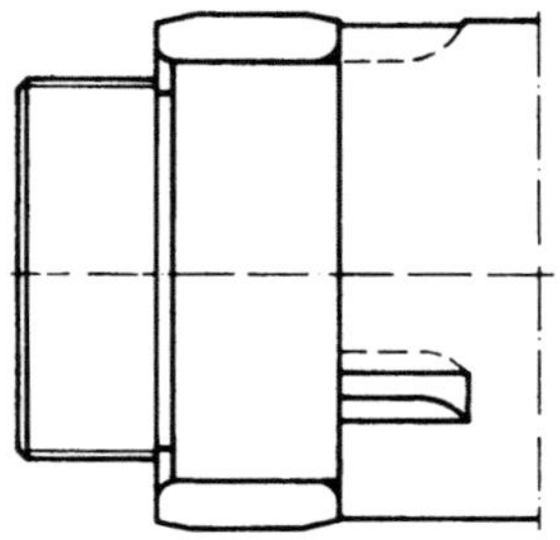

Abb. 4.19. Ausnehmungen für Abziehvorrichtung auf der Welle

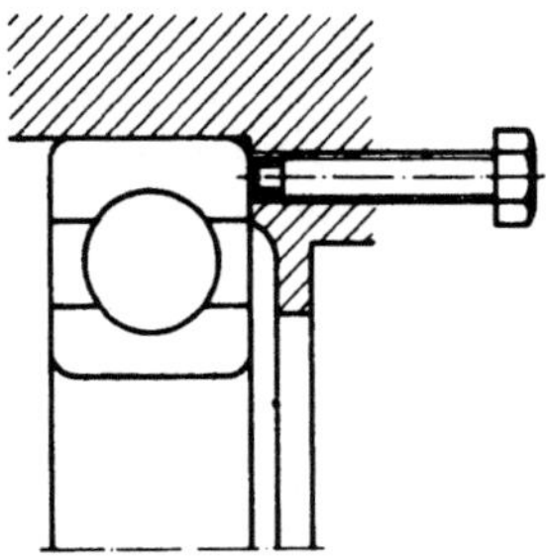

Abb. 4.20. Gewindebohrung für Abdrückschraube

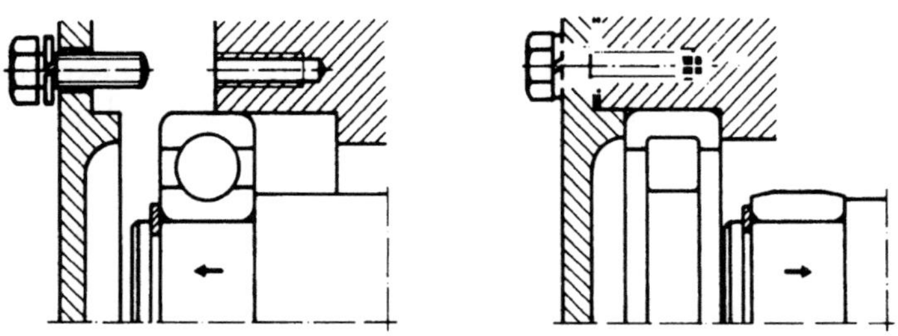

Abb. 4.21. Demontage: (1) Nicht zerlegbares Lager, (2) Zerlegbares Lager

Gewindebohrungen im Gehäuse ermöglichen das Abziehen des Außenringes mit Abdrückschrauben (Abb. 4.20).
Nicht zerlegbare Lager dürfen nicht über den Wälzkörperkranz abgezogen werden, weil sich sonst die Wälzkörper in die Laufbahnen eindrücken. Zuerst ist das Lager vom Schiebesitz zu lösen und anschließend von der festen Passung zu pressen [Abb. 4.21 (1)]. Bei zerlegbaren Lagern werden Innenring und Außenring getrennt abgezogen [Abb. 4.21 (2)].
Kleinere und mittlere Lager werden meist mit mechanischen Abziehvorrichtungen (Abb. 4.22) oder hydraulischen Pressen (Abb. 4.23) abgezogen. Stehen beide nicht zur Verfügung, so kann der Ausbau auch mit einem Hammer und einem

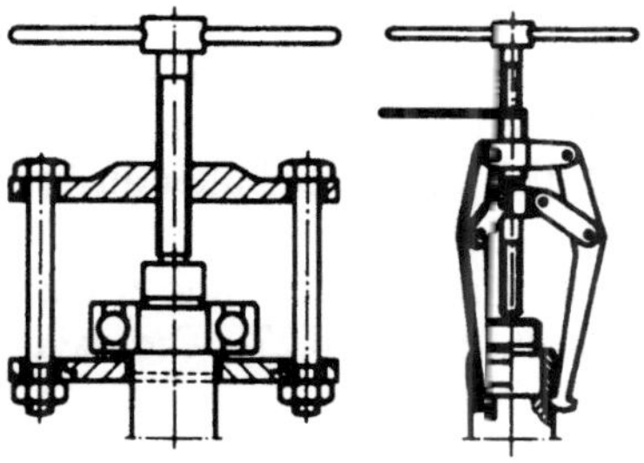

Abb. 4.22. Mechanische Abziehvorrichtung

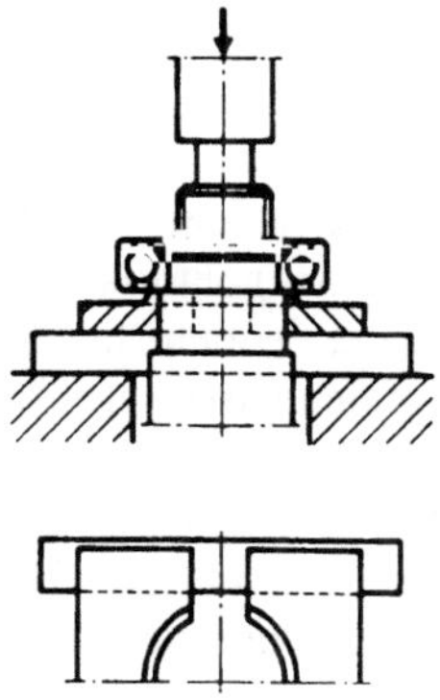

Abb. 4.23. Demontage mit hydraulischer Presse

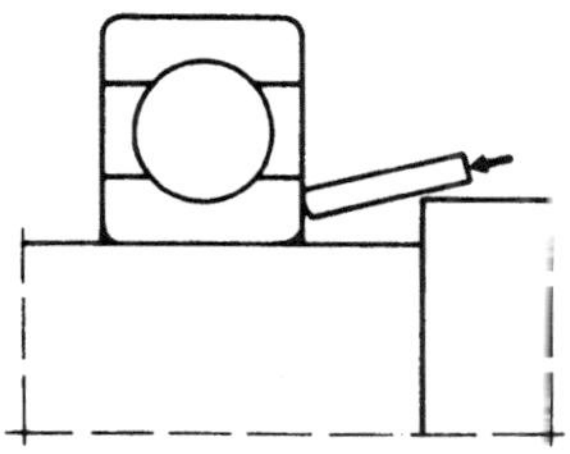

Abb. 4.24. Demontage mit Weichmetalldorn und Hammer

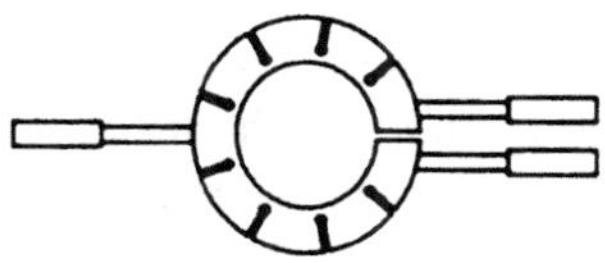

Abb. 4.25. Thermoring

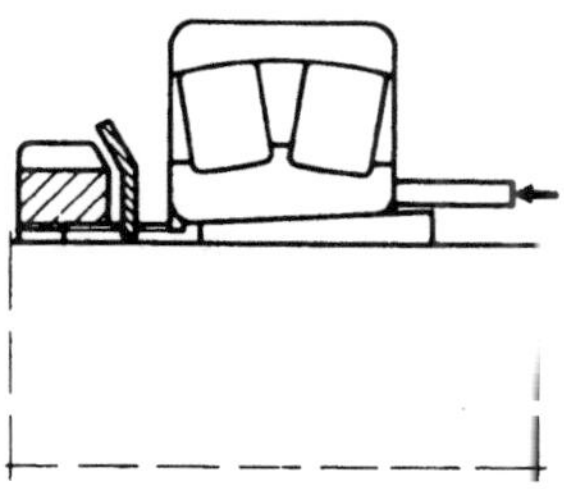

Abb. 4.26. Demontage eines Lagers mit Spannhülse

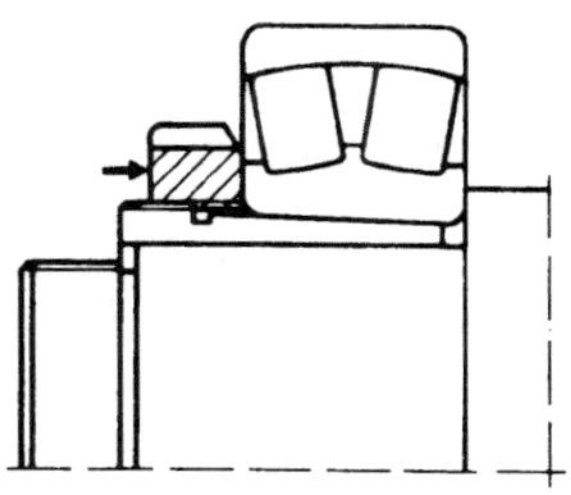

Abb. 4.27. Demontage eines Lagers mit Abziehhülse

Weichmetalldorn erfolgen. Die Schläge dürfen nicht zu fest sein und müssen gleichmäßig über den ganzen Umfang verteilt werden (Abb. 4.24).
Bei großen Lagern wird das Abziehen der auf der Welle sitzenden Ringe durch Anwärmen erleichtert. Man verwendet hiezu meist in heißem Öl getränkte Tücher. Anwärmen mit Schweißbrenner oder Lötlampe ist nicht zulässig. Freie Innenringe

können auch mit Thermoringen (Abb. 4.25) oder induktiven Anwärmevorrichtungen abgezogen werden.
Bei Lagern mit Spannhülsen ist nach dem Entsichern der Mutter diese um einige Umdrehungen zurückzuschrauben. Dann wird der Innenring mit Hammerschlägen auf einen an der Innenringplanfläche angesetzten Weichmetalldorn von der Spannhülse getrieben. Bei Pendelrollenlagern mit Borden ist der Dorn knapp über der Hülse an der Planfläche anzusetzen, weil sonst die Innenringschulter ausbrechen könnte (Abb. 4.26).
Bei Lagern mit Abziehhülsen wird die Abziehhülse durch Aufschrauben einer Wellenmutter auf das Gewinde der Hülse abgedrückt (Abb. 4.27). Die axiale Sicherung der Hülse ist vorher zu entfernen.

4.5 Spezielle Montage-Mittel

4.5.1 Hydraulische Verfahren

4.5.1.1 Hydraulikmutter

Hydraulikmuttern lassen sich grundsätzlich anstatt der bekannten mechanisch wirksamen Spann- und Abziehmuttern anwenden und sind besonders kraftsparend beim Ein- und Ausbau von Lagern mit kegeliger Bohrung. Sie bestehen aus einem Ringkörper mit Innengewinde und einer Ringnut auf einer Seite, in die ein mit zwei O-Ringen abgedichteter Ringkolben eingreift (vgl. Abb. 4.16). Bei der Montage wird Öl in die Druckkammer zwischen Ringnut und Ringkolben gepreßt und verschiebt den Kolben axial. Die Ölzuführung erfolgt über eine Bohrung an der Plan- oder der Mantelfläche. Die Hersteller liefern geeignete Ölpumpen in handlicher Ausführung.

4.5.1.2 Druckölverfahren

Das Druckölverfahren wird im Maschinenbau ganz allgemein zum Fügen und Lösen von Preßverbänden angewendet und eignet sich besonders auch für den Ein- und Ausbau mittlerer und großer Lager.
Lager mit kegeliger Bohrung können mit diesem Hydraulikverfahren auf kegeligen Wellensitzflächen ein- und ausgebaut werden, wobei die Radialluft besonders feinfühlig und genau einstellbar ist. Beim Einbau empfiehlt sich die gleichzeitige Verwendung einer Hydraulikmutter (Abb. 4.28). Beim Ausbau ist auf der Welle ein Anschlag (z. B. Wellenmutter) anzubringen, weil der Lagerring schlagartig von der Sitzfläche gleitet (Abb. 4.29). Lager mit zylindrischer Bohrung können auf zylindrischen Sitzflächen mit diesem Verfahren besonders leicht ausgebaut werden, der Einbau ist jedoch nicht möglich.
Das Druckölverfahren kann auch bei Spann- und Abziehhülsen mit genormten Hauptmaßen angewendet werden, so daß die Wellen ihre ungestörte zylindrische Gestalt behalten können (Abb. 4.30).

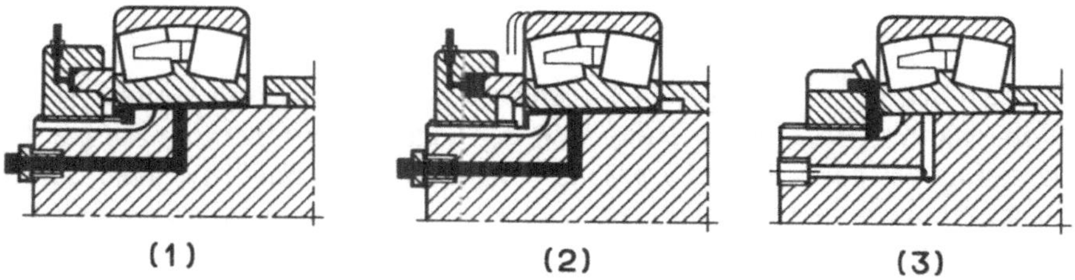

Abb. 4.28. Einbau eines Lagers mit kegeliger Bohrung nach dem Druckölverfahren und mit Hydraulikmutter: (1) Lager aufgeschoben, Drucköl eingepreßt; (2) Lager mittels Hydraulikmutter zum Plananschlag gepreßt; (3) Sicherung für den Betrieb

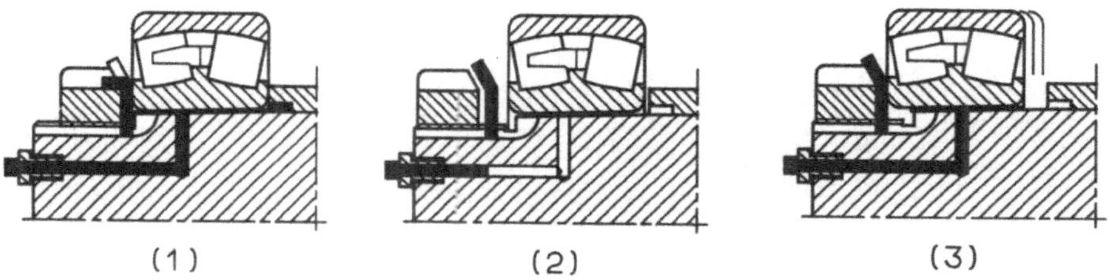

Abb. 4.29. Ausbau eines Lagers mit kegeliger Bohrung nach dem Druckölverfahren: (1) Drucköl eingepreßt; (2) Sicherungsmutter gelöst; (3) weiteres Drucköl eingepreßt, Lager gleitet vom Sitz

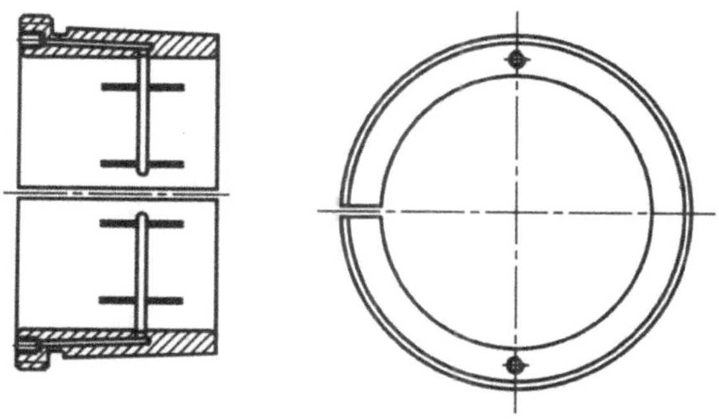

Abb. 4.30. Drucköl-Abziehhülse

4.5.2 Thermische Verfahren

Die konventionelle Verwertung der Wärme zum Lagerausbau ist in Abschnitt 4.3 mit Beispielen demonstriert worden.
In den vergangenen Jahren wurde für den Lagereinbau ein neues Gerät nach dem altbekannten elektrischen Prinzip der induktiven Erwärmung – in der Gestalt des sogenannten Induktionserhitzers – entwickelt (siehe Abb. 4.10).
Für den Lagerausbau gibt es nichts Neues: Die nach demselben Prinzip arbeitende sogenannte induktive Abziehvorrichtung gibt es nachwievor in komfortabler Ausführung nur für freie Zylinderrollenlager-Innenringe (siehe Abb. 4.33).

4.5.2.1 Induktionserhitzer

Der auch schon in Abschnitt 4.3.2 angesprochene Induktionserhitzer ist ein leistungsstarkes Gerät für die Erwärmung der Lager(innenringe) zum Einbau. Die Erwärmung des homogenen Lager-Innenringes erfolgt dermaßen schnell, so daß z. B. empfindliche Integraldichtungen und wartungsfrei fettbefüllte Lager absolut keinen Schaden erleiden.

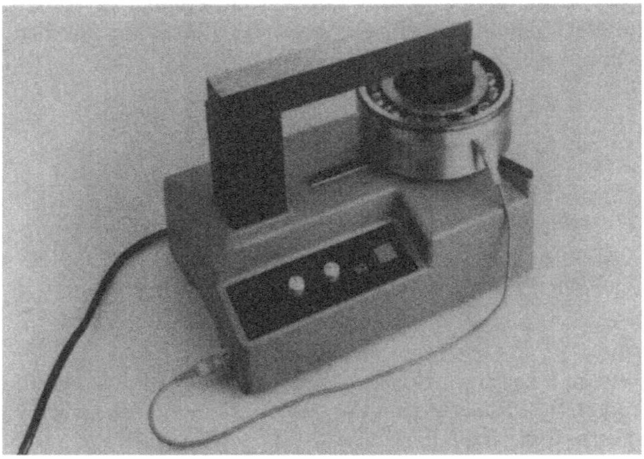

Abb. 4.31. Induktionserhitzer mit Temperaturfühler

Viele Wälzlager-Hersteller haben das Zuverlässigkeitsproblem des Lagereinbaues erkannt und in Zusammenarbeit mit einschlägigen Firmen praxisgerechte, verläßliche Geräte entwickelt. Anhand eines Beispieles wird dies aufgezeigt.
Der STEYR-Induktionserhitzer mit integrierter Entmagnetisierung (Abb. 4.31) wurde entwickelt, um die Montage von Wälzlagern zu optimieren. Die Erwärmung der Lagerringe, die zu einer Durchmesservergrößerung führt und damit das schonende Aufschieben auf eine Welle ermöglicht, ist durchaus nicht das einzige Kriterium für diese Neuentwicklung.
Wirtschaftliche Aspekte treten in den Vordergrund. Die Heizenergie wird, im Unterschied zu Anwärmeplatten oder -öfen, auf das Lager konzentriert. Die Erwärmung erfolgt in Sekundenschnelle. Das Gerät ist leicht tragbar und erleichtert die Wälzlagermontage an jedem Standort, an dem ein (220 V- oder 110 V-)Netzanschluß vorhanden ist.
Ganz wesentlich ist die integrierte Temperaturregelung. Nicht nur, daß automatisch bei der eingestellten Temperatur abgeschaltet wird und so das Schmierfett und die Dichtungen unbeschädigt bleiben, wird der Heizvorgang automatisch wieder gestartet, sobald die Werkstücktemperatur einen Schwellwert unterschritten hat.
Es kann einerseits die gewünschte Aufheizdauer – nach Erfahrungswerten (Abb. 4.32) – bis zu 10 Minuten manuell vorgewählt werden. Andererseits kann mit angeschlossenem Temperaturfühler die gewünschte Temperatur und somit die Aufheizdauer genau geregelt werden. Der Temperaturfühler mißt die wirkliche

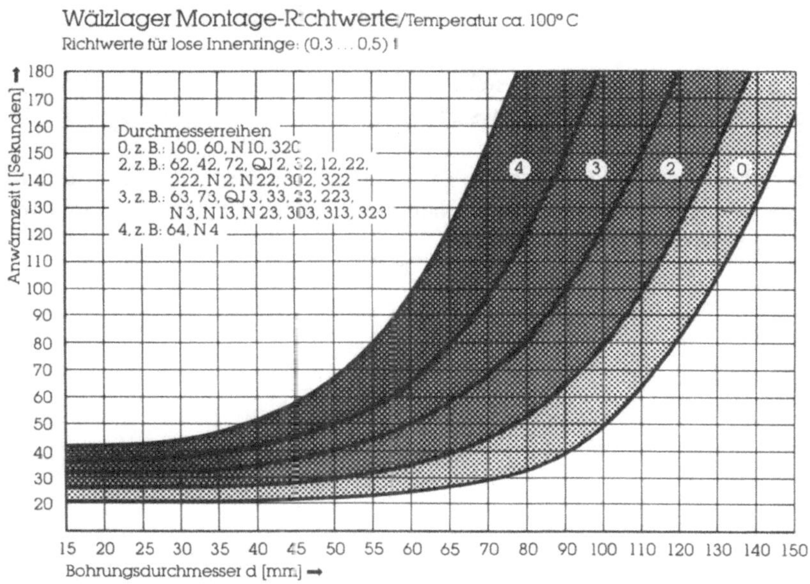

Abb. 4.32. Richtwerte für die Anwärmzeit mit Induktionserhitzer IEE

Werkstücktemperatur, vergleicht sie mit dem vorgewählten Wert und regelt automatisch den weiteren Anwärmvorgang.

Sowohl bei vorgewählter Anwärmzeit als auch bei vorgewählter Anwärmtemperatur wird das Werkstück nach Beendigung des Anwärmens entmagnetisiert. Selbstverständlich kann das Gerät ebensogut nur zur Entmagnetisierung verwendet werden.

Mit den Standard- und den Zusatzjochen kann nach dem Baukastenprinzip eine Vielzahl von Anwärmvorrichtungen aufgebaut werden.

4.5.2.2 Induktive Abziehvorrichtung

Die induktiven Abziehvorrichtungen – wie schon erwähnt, nur für freie Innenringe von Zylinderrollenlagern geeignet – bewirken eine rasche Erwärmung und Aufweitung des Innenringes, die Welle wird nur mäßig erwärmt.

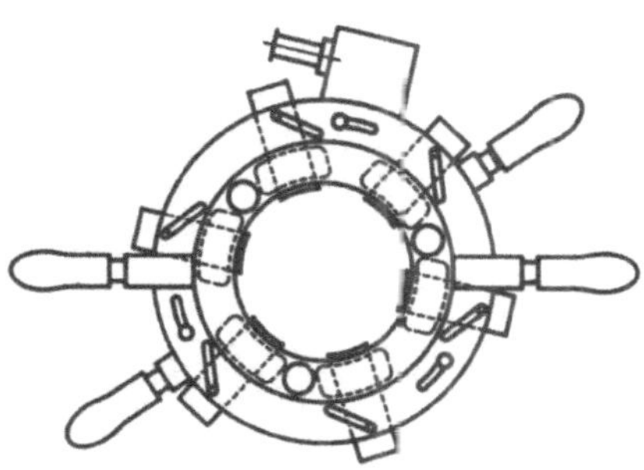

Abb. 4.33. Verstellbare induktive Abziehvorrichtung

Es gibt unveränderbare Konstruktionen, die für ein bestimmtes Lager, z. B. Radsatzrollenlager der Eisenbahnen sehr rationell verwendet werden; das Abziehen des Lagerringes erfolgt formschlüssig.
Mit einer in engeren Grenzen verstellbaren Vorrichtung (Abb. 4.33) können Innenringe unterschiedlicher Durchmesser und Bauformen kraftschlüssig abgezogen werden.
Zum Unterschied von Induktionserhitzern für den Lagereinbau sind induktive Abziehvorrichtungen nur dann wirtschaftlich, wenn Lager gleicher oder ähnlicher Größe häufig ausgebaut werden müssen.

5 INSTANDHALTUNG

Wartung, Inspektion und Instandsetzung sind für die Betriebsbereitschaft von Maschinen und Anlagen von großer Bedeutung (Abb. 5.1). Wälzlager besitzen im allgemeinen eine hohe Betriebssicherheit und sind relativ anspruchslos, dennoch sind besondere Instandhaltungshinweise zu beachten. Eine planmäßige Instandhaltung wird nicht nur eine Kapazitätssteigerung der vorhandenen Anlagen bei verlängerter Lebensdauer bringen, die Senkung der Instandhaltungskosten wird gleichzeitig zu maximalem Nutzen führen.

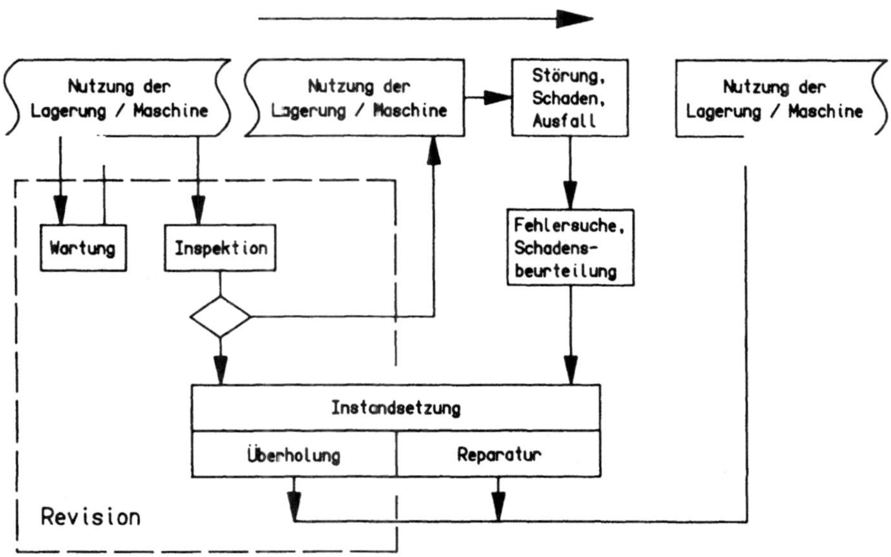

Abb. 5.1. Ablaufdiagramm Instandhaltung

5.1 Wartung

Per Definition [N 102] versteht man unter Wartung alle Maßnahmen zur Bewahrung des jeweils festgelegten Sollzustandes von technischen Mitteln eines Systems.

Die Tätigkeiten der Wartung dienen somit der Erhaltung der Funktionsfähigkeit, der Minderung von Reibung und Verschleiß, der Erhaltung der Betriebssicherheit und der Werterhaltung.

Wartungsarbeiten sollen nach einem Wartungsplan leistungs- oder zeitabhängig ausgelöst oder zustandsabhängig außerplanmäßig durchgeführt werden. Die zustandsbedingt ausgelöste Wartung setzt voraus, daß der wartungsbedürftige Zustand festgestellt wird.

Die Wartung beinhaltet:

(1) Erstellung eines Wartungsplanes
(2) Vorbereitung der Durchführung

(3) Durchführung der Wartung mit Tätigkeiten wie z. B.
— Auswechseln
— Ergänzen
— Festziehen
— Konservieren
— Nachstellen
— Reinigen
— Schmieren
(4) Funktionskontrolle
(5) Rückmeldung
(6) Dokumentation besonderer Beobachtungen.

Für die Wälzlagerung in einer Maschine/Anlage bedeutet dies z. B.:

(1) Der Wartungsplan ist vom Hersteller der Maschine/Anlage zu erstellen, da die Einsatzbedingungen und der Zweck (gemäß Pflichtenheft) im Zusammenhang mit der gewählten Lösung (konstruktiven Ausführung, Berechnung) stehen und damit als Einheit zu sehen sind. Selbstverständlich ist auf die Möglichkeiten und Fähigkeiten des Endverbrauchers bei der Wartung Rücksicht zu nehmen. Gegebenenfalls ist darauf zu verweisen, daß die Wartung nur von besonders qualifizierten Kräften (Fachwerkstätten) durchzuführen ist.

Die Wartungsliste hat die „auszuführenden Arbeiten", die „Meß- und Prüfgrößen" (z. B. Lagertemperatur, Schwingungsamplitude), die „Betriebsstoffe und Hilfsmittel" (z. B. genaue Schmierstoffbezeichnung und -menge, zu verwendende Werkzeuge) und die „Häufigkeit" der Wartungsarbeiten (z. B. jährlich, nach bestimmten Betriebsstunden) anzugeben.

Die Beratungsdienste der Wälzlagerhersteller gewähren bei der Erstellung der Wartungspläne fachmännische Unterstützung.

(2) Die Vorbereitung der Durchführung von Wartungsarbeiten umfaßt neben dem „sich mit der Aufgabe vertraut machen" die Beschaffung und Prüfung der Funktionsfähigkeit (Eignungsprüfung) von den zur Durchführung der Wartungsarbeiten benötigten Meß- und Prüfmittel, sowie der einzusetzenden Betriebsstoffe und Hilfsmittel.

(3) Folgende Wartungsarbeiten können nötig sein:
— Auswechseln von Schmierstoffen (Erneuerung), Ölfiltern, Dichtungen
— Ergänzen der Schmierölmenge (Leckage, Verbrauch an anderen Schmierstellen als Wälzlager)
— Festziehen von Befestigungselementen (Deckelschrauben, Spannhülsen)
— Konservieren der Lagereinheit [für längere Stillstandsperioden (Überwinterung, Saisonpausen, z. B. Skiliftanlagen)]
— Nachstellen von vorgespannten Lagern (Anstelleinrichtungen, Federn)
— Reinigen von Schmiereinrichtungen, Kühlrippen, Dichtungen usw.
— Schmieren (Nachschmieren), siehe Abschnitt 2.8.

(4) Analog zur Inbetriebnahme (vgl. Abschnitt 4.3.3) ist nach jeder Wartung eine Funktionskontrolle vorzusehen.

(5) Es ist zweckmäßig, dem Betreiber/Benutzer die Durchführung der Wartung schriftlich (Wartungsbuch) zu melden, um für Garantie und Gewährleistungsansprüche bzw. hinsichtlich eventueller (Produkt-)Haftungsfragen abgesichert zu sein. In diese Dokumentation sind auch

(6) Besondere Beobachtungen in Form von Bemerkungen aufzunehmen, um spezifische Eigenheiten oder Trends der Lagerung/Maschine belegbar zu machen.

5.2 Inspektion

Unter Inspektion versteht man die Feststellung und Beurteilung des Istzustandes einer Lagerung (eines Systems). Der Zeitpunkt und die Dauer der Inspektion sind nach Betriebserfordernissen festzulegen. Die periodische (behördliche) Überprüfung einer überwachungspflichtigen Einheit ist eine Inspektion.
Von den allgemeinen Kontrollen im Zuge der Wartung unterscheidet sich die Inspektion durch ihre gezielte Durchführung (aufgelistete Inspektionspunkte), ihren Umfang (vielfach ist dazu eine Teilzerlegung erforderlich) und die Verlagerung ihres Hauptgewichtes auf Messen und Prüfen. Für die Feststellung des Istzustandes ist es im Prinzip gleichgültig, ob die Inspektion an einer funktionsfähigen oder an einer nicht funktionsfähigen (Lager-)Einheit durchgeführt wird. Die Inspektion beinhaltet:
(1) Erstellung eines Inspektionsplanes
(2) Vorbereitung der Durchführung
(3) Durchführung der vorwiegend quantitativen Ermittlung bestimmter Größen
(4) Vorlage der Ergebnisse der Istzustandsfeststellung und der eventuellen Schadens- bzw. Ausfalls-Ursachenermittlung
(5) Auswertung der Ergebnisse zur Beurteilung des Istzustandes
(6) Ableitung der notwendigen Konsequenzen aufgrund der Beurteilung.

Tabelle 5.1. Inspektion/Überwachung von Wälzlagern

Überwachung	Schmierstoff-prüfung	Temperatur-messung	Schwingungs-messung	Verschleiß-messung
Meßgeräte, Meßverfahren	Ölsichtkontrolle, Fettprobenahme, Durchflußmessung	Thermometer, Thermoelement, Thermocolor-anstrich, Schmelzmetall, Bimetall	subjektives Abhören; Beschleunigungs-, Geschwindigkeits- oder Wegaufnehmer; Stoßimpulsmesser	induktive Messung (Magnetkreise), radioaktive Messung, Schlupfmessung
Erfaßbare Schadensdaten	Verschleißpartikel, Schmierstoffzustand, Schmierstoffmenge, Korrosion	Trockenlauf, Heißlauf, Anschmierung, Hitzerisse	Ermüdung, Riefen, Eindrückungen, Krater, Riffeln, Bruch	Verschleiß

Inspektionsähnliche Maßnahmen sind nicht vorgeplante Maßnahmen zur Feststellung des Istzustandes, die störungs- bzw. ausfallsbedingt ausgelöst werden und mit der Inspektion folgendes gemeinsam haben:
— Vorleistung zur Entscheidung über Instandsetzungsmaßnahmen
— Verwendung der gleichen Meß- und Prüfmittel(-geräte)
— Ausführung durch inspektionsgeübtes Personal.
Im weiteren Sinne gehören zur Inspektion die Fehlersuche und die Schadensbeurteilung.
Für die Inspektion einer Wälzlagerung in einer Maschine/Anlage gilt
(1) und (2) analog zu Abschnitt 5.1,
(3), (4) und (5) können z. B. anhand von Tabelle 5.1 erfaßt werden,
(6) soll nur von einem entsprechend kompetenten (fachkundigen) und erfahrenem Personal – eventuell unter Beiziehung des Beratungsdienstes eines Wälzlagerherstellers – erfolgen.

5.3 Instandsetzung

Unter Instandsetzung sind alle Maßnahmen zur Wiederherstellung des jeweils festgelegten Sollzustandes von Lagerungen (Systemen) zu verstehen. Je nach Ausgangszustand vor der Instandsetzung ist somit zwischen Überholung und Reparatur zu unterscheiden; aus wirtschaftlichen Überlegungen werden oft beide Instandsetzungsarten kombiniert (kombinierte Instandsetzung).
Die Instandsetzung beinhaltet:
(1) Auftrag zur Instandsetzung
(2) Erarbeiten und Bewerten von Lösungsmöglichkeiten einschließlich Verbesserungen aufgrund der Inspektionsergebnisse unter Berücksichtigung betrieblicher Forderungen
(3) Entscheidung für eine Lösung
(4) Vorbereitung der Durchführung, beinhaltend
— Kalkulation
— Terminplanung
— Abstimmung
— Bereitstellung von Personal, Mitteln und Material
— Erstellung von Unterlagen, Arbeitsplänen etc.
(5) Vorwegmaßnahmen
— Durchführen von Schutzmaßnahmen, Erstellen von Sicherheitsmaßnahmen
— Vorbereiten von Arbeitsplätzen
— Freigeben der Instandsetzungsarbeiten zur Durchführung
(6) Durchführung der Instandsetzung mit Tätigkeiten wie z. B.:
— Ausbessern von Teilen
— Austauschen von Teilen/Funktionsgruppen
— Einstellen
— De- und Rückmontieren aller unbeteiligten aber den Zugang behindernden Bauteile
(7) Funktionsprüfung/Abnahmeprüfung

(8) Fertigmeldung und Übergabe
(9) Protokollierung/Dokumentation.
Für die Instandsetzung einer Wälzlagerung seien hier nur die Tätigkeiten von (6) näher erläutert:
Das Ausbessern von Teilen (Nacharbeit von Laufbahnen, Käfigen etc.) sollte immer dem Wälzlagerhersteller überlassen bleiben, da nur er den exakten Innenaufbau (Kontaktgeometrie) kennt bzw. die Möglichkeiten zur fachmännischen Nacharbeit besitzt. In den meisten Fällen wird aber ohnehin ein Austausch des Lagers/von Lagerteilen zweckmäßiger sein, sowohl aus technischen Gründen (Erlebenswahrscheinlichkeit, Funktionssicherheit) als auch aus wirtschaftlichen Gründen (Stillstandszeit, Kosten). Für den Aus- und Einbau der Lager wird auf Abschnitt 4 verwiesen.

5.4 Überwachung

Die Überwachung der Funktionssicherheit von Wälzlagern kann durch eine Schmierstoffkontrolle erfolgen oder aber auch durch Überwachung der Wälzlagerung ganz allgemein. Schadensursachen/Schadensarten und zugehörige Überwachungsmöglichkeiten wurden schon in Tabelle 5.1 erläutert.
Funktionssicherheit bedarf immer einwandfreier Schmierverhältnisse. Der Schmierzustand hängt von den Betriebsverhältnissen, der Schmierstoffart und -menge und einer eventuellen Schmierstoffverschmutzung ab; die zeitliche Veränderung des Schmierzustandes ist daraus klar verständlich. Durch regelmäßige Wartung wird verhindert, daß derartige Änderungen nachteilige Folgen haben. Der Wartungsaufwand läßt sich erheblich vermindern, wenn durch eine laufende Funktionskontrolle Änderungen erfaßt werden können. Hierfür bieten sich einige Verfahren an, die kurz beschrieben werden.
Die Meßverfahren der Überwachungsgeräte beziehen sich häufig nur auf eine Messung von Relativwerten, da zu viele Einflußgrößen und Störquellen die Messung von Absolutwerten erschweren oder unmöglich machen. Für die Meßwertanalyse, d.h. für die Auswertung, sind daher neben dem Betrag auch der Gradient und der Verlauf der Meßwerte über längere Zeit (Erkennung von lokalen Extrema) erforderlich. Relativwerte werden auch häufig aus Messungen zwischen mehreren gleichartigen Lagerstellen oder in zeitlichen Abständen an einer Lagerstelle gewonnen und als Basis für eine Änderung im Funktionsverhalten herangezogen.
Systematisch kann von Primärdaten, d.s. die Parameter, die den aktiven Lagerzustand darstellen, wie auferlegte Kräfte, Drehzahl und Umgebungsbedingungen, und von Sekundärdaten, d.s. die den passiven Lagerzustand beschreibenden Merkmale wie Schmierstoffzustand, Temperatur, Schwingungen und Verschleiß, gesprochen werden. Von besonderem Interesse ist der passive Lagerzustand; üblicherweise werden die Sekundärdaten daher zur Überwachung herangezogen. Zeitlich gesehen, kann die Überwachung kontinuierlich oder intermittierend erfolgen, wobei im letzteren Fall die Sensoren fix installiert sein können (Diagnoseverfahren) oder ambulant eingesetzt werden.

5.4.1 Überwachungsverfahren

Durch die starke Innovation auf den Gebieten der Elektronik und Meßtechnik stehen heute dem Anwender eine Vielzahl von Verfahren/Geräten zur Verfügung, die bei anhaltendem Preisverfall eine noch stärkere Verbreitung finden werden. Von den Wälzlagerherstellern werden auch Lager mit interegrierten Sensoren (Aufnehmern) wie Kraftmeßlager (Abb. 5.2) mit eingebauten Dehnmeßstreifen (DMS) oder „temperaturkontrollierte Lager" (Abb. 5.3) mit eingebauten Thermoelementen (TME) angeboten.
Meist bestimmen das Sicherheitsbedürfnis und die aufzuwendenden Kosten, welches Überwachungsverfahren gewählt wird.
Tabelle 5.2 zeigt eine grobe Bewertungsmatrix der wesentlichen Überwachungsverfahren.

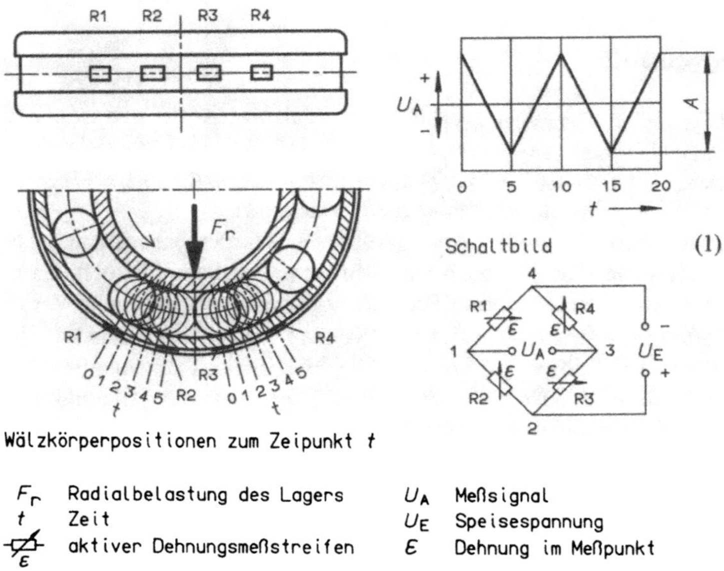

(2)

Abb. 5.2. Kraftmeßlager: (1) Prinzip, (2) Ausgeführtes Lager

Tabelle 5.2. Bewertungsmatrix der Überwachungsverfahren

Überwachungsverfahren	Ist-Stand[1]			Aussagefähigkeit[2]
	anerkannte Regel der Technik	Stand der Technik	Stand der Wissenschaft/Forschung	
Temperaturüberwachung:				
ohne Hilfsmittel	●			○
mit Hilfsmittel	●	●		●
Visuelle Überwachung:				
ohne Hilfsmittel	●			◑
Endoskop		●		◑
Schwingungsüberwachung:				
ohne Hilfsmittel	●			○
Stethoskop		●		◑
Pegelmessung		●		◑
Pegelmessung mit Frequenzanalyse		●		●
Korrelationsmessung		●		◑
Cepstrum		○	●	◑ ●
Schallemission		○	●	●
Stoßimpulsmessung		●		◑ ●
Kurtosis			●	●
Schmierstoffüberwachung:				
Ferrographie		●		○ ◑
Radionuklidtechnik			●	◑ ●

[1] ○ beginnend, ● etabliert
[2] ○ gering, ◑ brauchbar, ● gut

5.4.2 *Überwachungsgeräte*

5.4.2.1 Thermoelemente, Thermometer

Jede Schädigung im Lager führt zwangsweise zu einem Anstieg der Reibungsverluste und dadurch zur Erhöhung der Lagertemperatur. Die höchsten Temperaturen

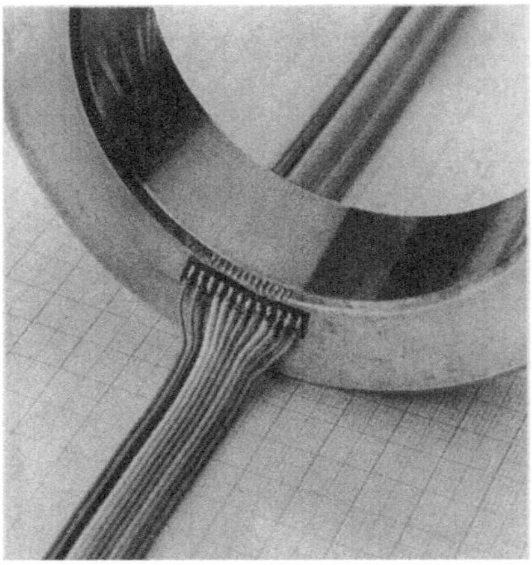

Abb. 5.3. Wälzlager mit eingebautem Thermoelement sowie Sensoren zur Schmierfilmmessung

entstehen in den Kontaktflächen, allgemein wird aber die Temperatur am Mantel oder an der Planfläche des nicht drehenden Lagerringes gemessen (Abb. 5.4). Alle technischen Temperaturangaben beziehen sich dann auch auf diese Meßstelle. Die Temperaturüberwachung ist meist nur mit geringen Kosten verbunden, ein Nachteil dieses Verfahrens ist die Trägheit des Meßsystems; es sollen daher nur rasch reagierende Thermoelemente (TME) bzw. Thermometer verwendet werden.

5.4.2.2 Schwingungsmeßgeräte

Im Prinzip wird die von den mechanischen Schwingungen der Maschinenteile abgestrahlte Schallenergie für die Beurteilung als Schadensindikator herangezogen (vgl. Abschnitt 3.3.3).

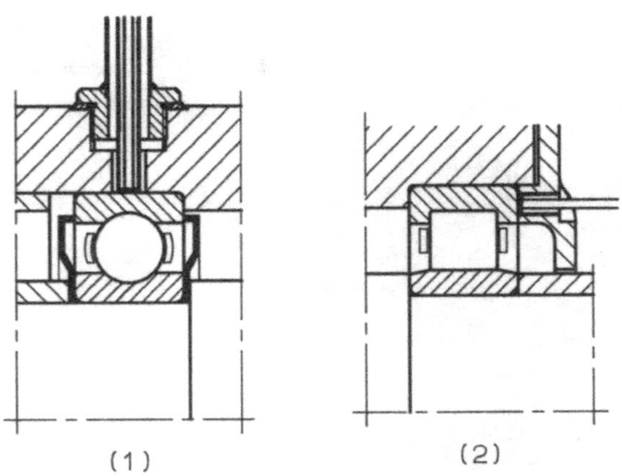

Abb. 5.4. Temperaturüberwachung: (1) Fix installierter Thermofühler, (2) Meßbohrung für ambulante Messung

5.4.2.2.1 Stethoskope

Stethoskope oder auch Schraubenzieher übertragen die Summenschwingung, die Beurteilungsmöglichkeit und die Schadensfrüherkennung sind sehr gering. Diese subjektive Methode setzt großen Erfahrungsschatz des Meßpersonals voraus.

5.4.2.2.2 Körperschall-Pegelmeßgeräte

Die Schwingungen werden von einem Sensor als beschleunigungsproportionales Signal (Piezoaufnehmer), geschwindigkeitsproportionales Signal (elektrodynamischer Aufnehmer) oder als wegproportionales Signal (Differentialtrafoprinzip) aufgenommen.
Vorteilhaft ist die Messung der Schwinggeschwindigkeit, weil sich mit ihr die beste Beziehung zum abgestrahlten Luftschall herstellen läßt. Darüber hinaus liegen die Resonanzfrequenzen der Sensoren über dem üblichen Meßbereich (50 Hz bis 10 kHz); bei beschleunigungsproportionalen Sensoren engt deren Eigenfrequenz den Meßbereich erfahrungsgemäß beträchtlich ein (Abb. 5.5).

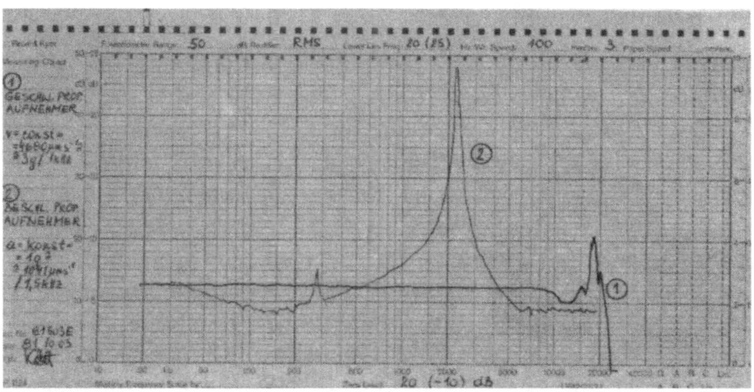

Abb. 5.5. Vergleich von Resonanzkurven: (1) Geschwindigkeitsproportionaler Aufnehmer, (2) Beschleunigungsproportionaler Aufnehmer

Eine Frequenzanalyse ermöglicht, die Geräuschursachen auch näherungsweise zu errechnen. Aussagefähige Geräte sind Geräuschprüfgeräte nach Abb. 8.26 bis 8.28 – analoge Anwendung des Meßsystems auf montierte Lager – und Meßstrecken mit angeschlossenem Echtzeitanalysator, um Fast-Fourier-Transformation (FFT)-Analysen durchführen zu können (vgl. Abb. 3.20).
In allen Fällen ist auf die richtige Ankopplung des Sensors zu achten (Koppelresonanz); mit dem Meßobjekt verschraubte Sensoren oder Meßnippel mit fix anzukoppelbaren Sensoren (Bajonettverschluß) sind nach wie vor am zweckmäßigsten.

5.4.2.2.3 Luftschall-Pegelmeßgeräte

Eine einfache Messung wird meist nicht sehr zielführend sein, da der Umgebungsschall als Störquelle wirkt. In jüngster Zeit wurden Miniatur-Nahfeldmikrophonpaare entwickelt, die auch preisgünstig auf den Markt gekommen sind. Mit ihnen können im Industriebereich Maschinengeräusche ohne Abschirmmaßnahmen schnell und genau erfaßt und mit Hilfe der zugehörigen Meßkette analysiert werden.
Zur Beurteilung werden der Schalldruck, die Schalleistung bzw. die Schallintensität herangezogen. Wird die Schallintensität in einem Richtdiagramm aufgezeichnet, so kann die Hauptabstrahlrichtung und somit die das Geräusch verursachende Schadensstelle leicht geortet werden (Abb. 5.6).

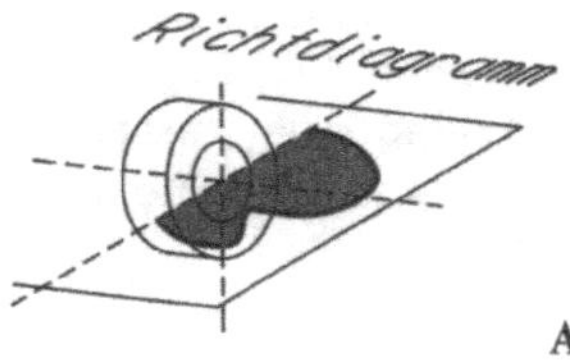

Abb. 5.6. Richtdiagramm einer Schallintensitätsmessung

5.4.2.2.4 Stoßimpuls-Meßgeräte

Oberflächendefekte ergeben Änderungen in den Überrollbedingungen. Die Folge sind Stöße, die als hochfrequente Körperschallschwingungen die ausgetauschte Energie aus der Kontaktfläche Wälzkörper/Laufbahn an die Umgebung abgeben. Die relativ hohe kinetische Energie des Stoßes ist wegen seiner extrem kurzen Dauer und der Zufälligkeit im Gesamtpegel kaum erfaßbar. Die verwendeten Körperschallaufnehmer arbeiten im Frequenzbereich $> 20\,\text{kHz}$; es werden also nur hochfrequente Stoßwellen erfaßt, in einen Rechteckimpuls umgeformt und als Meßwert herangezogen. Der Meßwert wird mit einem Initialwert verglichen. Da die Stoßenergie von der Geschwindigkeit (Drehzahl), der Masse (belastende Gewichte) sowie den Einbaubedingungen, dem Schmierungszustand, dem Innenaufbau usw. – also die Kinematik und Dämpfung beeinflussende Maßnahmen – abhängt, wird diese Methode nur dort zielführend sein, wo unveränderte Betriebsbedingungen (Raffinerien, Kraftwerke usw.) vorliegen. Grundsätzlich geben bei dieser Methode einzig und allein die zeitabhängigen Änderungen des Stoßimpulswertes bei unveränderten äußeren Bedingungen einen Hinweis auf den Lagerzustand (Abb. 5.7).

5.4.2.3 Schmierstoff-Analysegeräte

Die Abriebteilchen (Verschleißpartikel) im Schmierstoff werden analysiert und ihre Zahl (ppm-Bereich) als Indikator für die Lagerschädigung herangezogen. Diese Verfahren sind bezüglich ihrer Nachweisempfindlichkeit und Analyseautomation noch weiterzuentwickeln. Das Preis/Leistung-Verhältnis stellt vielfach eine Grenze dar.

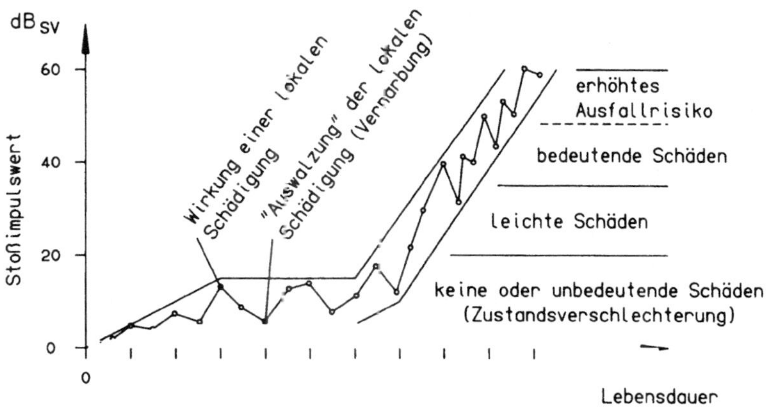

Abb. 5.7. Typischer Verlauf der Stoßimpulswerte eines Lagers

5.4.2.3.1 Elektroindikation

Die Leitfähigkeit des Schmierstoffes wird durch metallische Abriebteilchen erhöht und stellt die Kenngröße dar. Bei Ölschmierung kommen auch Magnetabscheider (-filter) in Frage; auch die Position der Welle kann über Magnetkreis erfaßt werden, die Veränderung in den Magnetfeldern wird dann als Meßgröße herangezogen.

5.4.2.3.2 Spektralanalyse

Systematisch (turnusmäßig) gezogene Schmierstoffproben werden im Labor z. B. mit einem Atom-Absorption-Spektrometer (AAS) nach den wesentlichsten chemischen Elementen der im Wälzlager verwendeten Werkstoffe untersucht.
Vorrangig ist nach Cr, Fe, Ni, Mn, Mo und beim Einsatz von Messingkäfigen auch nach Cu, Zn, Pb, Sn zu analysieren. Andere Elemente wie Si usw. deuten darauf hin, daß Fremdstoffe in den Schmierstoff (das Lager) eingetreten sind und das Lager schädigen.

5.4.2.3.3 Chemische Analyse

Abriebteilchen verändern vielfach durch ihre katalytische Wirkung den Schmierstoff, insbesondere Buntmetallegierungsbestandteile führen bei entsprechend aktiver Oberfläche zu einer Alterung des Schmierstoffes. Die Wirkung der Additive beruht ebenfalls auf chemischen Vorgängen.
Nach gezielten Laboruntersuchungen darf letztlich auf den Lagerzustand rückgeschlossen werden.

6 SCHÄDEN UND IHRE VERHÜTUNG

Wälzlager haben wie alle Maschinenelemente eine begrenzte (endliche) Lebensdauer.
Der Begriff des Schadens an einem Wälzlager wird heute auf alle erkennbaren Veränderungen der Lagerteile (Laufbahnen, Wälzkörperoberflächen, Käfigtaschen usw.) während der gesamten Laufzeit (Gebrauchsdauer) des Lagers erweitert, ohne daß diese Veränderungen die Begrenzung der Betriebsfähigkeit oder den Ausfall des Lagers zur Folge haben müssen. Fällt ein Lager wesentlich früher aus, als die errechnete (nominelle) Lebensdauer angibt, wird allzugerne ein Material- oder Herstellfehler vermutet. Die Erfahrungen der Wälzlagerhersteller aus der Überprüfung der reklamierten Lager zeigt jedoch, daß in der Regel die Schäden durch äußere, nicht im Wälzlager zu suchende Ursachen (Einbau, Betrieb usw.) hervorgerufen werden.
Die wirklichen Ursachen der Wälzlagerschäden in der Praxis sind leider in vielen Fällen wegen der Überlagerung mehrerer Schadensmechanismen nur schwierig zu finden. In den Schadensbildern spiegeln sich Mängel in der Auslegung, Fertigung

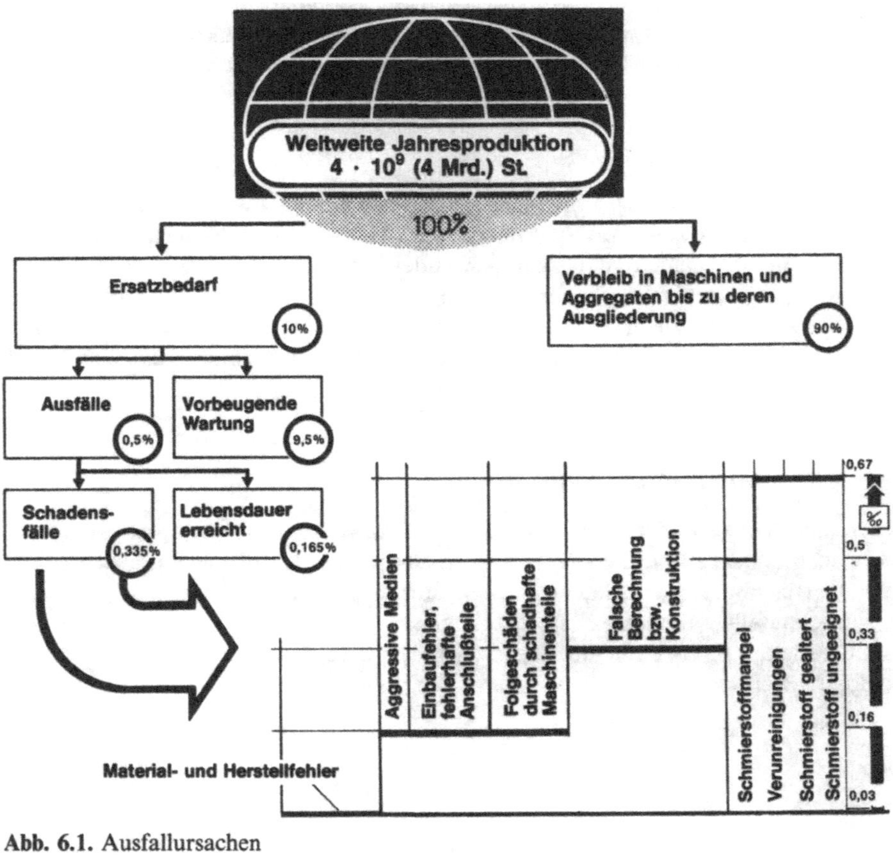

Abb. 6.1. Ausfallursachen

der Anschlußstelle, Montage und im Betrieb oft gleichzeitig wieder. Um die primären Schadensursachen, die für das Versagen des Wälzlagers verantwortlich waren, zu erkennen und um Wiederholungen gleichartiger Schadensfälle zu vermeiden, ist es wichtig, eine sorgfältige Analyse der Schadensbilder vorzunehmen und mit großer Sorgfalt nach Spuren der Primärursachen zu suchen.
Die Begriffe, Merkmale und Ursachen von Wälzlagerschäden sowie ein Schadensbilder-Katalog sind bisher nur in Österreich systematisch in Form von Normen bearbeitet worden [N 77, N 78].
Abb. 6.1 quantifiziert die Wälzlagerschäden und zeigt, daß nur ca. 0,335% der Lager vorzeitig ausfallen. Wälzlager sind also sehr zuverlässige Maschinenelemente mit einer nahezu 100%igen Erlebenswahrscheinlichkeit. Nur 0,034‰ fallen aufgrund von Werkstoff- oder Herstellfehlern aus.

6.1 Schadensmechanismen und Schadensformen

Die Gliederung der Schäden erfolgt streng nach ihren Primärursachen. Die Unterscheidung zwischen Ursachen und Merkmalen, oder anders ausgedrückt zwischen Schadensmechanismen und Schadensformen, ist nicht immer leicht, wie die vielen in der Literatur bekannten Darstellungsversuche zeigen.
Die tribologische Forschung hat im letzten Jahrzehnt bedeutende Fortschritte gemacht und viele neue Erkenntnisse in der Schadensforschung gebracht. Die Schadensformen werden in vier Hauptgruppen und verschiedene Untergruppen eingeteilt (Abb. 6.2).

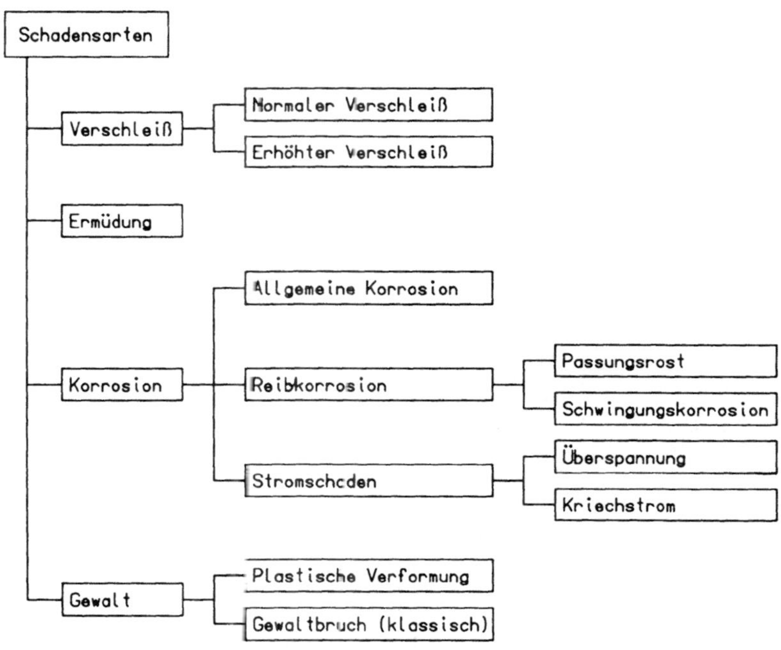

Abb. 6.2. Gliederung der Schadensformen

6.1.1 Verschleiß

Verschleiß ist der Abtrag von Material, der beim Wälzen und Gleiten zwischen zwei Körpern entsteht. Hierzu zählt auch der durch Verunreinigung im Schmierstoff verursachte Abtrag.

6.1.1.1 Normaler (natürlicher) Verschleiß (Abtrag)

Ursachen:

Es gibt keine absolut glatten Oberflächen. Wegen der funktionell erforderlichen Lagerluft sowie aus kinematischen Gründen treten keine reinen Rollbewegungen, sondern auch Gleitbewegungen auf.
Wegen der hohen spezifischen Belastungen ist infolge des Bewegungsablaufes der entstehende elastohydrodynamische Schmierfilm nicht immer in der Lage, an jeder Stelle des Wälzkontaktes die Wälzpartner vollständig voneinander zu trennen. Die Spitzen der Schleif- oder Läppgrate berühren sich deshalb, werden plastisch verformt und flachgedrückt oder abgetragen und vergrößern den tragenden Flächenanteil im Bereich der Laufspur. Dieser Vorgang spielt sich im Zehntel-Mikrometer-Bereich der Oberflächenzone ab (Abb. 6.3 und 6.4).

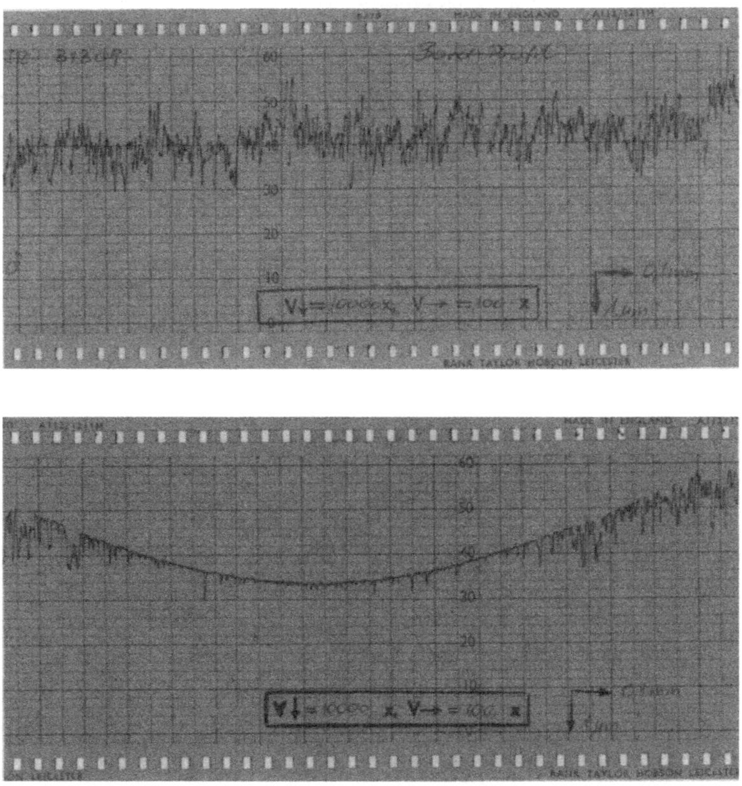

Abb. 6.3. Profil der Bordplanfläche eines Kegelrollenlager-Innenringes vor und nach dem Einlaufvorgang

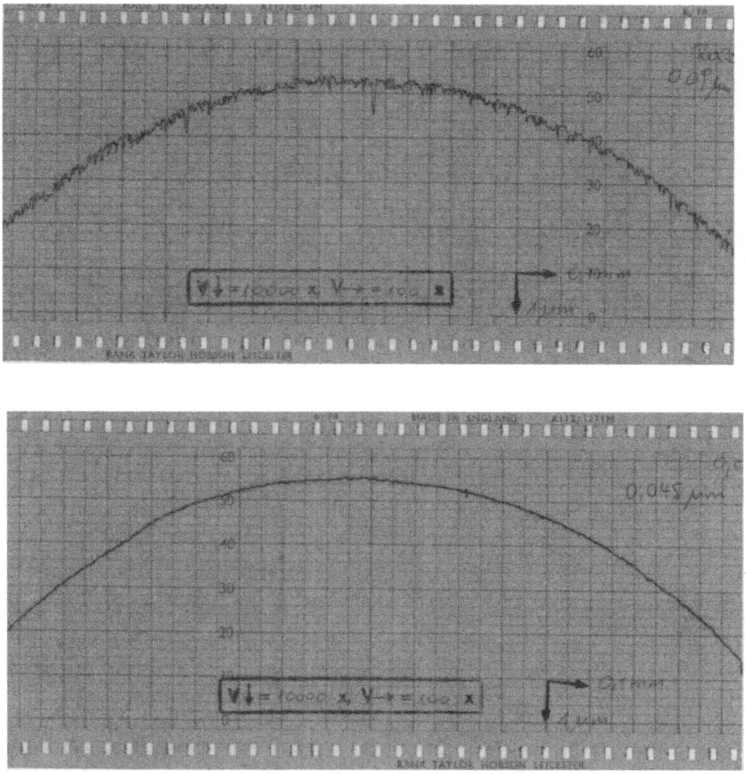

Abb. 6.4. Profil der Stirnfläche einer Kegelrolle vor und nach dem Einlaufvorgang

Merkmale:

An den Laufbahnen der Wälzlagerteile werden Rauheitsspitzen und Formungenauigkeiten plastisch verformt und im begrenzten Maße abgetragen (Abb. 6.5). Die vom Herstellungsvorgang stammenden Oberflächenstrukturen (Schleif- und Läppgrate) verschwinden allmählich. Eine glatte und glänzende Oberfläche entsteht. Dieser „Einlaufvorgang" des Wälzlagers ist ein natürlicher kurzer Prozeß, nach welchem sich das Laufverhalten (z. B. Betriebsgeräusch, Betriebstemperatur) stabilisiert und i. a. sogar verbessert.

6.1.1.2 Erhöhter Verschleiß (Abtrag)

Ursachen:

Dieser Oberflächenschaden tritt bei überhöhter Belastung (auch bei normaler Drehzahl), mangelhafter Schmierung, zu geringer Härte des Materials oder bei Verschmutzung des Schmierstoffes auf. Überdies kann bei hoher Drehzahl und gleichzeitig mäßiger Belastung die Wälzbewegung der Lagerteile in eine überwie-

Abb. 6.5. Normaler Verschleiß: Zylinderrollenlager-Innenring

gende Gleitbewegung übergehen. Der Schmierfilm wird dann unterbrochen und Mangelschmierung stellt sich ein. Intensive Wechselbelastung bewirkt Materialausbrüche in Form von pflastersteinartigen Quadern mit einigen Mikrometern Kantenlänge.

Merkmale:

An den Laufflächen der Lagerteile werden zum Unterschied vom normalen Verschleiß die Schleif- oder Läppgrate nicht nur plastisch verformt, sondern splittern teilweise ab. Es entsteht ein metallischer Abrieb. Die Abriebteilchen erzeugen, ebenso wie allenfalls in das Lagerinnere gelangte Fremdkörper (Schmutzteilchen), wieder neue Grate usw. und in der weiteren Folge kommt es zur Ausbildung von Riefen, Kratzern oder Prägestellen.
Der Verschleißvorgang schreitet rasch fort und beruhigt sich nicht mehr. Im Extremfall entstehen an den Laufflächen Mikrogrübchen oder Freßspuren (Anschmierungen), die jedoch vorerst nicht in die Tiefe der Kontaktpartner führen (Abb. 6.6). Nach außen hin ist ein stark erhöhtes Laufgeräusch bemerkbar. Bei stetiger Vergrößerung der Lagerluft schreitet der Verschleißprozeß rasch fort und führt schließlich im Endstadium zu Verreibern oder zu Schälungen der Oberflächenschichten (Abb. 6.7) mit schweren Folgeschäden.

6.1.2 Ermüdung (Grübchenbildung)

Der Begriff Ermüdung beschreibt die durch die große Anzahl der Überrollungen unter Belastung auftretende Gefügeveränderung mit Abblätterungen der Oberflächenschichten als äußeres Merkmal.

Abb. 6.6. Starker Verschleiß: Zylinderrollenlager-Innenring

Abb. 6.7. Erhöhter Verschleiß in der Lastzone mit beginnender Schälung: Rillenkugellager-Außenring

Ursachen:

Die Grübchenbildung hat eine bestimmte Korrelation zur Werkstoffermüdung (Dauerbruch). Die Hertzsche Pressung zwischen Wälzkörpern und Laufbahnen (Punkt- oder Linienberührung) führt einige Zehntel Millimeter unter der Oberfläche zu großen Schubspannungen. Abhängig von der Belastung treten nach dem Ende der Ermüdungslaufzeit (Lebensdauer) Gefügeveränderungen auf, die in der Ätzung wie angelassener Martensit aussehen und durch Absinken der Härte gekennzeichnet sind. An mikroskopisch feinstverteilten nichtmetallischen Einschlüssen – einen absolut reinen, homogenen Werkstoff gibt es nicht – entstehen Mikrorisse, die zum Dauerbruch und zu den Grübchen führen.

Merkmale:

An durch große Schubspannungen belasteten oberflächennahen Zonen sowie in den Zonen größter Schubspannungen aus der Hertzschen Pressung (einige Zehntel Millimeter unter der Laufbahnoberfläche) und bei in der Regel vorhandenen nichtmetallischen Einschlüssen entstehen Mikrorisse. Von diesen Mikrorissen ausgehend, entstehen Dauerbruchlinien schräg zur Oberfläche, deren Hauptrichtung etwa der Richtung der Wanderung des belasteten Punktes auf der Oberfläche folgt (Abb. 6.8).

Das Material bricht schollenartig aus, die entstehenden sogenannten Grübchen (englisch: pittings) verbreiten sich stetig weiter (Abb. 6.9 und 6.10). Ausbrechende Werkstoffsplitter werden überrollt und bewirken örtliche Überlastungen. Im fortgeschrittenen Zustand ist die gesamte Lastzone von der Abblätterung (Schälung) betroffen.

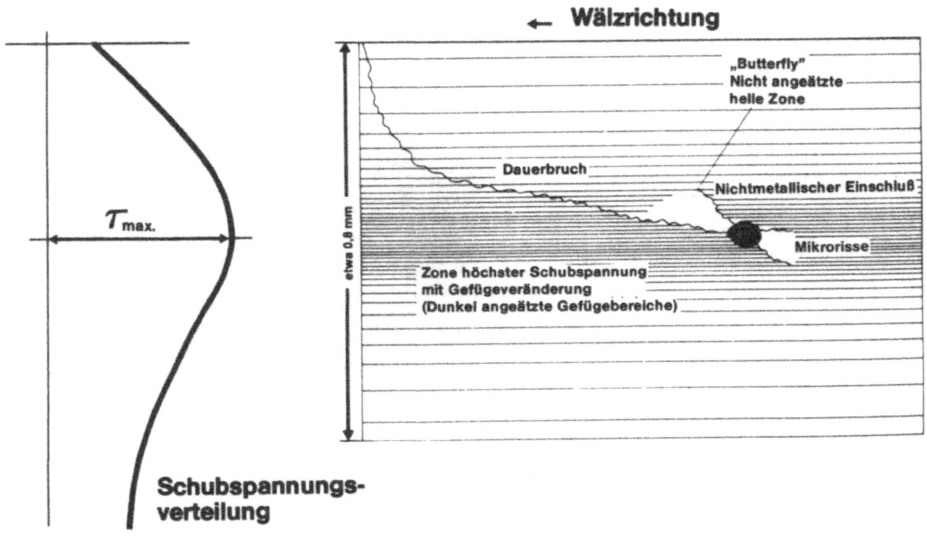

Abb. 6.8. Mechanismus der Grübchenbildung

Abb. 6.9. Grübchenbildung an Innenringlaufbahn und Wälzkörpern, beginnende Schälung: Kegelrollenlager

Abb. 6.10. Grübchenbildung, fortgeschrittenes Stadium, Schälung in der gesamten Lastzone: Zylinderrollenlager-Innenring

6.1.3 Korrosion

Der Begriff Korrosion beschreibt die Zerstörung von metallischen Oberflächen durch chemische oder elektrochemische Reaktionen mit ihrer Umgebung.

6.1.3.1 Allgemeine Korrosion (Rost)

Ursachen:

Hochgekohlter Stahl – wie der übliche Wälzlagerstahl – hat eine starke Neigung zur Rostbildung. Feuchte Luft oder Handschweiß (Abb. 6.11) reichen bereits zur Rostbildung aus. Die begrenzte Lebensdauer der Schmierstoffe (mit verschiedenen Additiven) führt zu deren aggressivem Verhalten (Kontaktkorrosion) im Wälzlager.

Abb. 6.11. Allgemeine Korrosion: Handschweiß

Merkmale:

Bei längerem Kontakt von Stahl und Eisen mit Wasser (Feuchte) oder mit Säuren entsteht an der Oberfläche Oxydation, die sich zu immer tiefer greifenden Rostnarben (Abb. 6.12) ausbreitet und die Ausgangsbasis für Abblätterungen bildet.
Eine besondere Form der allgemeinen Korrosion ist die sogenannte Kontaktkorrosion (Abb. 6.13). In der Kontaktzone von Wälzkörpern und Lagerringen reagiert gealteter, bereits „saurer" Schmierstoff mit den Oberflächen der Kontaktpartner. Dunkle Verfärbungen in Wälzkörperteilung durch chemische Umwandlungen und abblätternder Rost im fortgeschrittenen Stadium sind die Folge.

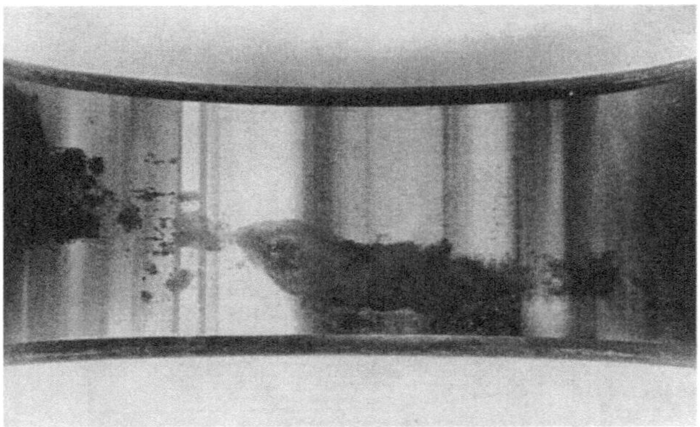

Abb. 6.12. Allgemeine Korrosion: Tiefe Rostnarben

6.1.3.2 Tribokorrosion

6.1.3.2.1 Reibkorrosion (Passungsrost, Reibrost)

Ursachen:

Ausgangsbasis für Reibrost sind blankgescheuerte Rauheitsspitzen der Oberflächen durch virtuelle Bewegungen. Sie kommen allein schon durch die Rückfederung des elastischen Werkstoffes zustande, können aber auch äußere Ursachen haben. Hauptsächlich kommen solche Schäden vor, wenn für die vorliegenden Belastungen die Passungen zu leicht sind, die Rauhtiefen der Wälzlager-Anschlußteile die empfohlenen Werte überschreiten oder wenn wegen mangelnder Formgenauigkeit der Wellen- oder Gehäusesitze eine unzureichende Unterstützung der Lagerringe entsteht.

Merkmale:

In den Paßflächen der Lagerringe (Mantelfläche, Bohrung) bildet sich pulverförmiger Rost in Form von Eisenoxyd („Pariser Rot"). In weiterer Folge wirkt dieser

Abb. 6.13. Kontaktkorrosion an den Laufbahnen: Pendelkugellager

Abb. 6.14. Passungsrost in der Bohrung: Rillenkugellager

Rost als Schleifmittel. Durch die Materialabtragung bedingt, halten die Paßflächen nicht mehr, die Lagerringe drehen sich mit und beschleunigen den Verschleiß. Fortschreitende Erwärmung kann schließlich zum Blockieren des Lagers führen (Abb. 6.14).

6.1.3.2.2 Schwingungskorrosion

Ursachen:

Die Mulden und Riffeln entstehen nicht durch plastische Verformung infolge überhöhter spezifischer Drücke. Es handelt sich in diesem Fall um Oxydation, die mechanisch aktiviert wird (Gefügeveränderung durch die virtuellen Bewegungen).

Je nach der Intensität der Bewegungen, dem Schmierstoffzustand, der Belastung und der Werkstoffhärte ist eine Überlagerung von Korrosion, Verschleiß und plastischer Verformung möglich.

Merkmale:

Schwingungskorrosion durch Stillstandserschütterungen äußert sich in muldenförmigen Vertiefungen (Anreibungen) im Wälzkörperabstand, hervorgerufen durch die virtuellen Bewegungen der Wälzkörper in den Laufbahnen (Abb. 6.15). Je nach der betrieblich bedingten, an sich durch beliebige Umstände herbeigeführten Stellung des Wälzkörperkranzes kann die Anzahl der Mulden sehr groß sein. Das Schadensbild ähnelt dann dem bei Stromdurchgang (Riffeln), weil immer neue Stellen der Laufbahnen den Erschütterungen ausgesetzt werden.
Schwingungskorrosion durch Betriebsschwingungen äußert sich von Anfang an durch eine große Anzahl von Riffeln. Das äußere Merkmal von Schwingungskorrosion ist ein zunehmendes Laufgeräusch.

Abb. 6.15. Schwingungskorrosion, Markierungen und Anreibungen in Wälzkörperteilung: Zylinderrollenlager

6.1.3.3 Stromdurchgang

6.1.3.3.1 Überspannung

Ursachen:

Der Weg des elektrischen Stromes (Stromüberschlag) von einem Lagerring zum anderen führt über die dazwischen liegenden Wälzkörper und den Schmierfilm. Stromüberschlag erfolgt dann, wenn große Stromstärken in elektrischen Maschinen (Motoren, Generatoren) wirken, d. h. die Isolierung mangelhaft oder schadhaft ist. In der Kontaktzone zwischen Lagerring und Wälzkörper werden die Stromlinien zusammengedrängt. Beim Überschlag entsteht örtlich in sehr kurzer Zeit soviel Wärme, daß die Kontaktflächen schmelzen und verschweißen. Während des weiteren Rollvorganges werden kleine Teilchen aus dem Oberflächenverband herausgerissen und in die Laufbahnen eingewalzt.

Merkmale:

In Laufrichtung sind auf den Kontaktpartnern kleine Krater bis 100 μm Durchmesser perlschnurartig aneinandergereiht (Abb. 6.16 bis 6.18). In weiterer Folge entstehen durch das Einwalzen der aus den Kratern gelösten harten (umgehärteten) Teilchen in die weicheren Laufbahnen Riefen in Laufrichtung.
Bei schwingender Belastung treten als Spätfolge auch Dauerbrüche auf, die an den Kraterrändern beginnen. Die Krater bilden sich immer deckungsgleich an je einem Lagerring und einem Wälzkörper ab (Abb. 6.19).
Äußeres Merkmal ist starkes Laufgeräusch.

6.1.3.3.2 Kriechstrom

Ursachen:

Riffelbildung tritt schon bei relativ geringer Stromstärke auf. In der Kontaktzone zwischen den Lagerringen und den Wälzkörpern werden die Stromlinien zusammengedrängt und dadurch die Stromdichte erhöht. Gleichzeitig steigen elektrische

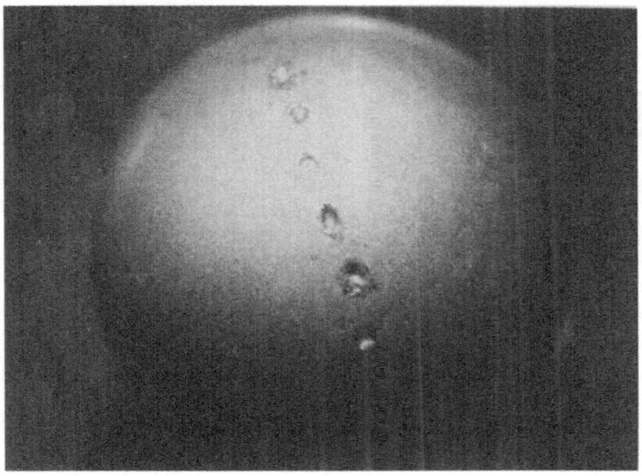

Abb. 6.16. Krater zufolge Stromdurchgang: Kugel

Abb. 6.17. Perlschnurartig angeordnete Stromkrater in der Laufbahn: Rillenkugellager

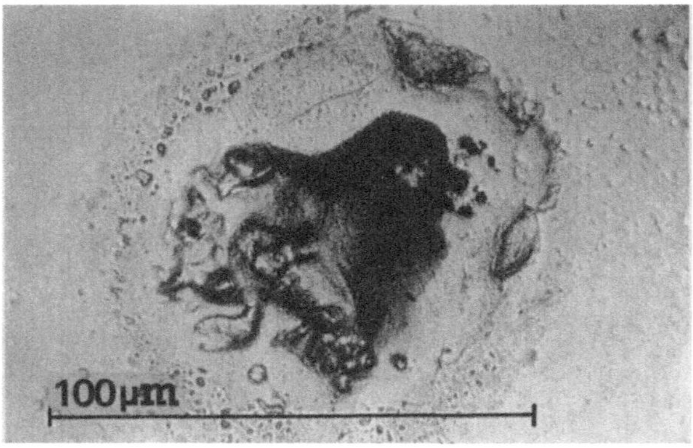

Abb. 6.18. Einzelner Stromkrater (vergrößert)

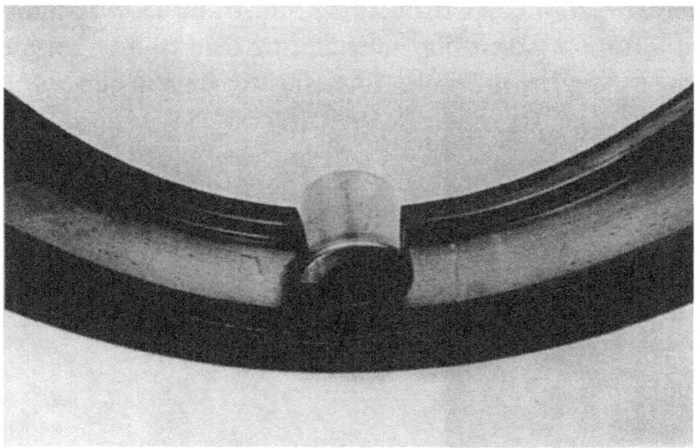

Abb. 6.19. Deckungsgleiche Stromkrater auf Rolle und Laufbahn: Zylinderrollenlager

Spannung und Temperatur. Sobald die Kurzschlußspannung erreicht ist, schmelzen die Rauheitsspitzen in der Kontaktzone und verschweißen. Widerstand und Spannung sinken ab, um sich von neuem aufzubauen. Die Riffelbildung erklärt sich wie folgt: Beim Eintritt der Wälzkörper in die belastete Zone treten Stöße auf. Die Riffeln entstehen als Abdruck der umgehärteten Teilchen aus den Kratern in den weicheren Zonen der Laufbahnen von Lagerringen und Rollen; Kugeln werden nicht geriffelt, weil sie ständig einer Kreiselbewegung (Polwechsel) zwischen den Ringen unterliegen. Niedrig viskose Öle oder Schmierfette mit solchen Grundölen erschweren zwar, verhindern jedoch nicht die Riffelbildung.

Merkmale:

Die Laufspur der Lagerteile ist dunkel verfärbt. Ähnlich wie in Abschnitt 6.1.3.3.1 – jedoch dicht gedrängt und kleiner im Durchmesser – ist im Anfangsstadium die Oberfläche durch muldenförmige Krater geschädigt. In weiterer Folge entsteht ein Band von gleichmäßig eng nebeneinanderliegenden, achsparallelen Riffeln (Abb. 6.20 bis 6.23). Durch diese Riffeln werden im Lager Schwingungen erzeugt, die die

Abb. 6.20. Stromkrater als Ausgang für Riffelbildung: Zylinderrollenlager

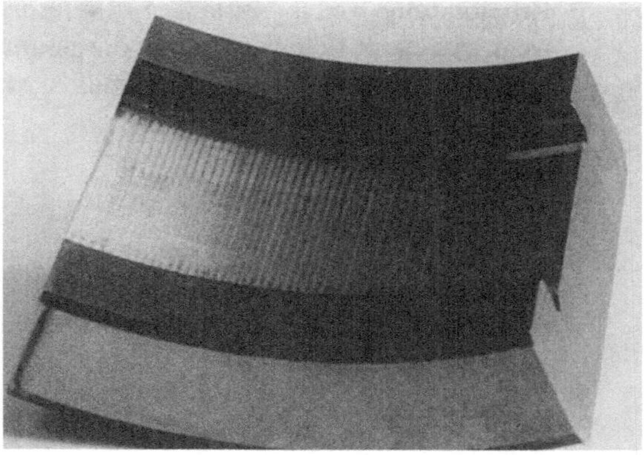

Abb. 6.21. Riffelbildung durch Stromübergang: Zylinderrollenlager

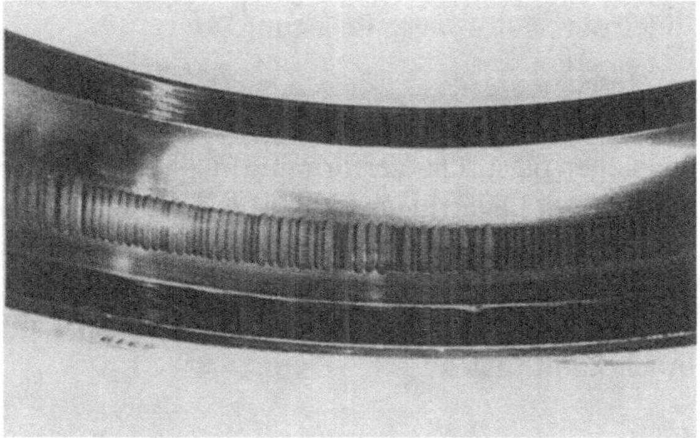

Abb. 6.22. Riffelbildung durch Stromübergang: Rillenkugellager

Abb. 6.23. Riffelbildung durch Stromübergang, dunkle Färbung zwischen den Riffeln: Pendelrollenlager

Riffelbildung weiter verstärken. Dauerbrüche (Ermüdungen) treten dann auf, wenn sich die Riffeln bereits über die gesamte Lastzone der Laufbahn und darüber hinaus erstrecken. Äußeres Merkmal ist starkes Laufgeräusch.

6.1.4 Gewalt

Der Begriff Gewalt beschreibt die Überschreitung der Festigkeit der Wälzlagerteile; bleibende Formänderungen oder Bruch sind die Auswirkungen.

6.1.4.1 Plastische Verformungen

Ursachen:

Ganz allgemein liegt eine Überschreitung der statischen Tragfähigkeit (zulässigen Pressung) des Wälzlagers vor, sei es durch eine einmalige Überlastung, durch übermäßige Verspannung oder durch stoßweise Belastung.

Merkmale:

Bei statischer Überlastung entstehen plastische Verformungen, das sind muldenförmige Vertiefungen oder Riffeln in den Lagerringen im Abstand der Wälzkörperteilung (Abb. 6.24). Bei sonstigen Überlastungen (z. B. Verspannungen) im Betrieb findet ein Einwalzen der Wälzkörper in die Laufbahnen mit Materialverfestigung statt. Die äußeren Merkmale sind starkes Laufgeräusch und unruhiger Lauf. Der unkontrollierbare Gewaltbruch kann folgen.

Abb. 6.24. Plastische Verformung, muldenförmige Vertiefungen in Wälzkörperteilung: Kegelrollenlager

6.1.4.2 (Klassischer) Gewaltbruch

Ursachen:

Herstellfehler, Werkstoffehler, Einbaufehler und Überlastungen oder ungenügende Unterstützung der Wälzlagerringe in wechselweiser Beziehung können als Ursachen genannt werden.
Anhand von Beispielen ist dies am besten erklärbar: Hämmern auf Lagerringe (Abb. 6.25), Verspannen beim Einbau (Abb. 6.26), Dauerbruch an Käfigen infolge von Schwingungen usw.

Merkmale:

Trotz der Vielfalt (Abb. 6.27 bis 6.30) ist die Beschreibung des klassischen Gewaltbruches einfach: Ein zerstörtes Element des Wälzlagers bildet die Ausgangsbasis für die Totalzerstörung, die meistens zum Blockieren führt.

Abb. 6.25. Gewaltbruch durch direkte Hammerschläge auf den Innenring: Kegelrollenlager

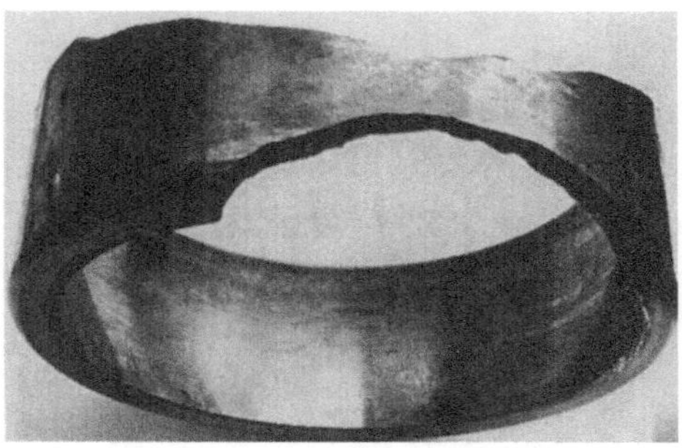

Abb. 6.26. Bruch des Außenringes zufolge deformierter Gehäusebohrung: Pendelrollenlager

Abb. 6.27. Gewaltbruch des (Stahl-) Blechkäfigs: Rillenkugellager

Abb. 6.28. Gewaltbruch des (Stahl-) Blechkäfigs: Kegelrollenlager

Abb. 6.29. Gewaltbruch des Innenringes: Pendelrollenlager

Abb. 6.30. Totalzerstörung durch Heißlauf: Pendelrollenlager

6.2 Schadensformen in der Praxis

Die gewissenhafte Untersuchung der Lagereinzelteile ermöglicht im allgemeinen eine rasche Zuordnung des Schadensbildes zur Schadenursache. Dabei ist vor allem sehr wichtig, keine Spuren zu zerstören und schon gar nicht den Schmierstoff auszuwaschen, bevor das komplette Lager dem Sachverständigen vorgelegt wird. Tabelle 6.1 zeigt die Zuordnung häufig auftretender Schadensbilder zu ihren möglichen Ursachen. Eine verläßliche Schaden-Diagnose wird erst nach kritischer Betrachtung der folgenden Einflußfaktoren

Tabelle 6.1. Schaden-Matrix

Schadensursache	Schadensbild	Verschleiß: Erhöhter Verschleiß	Verschleiß: Laufspuren	Verschleiß: Riefen	Verschleiß: Fresser, Aufschmierungen	Verschleiß: Schürfmarken, Schleudermarken	Verschleiß: Heißläufer	Ermüdung: Grübchen (Pittings)	Ermüdung: Abblätterungen Schälungen	Korrosion: Allg. Korrosion (Rost)	Korrosion: Reibrost	Korrosion: Rattermarken	Korrosion: Stromkrater, Riffeln	Gewalt – Brüche: Durchrisse	Gewalt – Brüche: Käfigbrüche	Gewalt – Brüche: Ausbrüche	Gewalt – Deformation: Verformungen	Gewalt – Deformation: Eindrückungen	Gewalt – Deformation: Bruchstellen	Gewalt – Deformation: Markierungen	Gewalt – Risse: Wärmerisse	Gewalt – Risse: Härterisse	Gewalt – Risse: Schleifrisse
Material	Gefügefehler							●	●					●									
	Falsche Materialpaarung	●			●	●	●										●						
Fertigung	Unsachgemäße Wärmebehandlung	●					●	●	●													●	
	Unsachgemäßes Schleifen																						●
	Unzureichende Oberflächengüte	●	●					●	●														
	Formungenauigkeit der Lagerumgebung	●	●				●	●	●					●		●							
Manipulation	Falsche Aufbewahrung									●													
	Transport-Erschütterung					●					●	●						●	●	●			
Konstruktion	Falsche Lagerwahl	●	●		●	●	●				●	●		●	●		●		●	●			
	Ungünstige Lagerperipherie	●	●		●	●	●				●	●		●	●		●		●	●			
Montage	Mangelhafte elektrische Isolierung						●	●	●				●										
	Unsachgemäßer Einbau					●		●	●					●	●	●	●	●	●	●			
	Unsachgemäße Erwärmung	●															●				●		
	Verkantung	●				●		●	●								●		●				
	Verspannung	●	●				●	●	●					●	●		●				●		
	Kollision	●	●												●		●						
	Mangelhafte Befestigung	●	●		●		●									●	●		●		●		
	Unsachgemäße Befestigung	●	●		●			●	●					●									
	Ungleichmäßiges Tragen im Sitz	●	●					●	●		●			●			●		●				
	Falsche Passung	●	●				●	●	●		●					●	●		●		●		
Betriebsbedingungen	Überhöhte Drehzahl	●			●	●	●	●	●						●		●		●				
	Überlastung	●			●			●	●					●			●	●	●		●		
	Zu häufige Lastwechsel	●		●	●	●		●	●						●								
	Schwingung	●			●	●		●	●		●	●		●	●								
	Stromdurchgang												●										
Schmierstoff	Mangel	●			●	●	●	●	●						●						●		
	Überfluß						●																
	Falsche Viskosität	●			●	●	●	●	●						●						●		
	Unzureichende Qualität	●			●	●	●	●	●	●											●		
	Verunreinigung	●	●	●				●	●	●								●					

— Einsatzbedingungen
— Belastungsverlauf
— Schmierungsbedingungen
— Schmierstoffzustand
— Lagertemperatur
— Lagergeräusch
— Verformung des Lagers (Einbaulage)
— Verformung der Lagerperipherie
— Lagermontage
— Lagerpflege
— Lagerdemontage

möglich sein.

6.2.1 Laufspuren

Für die praktische Schadensanalyse (-Diagnose) ist die Unterscheidung zwischen richtigen (normalen) und fehlerhaften Laufspuren sehr wichtig. Wertvolle Hinweise auf die Schadensursache sind aus den Laufspuren der Lagereinzelteile abzuleiten. Die Belastungsart, die Betriebslagerluft und eine eventuelle Verspannung bilden sich in typischer Weise ab.

6.2.1.1 Normale Laufspuren

In jedem gelaufenen Wälzlager sind Laufspuren an seinen Einzelteilen zu erkennen. Sie sind das Ergebnis der Werkstoffglättung der sich berührenden Kontaktpartner (natürlicher Verschleiß). Je nachdem, ob Punktlast oder Umfangslast vorliegt, ergeben sich typische normale Laufspuren, die in den Abb. 6.31 und 6.32 am Beispiel des Radial-Rillenkugellagers gezeigt sind.

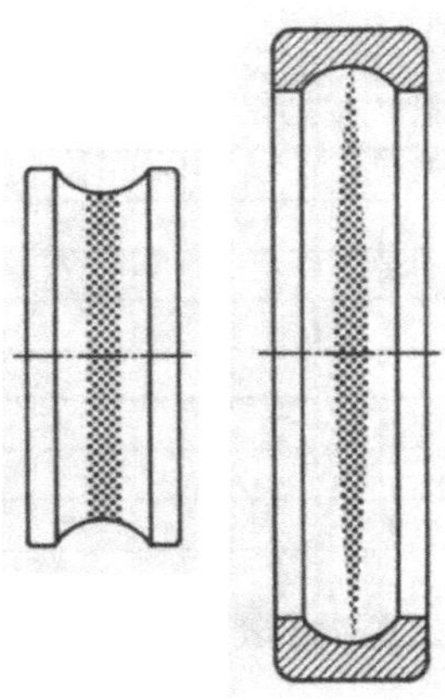

Abb. 6.31. Schema der normalen Laufspur eines Rillenkugellagers mit Punktlast am Außenring

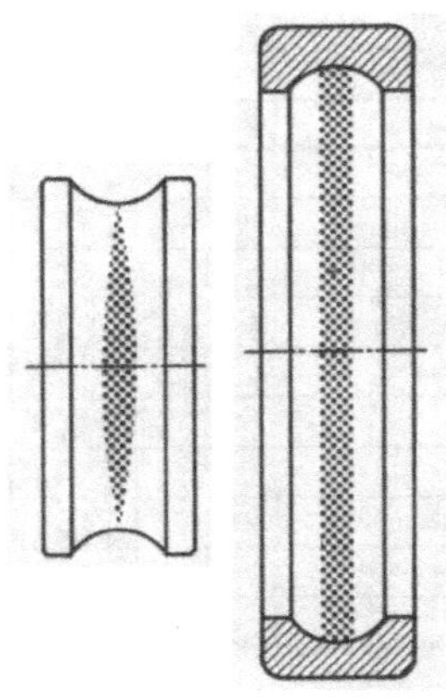

Abb. 6.32. Schema der normalen Laufspur eines Rillenkugellagers mit Punktlast am Innenring

6.2.1.2 Fehlerhafte Laufspuren

Fehlerhafte Laufspuren entstehen bei falschem Lagereinbau. In der Regel ist ein vorzeitiger Ausfall der Lager durch Ermüdung (Grübchenbildung) unvermeidbar.

6.2.1.2.1 Radialverspannung

Eine Radialverspannung des Lagers ist durch breite Spuren in der Laufbahnmitte beider Lagerringe zu erkennen (Abb. 6.33). Kugeln zeigen auf der gesamten Oberfläche ein mattes Band (poliger Lauf). Die Käfigtaschen sind meist stark ausgescheuert.

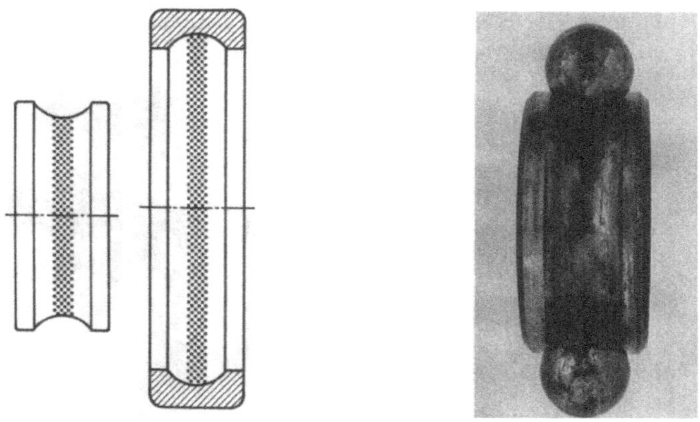

(1) (2)

Abb. 6.33. Radialverspannung eines Rillenkugellagers: (1) Schema, (2) Radialverspannung – Spätstadium

6.2.1.2.2 Axialverspannung

Eine Axialverspannung des Lagers bildet sich bei einreihigen Kugellagern in der stark zeichnenden, aus der Laufbahnmitte versetzten Laufspur ab (Abb. 6.34), bei zweireihigen Kugellagern entstehen unterschiedlich stark ausgeprägte Laufspuren (Abb. 6.35 und 6.36). Bei extrem großen Axialverspannungen (Axialbelastungen) kann die Druckellipse (Kontaktzone Kugel/Laufbahn) über den Rillenrand hinausragen.

6.2.1.2.3 Ovalverspannung

Eine Ovalverspannung des Lagers ist an zwei, am Umfang gegenüberliegenden, stark ausgeprägten Zonen zu erkennen. Die Ovalität der Lager-Anschlußteile (Welle, Gehäuse) hebt die radiale Lagerluft an diesen Stellen auf.
Abb. 6.37 zeigt die typischen Laufspuren am Außenring bei ovaler Gehäusebohrung; die dazugehörige Innenring-Laufspur ist ein gleichmäßiges breites Band über

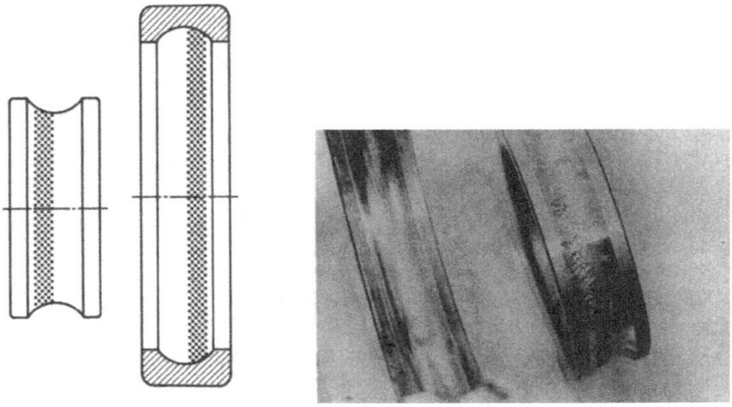

(1) (2)

Abb. 6.34. Axialverspannung eines Rillenkugellagers: (1) Schema, (2) Ermüdungsschaden zufolge axialer Überlastung

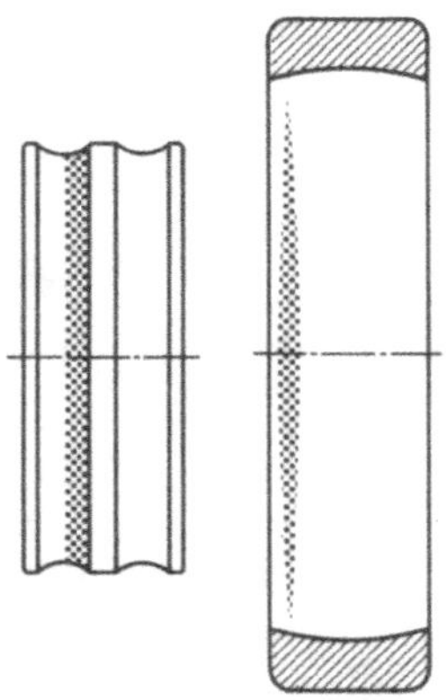

Abb. 6.35. Axialverspannung eines Pendelkugellagers mit überwiegender Radialbelastung, Schema

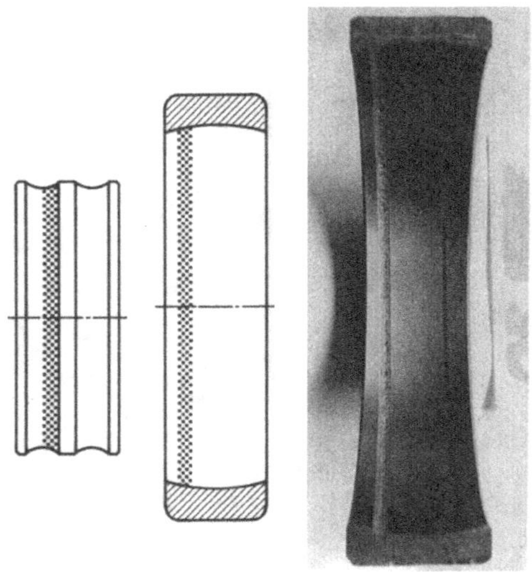

(1) (2)

Abb. 6.36. Reine Axialverspannung eines Pendelkugellagers: (1) Schema, (2) Fehlerhafte Laufspur in der Praxis

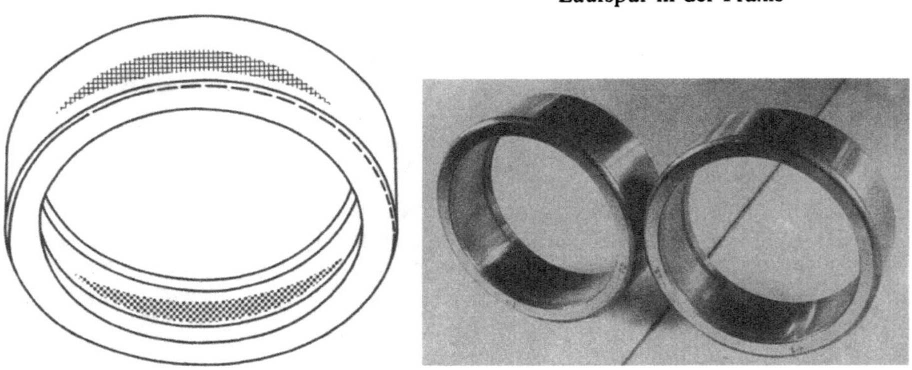

(1) (2)

Abb. 6.37. Ovalverspannung: Pendelrollenlager-Außenring, (1) Schema, (2) Fehlerhafte Laufspur in der Praxis den gesamten Umfang (vgl. Abb. 6.33, links). Bei ovaler Welle entstehen reziproke Laufspuren.

6.2.1.2.4 Schrägverspannung

Fluchtungsfehler der Gehäusesitze und starke Durchbiegung der Wellen verursachen Schrägverspannungen der Lager. Der umlaufende Lagerring erhält eine sich gleichmäßig über die Breite und den Umfang erstreckende Laufspur, der stillstehende Lagerring eine schräg über die Laufbahn führende Laufspur (Abb. 6.38 und 6.39).

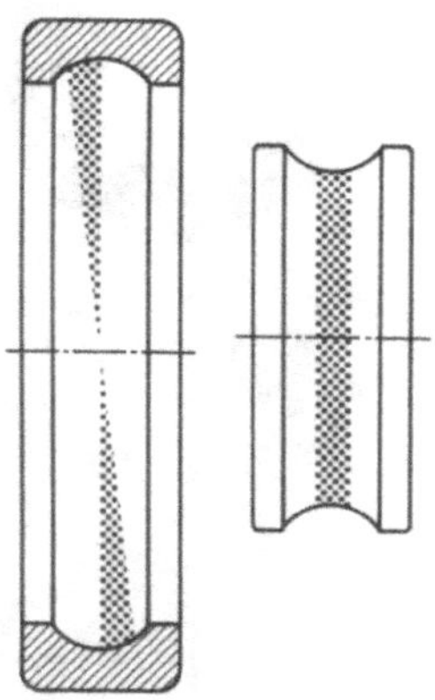

Abb. 6.38. Schrägverspannung: Umlaufender Innenring, Schema

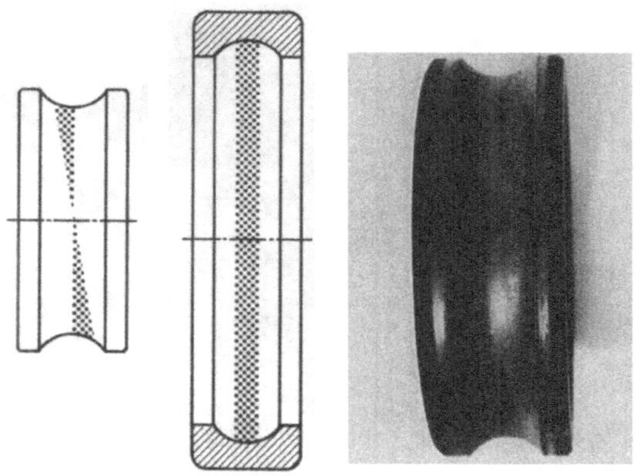

(1) (2)

Abb. 6.39. Schrägverspannung: Umlaufender Außenring, (1) Schema, (2) Rillenkugellager-Innenring

6.2.2 Schadensbilderlexikon

In diesem Abschnitt werden dem Wälzlageranwender lexikonartig praktische Hinweise über
— Aussehen der Schadensbilder
— mögliche Schadensursachen
— mögliche Abhilfemaßnahmen
gegeben.

Schadensbild	Schadensursache	Abhilfe	Foto
Abblätterungen (Schälungen) an der Laufbahn, in Wälzkörperteilung.	Montage, Manipulation. Verletzungen der Laufbahn durch unsachgemäße Handhabung, Überschreitung der Elastizitätsgrenze. Überrollen von Schürfmarken oder Riefen in Wälzkörperteilung.	Richtige Montage mit geeigneten Werkzeugen durchführen. Montagekraft nicht über Wälzkörpersatz einleiten. Bei Zylinderrollenlagern: Drehen der Welle beim Zusammenbau. Transportsicherung verwenden.	
Abblätterung (Schälung) ausgehend von der Füllnut, z. B. an zweireihigen Schrägkugellagern.	Konstruktion, Montage. Axialkraft zur Füllnut hin gerichtet.	Lager entsprechend der Richtung der Axialkraft orientiert einbauen. Bei wechselnder Axialkraftrichtung Lager ohne Füllnut verwenden oder zumindest kleinere Axialkraft in Richtung Füllnut vorsehen.	
Aufschmierungen und Schleudermarken in den Laufbahnen (zerkratzte Wälzlager).	Konstruktion, Betrieb. Schlupf, bei sehr niedrig belasteten oder unbelastet laufenden Lagern, Trägheit des Wälzkörpersatzes zu groß. Hohe Beschleunigungen. Schwingungen (Entlastung des Lagers), zu hohe Viskosität des Schmierstoffes.	Lager nicht überdimensionieren. Bei Prüfstandläufen (ohne Belastung) Laufbahnen mit Molybdändisulfid behandeln. Richtige Schmierstoffauswahl (Viskosität, Rezeptur, Additivierung) treffen. Kleinere, weniger und leichtere (hohle) Wälzkörper vorsehen.	 
Ausbrüche.	Montage. Schläge mit Werkzeugen auf die gehärteten Wälzlagerteile oder Schläge auf den Käfig. Prellschläge.	Geeignete Montagewerkzeuge richtig ansetzen (auf ganzen Umfang wirkend). Montagekraft über Hartholz-, Buntmetall- oder Kunststoffzwischenlage einleiten.	

Schadensbild	Schadensursache	Abhilfe	Foto
Ausgescheuerte Käfigtaschen. Verschlissene Käfigtaschen mit Freßspuren (Fresser).	Konstruktion, Montage, Betrieb. Zwangslauf der Wälzkörper durch Aufhebung der Radialluft oder zu hohe Belastungen, Schwingungen.	Größere Radialluft. Belastungsverhältnisse überprüfen. Schultergeführte Käfige einsetzen.	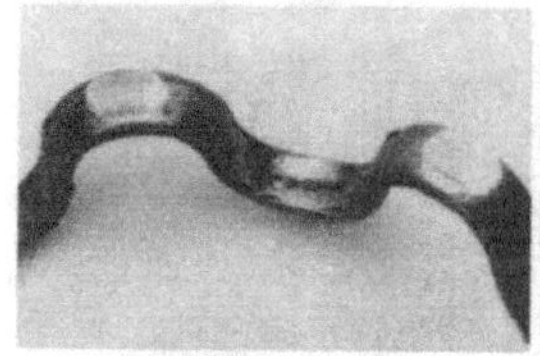 
Bordausbrüche.	Montage. Schläge mit Werkzeugen auf die gehärteten Wälzlagerteile. Prellschläge.	Montagewerkzeuge richtig ansetzen (auf ganzen Umfang wirkend). Montagekraft über Hartholz-, Buntmetall- oder Kunststoffzwischenlage einleiten.	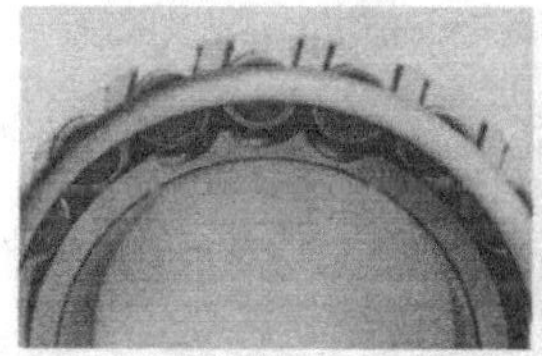 
Bordausbrüche und verschlissene Laufbahnen, Grübchenbildung, ausgescheuerte Käfigtaschen.	Konstruktion, Montage, Betrieb. Überlastung, zu große Kräfte.	Lager entsprechend dimensionieren. Ausreichende Unterstützung der Planfläche vorsehen.	
Bordverschleiß, Riefen an Rollenstirnflächen (und am halben Umfang des Ringbordes).	Montage, Betrieb, Schmierung. Axiale Überlastung bei mangelnder Schmierung (zusätzlich zu große Wellendurchbiegung oder Versatz der Lagerstellen oder Anlageflächen nicht ausreichend rechtwinkelig).	Gesamte Lagerstelle überprüfen. Lager mit modifizierter Bordgeometrie verwenden.	

Schadensbild	Schadensursache	Abhilfe	Foto
Bruch des Lagerringes und Schälung in der Laufbahn.	Konstruktion, Montage, Betrieb. Verspannung oder Überlastung des Lagers.	Richtige Montage. Tragfähigeres Lager vorsehen.	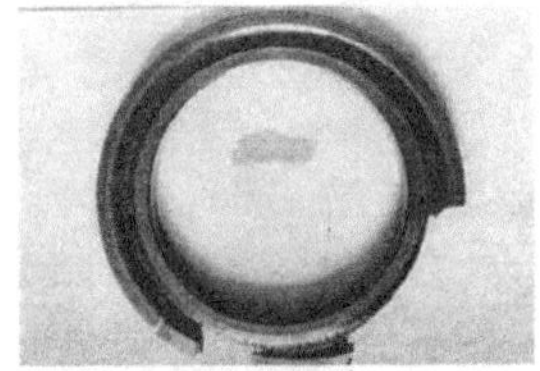
Bruchstellen am Lagerring, Rattermarken in der Laufbahn, Passungsrost am Manteldurchmesser.	Betrieb. Bruch durch schwingende oder stoßartige Beanspruchung bei ungenügender Unterstützung.	Ausreichende Unterstützung der Lagerringe, mögliche Verformung der Lageranschlußteile beachten. Schwingungsursachen bekämpfen.	 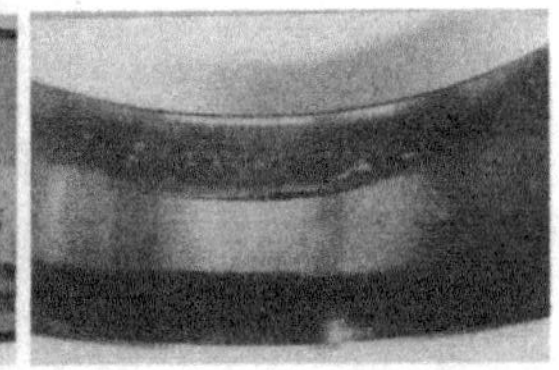
Deformation, Dellen in den Laufbahnen (bleibende Verformung) in Wälzkörperteilung oder multipel davon.	Transport, Montage, Betrieb. Überlastungen beim Transport, bei Montage oder im Betrieb bei stillstehendem Lager, Überschreitung der statischen Tragfähigkeit.	Transportsicherungen, geeignete Montagebehelfe, richtige Handhabung aller Geräte, in denen Wälzlager eingebaut sind.	
Deformationen, Dellen in Kugelabstand (meist mit freiem Auge schwer erkennbare Eindrückungen, die im Betrieb die Laufruhe stark beeinträchtigen).	Montage. Montagekräfte wurden über den Innenring und die Kugeln auf den Außenring geleitet (oftmals beim Montieren von Anschlußteilen wie Flanschen, Kupplungen usw.).	Verwendung geeigneter Montagewerkzeuge (Büchsen, Auftreiber, Induktionserhitzer). Montagefolge beachten.	

Schadensbild	Schadensursache	Abhilfe	Foto
Dunkle Färbung und kleine Krater in der Laufspur, Stromriffeln.	Konstruktion, Montage, Betrieb. Stetiger Stromdurchgang mit verhältnismäßig geringer Stromstärke.	Isolationsverhältnisse überprüfen. Erdung anbringen. Stromisolierte Lager verwenden. Lagerschilde isolieren.	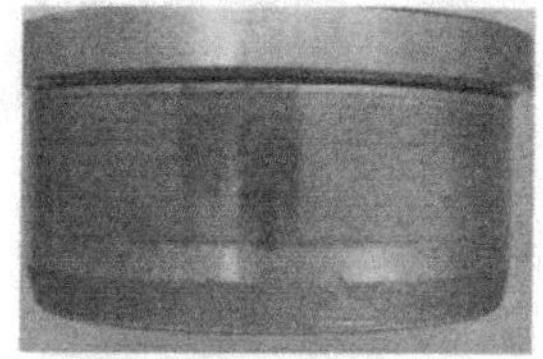
Durchriß des Innenringes.	Materialfehler, Montage. Gefügefehler. Anschlußteile nicht maßhaltig, zu strammer Wellensitz.	Lagerring untersuchen lassen. Maßkontrolle der Anschlußteile, Lagerring warm montieren, leichtere Passungen wählen.	
Fingerrost, Rostnarben auf Lagerringen.	Fertigung, Manipulation. Berühren der Lager mit feuchten Händen vor der Konservierung oder nach dem Abwaschen des Konservierungsfettes (oftmals Herstellfehler).	Berühren der Lager mit feuchten Händen vermeiden.	
Fremdkörpereindrücke in der Laufbahn, Riefen durch kleinste Schmutzteilchen (harte Teilchen).	Montage, Betrieb, Schmierstoff. Verschmutzung des Lagers, anschließender Teile oder des Schmierstoffes während der Montage oder Abrieb im Schmierstoff während des Betriebes. Unzureichende Abdichtung.	Größtmögliche Sauberkeit bei Einbau und Wartung. Schmiergeräte, Schmiernippel säubern, Abdichtung verbessern.	

Schadensbild	Schadensursache	Abhilfe	Foto
Grübchen (pittings).	Werkstoffermüdung. Die Lastwechselanzahl führt zu Gefügeänderung und Ermüdungsrissen (von der Lastzone ausgehend).	Wenn längere Lebensdauer gefordert, tragfähigeres Lager vorsehen.	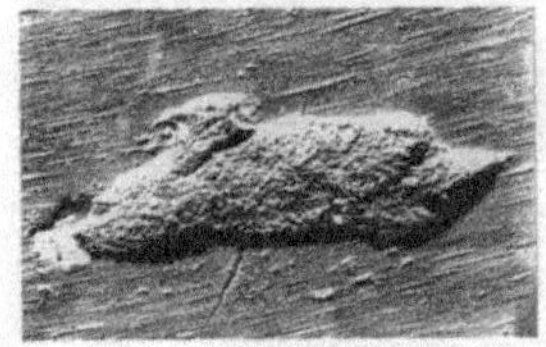
Maßänderung der Ringe, Härteabfall des Materials.	Montage, Betrieb. Ungleichmäßige oder zu hohe Erwärmung der Lager oder Ringe bei der Montage oder im Betrieb.	Montagetemperatur von 80 °C (bis 100 °C) einhalten. Induktiv oder im Ölbad anwärmen. Anwärmtemperatur mit Thermometer überwachen. Keine Schweiß- oder Schneidbrenner verwenden! Höhere Wärmebeständigkeit (Nachsetzzeichen S 1 usw.) vorsehen.	
Heißläufer. Plastisch verformte Laufbahnen. Dunkel verfärbte Laufspuren mit lamellenartigen Auswalzungen in der Lastzone oder am ganzen Umfang. Härteverlust, Wiederaufhärtung.	Fertigung, Konstruktion, Betrieb, Schmierung. Zu kleine Betriebslagerluft, bezogen auf Belastung und Drehzahl, führt zu Überlastung des Lagers. Temperaturentwicklung verursacht Härteverlust. Bei weiterem Betrieb Wiederaufhärtung und Auswalzen der aufgehärteten Schichten.	Radialluft entsprechend wählen. Lagerwahl überdenken. Schmierung (Kühlung) verbessern.	 
Härterisse.	Fertigung. Härtefehler (Temperatur, Abschreckgeschwindigkeit).	Verstärkte Kontrolle (Rissepüfung) beim Hersteller.	

Schadensbild	Schadensursache	Abhilfe	Foto
Hochglanz an Laufbahnen von Wälzkörpern und Ringen.	Schmierstoff. Schmierungsmangel.	Richtige Viskosität des Schmierstoffes wählen. Für ausreichende Schmierung sorgen. Nachschmierfristen einhalten.	
Hochglanz am Außenring-Mantel oder in der Innenring-Bohrung.	Fertigung, Konstruktion, Betrieb. Mitlaufen des Lagerringes (den Betriebsbedingungen nach zu leichte Passung). Maßänderung von Lagerringen durch zu hohe Betriebstemperatur.	Strammere Passung im Gehäuse bzw. auf der Welle mit Einhaltung der empfohlenen Rauhtiefen. Bei Passungsauswahl Punkt- bzw. Umfanglast des jeweiligen Lagerringes beachten. Maßstabilisierte Lager entsprechend der Betriebstemperatur verwenden.	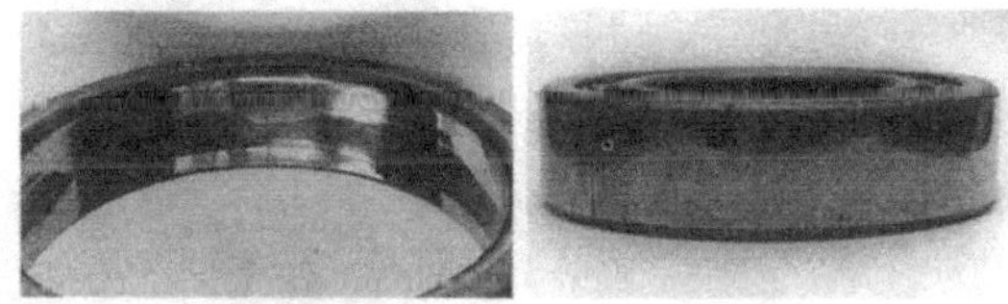
Käfigbruch, Bruch von Nieten und Stegen.	Fertigung, Konstruktion, Montage, Betrieb. Wirkung von zusätzlichen Kräften auf die normalerweise gering belasteten Käfige durch Verspannung, Temperaturbeanspruchung (z. B. Stahlniete bei Messingkäfig), Dauerbruch bei schwingender Beanspruchung.	Zusatzbelastungen auf den Käfig eliminieren. Geeigneten Käfigwerkstoff, geeignete Käfigbauart wählen.	
Käfigbruch bei Axialkugellagern.	Betrieb. Zu geringe Axialbelastung, Wälzkörperfliehkräfte zu groß.	Vom Hersteller angegebene Mindestaxialbelastung einhalten, gegebenenfalls Federanstellung vorsehen.	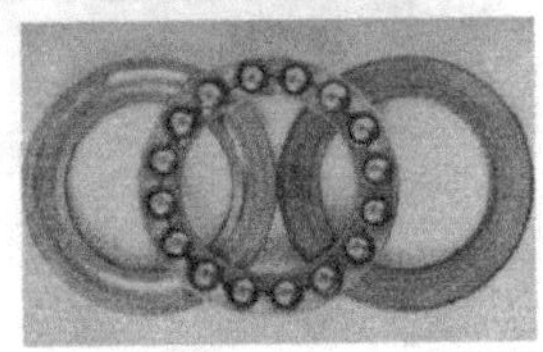

Schadensbild	Schadensursache	Abhilfe	Foto
Kontaktkorrosion.	Manipulation, Schmierstoff. Wirksamkeit des Konservierungsschutzes nicht gegeben. Falsche Aufbewahrung, feuchte Räume, Temperaturschwankungen, längere Stillstandszeiten. Gealteter Schmierstoff.	Richtige Aufbewahrung der Lager. Speziellen Schmierstoff verwenden oder Schmierstoff öfter wechseln.	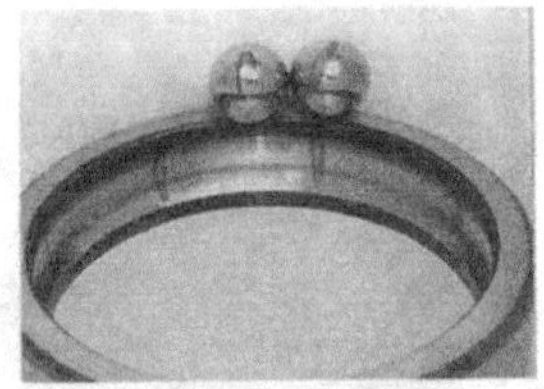
Krater. Kraterförmige Ausbrüche (Schmelzpunkte) an Laufbahnen und Wälzkörpern.	Konstruktion, Montage, Betrieb. Stromdurchgang, mangelhafte elektrische Isolierung der betreffenden Maschine.	Isolierung der Maschine überprüfen und verbessern (bei Elektroschweißung an Maschinenrahmen für richtige Erdung sorgen). Stromisoliertes Lager verwenden. Lagerschilde isolieren.	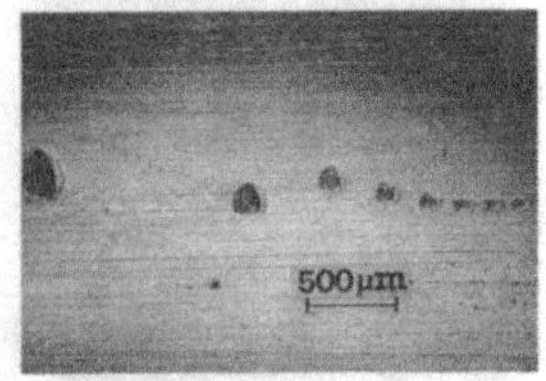
Laufspuren an diametral gegenüberliegenden Stellen der Laufbahn.	Fertigung. Ovalverspannung durch Formungenauigkeit (Ovalität) von Welle oder Gehäuse, Gehäuse oval verspannt, geteiltes Gehäuse seitenverkehrt oder versetzt zusammengebaut. Klemmen von Spänen in Gehäusen.	Formgenauigkeit der Anschlußteile prüfen und wenn nötig verbessern. Geteilte Gehäuse richtig zusammensetzen. Sauberkeit bei der Montage.	
Laufspur über ganzen Umfang stark ausgebildet.	Fertigung, Konstruktion, Betrieb. Radialverspannung. Wälzkörper laufen unter Vorspannung, Lagerluft zu klein, Temperaturunterschied zwischen Welle und Gehäuse zu groß. Anschlußteile außerhalb der Toleranz.	Wellen- und Gehäusesitze auf Maßhaltigkeit prüfen. Lagerluft muß auf Passungen abgestimmt werden. Temperatureinflüsse beachten, Lagerluft muß im Betrieb > 0 sein (Ausnahme: vorgespannte Lagerungen).	

Schadensbild	Schadensursache	Abhilfe	Foto
Laufspur schräg verlaufend.	Konstruktion, Fertigung, Betrieb, Montage. Schrägverspannung. Keine ausreichende Winkeleinstellmöglichkeit. Fluchtungsfehler der Lagersitze oder zu große Durchbiegung der Welle. Anlageflächen nicht rechtwinkelig.	Steifere Konstruktion vorsehen oder Einsatz von Pendellagern. Verkantungen der Wälzlagerringe in Hohlkehlen an Wellen- oder Gehäuseschultern vermeiden. Bearbeiten beider Lagerstellen in einer Aufspannung, um Versatz der Lagerstellen zu verhindern.	
Laufspur versetzt (bis zum Schulterdurchmesser reichend), Schälung.	Konstruktion, Montage, Betrieb. Axiale Überlastung.	Axial tragfähigeres Lager verwenden. Los-Festlageranordnung beachten.	
Nietbruch (angefräste Nietzapfen an Messingmassivkäfigen gerissen).	Betrieb. Dauerbruch infolge Schwingungen.	Schwingungsursache bekämpfen. Einteiligen Käfig (Fensterkäfig) einsetzen.	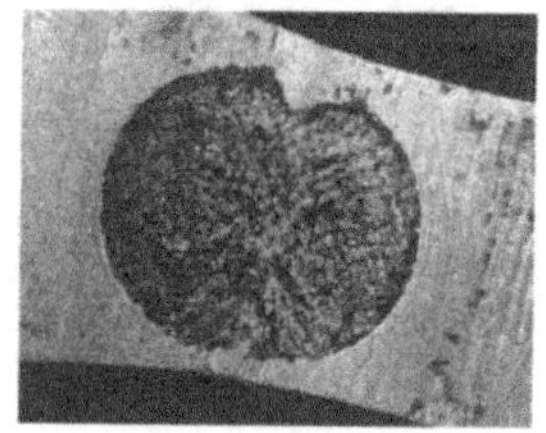
Ovaler Lagerring.	Manipulation. Fehlerhafte Aufbewahrung, in den Regalen stehend aufbewahrte Wälzlager oder Ringe.	Lagerringe liegend aufbewahren (Holzrost), bleibende Formänderungen ausschließen, Abstützung am ganzen Umfang.	

Schadensbild	Schadensursache	Abhilfe	Foto
Passungsrost (Reibrost) in den Sitzflächen.	Konstruktion, Fertigung, Betrieb. Zu leichter Sitz, Formungenauigkeiten (ovale oder kegelige Wellen- bzw. Gehäusesitze). Vibrationen (Mikrobewegungen). Anschlußteile verformen sich unter Belastung (Federung des Werkstoffes). Zu große Rauhtiefe.	Strammere Passungen, höhere Formgenauigkeit, empfohlene Rauhtiefen einhalten, Punkt- bzw. Umfanglast des jeweiligen Ringes bei der Passungsauswahl beachten. Umgebungskonstruktionen steifer ausbilden.	 
Poliger Lauf der Kugeln (ausgescheuerte Käfigtaschen).	Konstruktion, Montage, Betrieb. Zu hohe Belastung. Mangelnde Schmierung. Verspannung.	Lagerwahl überdenken (eventuell axial tragfähigeres Lager verwenden). Schmierung verbessern.	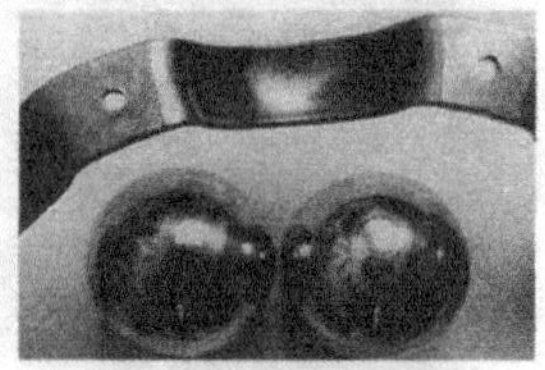
Rattermarken (Schwingungskorrosion).	Betrieb. Stillstandserschütterungen. Übertragung von Schwingungen von anderen Maschinen führt zu Relativbewegungen zwischen Laufbahnen und Wälzkörpern. Zu schwache Fundamente, zu große Lagerluft.	Erschütterungen durch konstruktive Maßnahmen verhindern. Massive Einzelfundamente für alle Maschinen und Hilfsaggregate. Kleinstmögliche Lagerluft wählen.	
Rattermarken.	Betrieb. Schwingungskorrosion, je nach Drehzahl und Schwingungen tiefe Mulden bis eng aneinanderliegende Riffeln.	Erschütterungen durch konstruktive Maßnahmen verhindern, eventuell Lager vorspannen. Massive Einzelfundamente für jedes Aggregat vorsehen.	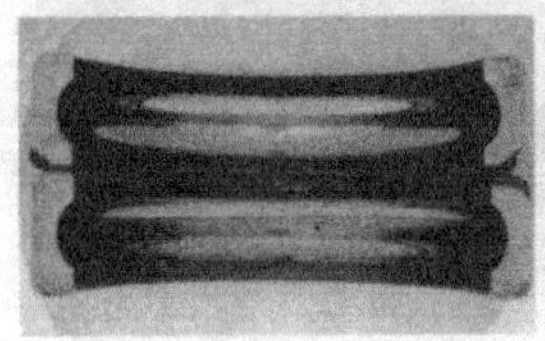 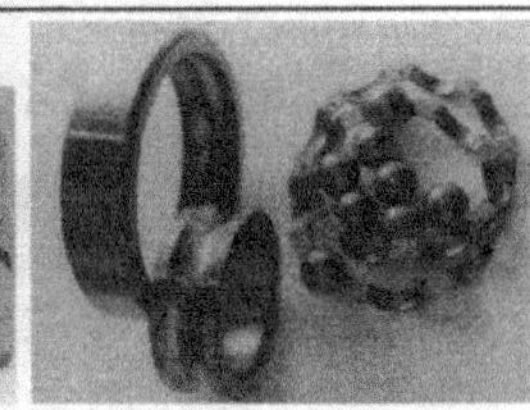

Schadensbild	Schadensursache	Abhilfe	Foto
Rostnarben auf Laufbahnen und Außenflächen.	Montage, Betrieb. Korrosionsschaden durch Wasser oder aggressive Medien. Unzureichende Dichtungen. Hohe Temperaturdifferenzen (Kondensatbildung). Unzureichender Schmierstoff.	Einbau einer wirksamen Abdichtung (schleifende Dichtungen RS, abgedeckte Lager Z). Verwendung von Fetten, die geringe Wassermengen emulgieren. Maximale Fettfüllung bei nicht zu hohen Drehzahlen, Öle mit gutem Wasserabscheidevermögen anwenden.	
Roststellen an der Oberfläche noch nicht eingebauter Wälzlager.	Manipulation. Fehlerhafte Aufbewahrung, relative Luftfeuchtigkeit im Aufbewahrungsraum zu hoch. Kondensatbildung bei Temperaturschwankungen. Lagerung aggressiver Chemikalien im gleichen Magazin. Beschädigte Verpackung.	Aufbewahrung in trockenen Räumen, gleichbleibende Temperatur (Klimatisierung) Originalverpackung erst unmittelbar vor Einbau öffnen.	
Schleifrisse, nach Ätzung viele kleine Risse sichtbar (Bruch eines Lagerringes beim Fallenlassen).	Fertigung. Schleifgeschwindigkeit, Schleifzugabe zu groß. Kühlmittelversorgung mangelhaft.	100%ige Risseprüfung beim Hersteller, Troostitätzung durchführen.	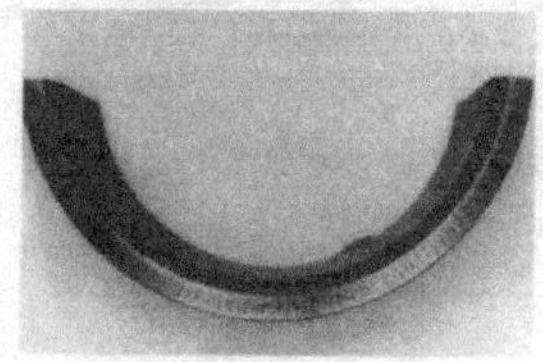
Schürfmarken (im Rollenabstand auf den Laufbahnen und auf den Mantelflächen der Rollen bei Zylinderrollenlagern).	Montage. Zerlegbares Rollenlager verkantet zusammengesetzt.	Vermeidung von Fluchtungsfehlern während der Montage. Leichtes Drehen beim Zusammensetzen des Lagers.	

Schadensbild	Schadensursache	Abhilfe	Foto
Stromkrater. Beginn der Bildung von Stromriffeln.	Konstruktion, Montage, Betrieb. Stromdurchgang.	Isolationsverhältnisse überprüfen und verbessern. Erdung anbringen. Stromisolierte Lager verwenden. Lagerschilde isolieren.	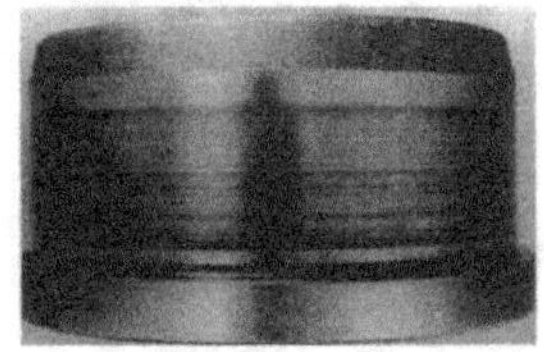
Totaler Lagerausfall, Heißläufer.	Fertigung, Konstruktion, Montage, Betrieb, Schmierstoffe. Überschmierung, übermäßige Walkarbeit; beim Fett trennt sich das Grundöl von der Seife und verkokt. Schlammbildung im Öl (bei Überschmierung mit Öl). Überlastung (Kräfte, Drehzahl) mit zu großer Erwärmung.	Radialluft entsprechend wählen. Drehzahltauglichkeit überprüfen. Käfigwerkstoff nach den Anforderungen auswählen. Schmierverfahren prüfen. Hinweise der Hersteller bezüglich Fettfüll- und Nachschmiermengen beachten, Öldurchflußmenge beachten. Richtige Schmierstoffviskosität wählen, Lagerwahl überdenken.	 
Tribokorrosion.	Konstruktion, Montage, Betrieb. Schwingungskorrosion in den Plananlageflächen durch Drehschwingungen.	Schwingungsursache bekämpfen. Tribologische Optimierung der Reibpartner ausführen.	 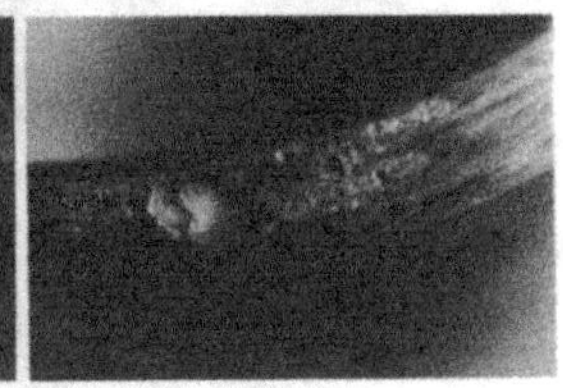
Plastische Verformungen.	Konstruktion, Fertigung, Montage, Betrieb. Belastungen im Betrieb größer als die statische Tragfähigkeit; falsche Konzeption oder Verspannung, Fluchtungsfehler, Überlastung.	Gesamte Lageranordnung überprüfen. Belastung, Deaxierung, Verformung von Welle und Gehäuse überdenken.	

Schadensbild	Schadensursache	Abhilfe	Foto
(Erhöhter) Verschleiß (Stirnfläche von Zylinderrollen).	Betrieb. Zu große Axialbelastung. Ungenügende Schmierung.	Schmierung verbessern. Axial tragfähigeres Lager verwenden, Zylinderrollenlager mit modifizierter Bordgeometrie einsetzen.	
Erhöhter Verschleiß (Zylinderrollenlager)	Konstruktion, Betrieb. Bordscheibe oder Winkelring schlecht unterstützt. Axiale Überlastung. Mangelnde Schmierung.	Lager mit modifizierter Bordgeometrie verwenden. Axial tragfähigeres Lager einbauen. Schmierung verbessern.	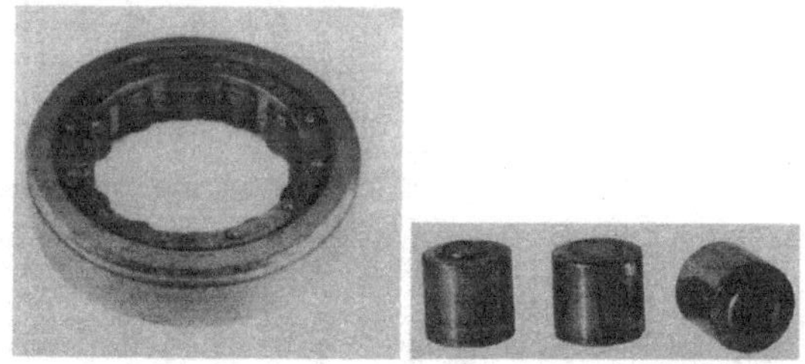
Wärmerisse (Fresser und Aufschmierungen, Durchriß).	Konstruktion, Betrieb. Gleitbewegungen von Lageranschlußteilen oder des Käfigs an Lagerringen. Die erzeugte Reibwärme führt zu Spannungsrissen.	Schmierung verbessern. Axial tragfähigeres Lager verwenden, Zylinderrollenlager mit modifizierter Bordgeometrie einsetzen.	

7 FERTIGUNGSTECHNIK

Es besteht nicht die Absicht, üblicherweise praktizierte oder allenfalls mögliche Techniken zur Herstellung von Lagerteilen oder zum Zusammenbau der Lagerteile zu fertigen Lagern tiefgründig zu behandeln. Es wird jedoch an mehreren Beispielen der prinzipielle, konventionelle Fertigungsablauf (Fertigungsplan) dargestellt.

Wälzlagerteile werden in gleicher Art und Weise hergestellt wie vergleichbare andere Präzisionselemente, nämlich auf Maschinen hoher bis höchster Leistungsfähigkeit und Präzision. Die Umrüstbarkeit(-zeit) spielt eine wesentliche Rolle bei häufig notwendigem Werkzeugwechsel, also kleinen Stückzahlen (Fertigungslosen); sie wird aber bedeutungslos für eine Maschine mit derselben Funktion in der Großserien-Fertigung (Fließstraßen).

Die flexible Automation und die CAM-gestützten Fertigungsmaschinen finden selbstverständlich in der modernen Fertigung ihre Anwendung (Abb. 7.1 und 7.2).

Einen sehr hohen Stellenwert besitzt die Qualitätsüberwachung, d. h. es wird während des Fertigungsablaufes sehr häufig und intensiv geprüft und kontrolliert – von der Eingangskontrolle der Werkstoffe (Halbzeuge) bis zur transportkonformen Verpackung. Daher gibt es z. B. gigantische Unterschiede zwischen einem „normalen" Lager für den allgemeinen Maschinenbau und einem Flugwerklager. Ein Scherz ist natürlich die Feststellung, daß Flugwerklager-Kunden bereits das Eisenerz für die Herstellung des Rohmaterials selbst überprüfen; allerdings – die lückenlos vorzulegenden Atteste über den Fertigungsprozeß füllen dicke Bücher und jeder Vorgang muß jederzeit nachvollziehbar sein. Dafür liegen aber auch Welten zwischen den Preisen für beide Lager.

Es wird in diesem Abschnitt angenommen, daß den Konstrukteur wie den Studierenden interessiert, wie ein Wälzlager mit zwar modernen, jedoch durch-

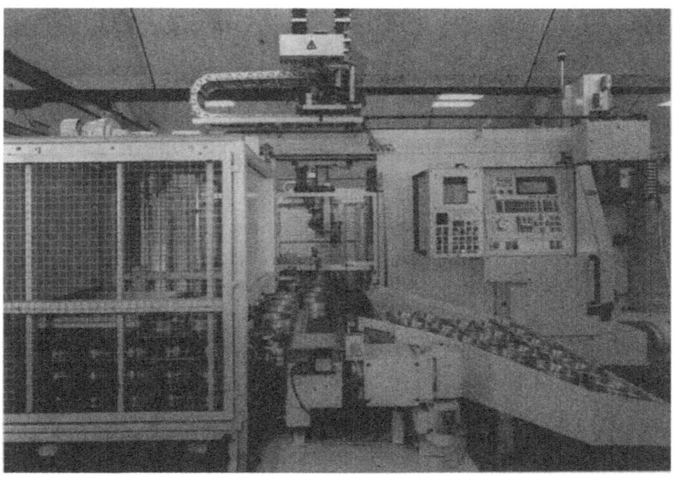

Abb. 7.1. CAM-Fertigung, Drehzentrum

Abb. 7.2. Handhabungsgerät

schnittlich überschaubaren, im weiteren Sinne konventionellen Fertigungstechniken entsteht. Daher werden Fertigungsvorgänge kurz beschrieben, bekannte Namen von Werkzeugmaschinen genannt und durchschnittliche Stundenleistungen angegeben.

Als Werkstoff wird in allen Fällen der Wälzlagerstahl 100 Cr6 angenommen.

Das Halbzeug als Ausgangsbasis für die Formgebung der Lagerringe wird von regionalen Aspekten der Wirtschaftlichkeit bestimmt, z. B. Voll-Stange (Zaggeln), Rohr, Schmiederohling.

Ein weitläufig rationell zerspanbares Halbzeug ist das kaltgepilgerte Rohr; es wird daher im folgenden beschrieben. Die Arbeitsabläufe für Voll-Stangen und Schmiedestücke sind in den einzelnen Phasen vergleichbar und bleiben der Vorstellungskraft des Lesers überlassen.

Kleinere Wälzkörper werden aus „Kugeldraht", also Vollmaterial durch Kaltpressen, größere Wälzkörper aus vorgewärmten Voll-Stangen durch Warmpressen hergestellt; die Presse zur Verformung ist konzeptionell gleich.

7.1 Lagerringe

7.1.1 Radial-Rillenkugellager-Ring

7.1.1.1 Außenring 6210

Halbzeug: Rohr 92,04/74,98 mm Durchmesser

Arbeitsvorgänge:

(1) Drehen komplett (fertig): Pittler 100/6, 100 Stk/h, Abb. 7.3

Spindelzahl (→ 6)

max. Spanndurchmesser (→ 100)

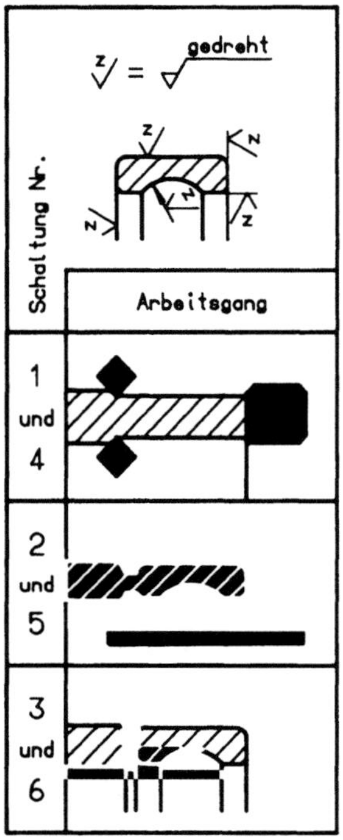

Abb. 7.3. Drehzyklus Rillenkugellager-Außenring: 2 Ringe komplett je Schaltzyklus (2 Ringe, 3 Schaltungen, 6 Spindeln)

(2) Waschen: 1%ige Soda-Emulsion bei 60 °C
(3) Stempeln: Schuler 10 Mp, 3 100 Stk/h
(4) Kontrolle: Maß- und Sichtkontrolle, Zählkontrolle
(5) Härten: Durchrollofen 860 °C/60 °C, 1 400 Stk/h, Abb. 7.4
(6) Waschen und Anlassen: 10 °C/200 °C, 3 Stunden
(7) Planschleifen: Giustina Besly 242, 3 100 Stk/h, 2 Durchläufe, Abb. 7.5
(8) Kontrolle: Ringbreite
(9) Manteldurchmesserschleifen: Lidköping 46 G, 580 Stk/h, 4 Durchläufe, Abb. 7.6 und 7.10
(10) Waschen: 1%ige Soda-Emulsion bei 75 °C
(11) Kontrolle: Manteldurchmesser
(12) Laufbahn (Rille) schleifen: Voumard 52 ASCE, 110 Stk/h, Abb. 7.7
(13) Kontrolle: Rillenradius und Laufbahnwelligkeit
(14) Laufbahn (Rille) finishen: Thielenhaus KM 150 A 2 A, 190 Stk/h, Abb. 7.8
(15) Waschen: Ultraschallwaschanlage
(16) Endkontrolle Außenring.

Abb. 7.4. Durchrollofen

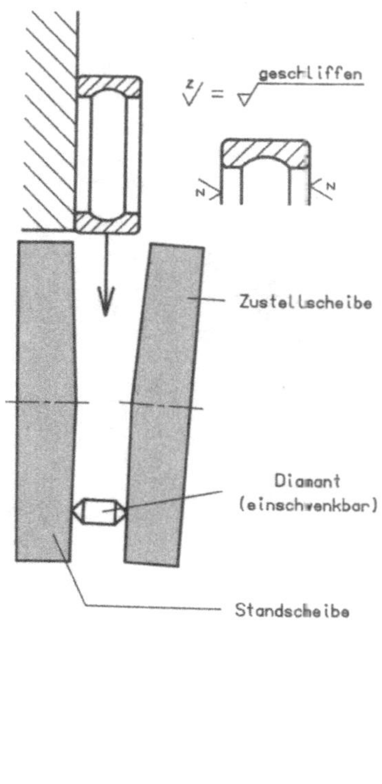

Abb. 7.5. Planschleifen

Abb. 7.6. Mandeldurchmesserschleifen (Centerless-Schleifen)

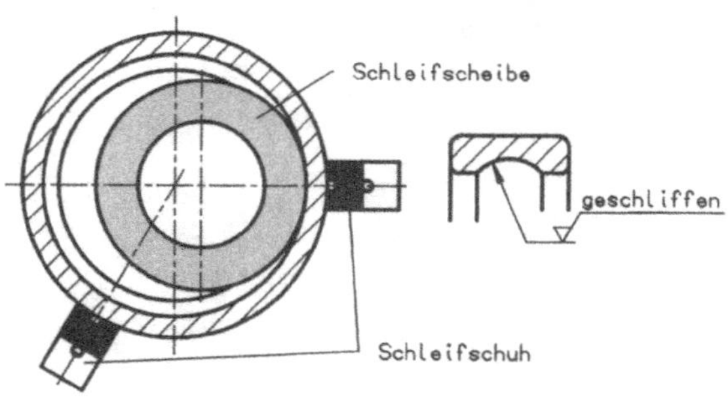

Abb. 7.7. Laufbahnschleifen: Rillenkugellager-Außenring

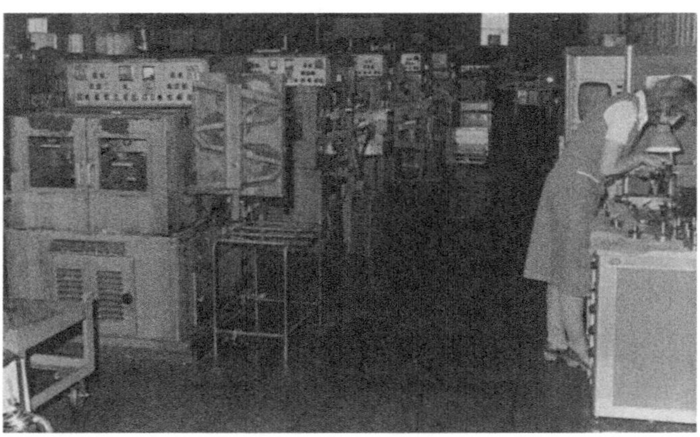

Abb. 7.8. Finishmaschine (links), Rundheitsmeßgerät (rechts)

7.1.1.2 Innenring 6210

Halbzeug: Rohr 63,45/48,49 mm Durchmesser

Arbeitsvorgänge:

(1) Drehen komplett (fertig): PITTLER 72/, 300 Stk/h, Abb. 7.9

Spindelzahl

max. Spanndurchmesser

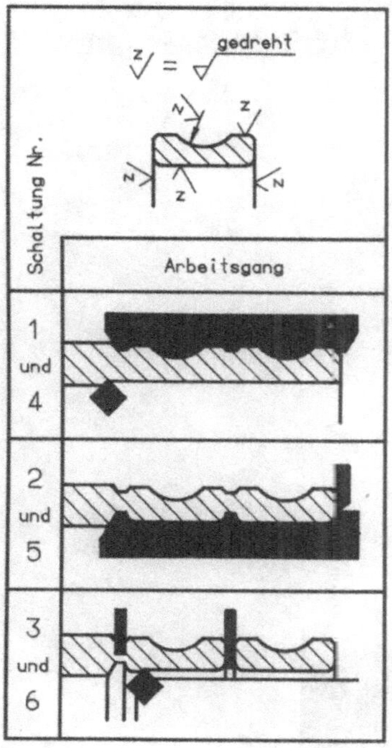

Abb. 7.9. Drehzyklus Rillenkugellager-Innenring: 4 Ringe komplett je Schaltzyklus (2 × 2 Ringe, 3 Schaltungen, 6 Spindeln)

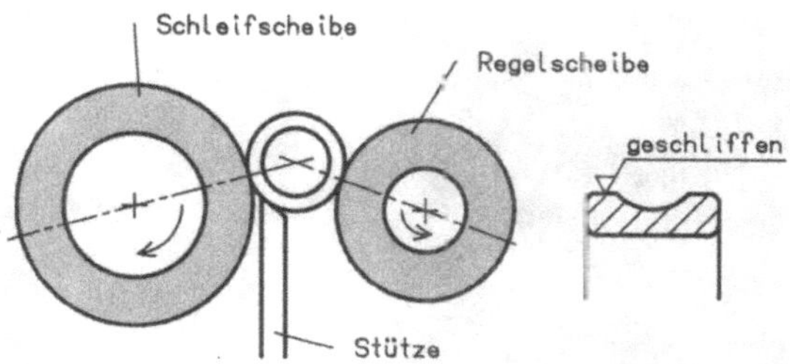

Abb. 7.10. Schulterdurchmesserschleifen (Centerless-Schleifen)

(2) Waschen: 1%ige Soda-Emulsion bei 60 °C
(3) Kontrolle: Maß- und Sichtkontrolle, Zählkontrolle
(4) Härten: Durchrollofen 860 °C/60 °C, 1 400 Stk/h, Abb. 7.4
(5) Waschen und Anlassen: 10 °C/200 °C, 3 h
(6) Planschleifen: STEYR M-443, 2 300 Stk/h, 3 Durchläufe, analog zu Abb. 7.5
(7) Kontrolle: Ringbreite
(8) Schulterdurchmesser schleifen (Centerless-Schleifen): LIDKÖPING 46 G, 2 Durchläufe, 1 200 Stk/h; als Vorbereitungsvorgang zur Aufnahme für Bohrung schleifen → Laufbahn (Rille) bearbeiten, Abb. 7.10
Anmerkung: Arbeitsgang (8) entfällt (Stand der Technik)
(9) Bohrung schleifen: HEALD 1 CF 90, 190 Stk/h
(10) Kontrolle: Bohrungsdurchmesser
(11) Laufbahn (Rille) schleifen: FAMIR RTF B 120 GG, 230 Stk/h, Abb. 7.11
(12) Laufbahn (Rille) finishen: THIELENHAUS KM 85 D 2 A, 230 Stk/h, Abb. 7.12
(13) Waschen: Ultraschallwaschmaschine
(14) Endkontrolle Innenring

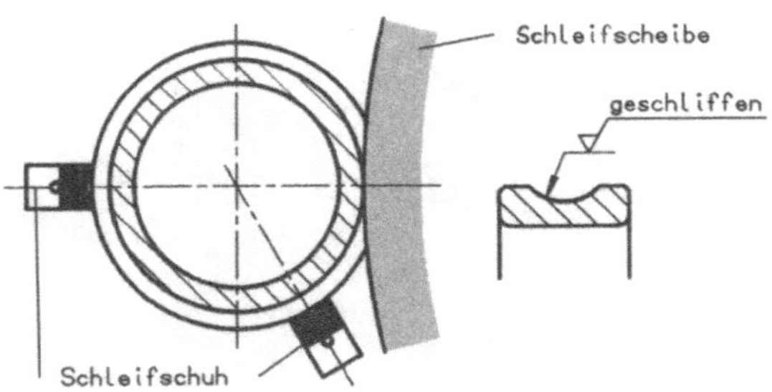

Abb. 7.11. Laufbahnschleifen: Rillenkugellager-Innenring

Abb. 7.12. Laufbahnfinishen

7.1.2 Radial-Kegelrollenlager-Ring

7.1.2.1 Außenring 302 14 C

Halbzeug: Rohr 127,62/101,06 mm Durchmesser

Arbeitsvorgänge:

(1) Drehen: Manteldurchmesser, Bohrung, 5 Stück abstechen, GILDEMEISTER AE 160 R, 60 Stk/h, Abb. 7.13
(2) Waschen: 1%ige Soda-Emulsion, bei 60 °C
(3) Kontrolle: Maß- und Sichtkontrolle
(4) Drehen 1. Planfläche (Bezugsplanfläche): STEYR K-139, 220 Stk/h
(5) Kontrolle: Planfläche
(6) Drehen Laufbahn: STEYR K-163, 260 Stk/h
(7) Kontrolle: Maßkontrolle
(8) Drehen 2. Planfläche: STEYR K-139, 260 Stk/h
(9) Kontrolle: Ringbreite
(10) Stempeln: SCHULER 40 Mp, 770 Stk/h
(11) Kontrolle: Sichtkontrolle, Zählkontrolle
(12) Härten: Durchrollofen 860 °C/60 °C, 670 Stk/h, Abb. 7.4
(13) Waschen und Anlassen: 10 °C/200 °C, 3 h
(14) Planschleifen: GIUSTINA BESLY 242, 2 300 Stk/h, 2 Durchläufe, Abb. 7.5
(15) Kontrolle: Ringbreite
(16) Manteldurchmesser schleifen: LIDKÖPING 46 G, 240 Stk/h, 5 Durchläufe, Abb. 7.6
(17) Waschen: 3%ige Soda-Emulsion bei 75 °C
(18) Kontrolle: Manteldurchmesser
(19) Laufbahn schleifen: VOUMARD 52, 90 Stk/h
(20) Laufbahn finishen: THIELENHAUS RM 150 A 2 A, 230 Stk/h
(21) Waschen: Ultraschallwaschanlage
(22) Endkontrolle Außenring

7.1.2.2 Innenring 302 14 C

Halbzeug: (warmgewalztes) Rohr 97,89/66,23 mm Durchmesser

Arbeitsvorgänge:

(1) Rohr schälen: CALOW DMR 1
(2) Drehen komplett ohne Einstich: GILDEMEISTER AS 100/6, 65 Stk/h, Abb. 7.14
(3) Waschen: 1%ige Soda-Emulsion bei 60 °C
(4) Kontrolle: Maßkontrolle
(5) Einstich drehen: STEYR M-456, 120 Stk/h
(6) Stempeln: SCHULER 40 Mp, 900 Stk/h
(7) Kontrolle: Sichtkontrolle, Zählkontrolle

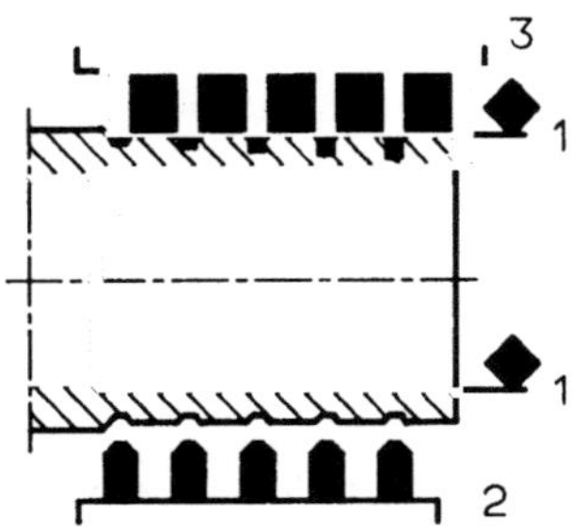

Abb. 7.13. Drehzyklus Kegelrollenlager-Außenring: 5 Ringe je Schaltzyklus

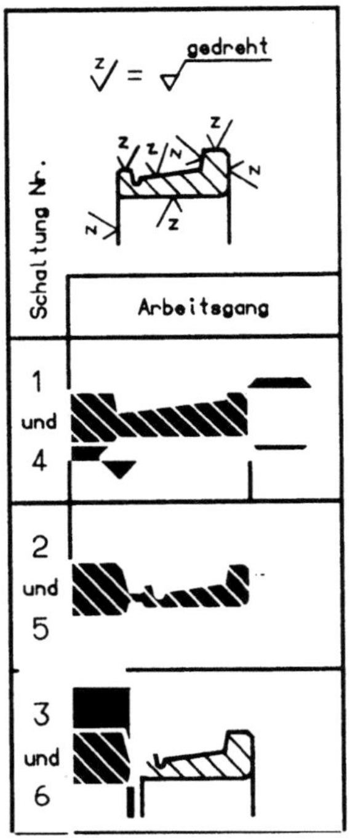

Abb. 7.14. Drehzyklus Kegelrollenlager-Innenring: 2 Ringe komplett je Schaltzyklus (2 Ringe, 3 Schaltungen, 6 Spindeln)

(8) Härten: Durchrollofen 860 °C/60 °C, 440 Stk/h, Abb. 7.4
(9) Waschen und Anlassen: 10 °C/200 °C, 3 h
(10) Plan schleifen: Giustina Besly 242, 1 800 Stk/h, 2 Durchläufe, Abb. 7.5
(11) Kontrolle: Ringbreite
(12) Laufbahn schleifen: Famir RTF 120 P/180 CP, 150 Stk/h
(13) Kontrolle: Maßkontrolle
(14) Bohrung schleifen: Novamatik P 10/115, 115 Stk/h
(15) Kontrolle: Maßkontrolle
(16) Bord schleifen: Famir RTD SB 120, 150 Stk/h
(17) Kontrolle: Maßkontrolle
(18) Laufbahn finishen: Thielenhaus RM 150 A 2 A, 290 Stk/h
(19) Waschen: Ultraschallwaschanlage
(20) Endkontrolle Innenring

7.2 Wälzkörper

7.2.1 Kugel 12,5 mm

Halbzeug: Kugeldraht 9,2 mm

Arbeitsvorgänge:

(1) Pressen: Kühne KSK 3, 6300 Stk/h, Abb. 7.15 bis 7.17
(2) Kontrolle: Ätzkontrolle
(3) Flashen: Köhler, 7000 Stk/h, Abb. 7.18 und 7.19
(4) Putzen: Putztrommel (Birkenschrot), Abb. 7.20
(5) Härten: Schüttelplattenofen, 3100 Stk/h, 850 °C/60 °C, Abb. 7.21
(6) Waschen und Anlassen: 10 °C/150 °C, 3 h
(7) Putzen: Putztrommel (Birkenschrot), Abb. 7.20
(8) Hartschleifen: Steyr K-109, 1500 Stk/h, Abb. 7.22 und 7.23
(9) Kontrolle: Formprüfung (Rundheitsmessung)
(10) Waschen: 1%ige Soda-Emulsion bei 90 °C
(11) Putzen: Putztrommel (Birkenschrot), Abb. 7.20
(12) Läppen: Steyr K-147, 1700 Stk/h
(13) Kontrolle: Formprüfung (Rundheitsmessung), Ätzkontrolle
(14) Putzen: Putztrommel (Birkenschrot), Abb. 7.20
(15) Auslesen: Aviko, 11500 Stk/h, Abb. 7.24 oder Auslesebrett, Abb. 7.25
(16) Sortieren: Censor KS, 22000 Stk/h, Abb. 7.26

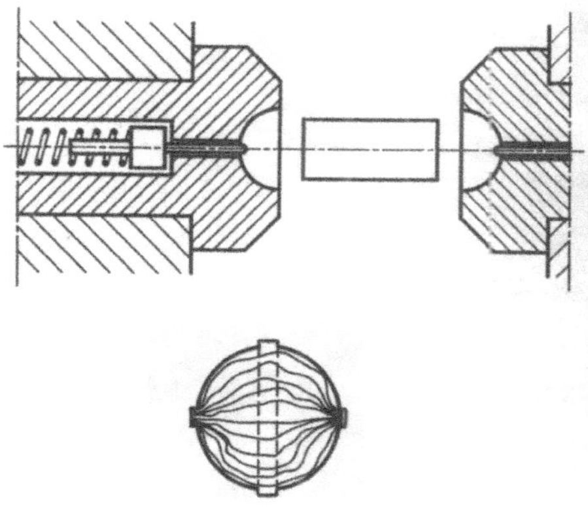

Abb. 7.15. Pressen von Kugeln, Prinzip

Abb. 7.16. Pressen von Kugeln

Abb. 7.17. Gepreßte Kugelrohlinge

Abb. 7.18. Weichbearbeitung von Kugeln: „Flashmaschinen“

Abb. 7.19. Feilscheiben zur Kugelweichbearbeitung

Abb. 7.20. Putztrommel, Putzen mit Birkenschrot

Abb. 7.21. Schüttelplattenofen

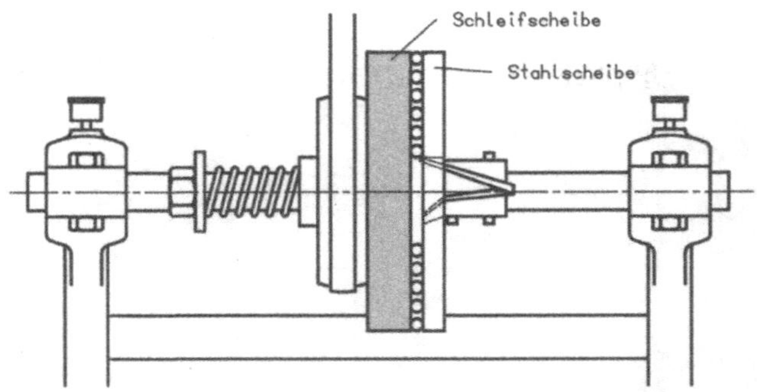

Abb. 7.22. Hartschleifen: „Kugelmühle", Prinzip

Abb. 7.23. Hartschleifen: „Kugelmühle"

7.2.2 Kegelrolle RT 302 14 C

Halbzeug: Rollendraht 14,5 mm

Arbeitsvorgänge:

(1) Pressen komplett (fertig): KAYSER-Doppelschlagpresse, 4 400 Stk/h
(2) Kanten scheuern: Gußtrommel (Schleifscheibenbruch), Abb. 7.27
(3) Putzen: Putztrommel (Birkenschrot), Abb. 7.20
(4) Härten: Schüttelplattenofen, 1 300 Stk/h, 850 °C/60 °C, Abb. 7.21
(5) Waschen und Anlassen: 10 °C/150 °C, 3 h
(6) Putzen: Putztrommel (Birkenschrot), Abb. 7.20
(7) Mantel vorschleifen: STEYR K-145, 1 600 Stk/h, 2 Durchläufe

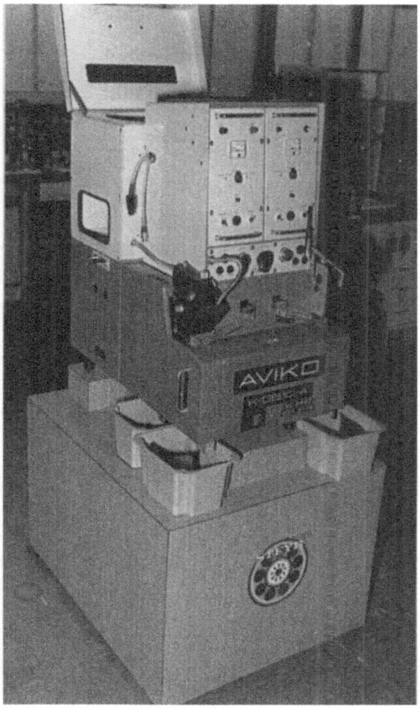

Abb. 7.24. Kugelauslesegerät

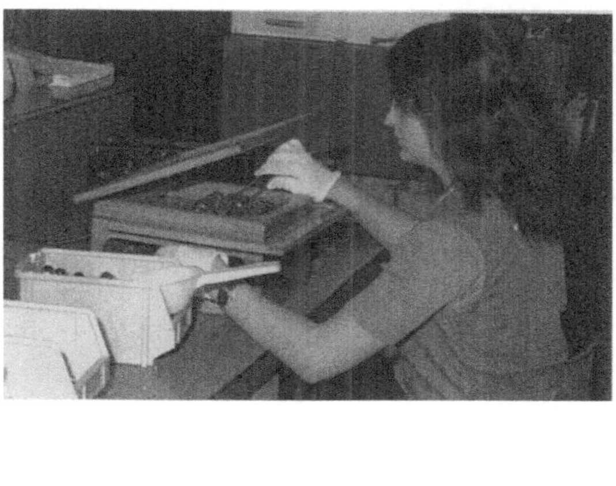

Abb. 7.25. Auslesebrett

(8) Putzen: Putztrommel (Birkenschrot), Abb. 7.20
(9) Stirnseite schleifen: Hüller KSS 2, 1 500 Stk/h
(10) Putzen: Putztrommel (Birkenschrot), Abb. 7.20
(11) Mantel fertigschleifen (balligschleifen): Steyr K-184, 4 900 Stk/h
(12) Polieren: Gußtrommel (Polierkalk), analog zu Abb. 7.27
(13) Putzen: Putztrommel (Birkenschrot), Abb. 7.20
(14) Auslesen: Auslesevorrichtung Steyr
(15) Sortieren: Censor CRC, 3 500 Stk/h

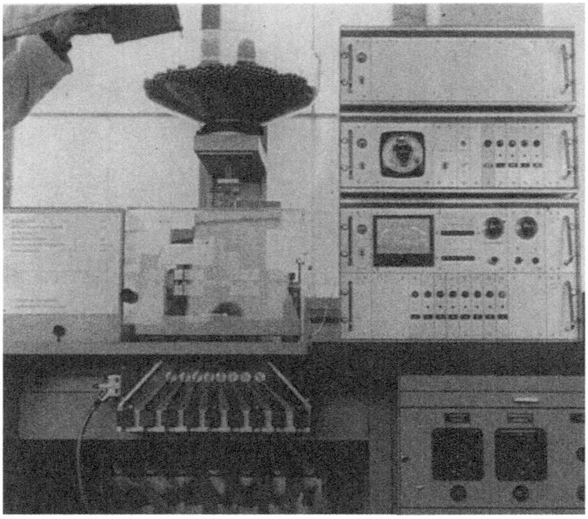

Abb. 7.26. Kugelsortiergerät

Abb. 7.27. Scheuertrommeln

7.3 Käfige

7.3.1 (Stahl-)Blechkäfige

7.3.1.1 Blechkäfig für Rillenkugellager 6210

Halbzeug: Tiefziehblech 92 × 1,2 mm

Arbeitsgänge:

(1) Käfighälfte komplett fertigen (Folgeschnitt-Werkzeug): Raskin 80 Mp, 2200 Stk/h, Abb. 7.28
(2) Entgraten: Steinfinishen
(3) Endkontrolle Käfig

Abb. 7.28. Folgeschnittwerkzeug für Rillenkugellager-Blechkäfige

7.3.1.2 Blechkäfig für Kegelrollenlager 302 14 C

Halbzeug: Tiefziehblech 150 × 2 mm

Arbeitsgänge:

(1) Platine stanzen, Topf ziehen, Bohrung stanzen (Schnitt-Zieh-Schnitt-Werkzeug): RASKIN 150 Mp, 900 Stk/h
(2) Rand abdrehen: STEYR K-175, 200 Stk/h
(3) Fenster stanzen: RASKIN 45 Mp, 220 Stk/h
(4) Fenster prägen: RASKIN 45 Mp, 220 Stk/h
(5) Ausbauchen: RASKIN 80 Mp, 520 Stk/h
(6) Waschen: 1%ige Soda-Emulsion bei 90 °C
(7) Entgraten: Steinfinishen
(8) Waschen: Emulsion 1% Ömeta, 2% Dromus/90 °C
(9) Endkontrolle Käfig

7.3.2 Massivkäfige

7.3.2.1 Kunststoff-Käfige

Der stückzahlmäßig häufigst verwendete und preiswerteste Massivkäfig wird heute als Kunststoff(massiv)käfig aus Thermoplast-Granulaten (vornehmlich Polyamid P 66) in einem Arbeitsgang im Spritzgußverfahren einbaufertig hergestellt (Abb. 7.29).

Das Granulat wird in der Spritzgußmaschine bei ca. 300 °C verflüssigt und unter Druck (bis 160 bar) sehr schnell (Sekundenbruchteil) in die auf 90 °C vorgewärmte Form verspritzt. Der „Kälteschock" bewirkt wegen des engen Schmelzbereiches ein rasches Erstarren, die Temperierung reicht jedoch zur Kristallisation des Werkstoffes bis zur Werkstückoberfläche aus.

Abb. 7.29. Kunststoffmassivkäfige

Ein Spritzzyklus dauert je nach Käfiggröße bis zu 20 Sekunden. Mehrfachformen erhöhen die Wirtschaftlichkeit. Das Schwund- und Quellverhalten des stark hygroskopischen Werkstoffes verlangt große Erfahrung bei der Werkzeugherstellung (Maßhaltigkeit).

7.3.2.2 Messing-(Stahl-)Käfige

Der nach der Anwendungshäufigkeit nächst wichtige Käfig ist der Messingmassivkäfig. In seltenen Fällen werden Stahlmassivkäfige verwendet. Beide Arten werden in der Regel aus Rohren (seltener: Gußrohlinge) auf zweckdienlichen Werkzeugmaschinen (Bearbeitungszentren) zum Drehen, Fräsen, Bohren, Schleifen, Räumen u. a. hergestellt.

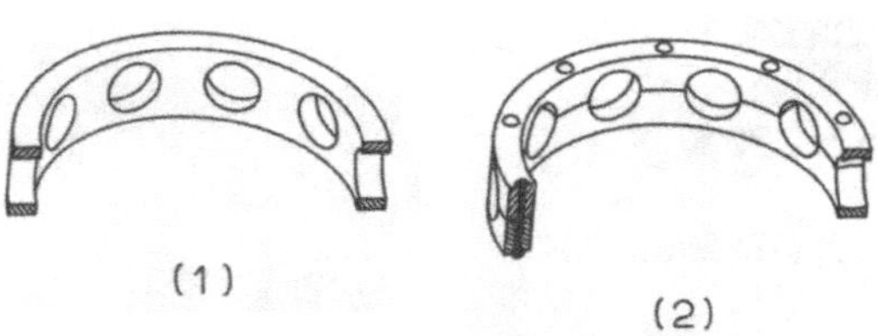

Abb. 7.30. (1) Einstückiger Messingmassivkäfig, (2) Genieteter Messingmassivkäfig, zweistückig

Ringgeführte Massivkäfige für z. B. Rillenkugellager haben radial zylindrisch verlaufende Taschen und können aus einem Stück (einstückig) sein [Abb. 7.30 (1)]. Derselbe Käfig für Wälzkörperführung muß zweistückig sein, weil die der Kugel anzupassende sphärische Tasche axial gefräst werden muß [Abb. 7.30 (2)]. Die beiden Käfighälften werden bei der Lagermontage vernietet.

7.3.2.3 Sinterstahlkäfige

Sinterstahlkäfige (Abb. 7.31) können nur für Großserienfertigung hergestellt werden, weil die Werkzeuge sehr kostspielig sind. Die Arbeitsgänge der Käfigerzeugung (einbaufertig) sind:

(1) Formpressen des „Grünlings" aus Sintereisenpulver
(2) Sintern in reduzierter Atmosphäre (ca. 1 250 °C/1 h)
(3) Kalibrieren (Kaltverformen) im geschlossenen Gesenk (Verformungsgrad 10 Vol%)
(4) Entgraten (Steinfinishen)
(5) Glühen in reduzierter Atmosphäre (800 °C/2 h)
(6) Öltränken im Vakuum.

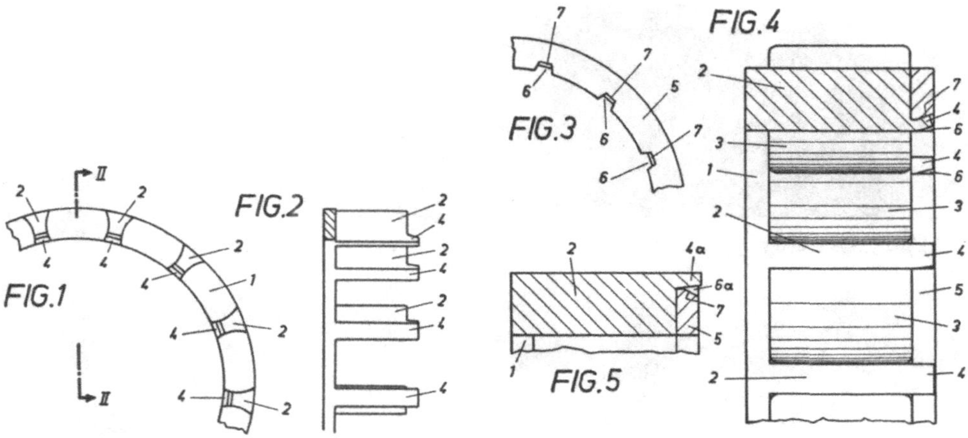

Abb. 7.31. Sinterstahlkäfig, Patent STEYR Wälzlager, Österr. Pat. Nr. 317 619

7.4 Zusammenbau der Einzelteile

7.4.1 Montage Rillenkugellager 6210

(1) Paaren der Lagerringe: Differenz-Paarungsgerät STEYR, 540 Stk/h, Abb. 7.32
(2) Kugel füllen: Kugelfüllgerät STEYR, 660 Stk/h, Abb. 7.33
(3) Kontrolle: Radialluft
(4) Käfig einlegen: 440 Stk/h, Abb. 7.34
(5) Niete einstecken: Nietfüllgerät STEYR, 420 Stk/h, Abb. 7.35
(6) Niete verpressen: hydraulische Presse STEYR 10 Mp, 460 Stk/h, Abb. 7.36
(7) Endkontrolle: Sichtkontrolle, Laufprobe, Bohrungs-Mantel-Durchmesser-messung, Breitenmessung, Waschen (Petroleum), Entmagnetisieren, Geräuschprüfen, 320 Stk/h, Abb. 7.37
(8) Konservieren, Abb. 7.38; Verpacken

Zusätzliche Arbeitsgänge bei Ausführung 2 RS (2 Z):

(9) Fett einpressen: Fettpresse, 850 Stk/h
(10) Beide Dicht-(Deck-)Scheiben einpressen: hydraulische Presse STEYR 10 Mp, 500 Stk/h
(11) Kontrolle: Form des Mantels und Sitz der Dichtscheiben (Deckscheiben) prüfen, 370 Stk/h

Abb. 7.32. Paaren der Lagerringe

Abb. 7.33. Kugelfüllen

Abb. 7.34. Käfigeinbau

Abb. 7.35. Nietfüllen

Abb. 7.36. Nietpresse

Abb. 7.37. Automatische Endkontrollinie

7.4.2 Montage Kegelrollenlager 302 14 C

(1) Innenring — Laufbahn messen: UD-Gerät, 400 Stk/h
(2) Rollen füllen: Rollenfüllgerät STEYR, 180 Stk/h, Abb. 7.39
(3) Käfig verpressen: hydraulische Presse NEFF 10 Mp, 460 Stk/h, Abb. 7.39
(4) Lager komplettieren: Beistellung Außenring, Abb. 7.39
(5) Endkontrolle: Sichtkontrolle, Laufkontrolle, Bohrungs-/Mantel-Durchmessermessung, Breitenmessung, Waschen (Petroleum), Entmagnetisieren
(6) Konservieren, Abb. 7.38; Verpacken

Abb. 7.38. Konservierung

Abb. 7.39. Kegelrollenlagermontage

8 QUALITÄTSSICHERUNG

Die Qualität eines Produktes kann nicht „er“-prüft werden – das ist richtig. Aber, gerade diese Tatsache bedingt hohe Anforderungen an die Präzision der Werkzeugmaschinen, Fertigungstoleranzen in engen Grenzen zu halten.
Die Qualität der Einzelteile bestimmt die Qualität des montierten Lagers. Deshalb ist die stetige Kontrolle jedes Arbeitsganges notwendig, um die Arbeitsmaschine nachstellen zu können, bevor der vorgegebene Toleranzbereich verlassen wird.
Je nach der Konzeption der Fertigung (Einzel- oder Serienfertigung, große oder kleine Lager usw.) werden entsprechende Meßmittel, Meßgeräte und Meßautomaten eingesetzt.

8.1 Meßverfahren

Die Meßverfahren sind genormt [N 52, N 65]. Danach können „werkstattmäßig“ die definierten (genormten) Toleranzen [N 53, N 54, N 66 bis N 68] gemessen werden (siehe Abschnitt 1.6.3.2).
Definitionsgemäß sind die Messungen ohne Einwirkung von äußeren Kräften, d. h. ohne Verformung des Meßobjektes zu verstehen.
Solche Messungen sind mit einfachen Hilfsmitteln nicht oder kaum durchführbar. In der Praxis haben sich Meßverfahren bewährt, bei denen die Gesamtverformung aus Meßkraft und Eigengewicht des Lagerteiles kleiner ist als 10% der zu prüfenden Toleranz. Auf die Eigenverformung, besonders bei großen dünnen Ringen, ist zu achten. Im Zweifelsfall gelten immer die Messungen am einzelnen Lagerring nach dem genormten Meßverfahren.

8.1.1 Graphische Symbole

Feste Meßstütze (Seitenansicht)

Feste Meßstütze

Bewegliche Meßstütze mit Querführung (bezogen auf die Meßfläche)

Bewegliche Meßstütze mit Längsführung (bezogen auf die Meßfläche)

Meßspitze (Feinzeiger, Hauptansicht)

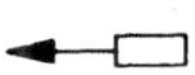
Meßspitze (Seitenansicht)

	Meßspitze (Draufsicht)
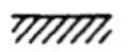	Meßfläche
	Zentrierter Dorn
	Meßbelastung, Belastungsrichtung
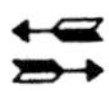	Meßbelastung, wechselnde Belastungsrichtung
	Drehung (Rotation, Grundriß)
	Drehung (Rotation, Aufriß)
	Schiebung (Translation)

Die Symbole müssen nicht zwangsweise in allen Rissen dargestellt werden.

8.1.2 Meßbedingungen

8.1.2.1 Behandlung der Lagerteile und der Lager

Vor dem Messen sind die Lagerteile oder die an der Messung beteiligten Flächen bestmöglich vom anhaftenden Fett oder Korrosionsschutzfilm zu befreien. Zum Reinigen sollte ein organisches Lösungsmittel mit einem ca. 3%igen Zusatz von Maschinenöl oder säurefreiem Petroleum verwendet werden. Nach dem Messen muß sofort wieder gereinigt und konserviert werden.

8.1.2.2 Bezugstemperatur

Die Bezugstemperatur für die Messung beträgt 20 °C [N 89, N 90].
Vergleichsstück und Meßgerät müssen dieselbe Temperatur haben.

8.1.2.3 Meßmittel

Es sind folgende Meßmittel zu verwenden:
— Parallelendmaße [N 91]
— Feinzeiger mit Einspannschaft [N 92]
  (1) Skalenwert 1 μm, Genauigkeitsgrad 1 (Feinzeiger 1)
  (2) Skalenwert 10 μm, Genauigkeitsgrad 2 (Feinzeiger 2).

Andere äquivalente Meßgeräte, z. B. elektronische Meßgeräte mit Digitalanzeige, dürfen auch verwendet werden.
Meßkraft und Meßspitze sind nach Tabelle 8.1 zu wählen.

Tabelle 8.1. Meßbelastung der Feinzeiger

Maßbezeichnung	Nennmaß		Meßkraft max	Halbmesser der Meßspitze min
	>	≦		
	in *mm*		in *N*	in *mm*
Bohrungs-durchmesser *d*	– 10 30	10 30 –	1,5 1,5 1,5	0,8 2,5 2,5
Mantel-durchmesser *D*	alle Größen		1,5	2,5

8.1.2.4 Bezugsplanfläche

Die Bezugsplanfläche ist die vom Lagerhersteller ausgewählte Planfläche des Lagerringes, welche als Meßbasisfläche dient.
Bei Lagerringen von einreihigen Schrägkugellagern und Kegelrollenlagern gilt immer die große Planfläche als Bezugsplanfläche. Bei Wellen- und Gehäusescheiben ist immer die der Laufbahn gegenüberliegende Anlagefläche als Bezugsplanfläche anzunehmen.

8.1.3 Meßvorschriften (Funktionsmerkmale)

8.1.3.1 Einzelner Lagerring

8.1.3.1.1 Bohrungs- und Manteldurchmesser

Zweipunktmessung mit Feinzeiger 1, Einstellung mit Parallelendmaß oder Lehrring (Meisterring), Meßanordnung nach Abb. 8.1.

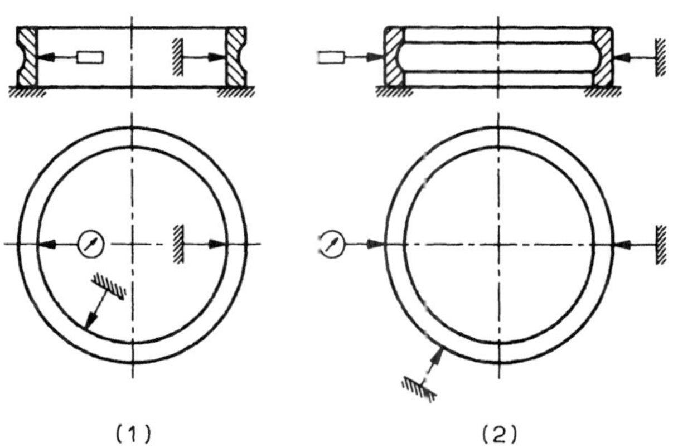

Abb. 8.1. Meßprinzip für (1) Bohrungsdurchmessermessung, (2) Manteldurchmessermessung

Meßanleitung:

Die Messungen erfolgen in verschiedenen radialen Ebenen. In jeder Ebene werden die Kleinst- und Größtwerte ermittelt. Die Meßzone ist die Breite der Bohrung/des Mantels, beidseitig vermindert um den größten axialen Kantenabstand $r_{as\max}$.

Meßergebnisse (Einzelmessungen):

Einzelne Bohrungsdurchmesser d_s und einzelne Manteldurchmesser D_s, aus denen errechnet werden: Δ_{ds}, V_{ds}, d_m, Δ_{dm}, d_{mp}, Δ_{dmp}, V_{dp}, V_{dm}; Δ_{Ds}, V_{Ds}, D_m, Δ_{Dm}, D_{mp}, Δ_{Dmp}, V_{Dp}, V_{Dm}.

8.1.3.1.2 Breite

Zweipunktmessung mit Feinzeiger 2, Einstellung mit Lehrring (Meisterring), Meßanordnung nach Abb. 8.2.

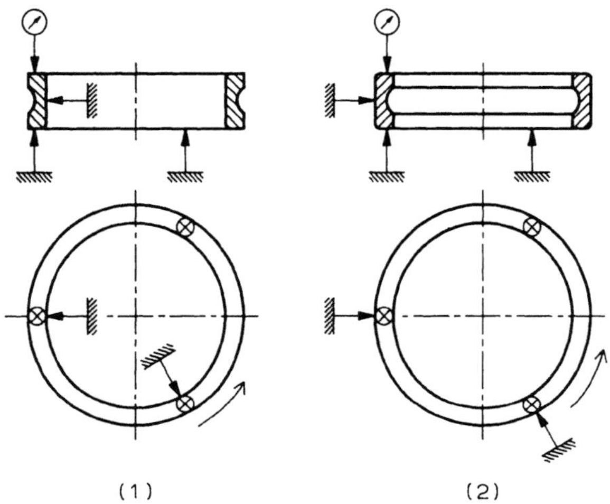

Abb. 8.2. Meßprinzip für Breitenmessung: (1) Innenring, (2) Außenring

Meßanleitung:

Lagerring an drei (um 120 °C versetzten) Punkten unterstützen, Feinzeiger über einem Unterstützungspunkt ansetzen, Ring durch geeignete Anschläge zentrieren. Die Messungen erfolgen in beliebigen Winkellagen. Bei einer Drehung des Ringes um seine Achse Kleinst- und Größtmaß feststellen.

Meßergebnisse (Einzelmessungen):

Einzelne Ringbreiten B_s oder C_s, aus denen errechnet werden: Δ_{Bs}, V_{Bs}, B_m; Δ_{Cs}, V_{Cs}, C_m.

8.1.3.1.3 Kantenverrundung

Prüfung mit zweiteiliger Grenzlehre: Gutseite für Kleinstmaß r_{smin}, Ausschußseite für Größtmaß r_{smax} nach Abb. 8.3.

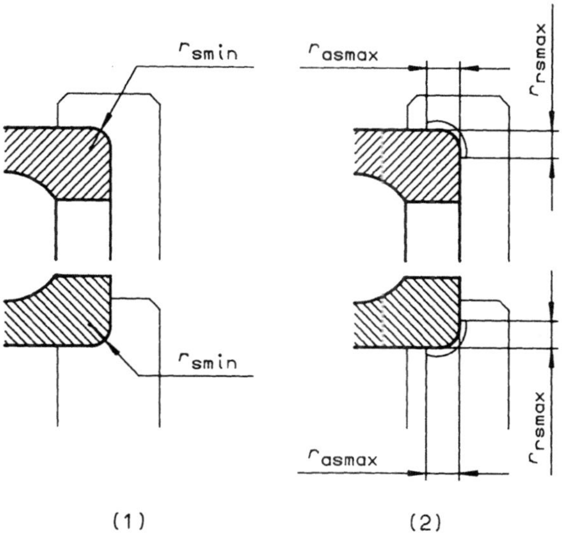

Abb. 8.3. Prüfung der Kantenverrundung mit Grenzlehre: (1) Gutseite, (2) Ausschußseite

Prüfanleitung:

Prüflehre an der Kante zwischen Ringplanfläche und Bohrung/Mantel anlegen und Lichtspalt beobachten; örtliche Fehler bleiben unberücksichtigt.

8.1.3.1.4 Schwankung der Wanddicke

Zweipunktmessung mit Feinzeiger 1, Meßanordnung nach Abb. 8.4.

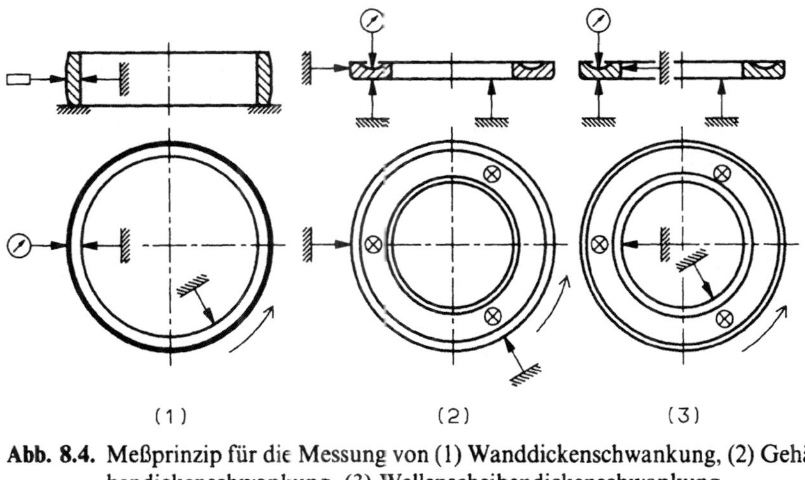

Abb. 8.4. Meßprinzip für die Messung von (1) Wanddickenschwankung, (2) Gehäusescheibendickenschwankung, (3) Wellenscheibendickenschwankung

Meßanleitung:

Lagerring (Lagerscheibe) an drei (um 120 °C versetzten) Punkten unterstützen, Feinzeiger über einem Unterstützungspunkt ansetzen, Ring (Scheibe) durch geeignete Anschläge zentrieren und einmal um seine (ihre) Achse drehen. Unterschied zwischen dem größten und dem kleinsten Zeigerausschlag feststellen.

Meßergebnisse: K_i, K_e, S_i, S_e.

8.1.3.1.5 Planlauf der Ringe

Messung mit Feinzeiger 1, Meßanordnung nach Abb. 8.5.

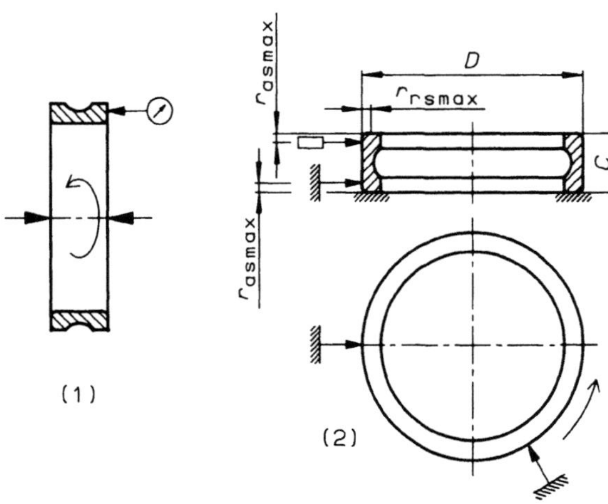

Abb. 8.5. Meßprinzip für die Messung von (1) Planlauf des Innenringes, (2) Planlauf des Außenringes (Schwankung der Neigung der Mantellinie)

Planlauf des Innenringes

Meßanleitung:

Ring auf Meßdorn mit Kegel 0,01 bis 0,02 *mm* pro 100 *mm* Länge aufschieben und auf Spitzenbock einmal um seine Achse drehen, Feinzeiger auf der Planfläche im Durchmesser der Laufbahn ansetzen. Unterschied zwischen dem größten und kleinsten Zeigerausschlag feststellen [Abb. 8.5 (1)].

Meßergebnis: S_d.

Schwankung der Neigung der Mantellinie des Außenringes; Planlauf des Außenringes

Meßanleitung:

Ring mit Bezugsplanfläche auf Meßvorrichtung auflegen und einmal um seine Achse drehen. Unterschied zwischen dem größten und dem kleinsten Zeigerausschlag feststellen [Abb. 8.5 (2)].

Meßergebnis: S_D, aus dem S_{Da} errechnet wird.

8.1.3.1.6 Parallelität der Laufbahn

Messung mit Feinzeiger 1, Meßanordnung nach Abb. 8.6.

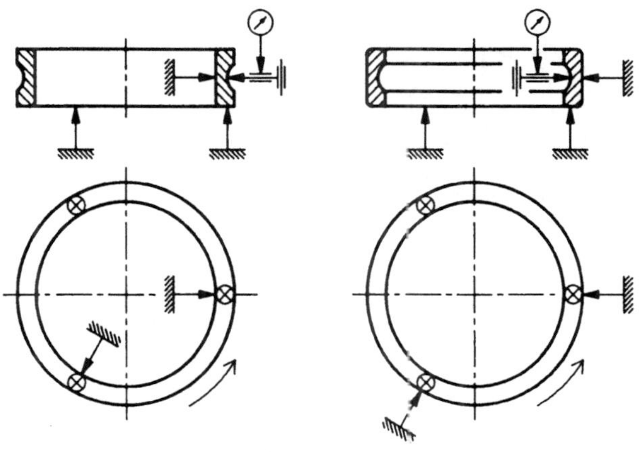

Abb. 8.6. Meßprinzip für die Messung der Laufbahnparallelität: (1) Innenring, (2) Außenring

Meßanleitung:

Ring mit Bezugsplanfläche auf Meßvorrichtung auflegen und einmal um seine Achse drehen. Unterschied zwischen größtem und kleinstem Zeigerausschlag feststellen.

Meßergebnisse: S_i, S_e.

8.1.3.2 Zusammengebautes Lager

8.1.3.2.1 Planlauf des Lagers

Planlauf des Innenringes im zusammengebauten Lager

Messung mit Feinzeiger 1, Meßanordnung nach Abb. 8.7 (1). Meßbelastung nach Tabelle 8.2 oder 8.3.

Meßanleitung:

Lager auflegen, Innenring axial belasten, Feinzeiger in der Mitte der Innenringplanfläche axial ansetzen, Innenring mindestens zweimal um seine Achse drehen,

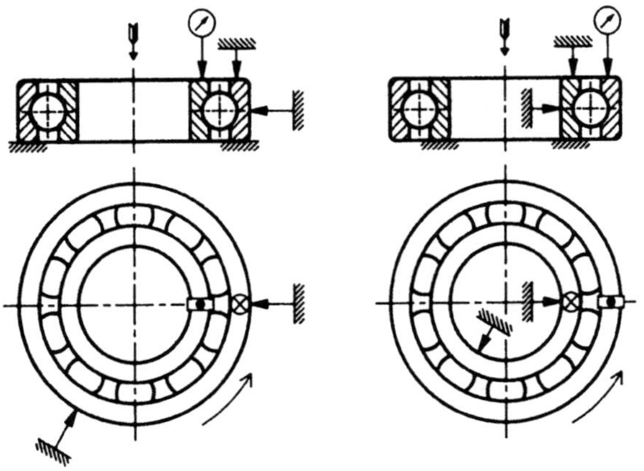

Abb. 8.7. Meßprinzip für die Messung des Planlaufes am zusammengebauten Lager: (1) Innenring, (2) Außenring

Tabelle 8.2. Meßbelastung für Kugellager (außer Schrägkugellager)

Manteldurchmesser *D*		Meßkraft max
>	≦	
in *mm*		in *N*
–	30	5
30	50	7,5
50	80	15
80	120	35
120	180	70
180	–	140

Tabelle 8.3. Meßbelastung für einreihige Schrägkugellager und Kegelrollenlager

Bohrungsdurchmesser *d*		Meßkraft max
>	≦	
in *mm*		in *N*
–	30	40
30	50	80
50	80	120
80	120	150
120	–	150

Außenring festhalten. Unterschied zwischen dem größten und dem kleinsten Zeigerausschlag feststellen.

Meßergebnis: S_{ia}.

Planlauf des Außenringes im zusammengebauten Lager

Messung mit Feinzeiger 1, Meßanordnung nach Abb. 8.7 (2). Meßbelastung nach Tabelle 8.2 oder 8.3.

Meßanleitung:

Lager auflegen, Außenring axial belasten, Feinzeiger in der Mitte der Außenringplanfläche axial ansetzen, Außenring mindestens zweimal um seine Achse drehen, Innenring festhalten. Unterschied zwischen dem größten und dem kleinsten Zeigerausschlag feststellen.

Meßergebnis: S_{ea}.

8.1.3.2.2 Rundlauf des Lagers

Meßbelastung für Kegelrollenlager und einreihige Schrägkugellager nach Tabelle 8.3.

Rundlauf des Innenringes im zusammengebauten Lager

Messung mit Feinzeiger 1, Meßanordnung nach Abb. 8.8.

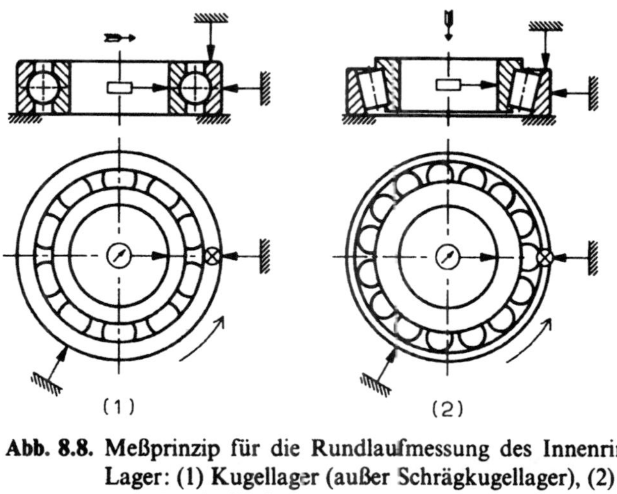

Abb. 8.8. Meßprinzip für die Rundlaufmessung des Innenringes im zusammengebauten Lager: (1) Kugellager (außer Schrägkugellager), (2) Einreihige Schrägkugellager und Kegelrollenlager

Meßanleitung:

Lager auflegen, Innenring mindestens zweimal um seine Achse drehen, Außenring festhalten. Unterschied zwischen dem größten und dem kleinsten Zeigerausschlag feststellen.

Meßergebnis: K_{ia}.

Rundlauf des Außenringes im zusammengebauten Lager

Messung mit Feinzeiger 1, Meßanordnung nach Abb. 8.9.

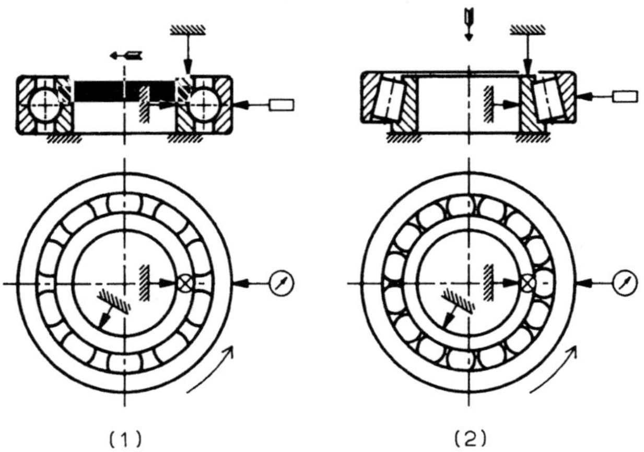

Abb. 8.9. Meßprinzip für die Rundlaufmessung des Außenringes im zusammengebauten Lager: (1) Kugellager (außer Schrägkugellager), (2) Einreihige Schrägkugellager und Kegelrollenlager

Meßanleitung:

Lager auflegen, Außenring mindestens zweimal um seine Achse drehen, Innenring festhalten. Unterschied zwischen dem größten und dem kleinsten Zeigerausschlag feststellen.

Meßergebnis: K_{ea}.

8.1.3.2.3 Wirkliche Lagerbreite (Kegelrollenlager), wirkliche Lagerhöhe (Axiallager)

Messung mit Feinzeiger 1, Meßanordnung nach Abb. 8.10. Meßbelastung nach Tabelle 8.2 oder 8.3.

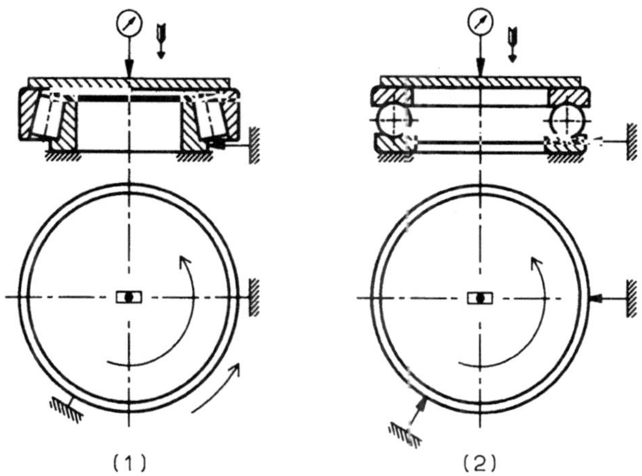

Abb. 8.10. Meßprinzip für die Messung der (1) wirklichen Lagerbreite, (2) wirklichen Lagerhöhe

Meßanleitung:

Lager auflegen, Meßscheibe auflegen, axial belasten, Feinzeiger in deren Mitte axial ansetzen. Meßscheibe einmal um ihre Achse drehen.

Meßergebnis: T_s, daraus Δ_{Ts}.

8.1.3.3 Lagerluft

8.1.3.3.1 Radiale Lagerluft

Messung mit Feinzeiger 1, Meßanordnung nach Abb. 8.11.

Meßanleitung:

Lager auflegen, Innenring festhalten, Feinzeiger in der Mitte des Außenringes radial ansetzen. Radiale Grenzlagen durch Schiebung des Außenringes ermitteln. Unterschied zwischen dem größten und dem kleinsten Zeigerausschlag feststellen.
Die Messung muß in mindestens zwei Winkellagen durchgeführt werden.

Meßergebnis: G_r.

8.1.3.3.2 Axiale Lagerluft

Messung mit Feinzeiger 1, Meßanordnung nach Abb. 8.12.

Meßanleitung:

Lager auflegen, Außenring festhalten, Feinzeiger in der Mitte des Innenringes axial ansetzen.

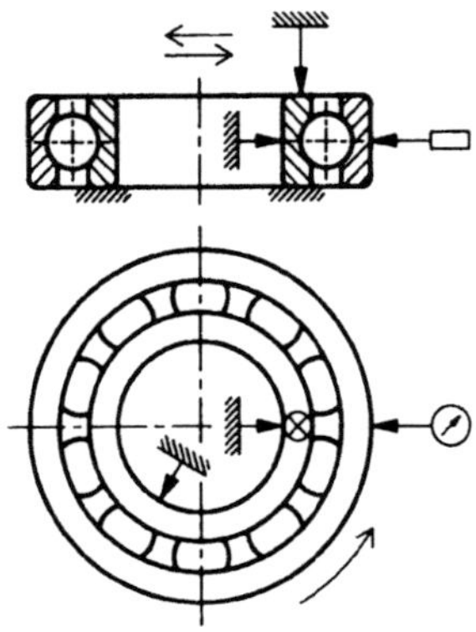

Abb. 8.11. Meßprinzip für die Messung der radialen Lagerluft

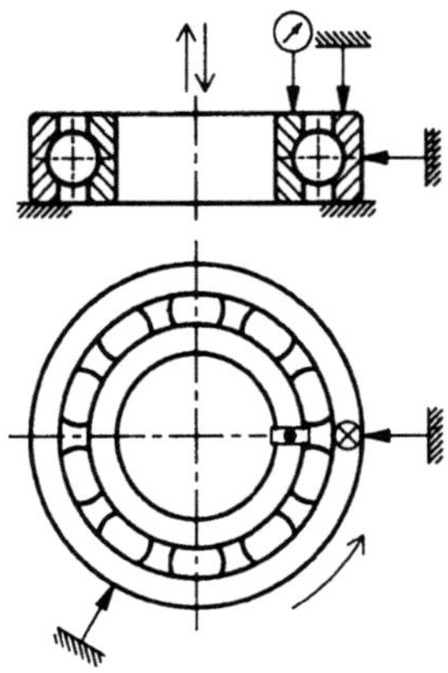

Abb. 8.12. Meßprinzip für die Messung der axialen Lagerluft

Axiale Grenzlagen durch Schiebung des Innenringes ermitteln. Unterschied zwischen dem größten und dem kleinsten Zeigerausschlag feststellen.
Die Messung muß in mindestens zwei Winkellagen durchgeführt werden.

Meßergebnis: G_a.

8.2 Meßeinrichtungen

Für den Wälzlagerhersteller (Ausgangskontrolle) und für den Wälzlagerverbraucher (Eingangskontrolle) ist es gleichermaßen wichtig, die Beurteilung der Maß-, Form- und Laufgenauigkeit (mit wirtschaftlichen Mitteln) durchzuführen. Dabei ist eine sachgemäße und den tatsächlichen Verhältnissen angepaßte Prüfung anzustreben. Um ein genügend oder möglichst genaues Meßergebnis zu erzielen, sind folgende Fragen klarzustellen:

(1) Welche möglichen Fehler des Lagers sollen durch die Messung aufgefunden werden?
(2) Welche Fehler können bei der Messung selbst vorkommen?
(3) Welche Meßverfahren müssen angewendet werden?
(4) Welche Meßzeuge (-mittel, -geräte, -automaten) können benutzt werden?

Im folgenden werden einige spezielle Meßgeräte vorgestellt.

8.2.1 Maßgenauigkeit

8.2.1.1 Klassische Meßvorrichtungen

Es sind dies einfache Meßgeräte (Abb. 8.13 und 8.14) mit mechanischen Anzeigen, die die Geometrien gemäß den Meßvorschriften und Meßprinzipien nach Abschnitt 8.1.3 erfassen.

Abb. 8.13. Einfache Vorrichtung zur Messung des Bohrungsdurchmessers

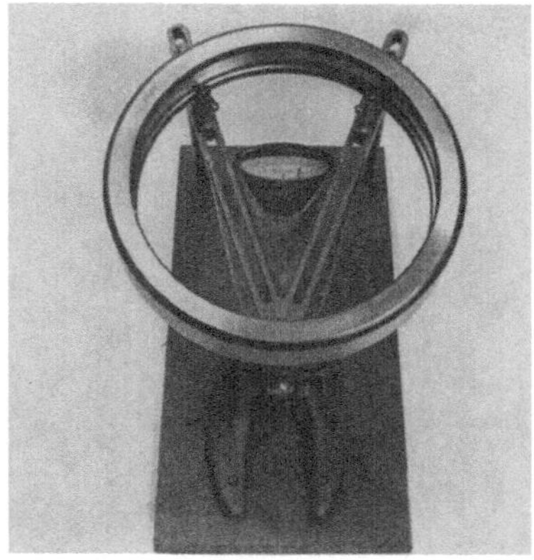

Abb. 8.14. Einfache Vorrichtung zur Messung des Außenring-Laufbahndurchmessers

8.2.1.2 Moderne Meßvorrichtungen

Diese Meßgeräte sind für die manuelle Maßkontrolle konzipiert, die Messungen können statisch und/oder dynamisch vorgenommen werden. Vorwiegend werden heute berührende induktive Meßwertaufnehmer eingesetzt (Abb. 8.15 bis 8.17).

Abb. 8.15. Zylinderrollenmeßgerät

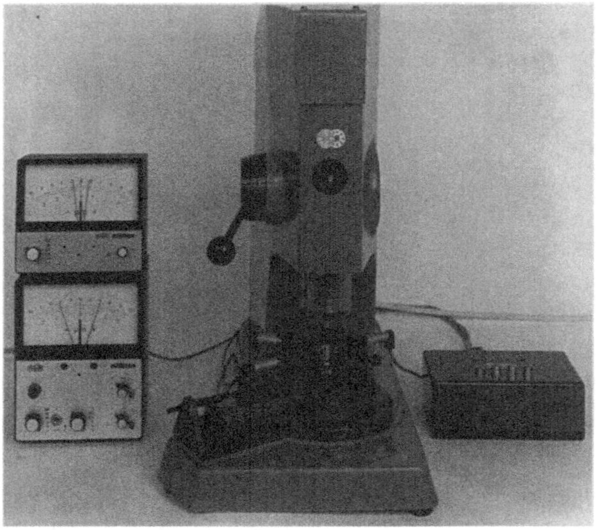

Abb. 8.16. Tonnenrollenmeßgerät

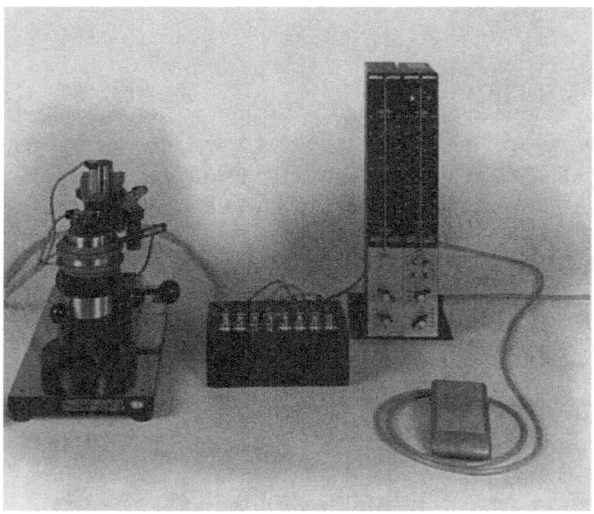

Abb. 8.17. Vielstellenmeßvorrichtung

8.2.1.3 Meßautomaten

Moderne Qualitätssicherungskonzepte sehen eine in den Produktionsprozeß integrierte 100%-Kontrolle von Wälzlagerteilen vor. Die vollautomatische Klassierung (Sortierung) erbringt natürlich mehr Lager in höherwertigen Toleranzklassen. Derartige Meßautomaten zeigen die Abb. 8.18 und 8.19.

Abb. 8.18. Bohrung-Breite-Meßautomat

Abb. 8.19. Bohrung-Mantel-Breite-Meßautomat

8.2.2 Formgenauigkeit

Die Prüfung der Formgenauigkeit erfordert nach konventioneller Art einen erheblichen meßtechnischen Aufwand. Heute können durch den Einsatz der Mikroelektronik auch werkstattfeste Geräte (Abb. 8.20 und 8.21) hergestellt werden, welche Meßaufgaben mit einer Genauigkeit erfüllen, die früher nur

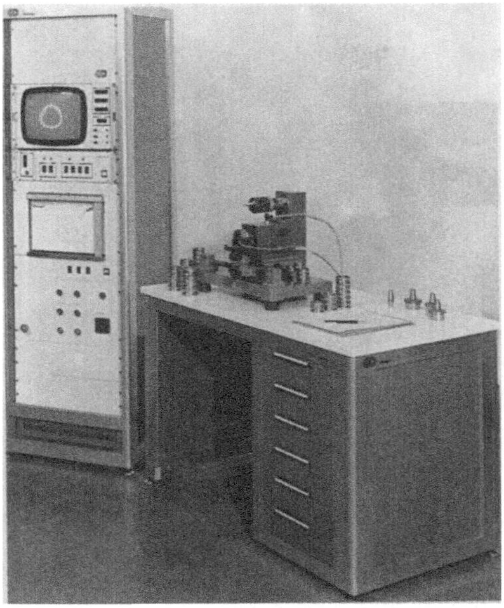

Abb. 8.20. Rundheitsmeßgerät, Type STEYR Wälzlager FFA

Abb. 8.21. Rundheitsmeßgerät (Multifunktionsanalysator), Type STEYR Wälzlager MFFA

Labormeßgeräten vorbehalten war. Ein breites Feld von Formmessungen bleibt aber auch heute noch den (Koordinaten-) Meßmaschinen in „Laborräumen" vorbehalten.

8.2.3 Laufgenauigkeit

Wenn die Laufgenauigkeit nicht in ganz einfachen Vorrichtungen (analog zum Meßprinzip) ermittelt wird, werden meist gleichzeitig Geometrie — (Maßgenauigkeit-)Meßaufgaben mit der Messung der Laufgenauigkeit gekoppelt. So auch im Beispiel von Abb. 8.22, wo die Meßmaschine mit 16 induktiven Meßtastern mehrere Breiten, Bohrungs- und Manteldurchmesser, die Abweichung von der Zylinderform, den Planlauf und den Rundlauf einer integrierten Schrägkugellager-Einheit für PKW-Radlagerungen mißt.

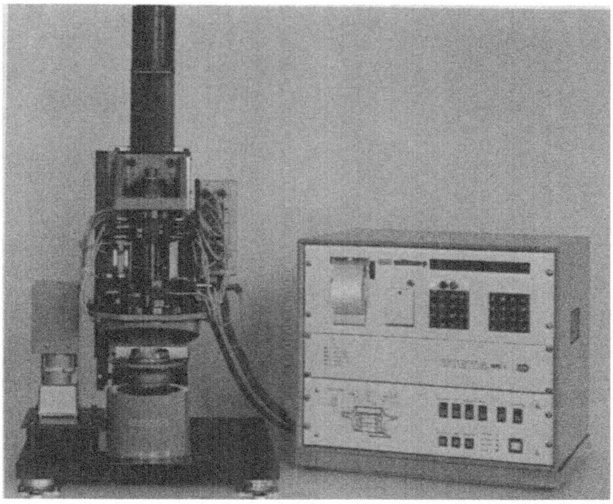

Abb. 8.22. Meßmaschine zur Messung von Bohrungs- und Manteldurchmessern, Breiten, Zylinderform, Plan- und Rundlauf einer PKW-Radlagereinheit, Type STEYR Wälzlager SPE 1

8.2.4 Lagerluft

Natürlich kann auch dieses Funktionsmerkmal mit einfachen Meßeinrichtungen (Abb. 8.23) geprüft werden. Für halb- oder vollautomatische Messungen werden komfortable Geräte (Abb. 8.24 und 8.25) eingesetzt.

Abb. 8.23. Einfache Vorrichtung zur Messung der Radialluft

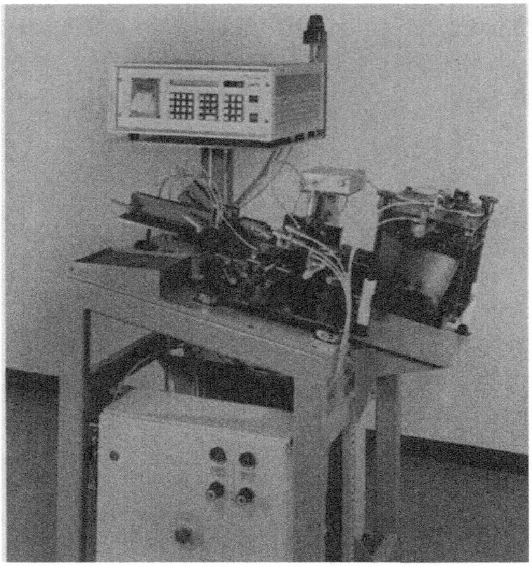

Abb. 8.24. Radialluft-Meßautomat, Type STEYR Wälzlager RLMA

Abb. 8.25. Axialluft-Meßgerät, Type STEYR Wälzlager AMEHA

8.2.5 Laufruhe

Wie in Abschnitt 3.3.3.4 beschrieben, ist die Normung auf dem Gebiet der Messung der Laufruhe am wenigsten weit fortgeschritten. Dennoch haben, zumindest beim größten österreichischen Wälzlagerhersteller, die Geräuschprüfung und die dazu verwendeten Geräte (Abb. 8.26 bis 8.28) lange Tradition.

Abb. 8.26. Geräuschprüfgerät zur manuellen Kontrolle des Laufgeräusches, Type STEYR Wälzlager GPHE

Abb. 8.27. Geräuschprüfautomat der 4. Generation mit vollautomatischer Klassierung der Wälzlager, Type STEYR Wälzlager GPA

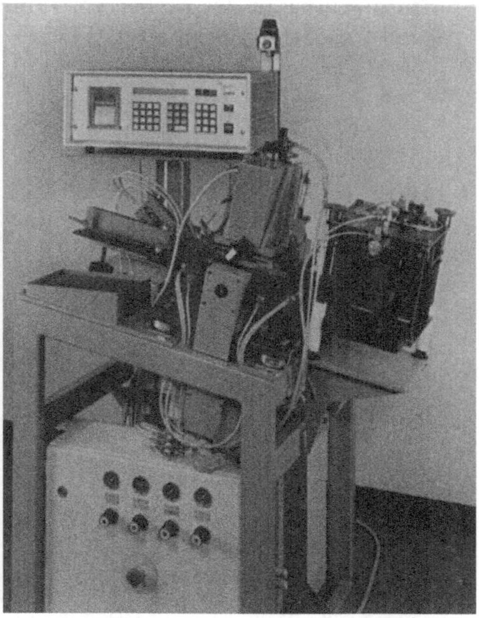

Abb. 8.28. Geräuschprüfautomat der 5. Generation mit radialer Belastungsmöglichkeit, Type STEYR Wälzlager GPAR

8.2.6 Prüfstände für Sonderprüfungen

In vielen Fällen werden – nicht zuletzt zwingen dazu die immer häufiger angewandten Produkthaftpflichtbestimmungen – verschiedene Funktionen der Wälzlager überprüft. Die Qualitätskriterien sind nur in den seltensten Fällen genormt, vorläufig wird nach Vereinbarungen (Spezifikationen), die zwischen Hersteller und Verbraucher festgelegt sind, geprüft. Die angeführten Sonderprüfstände haben daher nur Beispielscharakter.

8.2.6.1 Lebensdauerprüfung

Am weitesten verbreitet sind Prüfstände, bei denen als Last eine der äquivalenten Belastung bzw. einer gemittelten Radiallast und/oder Axiallast entsprechende „Totlast" auf das Prüflager vorgesehen ist. Dynamisch belastete Wälzlager (Stöße, Schwingungen) zeigen bei der Lebensdauerprüfung in der Regel ein anderes Ermüdungs- oder Verschleißverhalten. Einen zur dynamischen Lebensdauerprüfung geeigneten Prüfstand zeigt Abb. 8.29. Der Innenring des Prüflagers wird mit stufenlos veränderbarer Drehzahl angetrieben, die Belastung wird über Hydraulikzylinder als zentrisch und einzeln wirkende Radial- und/oder Axialkraft, oder auch als Lastkollektiv (Abb. 8.30) aufgebracht. Durch exzentrische Verlagerungen der Kraft-Angriffspunkte können auch Kippmomente simuliert werden. Die verschiedenen Prüfparameter werden vor Prüfbeginn programmiert oder nach (Magnetband-) Aufzeichnungen aus der Praxis nachgefahren.

Abb. 8.29. Wälzlager-Lebensdauerprüfstand, Type Steyr Wälzlager WHPS

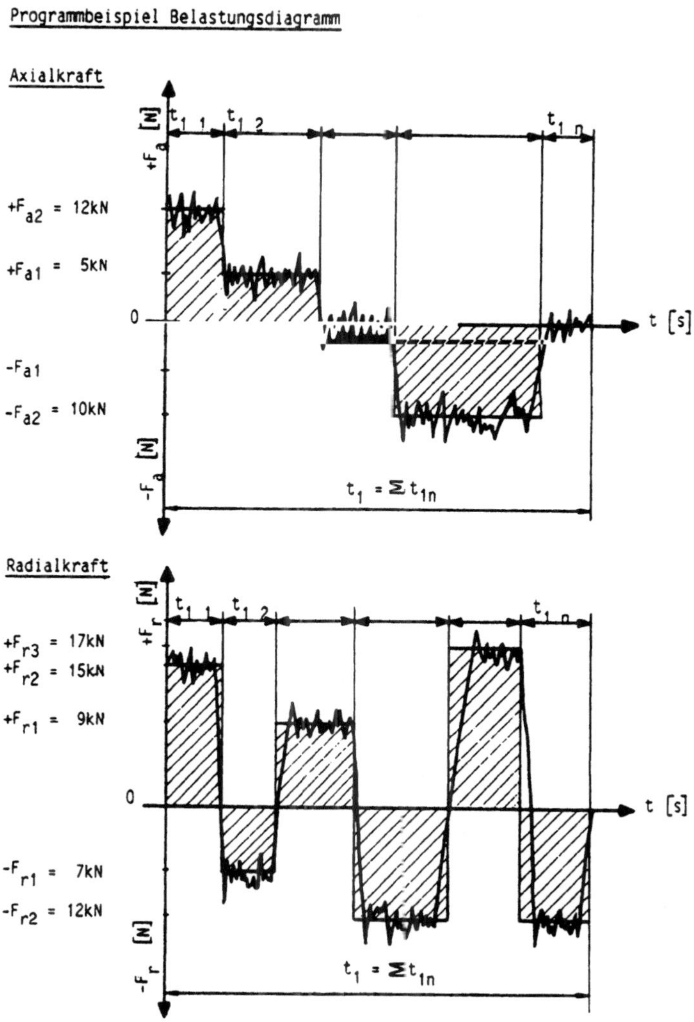

Abb. 8.30. Programmbeispiel für dynamische Lebensdauerprüfung, Belastungsprogramm

8.2.6.2 Reibungsprüfung

Die Größe bzw. der Verlauf des Reibmomentes über der Drehzahl in Wälzlagern (STRIBECK-Diagramm, Abb. 8.31) ist für viele Anwendungen sehr wesentlich (Antriebssteuerung, -regelung usw.). Zur Messung des Reibmomentes können Reibungspendel eingesetzt werden (Abb. 8.32). Das Prüflager befindet sich dabei zentrisch zwischen den Stützlagern angeordnet, der Pendeldrehpunkt liegt auf der Achse des Prüflagers. Der Außenring des Prüflagers ist starr mit dem Pendel

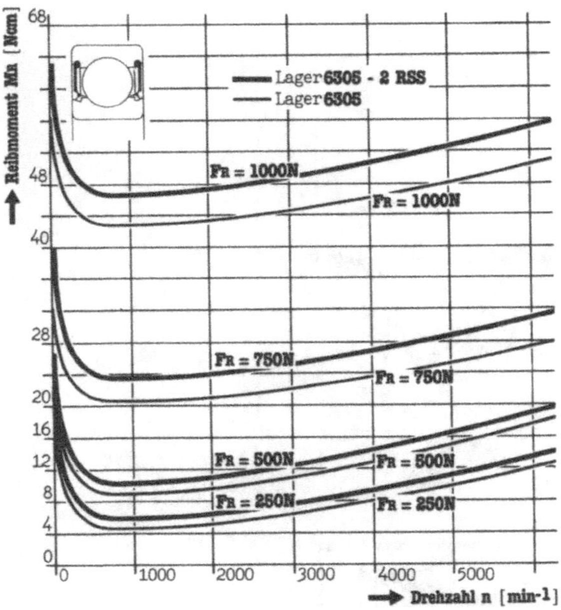

Abb. 8.31. Reibmomentverlauf eines Wälzlagers, STRIBECK-Diagramm

Abb. 8.32. Reibungspendel, Type STEYR Wälzlager RP

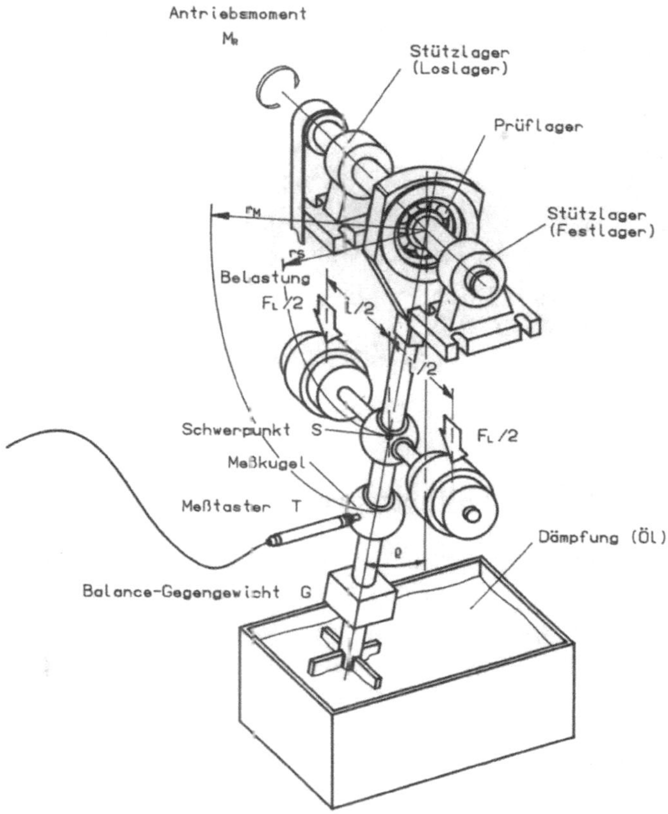

Abb. 8.33. Reibungspendel, Funktionsprinzip

verbunden, der Innenring läuft um. Durch Gewichte, die im Pendelschwerpunkt angeordnet werden, kann die Pendelmasse und somit die Lagerbelastung verändert werden. Die durch die Drehbewegung erfolgende Auslenkung des Pendels ist dem Reibmoment des Prüflagers proportional (Abb. 8.33).

8.2.6.3 Dichtungsprüfung

Aufgaben, Anforderungen und Wirkungsweise der Wälzlagerdichtungen sind in Abschnitt 3.5 ausführlich dargestellt. In der dynamischen Prüfung, z. B. mit Prüfständen nach Abb. 8.34, können Lebensdauer- und Leckagewerte ermittelt werden, wobei die Simulation des späteren Einsatzes so praxisgetreu wie möglich erfolgt, um repräsentative Laborergebnisse in die Wirklichkeit umsetzen zu können.

Abb. 8.34. Dichtheitsprüfstand, Type Steyr Wälzlager DP

8.3 Technische Lieferbedingungen

Die „Technischen Lieferbedingungen" für genormte Wälzlager [N 15 bis N 28] und genormte Wälzkörper [N 49, N 50], die im allgemeinen und schweren Maschinen- und Anlagenbau eingesetzt werden, sind normativ festgelegt [N 93]. Diese Norm ist auch auf nicht genormte Wälzlager anzuwenden, sofern zwischen Auftraggeber und Auftragnehmer keine besonderen Vereinbarungen getroffen wurden.

8.3.1 Herstellverfahren

Das Herstellverfahren ist dem Lagerhersteller freigestellt.

8.3.2 Werkstoffe

Für die Herstellung der Lagerringe/-scheiben und Wälzkörper sind Wälzlagerstähle nach [N 5] zu verwenden. Andere Werkstoffe dürfen zwischen Auftraggeber und Auftragnehmer vereinbart werden. Werkstoffe für Käfige, integrierte Deck- und Dichtscheiben sowie für andere Lager-Elemente darf der Hersteller so auswählen, daß sie den Einsatzbedingungen (Betriebsbedingungen) der kompletten Lager entsprechen.

8.3.3 Härte der Lagerringe, Lagerscheiben und Wälzkörper

Die Härte ist der zu erwartenden Betriebstemperatur anzupassen.
Die größte Härte und damit verbunden die größte Tragfähigkeit ist einem Normalbetriebszustand von maximal 120 °C Betriebstemperatur für den bevorzugten Werkstoff 100 Cr6 zugeordnet; das ist für:

$$\text{Lagerringe/-scheiben } H = (62 \pm 3)\,\text{HRC},$$
$$\text{Wälzkörper } H = (63 \pm 3)\,\text{HRC}.$$

Für diesen Normalbetriebszustand müssen die Lager ohne Verlust an Tragfähigkeit dauernd geeignet sein.
Andere Vereinbarungen sind zulässig.

8.3.4 Oberflächengüte, Oberflächenbeschaffenheit

Die Oberflächengüte der am Bewegungsablauf beteiligten Flächen – das sind Ringlaufbahnen und -borde, Oberflächen der Wälzkörper und Käfige – hat der Hersteller so zu wählen, daß die Anforderungen an die Maß-, Form- und Laufgenauigkeit sowie an die Laufruhe und Tragfähigkeit erfüllt sind. Die Oberflächengüte der mit der Lagerperipherie in Berührung kommenden Flächen – das sind Bohrung, Mantel und Planfläche – muß mindestens dem Mittenrauhwert R_a für Anschlußteile entsprechen [N 29].

8.3.5 Maß-, Form- und Laufgenauigkeit

Die Toleranzen der Maß-, Form- und Laufgenauigkeit von Lagerringen/-scheiben und kompletten Lagern sind in [N 51] definiert; in [N 53] sind deren Grenzwerte festgelegt, die mit den in [N 52] angegebenen Meßverfahren überprüfbar sind. Äquivalente Toleranzen für Wälzkörper sind in [N 49, N 50] festgelegt.
Die Maße der Käfige und integrierten Elemente müssen den Zeichnungsangaben des Herstellers entsprechen.

8.3.6 Lagerluft

Die radiale und axiale Lagerluft ist in [N 51] definiert; in [N 54] sind deren Grenzwerte festgelegt, die mit den in [N 52] angegebenen Meßverfahren überprüfbar sind.

8.3.7 Laufruhe

Die Kennwerte der Lauf(ruhe)klassen sind für Körperschall und Luftschall festgelegt [N 61, N 63]. Die dazugehörigen Meßverfahren sind in [N 60, N 62] beschrieben.

8.3.8 Tragfähigkeit

Die Berechnung der Tragfähigkeit ist genormt [N 94]; die Mindesttragzahlen für Lager aus dem Werkstoff 100 Cr6 müssen vom Lagerhersteller garantiert werden [N 95].

8.3.9 Austauschbarkeit

Komplette Lager mit gleichen Kurzzeichen müssen hinsichtlich Einbau und Arbeitsweise austauschbar sein. Die Einzelteile der Lager brauchen nicht austauschbar sein, sofern dies nicht vorgesehen [N 15 bis N 28] oder ausdrücklich zwischen Auftraggeber und Auftragnehmer vereinbart wurde.

8.3.10 Vergleichsmuster

Vergleichsmuster dürfen bei der Prüfung oder Abnahme benutzt werden. Sie müssen von Auftraggeber und Auftragnehmer geprüft und anerkannt sein, als Musterstücke gekennzeichnet und vereinbarungsgemäß aufbewahrt werden.

8.3.11 Kennzeichnung

Das Lager-Kurzzeichen [N 48] ist an einer der Ringplanflächen dauerhaft anzugeben; bei zu geringer Planflächenbreite ist es zulässig, die Kennzeichnung auf der Mantelfläche anzubringen. Zerlegbare Lager sind so zu kennzeichnen, daß zusammengehörige Lagerringe erkennbar sind. Die Verpackung des Lagers ist immer mit dem vollständigen Lager-Kurzzeichen zu beschriften.

8.3.12 Verpackung und Korrosionsschutz

Die Art der Verpackung, einzeln oder mehrfach, sowie das Packmaterial ist dem Hersteller freigestellt. Bei großen, zerlegbaren Lagern können die Lagerringe (je nach Bauart auch mit den Wälzkörperkränzen) getrennt verpackt werden. Die Verpackung muß den Inhalt gegen äußere Einwirkungen schützen.
Es muß berücksichtigt werden, daß die Lager wahlweise mit Straßenfahrzeugen, Schienenfahrzeugen, Schiffen oder Flugzeugen transportiert werden. Die normale Verpackung und der Korrosionsschutz müssen für den Transport in Behältern oder Kisten geeignet sein. Bei besonders schwierigen Umweltbedingungen, z. B. langen Seewegen, sind Sonderverpackungen zu vereinbaren.
Der Korrosionsschutz muß die Lager während des Transportes und der Lagerung vor Schaden bewahren und auch mit den empfohlenen Schmierstoffen [N 96] soweit verträglich sein, daß die Funktion der Lager nicht beeinträchtigt wird.

8.3.13 Lagerung

Der normale Korrosionsschutz muß für Lagerungstemperaturen von 15 °C bis 25 °C, eine relative Luftfeuchtigkeit von maximal 65% und eine Lagerungsdauer von mindestens 2 Jahren geeignet sein, sofern die Wälzlager in Originalverpackung aufbewahrt werden.

9 STANDARDISIERUNG UND NORMUNG

9.1 Historische Zielsetzung

In der allgemeinsten abstrakten Definition dürfen wir unter Normung das Verfassen von Regeln für ein nutzenbringendes menschliches Zusammenleben verstehen. Aus der Sicht der kategorischen sinnvollen Anwendung befreit sie vom Mißbrauch der menschlichen Kreativität und ist eines der unumstrittenen Mittel für Ordnung und Verständigung in unserer Welt, die scheinbar von Tag zu Tag komplizierter wird.

Die Geschichte der Normung lassen wir gerne bei den Assyrern, Ägyptern und Griechen beginnen. Einzelne normative Festlegungen lassen sich mehr als neuntausend Jahre zurückverfolgen.

Die Ägypter verwendeten um 2500 v. Chr. zum Errichten der Cheopspyramide Bausteine mit gleichen Maßen.

Die Chinesen hatten um 2400 v. Chr. ein einheitliches Maßsystem; es benutzte als Grundeinheit den Abstand zwischen zwei Knoten eines Bambusstammes, der – wie eine Flöte angeblasen – einen bestimmten Ton von sich gibt.

Die Römer durften an das städtische Wasserleitungsnetz nur Rohre mit bestimmten Durchmessern anschließen.

Das waren Beispiele aus der „nationalen" Normung.

Das erste Beispiel aus der „internationalen" Normung ist die im Jahre 1875 von 18 Staaten beschlossene internationale Meterkonvention. Den historischen Rückblick rundet die Erkenntnis ab, daß Normen eigentlich schon älter sind als die Menschheit, wenn wir das Verhalten von Tieren als „Verhaltensnormen" anerkennen.

So gesehen sind Normen im einfachsten Falle also Regeln, die von einer überwiegenden Mehrheit der betroffenen Individuen immer wieder angewandt und befolgt werden. Dabei können sich diese Regeln vererben und durch laufende praktische Erfahrungen der Umwelt anpassen. Typische erste Beispiele solcher „natürlichen" Normen sind die Formen der tierischen und menschlichen Verständigung durch Gesten und Gebärden oder durch Sprache und Schriftzeichen.

9.2 Normenkreislauf

Wenn Techniker über Normen sprechen, dann schließen sie grundsätzlich einen Themenkreis aus: die Rechtsnormen. Solche Normen werden von befugten Behörden und Körperschaften beschlossen und erlassen und sind zwingend einzuhalten.

Techniker verstehen unter dem Norm-Begriff seit Beginn der Normung (erste nationale Organisation: „BESC – British Engineering Standards Committee", 1901) eben Technik-Normen. Zuerst war die Zielsetzung im wesentlichen auf die Produkt-Rationalisierung (Energieersparnis, Ordnungsprinzip) ausgerichtet. In

der Zwischenzeit hat aus vielerlei historischen Gründen eine Werteverschiebung stattgefunden, so daß völlig neue Schwerpunkte der Normung entstanden sind, das sind z. B.: Verständigungsnormen, Ergonomienormen, Normen zum Schutz von Gesundheit und Umwelt.
Noch nicht ganz abzuschätzen ist die Wertigkeit der Normen als Werkzeug des internationalen Technologietransfers und Warenaustausches, nicht nur zwischen den hochtechnisierten Industrieländern, sondern vor allem mit den mäßig technisierten Ländern, um diesen zu helfen, in kürzestmöglicher Zeit das technologische Niveau der „alten Welt" zu erreichen.
Im Zuge dieser Entwicklung entstand zwangsweise der umfassende Normenkreislauf: Werknorm – nationale (regionale) Norm – internationale Norm.
Sobald der tiefe Sinn des Normenkreislaufes verstanden ist, gibt es diese Frage der Vergangenheit nicht mehr: „Ist eine (bestimmte) Norm zu früh oder zu spät erschienen?" Heute erscheinen leider noch viele Normen zu spät, weil Wettbewerbs- und Prestigedenken die Normungsarbeit blockieren. Das Prinzip wird sich umkehren:
Wer zuerst eine neue Norm vorschlägt und damit zur Förderung (Beschleunigung) von Entwicklung und Fortschritt beiträgt, wird Achtung und Ansehen in der Welt genießen. Denn, Normen fördern die Freiheit des schöpferischen Denkens und sind ein Instrument für dessen wirtschaftlichen Einsatz nach dem Grundsatz: „Was genormt ist, braucht nicht täglich neu erfunden werden!"

9.3 Wälzlagernormung

Es soll hier nicht die historische Entwicklung des Normenkreislaufes behandelt werden.
Bestimmte Eckpfeiler sind es gewesen, die dem technischen Fortschritt und dem Streben nach Anerkennung von Funktionstüchtigkeit und Zuverlässigkeit der Wälzlager ihren Stempel aufgeprägt haben. Ihre historische Bedeutung verlangt nach einer angemessenen Würdigung.

9.3.1 Werknormung

Hauptmaße

Wälzlager wurden bereits vor der Jahrhundertwende in größerem Umfang erzeugt, doch keiner der Hersteller dachte an die Katalogisierung von Lagergrößen und Lagerreihen. Es gab keine serienmäßige Fertigung. Reuleaux [3] weist allerdings schon im Jahre 1898 auf die Bedeutung der „Genauigkeitsmechanik" für den „Austauschbau" hin.
Erst Stribeck [6] gelang es, die allgemeine Verwendbarkeit der von ihm empfohlenen Querlager (heute: Radial-Rillenkugellager) glaubwürdig darzustellen. Das Ergebnis war die erste bekanntgewordene Werknorm von DWF-Berlin [7] im Jahre 1903 (Abb. 9.1): Tabellen mit Hauptmaßen (Mantel-/Bohrungsdurchmesser, Lagerbreite, Kantenverrundung) und zulässiger Belastung(!), Befestigung der Lagerringe mit Schlitzschraube.

Fig. 1. a-System. Fig. 2. i-System.

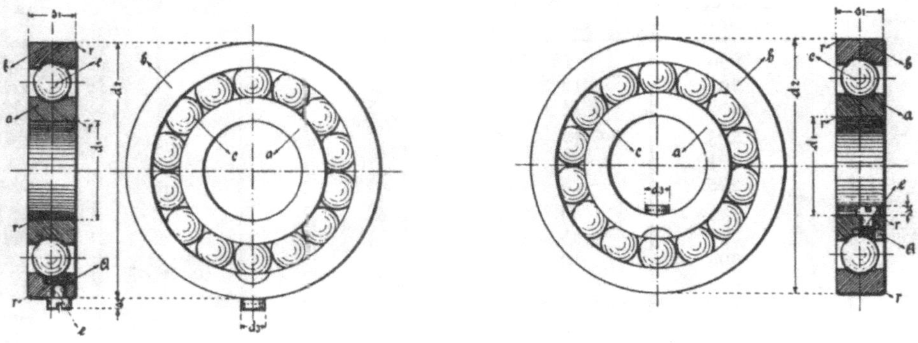

Maße in mm.

Nummer	Durchmesser der Laufringe		Breite der Laufringe	Abrundungs-Radius	Schraubenkopf		Zulässige Belastung
	innerer d_1	äußerer d_2	s_1	r	Durchmesser d_3	Höhe s_2	kg
1 a	12	37	9	0,5	8	3	140
2 a resp. i	15	40	9	0,5	8	3	160
3 a „ i	20	52	10	0,5	9	3	260
4 a „ i	25	62	12	1,0	9	3	380
5 a „ i	30	72	13	1,0	10	4	500
6 a „ i	35	80	14	1,0	10	4	670
7 a „ i	40	90	16	1,0	8	3	850
8 a „ i	45	100	17	1,0	8	3	1100
9 a „ i	50	110	19	1,5	8	3	1250
	55	117	19	1,5	8	3	1400
	60	127	20		8	3	1600
							1900

Abb. 9.1. Maße und Tragfähigkeit für normale „Laufringsysteme"; nach DWF 1903

Schon im Jahre 1906 folgte die Teilung (Abb. 9.2) in

— leichte Reihe 200
— mittlere Reihe 300
— schwere Reihe 400.

Die Maße dieser drei Reihen leben im wesentlichen unverändert in den modernen Normreihen 62, 63 und 64 weiter. Die Tragfähigkeit ist natürlich nicht vergleichbar, der Unterschied bewegt sich im Rahmen einer Zehner-Potenz. Offenbar wurden damals schon Leichtmetallgehäuse modern, denn die neuen Reihen sollten mit ihren größeren Lagerbreiten die Paßflächenverformung der Lagerringe in solchen Gehäusen verhindern.

Zur selben Zeit wurden zwei Lagerreihen für Rillenkugellager mit Spannhülse (Abb. 9.3) genormt, die sich an die Basisreihen bei Verringerung der zulässigen Belastung anlehnten.

Den Abschluß der ersten Werknormungsarbeit bildeten die normalen „Stützkugellager" (Axial-Rillenkugellager) in zwei maßlich gleichen Systemen (Abb. 9.4); ihre

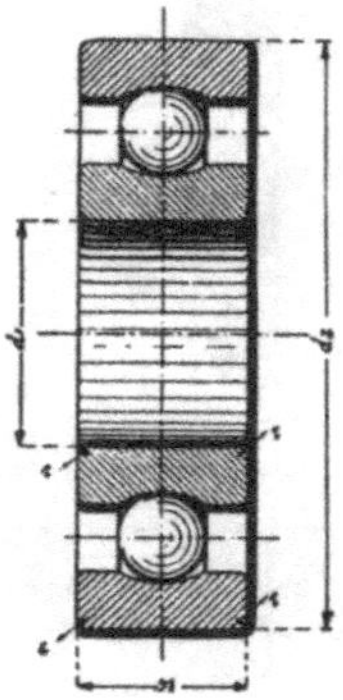

Maße in mm.

Nr.	d_1	d_2	s_1	r	kg[1]
300	10	35	11	1	90
301	12	37	12	1	110
302	15	42	13	1	130
303	17	47	14	1	170
304	20	52	15	1	200
305	25	62	17	1	280
306	30	72	19	2	390
307	35	80	21	2	500
308	40	90	23	2	650
309	45	100	25	2	800
310	50	110	27	2	950
311	55	120	29	2	1100
312	60	130	31	2	1300
313	65	140	33	3	1500
314	70	150	35	3	1800
315	75	160	37	3	2000
316	80	170	39	3	2300
317	85	180	41	3	2600
	90	190	43	3	2900
					3200

Abb. 9.2. Maße und Tragfähigkeit für Rillenkugellager, Reihe 300; nach DWF 1906

Maße in mm.

Nr.	d_1	d_2	s_1	r	a	b	l	kg[1]
604	20	62	17	1	36	10	33	280
605	25	72	19	2	43	11	37	390
606	30	80	21	2	48	11	39	500
607	35	90	23	2	54	12	42	650
608	40	100	25	2	61	12	44	800
609	45	110	27	2	67	13	47	950
) klein	50	120	29	2	74	14	51	1100
) groß	50	130	31	2	80	16	55	1300
611	55	140	33	3	86	17	58	1500
612	60	150	35	3	92	18	61	1800
613	65	160	37	3	99	19	65	2000
614	70	170	39	3	105	19	68	2300
615	75	180	41	3	111	20	71	2600
616	80	190	43	3	117	20	74	2900
617	85	200	45	3	124	21	77	3200
618								

[1] Zulässige Belastung.

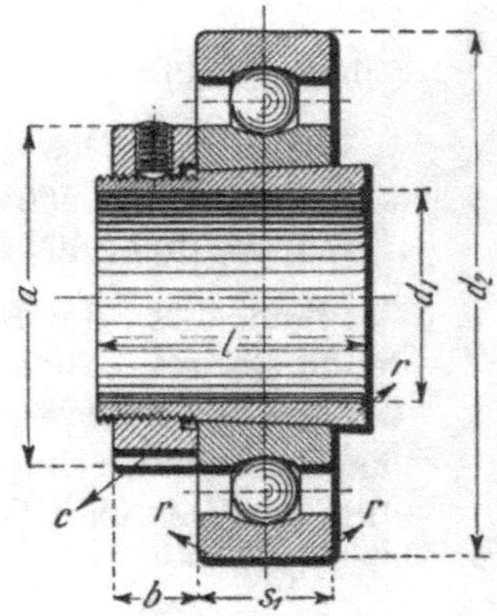

Abb. 9.3. Maße und Tragfähigkeit für Rillenkugellager mit Spannhülse, Reihe 600; nach DWF (1906)

Fig. 7. g-System. Fig. 8. r-System.

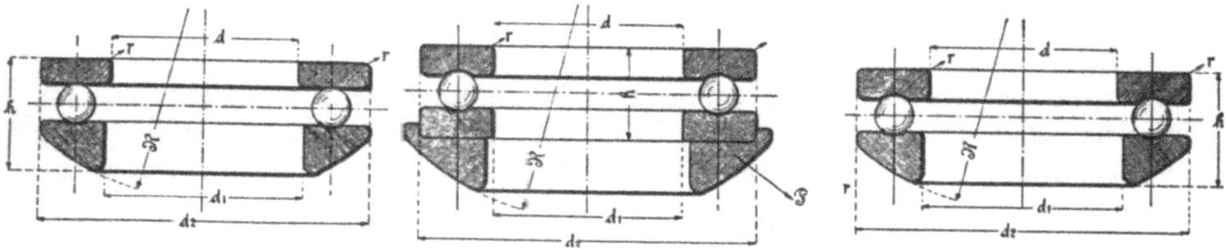

Nummer der Stützkugellager	Abmessungen der Stützkugellager: Innerer Durchmesser d	Innerer Durchmesser d_1	Äußerer Durchmesser d_2	Lagerhöhe h	Radius der Auflagefläche R	Abrundungsradius r	Zulässige Belastungen in kg: „g"-Systeme Fig. 7: Bis zu 1500 U/min	Bis zu 1000 U/min	Bis zu 500 U/min	„r"-System Fig. 8: Bis zu 300 U/min	Bis zu 150 U/min	Bis zu 10 U/min
6g resp. r	30	32	53	18	40	1	150	200	250	300	350	1100
7g „ r	35	37	62	21	50	1	200	250	300	400	450	1500
8g „ r	40	42	64	21	50	1	250	300	350	450	550	1600
9g „ r	45	47	73	25	60	1	300	350	400	550	700	2100
10g „ r	50	52	78	25	65	1	350	400	500	650	800	2300
11g „ r	55	57	88	28	70	1	400	500	600	750	1000	2900
12g „ r	60	62	90	28	75	1	450	550	700	850	1100	3100
13g „ r	65	67	100	32	80	1,5	550	650	800	1000	1200	3800
14g „ r	70	72	103	32	85	1,5	600	700	900	1100	1400	4000
16g „ r	80	82	115	35	95	1,5	700	800	1100	1200	1700	5000
17g „ r	85	88	125	38	105	1,5	850	950	1300	1500	2000	6000
19g „ r	95	98	140	41	115	1,5	1000	1150	1600	1900	2400	7000
21g „ r	105	108	155	40	130	1,5	1200	1400	1800	2200	2700	8000
23g „ r	115	118	165	43	140	2	1300	1600	2200	2500	3200	10000
25g „ r	125	128	175	46	150	2	1400	1900	2400	2900	3700	11000
28g „ r	140	143	200	52	170	2	1700	2200	3000	3700	4800	13000

Abb. 9.4. Maße und Tragfähigkeit für normale „Stützkugellager"; nach DWF 1903

Unterscheidung lag in einer neuartigen Zuordnung der zulässigen Belastung zu einer bestimmten Drehzahl.
Parallel zu dieser DWF-Norm brachte The Hoffmann Manufacturing Co. Ltd.-Chelmsford/Essex ein Druckblatt über „Längslager für Kranhaken" mit 20 Typen zwischen 1/4" und 4" Bohrungsdurchmesser heraus.
Andere als Rillenkugellager waren damals nicht serienreif, also nicht normungswürdig.

Toleranzen

Die Angaben darüber spiegeln die noch mangelhafte Fertigungstechnologie. Um 1905 legt sich DWF folgendermaßen fest:

„Ringe und Kugeln sind aus bestem Spezialwerkzeugstahl gearbeitet, und zwar die Bohrung und der Außendurchmesser der Ringe mit ± 0,005 mm Toleranz nach Kaliber; die Laufbahnen sind genau laufend geschliffen."

Wahrscheinlich waren diese ersten Werte zu optimistisch gewählt, denn schon 1907 wurde geändert in:

„Ringe und Kugeln sind aus bestem Spezialstahl gearbeitet, die Bohrung der Ringe mit maximal 0,005 mm, minimal 0,01 mm Toleranz, die Außendurchmesser der Ringe mit maximal und minimal 0,015 mm bis 0,03 mm Toleranz, je nach der Größe der Lager, und die Laufbahnen genau laufend geschliffen und sauber poliert."

Und schon zwei Jahre später, 1909 folgte neuerlich eine Modifikation:

„Die zulässigen Toleranzen sind für die Bohrung + 0,005 mm und − 0,01 mm, für den Außendurchmesser nur − 0,015 mm bis 0,030 mm, je nach Größe. Der Außendurchmesser ist demnach nie größer als das Vollmaß."

Die verschiedenen Werknormen der Toleranzen für Bohrungs- und Manteldurchmesser der Rillenkugellager bis zum Beginn der nationalen deutschen Normung sind in Tabelle 9.1 zusammengestellt.
Die Deklaration der Toleranzen von Bohrungs- und Manteldurchmesser ist im Zusammenhang mit der notwendigen Empfehlung der Passungen von Welle und Gehäuse zu sehen; es handelt sich dabei um die „Paarung" der Lager mit Fremdteilen.
Die Bedeutung der Lagerluft für die volle Ausnutzung der Tragfähigkeit und in weiterer Folge für den Austauschbau sowie die Serienfertigung war schon von Anfang an bei DWF bekannt, Angaben über diese offensichtlich „interne Angelegenheit" finden sich aber nicht.

Passungen

Der überaus große Einfluß der Passungen auf die Lager-Lebensdauer wurde in umfangreichen, nicht widerspruchsfreien Empfehlungen der Lagerhersteller dokumentiert. Im übrigen ist dieses Thema in sehr komplexer Weise mit jedem einzelnen Anwendungsfall verbunden und daher auch heute nicht normativ darstellbar.
Als historische Dokumente werden Zitate wiedergegeben.
DWF empfiehlt im Jahre 1909 (Auszug):

„Die äußeren Laufringe sind mittels Schiebesitz in die Bohrung einzupassen. Es genügt, die Bohrung des Gehäuses 0,01 mm größer als den Außendurchmesser des Kugellagers zu halten. Die Innenringe der Kugellager sind am sichersten mit Preßsitz auf die Welle zu bringen und gegen Bunde oder Ansätze zu spannen."

„Die Welle, auf welche das Kugellager aufgebracht werden soll, ist um einige hundertstel Millimeter stärker zu halten als die Bohrung des Kugellagers. (Für richtige Bemessung der Wellen stehen Tabellen zur Verfügung. Auf Wunsch liefern wir auch passende Lehren gegen billigste Berechnung.) Das Kugellager ist vor dem Aufpressen auf die Welle ungefähr eine halbe Stunde in säurefreiem Öl auf 40 Grad zu erwärmen."

„Unerläßlich ist der Preßsitz bei stark wechselnder Belastung und da, wo starke und dauernde Belastungen auftreten, z. B. bei Kurbelwellen, Walzenstühlen usw. Besonders empfiehlt sich der Preßsitz auch bei Elektromotoren, Ventilatoren, Zentrifugen, Holzbearbeitungsmaschinen usw."

Tabelle 9.1. Werknormen über Toleranzen: (1) Norma 1914, (2) F & S 1915, (3) FAG 1920, (4) DWF 1921

Abmaße für Bohrung und Mantel

Bohrungs-durchmesser mm	Abmaß mm unteres	Abmaß mm oberes	Mantel-durchmesser mm	Abmaß mm oberes	Abmaß mm unteres
bis 60	– 0,010	0	bis 32	+ 0,010	0
über 60	– 0,020	0	von 72 – 200	+ 0,010	– 0,010
			über 200	+ 0,020	– 0,010

Die Unrundheit der Ringe darf 0,010 mm nicht überschreiten.

(1)

Abmaße für Bohrung und Mantel

Durchmesser für Bohrung und Mantel mm	Abmaß für Bohrung mm unteres	Abmaß für Bohrung mm oberes	Abmaß für Mantel mm oberes	Abmaß für Mantel mm unteres
10	– 0,008	0	0	– 0,004
20	– 0,011	0	0	– 0,006
30	– 0,012	0	0	– 0,008
50	– 0,014	0	0	– 0,010
100	– 0,016	0	0	– 0,014
200	– 0,018	0	0	– 0,018
300	– 0,020	0	0	– 0,021

(2)

Abmaße für Bohrung und Mantel

Durchmesser für Bohrung und Mantel mm	Abmaß für Bohrung mm unteres	Abmaß für Bohrung mm oberes	Abmaß für Mantel mm oberes	Abmaß für Mantel mm unteres
0 – 55	– 0,010	0	0	– 0,010
56 – 100	– 0,015	0	0	– 0,015
101 – 110	– 0,020	0	0	– 0,015
111 – 200	– 0,020	0	0	– 0,020
201 – 300	– 0,030	0	0	– 0,020

(3)

Abmaße für Bohrung und Mantel

Bohrungs-durchmesser mm	Abmaß mm unteres	Abmaß mm oberes	Mantel-durchmesser mm	Abmaß mm oberes	Abmaß mm unteres
bis 100	– 0,010	+ 0,005	bis 50	0	– 0,015
über 100	– 0,020	0	bis 150	0	– 0,020
			[redacted]	0	– 0,030 und mehr

(4)

„Wenn auch in vielen Fällen die leichte Aufpassung mit Schiebesitz oder Aufbringen mit Hammerschlägen (stark saugender Sitz) genügt, so sollte doch in allen Fällen, wo ohne Schwierigkeiten durchführbar, der Preßsitz schon deshalb angewendet werden, weil bei leicht – mit Schiebesitz – aufgepaßten Kugellagern der Innenring sich auf der Welle lockern und dann besonders bei weichem Wellenmaterial Riefen in die Welle einarbeiten könnte."

„Wo besondere Umstände es bedingen, kann auch der Außenring festgespannt werden und der Innenring lose auf der Welle sitzen. In diesem Falle ist jedoch erst zu versuchen, ob das Wellenmaterial auf die Dauer standhält."

„Da die Flächenspannung zwischen Innenring und Welle etwa doppelt so groß ist als zwischen Außenring und Gehäuse, ist hierdurch die schnellere Abnutzung der Welle mehr begünstigt als die der Gehäuse."

„Das Anbringen von Nuten, Löchern, Stiften und Flächen zur Verhinderung der Drehung eines Laufringes auf der Welle oder im Gehäuse bewirkt eine Schwächung der Ringe."

„Bei dem von uns empfohlenen Einbau – Innenring: Preßsitz oder leichter Sitz, seitlich festgespannt – Außenring: Schiebesitz, beiderseitig, 0,2 mm Luft – dreht sich der Außenring langsam mit, d. h. er wandert. Dieses Wandern ist durch die Bewegungsvorgänge der Kugellager begründet und unbedenklich."

Zum ersten Mal erscheint in einem Katalog von Fichtel & Sachs – Schweinfurt (F & S) ein Diagramm für die Abmaße von Bohrung und Mantel der Kugellager und die Sitzfläche von Gehäuse und Welle (Abb. 9.5). Dazu schreibt F & S vor:

„Die Lager müssen stets fest auf den Wellen sitzen, es ist also niemals Schiebesitz, sondern immer Festsitz anzuwenden."

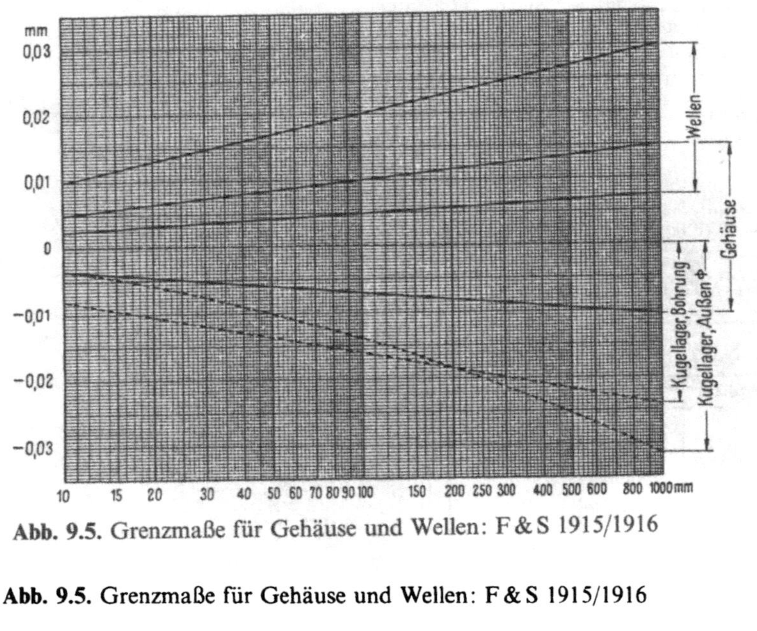

Abb. 9.5. Grenzmaße für Gehäuse und Wellen: F & S 1915/1916

Abb. 9.5. Grenzmaße für Gehäuse und Wellen: F & S 1915/1916

„Es liegt nahe, anzunehmen, daß schon durch die Muttern die Lager genügend fest gehalten werden, so daß sie nur mit Schiebesitz auf die Wellen aufgebracht zu sein brauchen. Dies trifft aber nicht zu, bei Schiebesitz werden sie sich drehen und die Sitzstellen auf den Wellen zerstören, wenn die Muttern auch noch so fest angezogen sind. Zu beachten ist stets der Umstand, ob die Sitzflächen in den Gehäusen und auch auf den Wellen durch die Belastung einen Druck erhalten, der ständig nur auf eine Stelle wirkt oder ob der Druck wandert. In letzterem Falle muß die Passung fester und strammer sein als es sonst nötig wäre, andernfalls stets ein Abwälzen der kleineren Teile in den größeren erfolgt."

Abschließend sei vermerkt, daß in den frühen Jahren der Entwicklung Forscher wie Gohlke [51, 52], Kirner [53, 54] und Weidmann [55] mit ihren Arbeiten sehr viel zur Durchleuchtung der Passungsfrage beigetragen haben und ihre Vorschläge in den späteren nationalen und internationalen Normen berücksichtigt wurden.

Lebensdauer

Die Kenntnis über Tragfähigkeit und Wirkungsweise von Kugel- und Rollenlagern war Ende des 19. Jahrhunderts äußerst bescheiden. Ebenso gab es keinerlei Anhaltspunkte über die erforderliche Genauigkeit der Kugeln und Lagerringe, den Werkstoff sowie über die zweckmäßige Bauart; Kugelgröße und Ringstärke wurden dem vorhandenen Platz angepaßt, die „Lager-Konstruktionen" waren bisweilen phantasievoll gestaltet.
Angaben über die Tragfähigkeit waren in der Regel falsch. Die Zuverlässigkeit der neuen Lager wurde nicht grundlos angezweifelt. Das war der Nährboden für die nachfolgende, über Jahrzehnte dauernde Diskussion darüber, ob das Wälzlager dem Gleitlager ebenbürtig sei.
Wieder war es DWF, die damals größte deutsche Stahlkugelfabrik, von der Prof. Stribeck einen Auftrag zur umfassenden technisch-wissenschaftlichen Erforschung der Kugellager bei großen Belastungen erhielt. Er wählte als Basis seiner Untersuchungen die Hertzschen Gleichungen [56] für den Fall der Berührung elastischer Körper. Die Ergebnisse seiner Forschungen waren lange Zeit die einzige Grundlage der modernen Wissenschaft über Kugellager [6, 19]. Es mag interessieren, daß sich die Versuche hauptsächlich mit der Belastung (Bruchlast) und der Verformung der Kugeln befaßten – weil man die Kugel als das schwächste Element im Lager vermutete – und daß Stribeck bereits einen Kohlenstoffstahl mit 0,8 ... 1% C als den bestgeeigneten Werkstoff empfahl.
Nach Stribecks Angaben normte DWF die ersten Kugellager (vgl. Abb. 9.1), für die es noch keine Last-Drehzahl-Beziehung gab, abgesehen von der zulässigen Höchstdrehzahl. Erst bei der Norm für Axial-Rillenkugellager (Abb. 9.4) wurde die Belastung von der Drehzahl abhängig gemacht.
Die Abb. 9.6 bis 9.8 zeigen die Entwicklung bei verschiedenen Herstellern in den folgenden zwanzig Jahren einschließlich den Tragfähigkeitswerten in der ersten nationalen Norm DIN 612 (1922).

Jürgensmeyer [1] schreibt dazu:

„Als im Jahre 1922 Tragfähigkeitszahlen für die Normblätter festgelegt wurden, hat man die aus Wettbewerbsgründen immer höher geschraubten Belastungsangaben nur auf ein

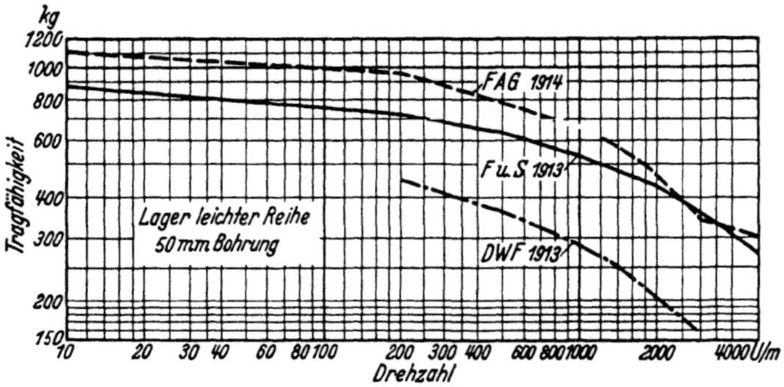

Abb. 9.6. Vergleich der Tragfähigkeitsangaben: DWF 1913, F & S 1913, FAG 1914

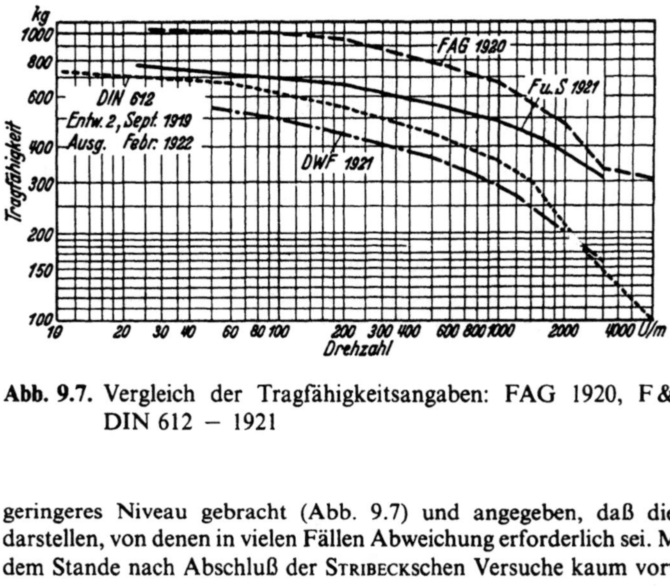

Abb. 9.7. Vergleich der Tragfähigkeitsangaben: FAG 1920, F & S 1921, DWF 1921, DIN 612 – 1921

geringeres Niveau gebracht (Abb. 9.7) und angegeben, daß die Zahlen Höchstwerte darstellen, von denen in vielen Fällen Abweichung erforderlich sei. Man war also gegenüber dem Stande nach Abschluß der Stribeckschen Versuche kaum vorwärtsgekommen."

Jürgensmeyer hat wohl nicht ahnen können, daß sich im Jahre 1987 ein ähnliches Bild bieten wird. Die andere Themenstellung besagt noch lange nicht, daß die Qualität der diskutierten Lösungen hochwertiger sein muß, wenn heute im internationalen Forum des ISO/TC 4 „verhandelt" wird.

Neben Stribeck und Symanzik darf in der Geschichte der Wälzlager-Berechnung ein Name nicht vergessen werden: Arvid Palmgren. Er hat im Jahre 1918 mit umfassenden Untersuchungen begonnen und über mehr als zwei Jahrzehnte weitergeführt [8, 57 bis 67].

Palmgren versuchte zuerst, wie andere Forscher vor ihm, auf rein theoretischem Wege das Gesetz über die Abhängigkeit der Lebensdauer von der Belastung, der Drehzahl, der Lagergröße und der Lagerkonstruktion zu finden [59]. Er erkannte, daß nur aus umfassenden Laufprüfungen Ergebnisse erzielt werden können, die die Gesetzmäßigkeiten zu begründen helfen. Diese Vorgangsweise hatte Stribeck schon empfohlen.

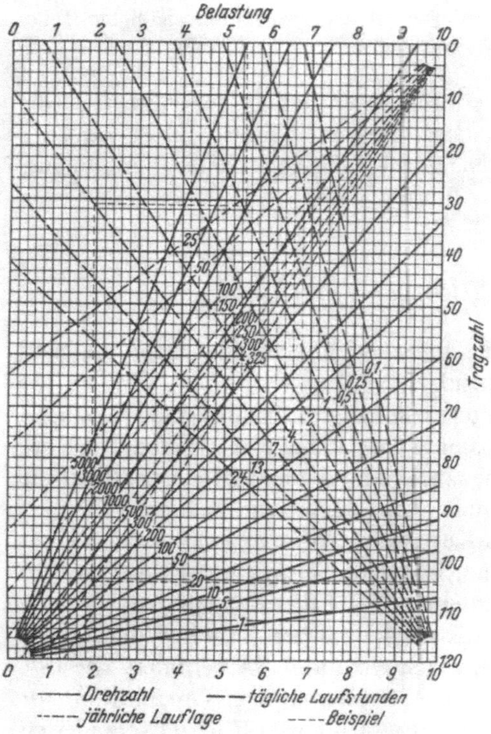

Abb. 9.8. Diagramm für die Auswahl von Kugellagern: F&S-SYMANZIK 1921

Die Verfasser meinen, daß mit diesen zweifelsohne bahnbrechenden Erkenntnissen eine nicht sehr glückliche Richtung für die nachfolgenden Forschergenerationen vorgegeben worden ist. Aus dieser Sackgasse haben wir bis heute nicht herausgefunden. Denn, abgesehen von geringfügigen Modifikationen gelten die von PALMGREN aufgestellten Gesetzmäßigkeiten uneingeschränkt, das sind u. a.:

— die direkte Beziehung zwischen Lebensdauer und reiner Radialbelastung
— die Umrechnung der axialen in eine äquivalente Radialbelastung
— der Begriff der Lebensdauer als Laufzeit, welche von 90% der Lager überschritten wird [8]; allerdings damals aus wirtschaftlichen Überlegungen vorgeschlagen.

PALMGREN schrieb dazu wörtlich [8]:

„Es leuchtet ein, daß es in der Praxis sehr unwirtschaftlich wäre, alle Lager so zu bemessen, daß auch diejenigen mit unbedingt geringer Lebensdauer genügend stark werden.
Um ein gutes wirtschaftliches Ergebnis zu erhalten muß man damit rechnen, daß eine gewisse kleinere Anzahl Lager eine kürzere Lebensdauer als die berechnete hat, weshalb die Konstanten (in den Gleichungen) so zu wählen sind, daß rund 90 v. H. aller Lager eine längere Lebensdauer haben als die Formel angibt. Diese Berechnungsweise muß sowohl in technischer, wie in wirtschaftlicher Hinsicht als vollkommen befriedigend angesehen werden,

wenn man berücksichtigt, daß diejenigen Lager, die eine kürzere Lebensdauer haben, eigentlich oft nur eine Ausbesserung durch Austausch des zuerst beschädigten Teiles erfordern."

Nach den PALMGRENschen System-Überlegungen entstanden im Jahre 1923 die neuen Belastungstafeln von SKF-Göteborg, die zum Unterschied zu DIN 612 „relative Tragfähigkeitszahlen" enthielten und mit Hilfe eines Umrechnungsschlüssels zu der zu erwartenden Lebensdauer führten.

9.3.2 Nationale und internationale Normung

Diese beiden Glieder des Normen-Kreislaufes sind voneinander nicht eindeutig trennbar, die Verknüpfungen sind fließend.
Die Wälzlager-Normung hat ihre Wurzeln eindeutig in Deutschland, beginnend mit der Werknormung bei DWF und später in der nationalen Normung. Nach der Gründung des DNA-Deutscher Normenausschuß im Jahre 1917 erschienen die ersten Normenblätter über die Hauptmaße von Kugellagern im Jahre 1922.
Die erste internationale Konferenz über Kugellager-Normung fand 1923 in Zürich statt; Teilnehmer kamen aus Deutschland, Schweden, Schweiz und USA. Erst 1926 wurde dann in New York die ISA-International Federation of the National Standardizing Associations gegründet, derem Kugellager-Ausschuß die Länder Deutschland, England, Italien, Schweden, Schweiz und USA beitraten. Die ISA änderte im Jahre 1947 ihren Namen auf ISO-International Organization for Standardization, die ursprünglichen ISO – Empfehlungen (ISO/R) veränderten sich im Jahre 1977 zu ISO-Normen (ISO).
Einige Daten mögen den Umfang der weltweiten ISO-Tätigkeit im Jahre 1985 anzeigen:

— sie erfaßt mehr als 80 nationale Normungsorganisationen (4/5 der Weltbevölkerung)
— die Normungsarbeit wird von mehr als 1600 technischen Komitees, Unterkomitees und Arbeitsgruppen ausgeführt
— die ISO-Sekretariate sind in mehr als 30 Ländern verteilt
— sie unterhält Verbindungen zu mehr als 300 internationalen Organisationen
— an jedem Arbeitstag des Jahres tagen durchschnittlich neun ISO-Arbeitsgremien
— 20 000 Fachleute aus aller Welt nehmen jedes Jahr an den ISO-Sitzungen teil
— über 100 000 Fachleute aus verschiedenen Fachkreisen beteiligen sich an der ISO-Arbeit.

Für das ISO-Wälzlager-Normenwerk ist das Technical Committee ISO/TC 4 zuständig. Der gegenwärtige Stand ist bei einem gewissen Verständnis für die unterschiedlichen Interessen zufriedenstellend. Es kann ohne besondere Schwierigkeiten in die nationalen Normenwerke integriert werden, in den meisten Fällen allerdings nicht direkt als Übersetzung aus den offiziellen ISO-Sprachen (englisch, französisch, russisch). Das gilt natürlich nicht für die genormten Zahlenwerte, wie z. B. Hauptmaße und Toleranzen, sondern vor allem für die zugeordneten Vor-, Haupt- und Nachsetzzeichen der verschiedenen Lagerarten. Über diese Zeichen konnte bei ISO/TC 4 bis heute keine Einigung erzielt werden mit Ausnahme des Kompromisses bei Kegelrollenlagern im Gefolge der weltweiten Einführung des metrischen SI-Systems (Systéme International d'Unités) – in Österreich mit Bundesgesetz-Blatt 174 vom 20. 3. 1973.

9.3.3 Stand der Normung 1987

Das österreichische Wälzlager-Normenwerk präsentiert sich als ein geschlossener homogener und übersichtlicher Nummernblock, wie ihn weder ISO noch DIN bieten (Tabelle 9.2). Der Inhalt orientiert sich in erster Linie an vorhandenen ISO-Normen, berücksichtigt weiterführende DIN-Normen und verarbeitet schließlich in nicht vergleichbaren ÖNORMEN den letzten Stand und die Bedürfnisse der Wälzlagertechnik, z. B. Wälzlagerschäden und Technische Lieferbedingungen.

9.3.4 Ausblick: Zukunft der Normung

Die Zukunft der Wälzlager-Normung liegt keineswegs „im Ungewissen". Aus Tabelle 9.2 erkennt man, daß im wesentlichen der Schwerpunkt der Normungsarbeit beim „nackten" Wälzlager, also beim Wälzlager ohne Umgebung liegt – vom Zugehör und den Gehäusen abgesehen. Es ist auch nicht wirklich sinnvoll, Wälzlager für ganz spezielle Anwendungen mit sehr anspruchsvollen Details zu normen. Man denke z. B. an die Luft- und Raumfahrt, für die es zwar einzelne Normen gibt, die sich aber ausschließlich auf Spezifikationen von an sich bekannten Lagern beziehen.

Ein anderer Fall sind Schmierstoffe. Die Normung aus der Sicht des Wälzlagers kann sich hier nur auf die Prüfung und Auswahl beschränken, wodurch allerdings entscheidend auf die Entwicklung von wälzlagergerechten Schmierstoffen eingewirkt wird.

Beim Blättern in den Annalen der Wälzlagergeschichte fällt auf, daß am Anfang – bis Ende 19. Jahrhundert – komplizierte Ensembles (Units) das Bild prägten, dann die Grundbauarten kamen – erstes Drittel des 20. Jahrhunderts – und zur „Explosion der Massenfertigung" und im großen Konkurrenzkampf zuerst zu Quasi-Sonderkonstruktionen überleiteten und dann, ernüchtert durch den berüchtigten „Energieschock" in den siebziger Jahren, der Weg zurück zu den Grundbauarten führte. Es gibt Lagerarten, die immer wieder „totgesagt" wurden, aber doch nie wirklich „umgebracht" werden konnten, z. B. die Tonnenlager, die zeitweilig aus den Produktionsprogrammen verschwanden.

Es gibt maßgeschneiderte optimale Problemlösungen für kleine Anwendungsbereiche und es gibt solche, die zum Massenprodukt geworden sind, z. B. das integrierte Radlager für Personenkraftwagen. Die Konstruktionen der verschiedenen Hersteller solcher Lager gleichen einander immer mehr, so daß sich im Interesse der Verbraucher eine weltweite Normung geradezu aufdrängt. Im Eisenbahnwesen ist zwangsweise wegen der grenzüberschreitenden Zusammenarbeit dieser Schritt schon seit langem vollzogen.

Tabelle 9.2. Vergleich der Wälzlagernormen: ÖNORM – ISO – DIN (Stand 1987)

ÖNORM-Nummer	Titel der ÖNORM	ISO-Nummer	DIN-Nummer
M 6315			
Teil 1	Wälzlager; Arten und Begriffsbestimmungen		611
Teil 2	Wälzlager; Benennungen mit Definitionen	5593	ISO 5593
M 6316	Wälzlager; Maßplan	15, 104, 355	616
M 6317	Wälzlager; Benennungen, Bezeichnungen		623/1
M 6318	Wälzlager; Lagerreihen;		
Teil 1	Radial-Rillenkugellager	15, 2264, 3145	615, 625/1, 625/3, 626/1
Teil 2	Radial-Schrägkugellager	15	628/1, 628/2
Teil 3	Radial-Pendelkugellager	15	630/1, 630/2
Teil 4	Axial-Rillenkugellager	104	711, 715
Teil 5	Axial-Schrägkugellager		
Teil 6	Radial-Zylinderrollenlager	15, 246	5412/1, 5412/4, 5412/9
Teil 7	Radial-Nadellager	3030, 3245, 1206	5405/1, 618, 617
Teil 8	Radial-Tonnenlager	15	635/1, 635/2
Teil 9	Radial-Kegelrollenlager	355, 15	ISO 355, 720
Teil 10	Axial-Zylinderrollenlager	104	722
Teil 11	Axial-Nadellager	3031	5405/2
Teil 12	Axial-Tonnenlager		728
Teil 13	Axial-Kegelrollenlager		
Teil 14	Wälzlager-Ensembles	15, 104	5429/1
M 6319	Wälzlager; Wälzkörper;		
Teil 1	Kugeln; Maße und Toleranzen	3290	5401
Teil 2	Zylinderrollen; Maße und Toleranzen	3096, 6193	5402/1, 5402/2, 5402/3
M 6320	Tragfähigkeit von Wälzlagern;		
Teil 1	Berechnungsverfahren	76, 281/1, TR 8646	ISO 76, ISO 281/1,
Teil 2	Mindesttragzahlen		622/1
M 6321	Wälzlager; Toleranzen:		
Teil 1	Definitionen	1132	ISO 1132
Teil 2	Meßverfahren		620/1
Teil 3	Hauptmaße und Laufgenauigkeit	199, 492, 582	620/2, 620/2 A 1, 620/3, 620/6,
Teil 4	Lagerluft	5763	620/4

M 6322	Wälzlager; Anschlußteile; Passungen und Oberflächengüte		5425/1
M 6323	Wälzlager; Anschlußteile; Anschlußmaße		5418
M 6324 Teil 1	Wälzlager; Wälzlager-Zugehör; Spann- und Abziehhülsen, Abdrückmuttern und Sicherungsbleche	113/I, 2982	981, 5406, 5415, 5415, 5416
Teil 2	Sprengringe, Ring- und Haltenuten	464	5417, 616
M 6325 Teil 1	Wälzlager; Wälzlager-Zugehör; Planflächendichtungen		
M 6326 Teil 1 Teil 2 Teil 3 Teil 4	Wälzlager; Laufruhe; Körperschallmeßeinrichtungen Körperschallmaximalwerte Luftschallmeßeinrichtungen Luftschallmaximalwerte		
M 6327	Wälzlager; Wälzlagerschmierung		
M 6328 Teil 1 Teil 2	Wälzlager; Wälzlagerschäden; Begriffe, Merkmale, Ursachen Wälzlagerschäden in der Praxis		
M 6329	Wälzlager; Wälzlager-Gehäuse	113/II	736, 737, 738, 739
M 6330 Teil 1 Teil 2 Teil 3	Wälzlager; Wälzlagergehäuse- Zugehör; Gehäuse-Dichtungen Festringe Fettmengenregeleinrichtungen		5419
M 6331	Wälzlager; Technische Liefer- bedingungen		17230
M 6332	Wälzlager; Wälzlager für Schienenfahrzeuge (in Vorbereitung)	1160	25109/1, 25109/2 43283
M 6350	Filzringe, Filzstreifen, Ringnuten für Wälzlager- gehäuse		5419

Es ist also keineswegs so, daß sich in Zukunft die Arbeit der Normenausschüsse in aller Welt auf den Änderungsdienst wird beschränken müssen. Entschieden abzulehnen ist das überbewertete internationale Feilschen um Tragzahlenwerte und die numerische Fixierung von Einflußfaktoren auf die errechenbare Lebensdauer.

National und regional ist die Normung von Ensembles, von einfachen Radial-Axial-Lagern über Führungsrollen bis zu den oben genannten integrierten Radlagern von Personenkraftwagen, zu forcieren. Bei den Axiallagerarten gibt es auch noch Lücken.

Im internationalen Normenblock könnten Laufruhe, Schmierstoffe und Schäden noch rechtzeitig behandelt werden, bevor es wieder zu spät ist, wie bei der Einigung auf weltweit gleiche Kurzzeichen. Letzteres scheint zumindest so.

Dieser Ausblick ist nicht vollständig und der technische Fortschritt ist dynamischer denn je; also kann es schon morgen völlig neue Normungsaufgaben geben. Und dies trotz der momentanen Technikfeindlichkeit.

Lassen wir zum Abschluß den BRD-Forschungsminister Dr. H. Riesenhuber zu Wort kommen, der in einer Rede am 18. 3. 1985 vor 400 Zuhörern der Nachrichtentechnischen Gesellschaft in Baden-Baden feststellte:

„Alles, was sich von vornherein so einrichtet, daß unterschiedliche Normen gar nicht erst entstehen, ist um drei Klassen besser als alles, was hinterher die Politiker mit einer hoffentlich ausreichenden Fachkompetenz auszuarbeiten versuchen. Wer frühzeitig die Normen hat, kann frühzeitig den Standard international verbindlich machen. Und wer die Normen hat, hat die Märkte."

10 VERGANGENHEIT UND ZUKUNFT

10.1 Historische Entwicklung

10.1.1 Die geschichtliche Vorzeit

Man sagt den Chinesen nach, daß sie schon in grauer Vorzeit das Prinzip der rollenden Reibung meisterhaft beherrschten; bildliche Überlieferungen gibt es leider nicht.

In unserer Region orten wir Nachweise über die Verwendung von (Wagen-)Rädern zuerst einmal aus Holz, dann um 1900 v. Chr. aus Metall [68].

Die wahrscheinlich erste bildliche Überlieferung über die Anwendung der Gleitreibung stammt aus einer Höhle bei El Berscheh aus dem Jahre 650 v. Chr. [69]: König Sennecherib von Syrien läßt ein schweres steinernes Monument auf Rollen transportieren, dahinter sind Karren mit Speichenrädern zu erkennen (Abb. 10.1).

Das nächste historische Beispiel bringt der römische Architekt VITRUVIUS [70]: Um 330 v. Chr. soll der griechische Ingenieur DIADES die Walzenlagerung mit einer Art Käfig zur Lagerung des Widderbalkens einer Belagerungsmaschine erfunden haben (Abb. 10.2); d. i. die erste Rollengeradführung mit Käfig.

Weitere Hinweise auf die sinnvolle Ausnutzung der rollenden Reibung sind aus dem Altertum hin bis zum ausgehenden Mittelalter ziemlich spärlich. Erst Leonardo da VINCI (1452 – 1519) unterscheidet in seinen Schriften erstmals zwischen gleitender und rollender Reibung [2]. Er definiert den Begriff „Reibungswinkel“ und untersucht eingehend die Frage des Reibungswiderstandes in Wellenlagern. Seine

Abb. 10.1. Transport eines Denkmalsteines, um 650 v. Chr.

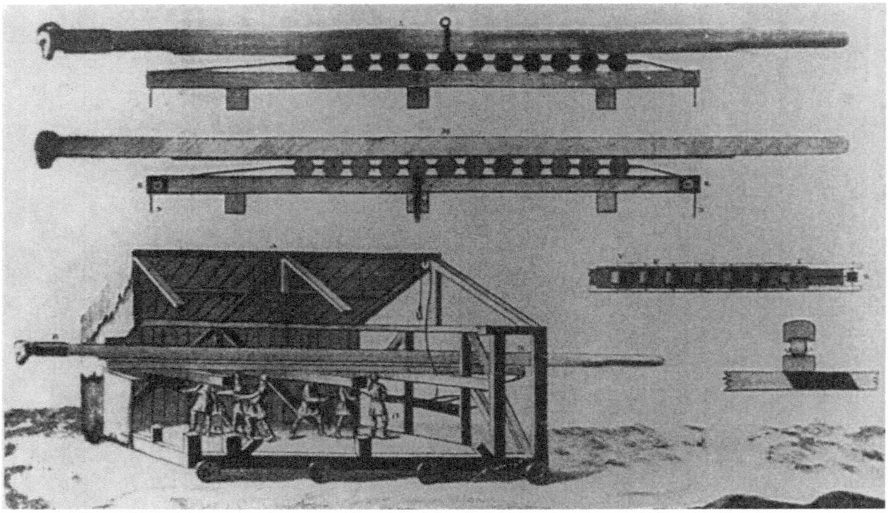

Abb. 10.2. Lagerung eines Widderbalkens, um 330 v. Chr.

Antifriktionsrollen (Abb. 10.3) nennt er „Drehzapfen höchster Vollkommenheit; sie dienen zu schwingenden Bewegungen, wie für Glocken, Sägen und Dingen ähnlicher Art". Über den Lagerbock mit Rollen (Abb. 10.4) sagt er:

„Diese Anordnung gibt der Kreisbewegung eine solche Dauer, daß es wunderbar und übernatürlich erscheint, denn es werden nach Aufhören der Bewegung des Motors noch viele Umdrehungen gemacht."

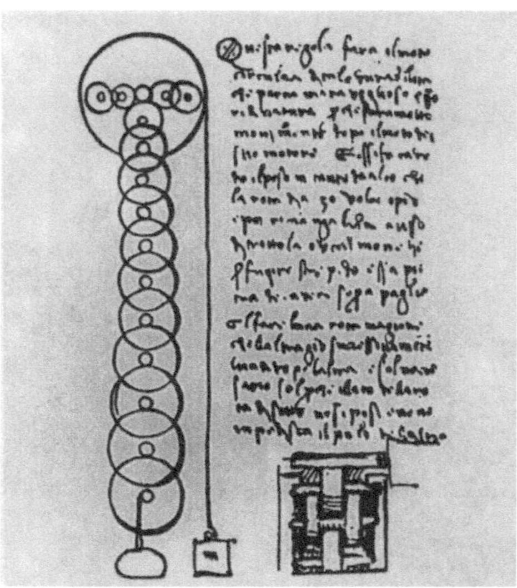

Abb. 10.3. Antifriktionsrollen von Leonardo da Vinci, um 1500

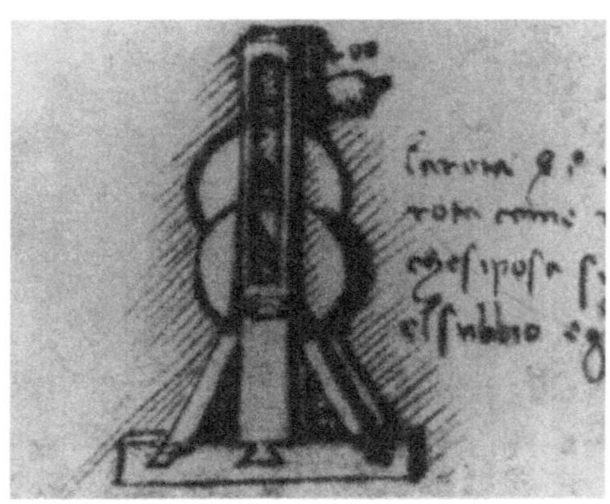

Abb. 10.4. Lagerblock mit Rollen von Leonardo da Vinci, um 1500

Der Nachwelt sind die wertvollen wissenschaftlichen Erkenntnisse und vielen Erfindungen des großen Genies jahrhundertelang verborgen geblieben.
Im ersten Maschinenbaufachbuch des deutschen Sprachraumes [71] beschreibt allerdings Georg AGRICOLA im Jahre 1556 auch schon einen Lagerbock mit Antifriktionsrollen in der Antriebsvorrichtung einer Schöpfeimerkette (Abb. 10.5).
Neben vielen anderen Lagerungsbeispielen findet sich im ersten französischen Standardwerk der Ingenieurkunst von RAMELLI [72] die Darstellung eines Ziehbrunnens mit händischem Antrieb und mit Übersetzung durch einen Zahnkranz (Abb. 10.6).

Abb. 10.5. Lagerbock mit Antifriktionsrollen von G. AGRICOLA, 1556

Abb. 10.6. Rollenkranz an einem Brunnen von RAMELLI, 1588

In der Neuzeit blieb es dem deutschen Mathematiker G. W. von LEIBNIZ vorbehalten, die Gesetze der gleitenden und rollenden Reibung wieder zu entdecken; seine Erkenntnisse sind in einer Publikation der Berliner Akademie vom Jahre 1710 erschienen [73].
Die erste wartungsfreie Lagerung stammt aus der Neuen Welt: Im Jahre 1909 wurde in Lancaster, USA, die Windfahne der Old Trinity Church überholt. Zwar war die Abnützung der sechs in einem Kupferkäfig gehaltenen Bronzerollen groß, doch immerhin lief das Rollenlager seit 1794 ohne Schmierung, also betrug die „Gebrauchsdauer" ganze 115 Jahre. Man nimmt an, daß dieses Lager bereits einen Vorgänger hatte; und zwar soll das Axial-Rollenlager, das den 1 650 kg schweren Wetterhahn im ältesten Teil der Independence Hall in Philadelphia getragen hat, bereits in den Jahren der Unabhängigkeitskriege (1775 – 1783) gebaut worden sein (Abb. 10.7), [74].

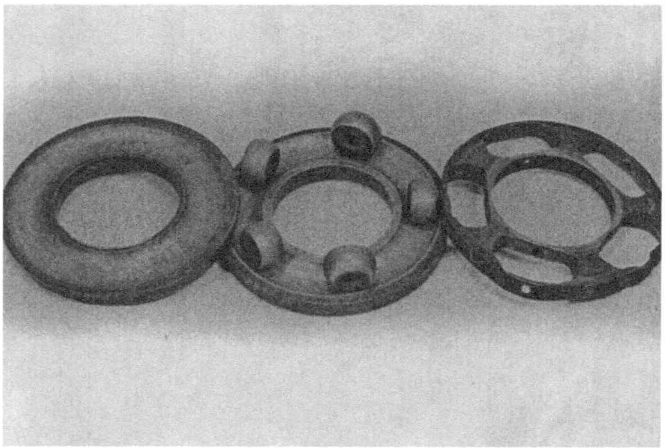

Abb. 10.7. Axialkugellager, USA um 1780

10.1.2 Die stürmische Zeit der Erfindungen

Im Jahre 1794 wurde dem Engländer P. VAUGHAN unter dem Titel „Achsen für leichte und schwere Wagenräder" das erste Patent über ein Radial-Rillenkugellager mit Einfüllöffnung erteilt (Abb. 10.8). In Frankreich erschien das erste Patent über Axial-Wälzlager im Jahre 1802; M. CARDINET erfand sowohl das Axial-Rillenkugellager als auch das Axial-Kegelrollenlager (Abb. 10.9). Auch das Radial-Zylinderrollenlager wurde erstmals einem Franzosen, HACHETTE, 1811 patentiert, und zwar als Lagerung einer Seilscheibe (Abb. 10.10).
Fast schon modern wirkt die anwendungstechnische Lösung eines Möbellagers des Engländers J. HARCOURT aus dem Jahre 1820 (Abb. 10.11). Heute lächeln wir bereits über einen anderen Engländer namens COLLINGE, dem 1821 eine einzelne Kugel als Lager in Türangeln patentrechtlich geschützt wurde [75]. Öfters wurde im Laufe der Zeit die in dem einen Land patentierte Erfindung in einem anderen Land wiedererfunden. Doch, weil es sich in dem besonderen Fall um einen berühmten Österreicher handelt, soll dies nicht unerwähnt bleiben: Joseph RESSEL erhielt 1829 das erste österreichische Patent auf Rollen- und Kugellager, um „die

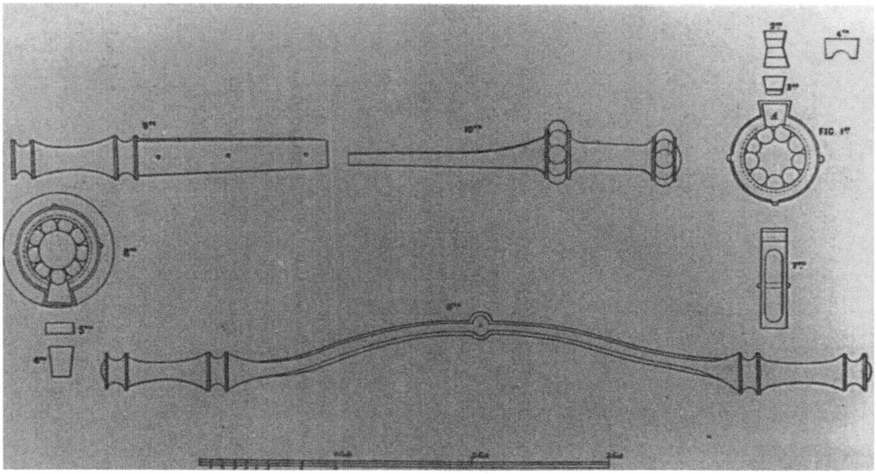

Abb. 10.8. Radialkugellager von P. Vaughan, England 1794

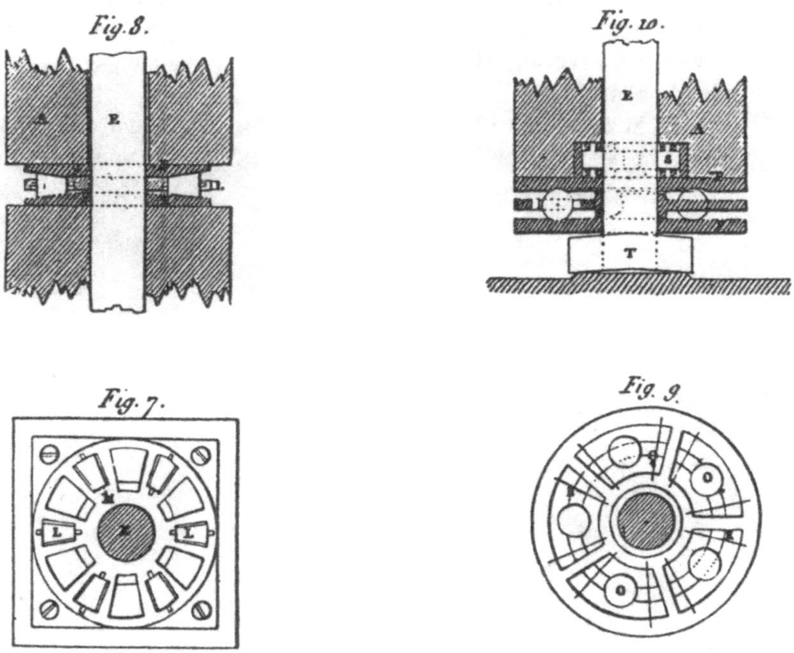

Abb. 10.9. Axialkegelrollen- und Axialkugellager von M. Cardinet, Frankreich 1802

Reibung der Maschinenzapfen und Wagenachsen beinahe auf Null zu reduzieren und jede Schmiere entbehrlich zu machen“ [76]. Unbestritten hingegen bleibt Ressels Erfindung der Schiffsschraube in den Geschichtsblättern der Technik vermerkt.

Die Aktivitäten zur Erfindung von vermeintlich reibungslosen Lagern waren in dieser Zeit enorm und so gab es eine Vielzahl von Erfindungen von Kugel- und

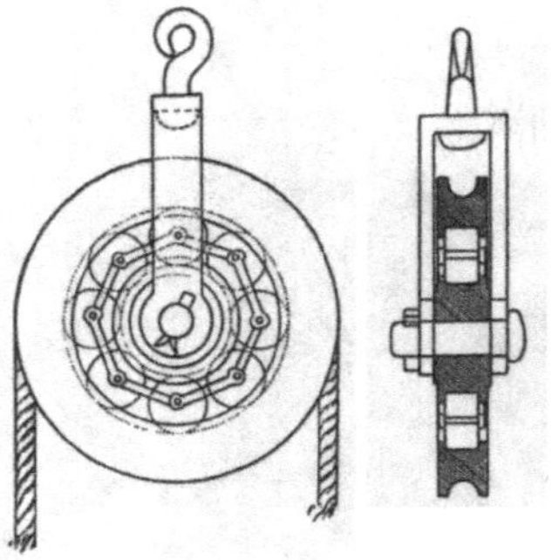

Abb. 10.10. Lagerung einer Seilrolle von Hachette, Frankreich 1811

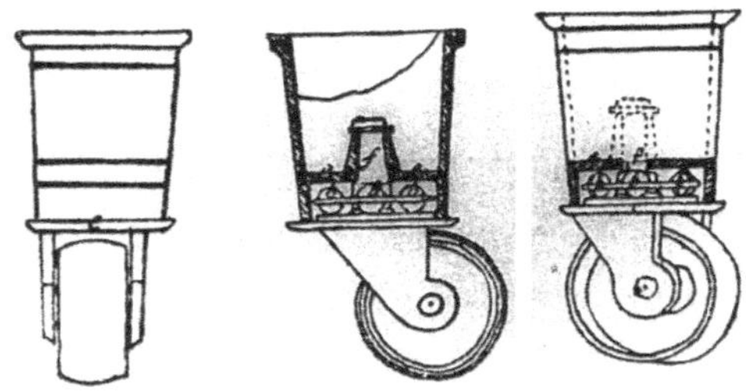

Abb. 10.11. Möbelrollenlagerung von J. Harcourt, England 1820

Rollenlagern. Darunter gibt es nicht wenige, die auch heute noch – von unwesentlichen Details abgesehen – „modern" aussehen. Den Erfordernissen der technischen Entwicklung entsprechend, fiel die Mehrzahl der dokumentierten Ideen in den Bereich der Lagerung von Straßen- und Schienenfahrzeugen, wie sie beispielsweise die Abb. 10.12 bis 10.17 zeigen.
Angeregt durch das schon im Jahre 1857 von P. A. de Fontaine-Moreau erfundene Konus-Spurlager (Abb. 10.18) erfand M. Benson im Jahre 1871 ein „Spurlager mit

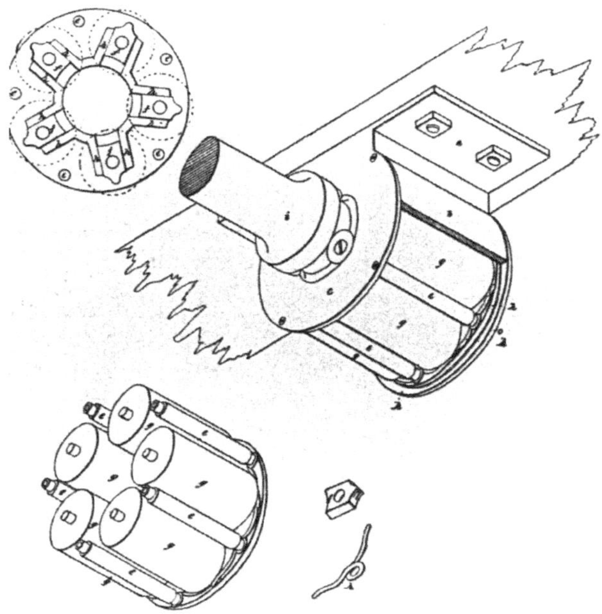

Abb. 10.12. Fahrzeuglagerung von J. und T. Sweeney, USA 1855

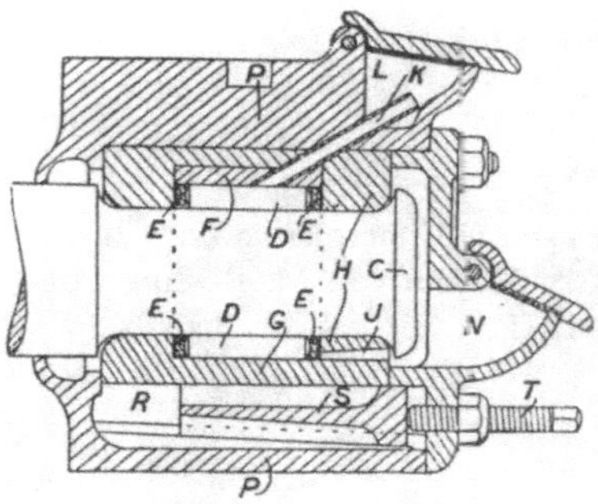

Abb. 10.13. Fahrzeuglagerung von J. A. M. CHAUFOUR, England 1858

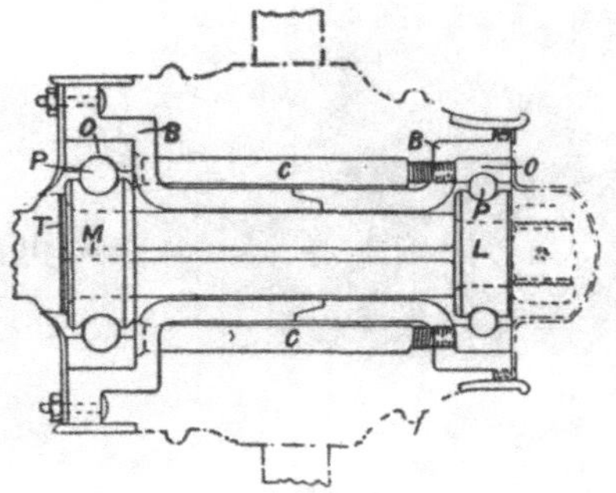

Abb. 10.14. Fahrzeuglagerung von M. A. F. MENNONS, England 1860

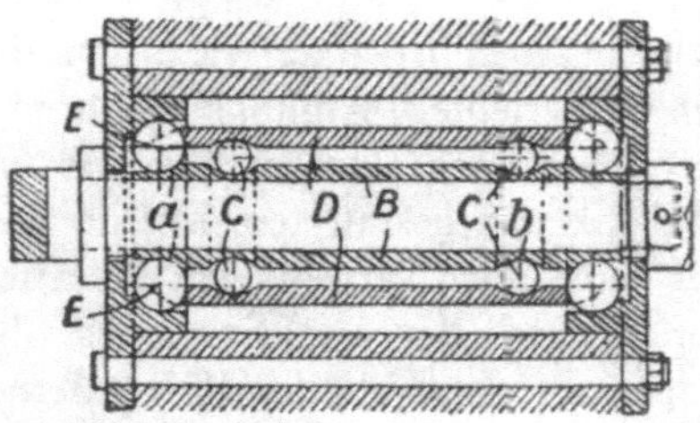

Abb. 10.15. Fahrzeuglagerung von BAILY, DURAND, MESNARD, POIRIER, USA 1866

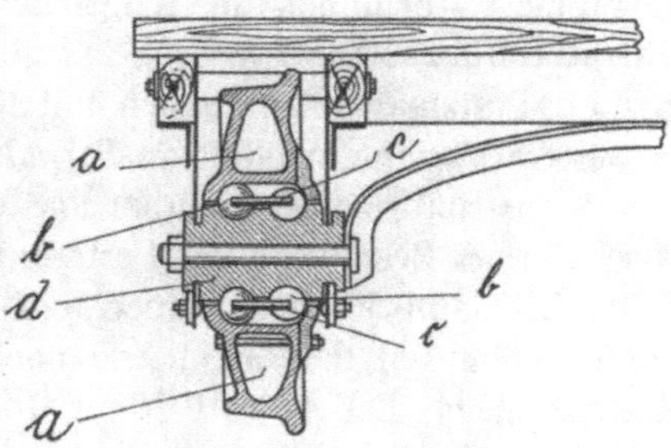

Abb. 10.16. Fahrzeuglagerung von G. WEIKUM, Deutschland 1877

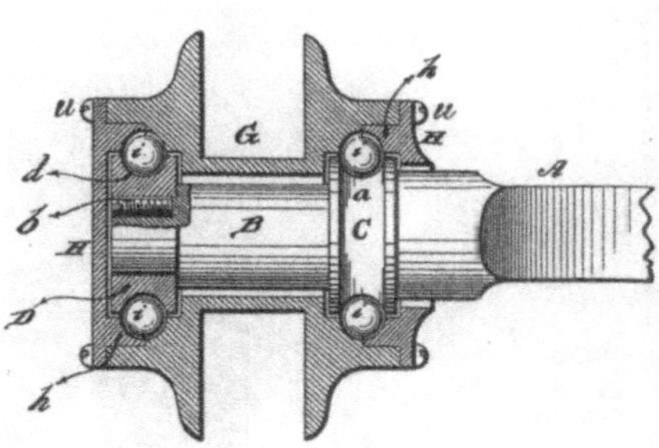

Abb. 10.17. Fahrzeuglagerung von J. SMITH, USA 1877

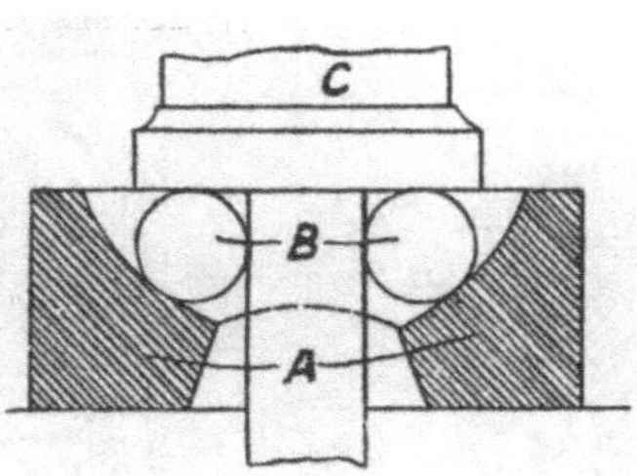

Abb. 10.18. Konus-Spurlager von P. A. de FONTAINE-MOREAU, Frankreich 1857

Sternkäfig und durchbohrten Kugeln" (Abb. 10.19) für die Lagerung von Kranen, Mühlsteinen und Turbinenwellen. Ein staubdichtes nachstellbares Kugellager für Fahrräder erfand W. BOWN im Jahre 1879. Die Mehrzahl aller dieser Konstruktio-

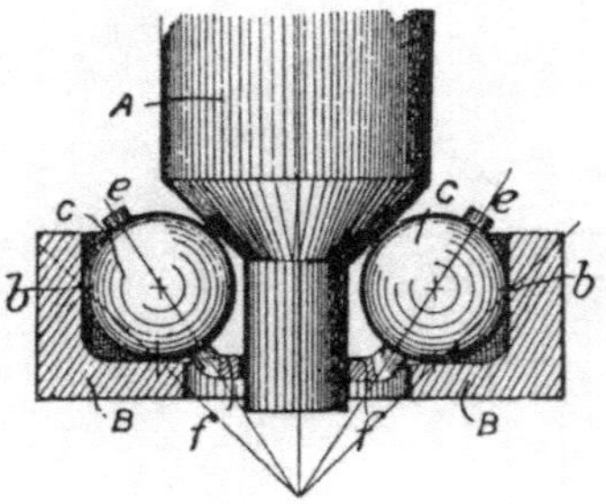

Abb. 10.19. Spurlager mit Sternkäfig und durchbohrten Kugeln von M. Benson, England 1871

nen war gewiß genial durchdacht, trotzdem erzielten sie nicht den Durchbruch zur praktischen Verwirklichung. Der Grund dafür war vor allem der rasche Verschleiß der Kugeln und Laufbahnen mangels Fertigungsgenauigkeit und der Möglichkeit gleichmäßiger Härtung. Allmählich aber, ab den achtziger Jahren des vorigen Jahrhunderts, beginnen die Kugellager sich, trotz aller Schwierigkeiten, beim Fahrrad durchzusetzen.
Es ist aus Platzmangel unmöglich, mit der gleichen Ausführlichkeit wie bisher über die weitere Variantenvielfalt an Erfindungen zu berichten. Anfangs suchte man nach Konstruktionsformen, die eine einfache Montage (Nachstellbarkeit und Lagerluft) bei Beachtung der Fertigungsmöglichkeiten gestatteten. Mit der Zeit entstanden dann die dem Namen nach auch heute noch verwendeten Bauarten, zum größten Teil der Geometrie nach nur ähnlich, der Funktion nach aber praktisch gleich. Die Abb. 10.20 bis 10.30 zeigen eine Auswahl der den modernen Grundbaureihen am nächsten kommenden Konstruktionen.

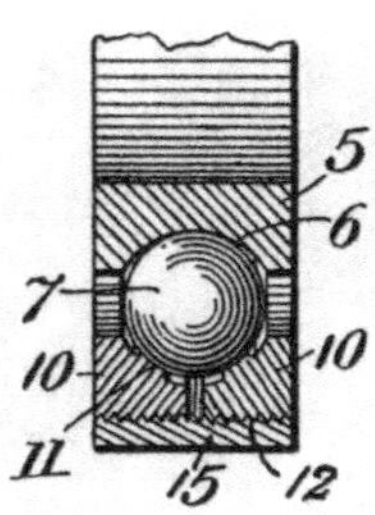

Abb. 10.20. Dreipunktlager von C. R. James, USA 1909

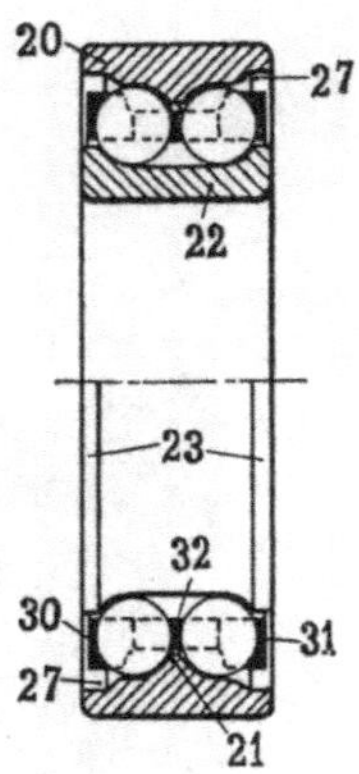

Abb. 10.21. Zweireihiges Schrägkugellager von E. Sachs, Deutschland 1906

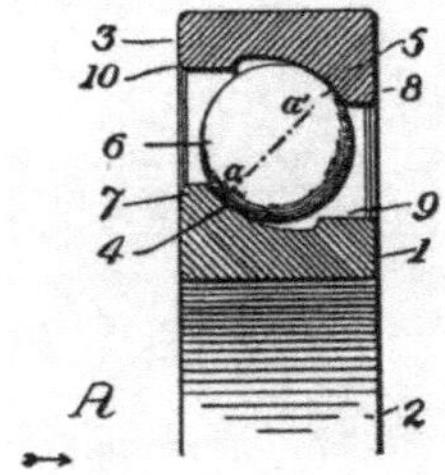

Abb. 10.22. Einreihiges Schrägkugellager von H. Hess, USA 1910

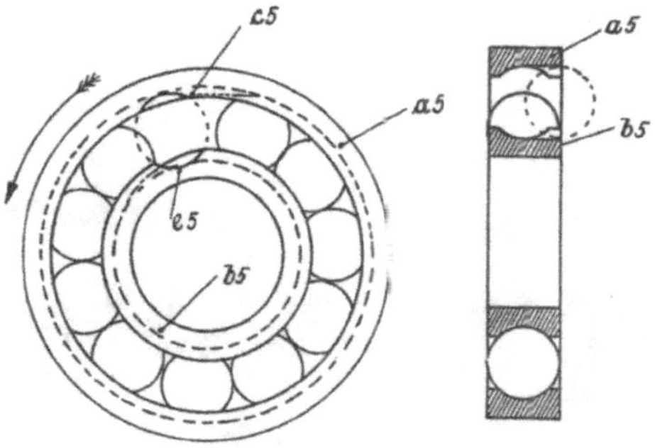

Abb. 10.23. Rillenkugellager von Fichtel & Sachs, Deutschland 1903

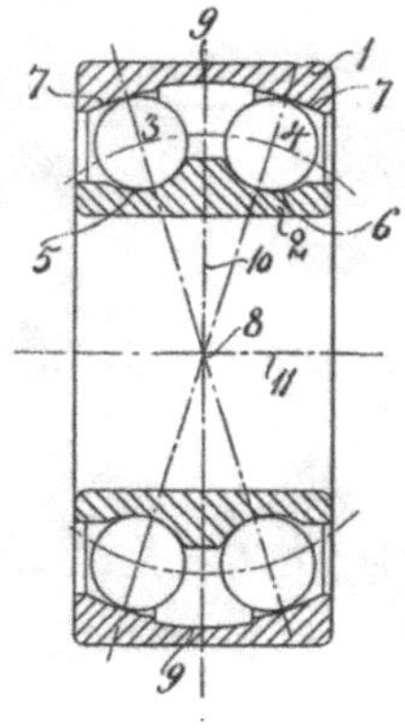

Abb. 10.24. Pendelkugellager von S. G. Wingquist, Schweden

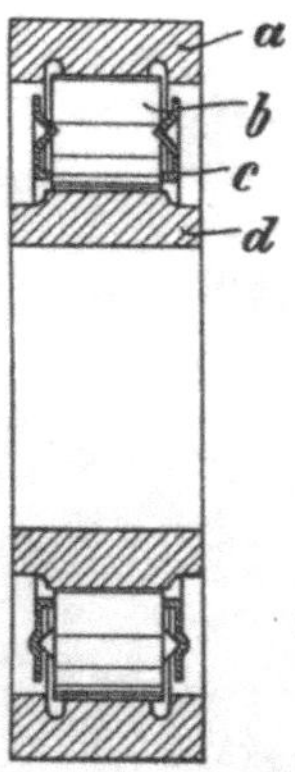

Abb. 10.25. Zylinderrollenlager von J. Kirner, Österreich 1909

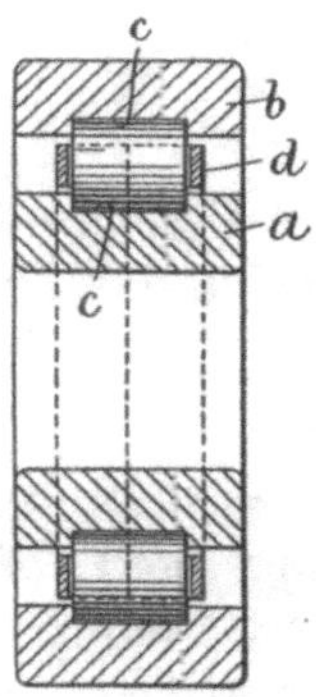

Abb. 10.26. Zylinderrollenlager von Hoffmann Manufacturing Co., England 1910

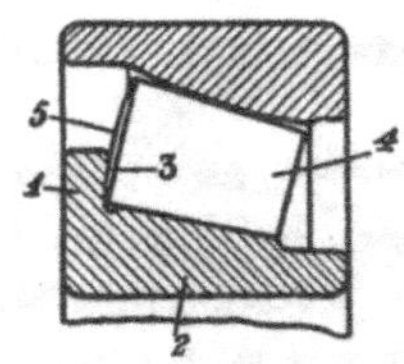

Abb. 10.27. Kegelrollenlager von A. Palmgren, Schweden 1920

Fig.6.

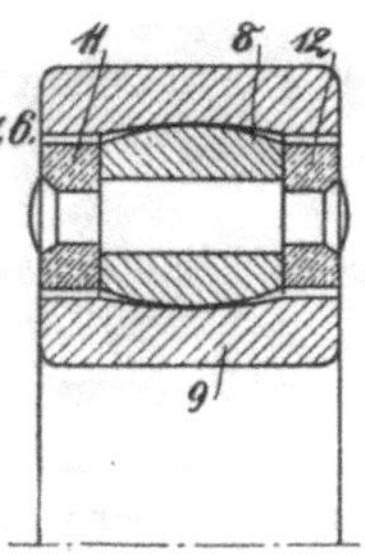

Abb. 10.28. Pendelrollenlager von S. G. Wingquist, Schweden 1911

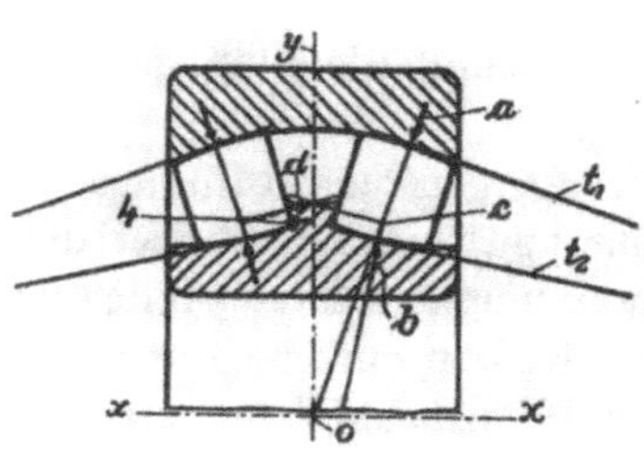

Abb. 10.29. Pendelrollenlager von A. Palmgren, Schweden 1920

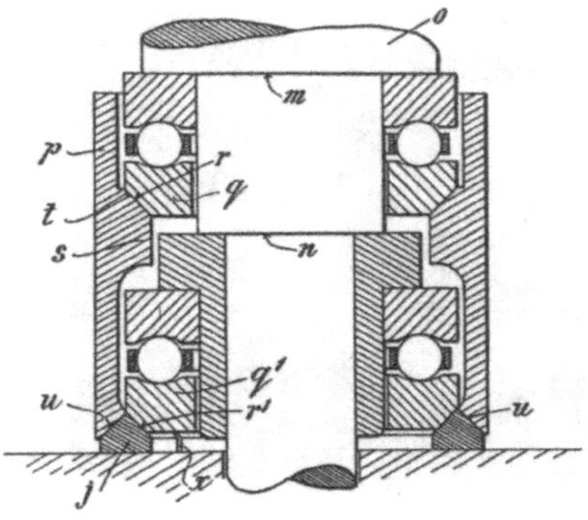

Abb. 10.30. Axial-Kugellager von HOFFMANN MANUFACTURING Co., England 1904

10.2 Künftige Entwicklung

10.2.1 Zusammenarbeit

In der Tat waren in den letzten Jahrzehnten die Fortschritte auf allen Gebieten der Technik beträchtlich. Die Wälzlagertechnik profitierte im wesentlichen von

— Verbesserten Produktionsverfahren und Produktionsmitteln (Fertigungstechnik)
— Verfeinerten Meßgeräten und Meßmaschinen (Prüftechnik)
— Gleichmäßigeren Werkstoffstrukturen (Werkstofftechnik)
— Stabileren Schmierstoffen (Schmiertechnik)
— Neuen Erkenntnissen über Reibung und Verschleiß (Tribotechnik)
— Wälzlagergerechterer Abdichtung und Montage (Anwendungstechnik).

In der Summe tragen alle sechs Punkte zur Steigerung der Zuverlässigkeit oder im übertragenen Sinn zur Erhöhung der Erlebenswahrscheinlichkeit bei. Die drei ersten Verbesserungen hat der Wälzlagerhersteller im Griff, sie allein sind aber nicht wirkungsvoll.
Viel wichtiger sind die übrigen Beeinflussungen:

— Die modernen Schmierstoffe sind stabiler geworden und gewährleisten eine verläßliche Schmierfilmbildung (bei Schmierfetten: jahrelange Gebrauchsdauer).
— Die wälzlagergerechtere Montage (Beitrag des Wälzlager-Verbrauchers) bewahrt die Lager vor unkalkulierbaren Zusatzkräften.
— Die anwendungsgerechtere Abdichtung schützt die Lager vor Verschmutzung.

Die kooperative Zusammenarbeit zwischen Wälzlager-Hersteller, Schmierstoff-Hersteller und Wälzlager-Verbraucher bringt also erst den entscheidenden Erfolg. Zur Erforschung dieser gravierenden Einflüsse werden fortlaufend und in jeder Hinsicht aufwendige Lebensdaueruntersuchungen bei verschiedenen EHD-Schmierfilmdicken und Verschmutzungsgraden durchgeführt. Die bisherigen For-

schungsergebnisse sind eindeutig: In der absolut sauberen Laboratmosphäre steigt die wirkliche Lebensdauer auf ein Vielfaches des errechneten Wertes. Umgekehrt jedoch sinkt sie auf einen nicht abschätzbaren Bruchteil, sobald Verschmutzungen vorkommen. Nach den neuesten Ergebnissen läßt sich sogar schon der Nachweis erbringen, daß die Wälzlager bei richtiger Behandlung und Pflege keine „besonderen" Maschinenelemente sind – sie besitzen eine definierte Dauerfestigkeit wie jede Schraube, jeder Bolzen oder jede Welle aus Stahl [13]. Allerdings sollten diese Ergebnisse von den Fachleuten ausreichend diskutiert werden, bevor in überstürzter Eile ein Alleingang zu deren Anwendung in einem neuen Berechnungsverfahren erfolgt.
Damit ist auch schon die Richtung für zukünftige Forschungen und Entwicklungen vorgegeben:

— Steigerung der Tragfähigkeit
— Verbesserung der Gebrauchsdauer
— Anpassung der Präzision
— Anwendungsgerechte Drehzahlgrenze
— Verbesserung des tribologischen Verhaltens
— Verminderung des Eigengeräusches
— Montageerleichterung
— Verbesserung des Berechnungsverfahrens.

10.2.2 Steigerung der Tragfähigkeit

Die europäischen Wälzlagerhersteller verwenden seit Beginn der industriellen Fertigung um 1900 für Lagerringe und Wälzkörper den durchhärtbaren Werkstoff 100 Cr6. Forschungsarbeiten konzentrierten sich in der Vergangenheit hauptsächlich auf die Frage der quantitativen Korrelation zwischen Reinheitsgrad und Ermüdungslebensdauer, also den Einflüssen der nichtmetallischen Einschlüsse. Durch Vakuumentgasung und Elektroschlackenumschmelzung wurde der Reinheitsgrad erhöht und die Betriebssicherheit der Wälzlager gesteigert, nicht aber die Tragfähigkeit. Über den Einfluß der Werkstoffstruktur sind die Aussagen nicht völlig übereinstimmend.
Zur Erhöhung der Tragfähigkeit gab es daher nur die Möglichkeit, bei gleichbleibenden Außenmaßen die Innenmaße zu verändern, d. h. dem Stand der Fertigungstechnik entsprechend zu optimieren, wobei der Laufbahngestaltung eine wichtige Funktion zukommt. Kegel- und Pendelrollenlager sind schon längst „verstärkt" worden (C-Ausführung), Zylinderrollenlager waren zuletzt dran (E-Ausführung), an Rillenkugellagern, Schrägkugellagern und Pendelkugellagern sowie wiederum Pendelrollenlagern (E-Ausführung) wird derzeit gearbeitet, einzelne Lösungen gibt es bereits. Der Tragzahlzuwachs vergrößert die nominelle Lebensdauer bei Rollenlagern bekanntlich zur 10/3-ten Potenz, bei Kugellagern zur dritten Potenz. Neue Technologien in Verbindung mit der Anwendung von tribologischen Forschungsergebnissen könnten weitere Verbesserungsmöglichkeiten bieten.

10.2.3 Verbesserung der Gebrauchsdauer

Die Steigerung der (theoretischen) Tragfähigkeit (nominelle Lebensdauer) nützt nicht viel, wenn nicht einwandfreie Laufbedingungen geschaffen werden. Die Erfahrung zeigt nämlich, daß je nach Umgebungseinflüssen im Extremfall (aggressiver Staub, Feuchtigkeit) die Gebrauchsdauer bis auf 1/200 der nominellen Lebensdauer abfallen kann.
Hier können nur wirkungsvolle Abdichtung und gleichbleibende Schmierung helfen. Aus diesem Grund wird auch der Trend zum wartungsfreien (dauergeschmierten) Wälzlager mit integrierten Dichtungen immer stärker; im Falle der anwendungsgerechten Abdichtung und richtigen Fettfüllung sollte die Gebrauchsdauer der errechneten nominellen Lebensdauer nahekommen oder sie übertreffen.
Entwicklungen in Richtung der Vervollkommnung von Abdichtung und Alterungsbeständigkeit der Schmierstoffe sind zielführend.

10.2.4 Anpassung der Präzision

Grenzforderungen an die Präzision des Wälzlagers stellen auf der einen Seite sicherlich die modernen, mit hohen Drehzahlen laufenden Werkzeugmaschinen, und zwar hinsichtlich kleinster Form- und Lagetoleranzen, bester Oberflächengüte, größtmöglicher thermischer Stabilität und Steifigkeit.
Hingegen sind Präzisionslager in langsam laufenden Rollen und Förderbändern bei schwierigen Umgebungsbedingungen keineswegs am Platz, denn sie können erfahrungsgemäß durch Beschädigung der empfindlichen Laufflächen sogar früher ausfallen als Lager entfeinerter Präzision. Zwischen diesen beiden Grenzfällen liegt das gesamte Anwendungsgebiet der Wälzlager mit vielfältigen Entwicklungsmöglichkeiten.

10.2.5 Anwendungsgerechte Drehzahlgrenze

In den weitaus meisten Anwendungsfällen gibt es kein Problem mit der üblichen Standarddrehzahlgrenze. Doch die steigenden Anforderungen im Werkzeugmaschinenbau, in der Luft- und Raumfahrt, in der Textiltechnik und in der Computertechnik verlangen mitunter höhere Drehzahlgrenzen.
Neben den Forderungen nach höchster Präzision kommt hier das Problem der Wärmeabfuhr (Schmierung) hinzu. Sinnvoll geführte Ölbohrungen zum Aufbau eines Nebenschmiersystems, spezielle Käfige (Gestalt und Werkstoff) sowie Modifikationen der Laufbahnen haben schon zu beachtlichen Steigerungen der Grenzdrehzahlen geführt.

10.2.6 Verbesserung des tribologischen Verhaltens

Die Tribologie ist eine junge Wissenschaft, die seit dem ersten Energieschock einen hohen Stellenwert besitzt. Reibung bedeutet Energieverlust an Ort und Stelle und

Verschleiß bedeutet Vernichtung von mit Energieaufwand geschaffenen Produkten.
Die Erforschung der Wechselbeziehung der Mikrogeometrien verschiedener Kontaktpartner ist das Nahziel der Tribologie. Von den neuen Erkenntnissen wird die Wälzlagertechnik weiter enscheidend profitieren. Wie es heute schon scheint, werden tribologisch geschulte Ingenieure in Zukunft nach geänderten Grundregeln konstruieren müssen.

10.2.7 Verminderung des Eigengeräusches

Hochpräzisionslager haben in der Regel ein sehr niedriges Eigengeräusch. Es gibt jedoch Anwendungsfälle, für welche diese Lager zu teuer sind, das Eigengeräusch der Standardlager aber zu hoch ist.
Es geht bei diesem Problem also darum, durch einfache, geeignete Mittel die Geräuschableitung zu verringern und eine Erregung von außen fern zu halten. Einfachen Kunststoffkäfigen wird wohl in der Literatur eine geräuschdämpfende Eigenschaft bescheinigt, sie ist aber praktisch nicht nachweisbar. Die Wälzlagerpraxis muß nach neuen Lösungen suchen.

10.2.8 Montageerleichterung

Noch anfangs der fünfziger Jahre wollten Experten wissen, daß gegen 50% der Wälzlager bei der Montage zumindest einen „Knacks fürs weitere Leben" bekommen. Inzwischen hat man manches im Umgang mit Wälzlagern dazugelernt, doch soll die Dunkelziffer heute noch immer bei 20% liegen.
Nimmt man also berechtigerweise an, daß bei der Montage das Bestmögliche für das Wälzlager getan wird, dann muß der Fehler wohl bei den konventionellen Einbauverfahren zu finden sein.
Die Suche nach einfachen Montageerleichterungen dürfte sich lohnen.

10.2.9 Verbesserung des Berechnungsverfahrens

Im Jahre 1924 brachte Palmgren [8] den Vorschlag, der Wälzlagerverbraucher möge aus wirtschaftlichen Vernunftgründen an den Hersteller keine Ersatzansprüche stellen, wenn 90% der gelieferten Produkte einwandfrei funktionieren. Gleichzeitig stellte er eine Lebensdauergleichung vor, die der heutigen Gleichung qualitativ ähnlich ist. Die Erkenntnisse von Weibull [9] über die statistische Verteilung haben offensichtlich zu neuen Spekulationen geführt.
Immerhin vergingen abermals 8 Jahre bis zur wissenschaftlichen Zementierung der vormals eher willkürlich vorgeschlagenen 90% – heute mit „Erlebenswahrscheinlichkeit" apostrophiert; das war 1947 [10].
Im Jahre 1976 erschein die revidierte ISO-Norm [N 2] (früher „ISO-Empfehlung" [N 1]) zur Berechnung der dynamischen Tragzahl und der Lebensdauer von Wälzlagern. Man sollte sie fortschrittlich nennen, da sie – ausgehend von der 90%-

Erlebenswahrscheinlichkeit – einen Minderungsfaktor für höhere Erlebenswahrscheinlichkeiten, einen Faktor für den Schmierungseinfluß und schließlich einen Werkstoffaktor angibt. Aber: Die beiden letzten Faktoren darf der Wälzlagerhersteller (!) nach seinen eigenen wissenschaftlichen Erkenntnissen einsetzen, der erste Faktor ist ein mathematisch statistischer Wert nach WEIBULL. Im Zweifelsfall sind die Faktoren gleich eins zu setzen.

Österreich stimmte im ISO-Forum gegen diese Norm und hat eine eigene, der Wälzlagerpraxis angepaßte Norm geschaffen [N 94].

Alles in allem ist aber das gegenwärtige Berechnungsverfahren zu sehr auf empirische Daten aufgebaut. Eine gute theoretisch-wissenschaftliche Basis muß noch gefunden werden.

11 ANWENDUNGSTECHNIK

11.1 Funktionserfüllung und Kostenoptimierung

11.1.1 Randbedingungen

Das zeitgemäße Hilfsmittel des Konstrukteurs ist der Bildschirm; der Rechenschieber ist schon vergessen, das Zeichenbrett, der Bleistift und der Radiergummi verlieren ihre konventionelle Funktion.
Auf dem Bildschirm wird berechnet und konstruiert. Soweit die einschlägige Software, also auf gut deutsch „das gespeicherte Fachwissen" vorhanden ist, geht das alles sehr schnell und rationell. Die Möglichkeiten zur kreativen Varianten-Konstruktion sind ungeheuer und die Gefahr der „Produktion von überflüssigen Erfindungen" ist groß. Der neue Weg ist die freiwillige Selbstbeschränkung, d. h. im Konstruktionsbüro mit einer konkurrenzfähigen Entwicklungskontinuität gibt der Bildschirm vorerst nur dokumentierte (bewährte) Konstruktionselemente frei. Erst wenn der Konstrukteur seiner Freigabestelle glaubwürdig begründen kann, warum vorhandene Elemente für sein neues Entwicklungskonzept nicht brauchbar sind, darf er neue Elemente (Teile) kreieren.
Das mag sehr theoretisch klingen, ist aber in progressiven Entwicklungsabteilungen bereits eingeführt und erprobt. War es früher umständlich und kostspielig, in umfangreichen Unterlagen zu blättern, so werden heute Funktionserfüllung und Kostenoptimierung eines Produktes nach vorprogrammierten Kriterien völlig oder zumindest nahezu automatisch mit Datenverarbeitungsgeräten durchgeführt.
Das ist moderne und durchschnittlich gesehen – doch noch zukünftige Anwendungstechnik. Sie wird zwangsweise dazu führen, daß der entscheidungsbefugte Konstrukteur eine ungleich höhere Qualifikation haben muß als früher. Seine Entscheidung wird den Innovationsgrad in gleicher Weise wie die Marktfähigkeit eines Produktes noch mehr als bisher beeinflussen, und zwar durch eine ausgewogene Verwendung von genormten/standardisierten und neuen Konstruktionselementen (Einzelteilen). Er geht dabei von der wissenschaftlich fundierten Erkenntnis aus, daß er allein zwar nur 6% der Selbstkosten eines Produktes für seine Tätigkeit „verbraucht", jedoch für 70% davon die Verantwortung trägt (Abb. 11.1) [78].
Bei der Produktkosten-Optimierung spielt das Wälzlager eine der entscheidendsten Rollen, Funktionserfüllung und Lebenszyklus des Produktes hängen davon ab – wenn es sich um und in Wälzlagern „dreht".
Es dreht sich dabei darum, ob preiswerte normale (genormte) oder kostspielige optimale (maßgeschneiderte) Wälzlager gewählt werden.
Zum Erreichen der angestrebten Verweilzeit eines Produktes am Markt (Umwelt), d. h. in unserem Fall zur Bewährung des Maschinenelementes Wälzlager, ist die jeweils beste anforderungsgerechte Lösung notwendig. Die Wälzlager sind immer wesentliche Details im Verbund mit anderen Elementen einer Maschine oder Anlage, haben deren Marktschicksal zu teilen und können das gesamte Image entscheidend beeinflussen.

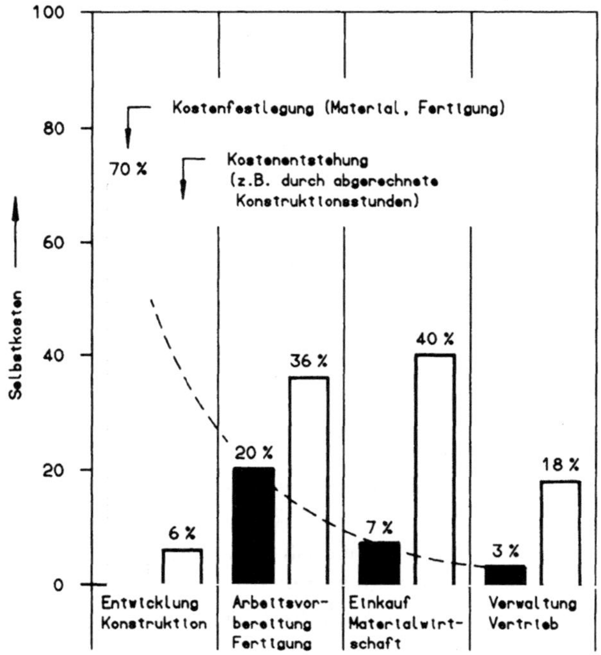

Abb. 11.1. Kostenfestlegung und Kostenentstehung, nach [78]

Bei der Konzeption muß bereits die Entscheidung getroffen werden, ob ein Lager die gesamte Gebrauchsdauer verläßlich durchhalten soll oder von vornherein als Verschleißteil (Ersatzteil) im Rahmen von fix verplanten Revisionsintervallen auszutauschen ist. Danach richten sich der konstruktive Aufwand, der Preis und schließlich die Qualitätsbeurteilung.

Die ständig steigenden Anforderungen an die Wälzlager, unter voller Berücksichtigung wirtschaftlicher Aspekte, zwingen den Konstrukteur, sich mit den heute von den Lagerherstellern angebotenen drei Lagerprogrammen (vgl. Abschnitt 1.5)

— Standardserien-Lagerprogramm
— Bedarfsserien-Lagerprogramm
— Sonderserien-Lagerprogramm

intensivst zu beschäftigen, um im immer härter werdenden internationalen Wettbewerb erfolgreich zu bleiben. Entscheidend für den Gesamterfolg ist und bleibt neben dem technischen Beratungsservice und der Vermittlung von „Know-how" durch den Wälzlagerhersteller die richtige Bemessung der Funktionserfüllung durch den Maschinenbauer.

Norm ist identisch mit normal. Optimale Funktionserfüllung hingegen kann aus verschiedenen Richtungen her interpretiert werden; im Vergleich zum Normalen kann eine konstruktive Lösung also durchaus extravagant erscheinen. Die moderne Radlagerung ist ein extremes Beispiel für die totale Integration vom Wälzlager und seiner Umgebung aus rein ökonomischen Überlegungen, ebenso wie die Konzeption des Radsatzrollenlagers der Schienenfahrzeuge mit seiner übermäßig langen

(rechnerischen) Lebensdauer nach einem extremen Sicherheitsbedürfnis ausgerichtet ist. Im einfachsten Fall können die Randbedingungen einen rein funktionellen Hintergrund haben. Streng genommen sollte also gelten: Wenn von der Norm als Niederschrift (Dokument) des letzten Standes der Technik abgewichen wird, ist eine rationale Begründung zu formulieren!
Abb. 11.2 zeigt die typische Umsatz/Lagervarianten-Situation der großen europäischen Wälzlagerhersteller zu Beginn der achtziger Jahre.
Ein sehr einfaches, überschaubares Beispiel über den Einfluß der unmittelbaren Umgebung des Wälzlagers auf die Funktionskosten für die axiale Sicherung zeigt Abb. 11.3. Es zeigt die relative Bewertung von zugekauften Normteilen im

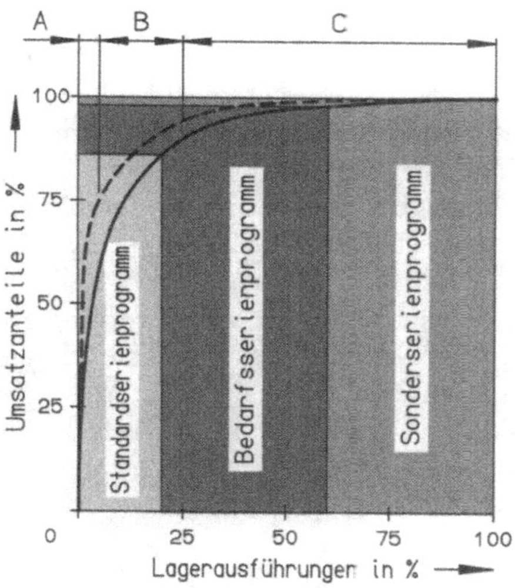

Abb. 11.2. ABC-Analyse: Umsatz/Lager-Varianten

Gesamtkosten (ohne Lager):

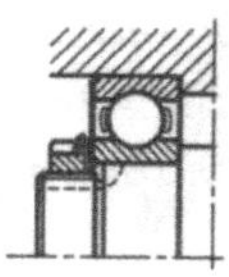

1 Mit Nutmutter:	RK
Nutmutter	24,50
Sicherungsblech	5,00
Gewinde + Freistich	21,00
Einfräsung für Sicherungsblech	23,00
Montage	17,50
Statt RK 29,50 (Kaufteile)	91,00

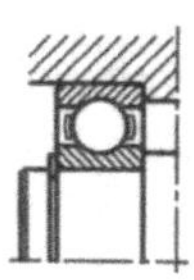

2 Mit Wellensicherungsring:	RK
Wellensicherungsring	3,00
Welleneinstich	17,50
Montage	7,50
Statt RK 3,00 (Kaufteile)	28,00

Abb. 11.3. Funktionskosten/Normteilkosten: Axialsicherung eines Rillenkugellagers
RK Relativkostenpunkte

Vergleich zur notwendigen Eigenfertigungsleistung. Über die Funktionstüchtigkeit von (1) oder (2) muß der Konstrukteur im relevanten Anwendungsfall entscheiden!

11.1.2 Technisch-ökonomische Aspekte zur Gebrauchswerterhöhung

Die sogenannten sozialistischen Staaten haben sich zum Unterschied von unserer Wegwerf-Strategie schon frühzeitig – was wir heute wohl auch tun müssen –, mit technisch-ökonomischen Aspekten der Gebrauchswerterhöhung von Produkten befaßt.

Die folgenden Ausführungen sind in wesentlichen Teilen aus [79] entnommen, sie sind nach Meinung der Verfasser von derart eminenter Bedeutung, so daß diese Vorgangsweise gestattet sei.

Die Erhöhung des Gebrauchswertes der Erzeugnisse bei gleichzeitiger Senkung des Produktionsverbrauches ist eine anspruchsvolle Zielstellung, aus der gesetzmäßigen Entwicklung des wissenschaftlich-technischen Fortschritts abgeleitet, ist sie eine objektive Notwendigkeit. Sie gewinnt besonders durch die immer komplizierter werdenden Bedingungen für unsere Volkswirtschaften an Bedeutung und gilt für Verbraucher ebenso wie für Hersteller.

Für die Wälzlagerindustrie leitet sich daraus eine besondere Verantwortung ab. Wälzlager üben auf den Gebrauchswert von Finalerzeugnissen durch die Summe ihrer Gebrauchseigenschaften einen wesentlichen Einfluß aus; denn eine Maschine ist so gut oder so schlecht wie ihre Lager. Demzufolge kann vielfach der Gebrauchswert von Finalerzeugnissen erst erhöht werden, wenn die Gebrauchseigenschaften der in ihnen zum Einsatz kommenden Wälzlager analoge Erweiterungen erfahren.

Neben der absoluten Senkung des Produktionsverbrauches gilt es u. a., den auf die Leistungsfähigkeit des Erzeugnisses bezogenen Materialverbrauch entscheidend zu senken. So sind vorrangig Entwicklungsarbeiten durchzuführen, die eine Steigerung der Leistungsfähigkeit der Wälzlager zum Ziel haben. Die Ergebnisse sind weniger spektakulär, aber mit einer intensiven Entwicklungsarbeit verbunden, die sich auf die konstruktive Gestaltung, den Werkstoff sowie auf den Herstellungsprozeß beziehen. Der Haupteffekt tritt beim Wälzlageranwender auf. So sind unter dem Aspekt des Wälzlagereinsatzes für den Finalproduzenten die Voraussetzungen gegeben, den auf die Leistungsfähigkeit seines Erzeugnisses bezogenen Materialverbrauch entscheidend zu senken.

Bekanntlich entscheidet darüber, ob sich ein zum Austausch bestimmtes Erzeugnis für die Befriedigung eines konkreten Bedürfnisses eignet, sein Gebrauchswert. Letzterer ist die „Nützlichkeit" eines Erzeugnisses. Ein Vergleich der Eigenschaften des betreffenden Erzeugnisses mit den geforderten Gebrauchseigenschaften zeigt, bis zu welchem Grad es geeignet ist, der Befriedigung des jeweiligen Bedürfnisses zu dienen. Daraus leiten sich bezogen auf Wälzlager zwei wichtige Ansatzpunkte ab.

Erster Ansatzpunkt:

Die Gebrauchseigenschaften eines Wälzlagers ergeben in ihrer Gesamtheit dessen Gebrauchswert. Sie sind in Form der vom Anwender zur Realisierung der

betreffenden technischen Funktion „Lagern“ geforderten Gebrauchseigenschaften konkreter Ausdruck dieses Bedürfnisses. Andererseits sind sie im Wälzlager, dem materiellen Träger der Funktion, vorhanden.
Die speziellen Gebrauchseigenschaften, um die es zur Realisierung der technischen Funktion Lagern geht, sind, ohne Anspruch auf Vollständigkeit, in etwa

— Aufnahme von Kräften
— Platzbedarf
— Genauigkeit
— Austauschbarkeit
— Steifigkeit
— Montagebedingungen
— Schmierungsbedingungen
— Bewegungsverhalten
— Geräuschverhalten
— Reibungsverhalten
— Verschleißverhalten
— Lebensdauer/Gebrauchsdauer
— Zuverlässigkeit
— Standardisierungsgrad
— Verfügbarkeit
— Wartungsbedingungen
— Instandhaltungsbedingungen
— Wirtschaftlichkeit
— Service/Kundendienst.

Als geforderte Gebrauchseigenschaften bilden diese insgesamt den Bedürfniskomplex Lagern, der als ein hierarchisch geordnetes abstraktes System dieser Gebrauchseigenschaften denkbar ist.
Dabei ergeben sich die Unterschiede zwischen den einzelnen konkreten Bedürfnisfällen in der quantifizierten Auslegung der Parameter der einzelnen Gebrauchseigenschaften und deren Kombination. Das ist darauf zurückzuführen, daß einzelne Gebrauchseigenschaften in verschiedenen Bedürfnisfällen ein unterschiedliches Gewicht haben.
Auf das Vorhandensein der Gebrauchseigenschaften in den einzelnen Wälzlagertypen haben u. a. solche Faktoren Einfluß wie

— die konstruktive Gestaltung
— der verwendete Werkstoff
— die erzielte Präzision.

Davon ist abhängig, welchen Gebrauchswert ein Wälzlager zur Realisierung eines oder mehrerer konkreter Bedürfnisfälle hat. Auch die Gebrauchswerterhöhung von Wälzlagern ist nur über diese Faktoren zu realisieren, wobei von den speziell zu verbessernden Gebrauchseigenschaften bei bestimmten Wälzlagertypen auf die Veränderung der technischen Realisierung zu schließen ist. Daraus leiten sich technische, technologische und ökonomische Konsequenzen für den Hersteller ab. Sie ergeben den herstellerseitigen Beitrag zur Senkung des Produktionsverbrauches, der eingangs als Aufgabe genannt wurde.

Zweiter Ansatzpunkt:

Ein konkretes produktives Bedürfnis nach Realisierung der technischen Funktion Lagern richtet sich nicht auf eine bestimmte Wälzlagertype. Vielmehr geht es von einer abgegrenzten Teilfunktion der Gesamtfunktion des Finalerzeugnisses aus, die durch eine als Ware zu beziehenden Funktionsträger „Wälzlager“ zu realisieren ist.
Somit sind vom Konstrukteur des Finalerzeugnisses die Gebrauchseigenschaften festzulegen, die vom Wälzlager zur Lösung der betreffenden Funktion verlangt

werden müssen. Darüber, welcher Lagertyp den geforderten Gebrauchseigenschaften am nächsten kommt und welche generell realisiert werden können, muß der Lagerhersteller Auskunft geben. Ihm kommt deshalb auch die aktive Rolle zu, den Anwender bei der Auswahl der jeweils geeigneten Lagertypen durch geeignetes Informationsmaterial und entsprechende Anwenderberatung zu unterstützen. Er muß also zusätzlich zu seinen Erzeugnissen das „Know-how" ihres effektiven Einsatzes liefern.
Die optimale Realisierung des Bedürfnisses Lagern setzt eine intensive Kommunikation zwischen dem Hersteller und dem Anwender voraus. Das gilt gleichermaßen für die technisch und ökonomisch zweckmäßige Erhöhung des Gebrauchswertes von Wälzlagern. Im Verlaufe dieser Kommunikationsbeziehungen sammelt der Hersteller umfangreiche Informationen darüber, wann und in welcher Beziehung der Funktionsträgerkomplex analog den veränderten Bedingungen zu vervollkommnen ist. Dazu sind dann die geeigneten Fertigungs- oder Bezugsmöglichkeiten zu schaffen.

Realisierung:

Der Anwender wünscht zur Befriedigung seines Bedürfnisses ein Wälzlager, dessen Gebrauchswert auf den jeweiligen Bedürfnisfall möglichst genau zugeschnitten ist. Der Hersteller ist daran interessiert, Wälzlager zu produzieren, die der Realisierung einer möglichst großen Anzahl von Bedürfnisfällen dienen können, um seinen Produktionsprozeß durch Fertigung großer Stückzahlen eines Lagertyps äußerst rationell gestalten zu können. Bei der Lösung dieses Widerspruchs ist, ausgehend von dem gegenwärtigen Entwicklungsstand der Wälzlager, ein Kompromiß zu suchen.
Die Zahl der realisierten Wälzlagertypen ist trotz umfangreicher und vorbildlicher internationaler Standardisierung groß. Denn die Entwicklung erfolgte und erfolgt nicht streng unter dem Aspekt der optimalen Nutzung der Gebrauchseigenschaften eines Typs zur Realisierung möglichst vieler analoger Bedürfnisfälle. Bei der Entwicklung des Wälzlagers tragen in der Welt nach wie vor u. a. Konkurrenzkampf, unterschiedliche gesellschaftliche Entwicklungsbedingungen, Patentpolitik, gegebene Fertigungsmöglichkeiten und der wissenschaftlich-technische Fortschritt auf diesem Gebiet bei den Lagerherstellern dazu bei, daß dem Finden möglicher technisch-konstruktiver Realisierungsvarianten trotz aller Standardisierungsbestrebungen oft der Vorrang gegeben wird. Daraus resultierend stehen für die Realisierung bestimmter, aber praktisch gleicher Bedürfnisfälle, mehrere Wälzlagervarianten mit mehr oder weniger gleichen Gebrauchseigenschaften von verschiedenen, aber auch gleichen Herstellern, zur Auswahl.
Die Entwicklung neuer Wälzlagertypen ist zweifelsohne auch notwendig, muß aber für spezielle Bedürfnisfälle, für die es keine Alternative gibt, durchgeführt werden. Die Erweiterung der Gebrauchseigenschaften eines Wälzlagers trägt Intensivierungscharakter. Damit wird den Anforderungen der im Ergebnis des wissenschaftlich-technischen Fortschrittes objektiv wirkenden Gesetzmäßigkeit des tendenziell wachsenden Leistungsniveaus der Erzeugnisse entsprochen.
Aus den dargestellten Zusammenhängen ist abzuleiten, daß bei einzelnen Wälzlagertypen die Erhöhung des Gebrauchswertes besonders dringlich ist.
Nicht ohne Einfluß auf die Auswahl der für die Gebrauchswerterhöhung heranzu-

ziehenden Wälzlagertypen sind die dafür beim Wälzlagerhersteller zur Verfügung stehende Kapazität und die fertigungstechnischen Möglichkeiten. Es muß daher stets in Abstimmung zwischen den Anwendern und den Herstellern eine Rangfolge festgelegt werden, nach der Entwicklung und Produktionsaufnahme erfolgen. Daraus resultieren für die Wälzlagerindustrie insgesamt höhere Anforderungen, besonders für die Durchführung der Marktforschung sowie der Anwenderberatung.

Anwendung:

In Anwendung des dargelegten Prinzips und der beschriebenen Vorgehensweise wird von der Wälzlagerindustrie u. a.
— der Verbesserung des Masse/Leistung-Verhältnisses zugunsten der höheren Leistungsfähigkeit
— der Entwicklung leichter Wälzlagerbauformen hoher Leistungsfähigkeit
besondere Aufmerksamkeit geschenkt. Bei der Verbesserung des Masse/Leistung-Verhältnisses zugunsten einer höheren Leistungsfähigkeit stehen die bessere Ausnutzung der standardisierten Lagerquerschnitte durch die Verwendung größerer und/oder mehr Wälzkörper in einem Lager und die Verbesserung der Berührverhältnisse zwischen Wälzkörper und Laufbahn ebenso im Mittelpunkt des Findens neuer technischer Lösungen wie konstruktive und materialmäßige Veränderungen einschließlich dessen thermische Behandlung im Fertigungsprozeß. Konstruktive und materialmäßige Veränderungen des Käfigs sind dabei einbezogen. Voraussetzung für die Umsetzung dieser Entwicklungsergebnisse ist, daß bestimmte fertigungstechnische Probleme gelöst werden. Vor allem ist eine höhere Präzision im Fertigungsprozeß selbst bei den Fertigerzeugnissen zu erreichen.
Im Ergebnis der Verbesserung des Masse/Leistung-Verhältnisses der Wälzlager wird neben der Erweiterung der Gebrauchseigenschaften des einzelnen Lagers in jedem Fall eine relative, auf den Leistungsparameter „dynamische Tragzahl" bezogene Materialeinsparung erreicht. Ebenso werden absolute Materialeinsparungen, wenn auch nicht in jedem Fall, erzielt. Diese multiplizieren sich zwar mit der Stückzahl der produzierten Lager, dennoch wird in ungleich höherem Maße die Materialökonomie beim Wälzlageranwender verbessert. Er kann lagerbedingt entweder

— durch die volle Ausnutzung der Tragfähigkeit unter Beibehaltung der Vorgaben für die Lebensdauer die Masse seines Erzeugnisses verringern
— durch Beibehaltung der Lagergröße die Lebensdauer und nicht zuletzt die Zuverlässigkeit erhöhen oder
— durch Kombination dieser Möglichkeiten anteilige Verbesserungen erzielen.

Somit ist der (volks-)wirtschaftliche Nutzen, der beim Wälzlageranwender erzielt wird, auch ungleich höher als beim Wälzlagerhersteller.
Den Anforderungen aus der technischen Entwicklung entsprechend wurde auf der Grundlage umfangreicher wissenschaftlich-technischer Untersuchungen zu den konstruktiven Veränderungen, besonders der technologische Prozeß der Wälzlagerherstellung, weiter vervollkommnet. Die in die Praxis übergeleiteten neuen wissenschaftlichen Erkenntnisse führten zu einer ständig steigenden Qualität der Wälzlager. Es wurden neuartige Verfahren für die Teilefertigung unter Anwendung

neuer Umformverfahren sowie neue Dreh- und Schleiftechnologien entwickelt. Die Weiterentwicklung in der Endbearbeitung führte nicht zuletzt zu einer wesentlichen Verbesserung der Oberflächen, besonders der Funktionsflächen.
Sehr positiv auf die Entwicklung der Gebrauchseigenschaften wirkt sich der Einsatz von Zylinderrollen mit korrigierter Laufbahnfläche aus. Die Anwendung spezieller Schleifverfahren gestattet die Herstellung einer zylindrisch-balligen Mantellinie, wodurch im Wälzkontakt hohe Kantenspannungen abgebaut werden, und sich schließlich die Gebrauchsdauer der Lager erheblich erhöhen kann.
Der Einsatz moderner Meß- und Prüftechnik in Verbindung mit den technologischen Veränderungen drückt sich unter anderem darin aus, daß das normale Wälzlager in verbesserter Qualität zur Verfügung steht. Die Bemühungen der Wälzlagerindustrie, technologische Neuerungsvorhaben im Herstellungsprozeß der Wälzlager mit der Erhöhung ihrer Gebrauchseigenschaften sinnvoll zu verbinden, schlagen sich ebenso positiv in Vorteilen für den Anwender nieder wie die konstruktive Veränderung. Oft haben auch diese Maßnahmen einen bedeutenden Nutzen für den Hersteller, indem Produktionsverbrauch und Fertigungskosten gesenkt werden können.

11.1.3 Beispiele für Standardserien-Lager

Das einreihige Radialrillenkugellager darf wohl als jenes Wälzlager angesehen werden, für welches es die meisten sinnvollen (und auch notwendigen) Standardvarianten gibt [26]. Über die in Abb. 11.4 dargestellten Varianten hinaus können die beiden Lagerluftklassen C 0 und C 3 zum Standard gezählt werden. Bessere Maß-, Form- und Laufgenauigkeiten, Käfigvarianten, Maßstabilisierung über 150 °C, bessere Laufruhe, Spezialfettfüllung u. a. „Kundenwünsche" dürfen in der Regel in das Bedarfsserien-Lagerprogramm eingereiht werden; das gilt durchwegs auch für andere Lagerarten. Die integrierte Berührungsdichtung (RS) ist einerseits zwar ein Standardelement, andererseits gibt es keine Regeln bezüglich der Dichtlippengestaltung resp. der Qualität der Abdichtung (vgl. Abschnitt 3.5).

Beim einreihigen Radialschrägkugellager hat sich die sogenannte Universal-Paarungsvariante BG eingebürgert. Der Hersteller liefert das einzelne BG-Lager so, daß es im gemeinsamen Einbau mit anderen BG-Lagern ohne Funktionsbeeinträchtigung paarbar ist für X-, O- und T(andem)-Paarung, mit geringer vom Hersteller frei wählbarer Lagerluft bei X- und O-Paarung.

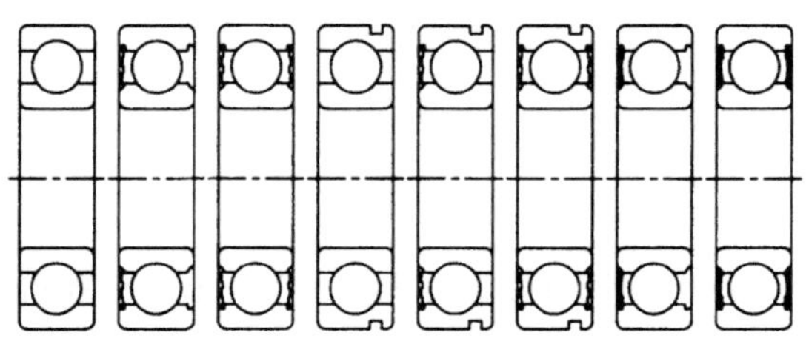

Abb. 11.4. Standardvarianten der einreihigen Rillenkugellager

Zweireihige Radialschrägkugellager zählen sowohl mit ungeteiltem als auch mit geteiltem Innenring weitgehend zum Standard der Hersteller.

Seit geraumer Zeit zählen einzelne Hersteller auch abgedichtete Schräg- und Pendelkugellager sowie (einreihige) Tonnenlager zu ihrem Standardserien-Lagerprogramm, abgedichtete Pendelkugellager auch mit kegeliger Bohrung.

In Europa schon immer vertraut ist das Radialzylinderrollenlager mit der Vielfalt seiner Grundbauarten. Diese Lagerart ist standardisiert als reines Loslager, kann aber auch, je nach Bauart, Axialkräfte in beide Richtungen übertragen; erfindungsgemäß sollte es seinerzeit lediglich Radialkräfte übertragen. Dazu kommen Lager-Baugruppen ohne Innenring oder Außenring. Nach Internationaler Norm gegenseitig tauschbar ist der sogenannte lose Ring, d. h. dieser frei abziehbare Ring ist gegen ein Konkurrenzprodukt tauschbar, wobei allerdings das Garantieproblem offen bleibt. Insgesamt kommt der Hersteller auf diese Weise zu sieben verschiedenen Pflichtstandardvarianten (Abb. 11.5). Die verstärkte E-Ausführung stellt dabei heute schon zumeist den Standard dar; berücksichtigt man noch die (alte) Normalausführung, so verdoppelt sich die Zahl der Varianten.

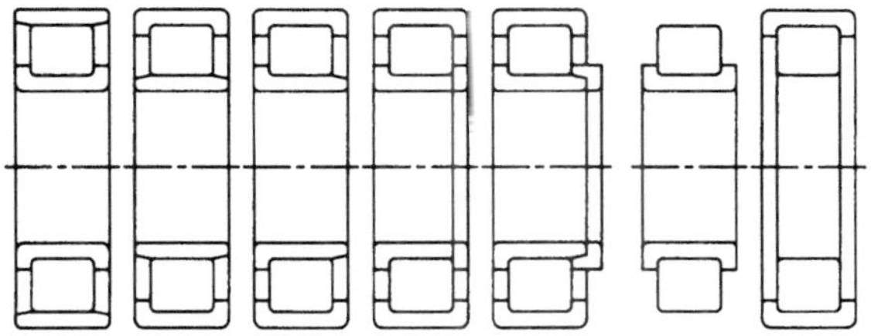

Abb. 11.5. Standardvarianten der einreihigen Zylinderrollenlager

Bei den anderen Lagerarten gibt es keine nennenswerten Standardvarianten, allenfalls werden verschiedene Lagerluftgruppen und die kegelige Innenringbohrung zum Standard gezählt.

In diesem Abschnitt wurde versucht, dem Leser einen gewissen Einblick in das Standardserien-Lagerprogramm der Wälzlagerhersteller zu geben; die Bandbreite ist, regionsbezogen, oft nicht klein.
Stellen wir uns also noch einmal die Frage „Was sind Standardserien-Lager?“, dann ist die Antwort ungefähr folgende: „Standardserien-Lager sind in erster Linie Lager mit genormten Hauptmaßen, mit Varianten einzelner Funktionsmerkmale, die dem täglichen Gebrauch der Industrie gerecht werden.“
Sie erfüllen ihre Funktion optimal in einer normalen Umgebung, das sind Temperaturen um 100 °C und Drehzahlen unter der (Hersteller-)Katalog-Grenzdrehzahl, die Verschmutzung der Lagerumgebung darf gewisse Erfahrungswerte nicht überschreiten und die Anschlußteile müssen wälzlagergerecht sein. Diese Randbedingungen gelten bei schätzungsweise mehr als 80% aller Anwendungsfälle.

Zur Frage nach der Grenztemperatur kann gesagt werden, daß weder die Lagerteile von Standardserien-Lagern noch die üblichen Standardschmierstoffe für höhere Dauertemperaturen (z. B. 180 °C) konzipiert sind.
Das zu wissen, ist sicher wichtig, denn die Verfügbarkeit und der Preis richten sich danach.

11.1.4 Beispiele für Bedarfsserien-Lager

Wir wollen festhalten, daß nur allgemein gültige und leicht verständliche aktuelle Beispiele gebracht werden und kein Anspruch auf Vollständigkeit erhoben wird. Die steigenden Leistungen der Maschinen haben die normalen Wälzlager in Schwierigkeiten gebracht.

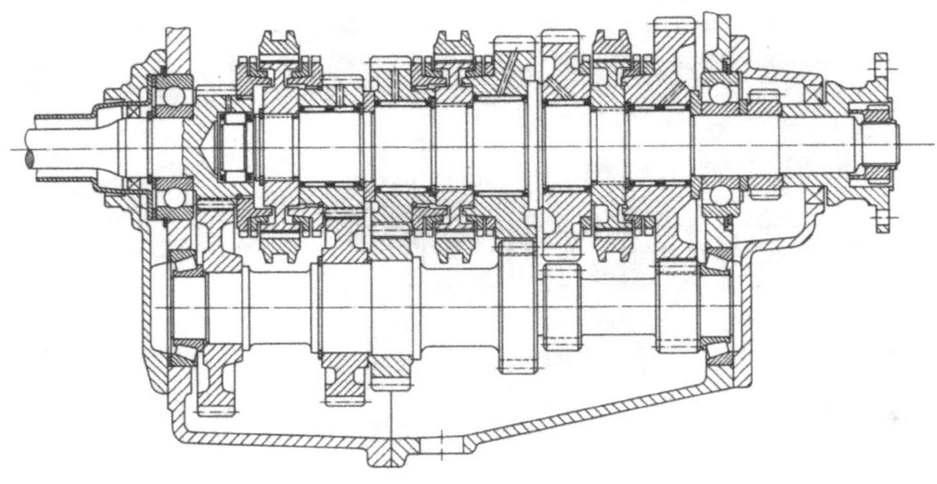

Abb. 11.6. Nadelkränze in einem Fünfganggetriebe

In so manchem Fahrzeuggetriebe gibt es wegen des akuten Raummangels fast nur mehr Nadelkränze (Abb. 11.6) ohne Außen- und Innenringe [80]. Wegen mangelnder Tragfähigkeit, vor allem in den Endstufen von Stationärgetrieben, kam in letzter Zeit wieder das vollrollige (käfiglose) Zylinderrollenlager zu Ehren. Die im Vergleich zum Lager mit Käfig etwa halbierte Grenzdrehzahl spielt dabei keine Rolle und die höhere Reibung verursacht bei den üblichen Betriebsdrehzahlen keine Probleme. Es ist daher abzusehen, daß sich diese Lagerbauart in nächster Zeit, zumindest in einzelnen Regionen, vom Bedarfsserien-Lager zum Standardserien-Lager entwickeln wird. Schon jetzt hat der Wälzlagerverbraucher Schwierigkeiten bei der Umschlüsselung der unterschiedlichen Herstellerbezeichnungen, weil es noch keine Normbezeichnungen für ein an sich ausgereiftes Produkt gibt.
Eine durchaus ähnliche Entwicklung ist bei den mehrreihigen Zylinderrollenlagern zu beobachten.

Die vom ingenieurmäßigen Standpunkt aus gesehen faszinierendste Entwicklung hat das Radlager des Personenkraftwagens genommen. Die Hersteller nennen ihre Produkte aus verschiedenen Entwicklungsphasen „Generationen". Die erste Generation war das normale zweireihige Schrägkugellager mit geteiltem Innenring, das sehr bald zwei einzelne, mit höheren Kosten zu montierende Kegelrollenlager verdrängte (Abb. 11.7). Es wurde in die gewohnte Lagerumgebung eingebaut. In der zweiten Generation blieb zwar noch der geteilte Innenring, aber der Außenring wurde in den Radnabenflansch integriert; abgesehen von der fachmännisch anspruchsvollen Montage des Innenringes war diese Lösung bereits servicefreundlicher. Bei der dritten Generation sind beide Lagerringe in die Umgebungsteile integriert und die Lagermontage ist nicht mehr schwieriger als die eines Autorades [81].

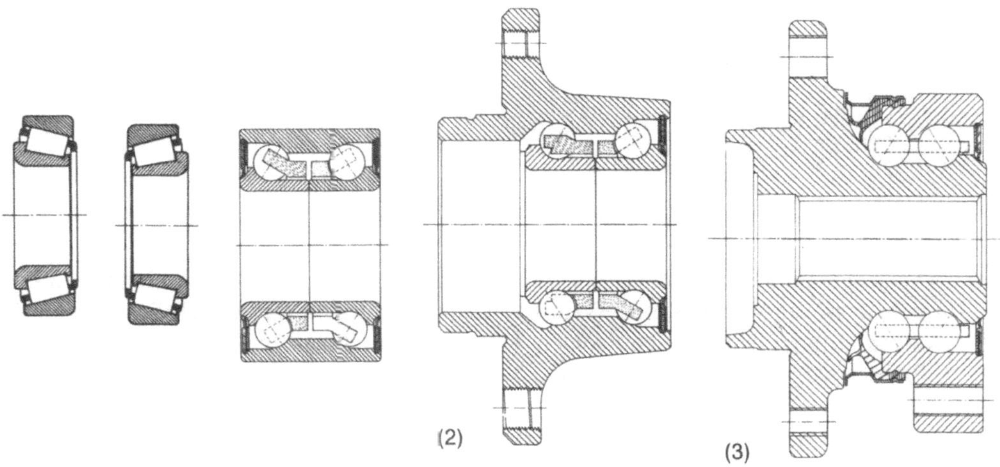

Abb. 11.7. Radlager von Personenkraftwagen: 0te, 1te, 2te und 3te Generation

Diese Systemlösung ist das klassische Beispiel eines Bedarfsserien-Lagers. Ausgehend vom Innenaufbau eines Normlagers hat sich ein Lager mit integrierter Umgebung entwickelt, das für die PKWs verschiedenster Hersteller in derselben Konzeption verwendet wird. Im Jargon ausgedrückt: Ein nicht genormtes Standardlager! Die von der Industrie verbrauchten Stückzahlen würden eine Normung durchaus rechtfertigen, also das Lager vom Bedarfsserien-Lagerprogramm in das Standardserien-Lagerprogramm überführen lassen.

Bleiben wir in der Verfolgung von Beispielen für Bedarfsserien-Lager beim Schrägkugellager, das aufgrund seiner Fähigkeit, Radial- und Axialkräfte gleich gut aufnehmen zu können, für Lösungsvarianten besonders gut geeignet zu sein scheint. Wir erinnern daran, daß das ideale Bedarfsserien-Lager als jenes Lager erkannt worden ist, das den Innenaufbau des Standardserien-Lagers hat und im Äußeren gewisse Modifikationen oder Integrationen aufweist. Abb. 11.8 gibt eine Auswahl solcher Anwendungsvarianten wieder.

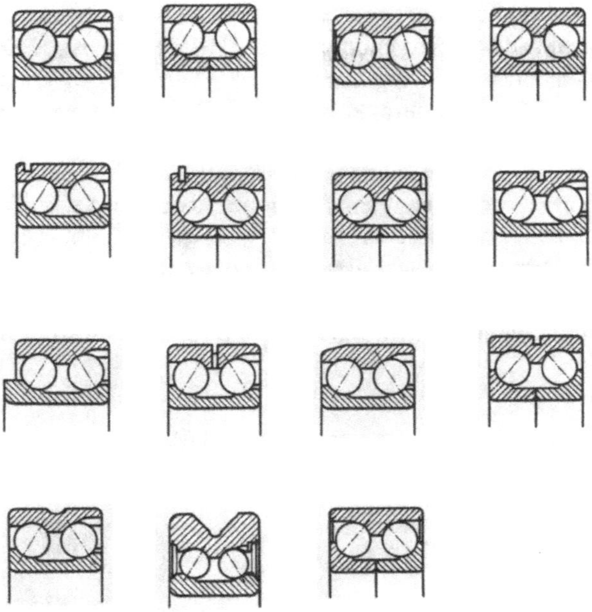

Abb. 11.8. Bedarfsserien-Varianten des zweireihigen Radialschrägkugellagers

Es darf einmal vermerkt werden, daß der Wälzlagerhersteller sehr rasch und ohne nennenswerte Mehrkosten die Wünsche seiner Kunden nach offensichtlich notwendigen Sonderlösungen befriedigen kann, sofern dieser den Innenaufbau des Standardlagers akzeptiert und es nicht auf den Unterschied von ein paar Newton in der Tragzahl ankommt. Die Erklärung ist einfach: Herstellkosten für einen modifizierten Außen- oder Innenring differieren wenig, Veränderungen des Innenaufbaues kosten in der Regel mehr, als der Kunde bereit ist zu akzeptieren.
Ein weiterer sehr einfacher Fall von an sich Standardlagern mit leichter Modifikation zur Verwendung als Bedarfsserien-Lager sind die Mehrfachpaarungen von einreihigen Schrägkugellagern, die bisher nach Sonderspezifikationen bezeichnet (bestellt) werden mußten. In [N 48] wurde den technischen Bedürfnissen entsprechend ein logisches Kurzzeichen-System festgelegt.
Schließlich wollen wir noch ein typisches Bedarfsserien-Lager beschreiben, das sogenannte Spindellager (Abb. 11.9). Werkzeugmaschinenspindeln drehen sich mit großer Geschwindigkeit und müssen schwingungsfrei sein. Die Funktionsmerkmale der Standardlager reichen dafür nicht mehr aus. Zur Erfüllung der besonderen Aufgabe wurde ein Höchstpräzisions-Schrägkugellager mit Normhauptmaßen entwickelt, bei dem alle Funktionsmaße in engsten Toleranzen gefertigt werden und ein Spezialkäfig eingebaut ist. Die Grenzdrehzahl eines solchen Lagers liegt über dem doppelten Wert des vergleichbaren Normlagers, allerdings beträgt der Preis ein Vielfaches.

Kehren wir zum Zylinderrollenlager zurück:
Den Bedürfnissen der Eisenbahntechnik entsprechend, gibt es zwei interessante Neuentwicklungen, die vorerst als Sonderserien-Lager gelten, im Hinblick auf den

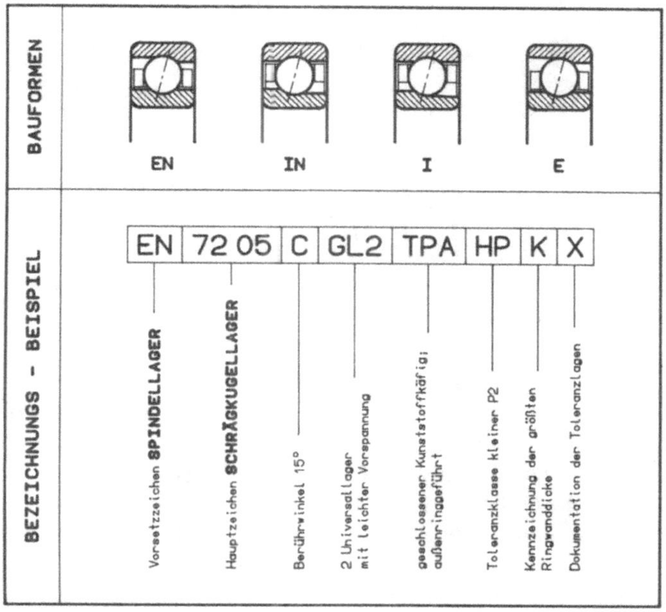

Abb. 11.9. Spindellager-Varianten

Bedarf in diesem Anwendungsbereich aber bald in das Bedarfsserien-Lagerprogramm aufgenommen werden könnten. Es sind dies das Zylinderrollenlager mit hohlen (durchbohrten) Rollen (Abb. 11.10) und das stromisolierte Lager (Abb. 11.11).

Abb. 11.10. (Fahrmotor)-Zylinderrollenlager mit hohlen Rollen

Abb. 11.11. Stromisoliertes Rillenkugellager

Die hohle Rolle ist an sich keine neue Erfindung. Sie bot sich in dem speziellen Fall der sehr leistungsstarken Thyristor-Lokomotive der Österreichischen Bundesbahnen (ÖBB) als Lösung für das Fahrmotorlager an. Lager mit normalen, nicht durchbohrten Rollen haben nämlich wegen ihrer großen Masse bei den hohen Beschleunigungen (Verzögerungen) und gleichzeitiger geringer Lagerbelastung infolge Gleitverschleiß (Schlupf) mehrfach versagt. Die hohle Rolle ist leichter (Trägheitsmoment) und besitzt außerdem bessere Federungseigenschaften. Allerdings ist bei der Anwendung auch Vorsicht am Platz, denn bei höherer Lagerbelastung wird die Rolle anstatt des Innenringes zum gefährdeten Lagerelement. Umfangreiche Untersuchungen sind im Einzelfall nötig, um die Gefährdung abzugrenzen und eine „normale" Lebensdauerrechnung durchführen zu können.

Das stromisolierte Lager – die Entwicklung wurde von Steyr Wälzlager eingeleitet – schließt eine echte Marktlücke in der Weise, daß Wälzlagerschäden zufolge Stromdurchgang vermieden werden. Kritisch ist diese Schadensform insbesondere bei elektrischen Fahrmotoren von Schienenfahrzeugen, weshalb das neue Produkt auch zuerst von den Fahrmotorherstellern sehr positiv aufgenommen wurde. In der nächsten Konsequenz findet es als Radsatzrollenlager in Schienenfahrzeugen ein zweites Anwendungsgebiet. Darüber hinaus sind heute im gesamten Elektromaschinenbau kritische Lagerstellen damit ausgestattet. Es darf noch vermerkt werden, daß das Lager Normmaße hat, also an die Lagerstelle eines Normallagers ohne irgendwelche Veränderungen der Umgebung gesetzt werden kann.

Anhand der Beispiele sehen wir also, daß Bedarfsserien-Lager entweder Sonderkonstruktionen mit respektablen Losgrößen oder Standard-(Norm-)Lager mit modifizierten (nicht standardmäßigen) Details sein können. Im einfachsten Fall wird schon ein Standardserien-Lager mit abnormaler Kantenverrundung zum Bedarfsserien-Lager.

11.1.5 Beispiele für Sonderserien-Lager

Dieses Erzeugerprogramm ist den spezifischen und individuellen Problemlösungen vorbehalten. Es gibt z. B. besondere betriebliche Abläufe, die zwingend wälzlagertechnische Lösungen verlangen und weder durch das Standardserien-Lagerprogramm noch durch das Bedarfsserien-Lagerprogramm abgedeckt werden können. Der Industrieanlagenbau, vornehmlich für die Stahlerzeugung, ist ein solches Gebiet.

Lager einer Strangführungsrolle (Abb. 11.12):

In einer Brammenstranggießanlage führen wälzgelagerte Rollen den in seinem Inneren noch flüssigen Stahlstrang. Die Randbedingungen sind extreme Belastungen und Betriebstemperaturen und die Gefahr von Verunreinigungen durch Zunder und Kühlwasser, im vorderen Bereich der Strangführung ist auch wenig Platz für die Lagerung. Gleitlager, Federrollenlager und Nadellager haben hier nacheinan-

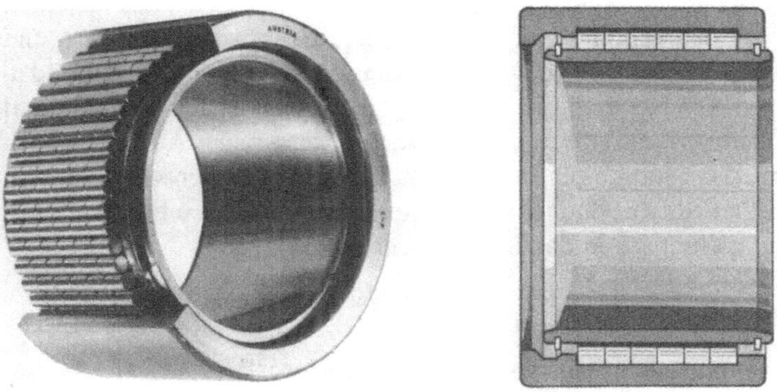

Abb. 11.12. Sechsreihiges vollrolliges Zylinderrollenlager

der versagt; ein spezielles sechsreihiges, vollrolliges Zylinderrollenlager mit 17,5 mm Querschnitthöhe, integrierten Anschlußteilen für die axiale Verschiebung und einer Temperaturstabilisierung bis über 300 °C, arbeitet zufriedenstellend.

Stützlager einer Treiberrolle (Abb. 11.13):

Zum Antrieb des Stahlstranges in derselben Anlage gibt es sogenannte Treiberrollen mit Vierfachlagerung.
Die Außenlagerungen waren relativ einfach mit wärmestabilisierten Pendelrollenlagern zu bewältigen, für die geteilten Innenlagerungen waren konventionelle Gleitlager konzipiert. Auch sie haben kurzfristig infolge Verschleiß versagt und die Anpreßkräfte der Rolle in unzulässiger Weise reduziert. Die optimale Problemlösung ist ein axialgeteiltes Pendelrollenlager in einem speziellen Stahlgußgehäuse mit keilförmigen Führungsleisten. Das Lager besitzt nur eine Außenringhälfte im unteren Bereich. Im oberen, unbelasteten Bereich mußte eine Kühlwasserkammer untergebracht werden, welche die Strahlungswärme der glühenden Bramme, die im Abstand von nur 10 mm über der Gehäuseoberkante mit einer Temperatur von mehr als 1 000 °C vorbeiläuft, vom Lager abzuschirmen hat.

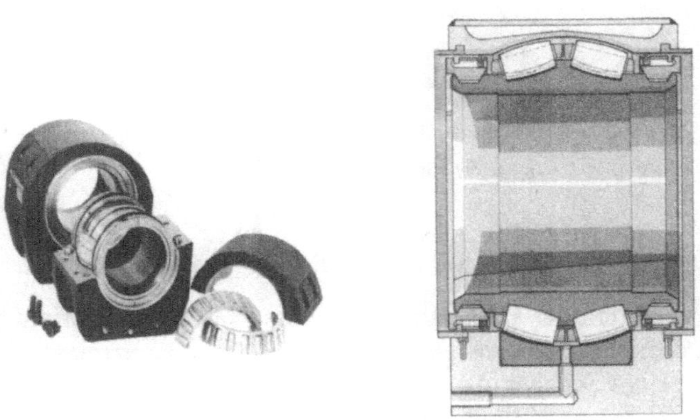

Abb. 11.13. Axial geteiltes Pendelrollenlager mit Wasserkühlung

Das Gehäuse ist an einen Kühlwasserkreislauf angeschlossen. Die geteilten Innenringhälften werden durch seitlich angeordnete Spannringe zentriert und zusammengehalten. Die Spannringe sind gleichzeitig die Träger von federnden Lamellendichtungen. Die Nachschmierung erfolgt über einen axialen Zuführkanal von der Stirnfläche des Gehäuseunterteils und eine Bohrung in der Außenringhälfte. Das Schmierfett, das dadurch zentral zwischen den beiden Rollenreihen eintritt, wird an beiden Seiten durch Entlastungsbohrungen und Labyrinthspalte nach außen gepreßt und dichtet gegen das Spritzwasser ab.

Lagerung einer Förderkette (Abb. 11.14):

Ein drittes Beispiel aus dem Hüttenbereich ist weniger spektakulär, in den konstruktiven Details dennoch interessant. Im Walzwerk werden die Brammen auf schweren Transportketten bewegt, welche sich in ihren Gelenken auf Führungsrollen abstützen. Die Drehzahl ist nicht nennenswert, doch hohe statische Belastung und Verschmutzung durch abrasiven Staub und Zunder erfordern eine Sonderlösung. Mit dem Innenaufbau eines vollrolligen Zylinderrollenlagers und einem dickwandigen Außenring wurde die angestrebte statische Sicherheit erzielt. Lamellendichtringe, die in die hochgezogene Innenringschulter (Bordscheibe) eingesetzt sind, garantieren eine wirksame Abdichtung. Ein Bund in der Lagerbohrung und eine Befestigungsscheibe auf der gegenüberliegenden Seite ermöglichen die Montage auf einem durchgesteckten zylindrischen Zapfen mittels dreier Sechskantschrauben. Die Nachschmiernippel für die Laufrolle und das Kettengelenk liegen geschützt in Ausnehmungen der Befestigungsscheibe.

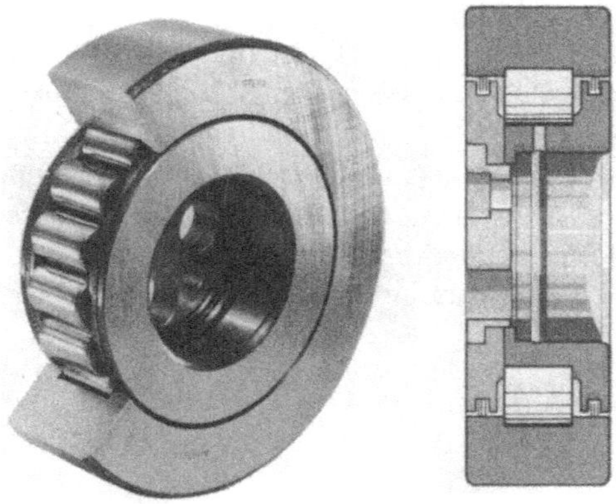

Abb. 11.14. Führungsrolle mit vollrolligem Zylinderrollenlager

Lagerung eines Papierschabers (Abb. 11.15):

Optimierung durch Integration der Umgebungsteile in das Wälzlager und in der Folge hohe Betriebssicherheit ist in der Schaberlagerung einer Papiermaschine verwirklicht. Die Klinge des Schabers ist gegen eine Papierwalze angestellt und oszilliert mit 50 bis 60 Hüben pro Minute bei einer Hublänge von 20 bis 25 mm. Ruckfreie Längsbewegung, leichtgängige Dreh- und Schwenkbewegung, Ausgleich der Fluchtungsfehler, lange Lebensdauer und geringer Wartungsaufwand waren die Einsatzkriterien. Die Längs- und Drehbewegung erfolgt über einen Kugelsatz mit massivem Käfig. Die Kugeln sind schraubenförmig versetzt angeordnet, so daß sie sich keine gemeinsame Spur in den Ringen graben können. Der kugelförmige Außenringmantel läßt ein einwandfreies Pendeln des bis zu sechs Meter langen Schabers zu. Die Fettschmierung erfolgt über Schmiernippel im Außenring. Die Anlaufscheiben für den Käfig und die Lippendichtungen sind in das Lager integriert.

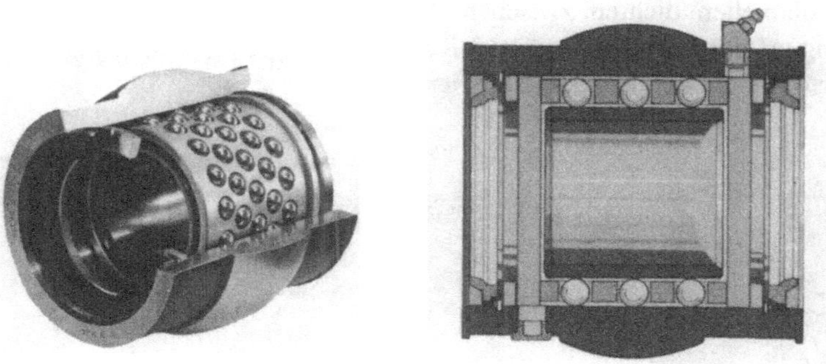

Abb. 11.15. Linearkugellager für einen Papiermaschinenschaber

Lagerung eines Kalibrierwerkzeuges (Abb. 11.16):

Bei der Erzeugung von kaltverformten Profilen und Formrohren wird das Kalibrierwerkzeug hoch belastet. Verschiedene Walzprogramme und großer Werkzeugverschleiß fordern ein schnelles Wechseln der Kalibrierwalzen. Wegen der kurzen Umrüstzeiten muß der Gerüstständer mit der eingebauten Lagereinheit rasch von der Werkzeugwelle gelöst werden können. Nach dem Wiedereinbau muß positioniert und gespannt werden. Hier war die Lösung ein vierreihiges vollrolliges Zylinderrollenlager, dessen verlängerter Innenring auf der einen Seite eine geschliffene Aufnahmefläche für eine Dichtung hat und der sich auf der anderen Seite zu einem Aufspannflansch mit Innenkegel erweitert. Der axiale Verschiebeweg am Innenring beträgt ± 10 mm, die Schmierung erfolgt über Ringnuten und Radialbohrungen in den Außenringen.

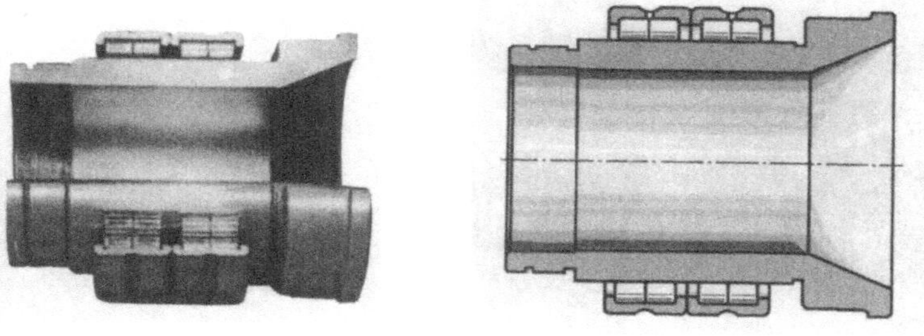

Abb. 11.16. Lagerung eines Kalibrierwerkzeuges mit vierreihigem vollrolligem Zylinderrollenlager

Geradführung eines Teleskoparmes (Abb. 11.17):

Der Teleskoparm eines Seitenkippladers für den Untertag-Kohleabbau ist gerade zu führen, große Radialbelastungen bei auskragendem Arm und zusätzliche Axialbelastungen durch Verwindung (Torsion) des Armes treten auf; mit starker Einwirkung von abrasivem Kohlestaub ist zu rechnen. Die optimale Lösung ist eine kombinierte Radial-Axial-Stützrolle auf der Basis eines zweireihigen vollrolligen Zylinderrollenlagers mit dickwandigem Außenring für die Radialbelastung, die axiale Führung wird durch beidseitig angeordnete Nadelkränze übernommen. Integrierte Stahllamellen dichten zwischen Außenring und Axialscheiben, die Nachschmierung erfolgt über Ringnut und Radialbohrungen im Innenring. Das Lager-System ist selbsthaltend und leicht tauschbar.

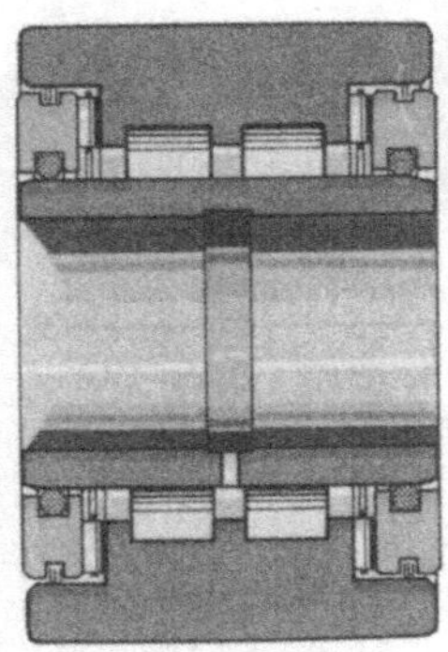

Abb. 11.17. Radial-Axial-Stützrolle

Lagerung einer Magnesitsinter-Förderkette (Abb. 11.18):

In einem Magnesitwerk wird gesinterter Magnesit vom Brennofen über einen Plattenbandförderer kontinuierlich abtransportiert. Der abrasive heiße Magnesitstaub ließ die gleitgelagerten gußeisernen Kettenlaufräder in ungewöhnlich kurzer Zeit verschleißen. Die langlebige, voll gegen das alte Laufrad tauschbare Wälzla-

Abb. 11.18. Laufrad einer Magnesitsinter-Förderkette

gerrolle sieht folgendermaßen aus: Der Laufradkörper aus sonderwärmebehandeltem Wälzlagerstahl ist sehr verschleißfest. Im Laufrad sitzen zwei wartungsfreie Sonderrillenkugellager mit nach außen verlängertem Innenring als Dichtungsträger. In den Lagern selbst sitzen schleifende Polymerdichtungen und halten das Hochtemperaturfett. Zusätzlich sind im Laufrad beidseitig berührungsfreie Stahlblechdichtungen eingesetzt. Auf diese Weise werden die erstgenannten Dichtungen nicht nur geschützt, sondern zwischen den Dichtungen entsteht ein Depotraum, der ebenfalls mit Fett befüllt wird. Die Käfige sind aus glasfasergefülltem Polymer, die Lagerluft ist vergrößert.

Die in diesem Abschnitt beschriebenen Beispiele sollen einen Überblick über die vielfältigen Möglichkeiten geben, die der Wälzlagerhersteller zur Lösung von Lagerungsproblemen – welche mit anderen Techniken überhaupt oder kaum bewältigbar sind – hat. Andererseits kann durch optimale Integration von Teilen der Wälzlagerumgebung zu einer geschlossenen Einheit nicht nur eine lange Produktlebensdauer erzielt, sondern auch wesentlich zur Verbilligung der Maschine oder Anlage beigetragen werden. Wie schon an anderer Stelle erwähnt, kostet jede optimale Lösung dem Wälzlagerhersteller eine besondere Anstrengung in seinen Berechnungs- und Konstruktionsabteilungen; das damit übernommene Risiko sollte der Wälzlagerverbraucher entsprechend respektieren.

11.2 Europäische Standardserien-Lagerreihen

Das Vorwort enthält den Hinweis:
„Das Buch ist kein Ersatz für sich laufend ändernde Produktkataloge (der Wälzlager-Hersteller). Es soll mit diesen zusammen verwendet werden."
Es ist heute kein Geheimnis mehr, daß nicht nur europäische Hersteller miteinander einen Programmaustausch zwecks optimaler Kundenbedienung pflegen, solche Kooperationen gibt es bereits weltweit.
Für die Funktions- und Qualitätsfähigkeit übernimmt der jeweilige „Verkäufer" die volle Garantie, womit der „Käufer" eigentlich zufrieden sein sollte. In Tabelle 11.1 sind die in den Handbüchern und Katalogen bekannter europäischer Wälzlager-Hersteller eingetragenen Standardserien-Lagerreihen gemäß [N 15 bis N 28, N 30 bis N 47] zusammengestellt.
Der aktuelle Stand kann sich täglich ändern.

11.3 Berechnungsbeispiele

In diesem Abschnitt werden markante Berechnungsbeispiele behandelt, die zum Verständnis nötigen Berechnungsschritte gezeigt und als Endergebnis die Lagertypen und deren Lebensdauer angegeben.

Tabelle 11.1. Europäische Standardserien-Lagerprogramme

Radial-	Kugellager	Rillenkugellager	160, 60, 62, 622, 63, 623, 64, 618, 619 42, 43 YEN2, YEL3 E, BO, L, M
		Schrägkugellager	70, 72, 73, 74 QJ10, QJ2, QJ3 32, 33
		Pendelkugellager	12, 22, 13, 23 112, 113
	Rollenlager	Zylinderrollenlager	NU10, NU20 E, NU2, NU2 E, NU22, NU22 E, NU3, NU3 E, NU23, NU23 E, NU4, NU49 NU30 V, NU2 V, NU23 V, NU29 V 2N30, 2NU49 2NU50 V, 2NU48 V, 2NU49 V
		Nadellager	NA48, NA49 HNA, BNA, KNA
		Tonnenlager	T2, T3, T4 230, 240, 231, 241, 222, 232, 203, 223, 239
		Kegelrollenlager	320, 330, 331, 302, 322, 322 B, 332, 303, 313, 323, 323 B, 329
Axial-	Kugellager	Rillenkugellager	511, 512, 513, 514 532, 533, 534 532 U, 533 U, 534 U 522, 523, 524 542, 543, 544 542 U, 543 U, 544 U
		Schrägkugellager	2ASK20, 2ASK29
	Rollenlager	Zylinderrollenlager	811, 812
		Nadellager	KANA
		Tonnenlager	292, 293, 294
		Kegelrollenlager	AKR, 2AKR
Ensembles			NA759 RNA49-511, RNA49-811 RNA49-511 Z, RNA49-811 Z

12.3.1 KFZ-Getriebelager (Abb. 11.19)

Ein Rillenkugellager 631C soll in einem KFZ-Getriebe folgenden Betriebszuständen genügen:

Betriebszustand	1	2	3
Laufzeitanteil t	0,1	0,3	0,6
Drehzahl n_i $[min^{-1}]$	500	800	1 200
Radiallast F_{ri} $[N]$	12 000	7 500	4 000
Axiallast F_{ai} $[N]$	400	2 500	1 330

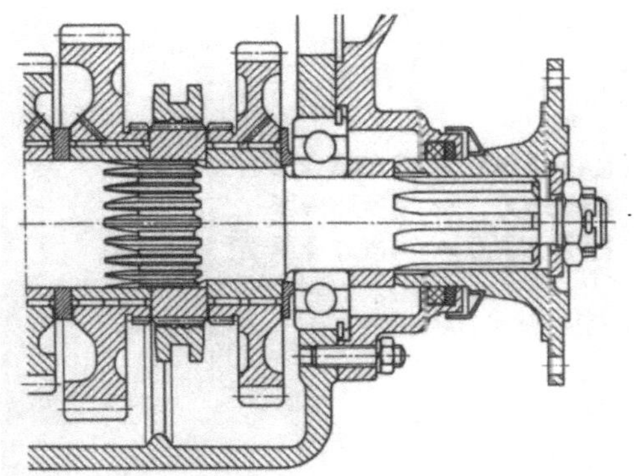

Abb. 11.19. KFZ-Getriebe

Wie groß ist die nominelle Lagerlebensdauer L_h in Betriebsstunden?

Aus der Lagertafel [26]:

$$C_{\text{ISO}} = 53{,}6 \text{ kN}$$
$$C_{0\,\text{ISO}} = 41{,}6 \text{ kN}$$

Für Betriebszustand 1 ... 3:

$$\frac{F_a}{F_r} = 0{,}33$$

Aus Tabelle 2.3 oder Abb. 2.17 folgt

für Betriebszustand 1:

$$\frac{F_a}{C_{0\,\text{ISO}}} = \frac{4\,000}{41\,600} = 0{,}096 \rightarrow e = 0{,}29$$

$$\frac{F_a}{F_r} = 0{,}33 > e = 0{,}29 \rightarrow X_1 = 0{,}56,\ Y_1 = 1{,}49$$

für Betriebszustand 2:

$$\frac{F_a}{C_{0\,\mathrm{ISO}}} = \frac{2\,500}{41\,600} = 0{,}060 \rightarrow e = 0{,}264$$

$$\frac{F_a}{F_r} = 0{,}33 > e = 0{,}26 \rightarrow X_2 = 0{,}56,\ Y_2 = 1{,}66$$

für Betriebszustand 3:

$$\frac{F_a}{C_{0\,\mathrm{ISO}}} = \frac{1\,330}{41\,600} = 0{,}032 \rightarrow e = 0{,}228$$

$$\frac{F_a}{F_r} = 0{,}33 > e = 0{,}228 \rightarrow X_3 = 0{,}56,\ Y_3 = 1{,}92$$

Die dynamisch äquivalenten Belastungsanteile errechnen sich aus

$$F_{ei} = X_i \cdot F_{ri} + Y_i \cdot F_{ai}$$

folglich:

$$\begin{aligned} F_{e1} &= 0{,}56 \cdot 12\,000 + 1{,}49 \cdot 4\,000 = 12\,680\ \mathrm{kN} \\ F_{e2} &= 0{,}56 \cdot 7\,500 + 16 \cdot 2\,500 = 8\,350\ \mathrm{kN} \\ F_{e3} &= 0{,}56 \cdot 4\,000 + 1{,}92 \cdot 1\,300 = 4\,800\ \mathrm{kN} \end{aligned}$$

Daraus erhält man die dynamisch äquivalente Belastung

$$F_e = \sqrt[3]{\frac{F_{e1}^3 \cdot n_1 \cdot t_1 + F_{e2}^3 \cdot n_2 \cdot t_2 + F_{e3}^3 \cdot n_3 \cdot t_3}{n_1 \cdot t_1 + n_2 \cdot t_2 + n_3 \cdot t}} =$$

$$= \sqrt[3]{\frac{12\,680^3 \cdot 500 \cdot 0{,}1 + 8\,350^3 \cdot 800 \cdot 0{,}3 + 4\,800^3 \cdot 1\,200 \cdot 0{,}6}{500 \cdot 0{,}1 + 800 \cdot 0{,}3 + 1\,200 \cdot 0{,}6}} = 6\,830\,\mathrm{N}$$

Die mittlere Drehzahl beträgt

$$n_m = n_1 \cdot t_1 + n_2 \cdot t_2 + n_3 \cdot t_3 = 500 \cdot 0{,}1 + 800 \cdot 0{,}3 + 1\,200 \cdot 0{,}6 = = 1\,010\,\mathrm{min}^{-1}$$

Mit der Tragsicherheit $S = \frac{C_{\mathrm{ISO}}}{F_e} = \frac{53\,600}{6\,830} = 7{,}85$ erhält man die nominelle Lebensdauer

$$L = \left(\frac{C_{\mathrm{ISO}}}{F_e}\right)^3 = \left(\frac{5600}{6\,830}\right)^3 = 483 \text{ Millionen Umdrehungen}$$

Die Lebensdauer in Betriebsstunden ist

$$L_h = \frac{10^6 \cdot L}{60 \cdot n_m} = \frac{10^6 \cdot 483}{60 \cdot 1\,010} = 7\,970\ \mathrm{h}$$

Der Lebensdauer-Erfahrungswert für PKW-Lagerungen beträgt 2000...4000 Stunden; die Lagerung ist ausreichend dimensioniert.

11.3.2 Umkehrgetriebe eines landwirtschaftlichen Gerätes (Abb. 11.20)

Antriebsleistung	$P = 105\,\text{kW}$ (142,8 PS)
Antriebsdrehzahl	$n_1 = 1\,000\,\text{min}^{-1}$
Axiale Belastung stoßweise während 5% der Betriebszeit an beiden Wellen	$F_a = 10\,000\,\text{N}$
Geradverzahnung, Teilkreisdurchmesser	$d_1 = 184\,\text{mm}$, $d_2 = 152\,\text{mm}$
Eingriffswinkel	$\alpha = 20°$
Abstände	$a = b = c = 33\,\text{mm}$, $d = 48\,\text{mm}$
Wellendurchmesser	$d_{w1} = d_{w2} \geqslant 50\,\text{mm}$
Geforderte Lebensdauer bei Ölsumpfschmierung	$L_h = 10\,000$ Betriebsstunden

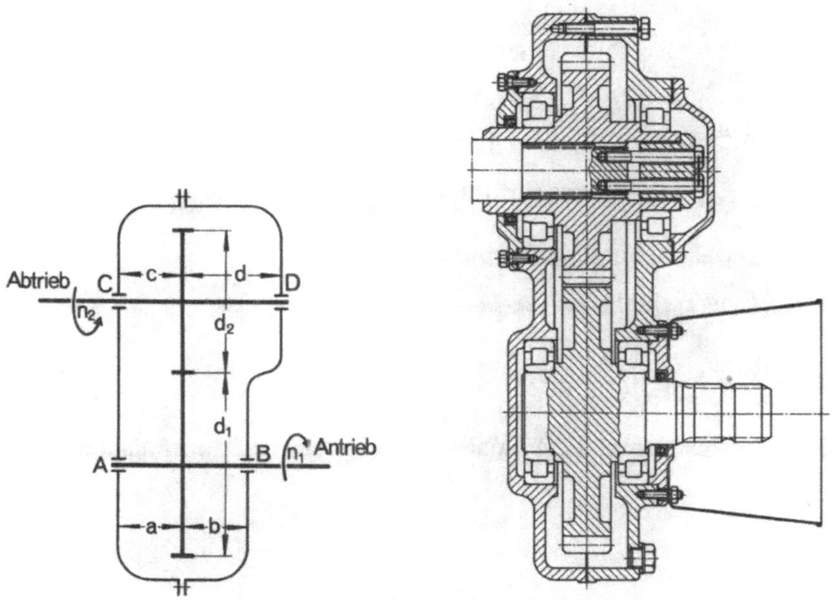

Abb. 11.20. Umkehrgetriebe eines landwirtschaftlichen Gerätes: (1) Prinzip, (2) Konstruktive Ausführung

Drehzahl der Abtriebswelle:

$$n_2 = \frac{n_1 \cdot d_1}{d_2} = \frac{1\,000 \cdot 184}{152} = 1\,210\,\text{min}^{-1}$$

Antriebsmoment:

$$M = \frac{9\,555 \cdot P}{n_1} = \frac{9\,555 \cdot 105}{1\,000} = 1\,000\,\text{Nm}$$

Umfangskraft der Zahnräder:

$$U = \frac{M}{d_1/2} = \frac{1\,000 \cdot 2}{0{,}184} = 10\,870\,\text{N}$$

Trennkraft der Zahnräder:

$$T = U \cdot \tan\alpha = 10\,870 \cdot \tan 20^\circ = 3\,960\,\text{N}$$

Radiale Wellenbelastung:

$$F_z = \sqrt{U^2 + T^2} = \sqrt{10\,870^2 + 3\,960^2} = 11\,570\,\text{N}$$

Radiale Lagerbelastungen:

$$F_{rA} = F_{rB} = \frac{F_z \cdot f_z}{2} = \frac{11\,570 \cdot 1{,}3}{2} = 7\,520\,\text{N}$$

$$F_{rC} = \frac{F_z \cdot d \cdot f_z}{c + d} = \frac{11\,570 \cdot 48 \cdot 1{,}3}{33 + 48} = 8\,910\,\text{N}$$

$$F_{rD} = \frac{F_z \cdot c \cdot f_z}{c + d} = \frac{11\,570 \cdot 33 \cdot 1{,}3}{33 + 48} = 6\,130\,\text{N}$$

$f_z = 1{,}3$ Zusatzfaktor für dynamische Belastung nach Tab. 2.1

1. Variante: Lagerung mit Zylinderrollenlagern

Die erforderliche Tragzahl aus der Lebensdauergleichung ist

$$C_{\text{erf}} = F_e \cdot \sqrt[10/3]{\frac{60 \cdot L_h \cdot n}{10^6}}$$

Bei Zylinderrollenlagern geht die Axialbelastung nicht in die Lebensdauerberechnung ein, d. h.

$$F_e = F_r$$

somit gilt:

$$C_{A\text{erf}} = C_{B\text{erf}} = 7\,520 \cdot \sqrt[10/3]{\frac{60 \cdot 10\,000 \cdot 1\,000}{10^6}} = 51\,250\,\text{N}$$

$$C_{C\text{erf}} = 8\,910 \cdot \sqrt[10/3]{\frac{60 \cdot 10\,000 \cdot 1\,210}{10^6}} = 64\,290\,\text{N}$$

$$C_{D\text{erf}} = 6\,130 \cdot \sqrt[10/3]{\frac{60 \cdot 10\,000 \cdot 1\,210}{10^6}} = 44\,230\,\text{N}$$

Aus der Lagertafel [26] werden gewählt:

Lagerstelle A und B:	NJ 211	mit $C_{\text{ISO}} = 51{,}7\,\text{kN}$
oder	NJ 209 *E*	mit $C_{\text{ISO}} = 56{,}4\,\text{kN}$

Lagerstelle C:	NJ 212 mit $C_{ISO} = 60{,}4\,\text{kN}$
oder	NJ 211 E mit $C_{ISO} = 77{,}6\,\text{kN}$
Lagerstelle D:	NJ 210 mit $C_{ISO} = 42{,}8\,\text{kN}$
oder	NJ 207 E mit $C_{ISO} = 44{,}8\,\text{kN}$

Werden Zylinderrollenlager axial belastet, ist zu überprüfen, ob die Axialbelastung nicht den zulässigen Wert übersteigt:

$$n_1 \cdot E_{A,B} = 1\,000 \cdot 88{,}5 = 88\,500 < 1{,}2 \cdot 10^5$$
$$n_2 \cdot E_C = 1\,210 \cdot 97{,}5 = 117\,975 < 1{,}2 \cdot 10^5$$
$$n_2 \cdot E_D = 1\,210 \cdot 80{,}4 = 97\,284 < 1{,}2 \cdot 10^5$$

E ... aus Lagertafel [26]

Für Ölschmierung gilt bei $n \cdot E < 1{,}2 \cdot 10^5$ nach Gl. (2.50)

$$F_{a\max} = f_a \cdot f_b \cdot E^2 \cdot \left(2 - \frac{n \cdot E}{k}\right)$$

f_a, f_b ... aus Tabelle 2.6

Lager A und B: NJ 209 E

$$F_{a\max} = 0{,}06 \cdot 0{,}03 \cdot 76{,}5^2 \cdot \left(2 - \frac{1\,000 \cdot 76{,}5}{100\,000}\right)$$
$$F_{a\max} = 13\,\text{kN} = 13\,000\,\text{N} > 10\,000\,\text{N}$$
$$(\text{NJ 211: } F_{a\max} = 12\,580\,\text{N} > 10\,000\,\text{N})$$

Lager C: NJ 211 E

$$F_{a\max} = 0{,}06 \cdot 0{,}03 \cdot 90^2 \cdot \left(2 - \frac{1\,210 \cdot 90}{100\,000}\right)$$
$$F_{a\max} = 13{,}28\,\text{kN} = 13\,280\,\text{N} > 1000\,\text{N}$$
$$(\text{NJ 212: } F_{a\max} = 11\,230\,\text{N} > 10\,000\,\text{N})$$

Lager D: NJ 207 E

$$F_{a\max} = 0{,}06 \cdot 0{,}03 \cdot 64^2 \cdot \left(2 - \frac{1\,210 \cdot 64}{100\,000}\right)$$
$$F_{a\max} = 9{,}04\,\text{kN} = 9\,040\,\text{N} < 10\,000\,\text{N}$$
$$(\text{NJ 210: } F_{a\max} = 9\,560\,\text{N} < 10\,000\,\text{N})$$

Im Lager D ist die zulässige Axialbelastung, $F_{a\max} = 9\,040\,\text{N}$, kleiner als die auftretende, $F_a = 10\,000\,\text{N}$. Es muß daher nach Möglichkeit das nächstgrößere Lager NJ 208 E gewählt werden, das ein $F_{a\,\text{zul}} = 10\,440\,\text{N}$ bei dem gegebenen Betriebszustand aufweist.

2. Variante: Lagerung mit Rillenkugellagern
Bei Rillenkugellagern kann die erforderliche Tragzahl nicht aus der Lebensdauergleichung errechnet werden, weil sich die dynamischen Lastfaktoren X und Y mit dem Verhältnis F_a/C_0 ändern (vgl. [45]).
Es müssen daher Lager angenommen werden (Iteration).

Lager A und B: 6313 aus Lagertafel [26] mit $C_{\text{ISO}} = 80{,}3\,\text{kN}$, $C_{0\,\text{ISO}} = 65{,}2\,\text{kN}$

$$\frac{F_a}{C_{0\,\text{ISO}}} = \frac{10\,000}{65\,200} = 0{,}15 \rightarrow e = 0{,}33 < \frac{F_a}{F_r} = \frac{10\,000}{7\,520} = 1{,}33$$

$$X = 0{,}56;\; Y = 1{,}3$$

$F_{e1} = F_r = 7\,520\,\text{N}$ .... für 95 Prozent der Betriebszeit

$F_{e2} = X \cdot F_r + Y \cdot F_a = 0{,}56 \cdot 7\,520 + 1{,}3 \cdot 10\,000 = 17\,580\,\text{N}$ ... für 5 Prozent der Betriebszeit

$$F_e = \sqrt[3]{\frac{F_{e1}^3 \cdot t_1 + F_{e2}^3 \cdot t_2}{t_1 + t_2}} = \sqrt[3]{\frac{7\,520^3 \cdot 95 + 17\,580^3 \cdot 5}{95 + 5}} = 8\,770\,\text{N}$$

$$L_h = \frac{10^6 \cdot \left(\frac{C_{\text{ISO}}}{F_e}\right)^3}{60 \cdot n} = \frac{10^6 \cdot \left(\frac{80\,300}{8\,770}\right)^3}{60 \cdot 1\,000} = 12\,700\,\text{h}$$

Kostenvergleich nach [45, 82]:

6213..... $K = 210$ Punkte
NJ211... $K = 127$ Punkte

Das Rillenkugellager ist um 65 Prozent teurer; bei den anderen Lagerstellen sind die Kostenverhältnisse ähnlich.

11.3.3 Radlagerung eines LKW-Vorderrades (Abb. 11.21)

Das LKW-Vorderrad ist mit Kegelrollenlagern 323 14C (innen: Index „I") und 323 10C (außen: Index „A") gelagert.

Halber Achsdruck	$Q_B = 32\,500\,\text{N}$
Achsschenkelbelastung = Achsdruck/2 − Radgewicht	$Q_R = 30\,870\,\text{N}$
dynamischer Reifendurchmesser...........................	$R_{\text{dyn}} = 540\,\text{mm}$
Spurweite...	$S_w = 1\,940\,\text{mm}$
Schwerpunktshöhe..	$h_s = 1\,100\,\text{mm}$
Abstand der Lagerdruckmittelpunkte......................	$l = 140\,\text{mm}$
Abstand des Druckmittelpunktes des äußeren Lagers von der Radmittellinie..	$l_1 = 130\,\text{mm}$
Stoßfaktor (Geländefahrt)................................	$f_d = 1{,}6$
Haftreibzahl: Reifen – Fahrbahn	$f_H = 0{,}85$
Ausnutzungsfaktor für Seitenkraft........................	$a = 0{,}412$

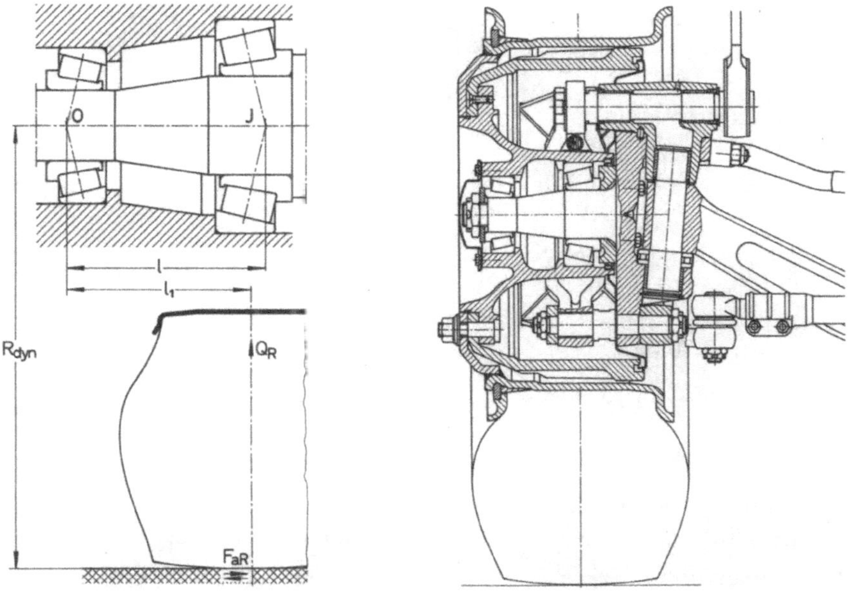

Abb. 11.21. LKW-Vorderradlagerung: (1) Prinzip, (2) Konstruktive Ausführung

Zeitanteil für Geradeausfahrt. . . . . $f_G = 0{,}9$
Zeitanteil für Kurvenfahrt links, rechts . . . . $f_K = 0{,}05$

Es ist die Laufleistung (Fahrkilometer) der Lager zu ermitteln.

Geradeausfahrt (Index 1):

Radiale Lagerbelastung

$$F_{rI1} = f_d \cdot \frac{Q_R \cdot l_1}{l} = 1{,}6 \cdot \frac{30\,870 \cdot 130}{140} = 45\,860\ \mathrm{N}$$

$$F_{rA1} = f_d \cdot \frac{Q_R \cdot (l - l_1)}{l} = 1{,}6 \cdot \frac{30\,870 \cdot (140 - 130)}{140} = 3\,530\ \mathrm{N}$$

Axiale Lagerbelastung

Bei Geradeausfahrt ist keine äußere Axialkraft vorhanden (der Einfluß des Radsturzes und der Vorspur kann unberücksichtigt bleiben).
Bei Kegelrollenlagern bewirken jedoch radiale Belastungen induzierte Kraftkomponenten in axialer Richtung.

Nach Abb. 2.16 wird die äquivalente Axialbelastung ermittelt:

$$F_{rI1} = 45\,860\ \mathrm{N} \quad \rightarrow \quad \Phi_{I1} = 13\,100\ \mathrm{N}$$
$$F_{rA1} = 3\,530\ \mathrm{N} \quad \rightarrow \quad \Phi_{A1} = 1\,010\ \mathrm{N}$$

Da es keine äußere Axialkraft F_a gibt, ist die Axialbelastung beider Lager die größere der beiden induzierten Axialkräfte:

$$F_{aI1} = F_{aA1} = \Phi_{I1} = 13\,100\,\mathrm{N}$$

Äquivalente Lagerbelastung:

$$\frac{F_{aI1}}{F_{rI1}} = \frac{13\,100}{45\,860} = 0{,}286 < e = 0{,}34 \rightarrow X_{I1} = 1;\; Y_{I1} = 0 \qquad \text{aus [26]}$$

$$F_{eI1} = F_{rI1} = 45\,860\,\mathrm{N}$$

$$\frac{F_{aA1}}{F_{rA1}} = \frac{13\,100}{3\,530} = 3{,}7 > e = 0{,}34 \rightarrow X_{A1} = 0{,}4;\; Y_{A1} = 1{,}75$$

$$F_{eA1} = X_{A1}\cdot F_{rA1} + Y_{A1}\cdot F_{aA1} = 0{,}4\cdot 3\,530 + 1{,}75\cdot 13\,100 = 24\,340\,\mathrm{N}$$

Kurvenfahrt:

Durch die Fliehkraft wird das kurvenäußere Rad zusätzlich belastet und das kurveninnere Rad entlastet. Zwischen Reifen und Fahrbahn ergibt sich eine Axialkraft, die im normalen Fahrbetrieb für beide Räder gleich groß ist:

$$F_{aR} = Q_B\cdot f_H\cdot a = 32\,500\cdot 0{,}85\cdot 0{,}412 = 11\,380\,\mathrm{N}$$

Kurvenäußeres Rad (Index 2):

Radialbelastung des Rades

$$Q_{RA} = f_d\cdot\frac{2\cdot Q_R\cdot(0{,}5\cdot S_w + f_H\cdot a\cdot h_s)}{S_w} =$$

$$= 1{,}6\cdot\frac{2\cdot 30\,870\cdot(0{,}5\cdot 1\,940 + 0{,}85\cdot 0{,}412\cdot 1\,100)}{1\,940} = 69\,010\,\mathrm{N}$$

Radiale Lagerbelastung:

$$F_{rI2} = \frac{Q_{RA}\cdot l_1}{l} + \frac{F_{aR}\cdot R_{\mathrm{dyn}}}{l} = \frac{69\,010\cdot 130}{140} + \frac{11\,380\cdot 540}{140} = 107\,980\,\mathrm{N}$$

$$F_{rA2} = \frac{Q_{RA}\cdot(l-l_1)}{l} - \frac{F_{aR}\cdot R_{\mathrm{dyn}}}{l} = \frac{69010\cdot(140-130)}{140} - \frac{11380\cdot 540}{140} =$$

$$= -\,38\,970\,\mathrm{N} \quad (\text{„}-\text{“ kann vernachlässigt werden})$$

Axiale Lagerbelastung:

$$F_{rI2} = 107\,980\,\mathrm{N} \rightarrow \Phi_{I2} = 30\,850\,\mathrm{N}$$
$$F_{rA2} = 38\,970\,\mathrm{N} \rightarrow \Phi_{A2} = 11\,130\,\mathrm{N}$$

In Abb. 2.16: Index $A \mathrel{\hat{=}} I$, Index $B \mathrel{\hat{=}} A$

$$\Phi_{I2} > \Phi_{A2}, \quad F_{aR} = 11\,380\,\mathrm{N} < \Phi_{I2} - \Phi_{A2} = 19\,720\,\mathrm{N}$$
$$F_{aI2} = 0$$
$$F_{aA2} = \Phi_{I2} - F_{aR} = 30\,850 - 11\,380 = 19\,470\,\mathrm{N}$$

Äquivalente Lagerbelastung:

$$F_{eI2} = F_{rI2} = 107\,980\,\text{N}$$

$$\frac{F_{aA2}}{F_{rA2}} = \frac{19\,470}{38\,970} = 0{,}5 > e = 0{,}34 \rightarrow X_{A2} = 0{,}4; \quad Y_{A2} = 1{,}75$$

$$F_{eA2} = X_{A2} \cdot F_{rA2} + Y_{A2} \cdot F_{aA2} = 0{,}4 \cdot 38970 + 1{,}75 \cdot 19470 = 49660\,\text{N}$$

Kurveninneres Rad (Index 3):

Radialbelastung des Rades:

$$Q_{RI} = f_d \cdot 2\,Q_R - Q_{RA} = 1{,}6 \cdot 2 \cdot 30\,870 - 69\,010 = 29\,770\,\text{N}$$

Radiale Lagerbelastung:

$$F_{rI3} = \frac{Q_{RI} \cdot l_1}{l} - \frac{F_{aR} \cdot R_{\text{dyn}}}{l} = \frac{29\,770 \cdot 130}{140} - \frac{11\,380 \cdot 540}{140} = -\,16\,250\,\text{N}$$

$$F_{rA3} = \frac{Q_{RI} \cdot (l - l_1)}{l} + \frac{F_{aR} \cdot R_{\text{dyn}}}{l} = \frac{29770 \cdot (140 - 130)}{140} + \frac{11380 \cdot 540}{140} =$$
$$= 46\,020\,\text{N}$$

Axiale Lagerbelastung:

$$F_{rI3} = 16\,250\,\text{N} \rightarrow \Phi_{I3} = 4\,640\,\text{N}$$
$$F_{rA3} = 46\,020\,\text{N} \rightarrow \Phi_{A3} = 13\,150\,\text{N}$$

In Abb. 2.16: Index $A \triangleq A$, Index $B \triangleq I$

$$\Phi_{A3} > \Phi_{I3}, \quad F_{aR} = 11\,380\,\text{N} > \Phi_{A3} - \Phi_{I3} = 8\,510\,\text{N}$$

$$F_{aI3} = 0$$

$$F_{aA3} = F_{ar} + \Phi_{I3} = 11\,380 + 4\,640 = 16\,020\,\text{N}$$

Äquivalente Lagerbelastung:

$$F_{eI3} = F_{rI3} = 16\,250\,\text{N}$$

$$\frac{F_{aA3}}{F_{rA3}} = \frac{16\,020}{46\,020} = 0{,}348 > e = 0{,}34 \rightarrow X_{A3} = 0{,}4; \; Y_{A3} = 1{,}75$$

$$F_{eA3} = X_{A3} \cdot F_{rA3} + Y_{A3} \cdot F_{aA3} = 0{,}4 \cdot 46020 + 1{,}75 \cdot 16020 = 46440\,\text{N}$$

Betriebszustand	Zeitanteil	F_{eI} in N	F_{eA} in N
Geradeausfahrt (1)	0,9	45 860	24 340
Kurvenfahrt:			
Außenrad (2)	0,05	107 980	49 660
Innenrad (3)	0,05	16 250	46 440

Mittlere äquivalente Lagerbelastung:

$$F_{em} = \sqrt[p]{F_{e1}^p \cdot t_1 + F_{e2}^p \cdot t_2 + F_{e3}^p \cdot t_3}$$

$$F_{eIm} = \sqrt[10/3]{45860^{10/3} \cdot 0{,}9 + 107980^{10/3} \cdot 0{,}05 + 16250^{10/3} \cdot 0{,}05} = 54430\,\mathrm{N}$$

$$F_{eAm} = \sqrt[10/3]{24340^{10/3} \cdot 0{,}9 + 49660^{10/3} \cdot 0{,}05 + 46440^{10/3} \cdot 0{,}05} = 29360\,\mathrm{N}$$

Lagerlebensdauer:

Inneres Lager 32314 C: $C_{I\,\mathrm{ISO}} = 258\,\mathrm{kN}$
Äußeres Lager 32310 C: $C_{A\,\mathrm{ISO}} = 149\,\mathrm{kN}$

$$L_I = \left(\frac{C_{I\,\mathrm{ISO}}}{F_{eIm}}\right)^p = \left(\frac{258\,000}{54\,430}\right)^{10/3} = 178{,}8 \text{ Millionen Umdrehungen}$$

$$L_A = \left(\frac{C_{A\,\mathrm{ISO}}}{F_{eAm}}\right)^p = \left(\frac{149\,000}{29\,360}\right)^{10/3} = 224{,}49 \text{ Millionen Umdrehungen}$$

Laufleistung:

$$L_{sI} = L_I \cdot \pi \cdot 2 \cdot R_{\mathrm{dyn}} = 178{,}8 \cdot \pi \cdot 2 \cdot 540 = 606\,650\,\mathrm{km}$$
$$L_{sA} = L_A \cdot \pi \cdot 2 \cdot R_{\mathrm{dyn}} = 224{,}49 \cdot \pi \cdot 2 \cdot 540 = 761\,680\,\mathrm{km}$$

Bei einer LKW-Radlagerung wird eine Laufleistung von 500 000 km angestrebt, so daß ausreichend dimensioniert wurde.

11.3.4 Lagerung eines Ventilators (Abb. 11.22)

Antriebsleistung	N = 12 kW (16,32 PS)
Drehzahl	$n = 2\,800\,\mathrm{min}^{-1}$
Flügelradmasse	$G_V = 90\,\mathrm{kg}$
Flügelraddurchmesser	$D_V = 800\,\mathrm{mm}$
Axialschub	$F_a = 1\,700\,\mathrm{N}$
Wellen- und Kupplungsmasse	$G = 35\,\mathrm{kg}$
Abstände	$a = 480\,\mathrm{mm}$
	$l = 370\,\mathrm{mm}$
Wellendurchmesser	$d_A = d_B = 70\,\mathrm{mm}$

Es ist die nominelle Lebensdauer $L_h = 50\,000$ Stunden anzustreben. Für die Lagerung ist ein geeignetes Zweilagergehäuse (Blocklager) zu verwenden.

Bei Ventilatoren ist zu beachten:

Im Laufe der Betriebszeit setzt sich am Flügelrad Schmutz fest und erzeugt eine Unwucht. Erfahrungsgemäß wird diese mit einer Schwerpunktverlagerung des Flügelrades von $r = 0{,}0005 \cdot D_V$ angenommen.

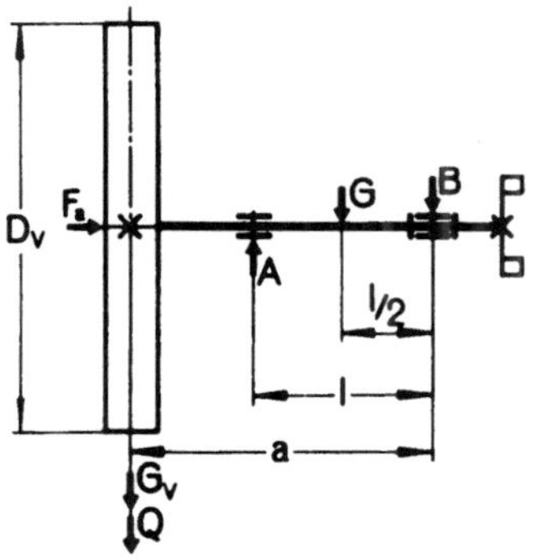

(1)

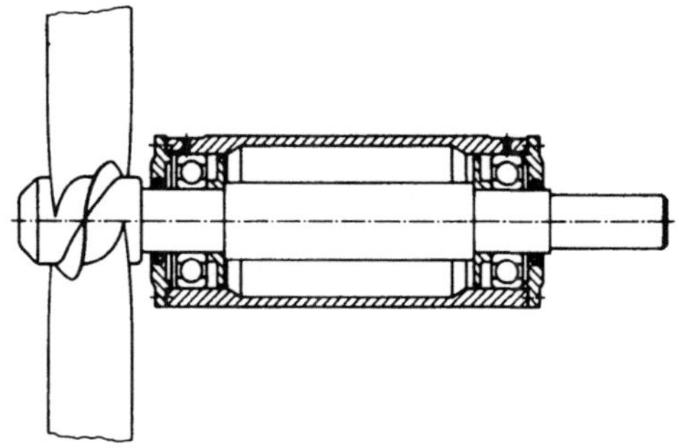

(2)

Abb. 11.22. Lagerung eines Ventilators: (1) Prinzip, (2) Konstruktive Ausführung

Unwucht:

$$Q_{\max} = m \cdot r \cdot \omega^2 = \frac{G_V \cdot 0{,}0005 \cdot D_V \cdot \pi^2 \cdot n^2}{30^2} =$$

$$= \frac{90 \cdot 0{,}0005 \cdot 0{,}8 \cdot \pi^2 \cdot 2\,800^2}{900} = 3\,100\,\mathrm{N}$$

Die Unwucht steigt zeitlich linear an, weshalb mit einer mittleren Belastung gerechnet werden muß.

Lager A (Loslager):

gewählt 6314 mit $C_{\mathrm{ISO}} = 90{,}2\,\mathrm{kN}$

$$A_{\min} = \frac{G_V \cdot a + G \cdot \frac{l}{2}}{l} \cdot g = \frac{90 \cdot 480 + 35 \cdot \frac{370}{2}}{370} \cdot 9{,}81 = 1\,320\,\mathrm{N}$$

$$A_{\max} = \frac{(G_V \cdot g + Q_{\max}) \cdot a + \frac{G \cdot l \cdot g}{2}}{l} =$$

$$= \frac{(90 \cdot 9{,}81 + 3\,100) \cdot 480 + \frac{35 \cdot 370 \cdot 9{,}81}{2}}{370} = 5\,340\,\mathrm{N}$$

$$F_r = \frac{A_{\min} + 2 \cdot A_{\max}}{3} = \frac{1\,320 + 2 \cdot 5\,340}{3} = 4\,000\,\mathrm{N}$$

$$F_e = F_r$$

$$L_h = \frac{10^6 \cdot \left(\frac{C}{F_e}\right)^p}{60 \cdot n} = \frac{10^6 \cdot \left(\frac{90\,200}{4\,000}\right)^3}{60 \cdot 2\,800} = 68\,250\,\mathrm{h}$$

Lager B (Festlager):
gewählt 6314 mit $C_{ISO} = 90{,}2\,kN$
$C_{0\,ISO} = 74{,}3\,kN$

$$B_{min} = A_{min} - g \cdot (G_V + G) = 1\,320 - 9{,}81 \cdot (90 + 35) = 94\,N$$

$$B_{max} = A_{max} - Q_{max} - g \cdot (G_V + G) = 5360 - 3100 - 9{,}81 \cdot (90 + 35) = $$
$$= 1030\,N$$

$$F_r = \frac{B_{min} + 2 \cdot B_{max}}{3} = \frac{94 + 2 \cdot 1\,030}{3} = 718\,N$$

$$F_a = 1\,700\,N$$

Mit $\frac{F_a}{C_{0\,ISO}} = \frac{1\,700}{74\,300} = 0{,}0229$ folgt aus Tabelle 2.3 oder Abb. 2.17:

$$\frac{F_a}{F_r} = \frac{1\,700}{718} = 2{,}37 > e = 0{,}21 \rightarrow X = 0{,}56;\; Y = 2{,}19$$

$$F_e = X \cdot F_r + Y \cdot F_a = 0{,}56 \cdot 718 + 2{,}19 \cdot 1\,700 = 4\,125\,N$$

$$L_h = \frac{10^6 \cdot \left(\frac{90\,200}{4\,125}\right)^3}{60 \cdot 2\,800} = 62\,235\,h$$

11.3.5 Lagerung eines Elektromotors (Abb. 11.23)

Die Lagerung mit waagrechter Wellenanordnung und Riementrieb soll eine Lebensdauer von mindestens 20 000 Betriebsstunden erreichen. Das Festlager befindet sich auf der, der Riemenscheibe gegenüberliegenden Seite.

Loslager: Zylinderrollenlager der Bauform NU..., riemenscheibenseitig.

Weitere Angaben:

Motorleistung	$P = 7{,}5\,kW$ (10,2 PS)
Motordrehzahl	$n = 1\,500\,min^{-1}$
Gewichtskraft des Rotors inkl. Welle	$G = 200\,N$
Gewichtskraft der Riemenscheibe	$G_R = 50\,N$
Längsquerschnitt des Rotors	$A = 195\,cm^2$

$A = L \cdot D$, wobei L = Lauflänge 15 cm und D = Rotordurchmesser 13 cm beträgt. Gewünschter Wellendurchmesser beider Lagerstellen soll zwischen 30...50 mm liegen.

Riemenscheibendurchmesser	$D_R = 220\,mm$
Abstände	$a = 150\,mm$
	$b = 150\,mm$
	$c = 97\,mm$

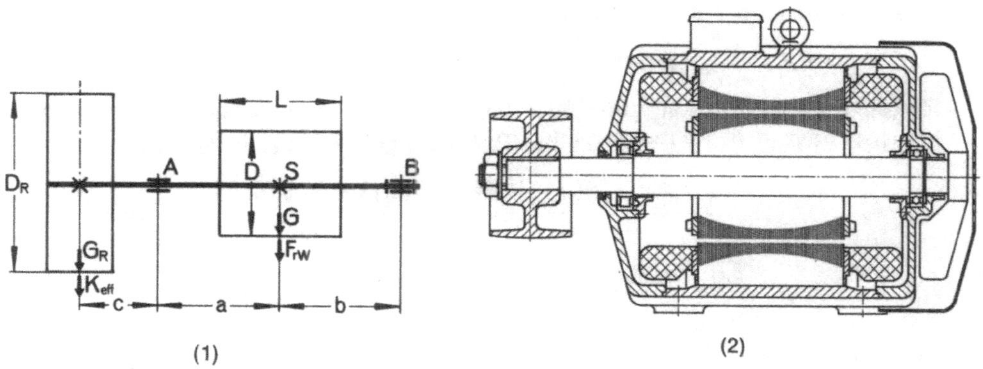

Abb. 11.23. Lagerung eines Elektromotors: (1) Prinzip, (2) Konstruktive Ausführung

Radialkraft im Schwerpunkt des Läufers:

$$F_{rw} = F_m + f_n \cdot G$$

F_m ... magnetischer Zug; für Motoren bis 100 kW gilt:

$$F_m = 0{,}2 \cdot A = 0{,}2 \cdot 195 = 39\,\text{daN} = 390\,\text{N}$$

Beiwert		f_n waagrechte Welle	f_n senkrechte Welle
Direktkupplung	elastisch fest	1,05 ... 1,2 1,2	0,2 ... 0,5 0,5
Riemen-, Zahn-, Kettenantrieb		1	0
Schwungrad und feste Kupplung		1,05 ... 1,2	0,2 ... 0,5

$$F_{rw} = 390 + 1 \cdot 200 = 590\,\text{N}$$

Riemenzug K_{eff}:

Bei ungünstigster Riemenzugrichtung (Zug nach unten) gilt:

$$K_{eff} = f_z \cdot U \qquad f_z \ldots 4 \text{ aus Tabelle 2.1}$$

$$U = \frac{9\,555 \cdot P}{n \cdot D_R/2} = \frac{9\,555 \cdot 7{,}5}{1\,500 \cdot \frac{0{,}22}{2}} = 434\,\text{N}$$

$$K_{eff} = 4 \cdot 434 = 1\,736\,\text{N}$$

Radialkraft an der Riemenscheibe:

$$F_{rR} = K_{\text{eff}} + G_R = 1\,736 + 50 = 1\,786\,\text{N}$$

Radiale Lagerbelastung: Für das B-seitige Lager wird der ungünstigste Fall berücksichtigt, d. h. Riemenzug und Rotorgewicht samt Welle addieren sich.

$$F_{rA} = \frac{F_{rw} \cdot b + F_{rR} \cdot (a + b + c)}{a + b} = \frac{590 \cdot 150 + 1\,786 \cdot 397}{300} = 2\,660\,\text{N}$$

$$F_{rB} = \frac{F_{rw} \cdot b + F_{rR} \cdot c}{a + b} = \frac{590 \cdot 150 + 1\,786 \cdot 97}{300} = 870\,\text{N}$$

Es tritt keine axiale Kraft auf, deshalb ist die äquivalente Lagerbelastung

$$F_{eA} = F_{rA} = 2\,660\,\text{N}$$
$$F_{eB} = F_{rB} = 870\,\text{N}$$

$$L_h = \frac{10^6 \cdot \left(\frac{C}{F_e}\right)^{10/3}}{60 \cdot n}$$

Lager A: Zylinderrollenlager

Tragsicherheit:

$$S = \frac{C}{F_{eA}} = \sqrt[10/3]{\frac{60 \cdot n \cdot L_h}{10^6}} = \sqrt[10/3]{\frac{60 \cdot 1\,500 \cdot 20\,000}{10^6}} = 9{,}48$$

Erforderliche Tragzahl:

$$C_{\text{erf}} = S \cdot F_{eA} = 9{,}48 \cdot 2\,660 = 25\,200\,\text{N}$$

Aus konstruktiven Gründen (Wellendurchmesser 30 ... 50 mm) ist ein Lager NU 207 ($C_{\text{ISO}} = 29{,}6\,\text{kN}$) bzw. NU 206 *E* ($C_{\text{ISO}} = 35{,}3\,\text{kN}$) zu wählen.

Lager *B*: Rillenkugellager

$$S = \frac{C}{F_{eB}} = \sqrt[3]{\frac{60 \cdot n \cdot L_h}{10^6}} = \sqrt[3]{\frac{60 \cdot 1\,500 \cdot 20\,000}{10^6}} = 12{,}16$$

Erforderliche Tragzahl:

$$C_{\text{erf}} = S \cdot F_{eB} = 12{,}16 \cdot 870 = 10\,580\,\text{N}$$

Dieser Forderung entspricht das Lager 6006 ($C_{\text{ISO}} = 11{,}3\,\text{kN}$).

11.3.6 Lagerung der Vorgelegewelle eines Sägegatters (Abb. 11.24)

Antriebsleistung	$P = 55{,}2\,\text{kW}$ (75,1 PS)
Drehzahl	$n = 568\,\text{min}^{-1}$
Geometrie	$d_1 = 560\,\text{mm}$
	$d_2 = 900\,\text{mm}$
	$l = 2\,850\,\text{mm}$
	$l_1 = 1\,500\,\text{mm}$
	$l_2 = 1\,350\,\text{mm}$
	$a_1 = b_2 = 550\,\text{mm}$
	$a_2 = b_1 = 2\,300\,\text{mm}$

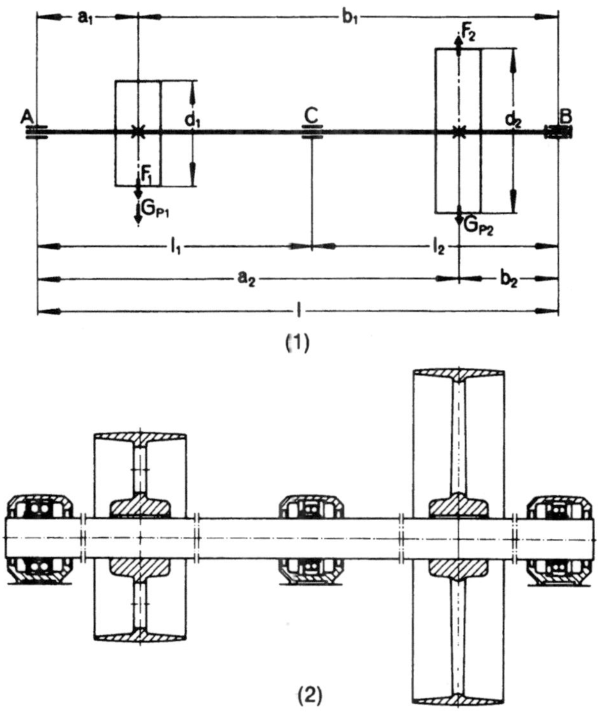

Abb. 11.24. Vorgelegewelle eines Sägegatters: (1) Prinzip, (2) Konstruktive Ausführung

Gefordert wird eine Lebensdauer von ca. 30 000 Betriebsstunden. Zu berücksichtigen ist ein gleichbleibender Wellendurchmesser für alle Lager, da eine gezogene Welle verwendet werden soll. Die Lager werden mit Spannhülse montiert.

Die Lagerbelastung setzt sich aus den Riemenzugkräften, dem Riemenscheiben- und Wellengewicht zusammen. Der für die gegebene Motorleistung erforderliche Riemenzug ist

$$F_1 = f_z \cdot U = f_z \cdot \frac{9\,555 \cdot P}{n \cdot d_1/2} = 4 \cdot \frac{9\,555 \cdot 55{,}2}{568 \cdot \dfrac{0{,}50}{2}} = 13\,260\,\text{N}$$

analog: $$F_2 = 4 \cdot \frac{9\,555 \cdot 55{,}2}{568 \cdot \frac{0{,}9}{2}} = 8\,250\,\mathrm{N}$$

$f_z \ldots 4$ aus Tabelle 2.1

Die Auflagerkräfte einer Dreifachlagerung (statisch unbestimmt) lassen sich folgendermaßen berechnen:

$$C = \frac{F_l}{2} \cdot \frac{b_1}{l_2} \cdot \frac{a_1^2}{l_1^2} \cdot \left(1 + \frac{l}{a_1} - \frac{l_2^2}{a_1 \cdot b_1}\right) \pm \frac{F_2}{2} \cdot \frac{a_2}{l_1} \cdot \frac{b_2^2}{l_2^2} \cdot \left(1 + \frac{l}{b_2} - \frac{l_1^2}{a_2 \cdot b_2}\right)$$

$$A = \frac{F_1 \cdot b_1 - C \cdot l_2 \pm F_2 \cdot b_2}{l}$$

$$B = \frac{F \cdot a_1 - C \cdot l_1 \pm F_2 \cdot a_2}{l}$$

Auflagerkräfte durch Riemenzug:

$$C_B = \frac{13\,260}{2} \cdot \frac{2\,300}{1\,350} \cdot \frac{550^2}{1\,500^2} \cdot \left(1 + \frac{2\,850}{550} - \frac{1\,350^2}{550 \cdot 2\,300}\right) -$$
$$- \frac{8\,250}{2} \cdot \frac{2\,300}{1\,500} \cdot \frac{550^2}{1\,350^2} \cdot \left(1 + \frac{2\,850}{550} - \frac{1\,500^2}{2\,300 \cdot 550}\right) = 2\,580\,\mathrm{N}$$

$$A_B = \frac{13\,260 \cdot 2\,300 - 2\,580 \cdot 1\,350 - 825 \cdot 550}{2\,850} = 7\,890\,\mathrm{N}$$

$$B_B = \frac{13\,260 \cdot 550 - 2\,580 \cdot 1\,500 - 825 \cdot 2\,300}{2\,850} = -5\,460\,\mathrm{N}$$

Auflagerkräfte durch Riemenscheibengewichte:
Gewicht Riemenscheibe 1: $G_{p1} = 53\,\mathrm{kg}$
Gewicht Riemenscheibe 2: $G_{p2} = 95\,\mathrm{kg}$

$$C_p = \frac{53 \cdot 9{,}81}{2} \cdot \frac{2\,300}{1\,350} \cdot \frac{550^2}{1\,500^2} \cdot \left(1 + \frac{2\,850}{550} - \frac{1\,350^2}{550 \cdot 2\,300}\right) +$$
$$+ \frac{95 \cdot 9{,}81}{2} \cdot \frac{2\,300}{1\,500} \cdot \frac{550^2}{1\,350^2} \cdot \left(1 + \frac{2\,850}{550} - \frac{1\,500^2}{2\,300 \cdot 550}\right) = 800\,\mathrm{N}$$

$$A_p = \frac{53 \cdot 9{,}81 \cdot 2\,300 - 800 \cdot 1\,350 + 95 \cdot 9{,}81 \cdot 550}{2\,850} = 220\,\mathrm{N}$$

$$B_p = \frac{53 \cdot 9{,}81 \cdot 550 - 800 \cdot 1\,500 + 95 \cdot 9{,}81 \cdot 2\,300}{2\,850} = 430\,\mathrm{N}$$

Auflagerkräfte durch Wellengewicht (angenommener Wellendurchmesser $2r = 100\,\mathrm{mm}$):

Gesamte Wellenmasse:

$$G = r^2 \cdot \pi \cdot l \cdot \rho = 0{,}5^2 \cdot \pi \cdot 28{,}5 \cdot 7{,}85 = 176\,\text{kg}$$

$$\rho = 7{,}85\,\text{kg} \cdot \text{dm}^{-3} \ldots \text{Dichte}$$

Massenteil symmetrisch zwischen A und C liegend:

$$G_1 = \frac{G \cdot l_1}{l} = \frac{176 \cdot 1\,500}{2\,850} = 93\,\text{kg}$$

Massenteil symmetrisch zwischen B und C liegend:

$$G_2 = G - G_1 = 176 - 93 = 83\,\text{kg}$$

Abstände für die symmetrisch zwischen den Auflagern liegenden Wellengewichtskräfte:

$l = 2\,850\,\text{mm}$	$a_1 = 750\,\text{mm}$	$b_1 = 2\,100\,\text{mm}$
$l_1 = 1\,500\,\text{mm}$	$a_2 = 2\,175\,\text{mm}$	$b_2 = 675\,\text{mm}$
$l_2 = 1\,350\,\text{mm}$		

$$C_s = \frac{93 \cdot 9{,}81}{2} \cdot \frac{2\,100}{1\,350} \cdot \frac{750^2}{1\,500^2} \cdot \left(1 + \frac{2\,850}{750} - \frac{1\,350^2}{750 \cdot 2\,100}\right) +$$

$$+ \frac{83 \cdot 9{,}81}{2} \cdot \frac{2\,175}{1\,500} \cdot \frac{675^2}{1\,350^2} \cdot \left(1 + \frac{2\,850}{675} - \frac{1\,500^2}{2\,175 \cdot 675}\right) = 1\,190\,\text{N}$$

$$A_s = \frac{93 \cdot 9{,}81 \cdot 2\,100 - 1\,190 \cdot 1\,350 + 83 \cdot 9{,}81 \cdot 675}{2\,850} = 300\,\text{N}$$

$$B_s = \frac{93 \cdot 9{,}81 \cdot 750 - 1190 \cdot 1\,500 + 83 \cdot 9{,}81 \cdot 2\,175}{2\,850} = 235\,\text{N}$$

Gesamte Auflagerbelastung:

$$F_{rA} = A_B + A_p + A_s = 7\,890 + 220 + 300 = 8\,410\,\text{N}$$
$$F_{rB} = B_B + B_p + B_s = -5\,460 + 430 + 235 = 4\,795\,\text{N}$$
$$F_{rC} = C_B + C_p + C_s = 2\,580 + 800 + 1\,190 = 4\,570\,\text{N}$$

Die Belastungsrichtung ist für die Berechnung der Lebensdauer belanglos, es fallen daher die negativen Vorzeigen weg. Da nur radiale Belastung auftritt, ist

$$F_e = F_r$$

Lager A:
Gewähltes Lager: 22 22 K + H 3 22, $C_{\text{ISO}} = 83{,}9\,\text{kN}$

$$L_{hA} = \frac{10^6 \cdot \left(\frac{C}{F_{eA}}\right)^3}{60 \cdot n} = \frac{10^6 \cdot \left(\frac{83\,900}{8\,410}\right)^3}{60 \cdot 568} = 29\,130\,\text{h}$$

Lager *B*:
Gewähltes Lager: 1222 K + H 222, $C_{ISO} = 61{,}3\,\mathrm{kN}$

$$L_{hB} = \frac{10^6 \cdot \left(\frac{C}{F_{eB}}\right)^3}{60 \cdot n} = \frac{10^6 \cdot \left(\frac{61\,300}{4\,795}\right)^3}{60 \cdot 568} = 61\,300\,\mathrm{h}$$

Lager *C*:
Gewähltes Lager: 1222 K + H 222, $C_{ISO} = 61{,}3\,\mathrm{kN}$

$$L_{hC} = \frac{10^6 \cdot \left(\frac{C}{F_{eC}}\right)^3}{60 \cdot n} = \frac{10^6 \cdot \left(\frac{61\,300}{4\,570}\right)^3}{60 \cdot 568} = 70\,820\,\mathrm{h}$$

11.3.7 Betriebslagerluft: Zylinderrollenlager in Stahl-Gehäuse (Abb. 11.25)

Zylinderrollenlager NU 320 E: $d = 100\,\mathrm{mm}$ $D = 215\,\mathrm{mm}$
$d_i = 50\,\mathrm{mm}$ $D_a = 307\,\mathrm{mm}$

Es ist zu überprüfen, ob bei den gewählten Toleranzfeldern m5 und N6 ein Lager mit Lagerluft normal verwendet werden kann.
Ergänzend soll der Einfluß eines Temperaturgefälles $\Delta\vartheta = 20\,°\mathrm{C}$ zwischen Innen- und Außenring untersucht werden.

Aufweitung des Lagerinnenringes:
Theoretisches Übermaß:
Welle 100 ∅ m5 − Innenring

$\Delta_{d\,max} = 48\,\mu\mathrm{m}$
$\Delta_{d\,wahrsch} = 36\,\mu\mathrm{m}$ (aus Tabelle 3.6)
$\Delta_{d\,min} = 13\,\mu\mathrm{m}$

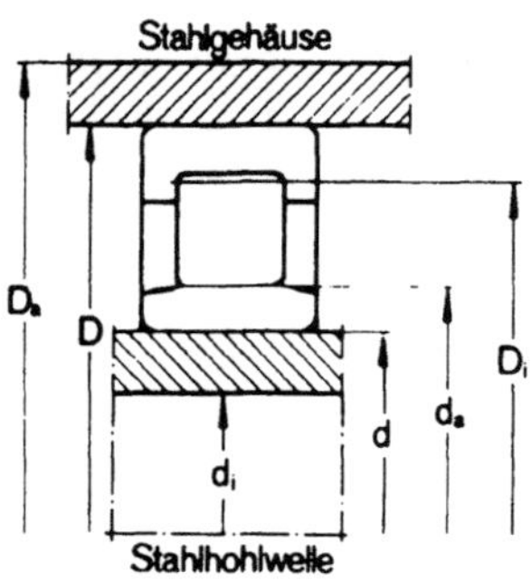

Abb. 11.25. Zylinderrollenlager auf Stahlhohlwelle und im Stahlgehäuse

Da beim Aufziehen eines Lagerringes die Paßflächen geglättet werden, ist das wirksame Übermaß um die Materialglättung geringer als das theoretische Übermaß. Bei feingedrehter Oberfläche rechnet man mit einer Glättung $G_J = 2\,\mu m$ (siehe Abschnitt 3.3.2.3.1).

Das wirksame Übermaß ist demnach

$$\begin{aligned}
\Delta_{d\text{eff}} &= \Delta_d - G_J\\
\Delta_{d\text{eff}\,\text{max}} &= 48 - 2 = 46\,\mu m\\
\Delta_{d\text{eff}\,\text{wahrsch}} &= 36 - 2 = 34\,\mu m\\
\Delta_{d\text{eff}\,\text{min}} &= 13 - 2 = 11\,\mu m
\end{aligned}$$

Querschnittsverhältnisse:

$$\text{Innenring } C_1 = \frac{d}{d_a} = \frac{100}{127{,}5} = 0{,}78;$$

$d_a = F = 127{,}5\,\text{mm}$ aus Lagertafel [26]

$$\text{Hohlwelle } C_2 = \frac{d_i}{d} = \frac{50}{100} = 0{,}5$$

Mit diesen Werten erhält man aus Abb. 3.18 die Durchmesserzunahme der Innenringlaufbahn $\Delta_F = 0{,}7 \cdot \Delta_{d\text{eff}}$,

$$\begin{aligned}
\Delta_{F\text{max}} &= 0{,}7 \cdot 46 = 32\,\mu m\\
\Delta_{F\text{wahrsch}} &= 0{,}7 \cdot 34 = 24\,\mu m\\
\Delta_{F\text{min}} &= 0{,}7 \cdot 11 = 8\,\mu m
\end{aligned}$$

Einengung des Lageraußenringes:

Theoretisches Übermaß:

Stahlgehäuse 215 ∅N6 – Außenring

$$\begin{aligned}
\Delta_{D\text{max}} &= 51\,\mu m\\
\Delta_{D\text{wahrsch}} &= 31\,\mu m \qquad \text{(aus Tabelle 3.7)}\\
\Delta_{D\text{min}} &= 0\,\mu m\ (-8\,\mu m)
\end{aligned}$$

Der Gehäusesitz hat eine feingedrehte Oberfläche: $G_A = 4\,\mu m$.

Wirksames Übermaß:

$$\begin{aligned}
\Delta_{D\text{eff}} &= \Delta_D - G_A\\
\Delta_{D\text{eff}\,\text{max}} &= 51 - 4 = 47\,\mu m\\
\Delta_{D\text{eff}\,\text{wahrsch}} &= 31 - 4 = 27\,\mu m\\
\Delta_{D\text{eff}\,\text{min}} &= 0\,\mu m
\end{aligned}$$

Querschnittsverhältnisse:

$$\text{Außenring } C_3 = \frac{D_i}{D} = \frac{191{,}5}{215} = 0{,}89$$

$D_i = E = 191{,}5\,\text{mm}$ aus Lagertafel [26]

$$\text{Gehäuse } C_4 = \frac{D}{D_a} = \frac{215}{307} = 0{,}7$$

Mit diesen Werten erhält man aus Abb. 3.19 (1) die Durchmesserverringerung der Außenringlaufbahn:

$$\begin{aligned}
\Delta_E &= 0{,}73 \cdot \Delta_{D\,\mathrm{eff}},\\
\Delta_{E\,\mathrm{max}} &= 0{,}73 \cdot 47 = 34\,\mu\mathrm{m}\\
\Delta_{E\,\mathrm{wahrsch}} &= 0{,}73 \cdot 27 = 20\,\mu\mathrm{m}\\
\Delta_{E\,\mathrm{min}} &= 0{,}73 \cdot \ \ 0 = \ \ 0\,\mu\mathrm{m}
\end{aligned}$$

Die gesamte Radialluftverminderung des Lagers ist die Summe aus Innenringaufweitung und Außenringeinengung:

$$\begin{aligned}
\Delta_{Gr\,\mathrm{max}} &= \Delta_{F\,\mathrm{max}} + \Delta_{E\,\mathrm{max}} = 32 + 34 = 66\,\mu\mathrm{m}\\
\Delta_{Gr\,\mathrm{wahrsch}} &= \Delta_{F\,\mathrm{wahrsch}} + \Delta_{E\,\mathrm{wahrsch}} = 24 + 20 = 44\,\mu\mathrm{m}\\
\Delta_{Gr\,\mathrm{min}} &= \Delta_{F\,\mathrm{min}} + \Delta_{E\,\mathrm{min}} = 8 + 0 = 8\,\mu\mathrm{m}
\end{aligned}$$

Radiale Lagerluft für NU 320 E nach Tabelle 3.44 (Ringe gepaart):

$C0$: 45 ... 70 µm
$C3$: 80 ... 105 µm

Für die gewählten Passungen sollte bereits ein Lager mit Lagerluft $C3$ verwendet werden.
Wenn damit zu rechnen ist, daß im Betrieb der Innenring eine höhere Temperatur als der Außenring erreicht, z. B. $\Delta\vartheta = 20\,°\mathrm{C}$, muß bei der Auswahl der Lagerluft eine zusätzliche Radialluftverminderung berücksichtigt werden.

$$\begin{aligned}
\Delta_{Gr\vartheta} &= 0{,}012 \cdot \frac{d + D}{2} \cdot \Delta\vartheta = 0{,}012 \cdot \frac{100 + 215}{2} \cdot 20 = 38\,\mu\mathrm{m}\\
\Delta_{Gr\,\mathrm{max}} &= 66 + 38 = 104\,\mu\mathrm{m}\\
\Delta_{Gr\,\mathrm{wahrsch}} &= 44 + 38 = 82\,\mu\mathrm{m}\\
\Delta_{Gr\,\mathrm{min}} &= \ \ 8 + 38 = 46\,\mu\mathrm{m}
\end{aligned}$$

Das Temperaturgefälle von 20 °C zwischen Innen- und Außenring erfordert die Radialluftklasse $C3$.

11.3.8 Betriebslagerluft: Rillenkugellager in Leichtmetall-Gehäuse (Abb. 11.26)

Es ist zu überprüfen, wie sich Sitzverhältnisse und Radialluft des Rillenkugellagers 6205 C3 im Silumingehäuse eines Zweitaktmotors bei einer Temperaturänderung $\Delta\vartheta = 100\,°\mathrm{C}$ verhalten.

Betriebstemperatur .... + 90 °C (363 K)
Kaltstart .... − 10 °C (263 K)

Welle

$$d_w = \varnothing 25^{+0{,}009}_{+0{,}002}\ \mathrm{mm}$$

Gehäuse

$$D_G = 52^{-0{,}050}_{-0{,}060}\ \mathrm{mm}$$
$$D_a = 122\ \mathrm{mm}$$

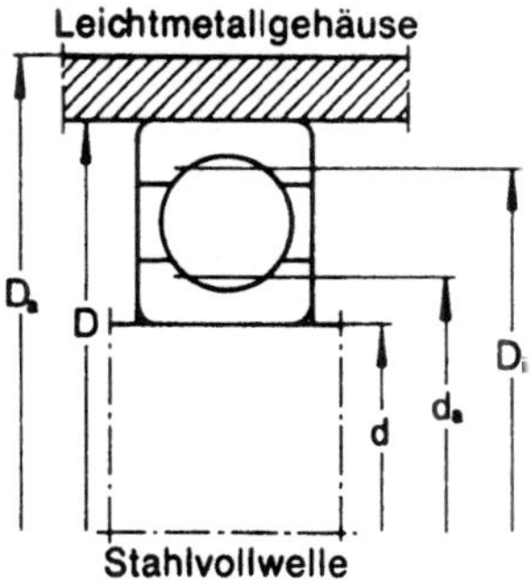

Abb. 11.26. Rillenkugellager auf Stahlvollwelle und im Leichtmetallgehäuse

Zwischen Innen- und Außenring besteht kein Temperaturunterschied.

Aufweitung des Lagerringes:

Das Passungsübermaß zwischen Welle und Lagerinnenring wird durch eine Temperaturänderung nicht beeinflußt, da beide Teile aus gleichem Werkstoff (Stahl) bestehen.
Toleranz der Welle:

$$\Delta_{dw\,\mathrm{min}} = +\,2\,\mu\mathrm{m}$$
$$\Delta_{dw\,\mathrm{max}} = +\,9\,\mu\mathrm{m}$$

Toleranz des Lagerinnenringes (Tabelle 3.14):

$$\Delta_{dmp\,\mathrm{min}} = 0\,\mu\mathrm{m}$$
$$\Delta_{dmp\,\mathrm{max}} = -\,10\,\mu\mathrm{m}$$

Bei einer Materialglättung von $G_J = 1\,\mu\mathrm{m}$ (geschliffene Oberflächen) ergibt sich das wirksame Übermaß:

$$\Delta_{d\mathrm{eff\,min}} = \Delta_{dw\,\mathrm{min}} - \Delta_{dmp\,\mathrm{min}} - G_J = 2 - 0 - 1 = 1\,\mu\mathrm{m}$$
$$\Delta_{d\mathrm{eff\,max}} = \Delta_{dw\,\mathrm{max}} - \Delta_{dmp\,\mathrm{max}} - G_J = 9 - (-\,10) - 1 = 18\,\mu\mathrm{m}$$

Mit $C_1 = 0{,}76$ und $C_2 = 0$ (Vollwelle) erhält man die Durchmesservergrößerung der Innenringlaufbahn nach Abb. 3.18.

$$\Delta_{F\mathrm{min}} = 0{,}76 \cdot \Delta_{d\mathrm{eff\,min}} = 0{,}76 \cdot 1 \approx 1\,\mu\mathrm{m}$$
$$\Delta_{F\mathrm{max}} = 0{,}76 \cdot \Delta_{d\mathrm{eff\,max}} = 0{,}76 \cdot 18 \approx 14\,\mu\mathrm{m}$$

Einengung des Lageraußenringes:

Aufgrund der verschiedenen Wärmeausdehnungskoeffizienten von Lager/Gehäuse wird sich bei einer von der Raumtemperatur 20 °C (293 K) abweichenden Temperatur das Passungsübermaß verändern.
Toleranz der Gehäusebohrung

$$\Delta_{DG\,\mathrm{min}} = -\,50\,\mu\mathrm{m}$$
$$\Delta_{DG\,\mathrm{max}} = -\,60\,\mu\mathrm{m}$$

Toleranz des Lageraußenringes (Tabelle 3.15)

$$\Delta_{Dmp\,\mathrm{min}} = -13\,\mu\mathrm{m}$$
$$\Delta_{Dmp\,\mathrm{max}} = 0\,\mu\mathrm{m}$$

Das wirksame Übermaß (ohne Temperatureinfluß), unter Berücksichtigung der Materialglättung von $G_A = 3\,\mu\mathrm{m}$ (feingedrehter Gehäusesitz), ist

$$\Delta_{D\,\mathrm{eff\,min}} = \Delta_{Dmp\,\mathrm{min}} - \Delta_{DG\,\mathrm{min}} - G_A = -13 - (-50) - 3 = 34\,\mu\mathrm{m}$$
$$\Delta_{D\,\mathrm{eff\,max}} = \Delta_{Dmp\,\mathrm{max}} - \Delta_{DG\,\mathrm{max}} - G_A = 0 - (-60) - 3 = 57\,\mu\mathrm{m}$$

Änderung des wirksamen Übermaßes bei $-10\,°\mathrm{C}$ (263 K):

$$\Delta\alpha = \alpha_{Al} - \alpha_{St} = 0{,}022 - 0{,}012 = 0{,}01\,\mu\mathrm{m}\cdot\mathrm{mm}^{-1}\cdot °\mathrm{C}^{-1}$$
$$\Delta\vartheta = -30\,°\mathrm{C}$$
$$\Delta_{D\vartheta} = D\cdot\Delta\alpha\cdot\Delta\vartheta = 52\cdot 0{,}01\cdot(-30) = -16\,\mu\mathrm{m}$$

Änderung des wirksamen Übermaßes bei $+90\,°\mathrm{C}$ (363 K):

$$\Delta\vartheta = +70\,°\mathrm{C}$$
$$\Delta_{D\vartheta} = D\cdot\Delta\alpha\cdot\Delta\vartheta = 52\cdot 0{,}01\cdot 70 = 36\,\mu\mathrm{m}$$

Das wirksame Passungsübermaß, bei Berücksichtigung der Temperatur ist

$$\Delta_{D\vartheta\mathrm{eff}} = \Delta_{D\,\mathrm{eff}} - \Delta_{D\vartheta}$$

bei $-10\,°\mathrm{C}$ (263 K):

$$\Delta_{D\vartheta\mathrm{eff\,min}} = \Delta_{D\,\mathrm{eff\,min}} - \Delta_{D\vartheta} = 34 - (-16) = 50\,\mu\mathrm{m}$$
$$\Delta_{D\vartheta\mathrm{eff\,max}} = \Delta_{D\,\mathrm{eff\,max}} - \Delta_{D\vartheta} = 57 - (-16) = 73\,\mu\mathrm{m}$$

bei $+90\,°\mathrm{C}$ (363 K):

$$\Delta_{D\vartheta\mathrm{eff\,min}} = \Delta_{D\mathrm{eff\,min}} - \Delta_{D\vartheta} = 34 - 36 = -2\,\mu\mathrm{m}\ (\mathrm{Spiel}) < 0$$
$$\Delta_{D\vartheta\mathrm{eff\,max}} = \Delta_{D\mathrm{eff\,max}} - \Delta_{D\vartheta} = 57 - 36 = 21\,\mu\mathrm{m}$$

Daraus sieht man, daß das Übermaß bei niedriger Starttemperatur sehr groß wird, bei Betriebstemperatur hingegen wird es relativ klein und ergibt im Extremfall sogar einen losen Sitz.
Die Durchmesserverringerung der Außenringlaufbahn erhält man aus Abb. 3.19 (3) mit:

$$C_3 = \frac{D_i}{D} = 0{,}855\ (\text{Abb. } 3.17)$$

$$C_4 = \frac{D}{D_a} = \frac{52}{122} = 0{,}43$$

bei $-10\,°\mathrm{C}$ (263K):

$$\Delta_{E\,\mathrm{min}} = 0{,}60\cdot\Delta_{D\vartheta\mathrm{eff\,min}} = 0{,}60\cdot 50 = 30\,\mu\mathrm{m}$$
$$\Delta_{E\,\mathrm{max}} = 0{,}60\cdot\Delta_{D\vartheta\mathrm{eff\,max}} = 0{,}60\cdot 73 \approx 44\,\mu\mathrm{m}$$

bei + 90 °C (363 K):

$$\Delta_{E\,\min} = 0{,}60 \cdot \Delta_{D\vartheta\mathrm{eff}\,\min} = 0{,}60 \cdot 0 = 0\,\mu\mathrm{m}$$
$$\Delta_{E\,\max} = 0{,}60 \cdot \Delta_{D\vartheta\mathrm{eff}\,\max} = 0{,}60 \cdot 21 \approx 13\,\mu\mathrm{m}$$

Radialluftverminderung des Lagers 6205 C 3:

bei – 10 °C (263 K):

$$\Delta_{Gr\,\min} = \Delta_{F\,\min} + \Delta_{E\,\min} = 1 + 30 = 31\,\mu\mathrm{m}$$
$$\Delta_{Gr\,\max} = \Delta_{F\,\max} + \Delta_{E\,\max} = 14 + 44 = 58\,\mu\mathrm{m}$$

bei + 90 °C (363 K):

$$\Delta_{Gr\,\min} = \Delta_{F\,\min} + \Delta_{E\,\min} = 1 + 0 = 1\,\mu\mathrm{m}$$
$$\Delta_{Gr\,\max} = \Delta_{F\,\max} + \Delta_{E\,\max} = 14 + 13 = 27\,\mu\mathrm{m}$$

Radiale Lagerluft für 6205 C 3: 13 ... 28 µm (Tabelle 3.42)

$$G_{rw\,\min} = G_{r\,\min} - \Delta G_{r\,\max} = 13 - 58 = -45\,\mu\mathrm{m}$$
$$G_{rw\,\max} = G_{r\,\max} - \Delta G_{r\,\min} = 28 - 1 = 27\,\mu\mathrm{m}$$

Das Lager kann bei Kaltstart (Extremfall) eine Vorspannung von 45 µm haben, die Radialluft jedoch bei Betriebstemperatur bis zu 27 µm betragen. Da unter dem höheren Betriebsspiel des Lagers die Laufruhe des Motors leidet, ist es nicht sinnvoll, die Lagerluft auf C 4 (23 ... 41 µm) zu erhöhen.
Vielmehr sollte in solchen Fällen durch konstruktive Maßnahmen (Einsetzen eines Stahl- oder Kunststoffringes zwischen Lager und Leichtmetallgehäuse) der große Bereich der möglichen Lagerluftänderung verkleinert werden.

11.3.9 Dreifach gelagerte Ritzelwelle – Lebensdauerberechnung nach der LP-Methode (Abb. 11.27)

Die LP-(Lager-Peripherie)-Methode wurde in Abschnitt 2.6.2.2.3 beschrieben. Mit Computer-Programm werden die einzelnen Lagerreaktionen in den zwei axialen Hauptebenen der Welle bestimmt, wobei die exakte Laufbahn- und Rollengeometrie, die Schiefstellung der Ringe zueinander sowie der Einfluß der Axialkräfte (über die Borde aufgenommen) auf die Verformung und Lebensdauer berücksichtigt werden. Aus konventioneller Rechnung wurde als befriedigende Lösung die Lagerung vom Konstrukteur aus den Kegelrollenlagern HM 803100 (Kegelrollenlager mit Zollhauptmaßen) und T 7 FC 050 in O-Anordnung und einem Zylinderrollenlager NJ 2206 E vorgeschlagen. Das Ergebnis der Computer-Berechnung in Form der Rechenprotokolle ist nachfolgend wiedergegeben, es zeigt, daß für das Kegelrollenlager T 7 FC 050 aufgrund der Betrachtung der Gesamtverformung von Lager und Peripherie nur mit einer nominellen Lebensdauer von 27,3 h und für das Zylinderrollenlager NJ 2206 E von nur 208 h gerechnet werden darf! Die gesamte Konstruktion ist wohl zu überdenken und durch Iteration eine befriedigende Lösung zu suchen.

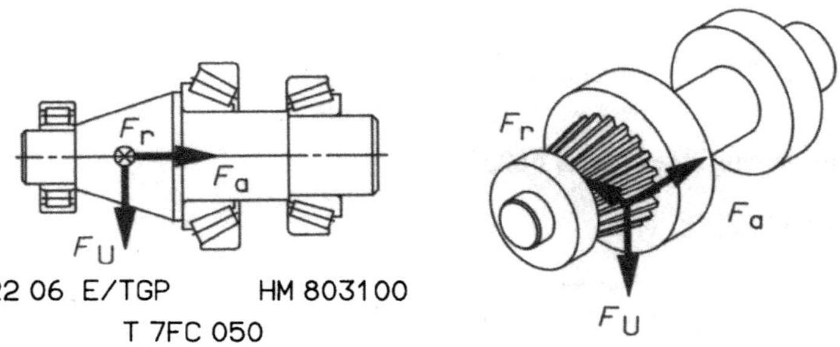

Abb. 11.27. Dreifach gelagerte Ritzelwelle

Rechenprotokolle

```
*******************************************************************************
*                                                                             *
*        STEYR    WAELZLAGER                         CAD/EDV TECHNIK          *
*                                                                             *
* KEGELROLLENLAGER UNTER ALLGEMEINER VERFORMUNG UND BELASTUNG                  *
*                                                                             *
* Programm --W606-- *** Berechnung vom  7-OCT-1986 *** Bearbeiter PAL         *
*                                                                             *
*******************************************************************************
*                                                                             *
* RITZELWELLE FUER [redacted] --- LAGER 1                                     *
*                                                                             *
*******************************************************************************
```

EINGABEDATEN:

EINGABEDATEN:

```
                                                BERECHNUNG NACH ESCHMANN

   EINGABEWERTE, LAGER  1   HM803100

   WINKEL DER AUSSENRINGLAUFBAHN...alpha =        20.000000 GG.MMSSss
   HALBER KEGELWINKEL DER ROLLE..epsilon =         2.230000 GG.MMSSss
   grosser IR-LAUFBAHNDURCHMESSER.....D1 =           62.814 mm
   ROLLENNENNDURCHMESSER..........Dwmax =            10.410 mm
   ROLLENLAENGE.......................Lw =           22.600 mm
   ANZAHL d. ROLLEN....................Z =               18
   RADIUS d. ROLLENBALLIGKEIT.........Ro =        10800.000 mm
   RADIUS d. IR-BALLIGKEIT............Ri =         7500.000 mm
   RADIUS d. AR-BALLIGKEIT............Re =         6000.000 mm
   KANTENRADIUS d. ROLLE bordseitig..rs1 =            0.800 mm
   KANTENRADIUS d. ROLLE kl.Stirnfl..rs2 =            0.300 mm
   ABSTAND AR-MITTE - BELASTUNGSPKT....l =           13.547 mm
   DYNAMISCHE TRAGZAHL................Cr =        94000.000 N

   ABSTAND
   BELASTUNGSPUNKT-DRUCKMITTELPUNKT....a =            0.000 mm


   WELLENDREHZAHL......................n =          473.000 1/min
   VORSPANNUNGSWEG des Lagerpaares.....s =            0.000 mm
```

Rechenprotokolle (Fortsetzung)

```
BELASTUNGSWERTE:

KRAFT IN X-RICHTUNG...............Fx =          0.00 N
KRAFT IN Y-RICHTUNG...............Fy =          0.00 N
KRAFT IN Z-RICHTUNG...............Fz =          0.00 N
MOMENT um X-ACHSE.................Mx =          0.00 Nm
MOMENT um Y-ACHSE.................My =          0.00 Nm

VORGABEWERTE:

VERSCHIEBUNG IN X-RICHTUNG.........dx =    -0.012180 mm
VERSCHIEBUNG IN Y-RICHTUNG.........dy =    -0.007270 mm
VERSCHIEBUNG IN Z-RICHTUNG.........dz =     0.000000 mm
VERKIPPUNG UM X-ACHSE............phix =    -0.612270 min
VERKIPPUNG UM Y-ACHSE............phiy =    -1.651530 min

WINKELSTELLUNG DER ROLLE Nr. 1
ZUR X-ACHSE.......................psi0 =  -180.000000 Deg
ANZAHL DER ROLLENELEMENTE............ =           20

ERGEBNIS AM BELASTUNGSEINLEITUNGSPUNKT (x=0):

KRAFT IN X-RICHTUNG...............Fx =      -6279.23 N
KRAFT IN Y-RICHTUNG...............Fy =      -3703.49 N
KRAFT IN Z-RICHTUNG...............Fz =       3199.30 N
MOMENT um X-ACHSE.................Mx =         -3.28 Nm
MOMENT um Y-ACHSE.................My =         -6.41 Nm


VERSCHIEBUNG IN X-RICHTUNG.........dx =    -0.012180 mm
VERSCHIEBUNG IN Y-RICHTUNG.........dy =    -0.007270 mm
VERSCHIEBUNG IN Z-RICHTUNG.........dz =     0.000000 mm
VERKIPPUNG UM X-ACHSE............phix =    -0.612270 min
VERKIPPUNG UM Y-ACHSE............phiy =    -1.651530 min
```

AUSGABEDATEN - LAGER 1 HM803100

BERUEHRVERHAELTNISSE AN DEN LAUFBAHNEN:

ROLLE Nr.	PSI [Deg]	max. PRESSUNG IR [N/mm2]	AR [N/mm2]	KIPP-WINKEL [min]	BERUEHRKRAFT Q [N]	MOMENT M [Nm]
1	-180.00	1249.3	1227.5	1.65	1508.40	1.51
2	-160.00	1345.6	1322.1	1.76	1867.88	2.06
3	-140.00	1345.0	1321.5	1.66	1876.12	1.95
4	-120.00	1247.3	1225.5	1.36	1528.94	1.31
5	-100.00	1061.2	1042.7	0.89	957.25	0.45
6	-80.00	761.4	748.1	0.32	357.72	0.06
7	-60.00	150.2	147.6	-0.30	4.31	0.00
8	-40.00	0.0	0.0	-0.87	0.00	0.00
9	-20.00	0.0	0.0	-1.34	0.00	0.00
10	0.00	0.0	0.0	-1.65	0.00	0.00
11	20.00	0.0	0.0	-1.76	0.00	0.00
12	40.00	0.0	0.0	-1.66	0.00	0.00
13	60.00	0.0	0.0	-1.36	0.00	0.00
14	80.00	0.0	0.0	-0.89	0.00	0.00
15	100.00	0.0	0.0	-0.32	0.00	0.00
16	120.00	0.0	0.0	0.30	0.00	0.00
17	140.00	737.0	724.2	0.87	330.11	0.13
18	160.00	1047.7	1029.4	1.34	918.02	0.68

```
effektive ROLLENLAENGE.............Lwe =    21.501019 mm
EFFEKTIVER KIPPWINKEL.............phi0 =     1.761371 min
```

Rechenprotokolle (Fortsetzung)

```
VERSCHIEBUNG IN X-RICHTUNG.........dx =     -0.012180 mm
VERSCHIEBUNG IN Y-RICHTUNG.........dy =     -0.007270 mm
VERSCHIEBUNG IN Z-RICHTUNG.........dz =      0.000000 mm
VERKIPPUNG UM X-ACHSE............phix =     -0.612270 min
VERKIPPUNG UM Y-ACHSE............phiy =     -1.651530 min

Kraft in x-Richtung................Fx =     -6279.23 N
Kraft in y-Richtung................Fy =     -3703.49 N
Kraft in z-Richtung................Fz =      3199.30 N
Moment um x-Achse..................Mx =        -3.28 Nm
Moment um y-Achse..................My =        -6.41 Nm


Aequivalente Lagerbelastung........Fe =      7563.88 N
Lebensdauer.........................L =      4445.74 Mio U
                                   Lh =    156650.47 h

Aequivalente Lagerbelastung
mit Verkippung.....................Fe =      7560.18 N
Lebensdauer.........................L =      4453.00 Mio U
                                   Lh =    156906.20 h
Lebensdauerverlust durch Verkippung.. =        -0.16 %
```

```
*************************************************************************
*                                                                       *
*        S T E Y R    W A E L Z L A G E R          CAD/EDV TECHNIK      *
*                                                                       *
* KEGELROLLENLAGER UNTER ALLGEMEINER VERFORMUNG UND BELASTUNG           *
*                                                                       *
* Programm --W606-- *** Berechnung vom  7-OCT-1986 *** Bearbeiter FAL   *
*                                                                       *
*************************************************************************
*                                                                       *
* RITZELWELLE FUER [redacted] --- LAGER 2                               *
*                                                                       *
*************************************************************************
```

E I N G A B E D A T E N :

```
                                             BERECHNUNG NACH ESCHMANN

EINGABEWERTE, LAGER  1    T7FC050

WINKEL DER AUSSENRINGLAUFBAHN...alpha =     -30.000000 GG.MMSSss
HALBER KEGELWINKEL DER ROLLE..epsilon =      -3.590000 GG.MMSSss
grosser IR-LAUFBAHNDURCHMESSER.....D1 =         74.394 mm
ROLLENNENNDURCHMESSER...........Dwmax =         13.772 mm
ROLLENLAENGE.......................Lw =         23.679 mm
ANZAHL d. ROLLEN....................Z =             17
RADIUS d. ROLLENBALLIGKEIT.........Ro =       5333.000 mm
RADIUS d. IR-BALLIGKEIT............Ri =      18620.000 mm
RADIUS d. AR-BALLIGKEIT............Re =       6098.000 mm
KANTENRADIUS d. ROLLE bordseitig..rs1 =          0.800 mm
KANTENRADIUS d. ROLLE kl.Stirnfl..rs2 =          0.600 mm
ABSTAND AR-MITTE - BELASTUNGSPKT....l =        -24.750 mm
DYNAMISCHE TRAGZAHL................Cr =     114000.000 N

ABSTAND
BELASTUNGSPUNKT-DRUCKMITTELPUNKT....a =          0.000 mm


WELLENDREHZAHL......................n =        473.000 1/min
VORSPANNUNGSWEG des Lagerpaares.....s =          0.000 mm
```

Rechenprotokolle (Fortsetzung)

BELASTUNGSWERTE:

KRAFT IN X-RICHTUNG...............Fx = 0.00 N
KRAFT IN Y-RICHTUNG...............Fy = 0.00 N
KRAFT IN Z-RICHTUNG...............Fz = 0.00 N
MOMENT um X-ACHSE.................Mx = 0.00 Nm
MOMENT um Y-ACHSE.................My = 0.00 Nm

VORGABEWERTE:

VERSCHIEBUNG IN X-RICHTUNG.........dx = 0.039670 mm
VERSCHIEBUNG IN Y-RICHTUNG.........dy = 0.012630 mm
VERSCHIEBUNG IN Z-RICHTUNG.........dz = -0.110000 mm
VERKIPPUNG UM X-ACHSE............phix = -1.110390 min
VERKIPPUNG UM Y-ACHSE............phiy = -2.785350 min

WINKELSTELLUNG DER ROLLE Nr. 1
ZUR X-ACHSE.....................psi0 = -180.000000 Deg
ANZAHL DER ROLLENELEMENTE............ = 20

ERGEBNIS AM BELASTUNGSEINLEITUNGSPUNKT (x=0):

KRAFT IN X-RICHTUNG...............Fx = 94071.58 N
KRAFT IN Y-RICHTUNG...............Fy = 29927.88 N
KRAFT IN Z-RICHTUNG...............Fz = -134736.22 N
MOMENT um X-ACHSE.................Mx = -34.43 Nm
MOMENT um Y-ACHSE.................My = -82.81 Nm

VERSCHIEBUNG IN X-RICHTUNG.........dx = 0.039670 mm
VERSCHIEBUNG IN Y-RICHTUNG.........dy = 0.012630 mm
VERSCHIEBUNG IN Z-RICHTUNG.........dz = -0.110000 mm
VERKIPPUNG UM X-ACHSE............phix = -1.110390 min
VERKIPPUNG UM Y-ACHSE............phiy = -2.785350 min

AUSGABEDATEN – LAGER 1 T7FC050

BERUEHRVERHAELTNISSE AN DEN LAUFBAHNEN:

ROLLE Nr.	PSI [Deg]	max. PRESSUNG IR [N/mm2]	max. PRESSUNG AR [N/mm2]	KIPP-WINKEL [min]	BERUEHRKRAFT Q [N]	MOMENT M [Nm]
1	-180.00	1502.8	1472.1	2.79	3624.72	4.94
2	-158.82	1443.5	1414.0	3.00	3223.72	4.65
3	-137.65	1562.9	1530.9	2.81	4049.32	5.65
4	-116.47	1821.1	1783.8	2.24	6294.84	6.81
5	-95.29	2153.7	2109.7	1.36	10082.80	5.82
6	-74.12	2507.2	2455.9	0.31	14964.34	1.37
7	-52.94	2838.7	2780.5	-0.79	20048.12	-3.67
8	-31.76	3112.6	3048.8	-1.78	24589.06	-8.41
9	-10.59	3299.2	3231.6	-2.53	27918.74	-12.09
10	10.59	3387.0	3317.6	-2.94	29539.51	-14.10
11	31.76	3370.9	3301.9	-2.95	29211.91	-14.14
12	52.94	3251.9	3185.3	-2.56	26984.90	-12.20
13	74.12	3037.0	2974.8	-1.83	23189.34	-8.59
14	95.29	2739.6	2683.5	-0.85	18387.86	-3.90
15	116.47	2393.7	2344.7	0.25	13287.97	1.10
16	137.65	2038.0	1996.3	1.31	8646.77	5.30
17	158.82	1721.4	1686.2	2.20	5342.60	5.68

effektive ROLLENLAENGE..............Lwe = 22.282383 mm
EFFEKTIVER KIPPWINKEL..............phi0 = 2.998523 min

Rechenprotokolle (Fortsetzung)

```
VERSCHIEBUNG IN X-RICHTUNG.........dx =       0.039670 mm
VERSCHIEBUNG IN Y-RICHTUNG.........dy =       0.012630 mm
VERSCHIEBUNG IN Z-RICHTUNG.........dz =      -0.110000 mm
VERKIPPUNG UM X-ACHSE............phix =      -1.110390 min
VERKIPPUNG UM Y-ACHSE............phiy =      -2.785350 min

Kraft in x-Richtung................Fx =       94071.58 N
Kraft in y-Richtung................Fy =       29927.88 N
Kraft in z-Richtung................Fz =     -134736.22 N
Moment um x-Achse..................Mx =         -34.43 Nm
Moment um y-Achse..................My =         -82.81 Nm


Aequivalente Lagerbelastung........Fe =      122500.91 N
Lebensdauer.........................L =           0.79 Mio U
                                   Lh =          27.73 h

Aequivalente Lagerbelastung
mit Verkippung.....................Fe =      123030.43 N
Lebensdauer.........................L =           0.78 Mio U
                                   Lh =          27.33 h
Lebensdauerverlust durch Verkippung.. =           1.43 %
```

```
**************************************************************************
*                                                                        *
*        S T E Y R   W A E L Z L A G E R          CAD/EDV TECHNIK        *
*                                                                        *
* ZYLINDERROLLENLAGER UNTER ALLGEMEINER VERFORMUNG UND BELASTUNG         *
*                                                                        *
* Programm -W607.1- *** Berechnung vom  7-OCT-1986 *** Bearbeiter PAL    *
*                                                                        *
**************************************************************************
*                                                                        *
* RITZELWELLE FUER [redacted] --- LAGER 3                                *
*                                                                        *
**************************************************************************
```

```
LAGERBEZEICHNUNG:  NU 2206 E

EINGABEDATEN:

                                        BERECHNUNG NACH ESCHMANN


LAGERGEOMETRIE:

TEILKREISDURCHMESSER..............Dpw =        46.500 mm
WAELZKOERPERDURCHMESSER............Dw =         9.000 mm
WAELZKOERPERLAENGE.................Lw =        13.000 mm
ANZAHL DER WAELZKOERPER.............Z =        14
Laenge des profilierten Teiles......m =         2.200 mm
RADIUS des profilierten Teiles......R =       350.000 mm
RADIUS der KANTENVERRUNDUNG........rs =         0.500 mm
RADIUS DER IR-BALLIGKEIT...........Ri =      2500.000 mm
RADIUS DER AR-BALLIGKEIT...........Re =         0.000 mm
radiale LAGERLUFT..................Gr =         0.015 mm


BELASTUNGSDATEN:

KRAFT IN X-RICHTUNG................Fx =          0.00 N
KRAFT IN Y-RICHTUNG................Fy =          0.00 N
KRAFT IN Z-RICHTUNG................Fz =          0.00 N
MOMENT um X-ACHSE..................Mx =          0.00 Nm
MOMENT um Y-ACHSE..................My =          0.00 Nm
```

Rechenprotokolle (Fortsetzung)

```
VORGABEWERTE:

VERSCHIEBUNG IN X-RICHTUNG..............dx =     0.054730 mm
VERSCHIEBUNG IN Y-RICHTUNG..............dy =     0.025870 mm
VERSCHIEBUNG IN Z-RICHTUNG..............dz =     0.000000 mm
VERKIPPUNG UM X-ACHSE.................phix =     0.000000 min
VERKIPPUNG UM Y-ACHSE.................phiy =     0.137610 min
WINKELSTELLUNG DER ROLLE Nr. 1
ZUR X-ACHSE...........................psian =   0.000000 Deg
ANZAHL DER ROLLENTEILUNGEN.................=         20

Dynamische TRAGZAHL.....................Cr =  50300.00 N
DREHZAHL.................................n =    473.00 1/min
```

AUSGABEDATEN: NU 2206 E

```
wirksame ROLLENLAENGE.................Lwe =    12.000000 mm
EFFEKTIVER KIPPWINKEL................phi0 =     0.000000 min
```

ROLLE Nr.	PSI [Deg]	max. PRESSUNG IR [N/mm2]	max. PRESSUNG AR [N/mm2]	KIPP-WINKEL [Deg]	BERUEHRKRAFT Q [N]	MOMENT M [Nm]
1	0.00	2828.4	2324.9	0.00	7694.28	-0.09
2	25.71	3011.2	2475.2	0.00	8936.89	-0.09
3	51.43	2815.9	2314.7	0.00	7614.25	-0.06
4	77.14	2208.9	1815.7	0.00	4371.34	-0.02
5	102.86	888.4	730.3	0.00	511.51	0.01
6	128.57	0.0	0.0	0.00	0.00	0.00
7	154.29	0.0	0.0	0.00	0.00	0.00
8	180.00	0.0	0.0	0.00	0.00	0.00
9	205.71	0.0	0.0	0.00	0.00	0.00
10	231.43	0.0	0.0	0.00	0.00	0.00
11	257.14	0.0	0.0	0.00	0.00	0.00
12	282.86	0.0	0.0	0.00	0.00	0.00
13	308.57	960.4	789.5	0.00	620.36	-0.02
14	334.29	2236.5	1838.4	0.00	4498.89	-0.06

```
VERSCHIEBUNG IN X-RICHTUNG..............dx =     0.054730 mm
VERSCHIEBUNG IN Y-RICHTUNG..............dy =     0.025870 mm
VERSCHIEBUNG IN Z-RICHTUNG..............dz =     0.000000 mm
VERKIPPUNG UM X-ACHSE.................phix =     0.000000 min
VERKIPPUNG UM Y-ACHSE.................phiy =     0.137610 min

Kraft in x-Richtung........................=     25792.59 N
Kraft in y-Richtung........................=     12154.05 N
Kraft in z-Richtung........................=         0.52 N
Moment um x-Achse..........................=        -0.05 Nm
Moment um y-Achse..........................=        -0.29 Nm


Aequivalente Lagerbelastung................=     29533.81 N
Lebensdauer..............................L =         5.90 mio. U.
                                        Lh =       207.88 h

Aequivalente Lagerbelastung
mit Verkippung.............................=     29524.25 N
Lebensdauer..............................L =         5.91 mio. U.
                                        Lh =       208.11 h

Lebensdauerverlust durch Verkippung........=        -0.11 %
```

11.4 Gestaltungsbeispiele

Nach den ausführlich begründeten Regeln (vgl. Abschnitt 3.2.2.1.1) darf im Normalfall nur ein Lager einer Lagerung die axiale Führung der Welle übernehmen, das sogenannte Festlager. Es muß außer den Radialkräften auch die Axialkräfte in beiden Richtungen mit Sicherheit übertragen. Alle weiteren Lager sind sogenannte Loslager, die nur Radialkräfte übertragen dürfen; in axialer Richtung müssen sie „beweglich" sein – einen Längenausgleich zwischen Welle und Gehäuse zulassen.

Bei Zylinderrollenlagern der Bauformen NU und N erfolgt der Längenausgleich im Lager selbst. Bei allen anderen Lagerbauarten ist dafür zu sorgen, daß sich je nach Belastungsfall der äußere oder innere Lagerring axial verschieben kann. Jede willkürliche Axialverschiebung des Lagers oder eines Lagerringes ist durch entsprechende Befestigungen zu verhindern.

Abb. 11.28 zeigt eine Loslager-Festlager-Anordnung mit zwei Rillenkugellagern, Abb. 11.29 eine Anordnung mit einem Rillenkugellager und einem Zylinderrollenlager. Der Vorteil dieser beiden Anordnungen liegt darin, daß die Genauigkeit der axialen Führung nur vom Festlager abhängt. Bei der Anordnung nach Abb. 11.29 ist eine axiale Verspannung ausgeschlossen, wenn die empfohlenen Passungen eingehalten werden.

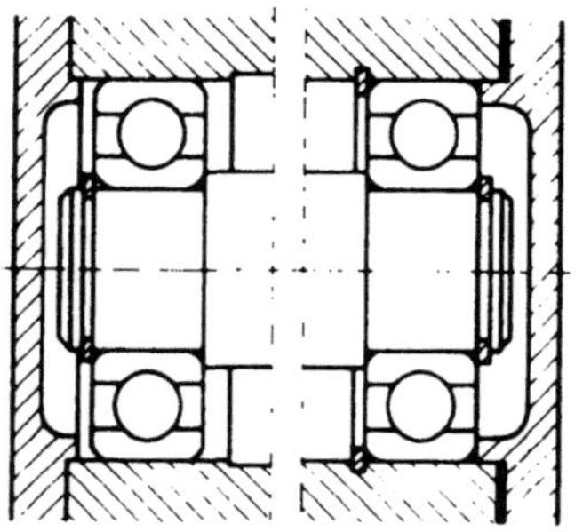

Abb. 11.28. Rillenkugellager in Loslager-Festlager-Anordnung

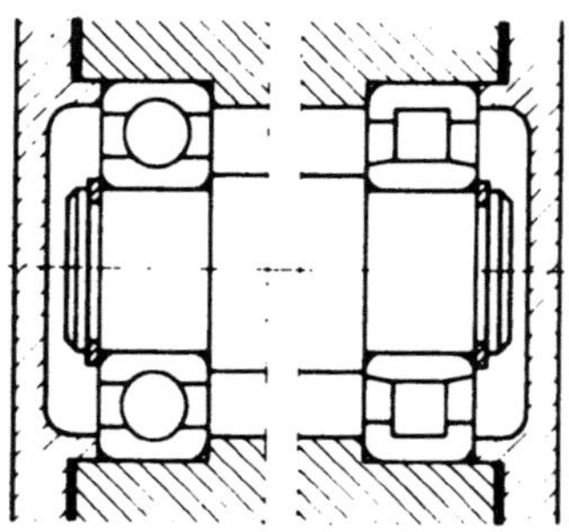

Abb. 11.29. Rillenkugellager als Festlager und Zylinderrollenlager als Loslager

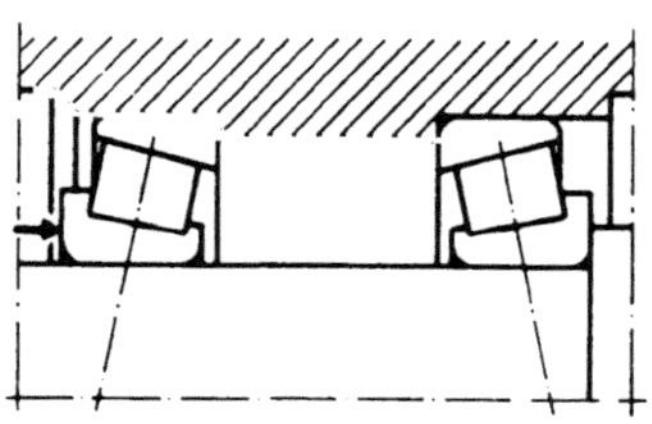

(1)

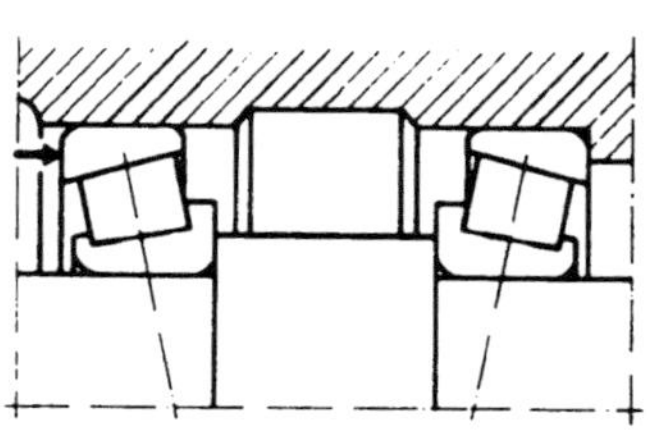

(2)

Abb. 11.30. Gepaarte Kegelrollenlager als Festlagerstelle: (1) O-Anordnung, (2) X-Anordnung

Die Festlagerstelle kann auch aus einem Lagerpaar (zwei einreihige Schrägkugellager oder zwei Kegelrollenlager) bestehen. Die erforderliche Betriebslagerluft wird über die Außenringe oder Innenringe durch Anstellung erreicht (Abb. 11.30). Die Axialkräfte werden jeweils von einem Lager in einer Richtung aufgenommen.
Aber auch Rillenkugellager sind für angestellte Lagerungen verwendbar, besonders dann, wenn sie einen günstigeren Berührwinkel durch erhöhte Radialluft (C 3, C 4) haben. Der Vorteil einer angestellten Lagerung ist, daß die Betriebslagerluft bei der Montage genau den gegebenen Betriebsbedingungen angepaßt wird. Je nach Erfordernis können die Lager mit geringer Axialluft, spielfrei oder mit geringer Vorspannung eingebaut werden. Die angestellte Lagerung erfordert allerdings beim Einbau ein hohes Maß an Erfahrung und Sorgfalt, wenn die beiden Lager nicht schon vom Hersteller „gepaart" wurden. Von den beiden gezeigten Möglichkeiten ist die O-Anordnung nach Abb. 11.30 (1) für starre Lagerungen besser geeignet.
Der Ausnahmefall, die schwimmende Lagerung, wird bei zugelassener Axialluft und kleinen Lagerabständen angewandt. Beide Lager kennzeichnet entweder die Einstellmöglichkeit (Spielpassung) auf der Welle – Abb. 11.31 (1) –, im Gehäuse – Abb. 11.31 (2) – oder in sich selbst – Abb. 11.31 (3).
Abb. 11.32 zeigt zwei Möglichkeiten einer schwimmenden Lagerung mit Pendelrollenlagern und Spielpassung auf der Welle.

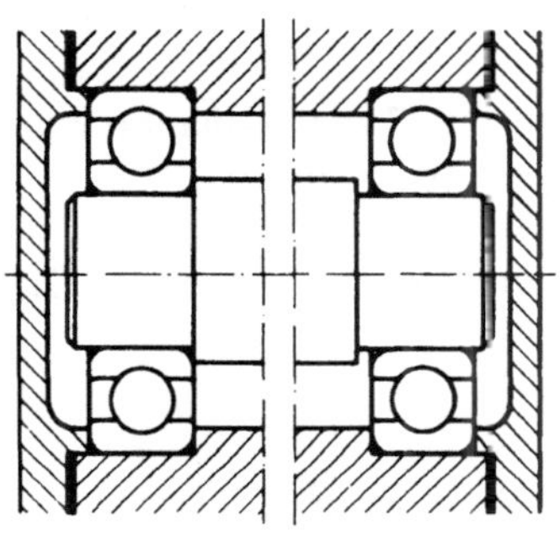
(1)

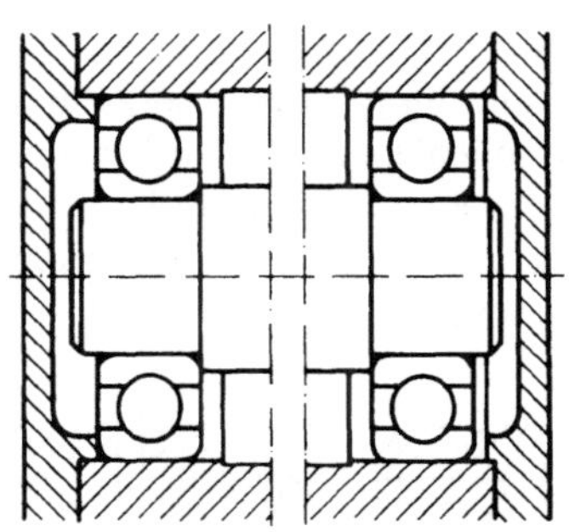
(2)

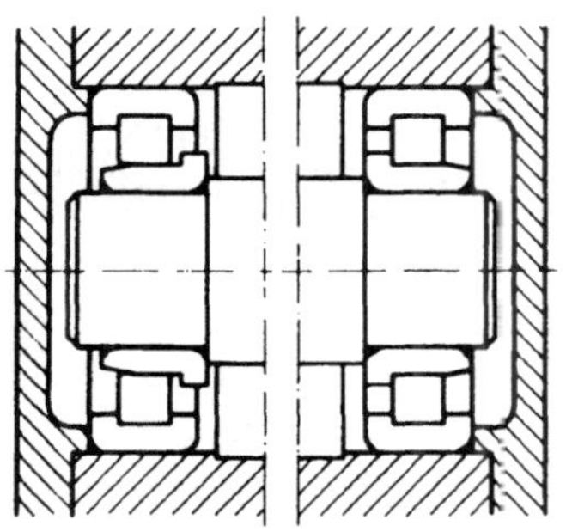
(3)

Abb. 11.31. Schwimmende Lagerung (Loslager/Loslager) mit Einstellmöglichkeit: (1) auf der Welle, (2) im Gehäuse, (3) im Lager

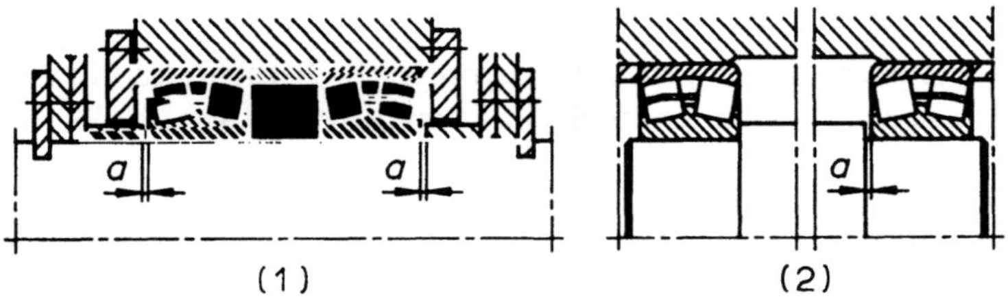

Abb. 11.32. Schwimmende Lagerung (Loslager/Loslager): (1) glatte Welle (Lagerung einer Nabe), (2) abgesetzte Welle

Abb. 11.33 zeigt Lagerungsvarianten mit verschiedenen Lagerarten. Man beachte besonders die Festlagerstelle der Lagerung (6): die Axialführung übernimmt allein das radial freigestellte Radial-Vierpunktlager und die Radialführung das NU-Zylinderrollenlager, während das Loslager gleichfalls ein NU-Zylinderrollenlager ist; beide NU-Lager haben Festsitze sowohl auf der Welle als auch im Gehäuse.
Ähnlich sieht die Festlagerstelle nach Abb. 11.34 aus: das radial freigestellte Axial-Rillenkugellager führt axial, das NU-Zylinderrollenlager radial.
In Abb. 11.35 wird die Führung einer senkrechten Welle gezeigt: Radialführung durch ein Radial-Rillenkugellager, Axialführung durch ein Axial-Rillenkugellager.
Abb. 11.36 zeigt die axiale Befestigung eines Axial-Tonnenlagers mit einem axial geteilten Ring, der in eine Ringnut in der Welle eingelegt ist und sich in einem Haltering abstützen kann.
Dieselbe Funktion hat der axial geteilte Ring in Abb. 11.37 zur axialen Stützung eines Kegelrollenlagers, dessen Innenring darübergeschoben wird.
Nur für schwer zugängliche Lagerstellen sollte die kostspielige Lösung mit Distanzring und mehreren Befestigungsschrauben am Umfang nach Abb. 11.38 gewählt werden.

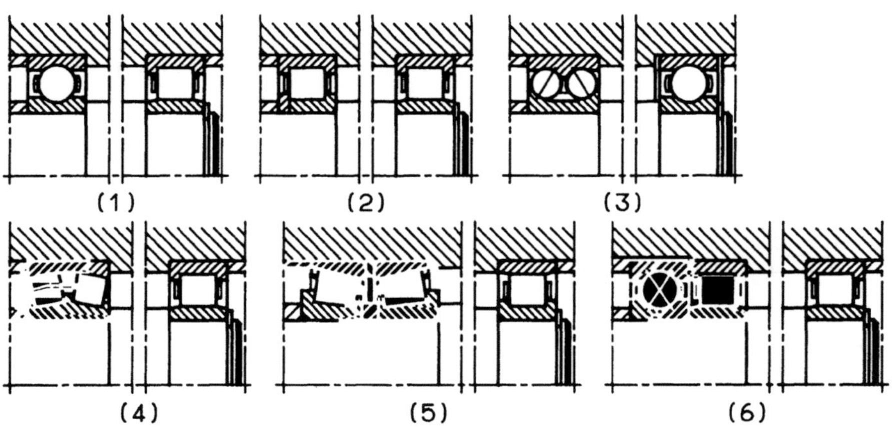

Abb. 11.33. Lagerungsvarianten Festlager/Loslager: (1) Rillenkugellager/Zylinderrollenlager NU, (2) Zylinderrollenlager NUP/Zylinderrollenlager NU, (3) Zweireihiges Schrägkugellager/Rillenkugellager, (4) Pendelrollenlager/Zylinderrollenlager NU, (5) Gepaarte Kegelrollenlager (O-Anordnung)/Zylinderrollenlager N, (6) Vierpunktlager und Zylinderrollenlager NU/Zylinderrollenlager NU

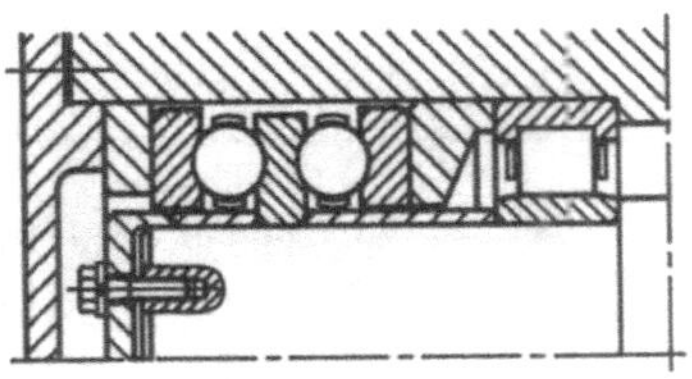

Abb. 11.34. Festlagerstelle mit zweiseitig wirkendem Axial-Rillenkugellager und Zylinderrollenlager NU

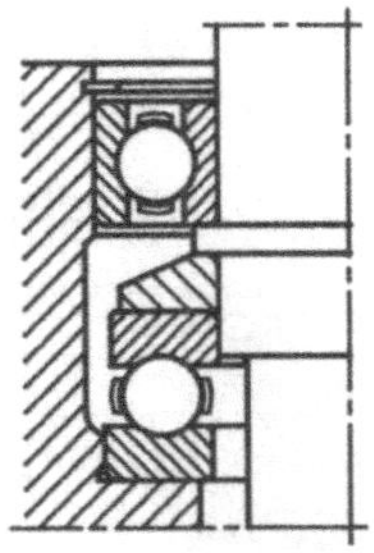

Abb. 11.35. Festlagerstelle (vertikale Welle) mit Axial-Rillenkugellager und Radial-Rillenkugellager

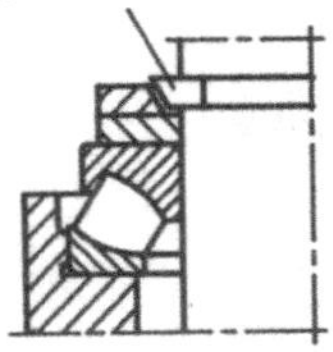

Abb. 11.36. Befestigung eines Axial-Tonnenlagers mit geteiltem Ring

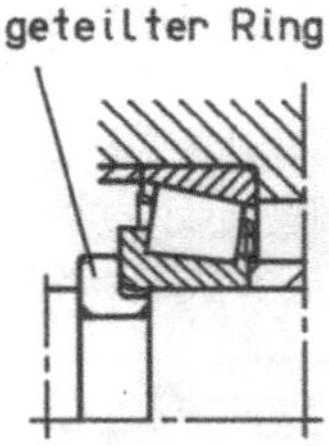

Abb. 11.37. Axiale Befestigung eines Kegelrollenlagers mit geteiltem Ring

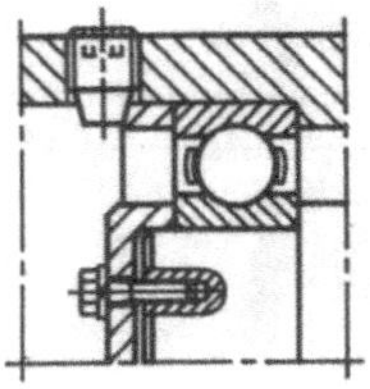

Abb. 11.38. Axiale Befestigung durch Distanzring und Stellschraube

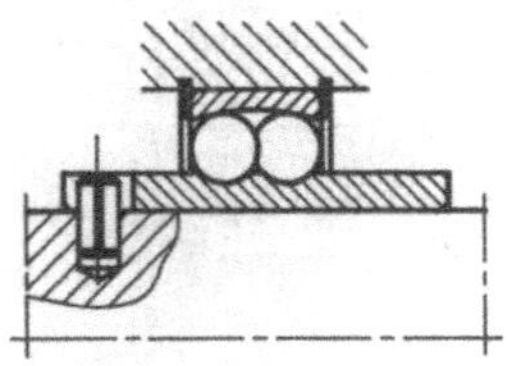

Abb. 11.39. Befestigung eines Pendelkugellagers mit breitem Innenring durch Spannstift

Im robusten Landmaschinenbau ist die Befestigung von dafür geschaffenen Pendelkugellagern nach Abb. 11.39 durch einen Spannstift in der Welle ausreichend.

11.5 Einbauvorschläge

Einige Beispiele aus verschiedenen Anwendungsgebieten sollen Grundformen von praxisbezogenen Lösungen zeigen. Der Fachkonstrukteur wird in seinem eigenen Arbeitsgebiet natürlich speziellere Konstruktionen kennen. Hier sollen vielmehr prinzipielle Anregungen gegeben werden.

11.5.1 Konstruktionsvorschläge

Axialelastisches Radsatzrollenlager

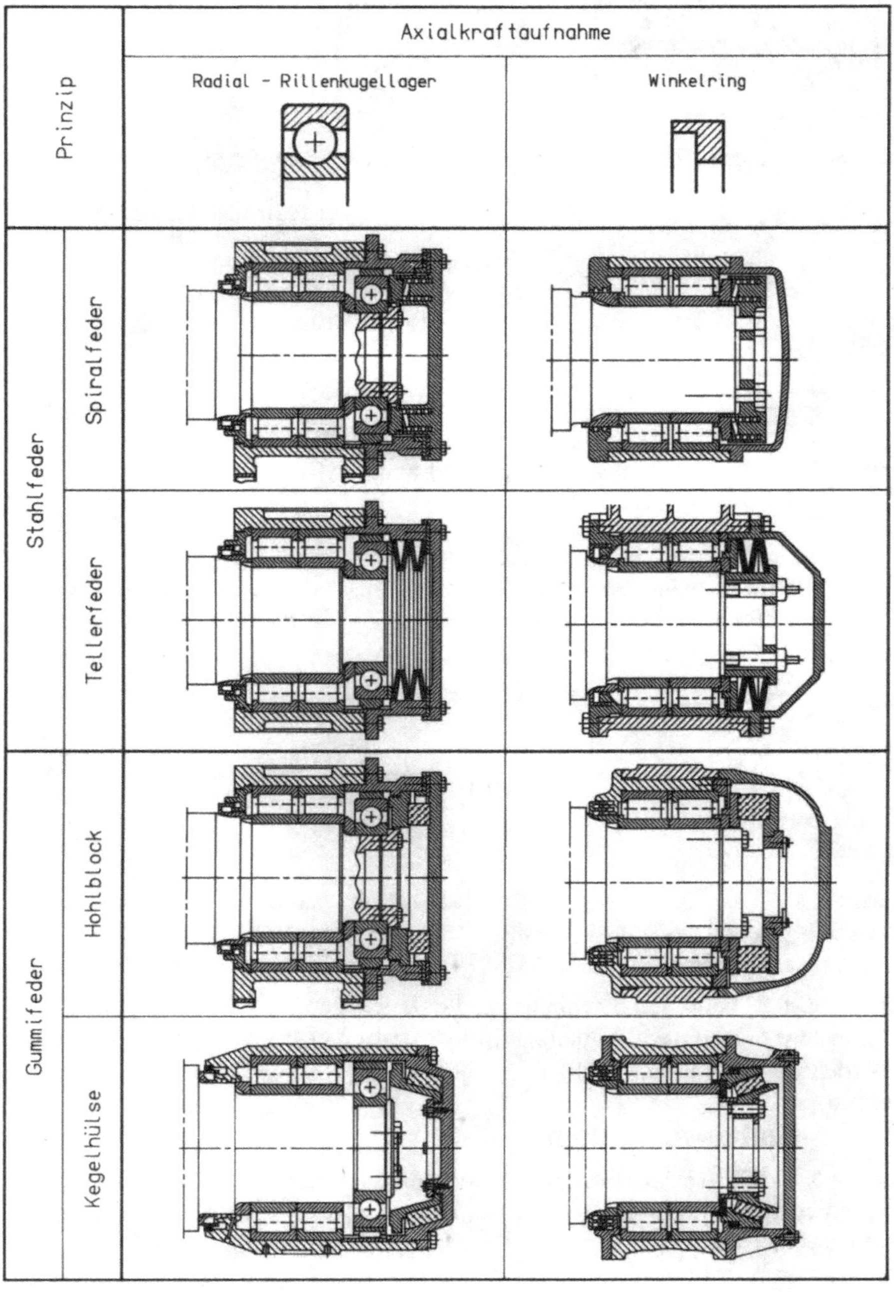

Elektromotor

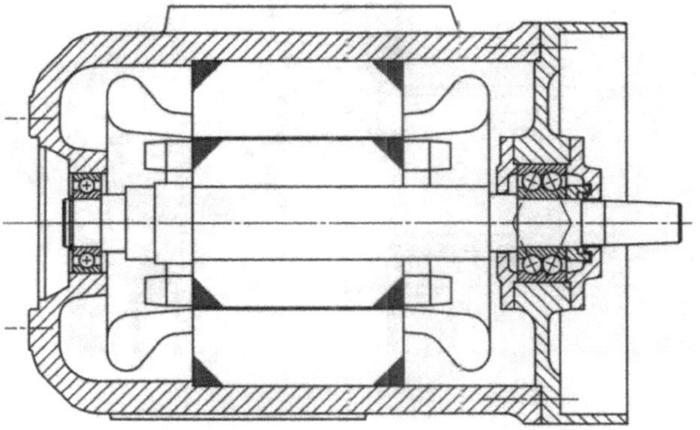

Fahrmotore von Schienenfahrzeugen

(1) Type WM 1301 (BBC/ELIN) für Thyristorlok
(2) Type 1 KB 28 20-OTA 02 (SIEMENS/BBC) für E-Lok
(3) Type WD 785 (BBC/ELIN) für Straßenbahn

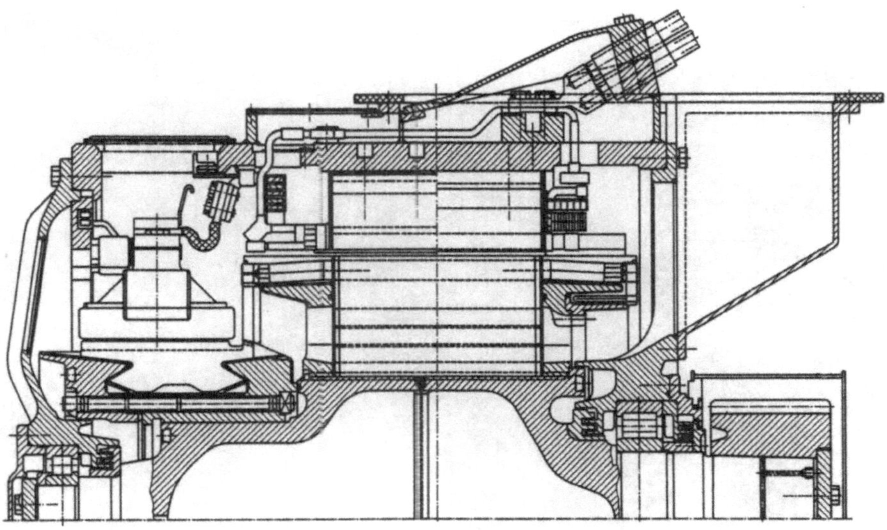

(1)

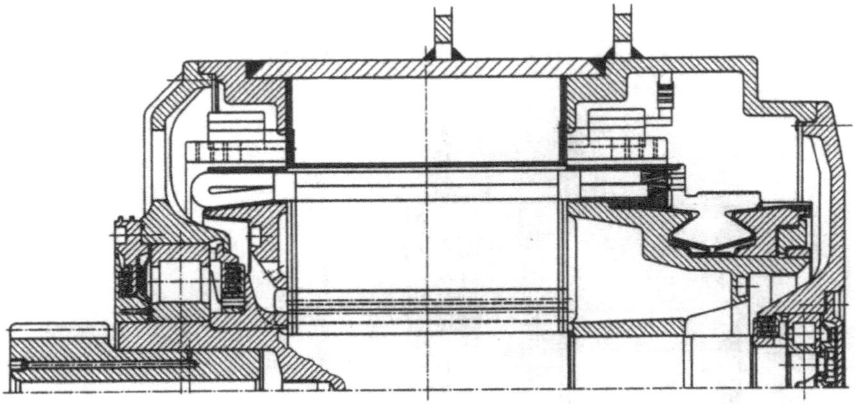

(2)

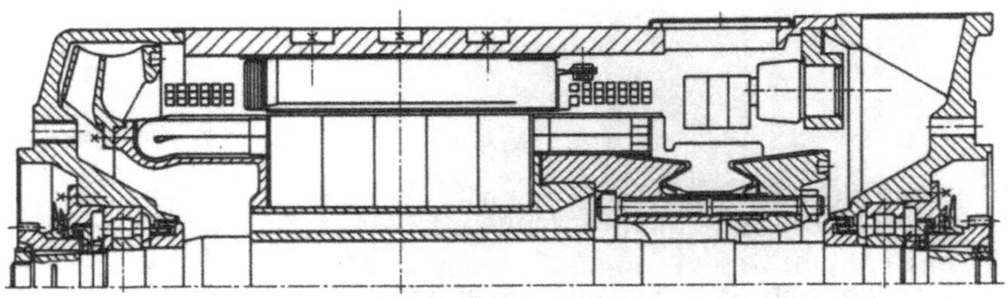

(3)

Handschleifmaschine

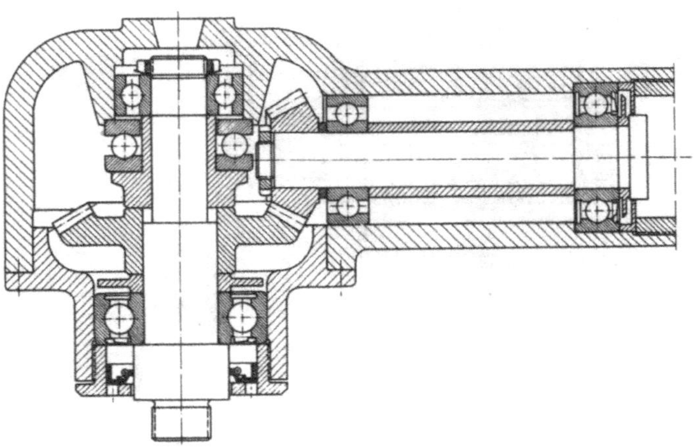

Hinterachsantrieb für LKW

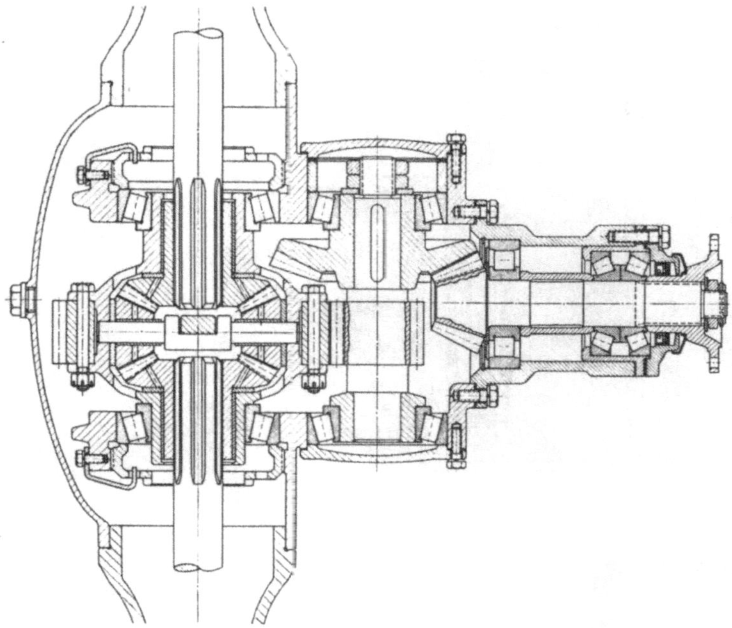

Kranlaufrad

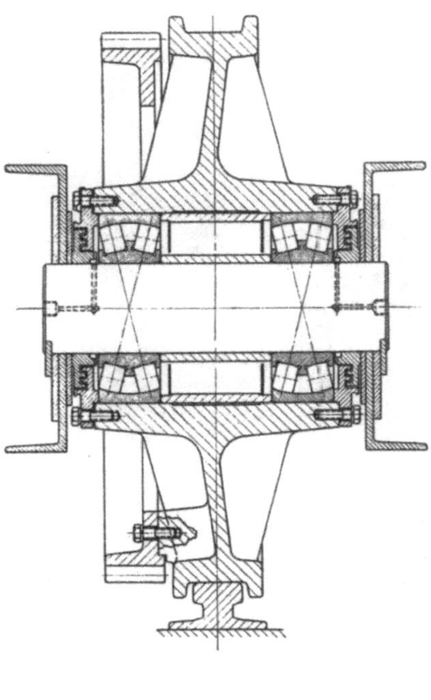

Laufrolle

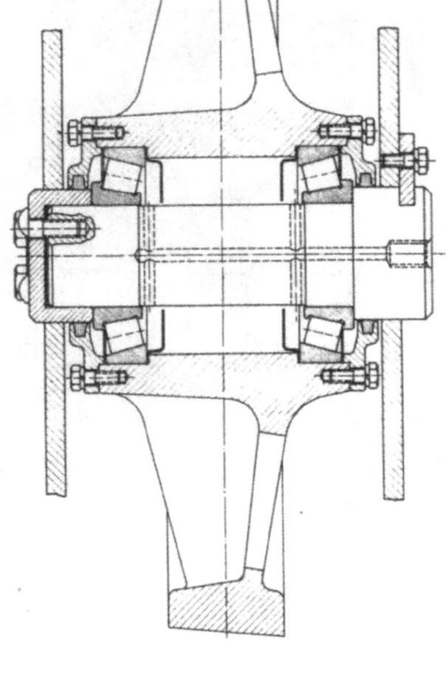

Kurbelwellenlager für Kompressor

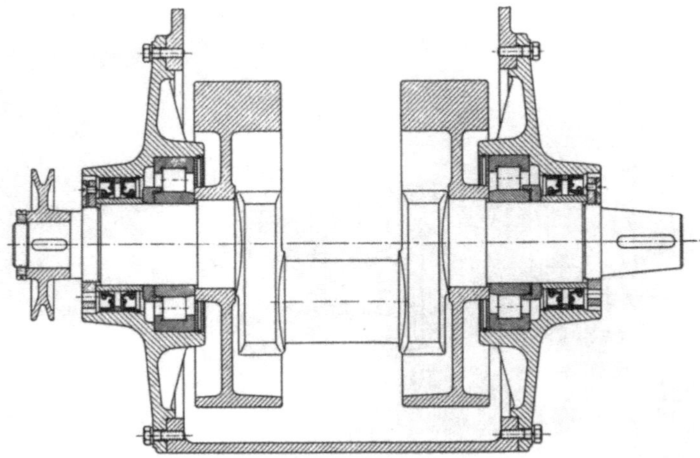

Muldenkippergetriebe

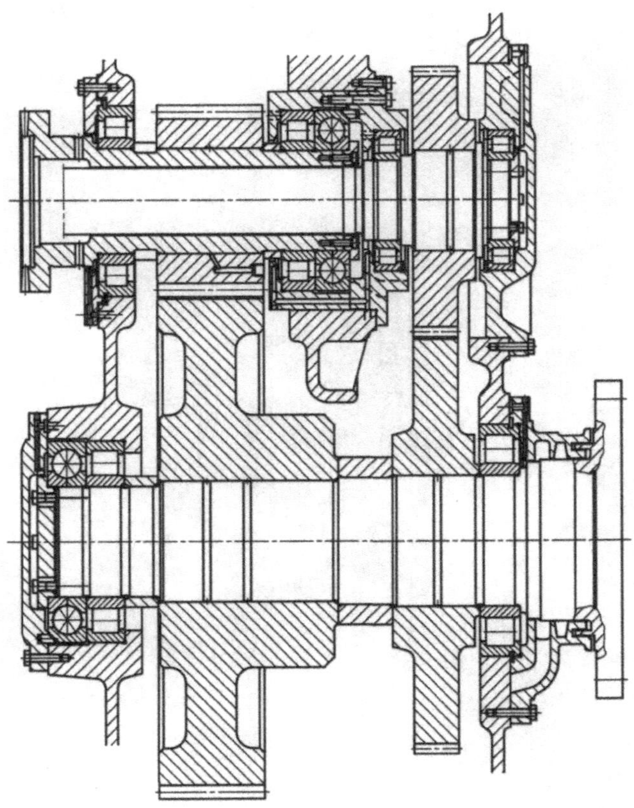

Sägegatter

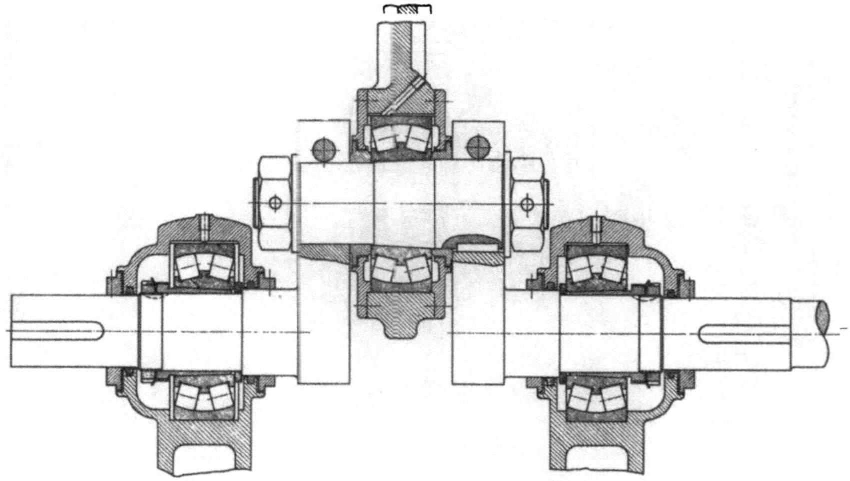

Seilrolle für Schleppliftanlagen

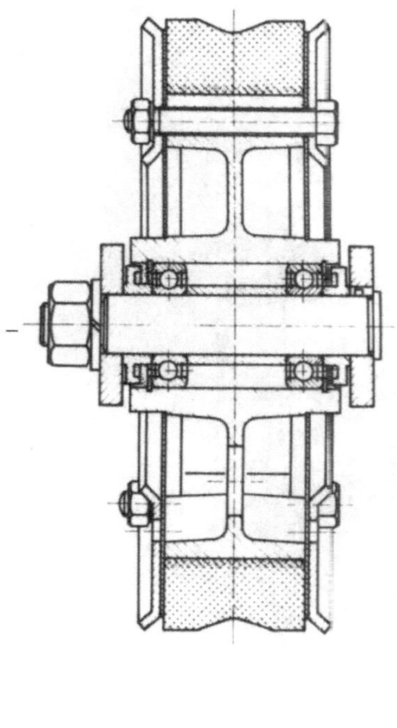

Zentrifuge

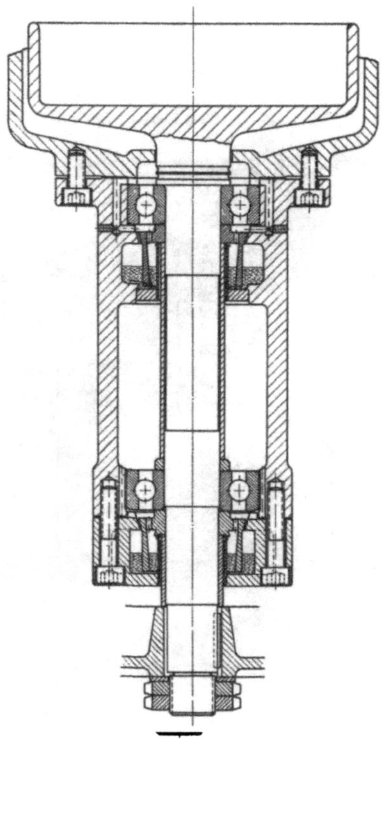

Schneckentrieb

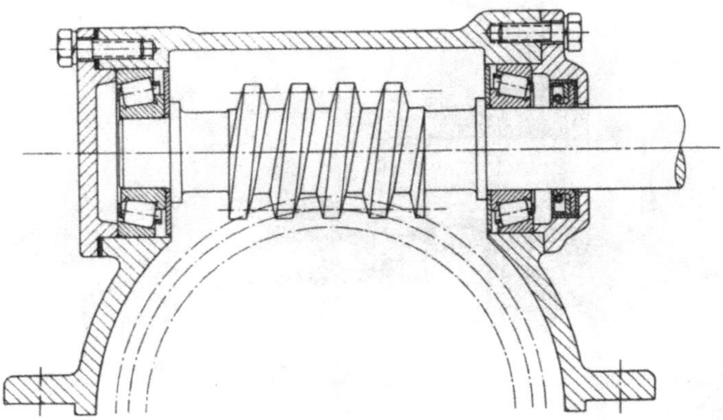

Vierganggetriebe

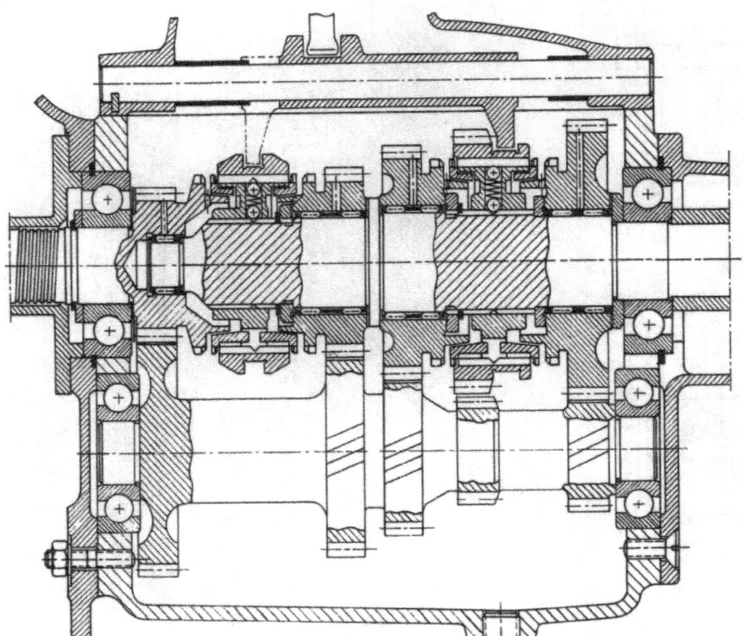

Zweitaktmotor mit Getriebe

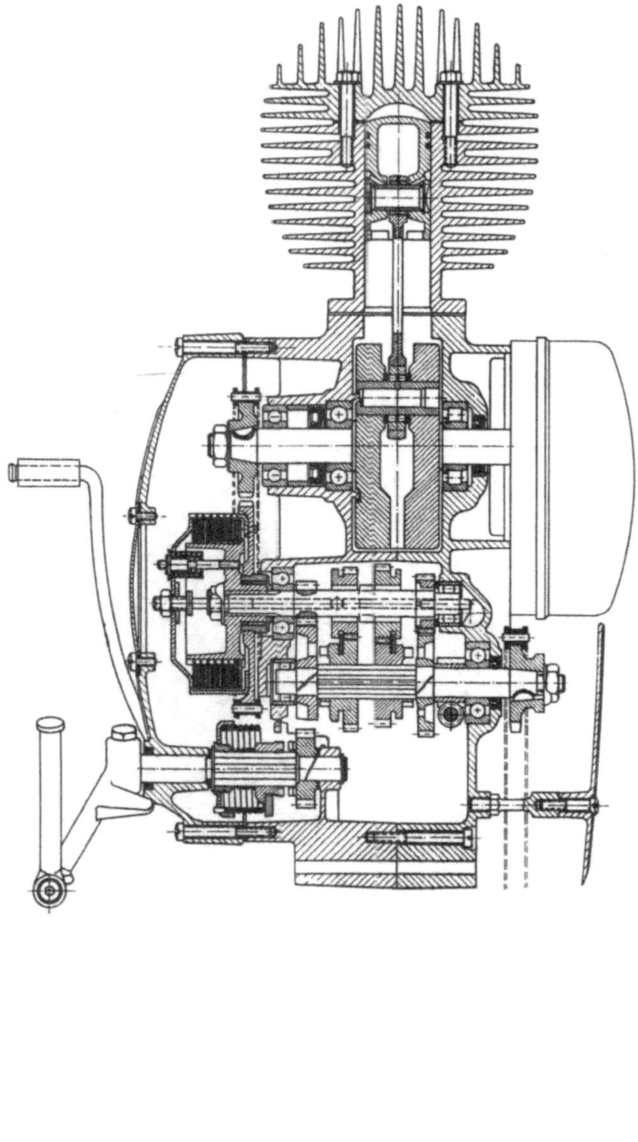

11.5.2 Problemlösungen – Referenzanwendungen

Schleifringlose Elektromagnet-Lamellenkupplung

Hersteller der Kupplung:	HEID AG, Wien-Stockerau
Bauart:	FOV 1, 2 ... 630
Übertragbares Drehmoment:	25 ... 12 600 Nm
Max. Relativdrehzahl:	4 000 ... 1 000 min^{-1}
Verwendete Lagertypen:	160 05 ... 160 32.

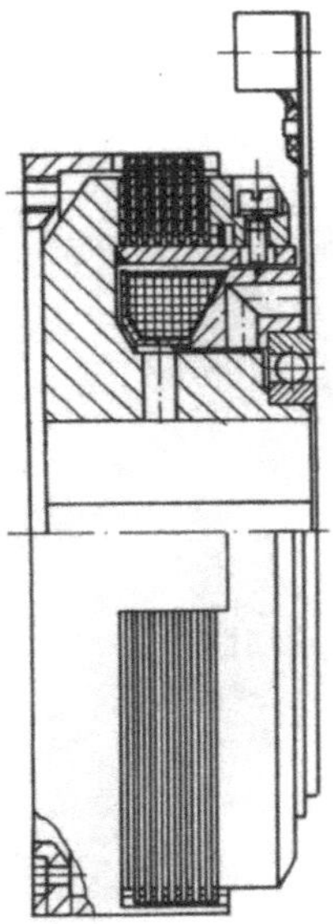

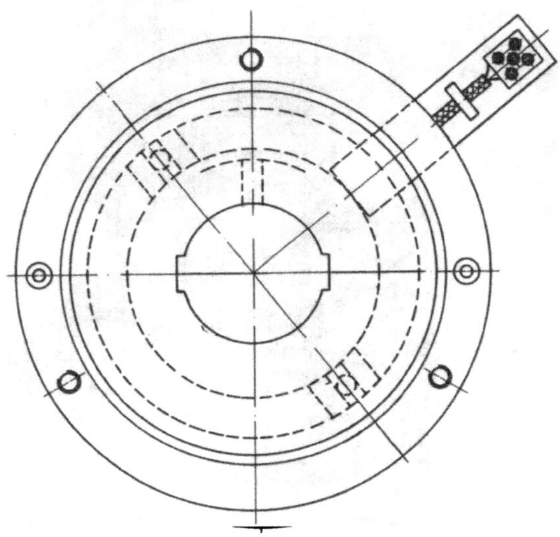

Hochdruckpumpe

Hersteller der Pumpe:	Pumpenfabrik: Ernst VOGEL, Stockerau
Bauart:	PL
Verwendete Lagertypen,	antriebsseitig: 7303 BG ... 7310 BG in X-Anordnung
	laufradseitig: 6307 C 3 ... 6310 C 3
Schmierung:	Ölbadschmierung.

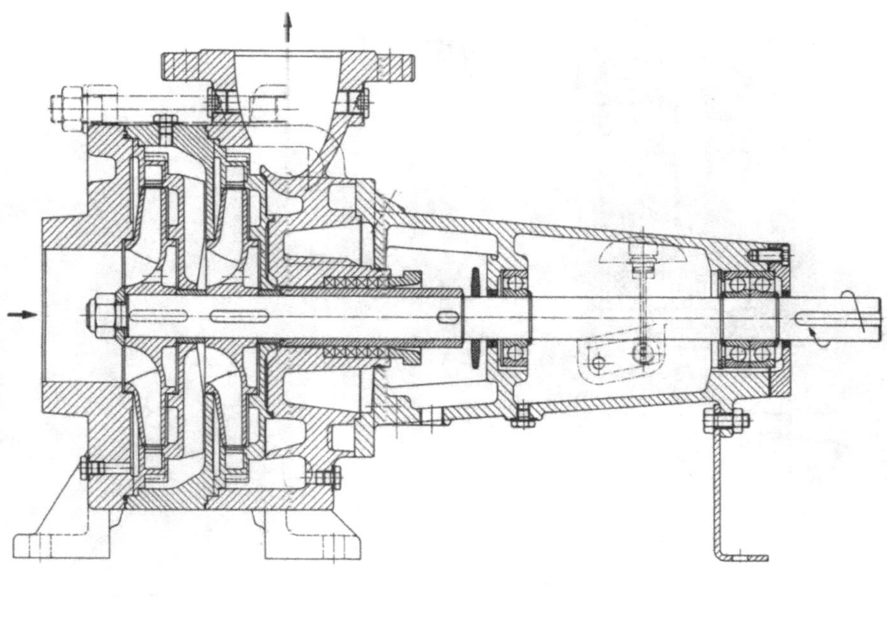

Inline-Pumpe

Hersteller der Pumpe: Pumpenfabrik Ernst VOGEL, Stockerau
Bauart: LFR/LFZ
Verwendete Lagertypen: AS: 6305-2Z/C3/Q6, 6307-2Z/C3/Q6, 3307C3, 3310C3
BS: 6204-2Z/Q6, 6305-2Z/C3/Q6, 6306-2Z/C3/Q6, 6308-2Z/C3/Q6, 6309-2Z/C3/Q6.

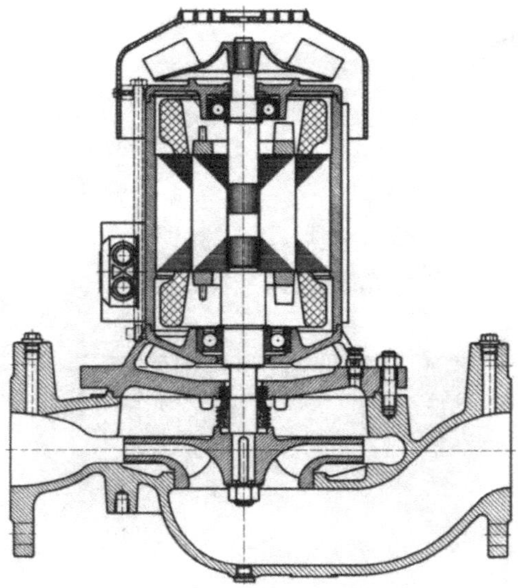

Tunnellüftermotor

Hersteller des Motors:	ELIN-UNION AG, Wien
Motortype:	MKF-931 W 33 Z 3 R-9, polumschaltbar (6-/12-polig)
Leistung:	90/22 kW
Drehzahl:	1 000/500 min^{-1}
Nennspannung:	380 V dreiphasig
Verwendete Lagertypen:	AS: NU 320 B/R 180.220 BS: 6320 C 4
Anmerkung:	Beide Lagerstellen sind mit Thermofühler ausgestattet (PT 100), die im Brandfalle überbrückt werden.

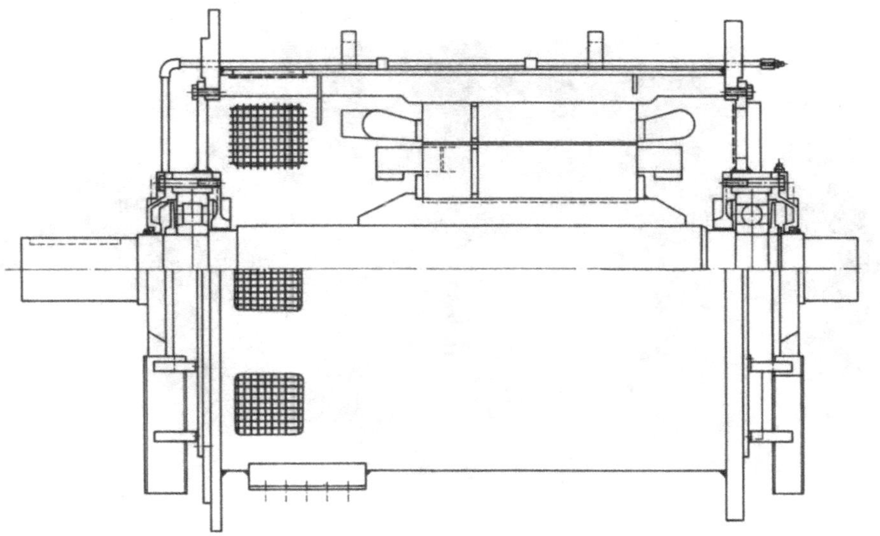

Unwuchtmotor

Hersteller des Motors:	IFE, Waidhofen/Ybbs
Verwendete Lagertypen:	NJ 2315 E/B/MA 2/C 3/SV 52 B ... ballige Innenringlaufbahn MA 2 ... Stegvernieteter Messing-Massivkäfig, außenringgeführt SV 52 ... gesteigerte Axialbelastbarkeit durch modifizierte Bordgeometrie

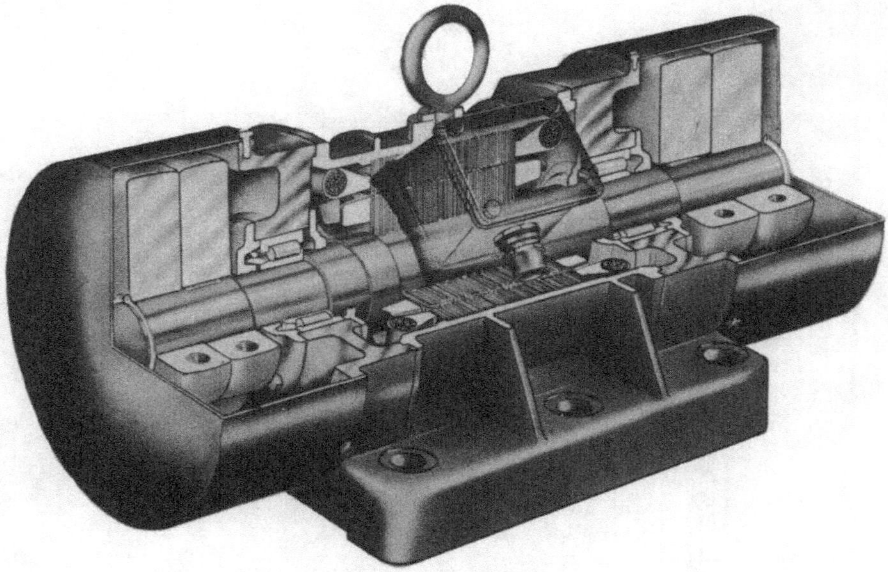

12 LITERATUR

12.1 Verwendete Literatur

[1] Jürgensmeyer, W.: Die Wälzlager. Berlin: Springer. 1937.

[2] Da Vinci, L.: Il codice atlantico. Bibliotheca Ambrosiana di Milano. Blatt 209.

[3] Reuleaux, F.: Über die neuen amerikanischen Rollenlager und die damit erzielten Ersparnisse an Reibung. Glasers Ann. 42 (1898), Nr. 495.

[4] Fischer-Hinnen: Berechnung und Konstruktion elektrischer Gleichstrommaschinen. Zürich: A. Rauenstein. 1899.

[5] Korrenn, H. u. a.: Wälzlager auf den Wegen des technischen Fortschritts. München: R. Oldenbourg. 1984.

[6] Stribeck, R.: Kugellager für beliebige Belastungen. Neubabelsberg bei Berlin: Mitt. Centralstelle wiss. techn. Untersuchungen. 1900.

[7] DWF-Katalog 1903: Berlin: Deutsche Waffen- und Munitionsfabriken AG.

[8] Palmgren, A.: Die Lebensdauer von Kugellagern. VDI-Z 68 (1924) 14, S. 339–341.

[9] Weibull, W.: A statistical theory of the strength of material. Ann. Königl. schwed. Akademie der Wissensch. 1939, Nr. 151.

[10] Lundberg, G., Palmgren, A.: Dynamic capacity of rolling bearings. Acta Polytechnica. Mechanical Engineering Series (Stockholm) Vol. 1 (1947) 3, Heft 7.

[11] Engel, L., Winter, H.: Wälzlagerschäden. Antriebstechnik 18 (1979) 3, S. 71–74.

[12] Albert, M., Köttritsch, H., Schildberger, A.: Wälzlagerschäden, Teil 1: Begriffe, Merkmale, Ursachen. Maschinenwelt-Elektrotechnik 37 (1982) 3, S. 66–72. Wälzlagerschäden, Teil 2: Schäden in der Wälzlagerpraxis. Maschinenwelt-Elektrotechnik 37 (1982) 5, S. 122–127.

[13] Lorösch, H.-K.: Die Lebensdauer des Wälzlagers bei unterschiedlichen Lasten und Umweltbedingungen. Wälzlagertechnik (FAG) (1981) 1, S. 17–23.

[14] Vogelpohl, G.: Betriebssichere Gleitlager, Bd. I. Berlin-Heidelberg-New York: Springer. 1967.

[15] Albert, M., Bistricky, R.: Moderne Antriebstechnik. Wälzlager mit Käfigen aus Thermoplasten. Maschinenwelt-Elektrotechnik 38 (1983) 11/12, S. 266–274.

[16] STEYR Wälzlager: Kugellager mit Käfigen aus Plastik. Informationsschrift. Steyr: Steyr-Daimler-Puch AG. 1959.

[17] Wieland, F.: Kunststoffe in der Wälzlagertechnik. Maschinenwelt-Elektrotechnik 15 (1960) 1, 3 Seiten (Sonderdruck).

[18] Albert, M.: 25 Jahre Jubiläum: Wälzlagerkäfige aus Kunststoff. Aktuell im Betrieb 1, Steyr-Daimler-Puch AG, Wien, 10 (1981), S. 12.

[19] Stribeck, R.: Kugellager. Vortrag im Verein für Eisenbahnkunde. Glasers Ann. 49 (1901).

[20] Reusner, H.: Lastverteilung in Wälzlagern statisch bestimmter und statisch unbestimmter Lagerungssysteme – Enfluß diverser Systemparameter. Unterlagen der Technischen Akademie Esslingen zu Lehrgang Nr. 7775/68.100, Wälzlagertechnik C, Esslingen (1985).

[21] STEYR Wälzlager: Zylinderrollenlager unter allgemeiner Beanspruchung und Axialbelastung. STEYR Wälzlager – EDV-Technik W 607. Steyr: Steyr-Daimler-Puch AG. 1986.

[22] STEYR Wälzlager: Kegelrollenlager unter allgemeiner Belastung oder Deformation. STEYR Wälzlager – EDV-Technik W 606. Steyr: Steyr-Daimler-Puch AG. 1986.

[23] STEYR Wälzlager: Lager mit Punktberührung unter allgemeiner Belastung oder Deformation. STEYR Wälzlager – EDV-Technik W 605. Steyr: Steyr-Daimler-Puch AG. 1986.

[24] ADR/SFK: Miniaturlager, Instrumentenlager, Dünnringlager, Katalog-Nr. 2946 IV D, S. 10 ff.

[25] STEYR Wälzlager – Werknorm WL D 4305 Teil 4: Gepaarte Lager: Spindellager. Steyr: Steyr-Daimler-Puch AG. 1984.

[26] STEYR Wälzlager: Technisches Handbuch (284 A). Steyr: Steyr-Daimler-Puch AG. 1984.

[27] Köttritsch, H.: Gestaltung von Wälzlagerungen. Unterlagen der Technischen Akademie Esslingen zu Lehrgang Nr. 7775/68.100, Wälzlagertechnik C, Esslingen (1985).

[28] Osanna, H.: Der optimale Einbauzustand von Rollenlagern und Kugellagern. Maschinenwelt-Elektrotechnik 32 (1977) 4, S. 50 – 56.

[29] STEYR Meßtechnik: Radialluftmeßautomat. Druckschrift. Steyr: Steyr-Daimler-Puch AG. 1985.

[30] Köttritsch, H., Albert, M.: Kontaktgeometrie und Leistungsvermögen der Wälzlager. Maschinenwelt-Elektrotechnik 39 (1984) 5, S. 98 – 108.

[31] STEYR Meßtechnik: Axialluft-Meßgerät AMEHA. Druckschrift. Steyr: Steyr-Daimler-Puch AG. 1985.

[32] Kunert, K.-H.: Verminderung des Radialspiels und der Schrumpfspannung bei Wälzlagern mit sehr hohen Drehzahlen. VDI-Z 99 (1957) 13, S. 587 – 591.

[33] Schlereth, W.: Wälzlagerpassungen bei extrem hohen Drehzahlen. Wälzlagertechnik (1973) 2, S. 22 – 27.

[34] Föppl, A.: Vorlesungen über technische Mechanik, Bd. III: Festigkeitslehre. Berlin: 1927.

[35] Föppl, A.: Vorlesungen über technische Mechanik, Bd. V: Die wichtigsten Lehren der Elastizitätstheorie. Leipzig: 1922.

[36] Albert, M., Köttritsch, H.: Das Laufgeräusch der Wälzlager. Maschinenwelt-Elektrotechnik 37 (1982) 11/12, S. 281 – 289.

[37] VDI-Richtlinie 3720: Lärmarm konstruieren. Düsseldorf: VDI-Verlag. 1980.

[38] Eschmann, P., Hasbargen, L., Weigand, K.: Die Wälzlagerpraxis, 2. Aufl. München-Wien: R. Oldenbourg. 1978.

[39] Hampp, W.: Wälzlagerungen, Berechnung und Gestaltung. Konstruktionsbücher Bd. 23. Berlin-Heidelberg-New York: Springer. 1968.

[40] Meldau, E.: Die Bewegung der Achse von Wälzlagern bei geringen Drehzahlen. Werkstatt und Betrieb 84 (1951), S. 308 – 313.

[41] Reusner, H.: Computergestützte Analyse der Kraftverteilung in Lager-Welle-Gehäuse-Systemen. Antriebstechnik 23 (1984) 12, S. 19 – 20.

[42] STEYR Wälzlager: Wälzlagersysteme. STEYR Wälzlager – EDV-Technik W 608. Steyr: Steyr-Daimler-Puch AG (*in Vorbereitung*).

[43] Albert, M., Köttritsch, H.: Wälzlager-Schutzdichtungen. Teil 1: Ein neues System. Maschinenwelt-Elektrotechnik 37 (1982) 9, S. 206 – 211. – Teil 2: Prüfung des Leistungsvermögens. Maschinenwelt-Elektrotechnik 37 (1982) 11/12, S. 274 – 281.

[44] Markfelder, J.: Standardwälzlager oder Wälzlagerbaueinheiten. Wälzlagertechnik (FAG) (1978) 1, S. 3 – 6.

[45] Albert, M.: Wälzlager – graphisch ausgewählt. Maschinenwelt-Elektrotechnik 30 (1975) 8, S. 129 – 133. – Sonderdruck STEYR Wälzlager Technik 2.10, Steyr: Steyr-Daimler-Puch AG, inkl. STEYR Wälzlager Technik 2.12/1: Radial-Rillenkugellager, Graphisches Ermittlungsverfahren, Lebensdauer, Belastung, Kosten. STEYR Wälzlager Technik 2.12/2: Radial-Rillenkugellager, Gebrauchsdauer.

[46] Eschmann, P.: Das Leistungsvermögen der Wälzlager. Berlin-Göttingen-Heidelberg: Springer. 1964.
[47] Köttritsch, H., Albert, M.: Bericht über ein verbessertes Wälzlager-Dichtungssystem, Phasen I und II. Bericht an den Forschungsförderungsfonds der Gewerblichen Wirtschaft zu Projekt Nr. Zl. 3/1773-I/P und Zl. 3/2351-I/P durch STEYR Wälzlager. Steyr-Daimler-Puch AG, Steyr, 1981.
[48] ÖSTERREICHISCHES PATENTAMT: Radialdichtung für geteilte Lagergehäuse oder dergleichen. AT PATENTSCHRIFT 332 687 vom 76 01 25.
[49] ÖSTERREICHISCHES PATENTAMT: Axialdichtung für Wälzlager. AT PATENTSCHRIFT 346 138 vom 78 02 15.
[50] ÖSTERREICHISCHES PATENTAMT: Wälzlager mit wenigstens an einer Seite zwischen den Laufringen angeordnetem Dichtungsring. AT PATENTSCHRIFT 349 274 vom 78 08 15.
[51] Behr, H., Gohlke, M.: Die Wälzlager. Berlin: Springer. 1925.
[52] Gohlke, M.: Passungen für Kugellager. Betrieb (1920) 13, S. 330.
[53] Kirner, J.: Die Passung der Wälzlager, 1. Aufl. Stuttgart: Konrad Wittwer. 1925.
[54] Kirner, J.: Die Passung der Wälzlager, 2. Aufl. Stuttgart: Konrad Wittwer. 1935.
[55] Weidmann: Kugellagerpassungen. Betrieb (1920) 13, S. 325.
[56] Hertz, H.: Gesammelte Werke, Bd. 1. Leipzig: 1895.
[57] Palmgren, A.: Om glidningsfriktion i kullager (Über Gleitreibung in Kugellagern.). Tekn. T. Mekan. (1918) 3.
[58] Palmgren, A.: Statiskt obestämd inbyggnad av kullager (Statisch unbestimmte Kugellagereinbauten.). Verkstäderna (1918) 5.
[59] Palmgren, A., Lundberg, G.: Spörsmal rörande kullagrens belastningsförmaga (Fragen betreffend die Belastbarkeit der Kugellager.). Tekn. T. Mekan. (1919) 4.
[60] Palmgren, A.: Load-Carrying Capacity of the Single-Row Groove-Type Ball Bearing. J. Soc. Automot. Engng. (1920) 10.
[61] Palmgren, A.: Undersökningar rörande rullning under tangentialkraft (Einwirkung von Tangentialkräften). Tekn. T. Mekan. (1921) 9.
[62] Palmgren, A.: Über die Konstruktion von Rillenkugellagern. Maschinenbau (1926) 10.
[63] Palmgren, A.: Die Verteilung des Kugeldruckes in Kugellagern und ihre Abhängigkeit von der sogenannten Betriebsluft. Mod. Betrieb (Prag) (1927) 10.
[64] Palmgren, A.: Teori och praktik vid maskinelement, speciellt kullager (Theorie und Praxis bei Maschinenelementen, besonders Kugellagern.). Tekn. T. Mekan. (1930) 11.
[65] Palmgren, A.: Undersökningar rörande statiska bärförmagan hos kullager (Untersuchungen über die statische Tragfähigkeit von Kugellagern.). Diss., TH Stockholm, 1930.
[66] Palmgren, A.: Some economical aspects concerning the use of roller bearings in large electric machines. World Power Conference, Sect. Meet. Scand. (1933), Sect. 6, No. 2.
[67] Palmgren, A.: Kullager för övervengande axiellt belastning (Kugellager für überwiegend axiale Belastung). Werkzeitschrift der SKF, Sfären (1935) 4.
[68] Forrer, R.: Reallexikon der prähistorischen Altertümer, S. 386 und 617. Stuttgart: 1907.
[69] Layard: Monuments of Niniveh, Tafeln 13 b und 16. London.
[70] Vitruvius: De architectura, Buch 10, Kap. 13.7, um 24 v. Chr.
[71] Agricola, G.: De re metallica. Buch 6. Basel: 1556.
[72] Ramelli: Le diverse machine, Tafel 78. Paris: 1588.
[73] Leibniz, G. W. v.: Tentamen de natura et remediis restitantiarum in machinis, quae a corporum super incessu oriuntur. Miscellanea Berolinensia, Bd. 1, S. 311. Berlin: 1710.
[74] Morton, H. T.: Antifriction bearings. Ann Arbor, Mich.: E. Brothers. 1954.
[75] Dingler: Polytechnisches Journal 13 (1824), S. 133.

[76] Fichtel & Sachs: Geschichte der Kugel-, Walzen- und Rollenlager. Schweinfurt: 1914.
[77] Kunert, K.-H.: Spannungsverteilung im Halbraum bei elliptischer Flächenpressungsverteilung über einer rechteckigen Druckfläche. Diss., TH München, 1960.
[78] VDI-Richtlinie 2235: Wirtschaftliche Entscheidung beim Konstruieren; Methoden und Hilfen. Düsseldorf: VDI-Verlag. 1982.
[79] Fenderl, A., Hentsch, O., Giering, K.-H.: Technisch-ökonomische Aspekte zur Gebrauchswerterhöhung von Wälzlagern. Schmierungstechnik 12 (1981) 9, S. 264 −268.
[80] INA: Einbaubeispiele für INA-Wälzlager. Industriewerk Schäffler. Würzburg: Vogel Druck. 1980.
[81] Åsberg, S., Hanson, G.: Moderne Radlagereinheiten. Kugellagerzeitschrift-SKF (1972) Sondernummer, 47.
[82] STEYR Wälzlager Technik: Zylinderrollenlager NU 2, NU 3, NU 4; Graphisches Ermittlungsverfahren; Lebensdauer, Belastung, Kosten. Steyr: Steyr-Daimler-Puch AG. Als Fortführung zu [45].
[83] DIN-Katalog für technische Regeln. Bd. 1 und 2. Berlin-Köln: Beuth. 1986.
[84] ÖNORMEN-Verzeichnis, Teil 1 und 2; Österreichisches Normungsinstitut Wien, 1986.
[85] Reusner, H.: Druckflächenbelastung und Oberflächenverschiebung im Wälzkontakt von Rotationskörpern. Diss., TH Karlsruhe, 1977.
[86] Schaude, B.: Optimierte Wälzkörperprofilierung von Zylinderrollenlagern. Diss., TU Karlsruhe, 1978.
[87] Führmann, J.: Moderne Berechnungsmethoden in der Wälzlagertechnik. Unterlagen der Technischen Akademie Esslingen zu Lehrgang Nr. 4875/68.001 Wälzlagertechnik Teil 1, Esslingen (1981), respektive Sarfert, J.: Moderne Berechnungsmethoden in der Wälzlagertechnik. Unterlagen der Technischen Akademie Esslingen zu Lehrgang Nr. 6074/68.027 Wälzlagertechnik A, Esslingen (1983).
[88] Heinen, W.: Neue Berechnungsmethode der Lebensdauer für Wälzlager. NSK-Publikation, NSK Kugellager GmbH, Düsseldorf (1972).
[89] Albert, M.: Wälzlagertragfähigkeit: Modifizierte nominelle Lebensdauer oder modifizierte dynamische Tragzahlen. Maschinenwelt-Elektrotechnik 37 (1982) 2, S. 38−44.
[90] Müller, K.: Reibkorrosion −Entstehung und Abhilfemaßnahmen. Schmiertechnik und Tribologie 26 (1979) 5, S. 176−180.
[91] Köttritsch, H.: Modifizierte nominelle Lebensdauer der Wälzlager. Österreichische Ingenieur- und Architekten-Zeitschrift 132 (1987) 6, S. 204−207.

12.2 Sonstige Literatur

12.2.1 Bücher, Dissertationen, Diplomarbeiten und Forschungshefte

Adam, W.: Über die Dauer der Schmierfähigkeit der Fettfüllung in Wälzlagern kleiner elektrischer Maschinen und Geräte. Diss., Univ. Stuttgart, 1973.
Andreason, St.: On load distribution in rolling bearing arrangements with special reference to the influence of bearing misalignment. Diss., TH Göteborg, 1973.
Allan, R.: Rolling bearings, 3. Aufl. London: Isaac Pitman. 1964.
Archard, J., Kirk, M.: Lubrication at point contacts. Proc. Royal Soc. − A Vol. 261 (1961).
Bamberger, E., Harris, T., u. a.: Life adjustment factors for ball and roller bearings. ASME, New York, 1971, Library of Congress Cat. Card No. 70-179492.

Bartz, W. J., u. a.: Wälzlagertechnik, Teil 1. (Kontakt & Studium, Bd. 158.) Sindelfingen: Expert Verlag. 1985.

Behr, H.: Kugel- und Rollenlager. Berlin: Springer. 1927.

Beljajev, N.: Arbeiten über Elastizitäts- und Plastizitätstheorie (russ.). Moskau: 1957.

Bisson, E., Anderson, W.: Advanced bearing technology. Washington: NASA. 1964.

Bochmann, H.: Die Abplattung von Stahlkugeln und Zylindern durch den Meßdruck. Diss., Dresden, 1927.

Brändlein, J.: Beitrag zur Ermittlung der Beanspruchung von Wälzlagern im Betrieb. Diss., TH Karlsruhe, 1969.

Brewe, D. E., Hamrock, B. J.: Analysis of Starvation Effects on Hydrodynamic Lubrication in Nonconforming Contacts. Cleveland, Ohio: NASA. 1981.

Conti, G.: I cuscinetti a rotolamento, Vol. I, II. Milan: Ulrico Höpli. 1965. – Deutsch: Die Wälzlager, Bd. I und II. München: Hanser. 1963.

Demirci, Y. M. A. H.: Untersuchung über bevorzugte Kristallorientierung (Textur) unter Berücksichtigung der Gesamtheit werkstofflicher Veränderungen in den Grenzschichten eines metallischen Wälzsystems. Diss., TH Aachen, 1977.

Dengler, K.: Temperaturverteilung in Rillenkugellagern und ihr Einfluß auf die Lagerluft. Diss., TU Braunschweig, 1970.

Detzer, K.: Radiometrische Verschleißuntersuchungen an axial belasteten Kugellagern. Diss., TH München, 1963.

Dowson, D., Higginson, G.: Elasto-hydrodynamic lubrication: The fundamental of roller and gear lubrication. Oxford: Pergamon Press. 1966.

Eschmann, P.: Untersuchungen über den Einfluß des Verschleißes auf die Lebensdauer der Wälzlager. Diss., TH Braunschweig, 1963.

Fischer, W.: Die Berechnung der dynamischen Tragfähigkeit von Wälzlagern. 3. Aufl. Schweinfurt: SKF. 1958.

Feix, K.: Lebensdauer der Wälzlager, angewandte Berechnungen. Steyr: Steyr-Daimler-Puch AG. 1962.

Griguscheit, M.: Untersuchungen über Käfigkräfte. Diss., TH Karlsruhe, 1976.

Grebe, H. v.: Ein Beitrag zum Laufverhalten schnellaufender Schrägkugellager unter besonderer Berücksichtigung der Lageranstellungen. Diss., TU Braunschweig, 1971.

Grubin, A., Vinogradova, I.: Investigation on the contact of machine components. Moskau: Ts Niitmash. 1949.

Hackewitz, F. W. v.: Berechnung des Temperaturzustandes von in Stehlagergehäusen eingebauten Wälzlagern. Diss., TU Stuttgart, 1980.

Harris, J.: The lubrication of rolling bearings. London: Intern. Petroleum Comp. Ltd. 1967.

Harris, T.: Rolling bearing analysis. New York: J. Wiley & Sons. 1966.

Herkert, B.: Bestimmung des Verschleißes und der Kinematik schnellaufender Wälzlager mit Hilfe radioaktiver Isotope. Diss., TH Karlsruhe, 1972.

Hedel, M.: Die Wälzlager. Eine Einführung in ihr Werden und ihre Normung. Berlin: Beuth. 1949.

Holland, H.-J.: Einflußgrößen auf die Gebrauchsdauer feststoffgeschmierter Wälzlager. Diss., TH Darmstadt, 1978.

Horst, H.-D.: Experimentelle Untersuchung der Lagerreibung und der Rollreibung des mit Kegelrollenlagern ausgestatteten Förderwagenrades. Ein Beitrag zur Ermittlung des Fahrwiderstandes von Förderwagen im Bergbau. Diss., TH Aachen, 1975.

Hüber, W.: Technische und experimentelle Untersuchungen an Wälzlagern mit Festschmierstoffen. Diss., TH Darmstadt, 1970.

Hofmann, N.: Einfluß von Massenkräften gleichförmig umlaufender Planetenräder. Diss., TU Bochum, 1978.

Honrath, K.: Über die Starrheit von Werkzeugmaschinenspindeln und deren Lagerungen. Diss., TH Aachen, 1960.

Johnson, L.: The statistical treatment of fatigue experiments. London: Elsevier. 1964.

Jones, A.: The mathematical theory of rolling-element bearings. Mechanical design and systems handbook. New York: McGraw-Hill. 1964.

Jürgensmeyer, W., Bezold, H.: Gestaltung von Wälzlagerungen, 2. Aufl. Berlin-Göttingen-Heidelberg: Springer. 1953.

Kamps, R.: Lager- und Schmiertechnik. Düsseldorf: VDI-Verlag. 1957.

Kessler, H.: Untersuchung zur Berührung fester Körper. Diss., Jena, 1916.

Kleinlein, E.: Einfluß von Schmierung und Kontaktflächengeometrie auf das Reibungsverhalten von Axial-Rillenkugellagern und Radial-Zylinderrollenlagern. Diss., TU Braunschweig, 1968.

Korrenn, H.: Gleitreibung und Grenzbelastung an den Bordflächen von Kegelrollenlagern. VDI-Fortschritt Bericht Reihe 1. 1967.

Kramer, K.: Einfluß achsialer Verschiebung auf radial belastete Wälzlager. Diss., TH Hannover, 1934.

Kruse, K.: Erfassung und Analyse zweidimensionaler Last-Drehfrequenz-Kollektive radial beanspruchter Walzenzapfenlager. Diss., TU Clausthal, 1972.

Kurth, F.: Der Spannungszustand in räumlich gestützten Ringträgern bei Zwischenschaltung von Kugeln. Diss., Borna-Leipzig, 1938.

Lenrodt, H.-D.: Ein Beitrag zur mechanisch-dynamischen Prüfung des Tieftemperaturverhaltens von Schmierfetten für Wälzlager. Diss., TU München, 1971.

Liesegang, R.: Der nichtisotherme hydrodynamische Schmierfilm zwischen hochbelasteten elastischen Walzen. Diss., TH Karlsruhe, 1967.

Liu, C.: Stresses and deformations due to tangential and normal loads on an elastic solid with applications to contact stresses. Ph.D. Thesis, University of Illinois, 1950.

Lundberg, G., Palmgren, A.: Dynamic capacity of roller bearings. Acta Politechnica. Mech. Engrg. Series (Stockholm) Vol. 2 (1952) 4, Heft 96.

Macks, E. F.: Lubrication and cooling studies of cylindrical roller bearings at high speeds. NACA, 1962.

Meldau, E.: Die Druckverteilung in spielfreien Wälzlagern mit unveränderlichem Druckwinkel. VDI-Forschungsheft (1943) 421.

Mez, F.: Über Wälzlager in elektrischen Maschinen senkrechter Bauform. Diss., TH Stuttgart, 1965.

Müller, R.: Die Theorie des Rollenrades. Diss., TH Braunschweig, 1962.

Niemann, G.: Maschinenelemente, 2. Aufl., Bd. I, II und III. Berlin-Heidelberg-New York: Springer. 1981.

Niemann, G.: Das plastische Verhalten umlaufender Stahlrollen bei Punktberührung. VDI Forschungsheft 434. Düsseldorf: VDI-Verlag. 1952.

Njoya, G.: Untersuchungen zur Kinematik im Wälzlager bei synchron umlaufenden Innen- und Außenringen. Diss., Univ. Hannover, 1980.

Opitz, H.: Untersuchungen über das statische und dynamische Verhalten von Spindel-Lager-Systemen in Werkzeugmaschinen. Köln-Opladen: Westdeutscher Verlag. 1968.

Palmgren, A.: Grundlagen der Wälzlagertechnik, 3. Aufl. Stuttgart: Franckh. 1964.

Paukert, H.: Ermittlung der Einflüsse mechanischer Beschädigung fer Laufbahnen von Wälzlagern durch Schmutzteilchen auf die Ermüdungslebensdauer. Dipl.-Arbeit, TU Wien, 1981.

Peppler, W.: Druckübertragung an geschmierten zylindrischen Gleit- und Wälzflächen. VDI Forschungsheft 391. Berlin: VDI-Verlag. 1938.

Perret, H.: Schwingungen in Wälzlagern bei statisch bestimmter Abstützung. VDI Forschungsheft 434. Düsseldorf: VDI-Verlag. 1952.

Schildt, K.: Die Bewegung der Kugeln in Kugellagern mit besonderer Berücksichtigung der Verhältnisse bei hohen Drehzahlen. Diss., Darmstadt, 1928.
Scholten, J.: Ein Beitrag zur Optimierung des Verschleißverhaltens metallischer Wälzreibungssysteme bei technisch trockener Reibung durch Einsatz von Kohlenstoffstählen und Titanwerkstoffen. Diss., TH Aachen, 1978.
Schouten, M.: Elastohydrodynamische Schmierung; „Modelluntersuchungen über den Beanspruchungsmechanismus bei Gleit- und Wälzbewegungen und dünnen Schmierfilmen auch bei teilweiser Filmtrennung". Forschungsheft 14, TH Eindhoven, 1972.
Schütt, P.: Untersuchungen über den Einfluß von Schwingungen auf den Schlupf leichtbelasteter Wälzlagerungen. Forschungsheft 40, Forschungsvereinigung Antriebstechnik, Frankfurt, 1976.
Schreiber, H.: Zur mathematisch-statistischen Auswertung von Lebensdauerversuchen mit Wälzlagern. Diss., TH München, 1963.
Stahl, U. K.: Einflüsse der Wälzlagerung auf die rotierende Welle. Diss., TH Stuttgart, 1967.
Stellrecht, H.: Die Belastbarkeit der Wälzlager, 1. Aufl. Berlin: Springer. 1928.
Unger, H.: Wälzlager-Handbuch, Bd. I und II. Berlin: VEB Verlag Technik. 1957.
Wernitz, W.: Wälz-Bohrreibung; Bestimmung der Bohrmomente und Umfangskräfte bei Hertz'scher Pressung mit Punktberührung. Schriftenreihe Antriebstechnik, Bd. 19. Braunschweig: Vieweg. 1958.
Weyand, M.: Hauptspindellagerungen von Werkzeugmaschinen: Reibungs- und Temperaturverhalten der Wälzlager. Diss., TH Aachen, 1969.
Wieland, F.: Technisches Handbuch; Anleitung für Lagerauswahl, Einbau und Betrieb von Wälzlagern. Steyr: Steyr-Daimler-Puch AG. 1951.
Winkler, W.: Auswahl von Wälzlagern mit Hilfe der Systemkette DINAS. Diplom-Arbeit, TU Wien, 1982.
Zwierlein, O.: Die Beeinflussung der mechanischen Eigenschaften von gehärtetem Wälzlagerstahl 100Cr6 durch hydrostatischen Druck. Diss., TH Darmstadt, 1976.

12.2.2 Firmenzeitschriften

Die Kugellager-Zeitschrift. Herausgeber: Skf Kugellagerfabriken GmbH, Schweinfurt. Seit 1926, erscheint mehrmals im Jahr.
„Steyr Wälzlager Technik" (SWT) und „Steyr Wälzlager EDV-Technik". Herausgeber: Steyr-Daimler-Puch AG, Steyr. Seit 1975, nicht periodisch.
Wälzlagertechnik. Herausgeber: Fag Kugelfischer Georg Schäfer KGaA, Schweinfurt. Seit 1962, nicht periodisch.

12.2.3 Aufsätze

Aufsätze zum Thema Wälzlager und Wälzlagerperipherie erscheinen in den verschiedenen Fachzeitschriften. Hier werden deutschsprachige Zeitschriften genannt, die häufig wertvolle Artikel bringen:

— Antriebstechnik
— Konstruktion
— Maschinenwelt-Elektrotechnik
— Technica
— Tribologie und Schmierungstechnik
— Schmierungstechnik
— VDI-Zeitschrift

Ein guter, wenn auch stets unvollständiger Überblick über neu erschienene Aufsätze ist in der Reihe „Fachgebiete in Jahresübersicht – Wälzlager", redigiert von E.-G. Palland, in der VDI-Z zumeist in der Novemberausgabe zu finden.

12.3 Verwendete Normenliteratur

[N 1] ISO/R 281-1962 Rolling bearings; Methods of evaluating dynamic load ratings.

[N 2] ISO 281/1-1977 Rolling bearings; Dynamic load ratings and rating life – Part I: Calculation methods.

[N 3] ÖNORM M 6315 Teil 2 Wälzlager; Benennungen mit Definitionen.

[N 4] ISO 5593-1984 Rolling bearings; Vocabulary.

[N 5] DIN 17230 Wälzlagerstähle; Technische Lieferbedingungen.

[N 6] ÖNORM M 6316 Wälzlager; Maßplan.

[N 7] ISO 15-1981 Rolling bearings; Radial bearings; Boundary dimensions; General plan.

[N 8] ISO 104-1979 Rolling bearings; Thrust bearings with flat back faces; Boundary dimensions.

[N 9] ISO 355-1977 Rolling bearings; Metric tapered roller bearings; Boundary dimensions and series designations.

[N 10] ISO 582-1979 Rolling bearings; Metric series; Chamfer dimensions limits.

[N 11] ISO 1206-1982 Needle roller bearings; Light and medium series; Dimensions and tolerances.

[N 12] ISO 3245-1974 Rolling bearings; Needle roller bearings, drawn cup, without inner ring; Metric series; Boundary dimensions and tolerances.

[N 13] ISO 3030-1974 Needle roller bearings; Needle roller and cage assemblies; Metric series; Part I: Radial needle roller and cage assemblies; Boundary dimensions and tolerances.

[N 14] ISO 3031-1979 Needle roller bearings; Thrust needle roller and cage assemblies, thrust washers; Dimensions and tolerances.

[N 15] ÖNORM M 6318 Teil 1 Wälzlager; Lagerreihen: Radial-Rillenkugellager.

[N 16] ÖNORM M 6318 Teil 2 Wälzlager; Lagerreihen: Radial-Schrägkugellager.

[N 17] ÖNORM M 6318 Teil 3 Wälzlager; Lagerreihen: Radial-Pendelkugellager.

[N 18] ÖNORM M 6318 Teil 4 Wälzlager; Lagerreihen: Axial-Rillenkugellager.

[N 19] ÖNORM M 6318 Teil 5 Wälzlager; Lagerreihen: Axial-Schrägkugellager.

[N 20] ÖNORM M 6318 Teil 6 Wälzlager; Lagerreihen: Radial-Zylinderrollenlager.

[N 21] ÖNORM M 6318 Teil 7 Wälzlager; Lagerreihen: Radial-Nadellager.

[N 22] ÖNORM M 6318 Teil 8 Wälzlager; Lagerreihen: Radial-Tonnenlager.

[N 23] ÖNORM M 6318 Teil 9 Wälzlager; Lagerreihen: Radial-Kegelrollenlager.

[N 24] ÖNORM M 6318 Teil 10 Wälzlager; Lagerreihen: Axial-Zylinderrollenlager.

[N 25] ÖNORM M 6318 Teil 11 Wälzlager; Lagerreihen: Axial-Nadellager.

[N 26] ÖNORM M 6318 Teil 12 Wälzlager; Lagerreihen: Axial-Tonnenlager.

[N 27] ÖNORM M 6318 Teil 13 VORNORM; Wälzlager; Lagerreihen: Axial-Kegelrollenlager.

[N 28] ÖNORM M 6318 Teil 14 Wälzlager; Lagerreihen: Wälzlager-Ensembles.

[N 29] ÖNORM M 6322 Wälzlager; Anschlußteile; Passungen und Oberflächengüte.

[N 30] DIN 625 Teil 1 Wälzlager; Rillenkugellager einreihig.

[N 31] DIN 625 Teil 3 (Radial-)Rillenkugellager; zweireihig mit Füllnuten.

[N 32] DIN 626 Teil 1 Wälzlager; Rillenkugellager mit kugelförmiger Außenringmantelfläche und verbreitertem Innenring; Spannlager.

[N 33] DIN 628 Teil 1 Schrägkugellager, einreihig und zweireihig.

[N 34] DIN 630 Blatt 1 (Radial-)Pendelkugellager; zylindrische und kegelige Bohrung; Blatt 2: (Radial-)Pendelkugellager; breiter Innenring mit Klemmhülse.
[N 35] DIN 5412 Teil 1 Wälzlager; Zylinderrollenlager; einreihig mit Käfig, Winkelringe.
[N 36] DIN 5412 Teil 1 Auswahl 1: Wälzlager; Zylinderrollenlager; einreihig, mit Käfig, Winkelringe; Auswahl für den allgemeinen Maschinenbau.
[N 37] DIN 5412 Teil 4 Wälzlager; Zylinderrollenlager, zweireihig, mit Käfig.
[N 38] DIN 5412 Teil 9 Wälzlager; Zylinderrollenlager; zweireihig, vollrollig, nicht zerlegbar; Maßreihen 48 und 49.
[N 39] DIN 617 Wälzlager, Nadellager mit Käfig, Maßreihen 48 und 49.
[N 40] DIN 5405 Teil 1 Wälzlager; Nadellager, Radial-Nadelkränze.
[N 41] DIN 635 Teil 2 Wälzlager; Pendelrollenlager, zweireihig.
[N 42] DIN 720 Wälzlager. Kegelrollenlager.
[N 43] DIN 711 Teil 1 Axial-Rillenkugellager, einseitig wirkend, mit ebener Gehäusescheibe, mit kugeliger Gehäusescheibe und Unterlagsscheibe.
[N 44] DIN 715 Axial-Rillenkugellager, zweiseitig wirkend, mit ebenen Gehäusescheiben, mit kugeligen Gehäusescheiben und Unterlagscheiben.
[N 45] DIN 722 Axial-Zylinderrollenlager, einseitig wirkend.
[N 46] DIN 5405 Teil 2 Wälzlager; Nadellager; Axial-Nadelkränze.
[N 47] DIN 728 Teil 1 Axial-Pendelrollenlager, einseitig wirkend, mit unsymmetrischen Rollen.
[N 48] ÖNORM M 6317 Wälzlager; Benennungen, Bezeichnungen.
[N 49] ÖNORM M 6319 Teil 1 Wälzlager; Wälzkörper: Kugeln; Maße und Toleranzen.
[N 50] ÖNORM M 6319 Teil 2 Wälzlager; Wälzkörper: Zylinderrollen; Maße und Toleranzen.
[N 51] ÖNORM M 6321 Teil 1 Wälzlager; Toleranzen, Definitionen.
[N 52] ÖNORM M 6321 Teil 2 Wälzlager; Toleranzen, Meßverfahren.
[N 53] ÖNORM M 6321 Teil 3 Wälzlager; Toleranzen für Hauptmaße und Laufgenauigkeit.
[N 54] ÖNORM M 6321 Teil 4 Wälzlager; Toleranzen; Lagerluft.
[N 55] DIN 5425 Teil 1 Wälzlager; Toleranzen für den Einbau, allgemeine Richtlinien.
[N 56] ÖNORM M 1312 ISO-Einheitsbohrung, ISO-Einheitswelle; Passungsauswahl für Längenmaße ab 1 mm bis 500 mm.
[N 57] ISO/DIS 286-1986 ISO system of limits and fits; Part I: Basis of tolerances, deviations and fits. Part II: Tables of standard tolerances and fundamental deviations for general holes and shafts.
[N 58] ÖNORM ISO 1101 Technische Zeichnungen; Form- und Lagetolerierung: Form-, Richtungs-, Orts- und Lauftoleranzen, Allgemeines; Definitionen, Symbole, Zeichnungseintragungen.
[N 59] ÖNORM M 1115 Technische Oberflächen; Benennungen, Definitionen, Rauheitskenngrößen.
[N 60] ÖNORM M 6326 Teil 1 Wälzlager; Laufruhe; Körperschallmeßeinrichtungen (in Vorbereitung).
[N 61] ÖNORM M 6326 Teil 2 Wälzlager; Laufruhe; Körperschallmaximalwerte (in Vorbereitung).
[N 62] ÖNORM M 6326 Teil 3 Wälzlager; Laufruhe; Luftschallmeßeinrichtungen (in Vorbereitung).
[N 63] ÖNORM M 6326 Teil 4 Wälzlager; Laufruhe; Luftschallmaximalwerte (in Vorbereitung).
[N 64] ISO 1132-1980 Rolling bearings; Tolerances, definitions.
[N 65] DIN 620 Teil 1 Wälzlager; Meßverfahren für Maß- und Lauftoleranzen.
[N 66] ISO 199-1979 Rolling bearings; Thrust ball bearings; Tolerances.

[N 67] ISO 492-1981 Radial bearings; Tolerances.
[N 68] ISO 5753-1981 Rolling bearings; Radial internal clearance.
[N 69] ÖNORM M 6315 Teil 1 Wälzlager; Arten und Begriffsbestimmungen.
[N 70] DIN 7190 Toleranzen und Passungen; Berechnung und Anwendung von Preßverbänden.
[N 71] ANSI/AFBMA Std. 13-1970 (R 1977) Rolling bearings, Vibration and noise.
[N 72] TGL 20914 Wälzlager; Laufgeräusch, Körperschallmeßeinrichtungen.
[N73] TGL 20915 Wälzlager; Laufgeräusch, Technische Forderungen, Prüfung.
[N 74] ÖNORM M 6324 Teil 1 Wälzlager; Zugehör; Spannhülsen, Abziehhülsen, Nutmuttern, Sicherungselemente.
[N 75] ÖNORM M 6324 Teil 2 Wälzlager; Zugehör; Sprengringe, Ringnuten.
[N 76] ÖNORM M 6323 Wälzlager; Anschlußteile; Anschlußmaße.
[N 77] ÖNORM M 6328 Teil 1 Wälzlager; Wälzlagerschäden; Benennungen, Merkmale, Ursachen.
[N 78] ÖNORM M 6328 Teil 2 Wälzlager; Wälzlagerschäden in der Praxis.
[N 79] ISO 3290-1975 Rolling bearings; Bearing parts; Balls for rolling bearings.
[N 80] ISO 3096-1974 Needle roller bearings: Needle rollers; Dimensions, metric series.
[N 81] ÖNORM M 6350 Filzringe, Filzstreifen, Ringnuten für Wälzlagergehäuse.
[N 82] DIN 5419 Filzringe, Filzstreifen, Ringnuten für Wälzlagergehäuse.
[N 83] ISO 76-1987 Rolling bearings; Static load ratings.
[N 84] DIN 623 Teil 1 Bezeichnungen für Wälzlager; Allgemeines; Lagerreihenzeichen für Kugellager, Zylinderrollenlager und Pendelrollenlager.
[N 85] ISO 113/2 Rolling bearing accessoires; Part 2: Plummer block housings.
[N 86] ÖNORM M 6329 Wälzlager; Gehäuse; Teil 1 Geteilte Stehlagergehäuse; Teil 2 Spannlagergehäuse.
[N 87] DIN 736 Wälzlager; Stehlagergehäuse für Wälzlager der Durchmesserreihe 2 mit kegeliger Bohrung und Spannhülse.
DIN 737 Wälzlager; Stehlagergehäuse für Wälzlager der Durchmesserreihe 3 mit kegeliger Bohrung und Spannhülse.
DIN 738 Wälzlager; Stehlagergehäuse für Wälzlager der Durchmesserreihe 2 mit zylindrischer Bohrung.
DIN 739 Wälzlager; Stehlagergehäuse für Wälzlager der Durchmesserreihe 3 mit zylindrischer Bohrung.
[N 88] DIN 3761 Teile 1 bis 15 Radial-Wellendichtringe für Kraftfahrzeuge; Begriffe, Maßbuchstaben, zulässige Abweichungen, Radialkraft – Anwendungshinweise – Werkstoffanforderungen und Prüfung – sichtbare Unregelmäßigkeiten – Meßbedingungen und Meßmittel – Außendurchmesser-Meßgerät – Kegelmeßdorn – Ausführung der Achsenschnitte – Radialkraft-Meßgerät-Digital – Püfstand und Prüfbedingungen – Leckage-Beurteilung – Bestimmung der Kugeldruckhärte von Elastomeren – Prüfung des Vulkanisationszustandes von Elastomeren – infrarotspektroskopische Analysen von Elastomeren – Bestimmung des Kälteverhaltens von Elastomeren.
[N 89] ISO 1-1975 Standard reference temperature for industrial length measurements.
[N 90] ÖNORM M 1302 Teil 1 ISO-Toleranzen und -Passungen; Allgemeines, Toleranzen und Abmaße.
[N 91] ÖNORM ISO 3650 Parallelendmaße.
[N 92] DIN 879 Feinzeiger mit Einspannschaft.
[N 93] ÖNORM M 6331 Wälzlager; Technische Lieferbedingungen.
[N 94] ÖNORM M 6320 Teil 1 Tragfähigkeit von Wälzlagern; Berechnungsverfahren.
[N 95] ÖNORM M 6320 Teil 2 Tragfähigkeit von Wälzlagern; Mindesttragzahlen.
[N 96] ÖNORM M 6327 Wälzlager; Wälzlagerschmierung.

[N 97] ANSI/AFBMA 16.2-1978 Airframe ball, roller and needle roller bearings; Inch design.
[N 98] ISO 76-1978 Rolling bearings; Static load ratings.
[N 99] ISO/TR 8646-1985 Explanatory notes on ISO 281/1-1977.
[N 100] ISO/TC 4/SC 8 N 151 Revision of ISO 281/1-1977; Working Draft: Rolling bearings; Dynamic load ratings and rating life.
[N 101] DIN 51502 Bezeichnung der Schmierstoffe und Kennzeichnung der Schmierstoffbehälter, Schmiergeräte und Schmierstellen.
[N 102] ÖNORM M 8100 Instandhaltung; Benennungen, Definitionen und Maßnahmen.

12.4 Sonstige Normenliteratur

12.4.1 Normensammelausgaben, Bücher

ISO: Bearings. Standards handbook 27, 1st ed. 1986. (ISO Central Secretariat, case postale 56, CH-1211 Genf.).

DIN: Wälzlager Normen. DIN Taschenbuch 24. Berlin-Köln: Beuth. 1985. (Beuth Verlag GmbH, Postfach 1145, D-1000 Berlin 30.).

AFBMA: Standards for ball and roller bearings and balls. Anti-friction Bearing Manufacturers Association Inc. Mai 1986. (US-1101 Connecticut Avenue, N.W., Suite 700, Washington, DC 20036, USA.)

TGL: Wälzlager. TGL Taschenbuch 5; DDR- und Fachbereichstandards, 3. Aufl. 1966. (Amt für Standardisierung der DDR, Mohrenstraße 37a, DDR-108 Berlin.)

12.4.2 Weiterführende Wälzlagernormen, periphere Gebiete

In den Normenverzeichnissen [83, 84] sind unter den nachfolgenden Ordnungsbegriffen weiterführende Normen und Technische Regelwerke zu finden:

Sachteil-Nr.	DK-Zahl	Sachteil-Name
0790	62.001.3	Beschreibungen und Identifizierung in der Technik. Sachmerkmal-Leisten.
1180	621.3	VDE-Vorschriftenwerk Gruppe 1. Energieanlagen
3470	621.822.6/.8	Wälzlager im allgemeinen
3480	621.822.7	Kugellager
3490	621.822.8	Rollenlager. Nadellager
3570	621.85	Kraftübertragung durch biegsame Organe. Transmissionen. Riementriebe. Seiltriebe. Kettentriebe
3670	621.873	Krane im allgemeinen
4150	621.887	Ringe. Buchsen. Hülsen
4180	621.89	Schmierung und Schmierstoffe im allgemeinen
6020	669.14/15	Unlegierter und legierter Stahl im allgemeinen

12.5 Dezimalklassifikation

Die Dezimalklassifikation ordnet die Wälzlager nach DK-Zahlen.

621.822.6	Wälzlager
621.822.61	Wälzlager, unterteilt nach der Belastung
621.822.614	Wälzlager für vorwiegend radiale Belastung → 621.822.74 Radial-Kugellager 621.822.84 Radial-Rollenlager
621.822.615	Wälzlager für vorwiegend axiale Belastung → 621.822.75 Axial-Kugellager 621.822.85 Axial-Rollenlager
621.822.616	Wälzlager für getrennte Aufnahme von Radial- u. Axialbelastungen → 621.822.76 Radial-/Axial-Kugellager 621.822.86 Radial-/Axial-Rollenlager
621.822.62/.68	Wälzlager, unterteilt nach dem Einbau, der Befestigung und dem Ausbau Die Hauptzahlen 621.822.62/.68 sind dem Einbau, der Befestigung und dem Ausbau vorbehalten. Zur näheren Kennzeichnung von 621.822.7/.9 können die von 621.822.62/.68 abgeleiteten APOSTROPH-Anhängezahlen '2/'8 verwendet werden, z. B. 621.822.745'6 Pendelkugellager auf Spannhülse 621.822.841'8 Flanschrollenlager
621.822.62	Auf- und eingepreßte Lager → 621.88.084 Querpreßverbindungen
621.822.64	Lager mit Befestigungsringen und -scheiben → 621.887.6 Stell-, Spreng- und Sicherungsringe
621.822.66	Spannhülsenlager. Lager mit Abziehhülsen → 621.887.82 Kegelige federnde Hülsen
621.822.67	Abgedichtete Lager → 62-762.8 Schutzdichtungen
621.822.68	Flanschlager. Bundlager
621.822.7	Kugellager
621.822.7'2/'8	Einbau, Befestigung und Ausbau 621.822.7'2/'8 $\cong$ 621.822.62/.68
621.822.71	Kugeln
621.822.72	Einzelteile außer Kugeln
621.822.722	Käfige
621.822.723	Innenringe
621.822.724	Außenringe

621.822.73	Kugellager (für Dokumente, die verschiedene Bauarten beinhalten) → 621.822.74 Radial-Kugellager 621.822.75 Axial-Kugellager 621.822.76 Radial-/Axial-Kugellager 621.822.881/.882 Kombinierte Lager 621.822.97 Kugelführungen
621.822.731	Rillenkugellager im allgemeinen → 621.822.741 vorwiegend radial belastet 621.822.751 vorwiegend axial belastet
621.822.732	Schrägkugellager im allgemeinen → 621.822.742 vorwiegend radial belastet 621.822.752 vorwiegend axial belastet 621.822.762 Kugel-Schrägkugel-Lager
621.822.74	Radial-Kugellager (Querkugellager)
621.822.741	Rillenkugellager
621.822.741.1	einreihig
621.822.741.2	zweireihig
621.822.742	Schrägkugellager
621.822.742.1	einreihig (incl. Vierpunktlager)
621.822.742.2	zweireihig
621.822.743	Schulterkugellager (abnehmbarer Außenring)
621.822.745	Pendelkugellager
621.822.747	Drahtkugellager
621.822.75	Axial-Kugellager (Längskugellager)
621.822.751	Axial-Rillenkugellager
621.822.751.5	einseitig wirkend
621.822.751.6	zweiseitig wirkend
621.822.752	Axial-Schrägkugellager
621.822.76	Radial-/Axial-Kugellager (Kugellager für Quer- und Längsbeanspruchung)
621.822.761	Kugeldrehverbindungen
621.822.762	Kugel-Schrägkugel-Lager
621.822.765	Schwenklager
621.822.767	Drehkranzlager
621.822.8	Rollenlager. Nadellager
621.822.8'2/'8	Einbau, Befestigung und Ausbau 621.822.8'2/'8 ≅ 621.822.62/.68

621.822.81	Rollen
621.822.811	Zylinderrollen
621.822.812	Nadelrollen
621.822.813	Kegelrollen
621.822.814	Tonnenrollen
621.822.816	Bundrollen. Rollen mit Einschnürungen (Spulenrollen)
621.822.818	Federrollen (gewickelt)
621.822.82	Einzelteile außer Rollen
621.822.822	Käfige
621.822.823	Innenringe
621.822.824	Außenringe
621.822.828	Bordscheiben (lose Schultern)
621.822.83	Rollenlager (für Dokumente, die verschiedene Bauarten beinhalten) → 621.822.84 Radial-Rollenlager 621.822.85 Axial-Rollenlager 621.822.86 Radial-/Axial-Rollenlager 621.822.98 Rollenführungen
621.822.831	Zylinderrollenlager im allgemeinen → 621.822.841 vorwiegend radial belastet 621.822.851 vorwiegend axial belastet 621.822.883 Nadel-Axialzylinderrollen-Lager
621.822.832	Nadellager im allgemeinen → 621.822.842 vorwiegend radial belastet 621.822.852 vorwiegend axial belastet
621.822.833	Kegelrollenlager im allgemeinen → 621.822.843 vorwiegend radial belastet 621.822.853 vorwiegend axial belastet
621.822.835	Pendelrollenlager im allgemeinen → 621.822.844 Tonnenlager 621.822.845 vorwiegend radial belastet 621.822.855 vorwiegend axial belastet
621.822.84	Radial-Rollenlager (Querrollenlager)
621.822.841	Zylinderrollenlager
621.822.841.1	einreihig
621.822.841.2	zweireihig
621.822.841.3	mit drei oder mehr Reihen
621.822.842	Nadellager

621.822.842.1	einreihig, z. B. → 621.822.842.1-182.54 Einstellnadellager
621.822.842.2	zweireihig
621.822.842.3	mit drei oder mehr Reihen
621.822.843	Kegelrollenlager
621.822.843.1	einreihig
621.822.843.2	zweireihig
621.822.843.4	vierreihig
621.822.844	Tonnenlager
621.822.845	Pendelrollenlager (zweireihiges Tonnenlager)
621.822.848	Federrollenlager
621.822.85	Axial-Rollenlager (Längsrollenlager)
621.822.851	Axial-Zylinderrollenlager
621.822.851.5	einseitig wirkend
621.822.851.6	zweiseitig wirkend
621.822.852	Axial-Nadellager
621.822.852.5	einseitig wirkend
621.822.852.6	zweiseitig wirkend
621.822.853	Axial-Kegelrollenlager
621.822.855	Axial-Pendelrollenlager
621.822.86	Radial-/Axial-Rollenlager (Rollenlager für Quer- und Längsbeanspruchung)
621.822.863	Kreuzrollenlager (engl.: *crossed-roller bearings*)
621.822.865	Schwenklager
621.822.867	Drehkranzlager
621.822.88	Kombinierte Lager (Lager mit Kugeln und Rollen)
621.822.881	Kombination von Radialrollen- und Axialkugel-Lager. Nadel-Axialkugel-Lager
621.822.882	Kombination von Radialrollen- und Schrägkugel-Lager. Nadel-Schrägkugel-Lager
621.822.882.5	einseitig wirkend
621.822.882.6	zweiseitig wirkend
621.822.883	Kombination von Radialrollen- und Axialrollen-Lager. Nadel-Axialzylinderrollen-Lager

621.822.9 Linear-Wälzlager. Längsführungen. Geradführungen

621.822.9'2/'8 Einbau, Befestigung und Ausbau
→ 621.822.9'2/'8 ≅ 621.822.62/.68

621.822.97 Kugelführungen. Kugelbüchsen

621.822.98 Rollenführungen. Rollenumlaufschuhe

GPSR Compliance

The European Union's (EU) General Product Safety Regulation (GPSR) is a set of rules that requires consumer products to be safe and our obligations to ensure this.

If you have any concerns about our products, you can contact us on ProductSafety@springernature.com

In case Publisher is established outside the EU, the EU authorized representative is:

Springer Nature Customer Service Center GmbH
Europaplatz 3
69115 Heidelberg, Germany

Batch number: 10607330

Printed by Printforce, the Netherlands